우리는 도대체 무엇인가?

우리는 도대체 무엇인가?

생물과 무생물의 돌고 도는 이야기

하 영 일

dh 대한나래출판사

DaehanNarae Publishing, Inc.

SK V1 Tower 1507
Younmujang 5 gagil 25, Sungdong-gu,
Seoul 04782, Korea
TEL: +82-2-922-7080
FAX: +82-2-922-0841
E-mail: nrpub@naver.com
Website: www.nrbooks.kr

우리는 도대체 무엇인가?

발행일 2024년 6월 5일
저자 하영일
발행인 최용원
편집디자인 유문형
표지디자인 유문형
교정·교열 김경미
발행처 **대한나래출판사** (등록 제2012-000051호/1994.6.10)
주소 서울시 성동구 연무장 5가길 25, 성수역 SK V1 Tower 1507호
전화 (02) 922-7080
팩스 (02) 922-0841
이메일 nrpub@naver.com
홈페이지 www.nrbooks.kr

ISBN 979-11-7133-100-0

정가 28,000원

Printed in Korea

저자
하 영 일

한양의대 졸업
신경외과 전문의
의학박사
일본 Shinshu대학교 의과대학 병원, Clinical fellowship
영국 런던대학교 신경연구소, Research fellowship
미국 메이요 클리닉, Clinical fellowship
하버드대학교 의과대학, Visiting physician
미국 의사면허(USMLE) 자격 취득
Northwestern Memorial Hospital, Visiting Professor
서울의료원 신경외과 수련병원 개설
건양대학교 의과대학장 역임
건양대학교 병원장 및 의료원장 역임
건양대학교 의무 부총장 역임
사립 의료원장협의회 부회장 역임
(사) 메디컬 R&D 포럼 회장 역임
시카고 중앙일보 칼럼니스트 역임
건양대학교 의과대학 명예교수

들어가는 글

우리가 태어나 철이 들면서 한 번쯤 생각해보게 되는 궁금증이 바로 "우리는 도대체 무엇인가?"라는 질문일 것이다. 이런 의문은 인간이기 때문에 갖게 되는 지적 갈증 중 하나가 아니던가. 미국의 사회심리학자인 에리히 프롬(Erich Fromm: 1900~1980)도 "사람은 자신의 존재를 알아내야 한다고 생각하는 유일한 동물이다."라고 일갈한 적이 있다. 나는 우선 이 질문에 대한 일차적 대답으로 세포(細胞, cell)라는 생물학적 기본 단위를 제시하고자 한다.

우리는 평소 한 시간 동안에 방 안에 있는 약 1만 마리의 세균과 10만 개의 바이러스들을 들이마신다. 여러분이 수영을 하다가 우연히 1mL의 바닷물을 들이켠다면 무려 100만 마리의 세균과 1,000만 개의 바이러스를 삼키게 되는 결과를 초래할 것이다.[1] 이러한 미생물 세계는 우리 눈에는 잘 보이지 않는다. 인류의 6천 년 역사상 처음으로 이 엄청난 새로운 세상이 있다는 것이 알려진 것은 이제 겨우 300년 정도가 지나가고 있다. 1590년경 네덜란드 안경 제조업자였던 자카리아스 얀센(Zacharias Janssen: 1585~1632)이 최초의 현미경을 만들기 시작한 후, 직물 상인이었던 안토니 판 레벤후크(Antony van Leeuwenhoek: 1632~1723)가 이것을 개량하여 관찰하면서 비로소 미생물 세계가 있다는 것이 만천하에 드러나게 되었던 것이다.

동시대에 영국에서는 초창기 왕실협회 회원이자 아이작 뉴턴(Isaac Newton: 1643~1727)의 치열한 경쟁자였던 천재 과학자 로버트 훅(Robert Hooke: 1635~1703)이 처음으로 이 조그만 구조물에 세포라는 이름을 붙이게 되었다. 그는 코르크가 왜 물에 뜨는지를 연구하다가 현미경 속에 나타난 작은 칸막이를 작은 방이라는 라틴어 켈라(Cella)에서 따와서 만든 이름이 바로 세포 즉 cell이다. 그렇다면 왜 이 세포라는 개념이 '우리는 도대체 무엇인가?'라는 주제의 주인공으로 등장해야 하는 이유는 무엇일까? 바로 이 지구상에 살고 있는 모든 생명체가 모두 세포라는 아주 작은 조립단위로 구성되어 있기 때문이다. 거대한 코끼리나 아름드리 버드나무뿐만 아니라 모든 미생물들조차도 모두 세포라는 기본 조립단위로 만들어져 있다. 그런데 우리는 언제 어떻게 이 사실을 알게 되었을까? 우리는 미생물들이 발견되고 난 후, 다시 200년가량이 지난 후에야 비로소 이러한 사실을 깨닫게 되었다.

지금으로부터 약 150년 전 나폴레옹 전쟁 이후 강대국으로 발돋움한 독일연방 시절로 되돌아 가보자. 식물학자였던 마티아스 슐라이덴(Matthias Jakob Schleiden: 1804~1881)과 동물학자였던 테오도어 슈반(Theodor

Schwann: 1810~1882)이 우연히 한 저녁 식사 자리에서 만나 담소하던 중 동물과 식물이 다 같이 세포라는 동일한 구조물로 구성되어 있다는 결론에 도달하게 되었다. 이들은 1839년에 처음으로 세포설(細胞說, cell theory)을 주장하게 되었고,[2] 20년 후에 등장하는 다윈의 《종의 기원》 못지않게 자연과학에서 중요한 의미를 차지하게 되었다. 따라서 본격적으로 생물학에 세포라는 단어가 중요 과제로 등장한 것은 비교적 최근의 일이다. 이런 뜻에서 나는 세포라는 개념을 중심으로 '우리는 도대체 무엇인가?'라는 화두를 풀어나가고자 한다.

과하이란 때때로 따분하고 딱딱한 학문이라는 생각이 먼저 든다. 과학(科學, Science)은 말 그대로 곡식(禾, 벼 화)을 말(斗, 말 두)로 헤아려보는 과정을 말한다. 가마니에 부어놓은 곡식을 말로 되어보고 만져보고 조목조목 따져본다는 의미를 가지고 있다. 그러기에 따분할 수밖에. 라틴어의 Scientia는 지식이나 '어떤 사물을 안다'는 뜻을 가져서 science로 변하였다. 이 science가 일본으로 건너오면서 과학이라는 한자로 옮겨진 것뿐이다. 그러나 중국은 의외로 한때 science를 격치라고 부르기도 한 적이 있다. 격치는 격물치지(格物致知)의 줄임말로서 사서(四書) 중의 하나인 《대학(大學)》에서 나오는 말이다. 격물치지의 의미는 물체에 다가가서 그 물체가 가지고 있는 이치를 깨닫기 위해 노력한다는 뜻을 가지고 있다.[3] 따라서 과학적 접근이란 원래 맛이 들리지 않은 비전문가에게는 따분한 주제일 수밖에 없을 것이다. 그래서 책 내용도 중요하지만, 이것을 어떻게 잘 풀어서 쓸 것인지가 더 큰 부담으로 다가오게 된다.

뉴질랜드 출신으로 케임브리지 대학교의 캐번디시 연구소(Cavendish Laboratory)에서 원자핵과 양성자를 발견한 어니스트 러더퍼드(Ernest Rutherford: 1871~1937)가 한 말은 대단히 상징적이라고 할 수 있다. 그는 "바텐더에게 설명할 수 없는 이론은 좋은 이론이라고 할 수가 없다."라는 말로 과학을 쉽게 설명해야 한다는 점을 강조하고 있다. 그리고 인간 유전체 프로젝트를 끝까지 책임지고 완성시킨 프랜시스 콜린스(Francis S. Collins: 1950~)는 《신의 언어》라는 책에서 "교육은 들통을 채우는 작업이 아니라 불을 지피는 작업이다."라는 명언을 남기고 있다[4] 그래서 가급적이면 많은 지식을 전달하기보다는 그 지식을 더 많이 알고 싶어 하는 본능을 일깨우는 데 집중할 것이다. 나는 이 두 가지를 머릿속에 넣고 저술해 나가기로 마음을 먹고 있다.

먼저 제1부에서는 생명체가 되기 이전의 무생물 단계를 짚어볼 것이다. 우선 세포의 구성 물질이 무엇인가를 살피고, 이 물질들이 어떻게 만들어지는지를 알아볼 것이다. 이 과정을 이해하기 위해서는 머나먼 우주의 기원이나 별의 탄생을 찾아 나서야만 한다. 또한 이러한 물질들이 어떻게 원자나 분자로 변해가는지를 알아보고 생명의 출발선인 원시세포가 등장하는 과정도 탐구해볼 것이다. 그리고 제2부에서는 일단 이 지구상에 출현한 원시세포가 어떻게 적응해 나가는지를 알아본 다음, 이들이 어떤 식으로 지구 환경에 큰 영향을 미쳤는지를 살펴볼 것이다.

제3부는 이렇게 탄생한 원시세포가 발전되어 전혀 다른 신세대 세포로 변해가는 과정을 소개할 것이다. 세포는 서로 공생단계를 거쳐 진핵세포가 되고, 이들이 서로 모여서 몸이 만들어졌으며, 그리고 마침내 뇌를 진화시켜 새로운 세상을 펼쳐 나가는 과정들을 그릴 것이다. 물론 여기에서 마지막으로 가면무도회에 등장하는 인간의 모습도 탐구해볼 예정이다. 나아가 이제 우리는 몸이라는 형체가 완전히 사라지고 다시 순환의 세계로 빠져들게 되는 과정도 알아보게 될 것이다. 제4부에서는 원점으로 회귀한 우리의 몸이 다시 돌고 도는 물질의 순환과 생사의 순환 속을 헤매는 물리학의 세계를 탐방해볼 것이다. 그리고 마지막으로 제5부는 이제까지 펼쳐진 저술을 바탕으로 다시 한번 "우리는 도대체 무엇인가?"라는 물음에 대한 해답을 구해보는 순서를 마련해볼 예정이다.

여기서 내가 말하는 '우리는'이란 단순히 인간의 일인칭 복수형이 아니라 미생물에서부터 인간에 이르기까지 모든 생명체를 지칭하는 말이다. 즉 생물권 전체를 의미한다고 볼 수 있다. 우리가 속해 있는 생물권은 단지 지구계(地球界, earth system)의 한 부분에 속하고, 나머지 지권, 기권, 수권과 상호 연결되어 있다는 것은 누구나 잘 알고 있는 사실이다. 그러나 이러한 지구는 다시 태양계의 일부에 불과하고, 태양계는 다시 우리 은하계의 극히 일부분에 속하고 있을 뿐이다. 따라서 크게 의심하면 크게 깨칠 수도 있지 않을까? 하지만 여기에는 엄청난 함정이 숨어 있다는 것도 잘 알고 있다. 자칫 잘못하면 눈 감고 코끼리 만지는 격이 될 수도 있기 때문이다. 그뿐 아니라 우리는 아직도 아는 것보다 모르는 것이 더 많다는 사실을 직시해야만 한다.

이 책은 생물학에 배경 지식이 없는 일반인들을 위하여 가급적이면 전문용어나 과학적 명칭은 되도록 쓰지 않도록 노력할 것이다. 그리고 필요한 경우에는 각주나 미주를 달아서 이해도를 높일 수 있게 하였다. 21세기는 물리학에서 생물학으로 그 주류가 넘어온 시기라 할 수 있다. 그렇지만 생물학은 수많은 예외들이 도사리고 있는 당혹스러운 학문이기도 하다. 그래서 저술에 미비한 부분이 있거나 잘못된 부분들은 전적으로 나의 천학과 비재에 있다는 것을 밝혀두고자 한다. 자, 그럼 저와 함께 사유의 문을 열고 그 해답을 찾아 나서 보자.

하비가 윤슬이에게

언젠가 글을 배우고 나면 이 책을 한번 읽어보아라.
알면 아는 대로, 모르면 모르는 대로.
어느 날 모르는 것이 문득 찾아와서 너의 귀에다 대고
자신이 무엇인가를 가르쳐줄 거야.
그때 너는 비로소 알아가는 재미가 무엇인지를 알게 되겠지.

— 할아버지가

차례

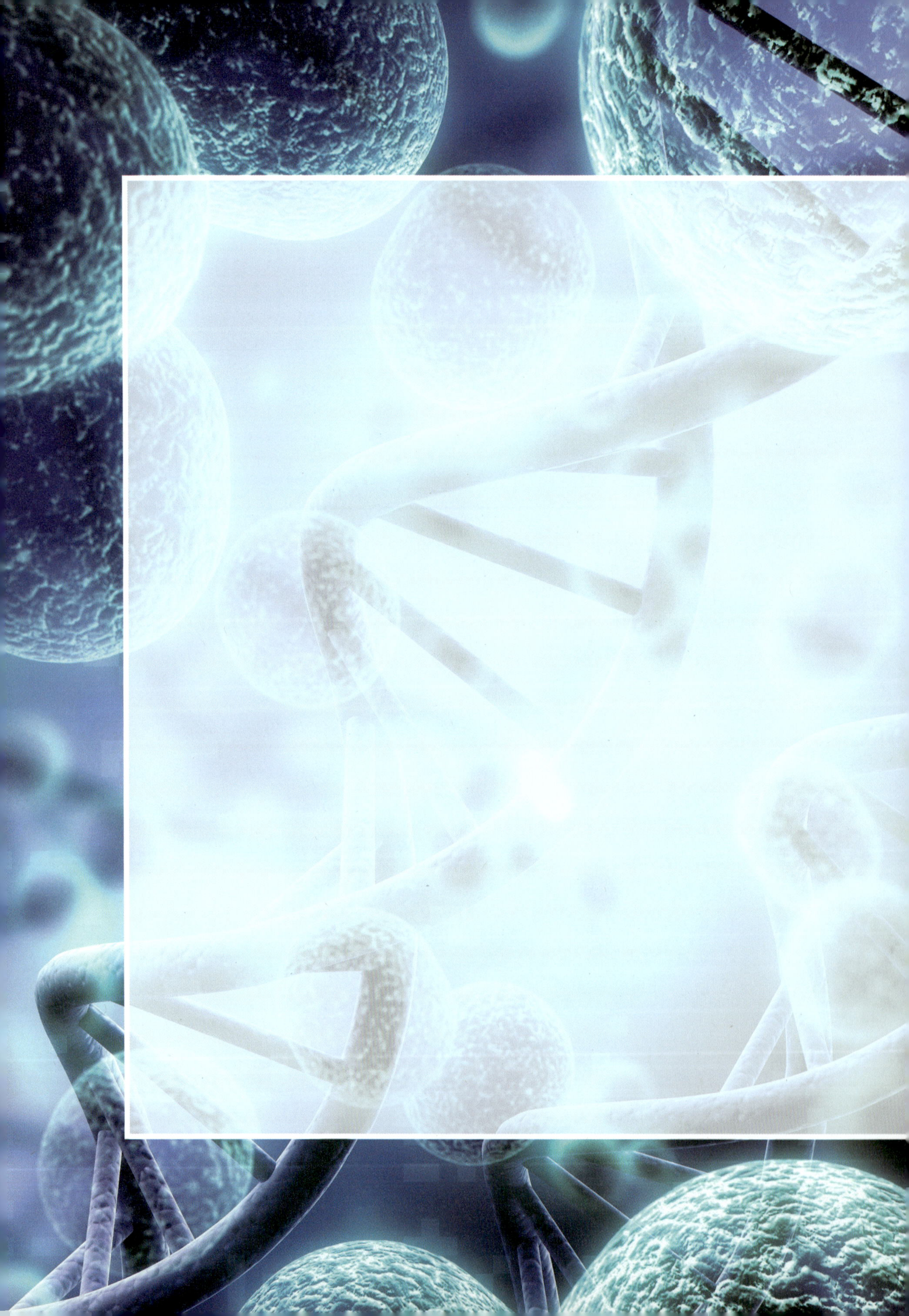

01

세포 이전 단계

보이지 않는 세계,
무생물로서의 우리들

1 성분 분석표

1) 옛날 옛적에

우리는 도대체 무엇인가? 이 질문에 대한 대답을 찾기 위해서는 어디서부터 시작해야 할까? 나는 옛 선조들이 이 문제에 대하여 어떻게 생각하고 있었는지를 알아보는 것에서부터 출발하려고 한다.

인류의 역사는 약 6,000년 정도로 인간이 기록을 남기기 시작한 기간이라고 할 수가 있다. 대략 기원전 4,000년경까지 올라가지 않을까? 이 시기에 메소포타미아 지방의 수메르(Sumer) 지역에서 처음으로 쐐기문자가 등장하였다. 그러나 시간이 점점 지나자 인류는 기원전 9세기부터 2세기 사이에 중대한 사고전환 시기에 들어서게 된다. 우리가 흔히 부르는 축의 시대(Age of Axis)이다.[1]

축의 시대는 독일의 철학자 칼 야스퍼스(Karl Jaspers: 1883~1969)가 1949년에 제창한 개념으로, 새로운 사상이나 철학 그리고 종교가 동서양에서 일제히 약속이나 한 듯이 솟아나기 시작한 시기를 말한다. 서양에서는 소아시아의 밀레토스를 중심으로 시작한 이오니아학파와 그리스 본토인 아테네에서 시작된 소크라테스를 비롯한 그의 제자들을 먼저 들어야 할 것이다. 동양에서는 인도의 석가모니를 중심으로 하는 불교와 중국 춘추전국시대의 공자에 의한 유교 등의 등장이 이를 대변한다고 할 수 있다. 이 시대부터 바야흐로 신화적으로 세상을 바라보던 시각이 자연을 탐구하고 관찰하는 자연철학의 문이 열리기 시작한 시기라고도 볼 수 있을 것이다. 그럼 먼저 서양 문명의 근본이 되는 고대 그리스로 가보자.

고대 그리스 자연철학은 본토가 아닌 식민지에서 먼저 시작되었다는 특징이 있다. 소아시아(현재의 튀르키예)에서 에게해 연안 쪽으로 자리 잡은 이오니아 지방에서 처음으로 밀레토스 학파를 창시하고 자연철학의 문을 연 학자는 탈레스(Thales: B.C. 640~B.C. 546)였다. 그는 만물의 근원을 물로 보았고, 물은 신기하게도 고체, 액체, 기체의 3가지 형태를 띤다는 점에 주목하였다. 그는 처음으로 일식을 예측하기도 하였고, 자연은 신들에 의해서 지배되는 것이 아니라 일종의 자연법칙에 의하여 운용된다는 생각을 하기 시작한 첫 번째 인간이기도 하였다. 그의 제자인 아낙시만드로스(Anaximandros: B.C. 610~B.C. 546)는 더 나아가 만물의 근원이 공기에 있다고 주장하였고, 헤라클레이토스(Heraclitus: B.C. 540?~B.C. 480?)는 불을 만물의 근원에 추가시켰다. 그러나 이러한 주장들은 시칠리아 섬 출신인 엠페도클레스(Empedocles: B.C. 490~B.C. 430)에 의해 4원소설(Theory of four elements)로 종합된다.[2] 그는 물, 불, 흙, 공기로 세상의 만물이 구성되어 있다고 믿게 되었다. 이 4가지를 혼합하는 힘이 사랑(愛, Philotes)이고, 이들을 분리시키는 힘이 미움(憎, Neikos)이라고 보았던 것이다.

이쯤에서 다시 주목해야 될 학자는 데모크리토스(Democritos: B.C. 460~B.C. 370)이다. 그는 만물이 원자(atom)로 구성되어 있고, 원자는 더 이상 쪼갤 수 없는 미립자라고 생각했다는 점이다. 그러나 그의 과학적 주장은 아리스토텔레스(Aristotle: B.C. 384~B.C. 322)의 지지를 받지 못한 채 사라져버리고, 18세기 영국의 존

돌턴(John Dalton: 1766~1844)이 등장할 때까지 기다려야만 했다.

고대 그리스 식민지에서 시작된 자연철학은 본토의 아테네로 옮겨와서 소크라테스(Socrates: B.C. 470~B.C. 399), 플라톤(Platon: B.C. 427~B.C. 347)과 알렉산드로스 대왕의 스승인 아리스토텔레스와 같은 걸출한 자연철학자를 탄생시키게 된다. 잘 아시다시피 플라톤은 소크라테스의 제자로서 그의 사형 집행에 많은 영향을 받은 학자이기도 하다. 플라톤은 아테네 교외에 아카데미아라는 학교를 설립하여 강의와 저술을 병행하게 되었다. 그 당시 마케도니아 필리포스 2세의 주치의였던 아버지를 둔 아리스토텔레스는 17세에 아테네로 내려와 20여 년간 플라톤의 아카데미아에서 공부를 하고 그의 수제자가 되었다. 그런데 플라톤과 아리스토텔레스는 데모크리토스의 원자설을 부인하고 엠페도클레스의 4원소설을 받아들임으로써 조기에 근대과학으로 진입할 수 있는 길을 막았다는 비난을 받기도 한다. 더구나 아리스토텔레스는 4원소설을 더 발달시켜서 각기 따뜻함, 습함, 건조함, 차가움 등과 연계시켰고, 이는 다시 히포크라테스(Hippocrates: B.C. 460~B.C. 370)의 4체액설(Four Humor Theory)로 발전하게 되었다. 즉 그는 더 나아가 혈액, 점액, 황담즙 그리고 흑담즙이 서로 불균형을 이룰 때 질병이 생긴다고 생각하게 되었다.

플라톤과 아리스토텔레스가 학문을 대하는 특징은 실험이나 관찰은 아주 싫어하는 대신, 상상하거나 토론하는 것을 선호하는 편이었다. 특히나 모든 물질들은 신에 의해 창조되었고, 4원소들의 특수한 조합에 의하여 물질이 구성된다는 아리스토텔레스의 주장은 천동설과 함께 기독교에 접목되면서 종교적 보호를 받게 되었다. 즉 그를 공격하는 것은 기독교를 공격하는 것과 동일시된 그의 자연철학은 2,000년 이상 인류를 잘못된 과학의 길로 인도하게 된 원인이 되기도 하였다. 이러한 4원소설은 17세기 로버트 보일(Robert Boyle: 1627~1691)에 의하여 불은 원소가 아니고 공기도 혼합물에 불과하다는 사실이 알려지면서 붕괴 조짐이 서서히 나타나기 시작하였다. 이어서 케임브리지 대학교의 캐번디시 연구소의 이름으로 남아 있는 헨리 캐번디시(Henry Cavendish: 1731~1810)가 1766년 수소를 발견하면서 물이 화합물이라는 사실도 알려지게 되었다. 계속해서 1774년 산소가 발견되었고, 1869년 드미트리 멘델레예프(Dmitri Mendeleev: 1834~1907)에 의해 63개의 원소를 이용한 주기율표가 만들어지면서 4원소설이라는 안개는 사라지고 인류는 드디어 새로운 세상을 만나게 되었다.

그렇다면 동양에서는 어떤 변화가 감지되고 있었을까? 우선 신기한 사실은 동서양이 물질의 구성 성분을 비슷하게 보고 있었다는 점이다. 힌두교나 석가모니는 우리에게 익숙한 지(地), 수(水), 화(火), 풍(風)을 들고 나오고 있다. 서양의 4원소설인 흙, 물, 불, 공기가 동양에서도 유사하게 나타났다는 것은 매우 흥미로운 일이다. 공자의 사상이 근간이 된 유교 경전 중 삼경에 포함된 《주역(周易)》은 우리에게 또 다른 놀라움을 선사한다. 바로 음양오행설이다. 세상을 음과 양으로 가르고, 다시 상극과 상생을 상징하는 오행인 목(木), 토(土), 수(水), 화(火), 금(金)은 나무, 흙, 물, 불, 쇠가 되어 우리 곁에 지금도 머물고 있다. 서양의 4원소설은 역사의 한 토막으로 남아 있지만, 동양의 지수화풍은 산속 암자의 풍경소리가 되어 산자락을 울리고 있고, 오행은 우리의 달력에 남아서 가는 세월을 계산하고 있다. 그래서 우리가 알고자 하는 생명의 성분 분석표는 아무래도 주기율표에서 찾아야만 할 것 같다.

2) 만물은 무엇으로 만들어졌을까

지구뿐만 아니라 우주에 있는 모든 만물이 무엇으로 구성되어 있는가를 알아보는 일은 매우 중요한 일이다. 여러분은 이 해답을 찾기 위하여 어디로 떠나야 된다고 생각하는가? 우리는 모든 것이 내 손아귀에 있다고 목청을 높이는 주기율표(그림 1-1)로 눈을 돌려야 할 것 같다.

주기율표는 1869년 러시아의 드미트리 멘델레예프에 의해서 인류 역사상 처음으로 등장하게 된다.[3] 그러나 실제로 19세기 초부터 원소의 주기성을 인지하기 시작한 선각자들은 독일의 요한 되베라이너(Johann Döbereiner: 1780~1849), 프랑스의 알렉상드르 샹쿠르투아(Alexandre-Émile Chancourtois: 1820~1886)와 영국의 존 뉴랜즈(John Newlands: 1837~ 1898) 등이다. 하지만 주기율표에 관한 제일 큰 업적은 아마도 멘델레예프

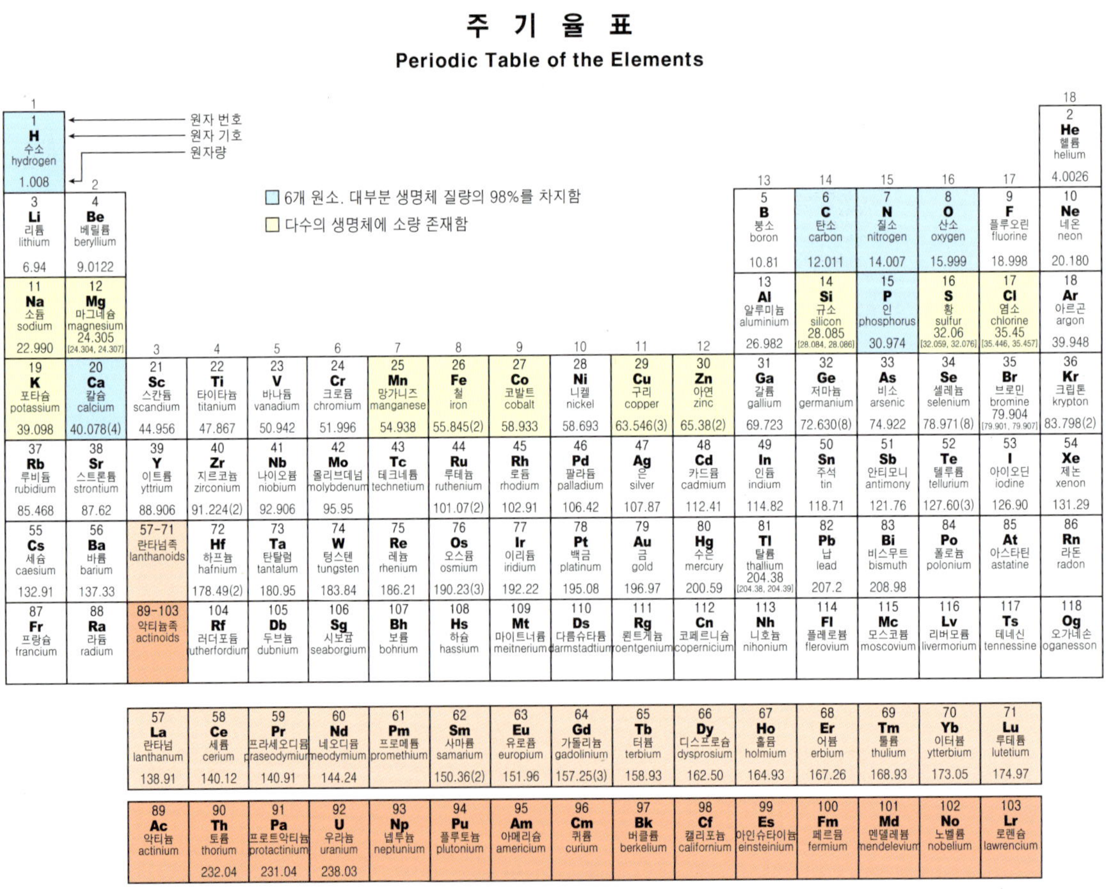

그림 1-1. 주기율표 및 생명체를 구성하는 요소.

에게 돌아가야만 할 것이다. 그는 원소의 주기성을 인지했을 뿐만 아니라, 발견되지도 않은 원소의 빈자리를 만들어 놓을 만큼 전체를 꿰뚫어보고 있었다고 할 수가 있다. 왜냐하면 현재는 118개의 원소가 발견되었지만, 그 당시에는 절반에 해당되는 63개 정도만 알려져 있었기 때문이다. 멘델레예프는 63개의 원소들을 이름과 원자량 그리고 성질 등을 적어서 카드의 패를 맞추듯이 배열해봄으로써 주기율이라는 대과업을 찾아낸 인물이 되었다.

멘델레예프는 우랄산맥을 넘어 동쪽으로 뻗어 있는 토볼스크라는 시베리아 지방에서 14남매의 막내로 태어났다. 그가 2,000km나 떨어진 상트페테르부르크에서 공부를 하게 된 것은 오로지 어머니의 열성 덕분이었다. 그러나 어머니도 곧 돌아가시고 결핵까지 걸린 멘델레예프는 유년기의 시련 속으로 빠져들게 된다. 하지만 그가 우여곡절 끝에 러시아 화학회에 주기율표를 빌표한 시기는 35세 때인 1869년이었지만, 생전에 그에게는 노벨 화학상이라는 행운이 따라주지 않았다. 1906년 노벨상 후보에 올랐지만 무산되었고 이듬해에 사망하였기 때문이다.

주기율표에 드러나는 원소들은 각기 원자번호를 가지고 있다. 실제 밝혀진 118개 원소 중 자연에 존재하는 것은 92개이고, 나머지는 인공적으로 합성된 것들이다. 원자번호는 동일한 개수의 전자와 양성자를 가진다. 그러나 원자번호가 커질수록 원자가 커진다는 의미는 아니다. 원자의 크기는 양성자 수가 아니라 전자수에 의해 결정된다. 왜냐하면 양성자는 원자 크기의 10만 분의 1 정도밖에 차지하지 않기 때문이다. 그렇다면 원자번호가 커져서 전자수가 많아지면 원자가 실제로 커질까? 그렇지 않다. 왜냐하면 전자가 많아지는 만큼 양성자 수도 많아져서 이들 사이에 전기적 인력이 작용하기 때문에 무딕내고 커시지는 않는다. 원자를 구성하는 것은 양성자와 전자만 있는 것은 아니다. 원자핵을 구성하는 중성자가 그것이다. 우리는 양성자와 중성자를 핵자(核子, nucleon)라 부르기도 하고, 이들을 합친 것을 원자 질량수라고 부르기도 한다.

그렇다면 화학반응의 주인공인 전자는 어떻게 배치되어 있을까? 우리에게 전자는 생명을 유지시키는 제일 큰 화학무기이다. 전자의 활약상은 앞으로 지속적으로 기술하겠지만, 여기서는 간단히 그 배치도에 대해서만 알아보도록 하자. 먼저 전자가 들어갈 수 있는 궤도가 정해져 있다. 첫 번째 전자껍질에 들어갈 수 있는 전자수는 2개이고, 두 번째 전자껍질에 들어갈 수 있는 전자수는 최대 8개이다. 이렇게 전자껍질에 들어갈 수 있는 전자수는 그냥 자연법칙으로 이미 정해져 있다. 따라서 "왜 이만큼만 들어갈 수 있는가?"를 물을 필요가 없다. 우리는 이런 법칙을 옥텟 규칙(octet rule), 즉 8전자 규칙이라고 부른다. 자연법칙에는 예외가 없다. 따라서 이렇게 엄격한 규칙이 전자를 통하여 화학반응을 유도하고, 모든 생명체는 이러한 반응의 결과물로 에너지를 얻을 수 있으며 필요한 물질을 합성하기도 한다. 그러나 전자수가 많아지면 그 배치도 간단하지가 않다. 또한 1개의 전자껍질에는 부껍질들이 있어서 다시 세부적인 배열이 일어난다. 그렇지만 우리가 알아 두어야 할 관전 포인트는 바로 원자가 전자수(valence electrons)라는 개념이다. 이 원자가 전자수는 실제적으로 모든 반응을 주도하는 전자의 수를 말한다.[*] 이들이 실제 생명현상과 어떻게 밀접한 관계를 맺고 있는지는 다음 '원자들의 짝짓기' 편에서 자세히 다룰 것이다.

우리는 때때로 원소(element)와 원자(atom)라는 개념을 헷갈려 하는 경우가 있다. 원소는 각각을 대표하는 개념을 나타내는 용어이면서 주로 주기율표에 나타난 종류를 말한다. 이에 반해 원자는 물질을 구성하는 실체적인 입자를 말하며 주로 개수를 뜻한다. 예를 들어보자. 물은 H_2O라는 화학식을 가진 분자이다. 따라서 물은 수소와 산소라는 원소로 구성되어 있고, 수소 2개와 산소 1개의 원자로 구성되어 있다고 말할 수 있다. 원소는 개념을 말하고, 원자는 입자를 뜻하고 있다. 그렇다면 물의 화학식인 H_2O는 어떤 의미인가? 수소와 산소는 각기 다른 성질을 가지고 있지만, 이 둘이 만나서 H_2O라는 구조를 형성하면 물이 된다. 역으로 물의 H_2O가 수소와 산소로 분리되어버리면 더 이상 물이 아닌 상태가 되어버린다. 따라서 물이라는 분자는 자신의 특징을 간직할 수 있는 최소한의 구조라고 할 수 있다.

주기율표상 생물학에서 주된 관심의 대상이 되는 원소는 14족의 2~3주기에 들어 있는 탄소(C)와 규소(Si)일 것이다. 여기서 말하는 족(group)은 주기율표에서 세로줄을 말하고 바깥쪽 껍질의 전자수를 말한다. 즉 족의 수가 늘어날수록 최외각 전자수(peripheral electron)가 늘어난다는 뜻이다. 반면 주기(period)는 가로줄을 말하며, 주기가 하나씩 늘어날수록 전자껍질이 하나씩 늘어난다는 뜻이다. 탄소는 전자를 6개 가지고 있어서 첫 번째 전자껍질에 먼저 2개가 들어가고, 두 번째 전자껍질에 4개가 남아 있게 된다. 따라서 이들이 안정되기 위해서는 4개의 전자를 받아서 8개를 채우는 것이다. 우리는 이렇게 4개의 전자를 받아들인다는 것을 4개의 손을 가지고 있다고 말한다. 손이 4개이니 다른 원자 4개를 붙들 수 있다는 의미이다. 이런 특성으로 인하여 모든 생명체는 다양한 탄소화합물을 만들 수 있고 약 2천만 종의 화합물이 있는 것으로 보고 있다.

그렇다면 손이 4개인 원소는 더 이상 없는 것인가? 탄소 바로 밑 칸에 있는 규소도 여기에 해당한다. 규소도 탄소와 같이 원소 중에서 제일 많은 손을 가지고 있기 때문에 다양한 화합물을 만들어낼 수가 있다. 그러나 규소는 탄소와는 큰 차이가 있다. 탄소화합물은 산소와 결합하여 산화물인 이산화탄소를 배출해낼 수 있다. 그렇지만 규소는 산소와 결합하여 고체인 이산화규소를 만들어서 배출시킬 수 없는 산화물을 만들어낸다는 차이점이 있다. 그렇다면 규소가 제일 많이 들어 있는 곳은 과연 어디일까? 아마도 누군가는 우리의 핸드폰 속에 들어 있지 않을까 생각하겠지만, 규소는 지각 속에 산소 다음으로 많이 들어 있는 원소이다. 이들은 생명체가 아니라 땅속의 구성 물질이 되어 점토나 모래, 석영과 장석이 되어 화강암으로 우리의 지구를 장식하고 있는 셈이다.

---

[*] 원자가 전자는 직접 반응에 참여하는 전자를 말하고, 최외각 전자는 제일 바깥껍질에 있는 전자를 말한다. 예를 들면 탄소는 원자번호가 6이기 때문에 원자가 전자수와 최외각 전자수가 같다. 그러나 네온의 전자는 제1전자껍질에 2개, 그리고 제2전자껍질에 8개가 들어가서 껍질을 모두 채우고 있어 안정되기 때문에 최외각 전자수는 8개지만 반응에 참여하는 전자가 없어 원자가 전자수는 0이 된다.

그러나 지금까지의 이야기는 그렇게 중요하지 않다. 여기서 강조하고자 하는 밑줄은 바로 "이들이 어떻게 생겨났는가?" 하는 문제이다. 이들의 출생을 알아낸다면 우주와 생명의 비밀도 한 꺼풀씩 그 진면목을 드러내 보이지 않을까? 나는 '우주는 무에서'와 '별들의 자식' 편에서 이를 집중적으로 분석할 것이다.

3) 생명체는 무엇으로 만들어졌는가

우리 몸(70kg)을 구성하는 원자의 총수는 대략 10^{28}개 정도로 보고 있다.[4] 그렇다면 인간을 포함한 대부분의 생명체들은 어떤 원자들로 구성되어 있을까? 먼저 원자의 질량 측면에서 살펴보도록 하자.[5,6] 제일 많은 질량을 차지하는 원자는 단연 산소(65%)다. 그다음은 순서대로 탄소(18.5%), 수소(9.5%), 질소(3.2%)가 차지하고 칼슘(1.5%), 인(1.0%)이 그 뒤를 잇는다. 그래서 이들이 차지하는 전체 비율이 98.7% 정도이다. 그리고 소량의 원소들이 나머지 1% 정도를 차지하고 있다. 이 소량의 원소들은 12종 정도로서 황, 칼륨, 염소, 마그네슘, 보론, 구리, 철, 아이오딘, 몰리브덴, 징크 등이다. 만약 이러한 비율을 80kg의 체중을 가진 인간에게 적용시키면 어떤 결과가 도출될까? 즉 80kg을 원자로 분해한다면 산소 52kg, 탄소 14.8kg, 수소 7.6kg, 질소가 2.6kg을 차지한다는 계산이다.[7]

이번에는 생명체를 구성하고 있는 총원자수를 원자의 개수 측면에서 살펴보자.[8] 과연 무슨 원자가 제일 많을까? 우리 몸의 60% 이상을 차지하는 물이 압도적으로 많다. 따라서 수소가 제일 많아서 62%를 차지하고, 그다음으로 산소(24%), 탄소(12%), 질소(1.1%), 칼슘(0.22%), 인(0.22%)의 순서가 된다. 이를 쉽게 이해하기 위해서 몸속에 원자가 200개가 있다고 가정해보자. 그렇다면 그중에 몇 개 정도가 수소일까? 124개로 압도적으로 많을 것이고, 그 뒤를 이어 산소 48개, 탄소 24개, 질소 2개 정도가 차지할 것이다.

이런 설명은 좀 복잡하다. 그런데 이것들을 좀 더 간단히 묶어보면 촌캡(CHONCaP)이 된다.* 시골 모자 정도로 알고 있으면 나쁠 게 없어 보인다. 그렇다면 이 촌캡을 우리가 공업사나 약국에서 이 양만큼 구매한다면 얼마나 돈이 들까? 수소와 산소, 탄소와 질소를 모두 다 합쳐도 친구들과 마시는 치맥값 정도[9]로도 가능하지 않을까? 모든 생명체의 우두머리라고 생각하는 인간의 몸을 만드는 데 사용되는 원가가 겨우 이 정도라면 여러분은 어떤 생각이 들까? 그렇다면 반대로 그 돈으로 그만 한 촌캡을 사모아서 "인간을 다시 만들어낼 수 있는가?"를 바로 물어볼 독자분도 있을 것이다. 그래서 우리는 고민에 고민을 거듭할 수밖에 없다. 누구는 창발성이라는 야릇한 용어를 들고 나오지만, 이것을 밝히는 것이 진정으로 생명을 이해하는 길일 것이다. 이 창발성에 관해서는 제1부의 끝에서 다시 다룰 것이다.

* 원소를 원자의 질량과 개수 중에서 어떤 것을 중심으로 기술하는가에 따라 달라진다. 또한 물이나 골격의 포함 여부에 따라 달라지기도 한다. 그러나 여기에서는 질량을 중심으로 알기 쉽게 묶어보았다. 원자의 질량과 개수에 대한 정보는 참고문헌을 보시기 바란다.

그렇다면 이렇게 촌캡을 만드는 원소들은 우리 몸에서 과연 어떤 역할을 하고 있을까? 먼저 탄소, 수소, 산소는 거대분자인 탄소화합물을 만들어서 생명체의 골격을 형성하기도 하고, 산소는 대사과정에서 필요한 에너지를 만드는 전자를 받아서 물로 전환시키는 작업을 해내고 있다. 이 산소는 지구 초창기에는 대기 중에 없던 원소이다. 이들이 대기에 등장하여 세포의 산업혁명을 유도해가는 장엄한 과정은 제2부에서 차례대로 기술할 것이다.

질소는 대기 중에 제일 많은 원소지만 동물들은 이를 직접 흡수할 수가 없다. 이들은 콩과 식물이라는 극히 일부의 식물과 질소고정세균을 통하여 흡수된 후 다른 생물체에 공급된다. 이렇게 흡수된 질소는 단백질과 핵산의 부품이 되어 생명체의 핵심 물질로 자리 잡게 되는 것이다. 그래서 단백질과 핵산이 파괴되면 생명체에 아주 독성이 강한 암모니아가 생기게 된다. 따라서 모든 동물은 이 암모니아를 배설하는 특별한 구조들을 몸속에 가지고 있다. 여러분이 통풍으로 고생한다면 이 암모니아를 원망해 보아도 어쩔 수 없는 일이다.

여기에서 다시 한번 강조하고 넘어가고 싶은 대목은 이러한 촌캡이 비단 인간에게만 적용되는 것이 아니라, 세균에서부터 인간에 이르기까지 전 생명체에서 거의 공통으로 일어나고 있다는 사실이다.

4) 바다와 육지 그리고 생명체

지금까지 우리는 생명체가 어떤 성분으로 구성되어 있는가를 살펴보았다. 흔히 인간은 흙에서 나와 흙으로 돌아간다고들 말한다. 그렇다면 흙을 구성하는 성분은 어떻게 되어 있는가를 살펴보는 일도 흥미로운 일이 아닐까? 먼저 생명체를 구성하는 세포가 어떤 환경과 성분 속에 살고 있는가를 알아보도록 하자.

우리는 생명체가 60% 이상이 물로 구성되어 있다는 것을 잘 알고 있다. 그렇다면 70kg의 몸무게를 가진 인간은 대략 42리터의 물을 몸속에 가지고 있다는 뜻이다. 과연 이 물들은 어디에 어떻게 들어 있을까? 간단하게 생각해보자.

먼저 물이 들어 있는 부위를 크게 나누어 세포 안에 들어 있는 물과 세포 밖에 있는 물로 나누어보자. 세포 안에 있는 물은 세포내액(intracellular fluid; ICF)이라 불리며 전체의 약 2/3를 차지한다. 즉 몸속에 있는 물의 절반 이상이 세포 안에 들어 있다는 의미가 되고, 나머지 1/3은 세포 밖에 있다는 뜻이다. 우리는 세포 밖에 있는 물을 '세포외액(extracellar fluid; ECF)'이라고 부른다. 이 세포외액은 다시 세포와 세포 사이에 들어 있는 조직액(세포간질액, interstitial fluid; ISF)과 혈액 속에 들어 있는 물로 구분될 수 있다. 세포외액 중에서 조직액에 들어 있는 물이 약 2/3를 차지하고, 나머지 1/3이 혈액 속에 들어 있게 된다. 따라서 전체 혈액이 5리터 정도 되기 때문에 이 중에서 물이 들어 있는 혈장은 대략 3리터 정도가 될 것이다.

이 내용들을 조심스럽게 읽어가다 보면 우리는 중대한 사실 하나를 발견할 수 있게 된다. 즉 모든 세포들이 물속에 잠겨 있다는 사실이다. 비록 우리의 몸이 뜨거운 사막 길을 걷고 있다고 해도 우리 몸을 구성하고 있는 모든 세포들은 몸속에서 물속에 잠겨 있는 형태가 된다. 세포들이 물속에 잠겨 있다고? 육상에 사는 생물들은 겉으로 보기에는 물을 떠난 것처럼 보이지만, 실제 우리 몸을 구성하고 있는 세포 하나하나는 모두 물을 떠나 있다고 볼 수가 없다. 이는 양막류의 등장에서도 여실히 보여주는 사실들로 제3부에서 다시 다룰 것이다.

그렇다면 세포 안과 세포 밖에 들어 있는 물에는 어떤 원소들이 주로 들어 있을까? 아니면 세포 안팎의 구성 성분이 모두 같을까? 먼저 양쪽의 성분이 완전히 다르다는 것을 알고 시작하도록 하자. 혈액이나 조직액에 주로 들어 있는 원소는 나트륨(Na)과 염소(Cl)이고, 세포 안에 들어 있는 주된 성분은 칼륨(K)과 인산수소 즉 HPO_4^{2-}이다. 나트륨과 염소? 이것은 소금이 아닌가! 여기서 또 한 가지 주목해야 할 점은 이러한 세포 안팎의 원소 차이가 세포를 살리고 생명체가 살아갈 수 있는 기본 원리를 제공하고 있다는 점이다. 우리의 심장을 뛰게 하고, 신경과 뇌가 살아 있게 만드는 그 스파이크(spikes)가 바로 이러한 원소의 차이 때문에 생겨난다는 것은 의미심장하다. 이들은 다시 제3부에서 다루기로 하자.

세포는 세포막으로 자신을 감싸서 주위 환경과 분리시켜놓고 있다. 생명체가 죽으면 자연으로 돌아간다고 해도 살아 있을 때는 그 자연과 구분되어 있어야 생명이 유지되는 법이다. 집 담장이 무너지고 폐허가 되면 그 속에 누가 살아남겠는가? 그래서 생명체에는 막이라는 담장이 꼭 필요한 것이다.

그렇다면 이번에는 지구의 껍데기를 둘러싸고 있는 지각은 또 어떤 원소들로 구성되어 있을까? 질량 비율로 보았을 때, 지각에는 생명체와 마찬가지로 산소(46.6%)가 제일 많다.[10] 그러나 그다음부터는 서로가 완전히 달라진다. 생명체는 탄소가 두 번째 많은 원소이지만, 지각은 규소(27.7%)가 많고 알루미늄(8.1%), 철(5%) 순이다. 땅덩어리 전체를 놓고 보면 철(35%)이 제일 많다. 즉 생명체와는 그 구성 성분이 많이 다르다. 우리가 흙에서 태어나 흙으로 돌아간다는 말은 약간 사실과 다르다는 뜻이다.

그렇다면 바닷물과는 어떤 차이점이 있을까? 바닷물은 땅과 하늘의 모든 물질들이 녹아 있는 커다란 웅덩이이다. 하늘은 바닷물에 녹아 들고, 바다는 다시 하늘로 그 물질을 올려 보낸다. 강물은 땅으로부터의 물질을 바다로 흘려보내고, 바다는 그 침전물을 화산과 지각변동에 의해 하늘과 땅으로 되돌려보낸다.

바닷물의 구성 성분은 지역과 수심에 따라 다소 차이가 있을 수 있지만, 제일 많이 들어 있는 원소는 염소(58.2%)이다.[11] 그다음으로 많은 것은 나트륨(32.4%), 마그네슘(3.9%), 황(2.7%), 칼륨, 칼슘 순으로 구성되어 있다. 여기에서 집중해서 보아야 될 부분이 바로 염소와 나트륨이 압도적으로 많다는 사실이다. 이들은 무엇인가? 바로 소금이다. 이 소금이 우리와 무슨 연관이라도 있단 말인가?

앞에서 언급한 몸속의 물 중에서 세포 밖에 있는 조직액이나 혈액의 주성분이 나트륨과 염소인 소금이 아니던가! 세포 밖의 구성 성분이 그 비율은 달라도 바닷물과 닮아 있다는 사실은 상징하는 바가 크다. 즉 흙이 아니라 바닷물 속에서 생명체가 나왔을 가능성을 말해준다고 할 수가 있다. 그래서 소금은 생명체나 인간에게 필수불가결한 생필품이 된 이유가 설명될 것이다. 옛날에 소금을 월급으로 준 사실도 우리는 이제 이해할 수가 있을 것이다.*

바닷물 속에는 아주 다양한 물질들이 녹아 있지만 그런데도 그 물맛이 유독 짜다. 왜 다른 맛은 느끼지 못하고 짠맛만 느낄까? 우선 소금의 나트륨과 염소는 1가의 이온†이 되어서 물에 안정적으로 녹아 있을 수 있다. 그러나 3가 이상의 이온인 철이나 알루미늄 등은 불안정하여 쉽게 침전되어버리기 때문에 축적된 소금만 그 맛을 내고 있기 때문이다.

2 우주는 무에서

1) 우주의 탄생

우주는 도대체 어떻게 생겨났을까? 가장 매력적이고 흥미로운 질문 중 하나임에는 분명하다. 어쩌면 모든 학문의 종착역이 이 우주의 탄생에 모여 있다고도 할 수가 있을 것이다. 우주의 탄생은 무(nothing)에서 시작하여 유(something)를 만들어내는 과정이라고 할 수 있다.[12] 무의 상태란 무엇인가? 시간과 공간(길이) 그리고 물질과 에너지가 전혀 없는 하나의 점인 것인가?

어느 등반가는 산의 정상을 이렇게 표현한 적이 있다. "정상이란 산의 꼭대기가 아니라 하나의 종점이자 모든 곳이 모여드는 소실점이다."라고. 우주가 탄생하는 10^{-43}초 즉 플랑크 시간은 온 세상이 출발하는 정상이자 소실점이 아닐까? 그래서 영어로 우주를 universe라고 한다. Universe는 라틴어로서 uni는 하나를 뜻하고, versus는 turned라는 뜻이니 모두가 1개로 합쳐진 온 세상이라는 뜻을 담고 있다고 볼 수 있다. 우리가 말하는 우주(宇宙)는 아직도 입에 남아 있는 천자문의 '집우, 집주' 처럼 하나의 큰 집으로 본다. 그러나 실제로 우(宇)는 공간적 넓이로, 주(宙)는 시간적 넓이로 보는 견해가 많다. 불교에서 우주를 의미하는 뜻으로 시방삼세(十方三世)라는 말도 쓴다. 동서남북의 사방과 사우(네 모퉁이) 그리고 상하가 시방이면, 삼세는 전세, 현세, 후세를 의미한다. 시간과 공간이 함께 다 들어 있다는 뜻이다. 우주를 지배하는 작동원리는 일반 상대성 원리와 양자역학이다. 말은 쉽지만 이들이 품고 있는 물리학의 세계는 어마어마하다. 알아낸 것보다 알아야 할 것들이 더 많이 남아 있는 지상 최대의 난제 중 하나라 할 수가 있다. 따라서 우주의 기원을 이해하기 위해서는 상당한 인내심과 학구열이 필요하다.

지금부터 다소 지루한 여행이 되겠지만 새로운 각오로 한번 시작해보자!

---

* 월급을 뜻하는 salary라는 말 속에는 소금(salt)이라는 의미가 들어 있다.

† 원자에서 전자가 들어가거나(양전하) 빠져나간 상태(음전하)를 이온(ion)이라고 부른다.

(1) 우주 탐구 역사

처음으로 소개할 천문학자는 그리스인으로 주로 이집트 알렉산드리아에서 활동한 프톨레마이오스(Ptolemaios: 100~170)이다. 그를 제일 먼저 소개하는 이유는 관찰을 극도로 싫어했던 아리스토텔레스의 영향을 받아서 지구가 우주의 중심이고, 행성과 태양 그리고 별들의 배후에 천국이 있다고 주장한 학자이기 때문이다. 이러한 지구중심설은 기독교에 접목되어 1,400년 동안 인류의 뇌리 속에 각인되어 있었다. 일단 기독교 교리로 채택되면 그 누구도 이의를 제기하기가 불가능해진다.

그렇다면 왜 우리의 조상들은 지구가 중심이라고 생각했을까? 우선 맨눈으로 우주를 관찰할 수밖에 없는 한계점 때문이기도 하다. 그리고 태양이 중심이 되면 지구가 돌아가야 하지만 실제로 지구 위에 사는 우리는 마치 태양이 도는 것 같은 느낌을 받기 때문이다. 이 금단의 벽은 1543년 폴란드 출신의 코페르니쿠스(Corpenicus: 1473~1543)에 의해 도전을 받게 되었다. 그는 《천체의 회전에 관하여》라는 저서에서 태양중심설을 주장했지만, 출간한 해에 사망하여 가톨릭교회로부터 올 수 있는 박해는 피해갈 수 있게 되었다. 이 태양중심설로 인하여 최초로 과학과 종교가 충돌한 것은 너무나 잘 알려진 갈릴레오 갈릴레이(Galileo Galilei: 1564~1642) 사건이다. 그는 코페르니쿠스의 태양중심설을 주장한 죄로 종교재판에 회부되어 실형을 선고받았지만, 가택 연금으로 감형되어 불행한 말년을 살게 되었다. 이와 비슷한 주장을 펼친 조르다노 브루노(Giordano Bruno: 1548~1600)는 7년간 종교재판에 회부되었다가 1600년 로마의 캄포데 피오레 광장에서 화형에 처해지고 말았다. 그는, "말뚝에 묶여 있는 나보다 나를 묶고 불을 지르려는 당신들이 더 떨고 있다."라는 유명한 말을 남기고 생을 마감한다. 갈릴레이가 사망하던 해에 미숙아로 태어난 아이작 뉴턴(Isaac Newton: 1642~1726)은 관성의 법칙과 만유인력의 법칙을 발견하면서 우주물리학의 기초를 만들어놓았다.

20세기에 접어 들면서 아인슈타인(Albert Einstein: 1879~1955)은 1905년 특수 상대성 원리와 1915년 일반 상대성 원리를 발표하면서 우주가 작동하는 중요한 원리를 제시하기에 이르게 된다. 그러나 이때까지도 세상을 지배하고 있었던 우주에 관한 생각은 정상우주론(定常宇宙論, Steady state theory)이었다. 우주는 시작도 끝도 없고 시간과 공간에 관계없이 항상 변하지 않는다고 생각했던 것이다. 우주의 작동 원리를 알아낸 아인슈타인조차도 정상우주론을 믿고 있었다. 그가 제안한 특수 상대성 원리에 근거한 질량-에너지 등가원칙 즉 $E=mc^2$은 에너지가 질량이 되고 빛이 될 수 있음을 말해주고 있다. 여기서 E는 에너지를 말하고, m은 질량, c는 빛의 속도를 말한다. 또한 일반 상대성 원리는 시간과 공간이 중력에 의해서 절댓값이 아니라 변한다는 사실을 말해주고 있다.

그 당시에 믿었던 변하지 않는 우주가 사실은 계속 팽창하고 있다는 뜻밖의 의견이 제시된 것은 미국 경제 대공황이 시작되던 1929년 일이었다. 아니 밤하늘을 수놓고 있는 이 우주가 계속 팽창한다고? 그것도 먼 곳에 있는 별들이 훨씬 더 빨리 멀어지고 있다는 사실이 알려지게 되었다. 이 사실에 놀란 아인슈타인은 1931년 1월 에드윈 허블(Edwin Hubble: 1889~1953)이 일하는 캘리포니아주의 패서디나

(Pasadena city) 북쪽에 있는 윌슨산 천문대를 찾아간다. 그가 허블과 같이 망원경으로 이 사실을 확인하는 사진은 아주 감동적이다.* 이 사건 이후로 아인슈타인은 일반 상대성 원리에서 우주 상수를 넣게 된 것을 후회하게 되었다. 우주 상수는 중력에 의하여 우주가 수축되는 것을 막기 위하여 고육지책으로 넣은 구조식이기 때문이었다.

허블이 망원경을 이용하여 우주가 팽창한다는 사실을 알아낸 사건은 인류 역사상 가장 우주를 과학적으로 이해할 수 있는 물꼬를 텄다고 할 수 있을 것이다. 그가 이 사실을 알아낸 방법은 의외로 아주 간단하다. 우리는 음원(sound source)이나 광원(light source)이 움직일 때 그 파장이나 진동수가 변한다는 것을 알고 있다. 가장 흔한 예를 든다면, 응급차의 음원이 되어주는 사이렌 소리이다. 만약 응급차가 내 쪽으로 다가올 때는 이 사이렌 소리가 점점 크게 들리다가, 나를 지나쳐가면 그 소리는 급격하게 작아진다. 빛도 파동의 성질을 가지고 있어서 이러한 도플러 효과(Doppler effect)가 잘 나타나게 된다. 이는 1842년 오스트리아 물리학자였던 크리스티안 도플러(Christian Doppler: 1803~1853)가 발견한 물리적 현상이다. 만약 광원이 관찰자에게 다가오면 청색으로 변하고 멀어져가면 적색으로 변한다. 우리는 이들을 각기 청색변이(blue shift), 적색변이(red shift)라고 부른다. 이러한 현상은 의학적으로 혈류의 흐름을 관찰하는 초음파에 이용되기도 하고, 투수가 던지는 공의 속도를 측정하거나 고속도로에서 과속 차량을 잡아내는 속도 측정기로도 사용되고 있다. 허블의 우주가 팽창한다는 사실이 확인되면서 우주에 관하여 새로운 학문적 시야가 열리기 시작하였다. 만약 팽창하는 우주를 역으로 되돌려보면, 어느 한 지점으로 수렴된다는 사실을 암시하기 때문이다. 이 팽창 이론은 약 20년 후 조지 가모브(George Gamow: 1904~1968)에 의해 집약되었다.

가모브는 러시아 태생 미국 물리학자로서 빅뱅 이론(Big Bang Theory)을 제대로 이해하고 보급한 학자이며 다학적인 재주를 가진 사람이었다. 그가 빅뱅 이론의 창시자로 인정받은 이유는 세 가지 정도의 예측력을 보여주었기 때문이다. 마치 멘델레예프가 아직 발견되지 않은 원소를 주기율표상에서 빈칸으로 남겨놓았듯이, 가모브도 아직 발견되지 않은 빅뱅의 결정적 증거들이 나타날 것이라고 예언하였고, 실제 그의 예언들이 맞아 들어갔기 때문이다. 먼저 수소와 헬륨이 빅뱅 과정의 핵합성에 의해 만들어질 것으로 계산하였고, 빅뱅 핵합성이 끝난 후 이 우주를 떠난 빛이 어딘가에 있을 것이며, 그 빛은 5K(−278℃) 정도로 식어 있을 것으로 추정하였다. 이들의 예측이 맞는다는 것은 잠시 뒤에 다시 기술할 것이다. 또한 가모브는 물리학에서 생물학으로 뛰어들어 유전 암호를 밝혀내는 일에도 적극적으로 가담하였다. 예를 들면, 그는 RNA 넥타이 클럽[13]을 만들어서 20개의 아미노산을 지정하는 암호를 찾기 위하여 자신은 알라닌(alanine)을 맡아서 연구하였고, DNA를 발견한 제임스 왓슨(James

---

* 이 사진은 캘리포니아 공대(칼텍, Caltech) 사진 보관소에 보관되어 있다. 다음 인터넷에서 쉽게 찾아볼 수 있을 것이다. https://calisphere.org/item/fd35e8ad31a475d70f234e58d3855c5b/

Watson: 1928~)에게는 프롤린(proline)이 새겨진 넥타이를 만들어주기도 하였다.

가모브와 동시대의 물리학자였던 영국의 프레드 호일(Fred Hoyle: 1915~2001)은 케임브리지 대학교의 유명한 천문학자였으며 정상우주론을 굳건히 믿고 있었던 학자이기도 하였다. 그는 대서양 건너편에서 불어오는, 우주가 폭발에 의하여 생겨났다는 이론을 받아들일 수가 없었고, 1950년 영국의 BBC 방송국의 시사프로그램에서 이런 미국 쪽의 이론을 경멸하는 의미에서 빅뱅(Big Bang)이라는 이름을 붙여주게 되었다. 그러나 빅뱅 우주론을 그렇게 폄하했던 호일이 이 이론이 정립되는 데 더 크게 기여하게 될 줄을 누가 알았겠는가! 하물며 그것에 걸맞은 이름까지 붙여주다니!

빅뱅 우주론에서 생성되는 원소는 수소와 헬륨이다. 그렇다면 나머지 원소들은 어떻게 만들어졌을까? 빅뱅 우주론이 그 대답을 못하던 시절 호일이 이에 대한 해답을 내놓았던 것이다. 그는 1957년에 탄소 등 무거운 원소들이 1억℃ 이상의 높은 온도를 가진 별의 중심부에서 만들어진다는 항성 핵합성(stellar nucleosynthesis) 이론을 발표하여 위기에 빠진 빅뱅 이론을 구해준 장본인이 되었기 때문이다.

우주의 역사를 탐구하는 데 또 다른 결정적 사건은 바로 우주배경복사(Cosmic Microwave Background radiation: CMB)의 발견이다.[14] 우주배경복사는 1964년 미국 벨 연구소에 근무했던 아노 펜지어스(Arno Penzias: 1933~)와 로버트 윌슨(Robert Wilson: 1936~)에 의해 처음으로 발견되었다. 이들은 우주선과의 교신에서 생기는 잡음을 제거하라는 본사의 지시를 받고, 이 정체불명의 지지직거리는 잡음을 연구하다가 엄청난 우주의 비밀을 알아내게 된 것이다. 이들은 그 덕분에 1978년 노벨 물리학상을 받게 되었다. 그 후 우주를 이해하는 결정적 증거 중의 하나인 우주배경복사를 좀 더 자세히 연구하기 위하여 미국은 1989년 코베(Cosmic Microwave Background Explorer: COBE) 위성을 쏘아 올렸고, 다시 2001년에는 해상도가 코베보다 30배 이상 높은 더블유맵(Wilkinson Microwave Ansitropy Probe: WMAP) 위성을 쏘아 올리게 되었다. 이 더블유맵 위성이 보내준 확고한 자료를 통하여 마침내 2010년 우주의 나이가 137억 5천만 년이라는 역사적 사실이 알려지게 되었다. 우주는 호모 사피엔스 덕분에 자신의 나이를 알게 된 셈이다. 유럽도 2009년 더 해상도가 높은 플랑크(Planck) 위성을 발사하여 최종적으로 우주배경복사의 과학적 의미를 확정짓게 되었다.

인간이 찾아 나선 우주에 대한 지적 호기심이 어떻게 현재까지 진행되었는가를 대략적으로 살펴보았다. 그렇다면 지금까지 알고 있는 사실들에 기반해 빅뱅의 대폭발이 실제 어떻게 일어나서 진행되었는지를 간략하게 알아보도록 하자.

(2) 빅뱅, 대폭발 우주론

빅뱅은 우연히 일어난 단회적 사건이다. 단회적이라는 의미는 반복적으로 일어날 수 없다는 뜻이다. 실험실에서 반복적으로 재현 가능해야만 우리는 그 사실을 믿을 수가 있다. 이것이 과학이다. 그렇다면 빅뱅이 우연히 단회적으로 일어났다면 우리는 그것을 믿을 수가 있을까? 마찬가지로 생명이 우연히 단회적으로 생겨나 현재의 인간에 이르고 있다면 누가 그 사실을 믿겠는가? 이것이 과학의 딜레마이자 찾아가야 할 이정표이기도 하다.

137억 년 전 어느 한 시점, 즉 10^{-43}초의 순간에 우주는 태어난다.[15] 이 시간은 소수점 밑에 0이 무려 42개나 자리 잡고 있는 어마어마하게 작은 숫자이다. 이 시간대가 물리적으로 측정할 수 있는 최소의 단위가 되고, 우리는 이를 '플랑크 시간(Planck time)'이라고 부른다. 이 한 순간에는 우주에 있던 4개의 모든 에너지(중력, 강력, 약력, 전자기력)가 모두 한곳에 모여 있었다. 우리는 이를 '만물의 이론(Theory of everything; TOE)'이라고 부른다.

중력은 약하지만 사과를 떨어뜨리게 하고, 강력은 원자핵 안에서 양성자와 중성자를 묶어두는 역할을 한다. 약력은 방사선 붕괴를 일으키고, 전자기력은 생명이 살아가는 화학반응을 유발하는 힘으로 작용하고 있다. 이 중에서 제일 먼저 빠져 나간 힘이 중력이다. 이 시점의 우주는 비록 한 점에 불과했지만, 그 온도는 상상을 초월할 만큼 뜨거운 것이었다.

이 우주가 약 10^{-36}초경에 이르면 강력이 빠져나가면서 엄청난 급팽창 순간이 찾아온다. 무려 10^{70}배 정도로 우주가 급속히 커지게 된 것이다. 이때 우주의 에너지가 빛(광자)과 물질로 바뀌게 된다. 이 사실은 앞에서 언급되었듯이 아인슈타인의 에너지-질량 등가원칙($E=mc^2$)이 말해준다고 할 수가 있다. 이렇게 전환된 빛과 물질은 광자의 에너지가 어떤 입자의 질량에다가 빛 속도의 제곱을 곱한 값을 가질 경우, 자연적으로 광자는 물질과 반물질을 만들어낼 수 있게 되었다. 빛은 질량이 없는 에너지이고, 물질은 질량이 있는 에너지라고 할 수 있다. 따라서 빛은 에너지가 충분할 경우 물질과 반물질을 만들어낼 수 있지만, 우주가 팽창하면서 점차 식으면 빛은 물질과 반물질을 만들어낼 수가 없게 될 것이다. 빛이 물질과 반물질을 동시에 만들어내는 것은 자신의 전하가 0이기 때문이다. 따라서 물질과 반물질은 성질은 동일하지만 전하는 반대가 되게 된다. 이렇게 해서 빛은 항상 물질과 반물질을 동시에 만들고(쌍생성) 2개가 동시에 소멸하면서 빛으로 되돌아간다(쌍소멸). 그러나 다행히도 이 물질과 반물질 중 물질이 다소 많아서 이 우주는 물질의 세상이 된 것이다. 이렇게 형성된 물질이 바로 만물의 재료가 되는 쿼크(quark)와 전자(electron) 등이라 할 수 있다. 이때가 10^{-12}초에서 10^{-6}초경이 경과될 무렵이다. 여기서 주목할 점은 쿼크가 이 시점 이후로 다시는 더 이상 만들어지지 않았다는 사실이다.

이렇게 생겨난 쿼크는 우주가 점차 식어가면서 서로가 엉켜서 양성자(proton)와 중성자(neutron)를 만들어내게 되었다. 쿼크도 몇 가지 종류가 있지만 업 쿼크(up quark)와 다운 쿼크(down quark)가 가지는 전하가 서로 다르다. 먼저 업 쿼크는 +2/3의 전하를 가지고 있고, 다운 쿼크는 −1/3의 전하를 가지고 있다. 만약 업 쿼크 2개와 다운 쿼크 1개가 만나면 그 합이 1이 된다. 이것이 양성자가 되고, 그 전하는 1만큼 양의 전하를 가지게 될 것이다. 그러나 만약 다운 쿼크 2개와 업 쿼크 1개가 뭉치게 되면 $(-1/3)\times 2+(+2/3)$가 되어 전하가 0이 되는 중성자가 될 것이다. 이렇게 양성자와 중성자가 태어나는 시기가 10^{-6}초에서 1초 사이가 된다. 이때 생겨난 양성자와 중성자 수의 비율이 8:1 정도로 양성자가 더 많이 생겨나게 되고, 이제 전자가 우주의 주된 구성 성분으로 남게 되었을 것이다. 마침내 전자의 시대가 온 것이다.

이 전자의 시대도 얼마 지나지 않아 3~20분에는 빅뱅의 핵합성이 일어난다. 드디어 우주의 온도가 약 10억℃ 정도로 떨어지면 이 양성자와 중성자가 결합하여 원자핵을 만들어내는 과정에 들어서게 된다. 이렇게 하여 만들어진 원자핵에는 수소, 헬륨 및 소량의 리튬이 생겨났을 것이다. 이제 이 우주의 우세종은 오직 광자만 남아 있게 되었다. 이때 등장한 양성자와 중성자도 그 후로는 더 이상 생겨나지 않는다는 것을 기억해둘 필요가 있다. 비록 이 우주는 광자로 가득 차 있었지만 전자와 충돌하여 눈에 보이는 빛으로 빠져나올 수는 없는 상태였다.

그러나 빅뱅 이후 약 38만 년경에 이르면 우주는 더욱 팽창하면서 기온이 더 내려가 약 3천℃ 정도에 이르게 되고, 드디어 원자핵이 전자를 포획하여 원자가 탄생하는 순간이 찾아온 것이다. 이렇게 원자핵이 전자를 안아 들이자, 광자는 방해꾼이 사라짐과 동시에 산란되었던 빛이 전 우주공간으로 퍼져 나가게 되었다. 마치 안개가 자욱하면 해가 잘 안 보이듯이 전자가 자욱한 곳에서 광자는 제 모습을 보일 수가 없었던 것이다. 이렇게 우주의 사방으로 퍼져 나간 빛을 우리는 '우주배경복사'라고 부른다. 가모브가 예언하고 펜지어스 등이 발견한 우주배경복사는 빅뱅 이후 38만 년 후에 우주로 뻗어 나간 첫 번째 빛이라 할 수 있다.

또한 이때 생성된 수소와 헬륨 원자의 비율에도 주목해야만 한다. 양성자와 중성자의 비율이 8:1이었으므로 수소와 헬륨을 만들기 위해서는 이를 16:2의 비율로 확대해보자. 양성자 2개와 중성자 2개가 만나서 헬륨 원자를 만들기 때문에 총 18개 중 4개가 헬륨으로 되고 14개가 수소 원자가 될 것이다. 따라서 이 시대에 있던 모든 물질의 질량은 수소가 약 78%(14/18)를 차지하고, 헬륨이 22%(4/18)를 차지하게 되었다. 지금도 우주에 존재하는 기본 물질의 99%는 수소와 헬륨으로 구성되어 있으며, 그 비율은 대략 3:1이 되는 이유도 설명될 것이다.

한순간 전 우주로 우주배경복사의 빛이 사라지자 우주는 다시 캄캄한 어둠 속에 파묻히게 된다. 이것이 우주에서 나타난 암흑기이다. 이 암흑기는 수소와 헬륨 등이 눈사람처럼 모여 첫 번째 거대한 기체형 별을 만들 때까지 약 3억 년간 지속되었다. 우주는 쉴 새 없이 팽창했지만, 빛을 내는 별이 없어서 캄캄한 밤일 수밖에 없었다. 이렇게 나타난 별들은 다시 은하를 이루고, 그 은하 중 하나가 우리 은하였을 것이다. 우리 은하에서 다시 태양계가 생겨나고, 그 속에 들어 있던 지구에서 드디어 생명이 출현하게 되는 일이 벌어졌다.

빅뱅 이론을 설명하는 중대한 근거는 3가지로 요약할 수 있다. 첫 번째는, 우주 팽창을 설명하는 적색편이가 관찰된다는 사실이다. 별이 멀어져 갈수록 파장이 길어져서 붉은색으로 변한다는 이야기이다. 이는 다시 우주를 한곳으로 모을 수 있는 이론적 배경을 만들어주었다. 두 번째 근거는, 펜지어스 등이 발견한 우주배경복사이다. 이는 마이크로파 에너지로 절대온도 2.725K라는 것이 코베 위성을 통해 밝혀지게 되었다. 이 코베 위성은 우주배경복사가 위치에 따라 10만 분의 1 정도의 차이를 보인다는 것도 알려주었다. 이 밀도의 차이가 우주의 씨앗이 되어 현재의 우주를 만들었다는 것이 알려졌고, 이를 발견한 존 매더(John Mather: 1946~)와 조지 스무트(George Smoot: 1945~)는 2006년 노벨 물리학상을 받게 되었다.[16] 마지막 근거로는, 수소와 헬륨의 분포가 초창기 빅뱅에서 예측되었던 약 3:1의 비율이 아직도 그대로 남아 있다는 사실이다. 이러한 근거들로 인하여 빅뱅 이론은 이제 이론을 넘어 우리의 우주관 속으로 깊숙이 들어오게 되었다.

그러나 실제 우주 안에 있는 물질을 질량으로 환산할 경우, 우리가 알고 있는 수소와 헬륨 같은 보통 물질은 겨우 5% 정도를 차지하고 있을 뿐이다. 눈에 보이지도 않고 전자기파를 내지도 않는 암흑물질이 27% 정도를 차지하고, 물질도 아닌 에너지 형태로 되어 있는 암흑에너지가 68% 정도를 차지한다고 보고 있다. 암흑물질은 중력을 가져서 우주를 끌어당기지만, 많은 부분을 차지하고 있는 암흑에너지는 우주를 밀어내고 있을 것으로 생각된다. 2021년 허블 망원경 후속으로 발사된 제임스 웹 우주 망원경(James Webb Space Telescope)의 빛나는 업적을 기대해본다.

2) 별들의 탄생

이번에는 별들이 어떻게 탄생하는지를 좀 더 자세히 알아보자. 별들이 태어나는 곳은 별들이 죽어서 모여든 성운(星雲, nebulae)이다. 성운은 명이 다한 별들에서 나온 물질과 먼지로 된 구름 덩어리에 불과하다. 이 덩어리는 별과 별 사이 공간에 있다고 해서 성간운이라고도 한다. 이 성운은 98%가 주로 수소 가스와 헬륨으로 구성되어 있고, 나머지는 규산염이나 흑연을 포름알데히드(HCHO)가 둘러싸고 있는 먼지들이다. 물론 이 성운에도 수소가 2/3 정도로 헬륨보다 더 많이 들어 있다. 그러나 만약 이러한 물질과 먼지들이 일정한 밀도로 분포되어 있다면 중력이 작용하지 못하여 더 커지지는 못할 것이다. 그러나 이 물질들이 불균형하게 분포하고 있기 때문에 한쪽으로 몰려 밀도가 높아지면 중력이 작용하여 주위의 물질들을 모으기 시작하게 된다.

따라서 별들이 생겨나기 위해서는 물질이 많아야 하고, 중력이 작용해야 하며, 이 물질의 분포가 불균형 상태가 되어야 하고 그리고 저온 상태를 유지해야만 가능하다. 만약 물질들이 고온 상태에 놓여 있다면 별이 되기 위하여 뭉쳐지기가 쉽지 않을 것이다. 이렇게 만들어진 성운은 중력에 의하여 가운데가 볼록한 원반 모양을 만들면서 회전운동이 일어나 원시별(prostar)의 형태를 띠게 될 것이다. 이 원시별이 중력에 의하여 점점 더 커져서 기체 입자들의 위치에너지가 열에너지로 바뀌게 되면, 그 중심부의 온도가 급속히 상승하게 될 것이다. 만약 이 중심부 온도가 1천만°C 정도로 상승하게 되면, 드디어 핵융합 반응이 일어나게 되고, 그 압력으로 인하여 중력을 밖으로 밀어내면서 스스로 빛나기 시작할 것이다. 이것이 바로 별이 스스로 빛나게 되는 과정이자 별의 탄생 스토리가 된다. 그렇다면 별을 빛나게 하는 에너지는 도대체 어디에서 나오는 것일까?

별의 핵융합 반응은 수소에서 출발한다. 제일 많은 부분을 차지하는 수소 4개가 합쳐져 헬륨 1개를 만든다. 이때 수소 4개의 질량은 4.032이지만 헬륨 1개의 질량은 4.003이다. 따라서 수소가 헬륨이 되면서 질량이 0.7%가량 줄어들게 되고, 이 줄어든 질량이 바로 엄청난 에너지로 쏟아져 나오는 것이다. 이 에너지가 방출되는 공식이 바로 에너지-질량 등가원칙 즉 $E=mc^2$이다. 이렇게 탄생한 별은 자신이 가지고 있는 수소의 양에 따라 그들의 수명이 달라진다. 이 문제는 '별들의 자식' 편에서 자세히 다루기로 하자.

우리는 스스로 빛나는 별을 항성(fixed star)이라고 부른다. 예를 들면, 우리를 눈부시게 만드는 태양은 항성이다. 이에 반해 행성(planet)은 스스로 빛날 수 없고, 항성에서 온 빛을 반사시켜 빛을 내는 천체로서 '떠돌이별'이라고도 부른다. 그렇다면 위성은 무엇인가? 위성(satellite)은 행성을 도는 달 같은 천체를 말하고, 인간이 쏘아 올려서 지구를 돌게 만드는 것은 인공위성이라고 한다. 우리가 흔히 혜성(comet)이라고 부르는 별은 여자의 머리카락이라는 뜻을 가진 별로서 태양풍에 의하여 꼬리가 생겨난 것이다. 그래서 우리는 '꼬리별' 또는 화살을 닮았다고 해서 '살별'이라고 부르기도 한다. 초신성은 갑자기 밝게 빛났다가 사라지는 이유로 인해 '손님별(客星)'이라고 부른다.

별이 밤하늘에 빛날 수 있는 이유는 이들이 구조적으로 안정되어 있기 때문이다. 별에 가해지는 중력은 별이 안으로 수축하게 만든다. 그렇지만 별이 쪼그라들지 않고 제 모습을 유지할 수 있는 이유는 별의 중심에서 그만큼 고온에 의해 만들어진 기체압력이 중력에 대항하여 밖으로 밀어내고 있기 때문이다.

3) 우리 은하

흔히 우리 은하에는 1,000억 개의 별들이 있고, 이런 은하들이 우주에 1,000억 개가 있다고들 말한다. 그런데 수없이 많은 별들을 품고 있는 은하 자체가 우주를 구성하는 가장 기본적인 단위가 된다는 사실에 우리는 놀라지 않을 수 없다. 그렇다면 우리는 도대체 무엇이란 말인가?

우리가 살고 있는 은하를 우리는 '우리 은하' 또는 '은하수(銀河水, Milky Way Galaxy)'라고 부른다. 순수한 우리말로는 '미리내'라고도 한다. 은하수는 말 그대로 은빛의 물이 흐르는 강이라는 뜻이다. 그렇다면 milky way는 무슨 뜻인가? 서양에서는 올림포스의 우두머리 신인 제우스와 헤라 여신이 결혼한 첫날 밤 헤라 여신의 유방에서 뿜어져 나온 젖이 흘러 만들어진 길이라는 뜻을 가지고 있다.[17]

우리 은하도 다른 은하와 마찬가지로 약 135억 년 전부터 생겨나기 시작했다고 본다. 우주에 흩어진 수소와 헬륨이 씨가 되어 별이 만들어지고, 이 별들이 모여 은하가 되었을 것이다. 밤하늘에 보이는 은하가 은빛이 흐르는 강처럼 보이는 것은 태양계가 우리 은하의 중심부에서 약 25,000광년 떨어진 오리온자리 나선팔에 위치하기 때문이다. 즉 우리는 우리 은하의 중심부가 아니라 그 변두리 지역에 위치한다고 볼 수 있다. 만약 우리가 우리 은하의 중심부 근처에 있다고 한다면, 우리 은하를 은하수로 볼 수 없고 그냥 하늘에 별들이 흩어져 있는 모습만 볼 수 있을 것이다.

실제 우리 은하는 옆에서 보면 가운데가 볼록한 원반 모양이지만, 위에서 보면 가운데에 막대가 있는 막대형 나선 모양이다. 만약 여러분이 우리 은하를 횡단한다고 마음먹는다면 적어도 10만 광년은 내달려야 가능할 것이다. 그렇게 하더라도 한가운데는 피해서 횡단하는 것이 좋을 듯하다. 왜냐하면 우리 은하의 한가운데에는 무시무시한 블랙홀이 자리 잡고 있기 때문이다. 이 블랙홀은 태양보다 300만 배나 더 크고 빛조차도 빠져나오지 못하는 엄청난 구덩이라고 생각하고 있다.

우리가 살고 있는 지구는 태양계의 세 번째 행성에 불과하다. 그렇다고 태양이 거느리는 이 태양계가 전부가 아닌 것은 여러분이 더 잘 알고 있을 것이다. 이 태양계는 다시 우리 은하의 변두리에 있고, 우리 은하를 공전하는 데 약 2억 년이 소요된다. 그렇다면 이 태양계가 공전하는 속도는 얼마나 될까? 적어도 시속 80만km로 돌아가야만 한다. 우리가 타는 비행기가 대개 시속 1,000km로 지구를 날고 있는 데 반해, 이 태양계는 시속 80만km로 돌고 있다고? 이제 여러분의 상상력이 필요한 시간이다.

우편물이 제대로 주인을 찾아가려면 정확한 집 주소가 필요하다. 만약 우주선에서 떨어져 우주의 미아가 되고, 누군가가 집 주소를 묻는다면 여러분은 어떻게 대답해야 할까? 만약 서울에 산다면 서울, 다음은 대한민국이 되고, 그다음은 지구라고 대답해야 할 것이다. 그러나 이 정도로는 번지수도 제대로 알려주지 못하는 상황과 같을 것이다. 지구는 다시 우리 은하에 속해 있고, 우리 은하는 다시 더 큰 규모의 국부 은하군에 속해 있다. 이 국부 은하군은 다시 모여서 은하단을 만들고, 우리는 처녀자리 은하단에 속해 있다. 그다음은 라니아케아 초은하단(Laniakea supercluster) 속에 포함되어 있다고들 말한다. 그럴 일도 없겠지만 내가 다행히 우주선을 얻어 탄 후에 미아가 된다면 내가 찾아가야 할 주소를 제대로 외울 자신이 별로 없다. 나에게 우주는 그저 상상 속에 자리 잡고 있는 공간일 뿐이다.

4) 태양계

태양계의 주인공은 단연 태양이다. 왜냐하면 태양은 태양계 전체 질량의 99.8%를 혼자 차지하고 있기 때문이다. 만일 태양이 사라진다면 이 지구에 살아남을 생명체가 얼마나 될까? 비록 광합성을 하지 않아도 살 수 있는 생명체들이 있기는 하지만, 이들도 모두 광합성 자가영양생물과 밀접하게 연결되어 있기 때문에 이 땅에 살아남을 생명체는 거의 없을 것이다.

그렇다면 태양은 어떤 방법으로 그 엄청난 에너지를 만들어낼까? 태양이 만들어내는 에너지의 원천은 이미 설명한 바와 같이 바로 핵합성 현상 때문이다. 우주의 대부분을 형성하는 수소와 헬륨의 관계에서 에너지가 생겨난다. 즉 수소 4개가 1개의 헬륨으로 변하면서 그 질량의 손실만큼 에너지가 나오기 때문이다. 실제 태양의 밝기는 3.84×10^{27}W 정도가 된다. 이 정도의 에너지를 얻기 위해서는 초당 6.4×10^{14}kg의 수소가 헬륨으로 바뀌어야만 가능하다. 그런데 태양에 있는 수소의 총질량은

2×10^{30}kg이므로 약 100억 년 동안만 수소를 태울 수가 있다.[18] 그러나 현재 이미 약 50억 년이 흘러갔으니 앞으로 나머지 50억 년밖에 더 태울 수가 없게 된다. 남은 수명이 50억 년이라는 뜻이다.

태양에서 생산되는 에너지는 빛이라는 전자기파다. 이 전자기파에 들어 있는 감마선, X-선과 자외선은 대부분 지구의 대기에 흡수되어 지상에는 거의 도달하지 못한다. 반면에 가시광선은 대기권을 뚫고 지상의 거의 모든 생명체를 먹여 살리는 에너지원으로 사용되지만, 태양이 만들어내는 에너지의 약 22억 분의 1 정도만 겨우 지상에 도달하게 된다. 이들은 가로세로가 1m인 면적에 1,370W 정도의 에너지를 쏟아붓기 때문에, 이 에너지만으로도 100W짜리 전구 14개를 켤 수 있는 에너지에 해당한다고 할 수 있다. 태양은 실제로 지구보다 100배 정도 더 크고, 부피로는 130만 배나 더 나간다. 그리고 질량으로 보면 33만 배 정도 더 무겁다. 또한 태양의 중심 온도는 1,500만℃ 정도로 추정되고, 표면은 약 6천℃로 보고 있다.

그렇다면 지구에서 태양까지는 거리가 얼마나 될까? 우리는 보통 지구에서 태양까지의 평균 거리를 1천문단위(Astronomical Unit: AU)로 표시하고, 실제 거리는 약 1억 5천만km 정도가 된다. 만약 어느 별들이 10AU만큼 떨어져 있다면, 우리는 쉽게 지구와 태양의 거리보다 10배 정도 떨어져 있다고 이해할 수 있게 될 것이다. 이 1천문단위인 태양과의 거리를 강의용 레이저 포인트를 이용해서 한번 생각해 보자. 만약 여러분이 이 레이저 포인트로 태양을 향해 쏜다면, 얼마 만에 태양에 도달할 수 있을까? 대략 8분 정도가 걸릴 것이다. 참고로 달에다 쏘면 1초 남짓 걸리면 도달한다. 그러나 1977년 9월에 발사된 보이저 1호가 이제 겨우 태양계를 벗어나고 있다는 사실은 인간의 한계가 우주에서 어느 정도에 머물고 있는가를 여실히 보여준다고 할 수 있다. 보이저 1호와 2호는 인간이 만든 물체가 지구를 떠나 약 50년간 날아가야만 겨우 태양의 중력이 미치는 한계선을 넘어갈 수 있다는 사실을 알려준다. 우주선 속도로 50년을 달려야 겨우 태양계를 벗어날 수 있다는 것은 새로운 대항해시대가 결코 쉽지만은 않을 것이라는 예감이 들게 만든다.

태양계는 태양을 중심으로 8개의 행성이 돌고 있다. 그러나 지구와 같이 암석으로 형성된 행성은 수성, 금성, 지구, 화성뿐이다. 나머지는 모두 가스 행성으로 목성, 토성, 천왕성, 혜왕성이 여기에 속하고 있다. 특히 천황성과 혜왕성은 수소, 헬륨과 얼음으로 구성되어 있어 얼음 행성으로 불리기도 한다. 태양은 극도의 고온 상태로 인하여 원자가 전자와 원자핵으로 갈라져 뿔뿔이 흩어져 있어서 우리는 이를 플라스마(plasma)라고 부른다. 이 플라스마가 태양의 열기에 의해 뿜어져 태양계 전체로 퍼져 나가는 것이 태양풍(solar wind)이다. 만약 태양의 행성 중 자기장을 가지지 못한 행성들은 그 대기가 모두 태양풍에 의하여 씻겨 날아가버릴 것이다. 다행히 지구는 튼튼한 자기장을 가지고 있어서 대기를 온전히 보호할 수도 있고, 그 덕분에 극지방에서는 현란한 오로라를 구경거리로 즐길 수도 있게 된다. 대기는 지구를 둘러싸고 있는 막이다. 마치 세포가 세포막으로 둘러싸여 있는 것처럼. 만약 지구에 대기가 없다면 이 땅 위에 버틸 생명체는 아무도 없을 것이다.

나머지 모든 행성을 모은 것보다 더 무거운 목성은 가스 행성으로 아름다운 띠를 두르고 있다. 목성이나 토성의 기체 행성에 생명체가 산다는 증거는 보이지 않는다. 그러나 이들을 돌고 있는 위성에는 생명체가 있을 가능성이 높아 보인다. 1075년에 발사된 바이킹 1호가 보내온 정보에 따르면, 화성에 생명체가 살 가능성이 희박하다는 결과를 보여주고 있다. 그러나 태양계 안에서라도 인간은 다시 새로운 주거지를 찾아 대항해시대를 개척해야 할 절박한 순간들이 다가오고 있다는 현실에 직면해 있기도 하다.

5) 지구

여러분은 이 지구상에 태어나 얼마만큼 먼 곳까지 가보았는가? 지구는 반지름이 약 6,400km 정도되고, 지구 둘레는 약 4만km 정도가 된다.* 만약 지구 위를 제일 빨리 달리는 마라톤 선수가 밤낮없이 내달린다고 해도 한 바퀴 도는 데 최소한 80일은 걸릴 것이다. 이 시간은 마라톤 선수가 적도 위를 달렸을 때 걸리는 시간이다. 만약 이 선수가 북위 38°의 서울 위도를 따라 달린다면 완주하는 데 이보다 시간이 더 걸릴까? 아니면 덜 걸릴까? 당연히 더 짧게 걸릴 것이다. 왜냐하면 적도에서의 둘레는 약 4만km 정도 되지만, 위도가 올라갈수록 그 길이가 짧아지기 때문이다. 그렇다면 이번에는 사람이 달리는 것이 아니고 실제 지구가 스스로 달리는 자전과 공전에 대하여 생각해보자.

지구는 적도를 기준으로 4만km를 24시간 동안 한 바퀴를 돈다. 이는 시속 약 1,670km로 돈다는 계산이다. 최소한 우리가 타고 다니는 상용 비행기의 속도보다 1.5배 정도 더 빠르다. 그렇다면 서울의 위도인 북위 38°에서는 도는 길이가 짧으므로 지구의 자전 속도는 시속 1,337km 정도가 된다. 지구가 한 바퀴 돌 때, 그 회전하는 속도가 적도와 38°의 서울이 달라진다는 뜻이다. 그렇다면 과연 어떤 현상이 벌어질까? 이 지구를 감싸고 있는 바닷물이나 공기가 적도에서는 빨리 흐르고 서울 정도의 위도에서는 그보다 천천히 흐르게 된다. 이는 마치 회전목마를 타고 빙빙 돌 때, 안쪽에 탄 사람보다 바깥쪽에 탄 사람이 더 빨리 도는 것과 동일하다. 이 현상을 처음으로 발견한 사람은 프랑스 과학자인 코리올리(Coriolis: 1792~1843)로서 그의 이름을 따서 '코리올리 효과'라고 부른다. 이러한 힘의 차이가 무역풍과 편서풍을 만들어내고, 멕시코 만류(Gulf stream)와 쿠로시오 해류(黑潮, Kuroshio current)를 움직이며, 더 나아가서 엘니뇨 현상을 설명하는 이론적 근거를 제시하기도 한다.

기왕 이야기가 나온 김에 지구의 자전과 공전에 관한 사실을 좀 더 생각해보기로 하자. 서울에 사는 사람은 지구가 자전하는 데만 시속 1,300km 정도의 속도로 돌고 있다. 그런데 동시에 이 지구는 태양을 중심으로 공전을 한다. 이 공전 속도를 계산하면 시속 1만 7,000km 정도로 돌아간다. 더구

---

* 지구의 반지름은 적도지방에서는 6,378km이고, 극지방에서는 6,356km이다. 둘레도 적도지방에서는 40,075km이고, 극지방에서는 40,008km이다.

나 이미 기술했듯이 태양계가 우리 은하의 중심을 도는 공전 속도는 시속 80만km를 넘어선다. 그런데도 우리는 어지럽지도 않을 뿐만 아니라 넘어지지 않고 잘 걸어 다닌다. 이런 이유가 바로 우리 선조들이 한사코 지구가 중심이 되어야 한다고 생각한 근거들이다.

그렇다면 지구의 나이는 어떻게 알았을까? 우주의 나이가 비교적 최근인 2010년 코베와 더블류맵 위성이 보내온 정보에 의하여 최종적으로 137억 년으로 확정되었듯이, 지구의 나이도 몇 살인지가 결정된 것은 인간이 달에서 시료를 가져와 분석한 1970년대에 비로소 46억 년으로 결론이 났다.[19] 성경의 연대기를 연구하여 지구의 나이를 기원전 4004년 10월 22일 저녁이라고 발표한 아일랜드 대주교 제임스 어셔(James Ussher: 1581~1656)의 주장과는 너무나 차이가 나지 않는가? 어찌됐건 호모 사피엔스 덕분에 우주나 지구는 케이크에 꽂을 생일 초의 개수를 알게 된 셈이다. 지금까지 우리는 137억 년 전 우주는 무에서 시작해서 46억 년 전에 태양계가 생기면서 지구가 탄생한 과거를 할머니 이야기처럼 살펴보았다. 몇백 년도 생각하기를 싫어하는 우리의 습성으로 미루어보았을 때 얼마나 이 사실들이 우리 가슴에 와닿았는지가 무척 궁금해진다.

3 별들의 자식

1) 별의 순환

나는 '별들의 자식'이라는 멋 떨어지는 우리말을 찾아낼 만큼 재주가 있는 사람이 아니다. 그 대신 왜 이 말이 맞는 말인가를 그저 최선을 다해 설명하고자 할 뿐이다. 별이 태어나고 죽는 것이 우리를 포함한 모든 생명체와는 무슨 상관이란 말인가? 상관의 정도를 떠나서 별이 없으면 우리도 없었다는 것을 말할 순서가 왔다는 뜻이다.

인간은 죽으면 흙으로 돌아간다고들 말한다. 별의 일생도 비슷하다. 별이 죽으면 다시 가스와 먼지로 되돌아간다. 우리는 이 덩어리를 성운(星雲, nebula)이라고 부른다. 인간의 일생은 별의 일생에 비하면 순간에 불과하다. 별은 자기가 죽은 먼지와 가스에서 다시 태어난다. 그러나 인간은 그가 돌아간 흙에서 다시 인간으로 태어난다는 보장이 없다. 왜 그럴까? 우리가 묻힌 흙은 별이 죽은 성운에 비하면 그 분량이 눈곱만큼이나 될 수 있을까? 지구의 그 무엇으로 태어난들 별 의미가 없어 보인다.

가스와 먼지 알갱이가 모인 성운은 별들이 태어나는 요람이다. 중력에 의해서 뭉쳐진 덩어리는 그 크기가 응축됨에 따라 더 빨리 돌기 시작할 것이다. 각운동량 보존법칙*에 따라 더 빨리 돌 수 있는

---

* 각운동량 보존법칙은 회전하는 물체의 질량이 일정하다면 회전 속도는 반지름에 반비례한다. 따라서 스케이트 선수가 팔을 펴면 반지름이 커져서 속도가 느려지고 팔을 오므리면 반지름이 작아져서 속도가 빨라지게 된다.

회전력이 생겨난다는 뜻이다. 이는 마치 피겨 선수가 팔을 움츠리면 더 빨리 도는 것과 같은 원리이다. 이렇게 중심핵이 생기면 중심부로 강력한 중력이 작용하게 된다. 그래서 달구어진 중심부의 온도가 1천만°C 정도로 상승하면 드디어 수소가 핵융합을 일으켜서 헬륨이 만들어지면서 엄청난 양의 에너지가 뿜어져 나오게 된다. 이렇게 생긴 힘이 중력에 대응하여 별을 안정시키면서 빛나게 만들 것이다. 그러나 이때 얼마나 큰 질량의 별이 만들어지는지에 따라 그 별의 운명이 완전히 달라지게 된다. 별의 운명은 그 덩치에 달려 있다는 뜻이다. 따라서 별의 질량을 태양의 질량에 비교하여 그들의 운명을 따라가보는 것이 좋을 듯하다.[20]

만약 별의 질량이 태양의 10% 미만인 경우는 별의 질량이 너무 작아서 중심부 온도가 1천만°C 이상으로 올라갈 수가 없기 때문에 수소의 핵합성이 일어나지 않는다. 따라서 이들은 별로서 빛날 수 없고 갈색왜성이 되어 차갑게 식어서 성운으로 다시 되돌아갈 것이다. 그러나 덩치가 작은 만큼 수명은 더 길어져 수백억 년은 살아서 버틸 수가 있다.*

그러나 별의 질량이 태양의 10%에서 10배 정도의 크기에 해당한다면 그 운명은 크게 달라진다. 우선 이 크기의 별들은 중심부 온도가 충분히 1천만°C를 넘어서기 때문에 수소를 태울 수 있는 중력 수축이 일어나게 된다. 그래서 중심부는 활발한 수소 핵융합으로 활활 타오르게 될 것이다. 이때를 인간에 비유하면 한창 전성기 시절인 청년기나 장년기에 속한다고나 할까? 그렇지만 학문적으로는 이때를 주계열성에 위치해 있다고 말한다.† 그러나 중력은 변함없이 강하지만 중심부의 핵융합에 이용되는 수소의 양은 한정되어 있다. 그래서 수소를 거의 다 태울 무렵이면 다시 중력에 의해서 별은 중심부로 수축하게 될 것이다. 이때에는 중심부가 아닌 껍질 쪽에 있던 수소에서 핵융합이 일어나게 된다. 이렇게 중심부가 아닌 바깥 부분에서 연소가 일어나면서 별은 걷잡을 수 없이 커지는 수순을 밟게 될 것이다. 우리는 이 상태를 적색거성(赤色巨星, red giant)이라 부르고 아주 붉게 빛나게 되고, 마침내 주계열성에서 벗어나 늙고 병든 별이 될 수밖에 없다. 적색거성은 부풀어진 몸집을 항성풍에 날려 보내면서까지 몸집을 줄여 중력에 대항해보려고 노력하지만, 어쩔 수 없이 다시 쪼그라들어 백색왜성으로 마지막 단계까지 내몰리게 될 것이다. 이렇게 백색왜성 정도로 작아져도 형태를 유지할 수 있는 이유는 전자 축퇴압(電子 縮退壓, electron degeneracy pressure)이라는 힘으로 중력에 대항할 수 있기 때문이다. 전자 축퇴압은 중력에 의하여 원자가 극도로 압축되면 전자들이 밀착되어 서로의 척력이 작용하여 중력을 밀어내는 힘을 말한다. 그러나 이 힘도 오래가지 못하고 결국 백색왜성은 차가운 밤하늘 속으로 다시 가스와 먼지가 되어 사라져버릴 것이다. 간혹 이 백색왜성이 주위 별에서 질량을 얻어 찬드라세카르 한계(Chandrasekhar limit)를 넘어서면 새로운 핵융합이 일어나 걷잡을 수 없는 초신성 폭발로 이어

---

* 보고자에 따라 태양 질량의 7%만 넘어도 수소의 핵합성이 일어난다고 생각한다.

† 별의 일생 중 중심부에서 왕성한 수소 핵합성이 일어나는 시기를 말한다.

질 수도 있다.* 그러나 대부분은 백색왜성이 되어 하늘로 사라진다. 보통 태양 정도의 무게를 가진 별은 대략 100억 년 정도 살다가 생을 마감한다. 별의 수명에 관해서는 잠시 뒤에 다시 다루기로 하자.

이번에는 태양보다 10배 이상 무거운 별들은 어떤 일생을 보내게 될까? 이들은 더 격렬하게 불타올라 적색거성이 아니라 더 큰 적색 초거성(red supergiant)이 되어 엄청난 열기를 내뿜게 되어서 결국에는 초신성으로 폭발하거나 중성자별이 된다. 초신성 폭발은 태양보다 10억 배 이상 밝게 빛나는 손님별(客星)이다. 또한 덩치가 큰 만큼 중력이 더 강하게 작용하여 별은 중성자 축퇴압으로 근근이 버텨가는 중성자별이 된다. 중성자 축퇴압은 전자 축퇴압보다 더 강한 중력 수축이 작용하게 되면 양성자와 전자가 뒤엉켜 전기적으로 중성자가 되고, 이들의 척력에 의해 중력을 막아내는 것이다. 따라서 중성자별의 밀도는 엄청나게 커지게 되고, 각설탕 1개 정도의 무게가 무려 2억 톤 정도가 되어 지구상의 모든 자동차의 무게를 합한 것과 비슷해진다. 그러나 결국에는 중성자별로 늙어서 별의 무덤 속으로 사라지게 될 것이다. 이들은 태양 크기의 별에서 만들 수 있는 원소보다 더 무거운 원소들을 만들어낼 수가 있다.

그런데 아예 태양보다 30배쯤 더 무거우면 양상은 완전히 달라진다. 이때에는 원자들의 연속적인 핵융합 연쇄 반응에 의하여 초신성으로 폭발하기도 하고, 엄청난 무게 때문에 생긴 중력으로 인하여 한없이 수축하여 만들어진 블랙홀이 한가운데에 웅크리고 있을 것이다. 이렇게 큰 별은 화끈하게 사는 것으로 정평이 나 있지만, 그 수명은 아주 짧아서 수백만 년 정도에 불과하다. 그렇다면 별의 수명에 관한 계산법은 어디 없을까? 별의 수명을 알아보는 공식은 태양의 수명을 기준으로 해서 결정한다. $T=10^{10}/M^{2.5}$은 별의 수명에 관한 공식이다.[21] 여기서 M은 태양의 질량을 1로 계산한 것이다. 따라서 태양의 수명은 100억 년이 된다. 만약 태양보다 2배 무거운 별의 수명은 대략 18억 년 정도가 될 것이고, 10배 정도 무겁다면 3천만 년밖에 살 수가 없다. 인간도 너무 과체중이면 오래 살지 못한다고 하지 않았던가! 어쨌든 엄청난 덩치를 가진 별은 확실히 화끈하게 살다가 화끈하게 사라진다고 할 수 있다.

2) 원자의 탄생

이 책에서 처음부터 여기까지 기술된 내용들은 모두 원자의 탄생을 설명하고 이해하기 위한 전초전에 불과하다고 할 수 있다. 왜냐하면 인간을 포함한 우주의 모든 것들은 모두 원자로 구성되어 있기 때문이다. 처음에 생명체의 성분 분석표를 이해하고, 그다음 빅뱅과 별의 일생을 훑어온 것은 바로 원자의 기원을 정확히 이해할 필요성이 절실했기 때문이라고 할 수 있다. 그래서 전술한 내용을 바탕으로 원자의 기원을 다시 한번 정리해보도록 하자.

---

* 백색왜성의 질량이 태양의 1.44배 정도까지는 전자 축퇴압으로 별의 수축을 막아낼 수 있다. 우리는 이 한계를 찬드라세카르 한계라고 한다.

우선 수소와 헬륨은 빅뱅에서 만들어졌다는 것을 우리는 잘 알고 있다. 쿼크와 전자가 빅뱅의 엄청난 에너지에 의해 만들어지고, 쿼크가 모여 양성자와 중성자를 만들었다. 이들이 다시 모여 원자핵을 만들기 시작한 것은 빅뱅 이후 약 1초경에 일어난 일이다. 드디어 38만 년이 흐르면서 우주가 점차 식어가자 원자핵은 다시 전자와 결합하여 수소와 헬륨 원자를 만들었고, 자유로워진 광자가 날아가 버린 우주는 암흑 속에 잠기게 되었다. 이때 만들어진 수소가 우리 몸속에 들어와 있지만, 나이로 따지면 무려 137억 년이나 된다. 100년도 못 사는 인간에게 137억 년짜리의 물건이 들어와 있다고! 인간 100년에 목을 매달고 있는 우리의 모습이 우스워지지 않을까 걱정이다. 그렇지만 이 수소를 자세히 관찰해보면 그 당시에 생겨난 수소는 전혀 늙지도 않고 그대로이다. 이 엄청난 세월이 지난 후에도 수소는 항상 그 모습 그대로이면서 더 이상 만들어지지도 않고 더 줄어들지도 않는다.

그렇다면 수소와 헬륨 이외의 다른 원소들은 어떻게 만들어졌을까? 헬륨에서 철까지 만들어지는 과정을 생각해보자. 헬륨이 수소의 핵융합에 의해 만들어지듯이 철까지의 원소도 핵융합에 의해 만들어진다.[22] 수소와 헬륨은 빅뱅의 핵융합에 의해 만들어졌지만, 그 외의 원소들은 별에서 만들어진다. 이러한 별들의 핵융합에는 엄청난 고열이 필요하다. 별이 클수록 더 높은 열을 만들 수 있기 때문에 철(Fe)까지 만들어낼 수가 있다. 태양 정도의 별이 늙어 죽게 되면 탄소나 산소 정도의 원소까지만 만들 수가 있다. 그렇지만 태양보다 더 무거운 별일수록 열이 많아서 더 무거운 원소를 만들어낸다. 그래서 맨 바깥쪽에는 수소가 있을 것이고, 안으로 들어가면서 더 무거운 원소들이 마치 양파껍질 모양처럼 감싸면서 제일 안쪽에는 철이 위치하게 될 것이다. 수소 핵 4개가 만나 헬륨이 되고, 헬륨 핵 3개가 만나 탄소 핵이 된다. 만약 헬륨 핵 4개가 만나면 무슨 원소가 될까? 이렇게 해서 산소가 태어난다.

그렇다면 왜 철까지만 만들어질까? 철 핵은 모든 원소 중에서 가장 결합에너지가 높아서 가장 안정적이기 때문이다. 그래서 이보다 더 무거운 원자핵들도 불안정해지고, 이보다 더 가벼운 원자핵들도 불안정해진다. 따라서 철보다 가벼운 원자핵은 철 핵으로 가려는 경향이 핵융합(nuclear fusion) 반응이고, 철 핵보다 더 무거운 원소들이 철 핵으로 가려는 경향이 바로 핵분열(nuclear fission) 반응이 된다. 그렇다면 철보다 더 무거운 원소들은 어떻게 만들어질까? 이는 철의 결합에너지를 완전히 제압할 수 있을 만큼 더 엄청난 에너지가 필요하다는 뜻이다. 이 에너지는 바로 초신성 폭발에서 얻어지게 된다. 따라서 철보다 더 무거운 원소는 초신성 폭발에 의해 만들어져서 우주로 뿜어져 나온 것들이다.

종합하면 가벼운 원소인 수소나 헬륨은 빅뱅에서 만들어졌고, 그보다 더 무거운 원소들은 별들에 의해 만들어진다는 결론이다. 그래서 우리는 별들의 자식임에는 틀림없다. 밤하늘의 별을 쳐다보며 수심에 잠기는 것은 그곳이 우리의 진정한 고향이라는 의미이고, 우리가 죽고 난 다음에 하늘로 돌아간다는 의미가 될 것이기 때문이다.

4 원자들의 짝짓기

1) 분자의 탄생

지금까지 우리는 원자가 어떻게 만들어지는지를 알아보았다. 그렇다면 이 원자들이 어떻게 짝을 지어 더 큰 분자(molecule)들을 만들어낼 수 있을까? 정녕 신기한 일일까? 그런데 알고 보면 이 일이 그리 어려운 일이 아니란 것을 금방 알 수가 있다.

먼저 분자란 어떤 물질의 성질이 그대로 보존되어 있는 최소의 집합이자 단위이다. 즉 물은 수소 원자 2개와 산소 원자 1개가 만나 물이라는 특출한 분자를 만들어낸 것에 불과하다. 각각의 수소나 산소는 물의 특징과는 전혀 관련이 없다. 이 둘은 모두 강력한 폭발력을 가지거나 다른 물질을 태워버리는 성질을 가지고 있을 뿐이다. 그렇지만 이들이 서로 뭉치면 전혀 다른 물이라는 성질을 가지게 된다. 만약 이 물의 분자들을 다시 수소와 산소로 갈라놓으면 물의 특징들은 완전히 사라져버릴 것이다. 더 이상 물이 아니라는 뜻이다. 그래서 분자는 그 특징적인 성질을 가지는 최소의 집합이나 단위가 된다는 뜻이다.

(1) 짝짓기 게임의 원칙

원래 분자는 라틴어로 '작은 덩어리'라는 뜻을 담고 있다. 모든 분자는 원자로 구성된다. 그렇다면 원자들이 어떤 규칙을 가지고 서로가 결합해서 분자를 만들 수 있을까? 여기에는 분명한 규칙이 있다. 마치 자연 속에는 자연법칙이 있듯이 말이다.

이 짝짓기 규칙은 전자(電子, electron)에서 출발한다. 먼저 전자라는 아이들이 나락을 베어낸 논바닥에서 흰 고무신을 신고 놀이를 하고 있다고 가정해보자. 이 아이들이 하는 놀이는 먼저 2명으로 뭉치는 게임을 하는 것이다. 만약 혼자 남게 되는 아이는 빨리 다른 한 아이와 만나 짝을 이루어야만 한다. 그다음에는 8명을 만드는 게임이다. 만약 이들 중에서 8명 속에 들어가지 못한 아이들은 재빨리 다른 아이들과 만나서 다시 8명을 만들어야 한다. 이 8명의 게임을 화학에서는 '8전자 규칙(octet rule)'이라고 부른다.[23] 2명을 만드는 게임은 빅뱅에서 만들어진 수소와 헬륨에서 시작되었고, 별의 핵합성에서 만들어진 나머지 원자들은 8전자 규칙으로 결합한다. 만약 어떤 원자의 전자가 2개가 되어 전자껍질*을 모두 채우면 그 원자는 안정된다. 마찬가지로 그 바깥쪽에 있는 전자껍질도 8개를 다 채우면 안정되어 화학적으로 불활성화한다. 예를 들면, 헬륨은 원자번호가 2번이고 전자가 2개 있어서 전자껍질이 완전히 차게 된다. 따라서 헬륨은 안정화한 원소가 되어 수소 대신 고무풍선의 가스로 이용되

* 핵 주위 공간에 전자가 있을 확률을 뜻한다. 간단히 말하면 제1전자껍질에는 최대 2개의 전자가 들어가고, 제2전자껍질에는 8개의 전자가 들어갈 수 있다. 주기율표상에서 생명체에 들어 있는 원소들은 모두 4주기 안에 들어 있다.

는 이유가 될 것이다. 네온도 전자가 10개여서 제1껍질과 제2껍질을 다 채운 상태로 안정되어 있다. 안정되어 있다는 말은 화학반응을 잘 일으키지 않는다는 뜻이다.

화학반응은 바깥쪽 전자껍질에 몇 개의 전자가 남아 있는가에 따라 달라진다. 네온은 제일 바깥쪽에 있는 전자가 8개여서 최외각 전자수가 8개가 된다. 이 8개의 전자는 화학반응에 관여하지 않는 전자들이다. 따라서 네온의 원자가 전자수는 0이 된다. 염소 원소는 원자번호가 17번이어서 제일 바깥쪽 전자가 7개 들어 있다. 따라서 최외각 전자수와 원자가 전자수가 같다. 만약 염소가 안정되기 위해서는 어떻게 해야 할까? 주위에서 전자를 1개 얻으면 8개가 되어 안정될 것이다. 원자들의 짝짓기는 의외로 간단한 규칙에 의해 결합한다고 할 수가 있다.

2) 분자의 결합

우리는 원자와 원자가 화학적 인력에 의하여 뭉쳐지기 때문에 화학결합(chemical bond)이라고 부른다. 화학결합은 크게 공유결합과 비공유결합으로 나뉘고, 비공유결합에는 이온결합과 금속결합 등이 포함된다. 이들은 어떻게 원자들이 서로 결합할 수 있을까? 우리는 앞서 설명한 아이들의 놀이 규칙에 의해 서로가 결합한다는 것을 알게 될 것이다. 먼저 공유결합을 살펴보자.

(1) 공유결합

대부분 분자결합은 공유결합(covalent bond)이다(그림 1-2). 이 결합은 모자라는 전자를 서로 공유하면서 2개나 8개를 맞추는 결합을 말한다. 예를 들어보자. 수소는 하나의 전자를 가지고 있고, 탄소(원자번호 6번)는 4개의 전자를 바깥껍질에 가지고 있다. 이들은 어떻게 8개를 서로 만들 수 있을까? 그 방법은 아주 간단하여 전자를 서로 공유하는 것이다. 4개의 수소가 탄소와 만나서 각기 전자를 공유하면 수소는 모두 2개를 채울 수 있고, 탄소도 8개를 채워서 서로가 하나의 분자를 만들어낼 수 있게 된다. 이렇게 만들어진 분자가 삼겹살을 구워내는 메탄(CH_4) 가스가 되는 것이다.

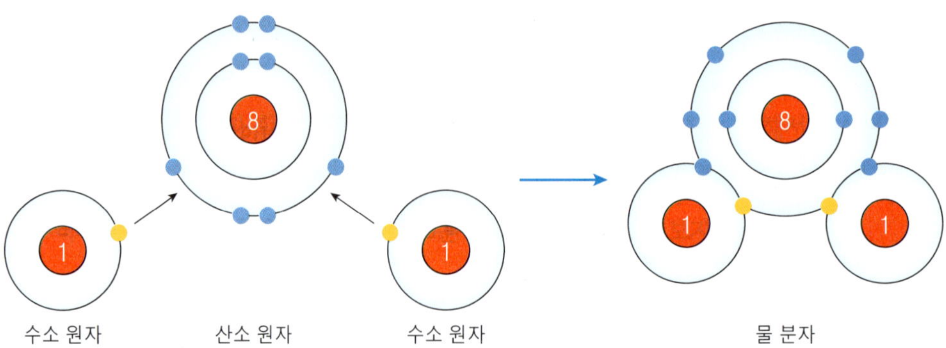

그림 1-2. 수소와 산소 원자가 공유결합으로 물 분자를 만드는 과정.

물의 구조도 한번 살펴보자. 물은 수소 2개와 산소(원자번호 8번) 1개로 구성되어 있다. 2개의 수소 전자가 각기 산소와 전자를 공유하면 수소도 2개씩 전자껍질이 차게 되고, 산소도 수소의 전자 2개를 공유하여 8개를 만들게 된다. 이런 구조로 탄생된 물질이 바로 물이다. 그러나 물은 덩치가 큰 산소에 의해 수소가 끌려가는 현상이 발생되어 극성을 띠게 된다. 이러한 극성 공유결합은 부분 전하를 가지게 되어 있다. 이는 실제로 전자가 옮겨가서 생긴 것이 아니라, 전자가 한쪽으로 당겨져서 생겨난 전기적 현상이기 때문에 (+)나 (−)로 표시하지 않고 δ−와 δ+로 표시한다. 이들은 다시 수소결합에서 설명할 것이다.

(2) 이온결합

이온결합(ion bond)은 전기적 인력에 의하여 형성되는 결합을 말한다. 전기적으로 결합하기 위해서는 두 원소가 음의 전기(−) 또는 양의 전기(+)를 띠어야만 가능하다. 예를 들어보자. 나트륨(원자번호 11번)은 바깥껍질에 전자 1개가 있어서 이 1개를 다른 원소에 줘버리면 자신의 전자껍질은 모두 2개와 8개로 꽉 차게 된다. 그런데 염소(원자번호 17)는 바깥껍질에 7개를 가지고 있어서 다른 곳에서 전자 1개를 받아들이면 8개가 되어 자신의 목적을 달성할 수 있을 것이다. 그래서 이 나트륨과 염소는 궁합이 딱 맞아떨어진다. 나트륨은 전자 하나를 주고 염소는 그 전자 하나를 받음으로써 안정은 되지만, 그 결과로 인하여 각기 전하를 띠게 될 것이다. 나트륨은 전자를 주어서 양의 전하를 띠게 되고, 염소는 전자를 받아서 음의 전하를 가지게 된다. 이 둘이 전기적으로 결합하는 것은 아주 쉬운 일일 것이다. 이렇게 생겨난 분자가 바로 음식의 간을 맞추는 소금이다(그림 1−3).

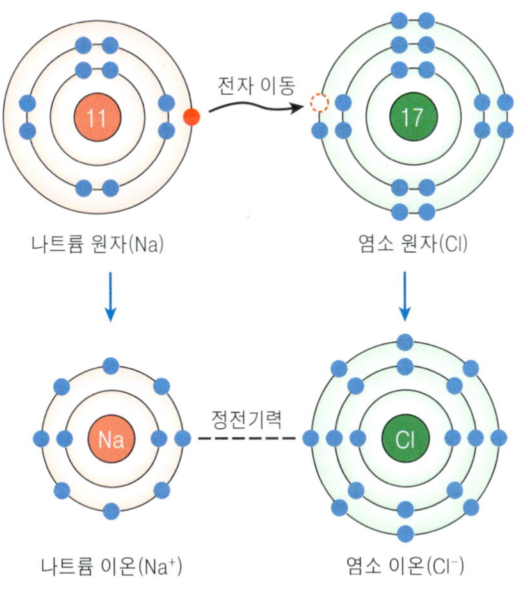

그림 1−3. 나트륨과 염소 원자가 이온결합에 의하여 소금을 만드는 과정.

(3) 금속결합

금속결합(metallic bond)은 금속 원자의 전자가 자유전자가 되어 결정 안을 돌아다니면서 원자들을 결합시키는 형태를 말한다. 이 자유전자는 서로 연결된 전자껍질을 이동해 원자 사이를 자유로이 돌아다닐 수 있다. 이러한 자유전자에 의해 금속의 강도나 광택 그리고 열이나 전기 전도성 등의 특징적인 소견들이 나타나게 된다.

(4) 수소결합

수소결합(hydrogen bond)은 극성 공유결합을 가진 분자들 사이에 일어나는 부분 전하로 인하여 생기는 결합이다. 즉 부분적으로 양으로 대전된 수소와 음으로 대전된 덩치가 큰 산소나 질소 등에 의해 일어난다. 예를 들어 물 분자를 생각해보자. 물 분자는 수소 2개에 산소 1개가 결합된 것이다. 하지만 이 수소가 옆의 물 분자에 있는 산소와 접하게 되면 덩치가 큰 산소 쪽으로 당겨지는 힘을 받게 된다. 이렇게 해서 산소는 (δ−)의 부분 전하를 띠게 되고, 수소는 (δ+)의 부분 전하를 띠게 된다. 이렇게 생긴 전기적 전하에 의해 물 분자들이 서로 연결되어 힘이 생겨나게 되는 것이다. 이러한 수소결합은 물이 액체로서 여러 가지 특징을 가지게 되는 근본적인 힘이 되어준다. 이는 곧이어 기술할 것이다.

(5) 반데르발스 힘

반데르발스 힘(van der Waals force)은 비극성 분자 안에 있는 전자가 한쪽으로 쏠려서 분자 사이에 부분적 전하가 생겨나고, 이 전하에 의하여 원자가 결합하는 것을 말한다(그림 1-4). 석유와 같은 탄화수소는 비극성 물질로 물과 섞이지 않고 석유끼리만 뭉친다. 비극성 물질은 극성 물질인 물과는 섞이지 않고 기름과 같이 자기들끼리만 뭉친다. 따라서 우리는 기름이 소수성, 즉 물을 싫어하는 성질이 있

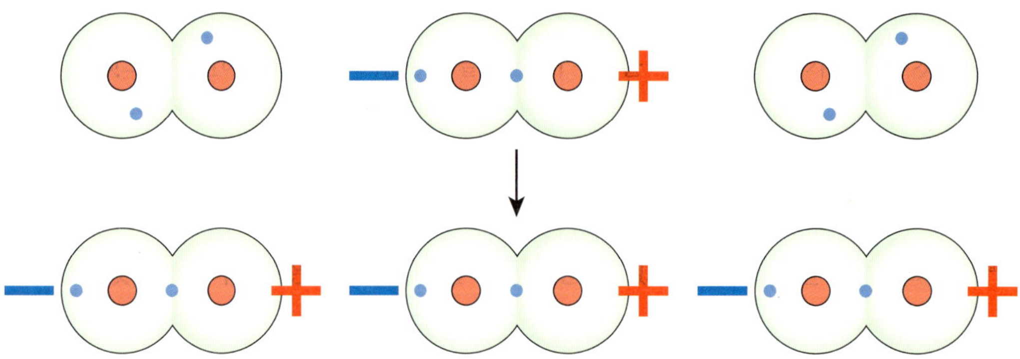

그림 1-4. 전자가 한쪽으로 쏠려서 생기는 반데르발스 힘(van der Waals force).

다는 것을 설명할 수 있을 것이다. 소수성 물질은 소수성 물질끼리 서로 작용하고, 친수성 물질은 친수성 물질끼리 작용하는 성질을 우리는 쉽게 이해할 수 있을 것이다.

3) 물의 탄생

물 즉 산화이수소(H_2O)는 생명체와는 불가분의 관계를 가지고 있다는 것을 잘 알고 있지만, 이미 우리의 철학 속으로도 깊숙이 들어와 있다. 인문학이 보는 물을 상징적으로 표현한 문구가 바로 상선약수(上善若水)라는 말이다. '최고의 선은 곧 물'이라는 뜻이다. 왜 물이 최고의 선일까? 먼저 물은 겸손 그 자체이다. 항상 높은 곳에서 낮은 곳으로만 흐르면서 거만을 떨지 않는다. 흐르면서 산을 만나면 그냥 돌아가고, 웅덩이를 만나면 피하지 않고 넘칠 때까지 가득 채운 후 다시 길을 만들면서 내려간다. 또한 어떤 그릇을 만나더라도 불평 없이 그 모양 그대로를 채우면서도 기울어지지 않고 수평을 유지한다. 이쯤 되면 최고의 선이라고 해도 과언은 아닐 듯하다.

그러나 자연과학은 이보다 좀 더 냉정하다. 우선 물은 인간을 포함한 모든 생명체의 약 70%를 차지한다. 그중에서도 조직액은 모든 세포를 물속에 잠기게 만든다. 그러면서 세포에 영양분을 공급하고 또 노폐물을 받아 처리해준다. 또한 물은 물리적 특징이 두드러진 물질로서 고체와 기체 그리고 액체라는 3가지 위상을 가지고 있다. 그리고 비교적 넓은 범위 내에서 액체 상태로 존재할 수가 있고 용해력이 매우 높아서 많은 물질들을 물속에 녹여 담고 있을 수도 있다. 따라서 물은 최고의 용매 중의 하나라고 할 만하다. 더군다나 물은 고체가 액체보다 더 가볍기 때문에 고체인 얼음이 물 위에 뜬다. 또한 물은 4℃에서 비중이 제일 무겁기 때문에 얼음 밑의 물은 얼지 않아서 물고기가 한겨울에도 얼어죽지 않고 살아갈 수 있게 해준다.

물은 이미 기술하였지만 수소결합이라는 특이한 연결 구조를 가지고 있다. 물 분자들이 서로 엉길 수 있는 힘이 있다는 뜻이다. 이 힘은 응집력이 되어 뿌리에서 흡수한 물을 수십 미터의 높이까지 끌어 올려주는 데 힘을 보태기도 하고, 표면장력이 되어 소금쟁이가 물 위를 걸어 다니게도 해준다. 그리고 토란 잎의 물방울이 잎 위에서 도르르 굴러가게 만드는 재주의 주인공도 바로 이 응집력이다. 이러한 수소결합은 기화열을 높여 땀을 흘리면 체온이 내려가게 만들어 더위에서 우리를 구해주기도 한다.

그러나 지구에 물이 생긴 이유에 대해서는 의견이 분분하다. 아마도 얼음과 함수 광물을 품고 있던 소행성이나 혜성이 물 성분을 싣고 와서 지구와 충돌한 것이 물 생성의 중요한 이유로 생각된다. 처음 이들은 뜨거운 지구에서 바다를 형성할 수 없어서 대기 중에 수증기로 머물다가 행성의 충돌이 잦아들고 지구의 기온이 내려가자 비로소 응축되어 지상으로 떨어졌을 것이다. 생명을 잉태시킨 물 분자도 결국 수소와 산소 원자의 결합에 의해 태어난 산물일 뿐이다.

4) 우리가 사는 곳

(1) 지구 시스템

우리가 사는 곳을 대한민국이나 동아시아 정도로 국한시켜서 이야기할 생각은 없다. 더 큰 시각에서 지구 전체를 내려다보면 우리는 몇 개의 권역으로 나누어져 있고, 이들이 서로 밀접한 상호작용에 의하여 유지 · 관리되고 있다는 것을 알아차릴 수 있을 것이다. 서로의 권역들이 맞물려 있어서 한쪽이 파괴되면 다른 권역에도 엄청난 피해가 간다는 뜻에서 하나의 커다란 시스템이라고 할 수 있다. 따라서 우리는 이러한 맞물림을 지구 시스템(earth system)이라고 부른다.[24] 지구 시스템은 구체적으로 수권(水圈, hydrosphere), 지권(地圈, geosphere), 기권(氣圈, atmosphere), 생물권(生物圈, biosphere)으로 구분된다. 그렇지만 이들이 서로 밀접하게 연결되어 있는 주된 대상은 물질과 에너지의 흐름이다. 지구 시스템은 에너지 면에서는 개방계이다. 그 의미는 태양의 에너지가 지구로 유입될 수도 있고 또 지구 밖으로 빠져나갈 수도 있다는 뜻이다. 에너지 자체는 지구 시스템에서 개방적이라는 의미이다. 그러나 물질에 대한 입출입은 철저히 폐쇄계의 방식을 채택하고 있다. 유성이나 혜성들이 물질들을 들고 들어오지 않는 한 지구로 물질들이 들어오지도 못하고 지구 밖으로 빠져나가지도 못한다. 그래서 생명이 사용하는 모든 물질은 모두 재생된 것들이며 결코 소모되거나 없어지지 않는다.

(2) 수권

지구에 있는 물은 97%가 바다에 존재하고 호수나 저수지에 남아 있는 물은 0.01%도 되지 않는다. 바다의 물도 절반 이상이 태평양에 들어 있다. 실제로 바다는 지구 면적의 70% 이상을 차지한다. 그래서 지구라고 부르기보다는 수구(水球)라고 불러야 한다는 말까지 나오고 있다. 하기야 어떻게 보면 바다는 육지의 땅이 낮은 곳에 고여 있는 물이라고 할 수 있다. '바다가 육지라면 서글픈 이별이 없었을 것'이라는 노래는 바다가 육지에 고인 물이라는 것을 간과한 데서 나온 말이다. 물은 다른 액체와는 다르게 비열이 높다. 그래서 쉽게 데워지지도 않고 쉽게 식지도 않는다. 이것이 낮에는 해풍이 불고 밤에는 육풍이 부는 이유이다.

바다에는 물이 흘러가는 해류가 있다. 멕시코만을 빠져나와 플로리다반도를 휘감고 미국 동부 해안을 따라 올라가는 멕시코 만류는 세계 최대의 해류이다. 이 더운 해류 덕분에 서울보다 훨씬 북쪽에 있는 노르웨이가 겨울에 생각보다 춥지 않고, 영국의 날씨가 우중충한 이유도 설명해준다. 이렇게 북상한 멕시코 만류는 점차 기온이 낮아지고 염도가 증가하면서 밀도가 높아지면, 그린란드 앞에서 심층수가 되어 바닷속 깊이 잠행하게 된다. 이런 순환을 열염순환(熱鹽循環, thermohaline circulation)이라고 부르며, 이 심층수는 남극해를 돌아 북태평양에서 다시 표층수로 솟아오르게 된다.[25] 이 심층수가 솟아오르는 곳은 플랑크톤이 풍부하여 황금어장이라는 것이 오래전부터 잘 알려져왔다. 서쪽에서는 필리핀 근해에서 데워진 바닷물이 동중국해와 일본 동쪽 해안을 따라 북상하는 쿠로시오 해류가 그다음으로 큰 해류가 된다.

빙하에 갇혀 있는 약 3%의 물은 지구 대기 온도에 막대한 영향을 미치고 있다. 빙하의 얼음덩어리도 강물처럼 느리게 흘러내린다. 빙하가 깎아낸 암석은 산꼭대기의 뾰족한 뿔이 되어 관광객을 불러들이는 호른(horn)이 되고, U자 계곡을 만들어서 장엄한 피오르(fiord)를 만들어낸다. 미국 서부의 요세미티 국립공원(Yosemite National Park)의 하프 돔은 빙하가 만들어낸 최고의 걸작품이 되었고, 오대호는 빙하가 앉았다가 물러난 자리에 물이 고인 호수들일 뿐이다.

바다는 대기의 물질들이 스며들어가는 커다란 공간이기도 하고, 물에 녹은 산소는 바닷속의 물고기를 살려서 우리의 식탁을 즐겁게 해주기도 한다. 수권(水圈, hydrosphere)은 다른 권역과 더불어 지구 환경을 안정적으로 끌고 가는 중추적 역할을 한다고 할 수 있다.

(3) 지권

지권은 또 어떠한가? 육지는 지구 표면의 약 1/4을 차지하고 주로 북반구에 위치해 있다. 지권 또한 다른 권역 못지않게 역동적이다. 바다가 울렁거리고, 하늘에 바람이 불고, 생물들이 그 위를 뛰놀고 있는 것보다 훨씬 더 큰 규모로 흔들거린다. 지권을 둘러싸고 있는 껍데기 즉 지각은 몇 개의 큰 판과 여러 개의 작은 판으로 갈라져 있다. 마치 수박의 껍질이 여러 조각으로 깨져 있는 모습과 비슷하다. 이 판들 밑에는 유동성 고체인 연약권(軟弱圈, asthenosphere)이 자리 잡고 있어서 이 판들을 움직이게 만든다.* 이 지각의 조각들은 크게 대륙판과 해양판으로 나누어지고, 이들이 움직인다는 뜻은 물리적으로 커다란 재앙을 동반한다는 의미이다. 양쪽 판들에 마찰이 일어나서 그 정도가 한계선를 넘으면 지진으로 터져 나오고, 깨어진 판들이 다른 판 밑으로 파고 들어가면 그 힘에 의하여 화산들은 온갖 내용물을 하늘로 토해낼 것이다.

판들의 충돌 중에서 지구계에 제일 큰 영향을 미치는 것이 바로 조산운동(造山運動, orogeny)이다. 히말라야산맥이 만들어지는 과정을 살펴보자. 원래 인도 대륙이 남극과 호주 근처에 있다가 서서히 북상하면서 약 3천만 년경에 유라시아 대륙판과 충돌하게 된다. 이 충돌로 인하여 히말라야산맥이 높게 솟아올라서 인도양의 습한 공기가 이 산맥을 넘지 못하고 주저앉게 만들어버린다. 이렇게 형성된 몬순기후는 여름에 인도 대륙에 엄청난 비를 뿌릴 것이고, 겨울에는 동남아시아 쪽으로 찬바람을 내려보내는 원인이 될 것이다. 이러한 조산운동은 서쪽으로는 알프스산맥, 동쪽으로는 아메리카 대륙의 로키산맥과 안데스산맥을 만들어내는 지리적 대변혁을 낳게 되었다.

* 지구 표면에서 밑으로 약 100~250km에 걸쳐서 있는 하나의 층을 말한다. 부분적으로 암석이 녹아 있어서 상부는 온도가 낮고 하부는 온도가 높아서 맨틀 대류가 일어나는 곳이다. 지각판이 이동하는 중요한 원동력이 된다.

우리는 지구 중심까지의 거리가 약 6,400km가 된다는 것을 잘 알고 있다. 만약 우리가 지표면에서 지구 중심으로 벽돌을 떨어뜨린다면 약 45분 후에 지구의 바닥에 우당탕하고 떨어지는 소리가 들릴 것이다.[26] 그러나 그리스 신화는 대장장이가 사용하는 모루를 지구 중심으로 떨어뜨리면, 타르타로스(Tartarus)라는 지옥까지 아흐레 동안 떨어져야 겨우 도달한다고 말한다.[27] 여하튼 지표에서 2,900km쯤 내려가면 외핵에 도달하고, 여기서 다시 2,000km를 더 내려가면 내핵에 도달할 것이다. 이 내핵과 외핵은 주로 철과 니켈이 주성분이지만, 외핵은 액체 상태를 유지하면서 내핵을 돌고 있다. 따라서 지구 전체는 하나의 자석으로 작용하여 엄청난 태양풍을 막아주어서 대기가 잘 유지되도록 해주는 역할을 담당하고 있다. 지구에 자기장이 펴져 있다는 것은 극지방에 나타나는 오로라가 이를 증명한다고 할 수 있다.

땅에 스며든 빗물은 암석을 녹여 바다로 그 성분들을 실어 나른다. 바다는 다시 이들을 하늘로 향해 날려 보내고 생물권을 거쳐서 다시 땅으로 되돌아갈 것이다. 땅속으로 들어간 지각은 지열에 녹아 용암이 되어 다시 땅 위로 솟아오르게 된다. 이들은 화강암이 되어 북한산이나 설악산을 만들고, 다시 녹아서 땅속에 파묻혀 퇴적암이 될 것이다. 그리고 다시 지열을 받아 변성암이 되어 돌고 도는 암석의 세계를 완성할 것이다. 지구의 깨진 판들은 지금도 움직이고 있다. 이 판들은 지각운동에 의하여 2억 5천만 년 정도 지나면 다시 한군데로 모여서 지금의 지도와는 완전히 다른 모습으로 다시 등장하게 될 것이다.

(4) 기권

그렇다면 하늘은 어떤가? 하늘에는 구름이 떠 있고 저 멀리 비행기가 날아간다. 시커먼 구름이 굴뚝처럼 수직으로 올라가 있다면 곧 비가 내릴 것을 예고한다는 뜻이다. 망망대해에서 바다낚시를 즐기다가 이 구름이 생겨나면 얼른 도망가는 것이 상책이다. 우리는 이러한 구름을 적란운(積亂雲, cumulonimbus cloud)이라고 부른다. 구름은 층 모양으로 늘어선 층운, 새털구름을 닮은 권운, 비를 머금고 있는 난운으로 크게 나뉘고, 이런 모양을 섞어서 구름 이름을 정하곤 한다. 예를 들면, 적란운은 여름철에 소의 머리는 젖지만 꼬리는 안 젖는다는 소나기구름을 말한다. 난층운이 생기면 비가 광범위하게 오랫동안 내리게 될 것이다.

기권은 대개 지표에서 약 500km 정도를 감싸고 있는 공기로 된 막이다. 생명체 구성단위인 세포가 세포막으로 싸여 있듯이 지구도 기권이라는 막으로 싸여 있다. 그리고 세포막과 유사하게 에너지는 외부와 교환되지만, 물질은 쉽게 교환되지 않는 선택적 통과가 비슷하게 일어난다. 이 대기권은 질소(78%)와 산소(21%)가 주요 구성 성분으로 99% 정도를 차지하지만, 광합성에 필요한 이산화탄소는 0.03% 정도에 불과하여 식물이 살기에는 척박한 환경이라고 할 수 있을 것이다.

실제 대기는 기체와 에어로졸로 구성되어 있다. 에어로졸은 물방울이나 수증기와 같은 액체와 먼지나 오염물질과 같은 고체 알갱이가 뒤섞인 상태를 말한다. 그래서 질소와 산소의 성분이 99%라는 의미는 이러한 에어로졸을 빼고 계산한 상대적 분포를 말한 것이다.

기권은 4개의 공간으로 구분될 수 있다. 지표에서 약 10km 정도까지의 공간에 있는 구역을 우리는 대류권(對流圈, troposphere)이라고 부른다. 이 대류권이란 지표면이 따뜻하고 상층으로 올라갈수록 차가워져서 대류가 일어나는 공간이라는 의미이다. 뜨거운 공기는 상승하고 찬 공기는 하강하는 공간이기도 하다. 그래서 이 공간에는 구름이 있고 공기의 이동으로 인하여 바람이 존재하는 곳이기도 하다. 대개 우리가 타고 다니는 비행기는 이 정도의 높이를 날고 있다.

대류권에서 일어나는 기상 상태는 주로 세 가지 요인에 의하여 좌우된다. 제일 중요한 요소는 기온으로서 대기의 온도를 말한다. 이 온도에 따라 대기의 압력인 기압이 요동치고, 수증기량을 결정하는 습도에 따라 구름의 양상이 달라지게 된다. 그래서 기권이 다른 권역과 밀접하게 연결되어 있다는 사실을 말해준다고 할 수 있다.

대류권에서 약 40km 위의 구간을 성층권(成層圈, stratosphere)이라고 부른다. 성층권과 그 위의 중간권의 경계선을 성층권 계면이라고 한다. 이 성층권 계면에서 자외선의 흡수가 가장 많이 일어나기 때문에 기온이 거의 0℃에 접근하게 된다. 따라서 성층권은 하층이 차갑고 위층이 따뜻한 역전 현상이 일어나서 대류가 일어나지 않고 안정되어 있게 된다. 또한 수증기가 거의 없고, 대신 오존층이 자리 잡고 있어서 자외선을 흡수해주는 역할을 담당하고 있다. 오존층은 생물권에서 만들어낸 산소가 등장하면서 시작된 기권의 한 층으로 생명체에는 없어서는 안 될 중요한 기층이다.

성층권을 지나 중간권(中間圈, mesosphere)으로 접어들면 온도가 다시 하강하여 중간권 계면에 도달하면 −90℃ 정도로 떨어졌다가 열권(熱圈, thermosphere)으로 올라서면, 다시 온도가 급격히 상승하여 최고 1,500℃까지 오르게 된다. 이 열권에는 산소나 질소 기체 분자가 태양에너지를 받아 전자를 잃고 이온화된 상태로 전리층을 형성하고, 북극권이나 남극권에서 태양풍의 플라스마 입자와 충돌하면서 뿜어내는 오로라는 지구가 자석이라는 사실을 한 번 더 각인시켜주는 자연현상이라고 할 수 있다.

우리와 제일 가까운 대류권에는 대기의 순환이 활발히 일어난다. 우리가 사는 지구는 자전운동이 일어나고, 이 자전하는 지구에서는 이미 기술한 바 있지만 코리올리 힘 또는 전향력(轉向力)이라는 힘이 저절로 생겨나게 된다.* 실제적인 힘이라기보다는 가상적인 힘으로서 효과라는 표현이 더 어울릴 것이다. 이 효과는 북반구에서는 운동방향의 오른쪽으로 휘는 힘이 생겨나고, 남반구에서는 왼쪽으로 휘는 힘이 생겨난다. 이는 위도에 따라 자전하는 속도가 달라지기 때문이다. 적도 지방은 둘레가 약 4만km여서 24시간 만에 한 바퀴를 돌아서 그 자전 속도는 시속 1,675km 정도가 된다. 그러나

---

* 코리올리 힘 또는 전향력은 지구 시스템 전반에 걸쳐 커다란 영향을 미치게 된다. 따라서 기권과 수권, 지권과 생물권에 작용하는 파급효과 때문에 이 책의 여러 군데에서 부문별로 언급될 것이다. 217쪽을 참조하기 바란다.

만약 북위 50° 정도에 있다고 하면, 그 둘레가 줄어서 약 2만 6,000km가 되어 자전 속도는 시속 약 1,073km가 될 것이다.[28] 따라서 북반구와 남반구에서 위도에 따라 자전 속도가 달라짐에 따라 코리올리 효과가 나타나게 되는 것이다. 이렇게 하여 적도와 북위 30° 사이에서는 서쪽으로 부는 무역풍이 생겨나고, 30~60°에서는 동쪽으로 부는 편서풍이 불게 된다.

인간은 15세기 후반부터 이 바람을 경험적으로 인식하기 시작하였고, 대항해시대를 열 수 있는 용기를 얻게 되었다. 따라서 이러한 바람들이 포르투갈이나 스페인 사람들이 희망봉을 돌아서 인도로 가거나 대서양을 건너서 아메리카를 발견할 수 있었던 원동력이 되어주었다고 할 수 있다. 이렇게 자연현상을 일찍 터득한 민족일수록 세계사의 주인공으로 등장할 수 있는 기회가 더 많이 주어졌다는 것은 마냥 그들의 행운만으로 돌릴 수는 없는 일이 아닐까?

(5) 생물권

지구의 다른 권역과 더불어 살아가는 생물권도 지구의 역사를 이끌어가는 중요한 구역으로 자리매김하고 있다. 최소한 40억 년 전부터 다른 권역들과 함께 지구를 이끌어갈 만한 자질을 키워왔다고 할 수 있을 것이다. 그렇지만 여러분이 북한산에만 올라가보아도 그 현실을 직감할 수 있다. 정상에서 서울 시내를 내려다보면 서울이라는 도시는 인간이라는 피부병을 앓고 있다는 사실이 금방 드러나게 된다. 온 도시에서 산 쪽으로 밀고 올라가는 아파트촌들은 과연 무엇을 상징한다고 볼 수 있을까? 지구의 땅덩어리는 인간이라는 종에 의하여 피부가 벗겨지고 딱딱한 시멘트나 아스팔트로 뒤덮이고 있을 뿐이다.

지구에 사는 모든 생명체의 생물량(biomass)*을 알아보면 식물들이 82%를 차지하여 압도적으로 많다.[29] 그다음으로는 눈에 보이지도 않는 박테리아들이 13% 정도를 차지하고, 만물의 영장이라는 80억 인구가 가지는 생물량은 겨우 0.01% 정도밖에 되지 않는다. 이 극소수의 개체들이 이 지구의 생물권과 나머지 권역들을 휘젓고 다닐 수 있는 특권과 권한을 가지고 있다는 것이 과연 정당하고 합리적인 것인가? 이 0.01%의 오만이 저지를 수 있는 과오는 엄청난 재앙이 될 수 있다는 점에 특히 유의하여야 한다. 그뿐 아니라 생물권의 가장 밑바닥을 차지하는 미생물들이 하위 그룹이라고 말할 이유는 물론 하나도 없다. 우리는 그들과 함께 살며, 심지어 그들에게 의존적이면서 둘러싸여 있기도 하다.

생물권을 형성하는 개체들은 대개 바닷속 200m 이내와 대기권 6km 범위 내에서 거주한다. 이 종들은 지금까지 제시된 것만으로 대략 200만 종으로 보고 있지만, 실제로는 1천만~1억 종까지로 추정되고 있다. 대개 한 종의 평균 지속시간은 약 300만 년 정도로 생각되지만, 30만 년 정도의 역사를

---

* 생물량이란 생체량이라고도 말하며 생물이 포함하고 있는 유기물질의 총량을 말한다. 즉 개체군이 가지고 있는 건조 중량을 표시한 것이다.

가지고 있는 호모 사피엔스가 이 평균 지속시간을 채울 가능성은 극히 낮아 보인다.

우리가 보는 전체 생물계는 크게 3역 6계로 구분될 수가 있다. 제일 큰 분류군인 3영역은 세균, 고세균, 진핵생물이다. 세균과 고세균은 서로 형제같이 보이지만 그 구조가 달라서 확실히 구분 지어 생각해야 한다. 이 둘은 모두 원핵세포로서 세포 안에 핵이 없다. 그 대신 진핵세포는 세포 안에 핵이 있어서 그 모양이나 기능이 완전히 다르다. 이는 제3부에서 다시 다룰 것이다. 진핵생물은 다시 말라리아 등을 일으키는 원생생물, 밥상에 오르는 버섯 종류인 균류, 식물, 동물로 구분되어 3역 6계가 완성될 것이다. 이 중에서 특히 호모 사피엔스의 족보를 따져보는 일도 무척 흥미로운 일이 아닐까?

우리는 원자들이 짝짓기를 해서 분자가 되고, 물이 만들어지는 과정을 보면서 지구계를 훑어보는 시간을 가졌다. 다음에는 분자들이 모여 만들어내는 거대분자는 어떻게 만들어지는가를 살펴보도록 하자.

5 기차를 탄 분자

1) 몸속의 분자

생명체를 구성하는 원소들을 간단히 말해 촌모자(CHONCaP)라고 한 것이 기억나는가? 탄소, 수소, 산소, 질소, 칼슘, 인이 그것들이다. 그렇다면 생명체를 구성하는 분자들은 어떻게 구성되어 있을까? 우선 물이 전 생명체의 70% 정도를 차지하고 있다는 것은 누구나 나 아는 사실이다. 그렇다면 나머지 25% 정도는 무엇이 차지하고 있을까? 이 중에서 가장 많은 것이 단백질이다. 단백질은 남은 25% 중 절반 이상(55%)을 차지하고, 핵산(25%), 탄수화물(12%), 지질(7%) 순으로 되어 있다.[30] 이러한 구조물의 구성비는 거의 모든 생명체에서 비슷하게 나타난다는 점도 주목해야 한다. 이렇게 생명체를 구성하는 물질들은 모두 다 탄소를 기반으로 한다는 특징이 있다. 그래서 우리는 이를 유기화합물(organic compound)이라고 부른다. 즉 생명체를 구성하는 유기화합물은 탄소 원자가 탄소나 다른 원자들과 결합하고 있는 탄소화합물이라는 뜻이고, 이러한 탄소화합물을 거대분자(macromolecule) 또는 생체분자(biomolecule)라고 부른다. 이들의 특징은 우선 덩치가 크고 서로가 공유결합에 의해 연결되어 있어서 구조적으로 안정되어 있다는 점이다. 또한 이 유기화합물에 담겨 있는 화학기 또는 작용기에 따라 그 성질이 달라지기도 한다. 이러한 탄소를 포함한 거대분자는 생명체의 고유한 물질로서, 만약 암석에서 유기화합물이 발견된다면 이 암석이 생물체와 연관되어 있다는 것을 의미한다고 할 수가 있다.

이러한 거대분자는 몇 가지 구조적인 특징이 있다. 단백질은 아미노산이라는 기본 물질이 서로 연결된 것이고, 탄수화물은 포도당, 핵산은 뉴클레오티드라는 물질이 서로 연결된 것이라는 사실이다. 우리는 이때 아미노산이나 포도당, 뉴클레오티드를 단량체(monomer)라고 부른다. 이렇게 단량체들이 서로 연결되어 덩치가 커진 거대분자를 다량체(polymer)라고 한다. 기차로 말하면 기차에 연결된 한 칸 한 칸이 모두 단량체이고, 이들이 연결된 기차 전체가 다량체가 되는 셈이다. 그렇다면 이들은 어떻게 서로가 연결되어 철도 위를 달리는 기차 모양이 될까? 알고 보면 기차 칸을 연결하는 작업보다 더 간단할 수가 있다.

먼저 기차 칸에 해당되는 아미노산이 서로 물이라는 매개물에 의해 연결되기도 하고 떨어지기도 한다는 사실은 시사하는 점이 많다고 할 수 있다. 아미노산과 아미노산은 물이 떨어져 나가면서 서로 붙어서 펩티드 결합(peptide bond)을 만들어내고, 다시 물이 들어가면 두 아미노산이 떨어진다. 우리는 전자를 탈수반응(dehydration reaction) 또는 축합반응이라 부르고, 후자를 가수분해반응(hydrolysis)이라고 한다. 어떻게 부르든 간에 우리는 물을 떼어내면 쉽게 아미노산이라는 기차 칸으로 기다란 기차를 만들 수 있게 되고, 물을 부어주면 기다란 기차는 다시 각각의 한 칸 한 칸으로 떨어져 나간다는 뜻이다. 우리는 이렇게 긴 기차를 단백질이라고 부른다.

이러한 방식은 포도당이나 DNA를 만드는 뉴클레오티드에도 똑같이 적용된다. 그러나 지질은 비슷한 점은 많지만 약간의 차이가 있다. 포도당과 포도당에서 물이 떨어져 나가면서 생긴 결합을 전문 용어로는 글리코시드 결합(glycoside bond)이라 부르고, 지방에서는 에스터 결합(ester bond)이라고 한다. 이러한 거대분자는 생명체에서 에너지를 저장하고 구조적 지지대가 되어주기도 하며, 정보를 저장함과 동시에 보호 · 촉매 · 수송 · 방어 · 이동 그리고 생물학적 조절 등 모든 기능을 떠맡게 될 것이다. 이렇게 분자에서 물이 들어가고 나감에 따라 기차가 길어지고 짧아진다는 것은, 생명체가 생화학적 기능을 발전시키는 데 물이 처음부터 중요한 역할을 담당했다는 사실을 강력하게 뒷받침해준다고 할 수가 있다.

2) 단백질

단백질(蛋白質, protein)에서 단백은 새 알의 흰자위를 말한다. Protein이라는 말은 그리스어의 proteios에서 유래한다. 이 말의 의미는 '제일'이나 '첫 번째'라는 뜻이다. 그만큼 중요하다는 의미를 가지고 있다. 여러분은 단백질의 기본 구조가 어떻게 생겼을 거라고 생각하는가? 당연히 아미노산도 탄소가 주인공일 것이라고 이미 예견하고 있을 것이다(그림 1-5). 이 탄소는 4개의 팔을 가지고 있어서 첫 번째 팔에는 아미노기(NH_2)가 붙고, 그다음에는 수소가 붙는다. 특히 이 아미노기에 질소가 들어 있는 것에 주목해야 한다. 그다음 세 번째에는 카르복실기(-COOH)가 붙고, 나머지 1개에는 R기라고 표현하는 측쇄가 붙게 된다. 20개에

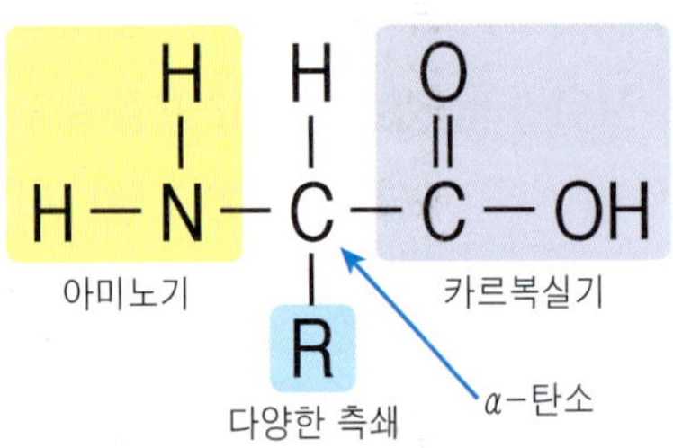

그림 1–5. 단백질 구조.

달하는 아미노산은 이 측쇄가 모두 다르고, 그에 따라 각각 성질이 달라진다. 만약 측쇄에 간단하게 수소가 달랑 1개가 붙으면, 탄소를 중심으로 아미노기, 수소, 카르복실기, 수소의 가장 단순한 구조를 가지는 아미노산이 생겨날 것이다. 이 구조를 가진 아미노산이 바로 글리신(glycine)이다.

그렇다면 대개 몇 개쯤의 아미노산이 모여서 1개의 단백질을 만들어낼까? 전형적인 단백질은 300개 정도의 아미노산이 모여서 1개의 단백질이 된다. 그러면 300개의 아미노산이 모인 단백질의 종류는 과연 몇 개나 될까? 이 숫자는 무려 20^{300}이 되므로 말 그대로 무궁무진하다는 뜻이다. 이것이 처음에 유전자가 핵산이 아니라 단백질이라고 확신했던 이유였던 것이다. 생명체의 모습이 너무나 천차만별이기 때문에 그 다양성을 나타내기 위해서는 단백질이 적격이라고 생각했기 때문이다. 그러나 단백질에 베팅을 한 사람들은 모두 돈을 잃었고, 핵산에 베팅한 사람들은 돈을 벌게 된 이상한 일들이 벌어시게 된다. 여하튼 뚜껑을 열어본 결과는 핵산이었다.

그러나 실제 생명체를 구성하는 단백질은 대략 10만 개 정도로 파악되고, 이들이 생명체에서 물을 뺀 생체분자 중 절반 이상을 차지하고 있다. 따라서 단백질은 생명체에서 아주 다양한 일들을 도맡아 한다. 그 기능들을 모두 열거하기조차도 벅차다. 그래서 유전자인 DNA가 가지고 있는 정보도 바로 다름 아닌 단백질을 만드는 정보라는 것도 쉽게 이해할 수 있을 것이다. 먼저 기능을 발휘하는 단백질이 되기 위해서는 그 구조가 몇 번의 변화를 겪어야만 가능하다. 먼저 20개의 아미노산들이 어떻게 일직선으로 배열될 것인가를 결정하는 것이 단백질의 1차 구조이다. 바로 이 아미노산의 1차적 배열이 유전자인 DNA 속에 적혀 있다.* 이렇게 유전자에 의해서 배열된 아미노산은 서로가 수소결합에 의하여 나사못처럼 꼬이는 α-나선(α-helix) 구조 모양을 하기니, 제사를 모실 때 쓰는 병풍 모양(β-pleated sheet)을 하게 된다. 우리는 이러한 구조를 단백질의 2차 구조라고 한다.

이렇게 변한 단백질이 실제로 기능을 발휘하는 것은 아니다. 이들은 다시 구부러지거나 접혀서 3차 구조를 만들지 않으면 기능을 발휘할 수가 없다. 이 3차 구조들이 소단위가 되어 서로 모이면 4차 구조가 되어 우리 몸의 헤모글로빈처럼 제대로 된 기능을 발휘하게 된다. 아무리 유전적으로 잘 배열된 아미노산이라고 해도 잘 접히지 않으면 기능을 제대로 발휘하지 못하여 병이 생긴다. 우리가 흔히 알고 있는 알츠하이머병이나 파킨슨병 그리고 인간 광우병 등은 이러한 단백질의 접힘에 장애가 와서 생긴 병들이다. 그만큼 접힘이나 구부러져서 생기는 3차원 구조의 단백질이 중요하다는 의미이다. 그래서 생명체는 잘못 접힌 단백질을 다시 정상적으로 접히게 만들어주는 구조팀을 가지고 있다. 즉 샤페론(chaperone)이라는 단백질이 그 역할을 담당한다.[31] 대표적인 샤페론이 HSP70이나 HSP60이다. 이러한 시스템에 고장이 나면 앞에서 언급한 질병들이 우리에게 다가오게 될 것이다.

---

* 유전자 속에 든 3개의 염기가 한 종류의 아미노산을 의미하기 때문에 이러한 조합을 유전암호라고 부르며, 이는 세균에서부터 인간에 이르기까지 모두가 똑같다. 잠시 뒤에 다시 다룰 것이다.

3) 핵산

두 번째로 많은 거대분자는 핵산이다. 핵산의 주된 역할은 정보를 보존하고 다음 세대에 그 정보를 전달하는 기능을 맡고 있다. 이 핵산이라는 물질은 무생물과 생물을 연결시켜주는 묘한 의미를 함축하고 있는 물질이기도 하다. 핵산은 분명 무생물로 구성되어 있지만, 이 무생물이 생명체를 만드는 모든 설계도를 가지고 있기 때문이다. 따라서 이 핵산이라는 구조물에 대하여 우리는 세심하게 주의를 기울여 살펴볼 필요가 있다.

먼저 이들은 어떻게 생겼을까? 우선 핵산의 조립단위는 뉴클레오티드(nucleotide)라는 물질이고, 이 뉴클레오티드가 핵산을 구성하는 단량체로서 기다란 기차에 해당하는 핵산을 만들어낸다. 뉴클레오티드는 오탄당에 인산기가 붙고 다른 쪽에는 염기가 붙는다. 이 오탄당에 붙은 인산기의 수산기(-OH)와 다른 뉴클레오티드의 오탄당에 붙어 있는 수산기의 수소가 결합하여 물이 떨어져 나가고, 포스포디에스터 결합(phophodiester bond)을 만들면서 긴 기차 형태의 핵산이 만들어지는 것이다(그림 1-6).

그렇다면 '우리는 누구인가'에 대한 정보는 도대체 어디에 숨어 있단 말인가? 바로 핵산의 뼈대에 붙어 있는 염기 속에 그 정보가 저장되어 있다는 것은 실로 놀라운 사실이 아닐 수 없다. 이 염기에는 두 가지 종류가 있다. 먼저 피리미딘(pyrimidine)은 티민(thymine)과 시토신(cytosine), 그리고 RNA에서는 티민 대신 우라실(uracil)이 있고, 이들은 육각형의 단일고리를 가지고 있다. 그다음 퓨린(purine)에는 아데닌(adenine)과 구아닌(guanine)이 있고, 이들은 육각형의 이중고리를 가지고 있다. 조금 복잡한 듯하지만 조금만 더 인내심을 발휘해서 집중해보자.

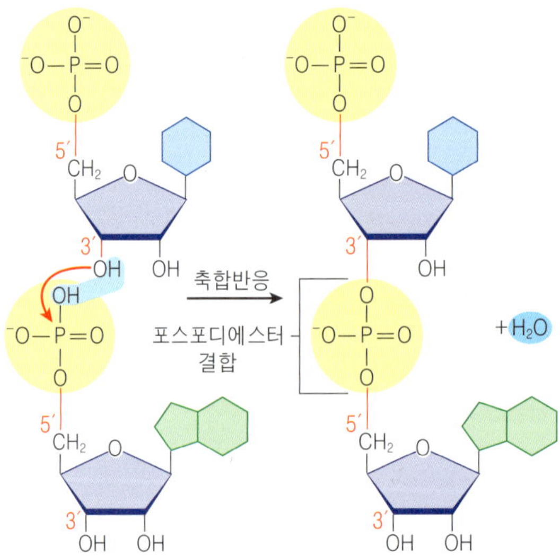

그림 1-6. 뉴클레오티드가 결합하여 다량체가 되는 과정.

염기는 항상 퓨린과 피리미딘 계열 중에서 결합해야 되고 같은 계열끼리는 결합할 수가 없다. 그래서 결국 반드시 결합해야 되는 단짝들은 아데닌(A)과 티민(T) 그리고 시토신(C)과 구아닌(G)이다. 그림 1-7은 DNA가 어떻게 구성되어 있는지를 잘 보여준다. 먼저 사다리의 양측은 그림 1-6에서 본 오탄당과 인산기가 만든 골격이다. 그리고 이 양측 뼈대를 이어주는 사다리 발판이 바로 A-T, C-G의 연결로 되어 있다. 이러한 의미는 A가 오면 반드시 T가 와야 되고, C가 오면 반드시 G가 와야 된다는 것을 의미이다.

이해를 돕기 위해서 A-T 결합을 갑돌이와 갑순이로, 그리고 C-G를 로미오와 줄리엣으로 바꾸어 보자. 양측 사다리의 발판을 구성하는 염기의 결합은 갑돌이가 오면 반드시 갑순이가 오게 되어 있고, 로미오가 오면 반드시 줄리엣이 오게 되어 있다. 물론 이 반대의 경우도 마찬가지다. 즉 갑순이가 먼저 와도 반드시 갑돌이가 와야 된다는 뜻이다. 왜냐고 물을 필요는 없다. 이것이 엄연한 법칙이기 때문이다. 만약 그림 1-7에서 사다리를 양측으로 한가운데를 절반으로 갈라놓아도 갑돌이가 있는 염기에는 반드시 갑순이라는 염기가 와서 붙을 것이다. 이렇게 단순한 방법을 사용하면 간단하게 핵산을 그대로 복제할 수 있게 된다. 그래서 복제한 DNA를 자식에게 물려준다면, 동일한 유전자를

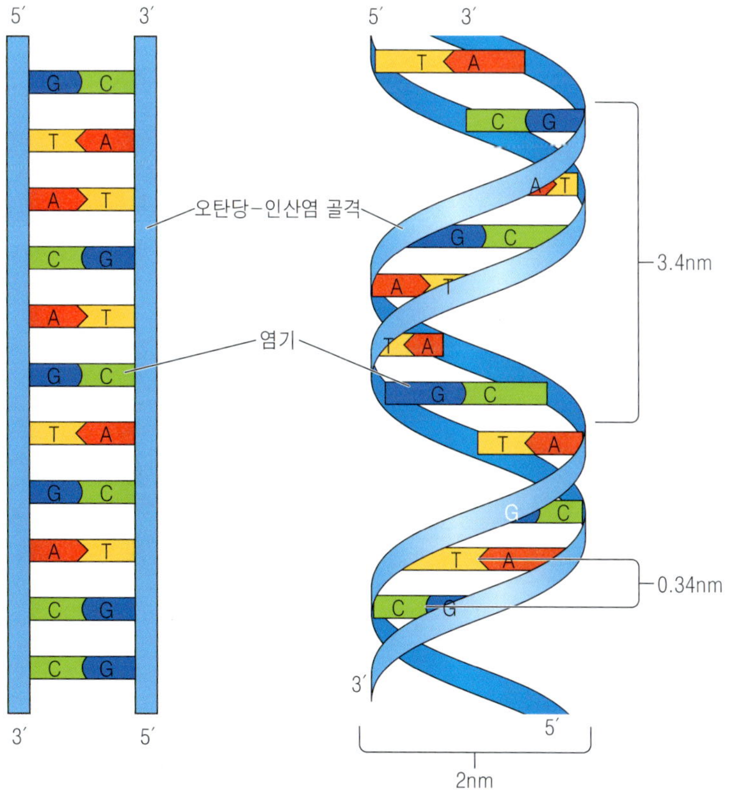

그림 1-7. DNA 이중나선 구조. 사다리 가로대를 형성하는 것이 염기이다.

동일한 순서대로 물려줄 수 있게 될 것이다. 우리는 이런 현상을 상보적(complementary)이라고 부른다. 우리가 어떤 용어를 사용하든지 간에 우리는 아주 손쉽고 간단한 방법으로 우리의 정보를 그대로 복제한 DNA를 만들 수 있게 되는 것이다.

그렇다면 더욱 궁금해지는 것은 '염기의 어디에, 어떻게 정보가 들어 있다는 말인가?'이다. 이것도 의외로 대답은 간단하다. 바로 사다리 발판에 놓여 있는 A–T, C–T의 나열 속에 들어 있다. 그 정보는 사다리 발판에서 한쪽으로 적혀 있는 염기의 순서에 정보가 들어 있다는 뜻이다. DNA 속에 들어 있는 이 염기의 순서가 단백질을 만드는 과정에서 RNA로 옮겨가면서 T가 U로 바뀌게 된다. 따라서 만약 RNA 염기의 순서가 AAA라면 라이신(lysine)이라는 아미노산을 의미하게 되고, CCC라면 프롤린(proline)이라는 아미노산을 지명한다는 뜻이 된다. 우리는 이런 조합을 유전암호(genetic code)라고 부르고, 세균에서부터 인간까지 모두 똑같이 적용된다. 즉 세균과 짚신벌레 그리고 식물과 인간은 서로 완전히 다른 생명체가 되었지만, 만약 누군가가 CCC가 무슨 말이냐고 묻는다면, 세균에서부터 인간까지 모두 다 똑같이 프롤린이라고 대답한다는 뜻이다. 서로가 아주 먼 시절에 갈라져서 외모상으로는 서로의 닮은 점이 전혀 없어 보이지만, 이렇게 오래된 화학적 언어로는 아직도 서로가 소통하고 알아본다고 할 수 있다. 따라서 이 유전암호가 이 땅에 살고 있는 모든 생명체에서 모두 동일하다는 것은 무엇을 뜻한다고 할 수 있을까? 이 사실은 우리 모두가 한 공통의 조상에서 갈라져 나온 자손들이라는 결론을 입증해주는 아주 강력한 증거라고 할 수 있을 것이다.

그뿐만 아니라 유전암호에서 UAA, UAG, UGA라는 코드가 만들어지면, 더 이상 아미노산을 만들지 말라는 뜻이 된다. 이러한 정보를 담은 DNA의 염기 배열을 RNA가 복사해서 유전암호에 따라 아미노산이 배열된 것이 바로 단백질 편에서 알아본 단백질의 1차 구조이다. 그래서 우리는 DNA라는 무생물이 어떻게 단백질을 만들어내고, 이 단백질이 어떻게 생명체를 작동시키는지에 대한 원리를 이해할 수 있게 될 것이다.*

유전자는 단지 단백질을 만들어내는 정보만 가지고 있는 것은 아니다. 이 속에는 단백질을 만드는 방법뿐만 아니라 그 단백질이 만들어져야 하는 시간도 들어 있다. 한 단백질이 어떤 기능을 해야 한다면, 그 기능을 해야 할 시간을 유전자가 가지고 있다는 뜻이다. 이렇게 한번 생각해보자. 암소가 새끼를 임신했다고 가정하자. 암소는 더 왕성하게 먹이를 찾아서 새끼 몫까지 먹어야 할 것이다. 그러나 암소는 실제 새끼의 입이 생기고 눈이 생기라는 지시를 직접적으로 하지 않는다. 어떻게 보면 암소는 새끼에게 영양분을 공급하고 새끼를 체내에서 보호하는 역할 이상을 할 수가 없다. 새끼의 항문이 뚫리고 심장이 생겨나는 시간대는 소의 유전자에 적혀 있는 기록에 의해서 일어날 뿐이다.† 그렇

---

* 프랜시스 크릭은 DNA에서 RNA로 그 정보가 복제되고 다시 아미노산을 불러모아 단백질을 만드는 과정을 생물학의 중심원리(central dogma)라고 불렀다. 생물학이 드디어 생명체의 진정한 속살을 보기 시작했다는 뜻이다.

† 유전체에 관한 정보는 280쪽을 참조하기 바란다.

다면 인간은 어떠한가? 인간도 별수 없이 똑같은 존재에 불과하다.

다시 정보를 가지고 있는 A, T, C, G로 되돌아가보자. 유전자에 들어 있는 정보를 다루는 문자는 오로지 4개뿐이다. 이 4개를 가지고 각 생물체의 모든 정보와 그 발현 시기를 모두 표현한다는 것이 가능한 이야기인가? 영어 알파벳도 26개나 있고, 한글도 기본 자모음만 24개나 있지 않는가!

여기서 다시 잠깐 생각을 바꾸어보자. 컴퓨터는 0과 1로만 된 이진법을 사용하고 있다. 그러나 생명체는 4개의 염기로 구성된 4진법을 사용하여 디지털 정보를 DNA 속에 간직하고 있다. 만약 컴퓨터처럼 2진법을 사용한다면 유전체가 너무 길어져서 복제 시에 시간이 너무 오래 걸릴 것이고, 만약 6진법이나 8진법이 된다면 유전자를 해독하는 데 너무나 많은 에너지가 들어서 다른 곳에 사용되어야 할 에너지를 끌어와야만 될 것이 아닌가.[32]

생명체에 관한 정보는 4개의 언어에 의해 구사된다. 따라서 인간 유전체 프로젝트를 완성시킨 프랜시스 콜린스(Francis Collins; 1950~)는 이 4개의 염기를 "신의 언어"라는 멋진 말로 표현하였다. 이러한 염기들은 원자의 개수로 따져보면 13~16개 정도밖에 안 되어서 소금 한 톨의 1,000조 분의 1 정도에 해당하는 크기에 불과하다.[33] 이들이 인간을 비롯한 모든 생명체를 진두지휘한다는 사실이 실로 신비스러운 일이지 않는가!

그러나 여기서 우리의 관심이 끝나서는 안 될 일이다. 만약 원본에 있는 염기의 순서를 복사본으로 옮기다가 실수로 잘못 쓰거나 그 순서가 변하게 되면 과연 어떤 결과가 초래될까? 즉 A가 들어갈 자리에 C가 들어가면 어떻게 될까? 마치 갑돌이가 들어갈 자리에 로미오가 들어가면 어떻게 될까?

결국 이 결합은 잘못되어 파탄이라는 결과를 초래할 것이다. 그렇지만 이러한 오류가 아주 드물게는 성공적인 결합이 되어 원래의 조합보다 더 좋은 결과를 낳게 된다면 어떻게 될까? 이렇게 잘못된 염기가 들어가거나 빠져나간 경우를 우리는 돌연변이라 부르고, 이 돌연변이가 생겨나서 환경에 잘 적응한 경우를 자연선택을 받았다고 말한다.

뉴클레오티드가 조립단위인 핵산이 DNA나 RNA만 만들어내는 것은 아니다. 이 핵산 중 생명체의 유일한 에너지로 쓰이는 ATP도 핵산 중 하나이다. 이 ATP는 adenosine triphosphate로 오탄당에 아데닌이 붙어 있고, 여기에 3개의 인산기가 붙어 있는 구조이다. 이 인산기가 1개씩 떨어져 나가면서 에너지가 나온다. 만약 2개의 인산기가 떨어져 나가면 DNA나 RNA의 조립단위인 뉴클레오티드가 된다. 그렇다면 ATP와 유전자는 어떤 관계일까? ATP가 에너지와 유전정보를 연결하는 매개체 역할을 한다고 보고 있다. 그뿐만 아니라 단백질 합성에 관여하는 GTP, 세포 사이에서 정보를 전달하는 cAMP도 핵산의 일종이라는 것을 알고 있어야 한다.

한국전쟁이 막바지에 접어들 무렵인 1953년 4월 25일에는 현대 과학사에서 가장 기억해야 될 사건 중 하나가 《네이처》지에 실리게 되었다. 대략 900 단어 정도 되는 한 페이지의 논문의 주인공은 바로 제임스 왓슨과 그보다 나이가 12살이나 많은 프랜시스 크릭(Francis Crick; 1916~2004)이었다. 이들이 그 당시에는 최대 관심사였던 DNA 구조를 밝혀낸 것이다. 1859년 다윈(Charles Darwin: 1809~1882)에 의해 《종의 기원》이 발표되고, 1865년 멘델(Gregor Mendel: 1822~1884)이 유전법칙을 발표한 지 약 90년 만에 드디어 인간은 한 편의 드라마처럼 유전자 구조를 밝혀내는 데 성공한 것이다. DNA 구조를 밝힐 당시 왓슨은 25세였고, 그가 노벨상을 탄 것은 34세 때였다.

왓슨은 시카고 쿡 카운티에서 태어나 시카고 대학교를 졸업했지만, 하버드 대학교 대학원과 캘리포니아 공대 대학원 진학에 실패한 후 인디애나 대학원에 진학하여 생화학 박사학위를 받게 되었다. 그가 케임브리지 대학교의 캐번디시 연구소에서 크릭을 만나 DNA 구조를 연구하게 된 것은 그에게는 커다란 행운이기도 하였다. 그 당시 캘리포니아 공대의 라이너스 폴링(Linus Pauling: 1901~1994)은 단백질의 알파 나선 구조를 밝혀낸 화학계의 세계적인 거물이었지만, DNA가 세 가닥으로 구성되어 있다고 주장하는 바람에 왓슨과 크릭에게 패배하고 말았다. 라이너스 폴링은 노벨 화학상과 평화상을 두 번이나 수상한 화려한 경력의 소유자지만, 말년에 비타민 C 관련 치료법을 발표함으로써 그의 명성에 금이 가기도 하였다. 1953년에 개봉된 생명체의 설계도이자 청사진은 이제 판도라의 상자가 되어 인류의 미래에 어떤 영향을 미칠 것인지는 더 두고 보아야 할 일인 것 같다.

4) 탄수화물

포도당의 분자식은 $C_6H_{12}O_6$라는 것은 누구나 잘 알고 있다. 그런데 이 분자식을 자세히 들여다보면 누구나 쉽게 찾아낼 수 있는 비밀이 하나 숨겨져 있다. 탄수화물의 일반식이 바로 CH_2O라는 사실이다. 이는 탄소에 물이 붙어 있는 형태를 말한다. 그래서 우리는 이런 구조식을 가진 물질을 탄소의 수화물이라는 뜻에서 탄수화물(炭水化物, carbohydrate)이라고 부른다. 이렇게 해서 포도당은 육탄당이기 때문에 위와 같은 분자식을 갖게 된 것이다. 탄수화물도 포도당이라는 단당류가 기다란 기차처럼 연결되면서 거대분자인 녹말을 만들어낸다. 이들이 그림 1-8에서 보는 바와 같이 수산기와 수소가 결합해 물이 떨어져 나가서 펩티드라는 결합을 형성하며 거대한 분자 덩어리를 만들게 되는 것이다. 그리고 포도당(glucose)이나 과당(fructose), 갈락토오스(galactose) 등과 같은 형태를 단당류라고 부른다.

포도당은 포도에 많이 들어 있다고 붙은 이름이고, 과당은 과일 속에, 갈락토오스는 유제품 속에 많이 들어 있다. 2개의 단당류들이 펩티드 결합으로 늘어서면 우리는 이를 이당류라고 부른다. 예를 들면, 포도당과 포도당이 붙으면 엿당(맥아당, maltose)이 되고, 포도당과 과당이 붙으면 자당(설탕, sucrose)이 되며, 포도당과 갈락토오스가 붙으면 젖당(유당, lactose)이 된다. 동양인에게서 흔히 발견되는 유당불내증(lactose intolerance)은 이 젖당을 분해시킬 효소가 없는 사람에게서 생기는 증상이다. 그러나 실제 단당류들은 분자식은 동일하지만, 그 구조가 다른 이성질체(異性質體, isomer)*들이다. 이렇게 단당류가 10개 이상

---

* 이성질체는 원소의 종류와 개수가 같아서 분자식은 동일하지만, 그 구조가 다르기 때문에 서로 다른 물리적 · 화학적 성질로 인해 다른 물질이 된다.

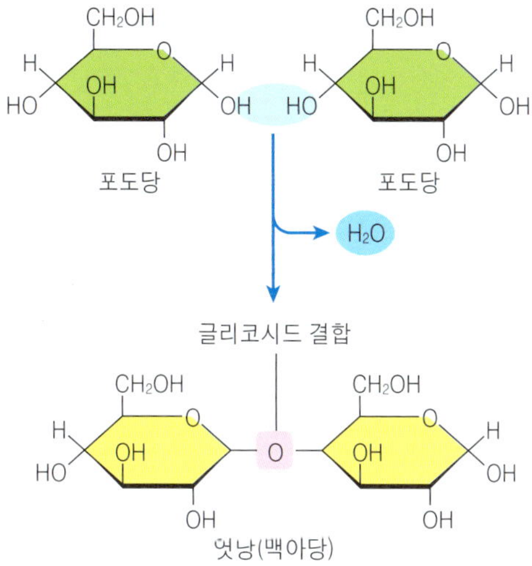

그림 1-8. 포도당과 포도당이 결합하여 엿당을 만드는 과정.

연결되면 이를 다당류(polysaccharide)라고 부르고, 2~9개 정도 연결되어 있는 것을 올리고당(oligosaccharide)이라고 한다.

포도당은 생명체에서 에너지원으로 사용되기 때문에 다당류는 에너지를 저장하고 있는 한 형태라고 볼 수 있다. 다당류 중에서 우리에게 제일 친숙한 것은 식재료로 사용되는 녹말(전분, starch, 그리스어 amylum)이다. 녹말은 주로 식물에 저장된 다당류로서 포도당의 탈수반응으로 만들어진다. 보통 녹말은 아밀로오스(amylose)와 아밀로펙틴(amylopectin)의 혼합물로 되어 있다. 녹말의 30% 정도를 차지하는 비분지형 성분인 아밀로오스는 우리가 흔히 사용하는 아이오딘 반응에서 청색으로 변하는 부분이다. 그러나 녹말의 다수를 차지하는 것은 분지형 아밀로펙틴이다.

그리고 다른 다당류 중에는 글리코겐(glycogen)도 있다. 이 글리코겐은 간이나 근육에 저장되어 있는 포도당으로서 비수용성으로 고도로 분지된 중합체를 말한다. 간이나 근육에서 포도당으로 저장하지 않고 글리코겐으로 저장하는 이유는 무엇일까? 글리코겐으로 저장하는 것이 삼투압이 훨씬 낮기 때문이다. 만약 수많은 포도당으로 저장한다면 세포내 삼투압이 높아져서 다량의 물이 세포내로 들어와 세포가 터져버릴 수도 있기 때문이다.

또 다른 다당류 중 하나가 우리에게도 익숙한 섬유소(셀룰로오스, cellulose)이다. 이 섬유소는 식물의 세포벽의 주성분이기 때문에 이 지구상에서 가장 많이 존재하는 유기화합물이라고 할 수 있다. 이들이 글리코시드 결합으로 다당류를 만들어 나무가 바람에 넘어지지 않고 꿋꿋이 하늘을 향해 서 있을 수 있는 구조물을 만들어주고 있는 셈이다. 섬유소가 포도당이 연결된 중합체라면 좋은 에너지원이 되어 먹거리로 사용하면 되지 않을까? 전 세계의 기아 현상을 한 방에 해결할 수 있는 묘안이 될 수도 있을 것이다. 그러나 우리는 이 나무를 먹을 수 없다. 먹어도 이 셀룰로오스를 분해시킬 효소를 가지고 있지 않기 때문이다. 만약에 여러분이 흰개미(termite)라면 목재를 먹어서 에너지를 만들 수 있을 것이다. 그러나 흰개미도 실제로는 셀룰로오스를 분해시킬 수가 없고, 자신의 내장 속에 사는 미생물 신세를 져야만 분해가 가능하다. 흰개미는 나무를 무섭게 먹어치운다. 만약 여러분의 집이 목재로 만들어졌다면, 흰개미가 여러분의 집을 몇 주 만에 손쉽게 먹어치운 후 무너뜨릴 것이다.

탄수화물은 단지 에너지원으로만 기능하는 게 아니다. 탄수화물 구조에 인산기가 붙어서 당인산이 되면 당 대사과정에서 중요한 역할을 맡게 된다. 만약 아미노기가 붙어서 아미노당이 되면 여러분의 귀와 코의 연골이 되어줄 것이고, 무릎 관절을 보호해주는 기능을 가지게 될 것이다. 이것이 여러분이 글루코사민(glucosamine)을 복용하는 이유이기도 하다. 또한 이 글루코사민이 긴 사슬을 만들어서 생긴 키틴(갑각소, chitin)은 게나 새우의 단단한 껍데기가 되고, 곰팡이의 세포벽이 되어 우리 가까이에 있게 될 것이다. 여러분이 포도주를 즐긴다면 한 번쯤 이 포도당과 탄수화물을 음미해볼 필요가 있다.

5) 지방

지방 또는 지질은 탄소와 수소가 연달아 연결되어 있고 끝에 메틸기($-CH_3$)와 카르복실기($-COOH$)가 붙어 있는 유기화합물을 말한다. 그림 1-9는 지방산 3개가 글리세롤이라는 수산기를 가진 알코올과 결합하여 중성지방이라 불리는 트리글리세리드(triglyceride)를 보여주고 있다. 우리가 주로 음식물에서 섭취하는 형태가 트리글리세리드이고, 이들은 극성을 띠지 않아 중성지방이라고도 불린다. 지방산은 글리세롤과 탈수반응을 일으켜 에스터 결합을 이루고 있어서 단백질이나 핵산 또는 탄수화물과 같은 중합체로 보지는 않지만, 물이 떨어져 나가면서 고분자를 형성하는 측면에서는 닮은 점이 있다.

지방산은 주로 탄소가 짝수를 이루고 12~18개 정도로 구성되는 경우가 대부분이다. 이 지방산들은 다시 포화지방산과 불포화지방산으로 구분될 수 있다. 포화지방산은 탄소들이 이중결합 없이 수소 원자로 포화되어 있는 경우를 말한다. 이러한 포화지방산은 딱딱하고 일직선 형태를 띠어 상자 속의 연필처럼 빽빽이 채워 넣을 수 있게 된다. 따라서 상온에서는 고체이면서 동물 지방에 많이 들어 있다. 이에 반해 불포화지방산은 하나 이상의 이중결합을 가지고 있어서 탄화수소 사슬이 꺾이게 되어 빽빽이 채워지지 않는다. 이런 특성 때문에 불포화지방산은 실온에서 응고되지 않고 액체 상태를 유지하며, 주로 식물성 기름에 많이 들어 있다.

또한 지질은 그 구성면에서 단순지질과 복합지질로 나뉠 수도 있다. 단순지질에는 중성지방이나 콜레스테롤이 여기에 속한다. 콜레스테롤은 세포막의 구성 성분이 되기도 하고, 담즙산의 원료가 되며, 각종 호르몬의 재질이 되기도 한다. 복합지질은 지질에 다른 물질이 붙어서 만들어진 지질이다. 먼저 당지질(glycolipid) 중 강글리오시드(ganglioside)는 신경의 수초를 형성하는 주요 성분이 되어 신경전달이 빨리 될 수 있도록 도와주고, 식품 중에서는 우유나 고기 속에 많이 들어 있다. 지질에 인산기가 붙어 있는 인지질(phospholipid)은 그 구조적 특징 때문에 생명체를 주위 환경과 분리시켜주는 세포막을

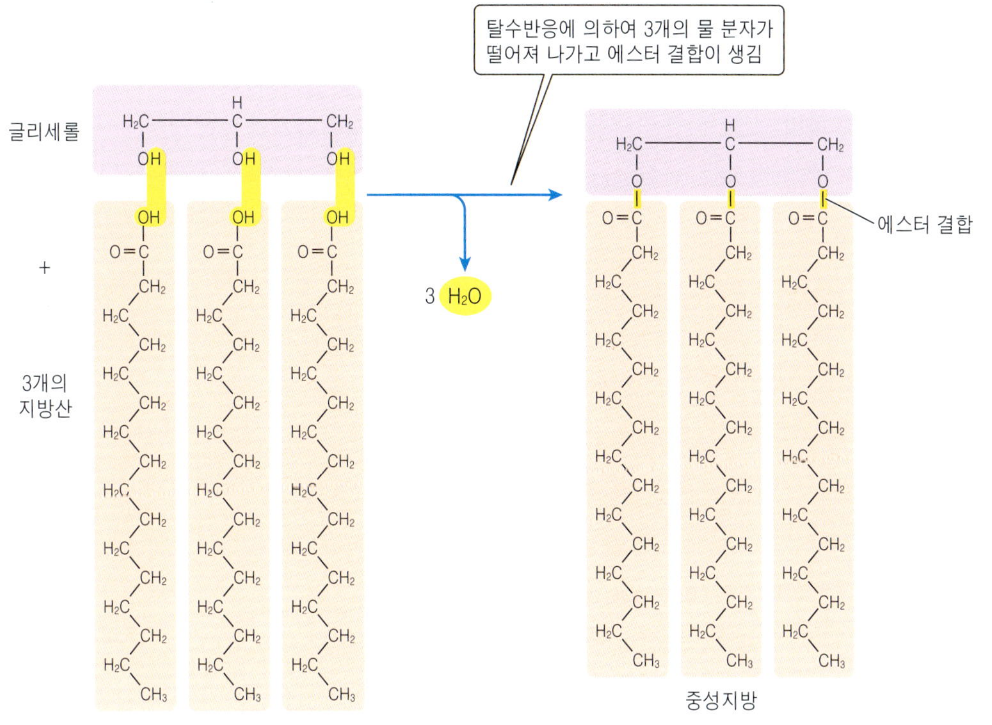

그림 1-9. 지방산과 글리세롤이 합해져서 중성지방을 만드는 과정.

구성하는 주성분이 되어준다. 이 인지질의 머리 부분을 차지하는 인산기와 글리세롤은 친수성 성격을 가지고, 꼬리 부분의 지방산은 소수성 성질*을 가지고 있다. 따라서 2개의 인지질이 머리를 밖으로 돌리고 꼬리를 안으로 모으면 물과는 완전히 분리가 되는 막을 형성할 수 있을 것이다. 따라서 인지질 이중층(phospholipid bilayer)은 세포의 생존에 필수적이라 할 수 있다.

또 다른 복합지질 중 지질단백질(lipoprotein)은 단백질과 붙어 있는 지질을 말한다. 이 지질단백질은 가운데에 중성지방과 콜레스테롤이 들어 있고, 이것을 둘러싸고 있는 것들이 인지질과 단백질이다. 이들의 주된 역할은 중성지방과 콜레스테롤을 간에서 조직으로 이동시켜주는 역할을 담당한다. 이 지질단백질은 밀도에 따라 초저밀도 지질단백질(VLDL), 중간밀도 지질단백질(IDL), 저밀도 지질단백질(LDL) 및 고밀도 지질단백질(HDL)로 구분된다. 여러분이 건강진단을 받을 때 간기능검사를 할 경우에 만나게 되는 용어들이다.

지질의 기능은 생명체에서 다양한 역할을 담당한다. 먼저 지질은 많은 탄화수소 결합을 가지고 있어서 탄수화물보다 2배 이상의 에너지가 나온다. 그만큼 에너지 저장 능력이 뛰어나다는 뜻이다. 그 외에도 세포막을 구성하는 물질이 되고, 콜레스테롤은 호르몬의 재료가 되어 내분비 기능에 공헌하

* 친수성은 물과 친하여 물에 잘 녹는 성질을 말하고, 소수성은 물과 친하지 않아서 물에 잘 녹지 않는 성질을 말한다.

고 있다. 또한 지질 성분인 카로티노이드는 빛을 흡수하는 색소 집단으로 작용하고, 비타민 A, D, E, K 등도 지질로 구성되어 있다. 그리고 왁스 성분은 벌집의 밀랍이 되기도 하고, 새의 깃털에 윤기를 더해주기도 하며, 식물의 잎을 덮어서 수분 증발을 억제하고 윤기가 흐르게 하는 주성분이 되기도 한다. 그러나 무엇보다도 현대인들에게 제일 부담스러운 것은 과잉 에너지 섭취에 의하여 비만을 유도한다는 점이다.

6 출발선에 서다

1) 세포의 탄생

생명체가 이 지구상에서 태어나게 된 과정을 추적하는 것이야말로 수수께끼 중의 수수께끼라 할 수 있을 것이다. 이 보잘것없이 태어난 세포 하나가 이 땅에 살고 있는 모든 생명체의 조상이 될 것이라고 누가 생각이나 하였겠는가! 인간의 세포가 식물의 세포와 다를 바 없고, 식물의 세포는 대장균과 다를 바가 없다는 사실은 우리 모두가 한 조상의 후손이라는 사실을 강력히 지지한다고 할 수가 있다. 많은 과학자들은 생명이 생겨난 일을 단 한 번의 우연한 사건에 의해 일어난 일이라고 생각한다. 이 최초의 생명체는 자신을 스스로 만들어낼 수 있는 자가 복제가 가능한, 어느 한 화학물질에서 출발한 것으로 보고 있다.

실제로 생명이 태어나기 위한 조건들을 한번 상상해보자. 먼저 생명체를 구성하는 물질들이 지구상에 존재해야만 할 것이다. 다행히도 암석형 지구에는 생명체를 구성할 수 있는 모든 원자와 분자가 생겨났다는 것은 제1부의 전 과정을 통해 알 수 있게 되었다. 두 번째는 이러한 생명 구성 물질들이 흩어지지 않고 한군데 모여서 격리될 수 있는 장소가 있어야만 할 것이다. 그리고 기본적으로 구성물질들이 복제해나갈 수 있는 에너지가 있어야만 한다. 만약 에너지가 있다고 해도 너무 많으면 분자들이 분해되어 원자들로 쪼개져버릴 것이고, 에너지가 너무 적으면 분자들이 결합하는 데 힘이 모자랄 것이다. 그뿐만 아니라 이 지구상에 액체 상태의 물이 존재해야 생명이 살아 나올 가능성이 높아진다. 기체 상태의 물질들만 있다면 결합하기가 힘들 것이고, 고체 상태라면 입자들이 정지해 있어서 역시 결합하기가 쉽지 않을 것이기 때문이다. 따라서 모든 물질들이 녹아 있는 액체 상태의 물은 생명 탄생에 필수적이라 할 수 있다.

우리는 지금까지 빅뱅으로 생겨난 엄청난 에너지가 빛으로 변하고, 이 빛이 다시 물질로 변해가면서 만물의 기본 물질인 쿼크와 렙톤(전자)이 만들어지는 과정을 살펴보았다. 이 쿼크가 모여서 중입자인 양성자와 중성자를 만들어내고, 드디어 원자핵이 전자와 결합함으로써 원자가 탄생되는 과정도 알아보았다. 결국 이 우주는 급격히 식어 수소와 헬륨을 만들어낸 후 우주배경복사를 사방으로 뿌리면서 암흑기에 빠져들었을 것이다.

이런 과정은 입자가 어떻게 진화하여 원자가 되었는지를 보여준다고 할 수 있다. 우리는 이러한 진행 과정을 입자의 진화(particle evolution)라고 말한다. 그다음 입자의 진화로 인하여 만들어진 수소와 헬륨들이 거대한 별을 형성하면서 나머지 원소들이 모두 만들어지는 별의 진화(stellar evolution) 과정을 밟게 되었을 것이다. 이렇게 주기율표를 꽉 채운 원소들이 다시 분자를 만들고 더 나아가 거대분자를 만들어내는 과정을 화학적 진화(chemical evolution)라고 부를 수도 있다. 그리고 마지막으로, 이러한 화학적 진화의 결과물로 생겨난 최초의 생명체가 진화의 과정을 겪으면서 오늘날 모든 생명체와 인간이라는 걸쭉한 작품으로 변해가는 과정을 생물학적 진화(biological evolution)라고 부를 수도 있을 것이다.*

이제부터 이러한 진화 과정들을 복기하면서 생명의 기원을 육하원칙에 준하여 한번 찾아 나서 보자.

(1) 언제

최초의 생명체가 지구상에 처음 등장한 시기를 놓고 많은 논란들이 있다. 이 중에서 비교적 모든 학자들이 인정하는 최초의 출현 시기는 지금으로부터 약 35억 년 전으로서 서부 호주에서 발견된 단세포 생명체 화석을 통해 추정한 것이며, 지구가 생긴 지 10억 년 이상이 흐른 시점에 해당된다. 캘리포니아 로스앤젤레스 대학교의 윌리엄 스코프(William Schopf: 1941~) 교수가 바위 시료에서 찾아낸 이 화석의 주인공은 남세균이었다.

그러나 최근 보고에 따르면, 생명의 출현 시기는 점점 위로 거슬러 올라가서 38억 년을 넘어 40억 년 전까지 내다보고 있는 실정이다. 실제 태양계가 형성된 시기가 약 46억 년 전이고, 지구에 대양이 형성된 시기를 44억 년 전 즈음으로 추정해보면, 생명체가 태어나서 생존할 수 있을 정도로 지구가 안정되기까지의 기간이 비교적 짧다고 할 수 있을 것이다. 35억 년 전에 태어난 생명체를 남세균으로 보기 때문에 그 이전에 생겨난 생명체는 광합성을 하지 않는 화학종속 영양생물이었을 것으로 추정한다.

(2) 어디서

그렇다면 어디에서 생명체가 탄생했을까? 모든 생명체의 조상은 어디 출신이란 말인가? 이 질문 역시도 단답형으로 대답할 수 없을 정도로 많은 논란을 낳고 있다. 맨 처음으로 다윈은 그의 저서《종의 기원》에서 작고 따뜻한 연못이라고 생각했고, 그 후 몇몇 학자들은 여러 물질들이 혼합되어 있는 원시 수프에서 또는 진흙 속에서 기원했을 것이라고 주장하기도 하였다. 그러나 현재 가장 유력시되는 장소는 의외로 심해의 열수분출공(熱水噴出孔, hydrothermal vent)이 대세를 이루고 있다. 왜 이 열수분출공이

---

* 이 부분에 대한 추가 설명은 그림 5-1과 251쪽을 참고하기 바란다.

생명의 출현 장소로 각광을 받는지에 대해서는 이어지는 '어떻게' 편에서 다루기로 하자.

먼저 생명이 탄생되기 위한 지리적 조건을 좀 더 구체적으로 살펴볼 필요가 있다. 우선 생명체가 탄소 유기물을 만들기 위해서는 탄소 유입이 원활해야 할 것이다. 그리고 이러한 탄소 유기물이 생성되는 데 필요한 에너지도 적당하게 공급되어야만 한다. 또한 이렇게 만들어진 유기물이 농축되고 주위로 흩어지지 않도록 자신을 구획화할 수 있는 공간을 마련해야 한다는 것도 중요하다. 이런 구획화는 세포막을 형성함으로써 그 목적을 달성할 수 있을 것이다.

또 한 가지는 폐기물 배설이 잘 이루어져야 한다는 사실이다. 만약 여러분이 화장실 다녀오기를 끝끝내 포기한다면 큰 위기에 봉착할 것은 당연하다. 이는 새로운 화학반응이 일어나기 위해서는 최종 산물이 반드시 제거되어야만 한다는 뜻이다. 원시 수프처럼 반응물과 폐기물이 뒤섞여 있게 되면, 반응이 일어나는 방향이 소실되고 반응이 진행되지 않게 된다. 따라서 세포막으로 구획화가 되더라도 선택적 수송에 의하여 폐기물을 반드시 밖으로 내보내야만 할 것이다. 따라서 이러한 환경적 조건에 비교적 잘 들어맞는 출현 장소가 바로 열수분출공으로 보는 시각이 지배적이다.[34]

(3) 어떻게

생명의 기원에서 '언제(when)'나 '어디에서(where)'보다 더 많은 관심을 유발하는 과제가 바로 '어떻게(how)'이다. 만약 '어떻게'를 정확히 이해할 수 있다면 우리는 쉽게 다른 생명체를 창조할 수 있을 것이기 때문이다. 이에 관해서는 제5부의 '인공생명' 편에서 다시 다루기로 하자.

생명의 기원에 관하여 과학적 접근이 처음으로 시도된 것은 인류 역사상 20세기를 넘기면서 비교적 늦게 시작되었다. 아리스토텔레스로부터 시작된 자연발생설은 무려 2,000년 이상 인류를 지배하는 사상으로 남아 있지 않았던가! 그러나 이러한 생각이 거부되기 시작한 것은 1868년 루이 파스퇴르(Louis Pasteur: 1822~1895)에 의한 실험 결과가 발표되면서 일어났다. 더러운 옷에다 치즈와 밀가루를 넣어두면 자연적으로 쥐가 생긴다는 아리스토텔레스의 이론은 파스퇴르의 '자연발생설 비판'이라는 논문으로 인하여 역사 속으로 사라지게 되었다. 파스퇴르가 생명체는 반드시 이미 존재하는 생명체로부터 만들어진다는 생물속생설(biogenesis)을 주장하였기 때문이다. 그러나 어떻게 생명체가 기원하는지에 대한 실질적인 질문은 20세기를 넘기고서야 비로소 시작되었다.

1922년 러시아의 젊은 생화학자인 오파린(Alekesandr Oparine: 1894~1980)은 레닌 훈장을 4차례나 받을 정도로 철저한 공산주의자였지만, 그가 출판한 《생명이란 무엇인가?》라는 책에서 비로소 '어떻게'에 대한 제안을 하게 되었다. 그는 지구의 초기 원시대기가 수소, 메탄, 암모니아, 수증기로 되어 있었고, 번개가 에너지를 제공하여 유기물이 만들어져서 생명체가 탄생할 환경이 만들어졌다고 주장하였다. 종교가 번성하지 못하는 공산주의 세계에서 생명에 대한 그의 생각은 서방세계보다 훨씬 더 학문적으로 자유스러웠을 것으로 생각된다.

오파린의 이러한 제안을 실제 실험으로 옮긴 학자는 시카고 대학교의 해럴드 유리(Harold Urey: 1893~1981)와 그의 제자인 스탠리 밀러(Stanley Miller: 1930~2007)였고, 그들은 1953년에 처음으로 그 유명한 밀러-유리 실험을 실행하였다. 그들은 초기 원시대기를 재현하는 가스를 플라스크에 넣고 번개를 대신해서 전기를 방전시킴으로써 생명체에 필요한 13종류의 아미노산이 생성된다는 것을 처음으로 입증하게 되었다. 이는 인류 역사에서 생명의 기원에 대한 본격적인 연구가 시작된 것이 겨우 70년 정도밖에 되지 않았다는 것을 의미한다고 할 수 있다. 그러나 곧이어 1960대 초부터 시작된 우주에 대한 인류의 도전은 생명의 기원에 대한 관심을 빼앗아가는 결과를 낳고 말았다.* 지금부터 생명의 기원에 대한 도전적인 이론들을 하나씩 살펴보도록 하자.[35]

① 복제 우선설

복제 우선설(replication-first theory)은 생명체가 태어나기 전에 먼저 뉴클레오티드가 만들어졌고, 이것들이 다시 중합에 의하여 핵산이 생겨났다고 생각한다. 1953년 DNA 구조가 밝혀진 후 DNA에서 단백질이 합성되는 과정이 점차적으로 알려지기 시작하였다. 그러나 단백질이 만들어지기 위해서는 DNA가 있어야 하고, DNA가 만들어지기 위해서는 단백질이라는 효소가 있어야만 가능하다. 이 문제는 마치 "닭이 먼저냐? 달걀이 먼저냐?"라는 딜레마(egg-chicken dilemma)를 낳게 되었다.

때마침 이 난제를 해결한 연구결과가 터져 나온 것이 1983년도 일이다. 콜로라도 대학교의 토머스 체크(Thomas Cech: 1947~) 교수와 예일 대학교의 시드니 올트먼(Sidney Altman: 1939~2022) 교수가 그 주인공들이다. 이들은 RNA 분자가 예상을 뒤엎고 유전정보를 가지면서 동시에 단백질과 같은 효소 기능도 할 수 있다는 것을 처음으로 밝혀낸 것이다. 암탉과 달걀의 난제를 한 번에 해결해버린 쾌거였을 뿐만 아니라, RNA야말로 암탉이자 달걀이었던 셈이 되어버렸다. 그들은 1989년 둘 다 노벨 화학상을 수상하는 영광을 안았다. 이를 계기로 학계에서는 RNA 세계(RNA world)라는 이름으로 생명의 기원에 관한 수수께끼가 풀릴 것 같은 기대감으로 잔뜩 부풀어 오르게 되었다.

DNA는 RNA에서 산소 하나가 떨어져 나간 것 외에도 핵산이 두 가닥으로 만들어져 있다는 특징이 있다. 한 가닥인 RNA에 비하여 훨씬 안정감이 있기 때문에 유전정보를 저장하고 전달하는 데는 DNA가 훨씬 더 적격일 수밖에 없다. 그래서 RNA는 그 유전정보 기능에 관한 역할을 DNA에 넘겨주었을 것이다. 그리고 한 가닥으로 구성된 RNA는 염기들이 서로 붙어서 삼차원 구조를 만들 수도 있기 때문에 효소 기능을 가질 수도 있지만, 아미노산으로 구성된 단백질만큼 다양한 효소를 만들어 내기에는 역부족이다. 따라서 본격적인 효소 기능은 다시 단백질한테 넘겨주게 되었을 것이다. 이렇게 하여 남은 RNA는 DNA와 단백질의 교량 역할만 담당하게 되어서 전령 RNA나 운반 RNA 역할을

* 아폴로 계획(Project Apollo)을 말하며, 1961~1972년에 미국 항공우주국에서 시행한 유인 우주 비행탐사 계획을 말한다.

맡아서 DNA의 정보를 복사하거나, 그 정보에 맞는 아미노산을 찾아주는 역할로 축소되었다고 보고 있다.[36] 그러나 생명체를 만들어내는 과정이 단백질과 유전자만으로 해결될 문제는 아니지 않는가! 세포막이 있어야 하고, 이러한 화학 반응을 유지할 수 있는 에너지도 있어야만 할 것이다.

② 대사 우선설

복제 우선설에 비하여 대사 우선설(metabolism-first theory)은 유전자보다 대사 기능이 먼저 생겼을 것이라고 보는 견해이다. 이는 본업이 국제특허 변호사였던 독일의 화학자 귄터 베이스트호이저(Günter Wächtershäuser: 1938~)에 의해서 제기된 이론이며, 철-황 세계(iron-sulfur world)라고 부르기도 한다. 먼저 대사 기능이 일어나기 위해서는 화학물질을 반응시킬 촉매가 필요하다. 이 촉매 역할을 담당할 물질이 바로 알칼리성 열수분출공의 미세 구멍의 벽 속에 있었던 철과 황 같은 무기물이었을 것이다. 이러한 철-황 복합체는 현재도 생명체의 몸속에 남아 ATP를 뽑아내는 호흡 연쇄의 중요한 구성 성분이 되어 전자를 전달하는 데 주된 역할을 담당하고 있다.

실제 원시 조상 세포가 탄소를 고정하여 유기물로 전환하는 방법은 6가지 정도가 보고되어 있지만, 실제로 수소와 이산화탄소를 이용해서 유기물을 만드는 과정으로는 아세틸 CoA 경로(Wood-Ljungdahl pathway)가 잘 알려져 있다. 앞으로 설명하겠지만 알칼리성 열수분출공의 발견은 여러 가지 궁금증을 풀어주는 데 결정적인 역할을 담당하고 있다. 즉 얇은 무기질 벽(황철석)의 바깥쪽은 산성으로 수소이온 농도가 높고, 벽 안쪽은 알칼리성이어서 자동으로 양성자 기울기가 형성되게 된다.* 이 양성자 기울기는 모든 생명체가 에너지를 만들어내는 원동력이라 할 수 있다. 즉 공짜로 얻을 수 있는 양성자 기울기가 자연에서 저절로 생겨 있다는 것을 의미한다. 이렇게 철-황 광물이 들어 있는 얇은 무기질 장벽 사이로 양성자 기울기가 형성되었기 때문에 ATP가 자동적으로 만들어질 것이고, 이 에너지를 이용하여 작은 유기물들이 합성될 수 있었을 것이다. 이런 방법으로 만들어진 작은 유기물들이 한쪽에서 농축되어 간단한 중합체가 만들어질 수 있다고 예상한다. 이러한 과정으로 만들어진 중합체 중 지방산은 얇은 암석 판 대신 스스로 자체 유기질 세포막을 형성한 후 원시세포(protocell)가 되어 유전물질을 합성한 후에 열수분출공을 떠나 최초의 조상 세포가 되어 세상 밖으로 나아갔을 것이다. 그러나 이러한 과정들을 이해하기 위해서는 생화학적 기초 지식이 많이 요구된다. 그래서 제2부에서 이를 다시 다루기로 하자.

* 양성자 기울기는 생명체가 ATP와 더불어 유일하게 사용하는 에너지이다. 이는 말 그대로 양성자(H^+)의 농도가 막을 사이에 두고 차이가 난다는 뜻이다. 이 차이가 결국 ATP를 생산해낸다. 이는 다시 제2부에서 자세히 소개될 것이다.

③ 구획 우선설

그렇지만 이러한 물질대사나 중합과정 및 복제는 희석된 수용액에서는 쉽게 일어나지 않는다. 즉 이들을 농축시키고 비생물학적 환경과 분리시킬 수 있는 칸막이가 먼저라는 견해이다. 이러한 구획 우선설(compartmentalization-first theory)에서 중요한 기능을 담당하는 물질이 바로 지방산이다. 이 지방산은 앞에서도 언급되었듯이 인산기가 붙어서 머리 앞쪽은 물과 친한 친수성을 띠고, 꼬리쪽의 지방산은 물을 싫어하는 소수성을 띠게 된다. 따라서 이들이 꼬리를 맞대고 두 줄로 늘어서면 양측은 친수성이지만 가운데는 소수성인 막이 형성될 것은 분명하다. 특히 지방산은 일정 이상의 농도가 되면 저절로 세포막 같은 주머니를 형성하고, 더 나아가서 지방산이 계속 증가하면 저절로 커져서 2개로 분열하기까지 한다. 이는 2018년 하버드 대학교 잭 조스탁(Jack Szostak: 1952~)에 의해 확인된 바 있다.[37]

④ 동시설

동시설(everything-at-once-theory)은 말 그대로 앞에서 설명한 이론들이 초기 지구에서 수분 안에 동시에 일어났다는 것을 의미한다. 우리가 생명체의 탄생이 우연의 연속이라고 말하는 것은 이러한 동시설이 잘 설명해준다고 할 수 있다.

지금까지 언급된 이야기들을 한번 종합해보자. 이 이론은 생명의 기원에 관해서 많은 업적을 쌓은 마이크 러셀(Mike Russell: 1939~)과 빌 마틴(Bill Martin: 1957~)이 2007년에 제안한 이론을 바탕으로 하였다.[38] 먼저 초기 바다는 양전하(H^+)를 띤 산성 바다였을 것이다. 이 차가운 바닷물이 해저 균열을 통하여 지구 맨틀로 들어가서 데워진 후 탄산염과 황철석으로 이루어진 열수공으로 너져 나오면서 알칼리성으로 변하게 된다. 따라서 황화철로 구성된 얇은 구멍의 안팎은 자연적으로 양성자 기울기가 형성되어서 ATP가 공짜로 생기는 상황이 생기게 될 것이다. 이런 과정을 통하여 황화철의 촉매작용으로 수소와 이산화탄소가 포름알데히드(CH_2O)나 아세트산(CH_3O_2)을 만들 수 있게 되었다. 이렇게 하여 무기질 벽 안의 작은 유기물들이 중합반응으로 거대분자를 만들어내고, 이 중 지방산이 지질막을 형성하면서 원시세포가 암석의 작은 구멍을 벗어나 세상으로 나아가 독립적인 삶을 영위할 수 있게 되었다는 주장이다.

지금까지 생명의 탄생을 예측하는 여러 가지 의견들을 모아보았다. 그러나 이 중에 그 어떤 것도 우리의 모든 질문에 만족할 만한 대답을 해줄 수 있는 것은 없다. 만약 어떤 결론이 정확하다면 실험실에서 다시 재현되어야 할 것은 당연한 일이다. 우리가 빅뱅을 실험실에서 재현할 수 없듯이 과연 생명의 기원을 실험실에서 재현할 수 있게 되고, 인간이 다른 생명체를 만들어낼 수 있는 날이 올 것인가는 결코 예측하기가 쉽지 않은 문제이다.

2) 창발성

창발성(創發性, emergence)은 생명의 기원에서 자주 등장하는 용어이다. 무엇이 창발성인가? 내용은 이렇다. 반복되는 이야기지만 수소와 산소는 둘 다 폭발력이 있는 원소들이다. 그런데 이 둘이 수소 2개와 산소 하나가 공유결합으로 만나서 H_2O가 되어 물이 되면, 폭발성과는 전혀 다른 성격을 가진 물질이 된다. 왜 이렇게 변하는 것인가? 우리는 창발성이라는 말로 그저 넘어가려는 경향이 있다. 그렇지만 우리는 이런 현상들을 주기율표에서 얼마든지 쉽게 찾아볼 수가 있을 것이다.

그렇다면 이 창발성을 어떻게 정의해야 할까? 창발성은 각각의 요소들이 서로 합쳐지면 하위 단계에서는 보이지 않았던 전혀 새로운 특징이 나타난다는 것이다.[39] 즉 하위계층에는 없는 특성이 상위 계층에서 자발적으로 나타나는 현상이라는 뜻이다. 그렇다면 수소와 헬륨이 모여서 커다란 별을 형성하고, 그 별에서 이보다 무거운 원소들이 생겨난다는 것은 전 우주적인 창발성이라고 보아야 할까? 질량이 없는 광자가 모여 빛이 되고, 이 빛이 이동시킨 전자에 의해 대부분의 생명체가 먹고 산다면, 단지 창발성이라는 한마디로 이 모든 것을 설명하기에는 결코 쉬운 일이 아닐 것이다. 그렇다고 달리 다른 방법으로 설명할 길도 없다. 우리는 전자가 이동하여 소금이 만들어진 것을 굳이 창발성이라는 애매한 표현으로 에둘러 설명할 것이 아니라 그저 자연에 존재하는 수많은 법칙 중 하나라고 생각해도 무방할 듯하다. 이는 환원적 사고에 대한 비판과 함께 제5부에서 다시 다루기로 하자.

02

세포 단계

아직도 보이지 않는 세계,

세포로서의 우리들

1 생물과 무생물 사이

1) 생명에 관한 철학

이쯤에서 생물과 무생물이라는 개념에 대하여 짚고 넘어가야 될 시간이 된 것 같다. 먼저 생명현상을 과학적으로 과연 완벽하게 설명해낼 수 있을까? 살아 있는 상태와 죽어 있는 상태의 차이점은 무엇일까? 살아 있는 사람과 죽어 있는 사람은 동일인이다. 그런데 우리는 무엇 때문에 그들이 죽었다고 말하는가? 동일인이지만 무언가가 빠져나가면 죽게 되는 것인가? 이런 질문들은 식상하리만치 우리를 괴롭힌 문제들이지만, 아무도 그 대답을 해주지 않는다.

여기서 "21그램 실험(21 grams experiment)"이라는 생각을 해낸 던컨 맥두걸(Ducan Macdougall: 1866~1920)이라는 의사를 소개해보기로 하자.[1] 그는 1901년 미국 매사추세츠주에서 일하던 의사로서 사람이 죽으면 영혼이 빠져나갈 것이고, 그렇게 되면 죽은 이후에 체중 변화가 있을 것이라고 생각하였다. 그래서 그는 환자 침대에 정밀한 체중계를 설치하고 측정해본 결과, 죽기 전후의 체중 변화가 21g인 것으로 조사되었다. 그렇다면 영혼의 무게가 설마 21g이라고? 이 사실이 1907년 3월 11일 자 《뉴욕 타임스》에 크게 보도된 것으로 보아 우리가 궁금해하는 사실들이 동서가 다르지 않다는 것을 알 수 있을 것이다. 하지만 이 내용은 추후 조사에서 비과학적이라는 것이 밝혀졌다. 그렇다면 과연 생명은 몸의 어느 부위에 있단 말인가?

우리 조상들이 처음에는 피(혈액) 속에 생명이 들어 있을 것이라고 생각한 것은 당연해 보인다. 왜냐하면 젊은 산모가 분만 중에 피를 많이 흘리면 죽게 된다는 것을 많이 보아왔기 때문이다. 피가 전신을 돈다는 것이 밝혀진 것은 그 유명한 윌리엄 하비(William Harvey: 1578~1657)의 업적이다. 1628년 그는 팔에다 고무줄을 묶고 어떤 현상이 일어나는지를 알아보았다. 팔에 고무줄을 묶으면 손등에 있는 정맥혈관들은 팽창하지만, 동시에 동맥의 맥박은 약해지거나 사라지는 것을 관찰하게 되었다. 묶은 고무줄 때문에 심장은 피를 손 쪽으로 보내지 못하고 정맥 피는 고무줄에 막혀 심장으로 돌아가지 못하기 때문이다. 피가 순환한다는 것을 인류가 처음으로 알아낸 순간이었다. 그래서 우리는 자연적으로 생명이 심장에 있다는 것을 알게 되었고, 양손으로 가슴 앞에 심장 모양을 만들거나 머리 위에다 하트 모양을 만든다. 사랑이 생명과 같이 소중하다는 의미일까? 나의 생명을 다 바쳐 사랑한다는 뜻일까? 그렇게 우리는 심장에 생명이 있다고 생각하게 되었다.

그러나 생명이 심장에서 뇌로 옮겨온 것은 최근의 일이다. 1968년 하버드 의과대학에서 뇌사에 대한 판정 기준을 제시함으로써, 심장이나 호흡이 생명에 중요한 것이 아니라 뇌의 활동 여부가 생사를 판단하는 중요한 기준이 된다는 것을 새롭게 알게 되었다.[2] 이렇게 된 배경에는 호흡과 순환을 인간 대신 기계가 해줄 수 있는 시대에 와 있기 때문이기도 하다. 우리는 이 기계를 심폐기(heart-lung machine)라고 부르며, 그 가격대도 어지간한 차 한 대 값 정도에도 못 미친다.

그렇다면 옛날 우리 조상들은 생명이 어디에 있다고 생각하였을까? 제일 먼저 우리 조상들은 자연계에 존재하는 모든 사물에 생명이 깃들어 있다고들 생각하였다. 물질 그 자체에 생명이 들어 있다고 본 것이다. 이런 사고를 물활론(物活論, animism)이라고 부른다. 큰 산이나 바위, 동네를 지키는 당산나무 등이 무속신앙으로 등장하는 이유를 알 수 있을 것이다. 그러나 생기론(生氣論, vitalism, 활력론)은 이와는 사뭇 다르다. 살아 있다는 것은 무생물과 달리 특별한 생기력(vital force)이 그 안에 들어 있다는 의미이다. 이 생기력은 여러분이 예측한 대로 초자연적이며 초경험적인 힘이다. 그래서 이들은 종교적 이론으로 접목되기도 하였고, 플라톤이나 아리스토텔레스도 생기론을 믿었다고 한다.

생기론은 기계론(機械論, mechanism)과 대비된다. 기계론은 초자연적 힘 대신 생명을 하나의 자연법칙으로 설명해 보려는 이론이다. 따라서 생명을 물리화학적 기계로 보는 사상으로서 아이작 뉴턴이나 윌리엄 하비의 혈액순환설이 등장한 이후에 급속하게 퍼지게 되었다. 이러한 기계론은 생기론에 대비될 뿐만 아니라, 유물론(唯物論, materialism)과는 같은 개념을 공유하게 된다. 유물론은 만물의 근원을 물질로 생각하고 어떤 정신현상도 물질의 작용이나 그 산물로 생각하는 이론이다. 따라서 물질이 우선이면 유물론으로 볼 수 있고, 반면에 정신이 우선적이면 관념론(觀念論, idealism)이라고 부른다.

아리스토텔레스는 생명을 부리는 영혼이 식물과 동물 그리고 인간에게서 어떻게 다른지를 설명한 적이 있다. 그는 우선 기본적으로 식물에 있는 것으로 생혼(生魂, vegetative soul)이라는 것을 들었다. 이 생혼은 생식과 성장을 담당하는 영혼이고, 동물은 여기에 각혼(覺魂, sensitive soul)이 더해져서 운동과 지각을 담당한다고 생각하였다. 그렇다면 인간은 어떠한가? 인간은 식물과 동물이 가지고 있는 영혼 이외에 지혼(智魂, rational soul)이 더해진다고 보았다.[3] 지혼은 합리적 사고를 할 수 있다는 것을 뜻한다. 이러한 생각은 제3부에서 설명할 뇌의 구조와 일맥상통한다.

다시 인간을 정신과 육체로 구성된 생명체로 본다면 생각을 달리해볼 수도 있을 것이다. 먼저 정신과 육체가 분리되어 있지 않고 표리와 같이 단지 겉과 속처럼 한 덩어리라는 개념이 일원론(一元論, monoism)이다. 이는 잘 알다시피 네덜란드인 바뤼흐 스피노자(Baruch Spinoza: 1632~1675)가 주장한 이론이다. 그렇지만 이는 다시 오직 육체만이 존재한다는 물리론(物理論, physicalism)과 오직 정신만이 존재한다는 유심론(唯心論, mentalism)으로 각기 나누어 생각해볼 수도 있다.

일원론과 대비되는 생각은 이원론(二元論, dualism)으로서 유명한 르네 데카르트(René Descartes: 1596~1650)가 주장한 개념이다. 제5부에서도 다루겠지만, 데카르트는 영혼과 육체를 완전히 이질적인 것으로 보았고, 영혼과 육체가 소통할 수 있는 것은 뇌 속에 송과선이라는 구조물이 있기 때문에 가능하다고 생각하였다. 하지만 오늘날에 밝혀진 송과선의 기능은 이런 것과는 거리가 너무나 멀다. 그뿐 아니라 데카르트는 오직 인간만이 영혼을 가지고 있고, 동물은 단지 육체만 있다고 주장하였다. 그러나 이러한 모든 사고와 주장들은 현대적 뇌 구조와 그 기능이 알려지기 훨씬 전의 일들이라는 것을 기억해둘 필요가 있다.

그렇다면 '생물과 무생물 사이'에는 무엇이 있단 말인가? 우스갯소리로 '과'가 있다고 넘어갈 일은 아니다. 우선 생물과 무생물 사이의 경계에는 막(세포막, cell membrane)이 있다. 막이 허물어지면 생명체는 죽는다. 실체 우리의 몸속에 있는 백혈구도 적(세균)을 만나면 세균의 세포막을 터뜨려서 그 세포를 죽인다. 우리가 먹는 대표적인 항생제인 페니실린 계열도 결국 세포가 가지고 있는 세포벽이라는 경계를 무너뜨려서 죽게 만든다. 너무 비약적인 이야기일지 모르지만, 지구에도 대기라는 보이지 않는 막이 있다. 만약 이 막이 없어지면 이 지구상에 살아남을 생명체는 아무것도 없을 것이다. 그리고 생물과 무생물 사이에 존재하는 특이한 골칫거리가 바로 바이러스이다. 이 바이러스는 잠시 뒤에 다시 다루기로 하자.

2) 생명의 정의

나의 서재에도 "생명이란 무엇인가?"라는 제목의 책들이 대여섯 권이나 꽂혀 있다. 그렇지만 '이것이 생명이다'라고 단답형으로 서술해놓은 책은 한 권도 없는 실정이다. 그만큼 모든 사람을 만족시키는 생명의 정의를 찾아내기란 결코 쉬운 일이 아니기 때문이다. 실제로 진화생물학자로서 많은 업적을 남긴 영국의 홀데인(J. B. S. Haldane: 1892~1964)조차도 저서에서 "나는 이 질문에 답하지 않을 것이다. 사실 이 질문에 답하는 것이 불가능할지도 모르기 때문이다."라고 기술하였다.

여러분도 "생명이 무엇인가?"라고 누군가 갑자기 물어본다면, 아마도 잠시 막막해지는 기분을 느낄 것이다. 왜냐하면 생명이 무엇이라고 간단히 상상해볼 수는 있지만, 꼭 집어서 정의하기는 쉽지가 않다는 것을 금방 알게 되기 때문이다. 이는 마치 미국의 어느 대법관의 말처럼 포르노는 "보면 쉽게 알 수 있지만, 말로써 정의하기는 쉽지 않다."고 고백하는 것과 마찬가지다. 그래도 생명의 정의가 실제로 현실적인 급선무로 다가온 것은 근래의 일이다. 외계인 이야기가 들리고 인공생명이라는 용어가 등장하기 시작하면서 무엇보다 '생명이란 무엇인가?'에 대한 정의가 어느 때보다 절실해졌기 때문이라고 할 수 있다.

1994년 나사(NASA)가 내린 '생명의 정의'는 많은 논란을 가져왔다. 이 정의는 단지 11개의 단어로 구성되어 있어서 "다윈의 진화론을 따르는 자립 가능한 화학적 시스템"*이라고 정의하였다.[4] 생명이 다윈의 진화를 따라야 한다는 점은 모든 생명체가 한 조상으로부터 출발했으며, 이러한 줄기에서 벗어나서는 안 된다는 의미를 내포한다고 볼 수 있다. 그리고 자립 가능하다는 말은 독립적인 생활이 가능해야 한다는 뜻도 가지고 있다. 어떤 의미에서는 상당히 함축적이라고 할 만하다.

그러나 실제적으로 생명을 정의하는 데는 여러 가지 생명의 특징적 소견을 같이 섞어서 쓰는 경우가 많다. 예를 들어, 대사적 정의는 일정한 경계를 가지고 주변과 지속적으로 물질교환이 일어나야

---

* 원문은 다음과 같다. Life is a self-sustaining chemical system capable of Darwinian evolution.

한다는 뜻이다. 많이 인용되는 브리태니커 백과사전은 이 밖에도 생리적 정의, 생화학적 정의, 유전적 정의, 열역학적 정의, 자체 생성적 정의 등으로 구분하지만,[5] 전부를 통괄하는 생명의 정의는 보여주지 못하였다.

2001년 노벨 생리의학상을 받고 영국 왕립협회 회장을 역임한 폴 너스(Paul Nurse: 1949~)는 생명의 정의에 몇 가지 단서를 달았다.[6] 먼저 자연선택을 이용해서 진화하는 능력이 있어야 하고, 경계를 지닌 물리적 실체여야 하며, 화학적이나 물리적인 정보를 지닌 기계여야만 생명으로 본다는 것이다. 만약 여러분이 해안가에 해식작용으로 떨어져 나간 바위 위에 소나무가 한 그루 있고, 그 위에 갈매기가 한 마리 앉아 있다면, 갈매기나 소나무는 생명체라고 금방 말할 수 있지만, 바위를 생명체라고 하지는 않을 것이다. 그러나 실제로 생명체가 세포로 구성되어 있듯이 바위도 기본적으로 광물이라는 구성 물질로 이루어져 있다. 바위가 대사작용이 없었다면 해안가 절벽이 파도와 바닷물에 반응하여 침식작용이 일어나고 해식 아치(sea arch)가 생겨나, 급기야는 아치 한쪽이 무너져 돌기둥인 시스택(sea stack)과 같은 촛대바위가 생겨나지는 않았을 것이다.

초가삼간을 홀랑 태워버리는 불은 또 어떤가? 불의 대사기능은 타의 추종을 불허할 만큼 왕성하다. 또한 이들은 작은 불씨로 쪼개질 수도 있고, 더 큰 불씨로 불어나 온 산을 불태울 만큼 번식 능력이 뛰어나다고 할 수 있을 것이다. 정말 생명이란 무엇인가를 정의하기가 불가능하다는 말이 들어맞을지도 모른다. 그 대신 차라리 생명의 특징을 이해하는 것이 더 나을 수도 있다.

3) 생명의 특징

우리는 생명의 정의는 어려워하지만, 생명의 특징에 대해서는 쉽게 몇 가지가 머릿속에 금방 떠오를 것이다. 일단 생명은 조상을 가지고 있어야 하고, 세포라는 조립단위로 구성되어야만 한다. 또한 생명체는 유전물질이라는 정보를 담고 있어서, 이것들이 생장하고 증식할 뿐만 아니라 번식하는 생리적 기능이 일어나게 만들어주어야 한다. 우리는 크기나 부피가 늘어나는 것을 생장(生長, growth)이라고 하고, 세포 수가 늘어나는 것을 증식(增殖, proliferation)이라고 한다. 그뿐 아니라 생명체는 주위에서 에너지와 물질을 흡수하고 그 노폐물을 배설하는 대사작용이 일어나야 하며, 주위 환경의 자극에 반응해야 하고 그 변화에 적응할 줄 알아야 한다. 더불어 생명체는 항상성(恒常性, homeostasis)을 유지하기 위하여 일정한 체온을 유지시키고, 더 나아가 환경의 선택을 받아 진화라는 현상이 일어나야만 할 것이다.

생명의 특징에서 자주 인용되는 것 중 하나가 루돌프 쇤하이머(Rudolph Schoenheimer: 1898~1941)가 알아낸 생명체 구성 성분의 교체이다. 쇤하이머는 동위원소를 이용하여 물질의 이동과 대사 과정을 알아보는 방법을 개발한 장본인이기도 하다. 그가 중질소(^{15}N)를 넣은 음식물을 쥐에게 먹인 후 이 동위원소가 어떻게 흡수되고 분포되어 가는지를 살펴본 결과, 아주 특이한 현상을 발견하게 되었다. 이 중질소가 오래된 원소들을 대신해서 새로운 자리에 들어가 있었던 것이다. 이는 《생물과 무생물 사이》

라는 저서를 쓴 후쿠오카 신이치(Sine-Ichi Fukuoka: 1959~)에 의해 널리 소개되었고, 신이치는 한 발 더 나아가 이러한 물질 대체가 끊임없이 진행되는 동적 평형이라는 개념을 새로 추가하기도 하였다.[7] 우리의 몸은 촌모자(CHONCaP), 즉 탄소 · 수소 · 산소 · 질소 · 칼슘 · 인 등으로 정교하게 조립되어 있지만, 이러한 화학원소들의 90% 이상이 1년 이내에 새로운 원소로 교체된다는 사실을 알아낸 것이다. 나치 독일을 피하여 미국으로 피신한 유대인 출신인 쉰하이머는 그의 지병인 조울증을 극복하지 못하고 43세에 자살하고 말았다. 그러나 그의 원소 교체설은 생명을 이해하는 데 아주 중요한 발견 중 하나로 남아 있을 것이다.

4) 바이러스 이야기

바이러스는 무생물이자 동시에 생물이다. 바이러스야말로 무생물과 생물의 경계를 넘나드는 골칫거리라고 할 수 있다. 이들이 가지고 있는 것은 오로지 보자기로 둘러싸인 DNA나 RNA가 전부이고, 이 유전정보를 뒷받침할 수 있는 몸이 전혀 없다. 따라서 이들은 자신의 유전정보가 활동할 수 있는 몸이 필요할 것이다. 그래서 바이러스는 다른 생명체의 몸을 이용한다. 마치 기생충이 다른 생명체를 숙주로 이용하듯이 이들이 이용하는 몸도 우리는 그저 숙주라고 부른다.

바이러스는 다른 세포의 몸속에 들어가 살 때에는 그 숙주 핵의 일부가 되어 살아 있는 상태가 되고, 숙주를 벗어나 몸 밖에 있는 경우는 단지 DNA나 RNA와 같은 화학물질인 무생물 상태로 있을 뿐이다.* 자신이 누구인가에 대한 정보만 가지고 있기 때문에 스스로 증식할 수 없고 숙주의 몸을 빌려야만 증식할 수 있다. 더구나 이들은 손쉽게 이러한 유전정보를 바꿀 수 있는 재주가 있기 때문에 인간을 더욱 곤혹스럽게 만들기도 한다. 즉 쉽게 진화할 수 있다는 뜻이다. 이런 이유로 우리는 종종 바이러스를 선제적으로 제압하기보다는 뒤쫓아 가는 신세가 되기도 한다.

바이러스는 지구상에서 수적으로 제일 많은 생물이자 무생물이다. 이미 언급되었지만, 만약 여러분이 1시간 동안 방 안에 있으면, 약 1만 마리의 세균과 10만 개의 바이러스를 마시게 될 것이다. 이 바이러스가 살 수 있는 유일한 장소는 세포(숙주)의 몸속이다. 그래서 식물에 주로 살기를 좋아하면 식물성 바이러스, 동물에 주로 살면 동물성 바이러스라고 부른다. 또한 세균 속에 들어가 살면 세균성 바이러스라고 하지만, 이 경우는 특히 박테리오파지(bacteriophage)라는 이름으로 자주 불린다.† 숙주에 따라 바이러스를 구분해보는 간단한 방법이다.

바이러스가 가지고 있는 유전정보가 무엇인가에 따라 그 특성을 알아볼 수도 있다. 이들이 각각 외가닥(single stranded: ss)인지 또는 두 가닥(double stranded: ds)인지에 따라 달라지기도 하고, RNA가 DNA로 변

* 세포의 몸 밖에 있는 바이러스를 특별히 비리온(virion)이라고 부른다.

† 박테리오파지는 '세균을 먹는다'는 의미가 있으며, 세균을 숙주로 삼는 바이러스를 말한다.

하는 종인지 또는 RNA가 바로 전령 RNA(mRNA)의 역할을 하는지에 따라 그 종류를 구분할 수도 있을 것이다.[8] 예를 들어, 식물을 주로 감염 대상으로 삼는 외가닥 RNA 바이러스는 바로 전령 RNA 역할을 할 수가 있고, 소아마비 바이러스나 C형 감염 바이러스도 여기에 속한다. 에이즈(AIDS)라는 무서운 병을 일으키는 HIV 바이러스는 RNA가 역전사 효소에 의하여 DNA로 바뀌고, 다시 이 DNA가 전령 RNA가 되어 단백질 합성이 가능해진다.

바이러스가 세포와 결합하면 그들이 가지고 있는 DNA나 RNA가 세포 안으로 들어가게 된다. 이렇게 들어간 바이러스 유전정보는 세포의 핵 속으로 들어가 그 안에서 자리를 잡을 것이다. 따라서 숙주인 세포가 분열을 하면, 자신의 유전정보도 똑같이 분열할 수 있게 된다. 이렇게 바이러스가 숙주의 유전자 속에 들어가 잠복하는 것을 전문 용어로는 용원상태(溶原狀態, lysogenic state)라고 한다.* 그러나 이러한 용원상태가 일정기간 지속되다가 어느 순간에 도달하면 바이러스는 숙주의 단백질 합성 체계를 이용하여 자신의 보자기와 유전정보를 복제하여 새로운 자신을 만들어낸 후 숙주의 세포를 파괴하여 죽이고 세상 밖으로 나오게 된다. 이러한 과정을 용균상태(溶菌狀態, lytic cycle)라고 부른다. 이렇게 하여 세포 밖으로 나온 바이러스는 기관의 점막을 자극하여 숙주로 하여금 기침을 유발하도록 만들 것이다. 만약 여러분이 기침을 심하게 하면 바이러스는 이 기회를 놓치지 않고 숙주의 몸을 힘차게 튀어나와 공중을 떠돌거나 문고리나 책상 위에 내려앉아 다른 숙주를 만나기 위한 기회를 엿보고 있을 것이다. 이러한 형태를 조금 어려운 말로 비말감염(飛沫感染, droplet infection)이라고 부른다. 마치 가루 같은 바이러스가 공중에 날아다니면서 감염시킨다는 뜻이다.

바이러스의 특징 중 하나는 용균상태에서 생겨난다. 이 바이러스가 자신의 유전정보를 만들 때 숙주의 유전자 일부가 같이 묻어 나올 수도 있기 때문이다. 그런 후 이 바이러스가 다른 숙주의 유전자를 감염시키면, 이 추가로 묻어 나온 유전자를 본의 아니게 전해주는 역할도 한다는 사실이다. 이는 다른 세포의 유전자를 대신 전해주는 셈이 된다는 의미이다. 이것은 '박테리아 섹스' 편에서 다시 다룰 것이다.

바이러스는 어떻게 탄생하였을까? 이미 언급된 바와 같이 유전정보인 핵산은 무생물이다. 이러한 DNA나 RNA는 바이러스의 유전정보이기도 하지만 세포의 유전정보이기도 하다. 따라서 바이러스가 세포보다 먼저 생겼다고도 볼 수 있다. 마치 세포의 기원에서 RNA 세계를 소개한 것과 같은 맥락이다. 그렇지만 세포 없이 RNA가 생겼다고 말하기는 앞뒤가 잘 맞지 않는다. 여기서도 닭과 계란과 같은 딜레마가 생길 수 있다. 그래서 이번에는 바이러스의 유전정보가 세포의 핵에서 떨어져 나왔다는 주장도 있고(세포탈출설), 세포 자체가 퇴화되어 유전정보만 남았다는 의견(세포퇴화설)도 제시되어 있

---

* 바이러스가 세포 안으로 들어가 세포의 유전자와 결합하는 성질을 우리는 교묘히 이용한다. 즉 세포의 핵 속으로 주입하고자 하는 유전자를 바이러스 유전자에 붙여서 세포 안으로 넣으면, 바이러스는 이 유전자를 세포의 핵 속으로 운반해줄 것이다. 이러한 바이러스를 벡터(vector)라고 부르며, 이는 현대 유전공학의 근간을 이루고 있다.

다. 바이러스는 생명을 이해하는 데 중요한 단서를 제공해주기도 하지만 생명체에는 부담스러운 기생물임에는 틀림없다.

2 등잔 밑이 어두워

1) 미생물의 발견

기원전 약 500년경 동서양에서는 축의 시대라 일컬어지는 시기에 도달하면서 인류는 새로운 지식과 사상에 노출되기 시작하였다. 흔히 우리가 인용하는 소크라테스, 플라톤, 아리스토텔레스로부터 동양의 공자나 맹자 그리고 불교의 부처에 이르기까지 인류는 새로운 시대에 접어들었다고 할 수 있다. 예수가 그 뒤를 이었고, 약 600년 후에는 무함마드에 의해 이슬람교가 이 세상에 등장하였다.

그러나 여기에서 우리가 간과하고 있는 중대한 사실이 하나 있다. 바로 우리의 발밑에 우리가 볼 수 없는 엄청난 생물들이 살고 있는 또 다른 세상이 있다는 것을 전혀 모르고 있었다는 점이다. 축의 시대에 태어난 모든 철학이나 사상은 이 거대한 미생물 세계를 인식하지 못한 상태에서 생겨났다는 것에 주목해야만 한다. 즉 그 시대에 생겨난 종교와 철학은 이 엄청난 미생물 세계를 인지하지 못한 상태에서 태어났기 때문에 불행하게도 전체를 볼 수 없었고, 부분적인 세상만을 주요 소재로 삼았다고 볼 수 있다. 따라서 그들의 철학과 사상과 종교는 반쪽짜리에 불과하다는 뜻이다. 우리는 비록 눈을 뜨고 있었지만, 장님이 코끼리를 만진 것이나 다를 바 없었다.

그렇다면 이 미지의 등잔 밑은 과연 어떻게 생겨 있을까? 먼저 미시 세계를 탐험하기 위해서는 일단 그 단위에 좀 익숙해질 필요가 있다. 여러분의 키를 생각해보면, 우선 1m라는 길이는 누구나 잘 알고 있을 것이다. 이 1m를 1,000분의 1로 나타낸 것이 바로 1mm이고, 우리는 이 1mm가 얼마나 되는지는 잘 알고 있지만, 이 1mm를 다시 1,000으로 나눈 값이 10^{-6}m 즉 1마이크로미터(마이크론, μm)라면 여러분은 이 단위에 얼마나 익숙해져 있을까? 이 작은 단위의 세상에 우리가 말하는 세포들이 산다. 따라서 여기서 다루는 세균이나 고세균을 포함하는 원핵세포는 주로 1~10μm 범위에 들어 있고, 그보다 더 진화된 진핵세포는 주로 10~100μm 정도의 크기를 가지고 있다.

그렇다면 우리가 맨눈으로 볼 수 있는 한계는 어디까지일까? 대개 우리는 머리카락이 방바닥에 떨어져 있으면 그것을 발견하고 주울 수 있지만, 머리카락보다 더 작은 것들은 제대로 볼 수가 없다. 인간이 맨눈으로 볼 수 있는 한계가 머리카락이고, 이 머리카락의 크기가 100μm 즉 0.1mm라는 뜻이다. 이런 의미로 본다면 우리가 세균이나 세포를 볼 수 없는 것은 너무나 당연하다.

그다음 마이크론 단위를 다시 1,000으로 나눈 10^{-9}m 즉 1나노미터(nanometer, nm)의 세계에는 무엇이 살고 있을까? 바로 여기에 바이러스가 있다. 이 바이러스는 대개 10~100nm 정도의 크기로서 DNA

나 RNA로 되어 있기 때문에, 이 세계가 분자가 들어 있는 수준이라는 것을 금방 알 수 있을 것이다. 그렇다면 원자의 크기는 얼마나 될까? 원자는 더 작아서 대개 10^{-10}m 수준에 있게 된다. 우리는 이 크기를 특별히 1옹스트롬(Ångström: Å)이라고 부르며 수소 원자가 이 크기에 해당된다. 만약 3옹스트롬이라면 수소 원자보다 3배 정도 더 큰 원자라는 것을 금방 알아챌 수 있을 것이다. 원자 단위 미만으로 더 내려가면 양성자와 중성자, 전자 등이 등장하겠지만, 일단 이 정도까지만 하자.

우리가 맨눈으로 볼 수 있는 한계가 0.1mm라면 광학현미경으로는 세균 정도까지 볼 수 있다. 그러나 바이러스나 그보다 더 작은 세상은 전자현미경을 통해서만 관찰이 가능하다. 만약 여러분이 양성자나 중성자를 보고 싶다면 입자가속기를 찾아가야 할 것이다. 이 세상에서 양성자나 중성자를 본 사람은 아무도 없다. 그 존재를 알 수 있는 방법은 오직 입자를 가속한 후 충돌시켜 그 흔적을 찾아보는 도리밖에 없을 것이다. 입자가속기는 소립자를 인식할 수 있는 유일한 방법이라고 할 수 있다.

미생물이 인간의 지식 속으로 들어오게 된 시기는 예수가 태어나고도 1,600년이나 더 기다려야만 하였다.* 먼저 초창기 영국 왕립협회에서 일했던 로버트 훅(Robert Hooke: 1635~1703)을 소개하기로 하자.† 그는 1665년 출판한 《미크로그라피아(*Micrographia*)》에서 죽은 코르크 조직을 현미경으로 관찰하고, 이들이 마치 작은 방처럼 생긴 구조를 보여서 세포(cell)라는 이름을 붙이게 되었다.‡ 그가 사용한 현미경은 대략 30배 정도의 배율을 가진 초창기 현미경으로 보인다. 그는 뉴턴과 학문적으로 충돌하면서 불편한 관계를 유지했던 것으로도 유명하다.

그러나 실제로 미생물 세계를 열어젖힌 사람은 의외로 학자 출신이 아닌 네덜란드의 포목상이었다. 안토니 반 레벤후크(Antonie van Leeuwenhoek: 1632~1723)는 네덜란드의 남부 도시인 로테르담에서 멀지 않은 델프트에서 태어났다.[9] 그는 11세에 부모를 모두 잃고 암스테르담으로 가서 옷가게 점원으로 일을 하게 되었다. 정식 교육을 받지도 못했고 영어를 할 줄도 몰랐던 그가 할 수 있는 일은 확대경을 사용하여 좋은 옷감을 골라내는 것에 만족해야만 하였다.

레벤후크는 22세 되던 해에 다시 델프트로 내려와 포목상을 열면서 점차 현미경 실험에 몰두하게 되었다. 그런데 이번에는 좋은 실을 가진 옷감을 찾아내는 것이 아니라, 맨눈으로는 보이지 않는 이상한 물체들에 더 관심이 쏠리게 된 것이다. 그는 1668년부터 본격적으로 현미경 제작에 몰두하였고, 드디어 1674년 인류 역사상 처음으로 물속에서 살아 있는 미생물인 원생생물과 조류들을 목격하게 되었다. 그뿐 아니라 사람의 정액 속에 든 정자를 최초로 관찰하게 되었고, 작은 장어 떼 같은 세

* 예수의 탄생과 연계시킨 것은 축의 시대나 기독교 탄생이 미생물 세계를 인식하지 못했던 상태에서 태어났다는 것을 다시 한번 강조하기 위해서다.

† 영국 왕립협회는 1660년 청교도혁명을 주도한 크롬웰이 죽고 난 후 즉위한 찰스 2세에 의하여 세계 최초로 창립된 학자들의 모임으로서 영국 과학 아카데미 역할을 수행하였다. 이에 자극받은 프랑스의 루이 14세는 프랑스 과학 아카데미를 1666년에 설립하게 된다.

‡ 뒤에 소개할 레벤후크도 이 책을 읽은 것으로 되어 있다.

균도 발견하였다. 드디어 등잔 밑이 어두웠던 미지의 미생물 세계가 인간 앞에 그 모습을 드러내는 순간이 찾아온 것이다!

레벤후크는 지속적으로 영국 왕립협회와 서신을 주고받으며 발표를 이어가다가, 마침내 1680년 포목상 주인으로서 영국 왕립협회 회원이 되는 영광을 누리기도 하였다. 그는 일약 델프트의 유명인사가 되어 각국에서 온 수많은 방문객들을 맞이하게 되었다. 이 방문객들 중에는 프러시아 초대 국왕인 프리드리히 1세(Friedrich I: 1651~1713), 명예혁명으로 유명한 윌리엄 3세와 메리 2세 여왕 그리고 러시아의 표트르 대제(Tzar Peter Great: 1672~1725)가 그 명단에 이름을 올려놓고 있다.

레벤후크가 발견한 또 다른 세상이 기폭제가 되어 약 160년이 흐른 1838년에는 세포설(細胞說, cell theory)로 연결됨으로써 인류 과학사에 또 한 번 우뚝 서게 되었다. 이제 모든 살아 있는 생명체는 식물이든 동물이든 모두가 세포로 구성되어 있다는 사실이 알려진 것이다. 세균에게 적용되는 것은 코끼리에게도 적용된다는 동질성이 확립된 셈이다. 이어서 등장한 루이 파스퇴르는 1880년대에 탄저병이나 광견병 예방백신을 제조하기에 이르렀다. 또한 로베르트 코흐(Robert Koch: 1843~1910)는 특정 세균이 특정 전염병을 유발한다는 병원세균학을 확립함과 동시에 결핵균과 콜레라균을 발견하여, 미생물의 역사를 새롭게 써 내려가는 계기가 되었다고 할 수 있다.

2) 세균과 고세균

(1) 원핵생물이란

여러분은 세균이라고 하면 먼저 무슨 생각이 떠오르는가? 아마도 좋은 생각보다는 나쁜 생각들이 먼저 떠오를 것이다. 왜냐하면 우리는 항상 세균은 박멸하고 파괴해야 하는 존재로 인식해왔기 때문이다. 그러나 이제 세균에 대한 인식을 바꾸어야만 한다. 세균이야말로 우리의 가장 오래된 조상일 뿐만 아니라, 이들의 도움 없이는 한시도 살 수 없는 운명이기 때문이다. 우리 몸속에는 그들의 흔적과 유산이 너무나도 많이 남아 있다. 우리가 먹고살 수 있는 재주를 가지게 된 것도 모두 세균들이 가진 기술을 도용한 것에 불과하다. 그중 일부가 유독 복잡한 세포로 진화했을 따름이지만, 그래도 대부분은 여전히 40억 년 동안 지구를 지켜왔고 또 끊임없이 변화시켜왔다는 사실을 인정해야만 할 것이다.

먼저 원핵생물(原核生物, prokaryote)이나 진핵생물(眞核生物, eukaryote)이라는 용어에 익숙해질 필요가 있다. 원핵생물은 원래 핵을 가지기 전 상태라는 의미로 핵이 없지만, 진핵생물은 진정한 핵을 가지고 있다는 뜻이다. 원핵생물은 유전정보를 가지고 있는 DNA가 세포 안에 들어 있지만 막으로 싸여 핵을 형성하지는 않는다. 원핵생물은 구조상 진핵생물보다 덜 복잡하다는 뜻이다. 원래 원핵생물에는 세균(bacteria)과 고세균(archaebacteria)이 여기에 포함된다. 우리가 보통 부르는 세균은 이 세균과 고세균을 합쳐서 부르는 경우가 대부분이고, 만약 특별히 원핵생물 중 세균만 지칭하고자 한다면 진정세균(eubacteria)

이라고 부르기도 한다.

만약 여러분이 지구상에 사는 모든 생명체를 가장 큰 분류군로 나눈다면 당연히 세균, 고세균 그리고 진핵생물이 될 것이다. 그렇다면 만약 두 그룹으로 나누게 되면 어떻게 될까? 당연히 원핵생물과 진핵생물로 나눌 수 있을 것이다. 그러나 원핵생물의 세균과 고세균이 마치 형제처럼 보이지만, 그 구조가 서로 달라서 두 그룹으로만 나누는 것은 무리가 생기게 된다. 따라서 분류상 할 수 없이 가장 큰 분류군인 영역(domain) 속에 세균, 고세균 그리고 진핵생물로 나누는 것이다.

그렇다면 이 세상에 처음으로 등장한 생명체는 과연 세균일까, 고세균일까? '생명의 기원' 편에서 다루었던 문제지만, 먼저 원시세포(protocell)에서 세균과 고세균으로 갈라졌다고 보는 견해가 많다. 이 최초의 원시세포를 우리는 모든 세포의 공통 조상(Last Universal Common Ancestor; LUCA)이라고 부른다. 이 공통 조상이 살아남기 전에 얼마나 많은 원시세포들이 생겨나서 사라졌는지는 아무도 알 수 없지만, 마지막으로 살아남아서 우리의 공통 조상이 되었다는 의미에서 '루카'라고 부르게 되었다. 그렇지만 고세균은 아주 극한 환경에서도 살아남는 재주가 있기 때문에 세균보다 고세균에게 '생명의 기원'이라는 타이틀이 주어져야 한다는 의견도 분분하다. 그러나 이 둘의 합작으로 진핵생물이 생겨난 것은 거의 확실해 보인다. 따라서 이렇게 생겨난 세포를 최초의 진핵세포 공통 조상(Last Eukaryotic Common Ancestor; LECA)이라고 부른다. 인간을 포함하여 우리가 주위에 볼 수 있는 식물이나 동물은 모두 이 '레카'의 자손인 셈이다.

(2) 어떻게 생겼을까

세균은 공처럼 생기기도 하고(구형), 막대처럼 생겨서 막대형이라 부르기도 하며, 실처럼 생겨서 나선형이라 부르기도 한다. 그러나 실제로 세균과 고세균을 외형적으로 분류하기는 불가능하다. 생김새가 너무 비슷하기 때문이다. 하지만 자세히 들여다보면 생화학적으로나 유전학적으로는 차이가 많다. 이 둘은 역시 우리의 눈에는 보이지 않는다. 이들은 왜 이렇게 작고 단순한 형태로 40억 년 동안이나 변함없이 살아오고 있을까? 이들 중에서는 우연하게도 진핵생물이 만들어져서 동물이나 식물이 되어 세상 밖으로 나아갔지만, 진작 그들 자신들은 거의 변화가 없는 상태로 하염없이 세월을 보내고 있다. 과연 무슨 사연이나 구조적인 제한을 가지고 있기 때문에 이렇게 지내고 있는 걸까? 이러한 의문점에 대해서는 차차 기술해나가기로 하자.

고세균의 한 종류인 유리고세균(euryarchaeota) 중 메탄생성균(methanogen)을 여기에서 미리 소개하는 것이 좋을 것 같다. 이 메탄생성균이 나중에 진핵생물로 나아가는 데 등장하는 중요한 미생물이기 때문이다. 메탄생성균은 말 그대로 메탄을 만들어내는 고세균을 말한다. 이들은 수소와 이산화탄소를 이용하여 에너지를 뽑아내고 메탄이라는 배설물을 밖으로 내보낸다. 메탄은 4개의 팔을 가진 탄소에 모두 수소가 연결되어 있는 가장 단순한 구조 즉 CH_4이다. 이러한 메탄생성균은 산소가 없는 늪지대나 동물의 내장에서 주로 산다.

크랜고세균(crenarchaeota)에 속하는 술폴로부스(*Sulfolobus*) 세균들은 우리가 발도 담글 수 없이 뜨거운 섭씨 70℃ 이상의 온천물에서 주로 산다. 만약 물의 온도가 55℃ 이하로 떨어지면 맥을 못 춘다. 여러분이 혹시 미국 서부의 옐로스톤 국립공원을 방문해서 그 형형색색의 온천수를 보고 감탄을 쏟아낸다면, 아마도 이 고세균들에게 감사를 표해야 할 것이다. 끓는 온천물에 생존하는 고세균들이 뿜어내는 색깔이 주원인이기 때문이다. 이렇게 고세균들은 우리가 상상할 수 없는 극한 환경에서도 살아갈 수 있는 능력이 있다. 식초보다 더 강한 산성에서도 사는 고세균이 있는가 하면, 염도가 높아서 살 수 없을 것 같은 사해에서도 잘 사는 고세균들이 있다. 우리는 이러한 최악의 환경에서도 잘 사는 생물군을 극한생물(extremophile)이라고 부른다. 이 극한생물 중에는 고세균들이 많이 포함되어 있다.

세균들은 주위 환경과 분리시켜주는 세포막(cell membrane)이 있고, 이 세포막 밖으로 세포벽(cell wall)이라는 두꺼운 구조물을 또 가지고 있다. 일부 세균들은 세포벽 밖에 또다시 피막(capsule, 협막)이라는 막을 두르기도 하다. 만약 피막을 가지고 있는 병원균이라면 피막이 없는 세균에 비하여 인간에게 더 치명적일 수 있다는 것을 뜻한다. 왜냐하면 그만큼 항생제가 세균 안으로 투과하여 들어가기가 힘들기 때문이다. 진정세균의 세포벽은 펩티도글리칸(peptidoglycan)이라는 물질로 구성되어 있다. 그러나 고세균의 세포벽에는 펩티도글리칸이 들어 있지 않다. 우리가 자주 사용하는 페니실린 항생제는 이 펩티도글리칸이 합성되지 못하게 만들어 세균을 죽인다. 만약 여러분이 고세균에 감염되어 페니실린을 사용한다면 아무런 효과를 보지 못할 것이다. 왜냐하면 고세균에는 펩티도글리칸이 없기 때문이다.

그러나 인간을 포함한 동물에게는 아예 세포벽이 없다. 그렇다면 페니실린이 인간의 세포에는 어떤 영향을 미칠 수 있을까? 당연히 아무런 효과를 미치지 못한다. 인간을 구성하고 있는 세포에도 세포벽이 없기 때문이다. 식물이나 원생생물도 이 세포벽이 펩티도글리칸과는 관련이 없다. 이들은 모두 세포벽이 셀룰로오스로 되어 있기 때문이다. 또한 버섯과 같은 균류는 키틴이라는 아미노당으로 구성되어 있다. 따라서 같은 구조물이라 하더라도 생물체에 따라 그 구성 성분이 다르다는 것을 의미한다.

이제 이 구조물 중에서 특히 세포막에 대하여 생각해보도록 하자. 먼저 이 세포막이 무생물과 생물을 구분해주는 경계막이라고 이미 기술한 적이 있다. 이렇게 환경과 생명체를 갈라놓고 있는 세포막은 어떻게 양측을 서로 원활하게 소통시킬 수 있을까? 만약 돌로 만들어진 성곽이 있다면 그 안쪽과 바깥쪽을 서로 교통시키는 방법이 있어야 할 것이다.[10] 이 성곽에 해당하는 세포막이 안팎으로 교통하는 방법에는 크게 두 가지가 있다. 먼저 수동 수송(passive transport)이라는 방법에 대하여 알아보자. 이 방법은 성곽을 통하여 돈을 내지 않고 들락거리는 방법이다. 만약 여러분이 잉크 한 방울을 물에 떨어뜨리면 어떤 현상이 일어나는가? 잉크는 서서히 물속으로 퍼져 나갈 것이다. 이는 농도가 높은 곳에서 낮은 곳으로 퍼져 나가는 자연현상일 뿐이다. 이런 현상을 우리는 확산(diffusion)이라고 부른다. 확산에는 에너지가 들어가지 않는다. 특히 세포막은 인지질 이중층으로 구성되어 있고, 이 막의 가운데는 지방산이 차지하고 있어서 지질에 녹을 수 있는 물질은 단순확산에 의해 세포 안으로 들어갈 수가 있다. 그러나 아미노산이나 포도당 등은 극성을 띠고 있어서 이 막을 그냥 통과할 수가 없다.

이번에는 아무데나 성곽을 넘나드는 것이 아니고, 반드시 지정된 장소를 이용해서 들어가야만 하는 길이 있다. 에너지는 들지 않지만 반드시 통로를 이용해 들어가야만 하는데, 그 통로가 미리 정해져 있다는 뜻이다. 이보다 더 세심한 통행은 그냥 통로를 통해 들어가는 것이 아니고, 반드시 안내자와 동행해서 들어가야만 하는 경우를 말한다. 이런 방법을 촉진확산(facilitated diffusion)이라고 부르며, 아미노산이나 포도당 그리고 이온 등은 이런 방법으로 들락거린다.

이와는 대조적으로 반드시 돈을 내고 들어가거나 나가야 하는 방법이 있다. 이런 통행을 수동 수송에 대비하여 능동 수송(active transport)이라고 부른다. 이 방법은 자연현상에 역행하는 것으로, 농도가 낮은 곳에서 높은 곳으로 물질을 이동시켜야 하기 때문에 에너지가 들어가야 된다는 뜻이다.

생물은 막이라는 구조물로써 무생물과 구분되어 있다. 이 막을 통하여 물질이 수송되는 방법을 정확히 알아낸다는 것은 질병을 이해하고 암이나 노화 등을 이해하는 데 필수적인 정보가 될 것이다. 따라서 지금도 전 세계의 연구소에서는 밤에도 불을 밝히고 이 과정을 이해하기 위한 연구들이 진행되고 있을 것이다.

통행에 대한 이야기가 나온 김에 삼투현상(osmosis)에 대해서도 간단히 소개하기로 하자. 삼투현상이란 저농도의 용액에서 고농도의 용액으로 물이 이동하는 것을 말한다. 물이 고농도 쪽으로 이동하는 것은 양쪽의 농도를 동일하게 맞추고자 하는 자연현상이다. 여러분이 짠 음식을 많이 먹은 후 아침에 일굴이 부어 있다거나 바닷물 속에서 오랫동안 헤엄을 치면 손가락이 쭈글쭈글해지는 것도 삼투현상에 의해 생기는 것이다.

세균과 고세균이 서로 다른 점은 비단 세포벽의 구성 성분이 다르다는 것만이 아니다. DNA 복제과정도 고세균은 오히려 진핵생물과 더 많이 닮아 있고, 발효과정도 생화학적으로 서로 다르다. 또한 세포막의 구성도 다 같은 인지질 이중막이지만 그 구성 성분이 다르다. 세균은 지질 성분이 지방산으로 구성되어 있고, 글리세롤과는 에스터 결합(ester bond)을 하고 있다. 이에 반해 고세균은 지질 성분이 이소프렌(isoprene)으로 구성되어 있고, 글리세롤과는 에테르 결합(ether bond)을 한다. 그렇다면 진핵생물의 세포막은 어느 것과 같을까? 우리가 속해 있는 진핵생물은 세균의 세포막을 닮아 있다. 만물의 영장이라고 불리는 인간의 몸도 그 하나하나를 구성하는 세포들의 막들은 그저 세균의 세포막과 닮아 있을 뿐이다.

(3) 40억 년의 역사

그렇다면 이렇게 단순하고 보잘것없는 세균들이 어떻게 40억 년이라는 엄청난 세월 동안에 환경의 변화를 이겨내고 살아남을 수 있었으며, 현재에도 굳건히 한 영역을 차지하고 생존해가고 있는 것일까? 이 지구상에서 덩치로 보면 당연히 식물이 많겠지만, 머리 수로 보면 세균이 압도적으로 많다. 지구에 있는 세균과 고세균을 모두 합친다면 아마도 1.2×10^{30} 이상의 개체수가 있는 것으로 추정되어 우주에 있는 모든 별들보다도 더 많을 것이다.[11] 이들은 서로 모여 군집생활을 하기도 하고, 세포벽이라는 구조물을 만들어 두껍고 단단하게 보호도 받고 있다. 이 세포벽이라는 구조물 때문에 세균을 두 가지로 쉽게 대분할 수 있게 되었고, 염색되는 양상에 따라 그람 양성균과 그람 음성균으로 분류할 수 있게 된 것이다.*

이러한 세균도 편모를 가지고 이동할 수도 있고, 빛이나 화학물질을 이용하여 서로가 소통하기도 한다. 또한 이들은 단지 이분법적으로 분열하여 자손을 만들어서 무성적으로 번식할 수도 있다. 그렇지만 이들도 유전자를 교환할 수 있는 여러 가지 방법들을 가지고 있다. 그뿐 아니라 놀랍도록 다양한 대사 경로를 가지고 있어서 어떤 환경에서도 에너지를 뽑아낼 수 있는 능력을 보유하고 있기도 하다. 따라서 이러한 모든 능력들이 모여 40억 년이란 유구한 세월을 버티면서 살아낼 수 있는 밑천이 되었을 것이다.

3) 그들이 사는 세상

그들이 사는 세상은 우리 눈에는 보이지 않는다. 아주 먼 옛날에 어떤 학자가 세균들이 우리를 죽일 수도 있다고 발표를 하자, 군중 속의 한 사람이 질문을 던졌다. "그 세균이 무엇인지 잘 모르지만 크기가 얼마나 됩니까?" 신중하게 물어 오는 질문자에게 학자는 이렇게 말해주었다. "글쎄요, 그 세균들은 우리 눈으로도 볼 수 없을 만큼 그렇게 작은 것들이랍니다." 그러자 의외라는 듯이 이 질문자는 이렇게 다시 반문했다고 한다. "아니 그렇게 작은 것들이 어떻게 덩치가 이렇게 큰 사람을 죽일 수 있나요?"

우리가 그들의 세상을 모두 정확하게 꿰고 있다고 말할 수는 없다. 그러나 적어도 그들이 우리가 속해 있는 진핵세포보다 최소한 15억 년 전부터 먼저 살았던 우리의 선조라는 것과 현재에도 같이 살고 있는 동반자라는 사실이다. 우리는 그들의 생활 방식을 따르고 있고, 그들이 먹고 사는 법을 그대로 답습하고 있을 뿐이다. 우리가 그들보다 더 나은 생물이라고 우길 만한 이유도 별로 없을 뿐만 아니라, 그들을 알면 알수록 대자연 앞에서 느끼는 인간의 초라함을 또 한 번 경험할 뿐이다.

우리는 그들의 종이 몇이나 되는지를 정확하게 알지 못한다. 지금까지 발표된 세균 종은 그저 약 5,000여 종이라는 것만 알고 있다. 바다 밑 열수분출공에서부터 산 정상에 이르기까지 이들이 살 수 없는 환경은 거의 없다. 지상에 사는 박테리아보다 훨씬 더 많은 세균이 지하에 산다. 지구 전체가 눈

---

* 세균의 그람 염색법은 세포벽의 화학적 또는 물리적인 특성의 차이를 이용하여 세균을 염색하는 방법이다. 그람 양성균은 보라색으로 염색이 되고, 그람 음성균은 붉은색으로 염색된다.

덩어리로 뒤덮인 시절에도 그들은 거뜬히 살아남았다.

세균들은 토양을 비옥하게 만들어주고 사체를 분해하여 자연으로 되돌려보낸다. 하늘에 있는 질소를 붙잡아 지상의 생물체에게 공급해주고 끓는 물이나 염수 속에서도 살 수 있는 능력이 있다. 음식을 발효시켜 술을 만들고 식초를 제공하기 때문에 이들이 없으면 우리의 치맥 파티는 흥을 잃어버릴 것이고, 음식의 요리는 제 맛을 찾지 못할 것이다. 우리가 먹고 산다는 것은 이들이 분해하는 대사 방법 중 한 가지를 배워서 써먹고 있다고 할 수밖에 없다. 빛을 감지할 수 있는 능력을 가진 세균들이 처음으로 광합성생물의 원조가 되었다. 그뿐 아니라 이들은 탄소나 황 및 질소 등의 순환에 핵심적인 역할을 아직도 수행하고 있다. 만약 이들이 파업이라도 벌인다면 이 지구상에서 살아남을 생명체는 거의 없다는 것이 기정사실이다.

그렇다면 우리는 몸속에 얼마나 많은 세균들과 함께 살고 있을까? 이에 대한 보고는 아주 다양하다. 우리 몸속의 세포가 몇 개나 되는지도 모르는 것과 비슷하다. 우리 몸을 형성하는 세포보다 10배나 많은 세균들이 우리와 함께 산다고도 말하고, 우리 몸의 세포만큼 우리 몸속에 세균이 있다고도 말한다. 그 숫자가 무엇이든 간에 우리 몸에는 어마어마한 세균들이 우리를 둘러싸고 함께 살아가고 있을 뿐만 아니라, 우리는 이들의 역할을 정확하게 이해하고 있다고 할 수도 없다.

만약 엄마의 산도를 뚫고 세상 밖으로 나오는 신생아는 처음으로 그의 피부와 구강이 엄마의 산도에 있는 세균과 만나게 될 것이다.[12] 이제야 겨우 이들이 어떻게 신생아와 더불어 함께 살아가는지에 대한 연구가 진행되고 있는 실정에 놓여 있다. 우리 몸을 구성하는 세포 수를 여러분은 적어도 100조 개에서 37조 개 정도로 광범위하게 기술해놓은 많은 책들을 읽었을 것이나, 너러는 100조 개, 60조 개, 40조 개 등으로 기술되다가 최근에는 37조 개의 세포라는 개수로 자리를 잡아 가고 있다.[13] 우리 몸에는 37조 개의 세포가 있고 그만큼의 세균들과 함께 살고 있다고? 우리가 평소에 씻고 닦고 하는 일상이 무색해진다.

그렇다면 세균은 왜 그렇게 눈으로도 볼 수 없는 아주 작은 존재로만 살아가야 할까? 그것도 40억 년 이상을 변함없이 작은 거인으로 살고 있는 이유는 무엇일까? 그 이유를 몇 가지로 정리해 생각해보자.

먼저, 이미 기술된 확산이라는 개념을 불러와야 할 차례이다. 확산은 잉크를 물에 떨어뜨린 경우와 같이 어떤 물질이 농도가 높은 곳에서 낮은 곳으로 퍼져 나가는 자연현상을 말한다. 만약 잉크 대신 영양분으로 그 대상을 바꾸어놓으면 이 영양분이 막을 지나 거리가 가까운 곳에는 수 초 안에 도달하지만, 먼 거리에 있는 곳이라면 수 주가 걸릴 수도 있다. 그렇게 되면 막에서 멀리 떨어진 곳에서 살고 있는 세포의 소기관들은 살아남을 방법이 없을 것이다. 단지 확산만으로는 성벽 가까이에 사는 사람들한테는 식량 공급이 가능하지만, 성이 커서 수십km 안쪽의 사람들은 굶어 죽을 도리밖에 없게 된다는 뜻이다. 따라서 세포들이 모여 큰 집단을 형성하는 생물체들은 어쩔 수 없이 이러한 물건을 실어 나를 수 있는 순환계를 발달시킬 수밖에 없게 되었다.*

두 번째는, 부피와 표면적의 관계이다. 우리는 세포가 커질수록 부피 대비 표면적의 비율이 줄어든다는 것을 잘 알고 있다. 부피는 세제곱으로 불어나지만 표면적은 제곱으로 불어나기 때문이다. 예를 들어, 한 변이 1cm인 정육면체라면 각 면이 6개여서 표면적은 $6cm^2$가 되고, 부피는 $1cm \times 1cm \times 1cm = 1cm^3$가 될 것이다. 따라서 부피 대 표면적의 비율은 표면적이 6배나 많다. 그러나 만약 크기가 2배로 늘어나 한 변의 길이가 2cm인 정육면체를 생각해보자. 표면적은 한 면이 $4cm^2$여서 $4cm^2 \times 6 = 24cm^2$로 커진 반면, 부피는 2^3인 $8cm^3$가 된다. 크기가 2배로 늘어났지만, 부피 대 표면적의 비율은 6배에서 3배로 오히려 줄어들게 되었다. 만약 3cm로 늘어난다면 그 비율은 2배로 더 줄어든다. 즉 세포가 커질수록 부피 대 표면적의 비율이 줄어든다는 계산이 나오게 된다.

표면적은 세포가 외부와 접촉하여 물질교환이 일어날 수 있는 넓이를 말하고, 부피가 커진다는 것은 외부와 물질교환이 더 많이 요구된다는 것을 의미한다. 세포가 커질수록 부피가 상대적으로 더 커져서 물질교환에 대한 요구는 증가하지만, 실제 물질교환이 일어날 수 있는 표면적은 줄어든다는 계산이 나오게 된다. 따라서 세포가 더 커지는 상황에 도달하게 되면 어쩔 수 없이 세포가 2개로 쪼개질 수밖에 없게 되었다. 묘하게도 세균에서 이 세포분열은 자신을 2개로 만드는 결과를 가져왔다. 그냥 자신이 또 다른 자신을 만들어낸 셈이 된 것이다. 이것이 표면적 한계를 벗어나는 길이자 새로운 자신을 만들어내는 번식활동으로 변하게 되었다.

세 번째는, 덩치가 커지면 에너지 화폐인 ATP를 생산해내는 방법에 심각한 문제가 생기게 된다. 왜냐하면 세균들은 에너지를 세포막에서 생산하기 때문이다. 부피가 커지면 실제 에너지는 더 많이 필요하지만, 그 에너지를 생산해낼 수 있는 표면적은 오히려 줄어든다는 계산이 나오게 된다. 즉 세포가 커지면 부피에 비해 표면적이 줄어들게 되어 호흡의 효율성이 현저하게 떨어지게 된다는 뜻이다. 그 결과, 세포는 더 이상 버티지 못하고 일정 부분에서 2개로 갈라지고 마는 것이다.

마지막으로, 제시하는 문제가 바로 유전자이다. 세균의 세계에서는 유전자가 작을수록 더 유리하다. 만약 어떤 영양분이 주어진다면 먼저 세포 수를 늘리는 세균이 훨씬 유리하기 때문이다. 따라서 세포가 분열하기 위해서는 유전자가 작을수록 유리해진다. 그래서 세균은 불필요한 유전자를 아낌없이 버리고, 필요하면 주위에서 얻는 전략을 선택하고 있다. 이런 이유로 세균의 유전자에는 군더더기가 전혀 없다.[14] 우리는 달 뒷면의 지도†를 그리고 이름을 붙이는 데는 어머어마한 돈을 써왔지만, 우리와 더불어 사는 눈에 보이지 않는 세상을 이해하는 데에는 아주 인색한 편이라는 것도 알고 있어야 할 것이다.

---

* 세포의 크기는 생물체마다 비슷하다. 코끼리가 크다는 것은 세포가 크다는 의미가 아니라 세포 수가 많아서 커진 것에 불과하다. 이는 인간의 근육세포도 동일하다. 육체미를 자랑하는 근육질 인간은 다른 사람에 비해 세포 수는 동일하지만 각 근육세포들이 커졌기 때문이다.

† 우리는 항상 달의 앞면만을 볼 수 있고 뒷면은 볼 수가 없다. 왜냐하면 지구에 대한 달의 공전 속도와 달의 자전 속도가 항상 같기 때문이다.

4) 박테리아 섹스

보이지도 않는 박테리아가 섹스를 하다니 가당치도 않은 말 아닌가? 그래서 먼저 세균이 어떻게 번식하는지를 알아보도록 하자. 우리는 자손을 만들기 위해서는 최소한 한 부모는 있어야 가능하다는 것을 잘 알고 있다. 한 부모 밑에서 자손이 태어나면 우리는 무성생식이라 하고, 암수의 성을 가진 두 부모한테서 자손이 태어나는 경우를 유성생식이라고 한다. 그렇다면 박테리아는 어떨까? 당연이 한 부모만 있어도 생식이 가능한 무성생식의 원조 중 원조라 할 수 있다. 앞에서도 설명했듯이, 이들은 세포분열에 의해 1개의 박테리아가 2개의 박테리아로 갈라져 나갈 뿐이다. 물론 새로운 세포가 어미 없이 태어나지는 않는다. 즉 무에서 새로운 세포가 만들어지지 않는다는 뜻이다.

이렇게 태어난 자식은 어미의 유전자를 고스란히 닮아 있다. 판박이라는 뜻이다. 판박이란, 만약 이들이 살 수 없는 환경을 만나게 되면 살아남을 개체가 아무도 없다는 의미이며, 누구도 그 변화를 극복해낼 수 있는 유전적 정보를 가지고 있지 못하다는 뜻이다. 그렇다면 이들은 어떻게 40억 년이란 세월을 살아남아 생명의 원조라는 소리를 들을 수 있는 것일까?

우선 그들의 번식 능력부터 한번 알아보자. 예를 들어, 대장균은 환경이 좋을 경우에 20분마다 새로운 자손을 만들어낼 수 있다. 1시간이면 3세대를 만들어낼 수 있는 시간이다. 이렇게 이틀 동안 번식을 한다면 도대체 얼마만큼의 자손을 만들어낼 수 있을까? 우리는 박테리아의 성장 속도를 계산하는 공식을 알고 있다. 즉 2^n이 그 공식이고, 여기서 n은 세대 수를 말한다.* 대장균은 1시간에 3세대가 출현하고, 하루가 경과하면 72세대가 나올 것이며, 이틀이면 144세대가 나올 것이다. 이것을 공식에 대입하면 2^{114}개의 대장균이 생겨난다는 뜻이다. 이 정도가 되면 나의 어리석은 대수학 개념으로는 헤아려볼 엄두가 나지 않는다.

보통 대장균 1개의 무게가 10^{-12}gm(1조 분의 1g) 정도가 되니까 이틀 후에 생겨난 대장균의 무게는 과연 얼마나 될까? 그 총무게는 무려 5.977×10^{21}톤 정도가 되어 지구의 질량조차도 넘어서게 될 것이다.[15] 그러나 이런 일은 결코 일어나지 않는다. 왜냐하면 이들이 마음 놓고 번식에만 매달릴 수 있을 만큼 지구의 환경이 그렇게 너그럽지 않기 때문이다. 이것은 단순히 이분법적으로 세균이 늘어났을 때를 가정하여 계산해본 결과일 뿐이다.

그러나 이들이 아무리 똑같은 자손을 수없이 만들 수 있다고 해도 적대적인 환경에 부닥치면 일시에 모두가 소멸되어버릴 위험성이 있다. 왜냐하면 이들 모두는 유전적으로 똑같은 복제품이기 때문이다. 이들은 최악의 상황에 대비하기 위해 유전자를 일부라도 섞어서 다양한 자손을 만들어야 할 필요가 있었을 것이다. 따라서 이들이 새로운 유전자를 받아들이는 것이 바로 박테리아에서 일어나는

---

* 여러분이 만약 20분마다 자식을 낳을 수만 있다면, 20분이 경과하면 자식 하나를 낳을 것이고, 40분이 경과하면 또 다른 자식을 낳을 뿐만 아니라 첫 번째 낳은 자식도 또 자식을 낳을 수 있기 때문에 만들어진 공식이다.

섹스라 할 수 있다. 그렇다면 이들은 과연 어떻게 섹스를 할까?

먼저 세균들은 상대를 까탈스럽게 고르거나 상대를 만나는 데에 성대한 잔치를 벌이지는 않는다. 이들은 단지 한 세균이 다른 세균을 만나면, 한쪽에서 몸의 일부가 부풀어 오르면서 상대의 몸 쪽으로 다가간다.* 이렇게 하여 두 세포가 서로 몸을 맞대면 양쪽을 연결하는 통로가 생기고, 이곳을 통해 유전물질이 상대 쪽으로 흘러 들어가게 되는 것이다.

이렇게 유전자 일부를 주는 쪽을 공여체, 받는 쪽을 수용체라고 부르고, 상대편과 연결시킬 수 있는 다리(sex pilli)를 만들 수 있는 세균이 공여체, 그렇지 못한 쪽이 수용체가 된다. 그렇다면 공여체를 수컷이라 부르고 수용체를 암컷이라고 부를 수도 있을까? 우리는 그저 이런 형태의 결합을 접합(接合, conjugation)이라고 부른다. 그들이 특별히 정자나 난자 같은 배우자를 만들어서 수정시키는 과정이 아니기 때문에 그저 접합이라는 단순한 용어로 부르고 있을 뿐이다. 그러나 이러한 과정은 우리가 추정하는 어떤 성적 형태를 닮아 있다고 할 수 있다. 좀 더 구체적으로 말하자면 공여체는 수정 인자를 가져서 다리를 만들 수 있는 세균을 말하고, 이 유전자를 가지지 못한 세균은 수용체가 되는 것이다.

그런데 이렇게 접합이 일어난 수용체는 자신이 다시 다리를 만들 수 있는 공여체로 변한다는 것이 흥미롭다. 세균은 두 종류의 유전정보를 가지고 있다. 하나는 원래의 DNA이고, 다른 하나는 플라스미드(plasmid)라는 보조 유전정보 보따리이다. 접합에 의해 옮겨가는 유전정보는 이 플라스미드 속에 들어 있는 정보들이다. 이 정보들에는 항생제 내성에 관한 정보나 독소에 관한 정보 및 다리를 만들 수 있는 정보가 들어 있다. 그 외에도 세균들은 유전정보를 다른 방법으로 얻을 수도 있다.

박테리아가 유전정보를 얻을 수 있는 다른 방법은 아주 단순하다. 그냥 주위에 흩어져 있는 유전물질을 주워 담는 것이다. 이 유전물질은 죽은 세포에서 흘러나온 것들이다. 이런 현상을 형질전환(transformation)이라고 부르고, 주위의 유전물질을 받아들여 그 성질을 바꾼다는 의미이다. 이 형질전환을 처음으로 발견한 사람은 영국의 의사이자 세균학자였던 프레드릭 그리피스(Frederick Griffith: 1879~1941)다. 만약 폐렴구균의 형질전환 현상을 알아낸 그가 제2차 세계대전 중 독일군의 공습으로 런던에서 사망하지 않았다면, 아마도 DNA 발견 역사는 다른 방향으로 흘러갔을 것이다. 이러한 실험 결과는 미국의 오즈월드 에이버리(Oswald Avery: 1877~1955)에 의해 계승되어 유전물질이 단백질이 아니라 DNA라는 사실이 알려지게 된 동기를 제공했기 때문이다. 박테리아 섹스가 유전물질을 찾아내는 데 한몫을 단단히 하고 있다는 사실이 흥미롭다.

또 다른 세균의 유전정보 교환 방법은 형질도입(transduction)이다. 이 방법은 이미 바이러스 편에서 일부가 설명되었다. 바이러스는 단독으로 살 수가 없고 세균 속으로 들어가서 그들의 대사 기능을 이

* 우리는 이렇게 세균에서 생긴 접촉 구조를 성선모(sex pilli)라고 부른다. 포유동물의 경우에 이러한 성선모에 해당하는 접촉 구조는 무엇일까? 한번 여러분의 상상력에 맡겨보자.

용해야만 살아갈 수 있다. 이들이 처음 세포 안으로 들어가면, 그들의 유전자가 세포의 핵 속으로 들어가 한 귀퉁이를 차지하고 앉을 것이다. 그리고 세포가 분열하면 덩달아 자신도 분열하게 된다. 이렇게 용원상태를 유지하다가 자신의 보자기(capsid)와 유전자를 만들어낸 다음, 세포를 파괴시키고 밖으로 나오게 될 것이다. 이때 보자기를 잘못 싸서 자신의 유전자가 아닌 숙주의 유전자를 싸게 되면, 광주리에 달걀이 아니라 꿩 알이 담기게 될 것이다. 만약 이 광주리가 다른 세포에 침입해 다시 핵 속으로 들어간다면 달걀을 끼우는 것이 아니라 꿩의 알을 삽입하는 결과를 초래하게 될 것이다. 세포의 입장에서 보면 새로운 유전자가 들어온 것과 같은 형태가 된다.

또한 원래 세포의 핵에 끼워진 바이러스 유전자가 떨어져 나올 때 숙주의 핵 일부를 물고 떨어져 나온다면 어떻게 될까? 이 경우도 마찬가지로 새로운 유전자 조각을 다른 세균에게 전해주는 셈이 되고 말 것이다. 전문적으로는 전자를 일반 형질도입이라 부르고, 후자를 특수 형질도입이라고 부른다. 뭐라고 부르든 간에 세균의 입장에서는 새로운 유전자를 받아들이는 셈이 된다. 이런 방법들은 모두 주위에서 받은 유전정보이기 때문에 수평적 유전자 전달(horizontal gene transfer)이라고 부르고,[16] 부모로부터 물려받은 유전정보를 수직적 유전자 전달(vertical gene transfer)이라고 부른다.

그렇다면 제1부의 마지막에 태어난 최초의 생명체인 원시세포는 어디서 먹이를 구하고 어떻게 에너지를 얻어 생명을 이어갈 수 있었을까? 그 방법은 도대체 어디에 있었던 것인가?

3 어떻게 먹고 살 것인가

이 세상에 처음으로 등장한 어리고 여린 생명체는 부모의 젖을 먹고 부모의 보호 속에서 세상살이를 시작했을까? 그들은 과연 무엇을 어떻게 먹고 살았을까? 그들의 지나온 40억 년을 그 누구도 모두 다 고스란히 기억해낼 수는 없지만, 그 흔적들은 지금 이 지구상에 살고 있는 생물체들의 몸속에 고스란히 남겨져 있다. 거의 모든 생명체의 에너지 원료가 되는 포도당($C_6H_{12}O_6$)에서부터 이야기를 시작하도록 하자.

먼저 포도당을 만들기 위해서는 그 재료들을 어디에서 어떻게 구해야 할 것인가? 그다음 이 재료들을 이용하여 어떻게 포도당을 만들 것인가? 그리고 마지막으로 이렇게 만든 포도당에서 어떻게 다시 ATP*라는 에너지 화폐를 뽑아낼 것인가에 대하여 차례대로 기술할 것이다. 결국 이 과정은 햇빛

* ATP는 adenosine triphosphate를 말하고 오탄당인 리보스에 아데닌(염기)과 인산 3개가 붙어 있는 형태이다. 이 에너지는 기름처럼 연소되어 사라지는 것이 아니라 인산기가 1개씩 떨어져 나갈 때마다 에너지를 나오고, 다시 음식을 통하여 에너지를 얻어서 인산기를 붙이면 에너지 저장 형태가 되어 배터리처럼 재충전된다. 모든 생명체는 몸속에서 햇빛이나 석유를 직접 이용할 수 없고 오로지 ATP만 사용한다는 것을 명심하고 있어야 한다.

이나 다른 에너지를 이용하여 ATP라는 사용 가능한 에너지 화폐를 만들어내는 과정이라고 할 수 있다. ATP는 자판기의 코인과도 같다. 코인을 넣어야 자판기가 작동하듯이 모든 생명 기계가 돌아가기 위해서는 ATP라는 코인을 반드시 사용해야만 한다.* 인간이라고 예외는 아니다. 똑같은 작동 원리가 적용되기 때문이다. 이 과정 모두를 40억 년 전부터 모두 추적하는 것은 결코 쉬운 작업이 아니다. 그뿐 아니라 자칫하면 생화학 책이 될 가능성이 높아진다. 따라서 가급적이면 자세한 과정은 축소시키고 결론적인 부분으로 이야기를 끌고 갈 생각이다. 자, 그럼 지금부터 그 과정을 추적해보자!

1) 나무하러 가기

어디에서 어떻게 태어났건 간에 생명체는 처음에 무엇을 먹고 살았을까? 주위에 주워 먹을 음식이 있다면 그나마 다행이지만, 이조차도 동이 나면 이들은 심각한 위기에 내몰리게 되었을 것이다. 생명이 태어나기 이전의 지구에는 강력한 자외선에 의해 만들어진 유기물들이 주위에 널려 있었을 것이다. 이것들만 먹고 살아도 한동안 식량 걱정은 할 필요가 없지 않았을까? 그러나 이 음식들도 점차 바닥을 드러내면 스스로 먹거리를 만들어내지 못할 경우 살아남기가 어렵게 되었을 것이다. 만약 심해저의 알칼리성 열수분출공에서 생긴 공짜 점심†으로 세포막을 만든 후에 세균과 고세균으로 갈라져서 첫출발을 했다고 해도 제일 먼저 부닥치는 문제가 바로 '어떻게 먹고 살 것인가?'일 것이다. 이들이 즐긴 공짜 점심은 바로 해저 황철석의 얇은 벽 사이로 생긴 양성자 기울기를 말한다. 벽 안쪽이 알칼리성이고 바깥쪽이 산성이어서 산성의 양성자가 세포 안으로 밀고 들어오면서 에너지를 만들어낼 수 있었다는 뜻이다. 그러나 이렇게 지구에 처음으로 생겨난 생명체가 열수분출공을 떠나자 스스로 먹거리를 만들 방법을 찾아야만 하였다. 여기서 하나의 관전 포인트가 바로 포도당이다.

이 지구상에 살고 있는 거의 모든 생명체는 세균에서부터 인간에 이르기까지 포도당을 에너지원으로 사용한다. 그런 다음 이 포도당으로부터 모든 생명체는 사용 가능한 에너지 화폐인 ATP를 만들어낼 것이다. 그리고 생명체를 자판기에 비교한다면 자판기를 작동시킬 수 있는 것은 오로지 ATP라는 코인밖에 없다. 따라서 우리가 논하고자 하는 요점은 어떻게 포도당을 만들어내고, 다시 이 포도당에 들어 있는 에너지를 '어떻게 ATP로 바꿀 수 있는가?'가 주된 논점이 될 것이다. 그래서 우선 포도당을 만들기 위한 재료를 어디서 어떻게 구할 것이고, 이 재료들을 어떻게 이용하는가를 먼저 살펴보기로 하자.

---

* 자판기나 슬롯머신을 작동시키기 위해서는 반드시 이 기계에 쓰이는 코인이 필요하듯이 생명체를 작동시키기 위해서는 반드시 ATP라는 코인이 있어야 작동한다는 뜻이다.

† 공짜 점심이라는 개념은 생명의 기원과 에너지대사 면에서 중요하기 때문에 이 책의 전반에 걸쳐 자주 등장할 것이다.

(1) 재료 목록

포도당을 만들기 위해서는 어떤 재료들이 필요할까? 첫 번째는 제일 먼저 에너지가 필요할 것이다. 물을 끓이기 위해서는 군불이라는 에너지를 떼야 하는 것과 같은 이치이다. 인간이 처음으로 에너지를 구한 곳은 숲속의 나무들이다. 우리 세대는 어릴 때부터 나무를 구하기 위하여 산으로 내몰렸다. 이는 일찍이 서구에서도 똑같이 일어난 일이기도 하다. 인구가 급격히 증가하자, 산의 나무가 모조리 베어져 더 이상 산에서 땔감을 구할 수 없게 될 지경에 이르게 되었다. 이때 영국인들이 생각해낸 것이 바로 석탄이다. 이 석탄으로 물을 끓이고, 이때 나온 수증기로 피스톤을 돌린다? 이 피스톤이 처음에는 광산 구덩이에 고인 물을 퍼내는 데 사용되다가, 드디어 1830년 9월 15일 인류 최초로 리버풀에서 맨체스터까지 증기기관차를 달리게 만들었다. 왜 이런 생각을 동양에서는 하지 못했을까? 이렇게 한 수 차이로 인하여 동양과 서양의 역사가 완전히 뒤바뀌게 되었다는 것은 누구나 인지하고 있는 사실이 아닌가.

그러나 인간을 포함한 모든 생명체는 나무나 석탄이라는 에너지원으로는 포도당을 만들지 못한다. 만약 우리가 화석에너지로 자동차를 굴리고 비행기를 날리는 대신, 포도당을 직접 만들 수 있는 기술을 가지고 있다면 얼마나 좋을까? 이렇게 모든 생명체는 전기에너지나 소리에너지 또는 위치에너지나 화석에너지와 같은 것들을 에너지원으로 이용할 수 있는 능력이 없다. 단지 생명체가 이용할 수 있는 에너지는 빛에너지와 무기물이나 유기물 속에 들어 있는 화학에너지밖에 사용할 수 없다.

따라서 무기물이 산화될 때 나오는 에너지로 포도당을 만드는 생물체가 등장하게 되었고, 우리는 이들을 화학합성생물(chemotrophs)이라고 부른다. 이러한 생눌늘이 수로 사용하는 무기눌은 환원형 철(Fe^{2+}), 아질산, 수소, 황화수소, 암모니아 등이며, 이들을 산화시킬 때 나오는 에너지로 포도당을 만들게 되었다. 그러나 이러한 무기물 반응에서 얻을 수 있는 에너지는 너무 적어서 실용적이지 못하기 때문에, 지금은 몇 종류의 생명체만 살아남아 그 명맥을 유지하고 있을 뿐이다.

무기물을 이용하는 생물 대신에 하늘에서 쏟아지는 태양광을 이용하여 포도당을 만드는 생물체가 등장한 것은 생명의 역사에서 가히 획기적인 사건이라고 할 수 있다. 이 방법을 개발한 생물체는 화학합성생물들의 구차한 삶을 한꺼번에 바꿀 수 있는 혁명적인 사건을 만들어내게 되었던 것이다. 우리는 이렇게 등장한 생물을 광합성생물(photosynthesizer)이라고 부른다. 이들의 활약상은 이 책 전반을 통하여 앞으로 계속 이어질 것이다. 결과적으로 모든 생명체가 에너지를 창조할 수 있는 능력은 전혀 없지만, 태양광이나 무기물에서 에너지를 얻어서 포도당을 만들고, 여기에서 다시 ATP를 뽑아내 살아가는 방법을 알아내게 되었던 것이다.

포도당을 만드는 데 필요한 두 번째 재료는 무엇일까? 바로 탄소이다. 포도당에는 탄소가 6개 들어 있다. 따라서 탄소라는 재료를 구해야 한다는 것은 제일 중요한 일 중의 하나가 되었다. 그렇다면 이 탄소를 어디에서 구할 수 있을까? 비용을 치르지 않고 제일 쉽게 바로 구할 수 있는 방법은 공기 중에 들어 있는 이산화탄소(CO_2)를 이용하는 것이다. 우리가 숨을 쉴 때 내뱉는 그 이산화탄소 말이다. 하늘에 있는 이산화탄소를 직접 이용하지 못하는 생명체들은 다른 생명체들이 만들어놓은 유기물 속에서 이산화탄소를 얻어야만 한다. 따라서 이산화탄소를 얻는 방법에 따라 생명체의 운명도 달라지게 된다.

세 번째로 구해야 될 재료가 전자(電子, electron)이다. 이 전자는 전자전달계라는 구조물을 통과하면서 양성자 기울기를 형성하여서 ATP를 만들어내기도 하고, NADPH라는 물질을 만들어 ATP와 같이 포도당을 만들어내는 데 결정적인 역할을 담당하기 때문이다. 따라서 전자를 구하는 일은 대단히 중요하다. 초창기 생명체는 거의 모든 곳에서 전자를 뽑아낼 수 있었지만 효율적이지 못하였다. 지금도 세균은 바위나 광물 등에서 전자를 뽑아낼 수 있어서 콘크리트 색깔을 아예 바꾸어놓기도 한다. 그렇지만 가장 일반적으로 전자를 공급해주는 물질은 물이나 황화수소, 수소, 철 이온, 영양분인 유기물 등을 들 수 있으며, 이런 물질들을 전자공여체(electron donor)라고 부른다. 그리고 이 전자를 마지막에 받아주는 물질을 전자수용체(electron acceptor)라고 한다. 이 전자수용체 중에는 대표적으로 산소가 있어서 전자를 받아 물로 만들어주지만, 생명체에 따라 질산염, 아질산염, 황산염, 아황산염 등이 이 일을 해내기도 한다. 이런 과정이 무엇을 의미하는지는 차차 설명할 것이다.

이제 우리는 가장 원초적인 먹거리가 되는 포도당을 만들기 위하여 필요한 재료들에 대한 정보를 모두 얻게 되었다. 그렇지만 이 재료들을 각각 구하는 방법들이 서로 다르기 때문에 이들을 다시 한 번 분류해보도록 하자.

(2) 재료 구하기

우리는 먼저 에너지를 만들어낼 수 있는 물질을 영양분(nutrients)이라고 말하고, 그 에너지를 얻는 방식을 영양방식(mode of nutrition)이라고 부른다는 것을 미리 알아 두자. 그리고 그 영양방식에 따라 이 세 가지 재료(에너지, 탄소, 전자)를 얻는 방법이 각기 달라지기 때문에, 이들이 어떤 방식으로 이 재료들을 얻는지를 알아보도록 하자.[17]

먼저 광독립영양생물(photoautotrophs)은 말 그대로 햇빛을 에너지원으로 이용하고 탄소는 대기 중의 이산화탄소에서 얻는다. 이들은 전자를 물이나 황화수소에서 구할 수 있다. 물에서 전자를 얻는 광독립영양생물은 우리가 잘 알고 있는 전형적인 광합성생물이다. 따라서 이들은 부산물로 산소를 만들어내는데, 남세균과 식물들이 모두 여기에 해당된다. 만약 전자를 황화수소(H_2S)에서 얻는다면 이들은 부산물로 산소 대신 황을 배출할 것이다. 여기에 속하는 생명체가 바로 녹색 황세균(green sulfur bacteria)이나 홍색 황세균(purple sulfur bacteria)이다. 일부 광합성 세균은 세균엽록소(bacteriochlorphyll)를 광합성 색소로 사용하여서 산소가 나오지 않는다. 이렇게 산소가 나오는 세균을 산소성 광합성 세균이라 부르고, 산소가 나오지 않는 세균을 무산소성 광합성 세균이라고 부르기도 한다. 여기에서 에너지원으로는 햇빛을 이용하지만, 탄소는 공기 중의 이산화탄소에서 얻지 않고 유기물에서 얻는 생물군을 광종속영양생물(photoheterotrophs)이라고 부른다. 왜냐하면 다른 생명체가 만들어놓은 유기물에 의존해야 하기 때문이며, 녹색 비황세균(green nonsulfur bacteria)이나 홍색 비황세균(purple nonsulfur bacteria) 등이 여기에 포함된다.

이들에 비하여 햇빛을 에너지원으로 사용하지 않고 화학물질에서 에너지를 구하는 그룹들이 있다. 먼저 화학독립영양생물(chemoautotrophs)들은 과연 어떤 재료를 사용할까? 아마도 눈치가 빠른 독자분들은 이미 그 해답을 짐작하고 있을 것이다. 이들은 조금 전에 기술한 바와 같이, 무기물을 산화하여 에너지를 얻어서 이산화탄소를 고정시키는 생명체들을 말한다. 이들이 독립이 된 이유는 이산화탄소를 하늘에서 얻을 수 있기 때문이다. 이들은 주로 수소나 철, 황이나 암모니아, 질산염과 같은 무기물을 산화시켜 에너지를 얻는다. 심해 열수구에 사는 생명체들은 햇빛이 전혀 들어오지 않기 때문에 이러한 무기물이나 황화수소를 산화시켜 에너지를 얻을 수 있을 것이다. 여기에 속하는 생명체로는 수소산화세균(hydrogen oxidizing bacteria)이나 철산화세균(iron oxidizing bacteria), 황산화세균(sulfur oxidizing bacteria) 등과 일부 고세균들이 있다. 그러나 진핵생물에서는 이러한 영양방식으로 살아가는 개체는 아직까지 발견되지 않고 있다.

그렇다면 화학종속영양생물(chemoheterotrophs)들은 어떠한가? 이들은 유기물을 산화하여 에너지를 얻고 유기물에서 탄소를 얻는 그룹을 말한다. 인간을 포함한 모든 동물 및 균류, 그리고 많은 원생동물이나 대부분의 세균과 고세균들이 여기에 속한다.

마지막으로, 혼합영양생물(mixotrophs)은 한 가지 영양방식을 고집하지 않고 유리한 쪽을 선택하여 교대하는 방식이 그룹이다. 예를 들면, 식충식물인 파리지옥이나 끈끈이주걱 같은 식물은 햇빛을 이용하여 광합성도 할 수 있지만, 여의치 않는 경우에는 벌레를 잡아서 유기물 성분의 영양분을 섭취하기도 한다. 이와 같이 생물체는 다양한 방식으로 재료를 구한다고 할 수 있다.

2) 요리하기

우리는 포도당을 만들기 위한 재료 수집을 다 끝냈다. 이제 어떻게 요리를 하여 '포도당이라는 음식물을 만들어낼 것인가?'를 알아볼 차례이다. 여기서 말하는 포도당은 탄소가 6개 미만이라도 포괄적으로 포도당으로 이해할 것이다.

포도당을 만드는 요리 과정은 제1공정과 제2공정으로 나뉘어 진행된다.[18] 이 2개의 과정은 서로 톱니바퀴처럼 연결된 공장과도 같아서 한쪽에 문제가 생기면 다른 공장도 잘 돌아가지 않게 된다. 먼저 제1공장에서 만드는 물건은 에너지와 탄소 및 전자라는 3개의 재료를 이용하여 ATP와 NADPH(nicotinamide adenine dinucleotide phosphate hydrogen)라는 제품을 만들어내는 것이다. 이때 만들어진 ATP는 포도당을 만드는 데 필요한 에너지를 공급해주고, NADPH라는 물질은 탄소를 계속 이어 붙이는 접착제 역할을 수행하게 될 것이다.

그런데 여기서 한번 생각해보라. 만약 태양광을 에너지원으로 사용하는 생명체가 굳이 태양에너지를 ATP라는 에너지로 바꾸어야만 할 이유가 있을까? 그냥 태양광을 이용하면 될 것 아닌가? 그러나 이미 설명한 바 있지만, 우리 생명체는 어떤 에너지원이든 간에 반드시 ATP라는 에너지원으로 바꾸어야만 사용할 수 있다. 다른 에너지는 우리 몸에서 사용 불가할 뿐만 아니라, 전 생명체에서 공히 동일하게 일어나는 현상이기도 하다. 여러분이 아무리 백사장에 누워 햇빛을 받고 있어도 피부만 검게 될 뿐 포만감은 결코 느끼지 못할 것이다. 왜냐하면 여러분의 몸은 햇빛을 직접 에너지로 이용할 재주가 없기 때문이다.

그렇다면 태초에 세포가 탄생하였을 때에는 어떤 방법으로 포도당을 만들었을까? 이미 전술한 바가 있지만, 아세틸 CoA 경로를 이용했을 것이다. 세균과 고세균의 공통조상인 루카(LUCA)는 알칼리성 열수분출공의 아주 작은 구멍 속에서 살았다. 분출공 속의 철-황-니켈 등으로 구성된 얇은 벽은 안쪽에는 알칼리성 물이 들어 있고, 바깥쪽에는 산성인 물이 들어 있어서 자연적으로 양성자 기울기가 형성되어 있게 되었다. 이 양성자 기울기를 이용하여 메탄생성균이나 아세트산 생성균은 수소와 이산화탄소를 이용하여 아세틸 CoA를 만들어낼 수 있게 되었을 것이다. 이 아세틸 CoA는 아세틸 조효소A라 불리기도 하지만, 탄소가 2개 들어 있는 유기물이다. 그뿐 아니라 이 아세틸 CoA는 모든 세포의 생화학의 중심에 놓여 있어서 생명체에 필요한 거대분자를 쉽게 만들어낼 수 있게 된다. 이렇게 해저 알칼리성 열수분출공은 자연적으로 양성자 기울기를 만들어주기 때문에 우리는 이것을 공짜 점심이라고 말한다.

자, 지금부터는 태고에 일어난 포도당 합성에 관한 일들이 아니라, 생명체가 열수분출공을 떠난 후 어떻게 포도당을 만드는지를 살펴보도록 하자. 물론 지구에 사는 대부분의 생명체를 먹여 살리는 광합성에 대한 설명이기도 하다.

먼저 제1요리과정의 목표는 ATP와 NADPH를 만들어내는 것이다. 이들을 만들어내기 위한 에너지는 어떻게 구할 수 있을까? 보통 무기물이나 햇빛에서 에너지를 얻는다. 그래서 화학영양생물은 무기물을 산화시켜 에너지를 얻게 된다. 이와는 대조적으로 태양광을 이용하여 에너지를 얻는 생명체를 광합성생물이라고 부르고, 광합성 과정에서 제1요리과정을 따로 명반응(明反應, light reaction)이라고 부른다. 햇빛이 있어야 된다는 뜻이다. 이렇게 만들어진 ATP와 NADPH를 이용하여 제2요리과정에서는 실제로 포도당을 만들어낸다.

제2요리과정은 ATP라는 에너지와 NADPH라는 접착제를 이용하여 이산화탄소를 기반으로 탄소를 1개씩 붙여 나가는 과정을 말한다. 만약 탄소 6개를 이어 붙이면 육탄당인 포도당을 만들 수 있을 것이다. 하지만 탄소 3개짜리 2개를 붙여도 육탄당인 포도당을 만들기는 마찬가지이다. 광합성에서 이 과정을 암반응(暗反應, dark reaction) 또는 캘빈 회로(Calvin cycle)라고 부른다. 우리는 이 두 과정을 통하여 마침내 요리하고자 하는 먹음직스러운 포도당을 만들어내는 데 성공하였다.

결과적으로 보면, 제2과정인 포도당 조립과정은 거의 모든 광합성생물에서 동일하게 일어난다. 그러나 ATP나 NADPH를 생산하는 제1과정은 다소 차이가 있다. 처음에는 무기물을 산화하여 에너지를 얻었다면, 그다음 세대는 언제나 해만 뜨면 구할 수 있는 태양광을 에너지원으로 삼았다는 것이다. 무기물은 그만큼 구하기도 쉽지 않고, 또 실제 만들어지는 ATP도 적기 때문에 효율 면에서 크게 뒤떨어진다. 우리는 태양 빛을 받아 ATP와 NADPH를 한없이 만들어낼 수 있는 혁명적인 생명체인 남세균(藍細菌, cyanobacteria)을 곧이어 만나게 될 것이다.

여기에서 농부 이야기를 잠깐 하고 넘어가자. 자칫하면 놓치기 쉬운 생각이기 때문에 이 문제를 다루기로 한다. 만약 여러분께서 쌀을 누가 생산하느냐고 물으면, 대부분 농부가 생산한다고 대답할 것이다. 과연 그럴까? 농부는 벼라는 종자를 못자리에다 뿌리고 키워서 논에다 옮겨 심는다. 그저 이 나락이 병들지 않고 해충을 피하여 곱게곱게 자라서 이삭이 더 많이 맺기만을 기원하면서 정성껏 돌보고 키울 것이다. 우리는 벼를 키울 뿐이지 쌀을 만들어내지는 못한다. 쌀은 벼가 번식을 위하여 만들어낸 종자에 불과하다. 즉 쌀은 농부가 만든 것이 아니라 벼가 만들어낸 작품인 셈이다. 우리가 좀 더 겸손해져야만 하는 충분한 이유가 여기에 있다.

이는 인간에게도 바로 적용된다. 만약 어느 산모가 해산을 한 후에 아기를 안고 감격해한다고 치자. 산모는 그 힘든 10개월 동안 아기를 보호하고, 아기가 들을까 봐 입조심을 하면서까지 살아왔지만, 실제로 그녀가 한 일은 그 이상도 이하도 아니다. 구체적으로 말하면 그녀가 직접 아기의 입이나 항문을 만들고 심장과 뇌를 만든 것이 아니기 때문이다. 실제로 아기가 만들어진 것은 오로지 유전자에 적힌 순서대로 만들어진 것밖에는 없다. 이미 잘 알고 있는 바와 같이, 유전자는 하느님의 명령도 아니고 그저 무생물에 불과한 존재일 뿐이다. 이런 유전자 속에는 무엇을 만들어야 하고, 또 언제 만들어야 하는지 그 순서가 적혀 있다. 이 유전자를 만드는 과정은 제1부에 기술해놓았으니 참고하기 바란다. 우리는 어떻게 순서대로 아기를 만들어낼 수 있을까? 이 과정 또한 우리가 알고 싶어 하는 과제일 뿐만 아니라, 점차 그 비밀들을 하나씩 알아가는 과정에 놓여 있기도 하다. 이는 제3부에서 다시 만날 것이다.

3) 소화시키기

자, 이제 포도당을 만들었으니 이를 소화시켜 다시 에너지를 뽑아내야만 한다. 그러나 실제 포도당 수백 개가 모여서 만들어진 것이 녹말(전분, starch)이다. 그래서 먼저 녹말이 분해되어 포도당이 되는 과정이 있어야 되지만, 원래 계획한 대로 포도당이 에너지를 남기고 물과 이산화탄소로 변해가는 과정만 추적할 것이다.* 그럼 먼저 물질대사라는 개념부터 한번 살펴보자.

---

* 녹말에서 포도당을 거쳐 에너지를 빼내고 물과 이산화탄소로 돌아가기 위해서는 약 30단계의 과정을 거쳐야만 한다.

(1) 먹고 배설하기

우리가 먹고 배설하는 전 과정을 쉽게 물질대사(物質代謝, metabolism) 또는 그냥 대사라고 말한다. 이렇게 대사작용은 모든 살아 있는 생물체 내에서 일어나는 화학반응의 총합으로서 생명 유지에 필요한 물질과 에너지를 만들어내는 과정이라고 할 수 있다. 이 대사과정에는 물질을 합성하는 과정과 물질을 분해하는 두 가지 과정으로 나누어볼 수 있다. 전자를 동화작용(합성대사, anabolism)이라고 부르고, 후자를 이화작용(분해대사, catabolism)이라고 한다. 또한 동화작용은 녹말이나 지질, 단백질 등을 만드는 과정을 말하고 에너지가 필요한 흡열반응이다. 이에 반해 이화작용은 이러한 합성 물질을 분해해 포도당이나 아미노산을 만드는 과정을 말하고 열이 나오는 발열반응이다. 우리는 이와 같이 하나의 반응은 반드시 그 역의 반응을 동반한다. 이는 마치 화학반응의 산화환원반응과 유사하다. 이 반응은 동시에 일어날 뿐만 아니라 한 물질이 산화되면 다른 물질은 환원되는 것과 같다. 따라서 포도당이 분해되어 에너지를 남기고 물과 이산화탄소로 분해되어가는 과정은 이화작용이자 산화환원반응에 속한다. 산화(酸化, oxidation)란 분자나 원자가 산소를 얻거나 수소 또는 전자를 잃는 것을 말하고, 환원(還元, reduction)이란 거꾸로 분자나 원자가 산소를 잃거나 수소 또는 전자를 얻는 것을 말한다.

인간에게서 일어나는 대사 기능에 관하여 좀 더 구체적으로 살펴보자. 보통 사람이 먹을 수 있는 음식량은 대략 한 끼에 200gm 정도이다. 그렇다면 세 끼를 다 먹을 때에는 하루에 600gm 정도의 쌀을 소비하게 되고, 1년이면 220kg 정도에 불과하다. 쌀 세 가마니도 못 되는 분량이다. 만약 여러분이 80세까지 세 끼를 하루도 빠짐없이 먹어치운다고 해도 대략 18톤 정도의 음식을 먹게 될 것이다. 우리는 평생 동안 이 정도의 음식물을 먹고 대사시키면서 살아간다고 할 수 있다. 대개 쌀 한 가마니가 80kg 정도이고, 그 가격이 18만 원 정도 한다고 볼 때 팔십 평생 먹어치울 수 있는 쌀의 가격은 대략 4천만 원 정도다. 이만한 음식이 우리의 대사에 동원된다는 뜻이다.

이제 포도당 분자 사이에 숨어 있는 에너지를 뽑아내는 과정을 살펴보자. 이 과정은 포도당을 산화시켜 2개의 전자와 2개의 양성자(수소 원자 2개)를 산소에 전달하는 과정이다. 이런 과정을 거치면 포도당은 에너지를 남기고 다시 이산화탄소와 물로 되돌아간다. 따라서 우리가 제2요리과정에서 이산화탄소에서 탄소가 6개인 포도당을 만들었지만, 에너지를 뽑아내는 과정은 다시 6개의 탄소를 가진 포도당에서 6개의 이산화탄소로 분해되는 과정에 불과할 뿐이다. 즉 포도당을 만드는 과정을 거꾸로 돌리면 포도당이 분해될 것이다. 우리는 이렇게 분해되는 과정을 해당(解糖, glycolysis) 과정이라고 부른다.

(2) 포도당 분해하기

탄소가 6개인 포도당이 10단계를 거치면 탄소가 3개인 피루브산(pyruvate) 2개가 생겨난다.[19] 이 과정이 해당 과정이다. 물론 이 10단계가 모두 직선으로만 이어지지는 않는다. 중간에 사잇길이 있어서 다른 다당류나 아미노산 일부와 통하면서 단백질과 연결되고, 글리세롤을 통하여 지질과도 연결되어 있다. 이 중간 단계 물질인 G3P(glyceraldeye-3 phosphate)에 인산이 2개 붙어서 3PG(3-phosphoglycerate)가 되면서 ATP가 2개 생겨난다. 이렇게 만들어진 ATP를 우리는 다른 방법으로 만들어지는 것과 구분하기 위하여 기질수준 인산화(基質水準 燐酸化, substrate-level phosphorylation)*라고 부른다. 2개의 G3P에서 각기 2개의 ATP가 만들어져서 총 4개의 ATP가 생성되었지만, 처음에 진행된 과정에서 ATP 2개가 이미 소모되었기 때문에 결국 2개의 ATP만 수확하게 된 셈이다. 이렇게 피루브산까지 도달한 해당 과정은 그다음 어떤 과정을 거쳐서 더 세밀하게 분해될 수 있을까? 여기에는 지구적 요인이 크게 작용한다. 즉 산소의 존재 여부가 큰 갈림길을 제시해준다고 할 수 있다. 먼저 산소가 없는 경우에 이 피루브산은 어떻게 분해되어갈까?

(3) 술 만들기

만약 산소가 없으면 피루브산은 더 이상 나아갈 길이 없어진다.[20] 여기에서 피루브산은 어쩔 수 없이 아세트알데히드(acetaldehyde)로 바뀌게 되고, NADH라는 산화제에 의해서 에탄올로 변하게 된다. 이 산화제 덕분에 포도당은 2개의 ATP를 만들면서 그 폐기물로 계속 에탄올을 만들어낼 수 있게 될 것이다. 이런 방식으로 ATP를 만들어 살아가는 미생물이 바로 효모(yeast)이다. 우리는 이런 대사 방법을 발효(醱酵, fermentation) 중에서도 알코올 발효라고 부른다. 여러분이 과음 후에 고생하는 것도 중간 산물인 아세트알데히드 때문이다. 만약 이 아세트알데히드가 알코올로 더 이상 진행되지 못하게 막아버리면 어떻게 될까? 여러분은 조금만 술을 마셔도 머리가 터져 나갈 듯이 아프게 될 것이다. 이것이 바로 술을 끊게 만드는 약이다.

또한 여기서 중요한 관전 포인트는 바로 이 대목이다. 효모가 에너지를 얻고 버리는 폐기물이 에탄올이라고? 이 에탄올이 우리가 치맥 파티에서 빠질 수 없이 등장하는 바로 그 술이 분명하다. 그렇다면 우리가 마시는 술은 결국 효모가 내버린 배설물을 먹으면서 흥청망청 파티를 즐기고 있다는 뜻인가? 그러나 이것은 엄연한 사실이다. 우리가 막걸리를 담글 때 누룩이 시원치 않으면 나중에 술약이라고 넣는 것이 바로 효모이다. 이 효모는 포도당을 분해하면서 계속해서 이산화탄소를 뱉어내기 때문에 빵을 만드는 반죽에다 넣으면 빵이 쉽게 부풀어 오르게 된다. 그러나 발효도 부패의 일종임에는 틀림없다. 다행히도 부패 과정에서 몸에 이로운 것들이 생겨나면 발효라고 부르고, 악취가 나거나 유해한 물질이 생기면 부패(腐敗, putrefaction)라고들 한다.

우리에게 알려진 또 다른 발효는 젖산균(유산균, lactic acid bacteria)에서 일어나는 젖산발효를 들 수 있다. 젖산발효도 포도당에서 피루브산까지 진행된 해당작용이 산소가 없기 때문에 다시 NADH 산화제와

---

* 기질수준 인산화는 전자전달이라는 과정 없이 인산기를 가지고 있는 어떤 강한 물질에서부터 직접 인산기를 ADP에 전달해서 ATP를 만드는 과정을 말한다. 이는 전자전달과 화학삼투에 의해서 ATP를 생산하는 산화적 인산화나 광인산화와는 차이를 보이기 때문에 붙은 이름이다.

젖산탈수효소에 의해 젖산으로 바뀌면서 2개의 ATP를 생성하게 된다. 김치나 치즈 그리고 요구르트 등도 결국은 젖산균이 내다 버리는 젖산이라는 폐기물을 우리가 이용하고 있는 것에 불과하다. 그들이 버린 음식들을 우리는 입으로 받아먹고 있는 것이다.

그러나 이러한 젖산발효 방법은 인간을 비롯한 척추동물의 몸속에 대사 기능으로 아직도 남아 있다. 이 젖산발효를 인간이 직접 경험해볼 수 있다고? 만약 여러분이 잘 가지 않는 북한산을 큰맘 먹고 정상까지 올라갔다고 해보자. 아마도 여러분은 다음 날 출근할 때 제대로 계단을 올라가기가 힘들 것이다. 왜냐하면 힘든 산을 오르면서 미처 혈액을 통하여 충분한 산소 공급이 이루어지지 않았기 때문에 당신의 다리 근육이 젖산발효를 이용해 에너지를 만들어냈기 때문이다. 이렇게 하여 근육에 남겨진 젖산이 염증반응을 일으켜 통증을 유발하는 것이다. 이들이 다시 간으로 되돌아가 포도당으로 완전히 바뀔 때까지 여러분은 무리하게 등산한 것을 계속 후회하고 있을 것이다.

자, 그렇다면 초창기 지구에는 자유 산소가 거의 없었다.* 따라서 초기 생명체들은 발효에 의해 에너지를 생산해내는 방법만 사용했을 것이다. 그렇지만 이 방법은 포도당에 들어 있는 에너지를 다 쓰지도 못한 채 버릴 수밖에 없다. 이러한 환경을 과감히 돌파한 생명체가 그다음으로 등장하는 바로 남세균이다. 이 남세균 이야기는 잠시 뒤에 하도록 하자. 이제 산소가 있는 경우에는 어떻게 이 피루브산이 산화되어 에너지를 다 뽑아내고 물과 이산화탄소로 돌아가는지를 알아볼 차례이다.

(4) 숨을 쉬고 먹어야 하는 이유

우리는 밥을 먹으면서도 쉴 새 없이 숨을 쉴 수가 있다. 다행히 입천장이 구개(口蓋, palate)† 로 구분되어 비강(鼻腔, nasal cavity)과 구강(口腔, oral cavity)이 분리되어 있기 때문이다. 만약 콧구멍이 입안으로 바로 뚫려 있다면 밥을 먹을 때 곤란하지 않을까? 음식을 씹으면서 동시에 호흡을 할 수 없게 될 것이다. 대부분의 파충류는 구개가 없지만, 악어는 구개를 가지고 있다.

우리가 한시도 쉬지 않고 숨을 쉬어야 하는 이유는 무엇일까? 숨을 내쉬고 들이마시지 않는 경우에 우리는 사람이 죽었다고 말한다. 영어로 날숨을 뜻하는 익스파이어(expire)라는 말은 의사들이 환자의 사망을 확인했다는 뜻으로 통하는 말이다. 숨은 쉬지만 숨을 쉬지 않는 것과 똑같은 역할을 하는 약물이 바로 청산가리이다. 우리는 이 청산가리가 한 번에 사람의 목숨을 빼앗아가는 이유를 알아차릴 것이다. 호흡을 통해 들어온 산소를 무용지물로 만들어버리기 때문이다. 물고기가 열심히 아가미 운동을 하는 것이나 인간이 한시도 쉬지 않고 숨을 쉬어야 하는 이유도 바로 이 산소를 구하기 위함이다. 왜냐하면 이 산소가 포도당 대사에서 결정적인 역할을 하기 때문이다. 만약 산소가 없으면 모

---

* 산소가 없었다는 뜻이 아니라 산소는 물이나 이산화탄소 안에 갇혀 있었고 대기 중에 자유 산소가 없었다는 의미이다.

† 입천장인 구개는 앞쪽은 단단한 뼈로 구성되어서 경구개(hard palate)라 하고, 뒤쪽은 뼈가 없어서 연구개(soft palate)라고 한다. 연구개의 중앙에는 우리가 입을 벌리면 볼 수 있는 목젖(uvula)이 있다.

든 에너지 생산이 중단된다. 만약 누군가 숨이 멎으면 누구든지 달려들어 인공호흡을 시켜야 하는 절실한 이유가 바로 여기에 있다. 자, 지금부터 그 이유를 알아보도록 하자.

일단 포도당에서 출발한 해당 과정이 피루브산에 도달하면 산소의 존재 여부에 따라 대사 과정도 달라진다. 산소가 없는 경우는 이미 설명한 발효과정으로 진행할 것이고, 산소가 있는 경우는 또 다른 더 정교하면서도 더 많은 에너지를 만들 수 있는 길로 들어서게 될 것이다. 이제 산소가 있는 경우를 살펴보도록 하자. 먼저 피루브산이 이산화탄소를 1개 내놓으면서 탄소가 2개인 아세틸 조효소 A(acetyl CoA)로 변한 후 우리에게 잘 알려진 크렙스 회로(Krebs cycle, Citric Acid Cycle, TCA cycle)라는 과정 속으로 들어가게 될 것이다.[21] 이 과정들은 세균에서는 세포질 내에서 일어나지만, 진핵생물에서는 특별한 세포소기관인 미토콘드리아 내에서 일어난다. 이 크렙스 회로에서 주로 하는 일은 원래 포도당에 들어 있던 전자와 ATP를 뽑아내는 작업이다. 이렇게 빼낸 전자는 다시 전자 운반차량인 NADH나 $FADH_2$에 실려서 이웃에 있는 전자전달계(electron transport system; ETS)라는 구조물로 옮겨지게 된다.

이 전자전달계는 환원효소인 4개의 큰 단백질 복합체(I, II, III, IV)로 이루어져 있고, 그 주성분이 철과 황으로 구성되어 있다.[22] 이 철과 황이 왜 생명체의 몸속에 들어와서 전자를 전달하는 역할을 하고 있을까? 앞에서 이미 '세포의 기원'을 다룰 때 열수분출공의 작은 구멍들의 벽 성분이 바로 이 철과 황으로 되어 있다는 것을 기억할 것이다. 그래서 원시세포의 열수분출공 기원설이 더 신빙성을 얻을 수 있는 이유이기도 하다.

여하튼 4개의 단백질 복합체와 유비퀴논(ubiquinone; UQ)과 시토크롬 C(cytochrome c) 등이 사이에 들어가 전자가 들어 있는 차량에서 전자를 끄집어내어 단백질 복합체를 따라 이동시킨다. 이들 전자가 단백질 복합체를 따라 이동하면서 하는 일은 양성자(H^+)를 세포 밖으로 퍼내는 일이다. 이렇게 되면 세포 안에는 양성자가 드문 반면, 세포 밖은 양성자로 우글거리게 된다. 이것이 바로 양성자 기울기(양성자 동력, 양성자 구배, proton gradient)라고 하는 것이다. 만약 한쪽으로 무언가가 몰리게 되면 평행을 유지하던 평행추가 갑자기 한쪽으로 기울게 되는 힘이 생기는 것과 같이 움직이는 동력이 생겨나게 된다. 마치 물을 위로 끌어 올려 물레방아를 돌리는 원리와 비슷하다.

이를 전하량으로 한번 따져보자. 막을 사이에 두고 양성자의 농도에 차이가 발생하면, 전기화학적으로 150~200밀리볼트(mV) 정도의 전위차가 생기게 된다. 여기서 중요한 것은 막의 두께가 약 6나노미터 정도로 매우 얇아서 이 막을 사이에 두고 발생하는 전위차는 번개와 같은 수준에 도달하게 된다는 점이다.[23] 이는 엄청난 힘이 막을 사이에 두고 생겨난다는 뜻이 된다.

음의 전기를 가진 전자가 전자전달계를 타고 가면서 한 일은 양의 전하를 가진 양성자를 세포 밖으로 밀어낸 것밖에 없다. 그리고 마지막으로 힘이 다한 전자는 제4단백질 복합체를 지나면서 산소와 만나 물로 변하게 된다. 왜 산소가 여기서 등장할까? 산소는 그만큼 전자를 잡아당기는 힘이 세기 때문이다. 그래서 우리는 전자수용체로 산소를 사용하는 것이고, 이 산소를 공급하기 위해서 우리는 한

시도 쉬지 않고 숨을 쉬어야만 한다. 만약 숨을 쉬지 않으면 산소 공급이 멈추게 될 것이고, 따라서 모든 에너지 생산이 전면적으로 중단되면, 심장을 뛰게 하고 오줌을 걸러내며 뇌로 판단하는 등 모든 생리적 작업이 수 분 이내에 멈추어 서게 될 것이 분명해지기 때문이다.

자, 여기서 전자가 최선을 다해 한 일들을 다시 한번 생각해보자. 이 전자들은 전자전달계를 건너뛰면서 막을 사이에 두고 양성자 기울기를 만들었고 자신은 물이 되어 사라져버렸다. 그렇다면 이 양성자 기울기에 의해 만들어진 힘은 과연 어디에서 어떻게 쓰이게 될까? 여기에서 우리는 새로운 효소 복합체이자 지금까지 알려진 기계장치 중에서 가장 작고 혁신적인 단백질 나노 기계를 만나게 된다. 우리는 이 기계를 ATP 합성효소(ATP synthase)라고 부른다.[24] 그리고 산소를 이용하여 에너지를 만드는 모든 세균, 고세균 그리고 인간을 포함한 모든 진핵생물이 똑같이 이 기계를 이용하여 ATP를 생산해낸다. 여기서 '모든'이라는 말을 사용하는 것은 우리 모두가 한 조상으로부터 퍼져 나온 자손이라는 것을 말하기 위함이다.

이 기가 차는 ATP 합성효소라는 기계를 누가 처음 발견해서 몇 년도에 노벨상을 받았다는 이야기를 하는 것보다 이 구조를 더 쉽게 설명하는 데 지면을 더 많이 할애하기로 하자. 이 기계는 마치 우리가 어릴 때 가지고 놀던 팔랑개비와 비슷하다. 이 팔랑개비는 바람이 불면 저절로 돌아간다. 만약 이 팔랑개비와 연결된 막대를 손에다 고정시키면 바람이 불때마다 내 손을 돌리려는 힘이 전해올 것이다. 팔랑개비는 터빈이 되고 막대기는 구동축이 되는 것이다.

그래서 이번에는 이 막대기를 국화빵을 만드는 3개의 빵틀에 연결하고 바람이 불면 구동축을 돌려 빵틀이 돌아가게 만들어보자. 그런데 여기서 ATP 합성효소의 터빈을 돌리는 것이 바람이 아니라 바로 양성자들이라는 사실이다. 이 양성자 기울기에서 생긴 힘이 이 기계의 팔랑개비를 돌리게 되는 것이다. 이들이 터빈을 돌리면 축이 따라 돌고, 그 밑에 달린 빵틀에서 ATP가 만들어져 나온다. 마치 한 빵틀에 밀가루 반죽을 넣고, 이 빵틀이 다음 단계로 넘어가서 팥소를 넣어 구우면, 마지막 단계에 가서 맛있는 국화빵이 만들어져 나오는 것과 같다. 다시 말해 처음 빵틀에는 ADP를 넣고, 그다음으로 돌아가면 인산기를 넣고, 마지막 빵틀에서 잘 구워진 ATP가 만들어져 나오는 것과 같은 이치이다.

지금까지 일어난 일들을 다시 한번 종합적으로 복기해보자. 해당 과정을 거치고 크렙스 회로를 거치면서 전자를 뽑아서 운반 차량에 싣고 전자전달계로 이동시킨다. 이 전자전달계에서 전자는 세포 안쪽의 양성자를 세포 밖으로 이동시켜 세포 밖의 양성자 농도가 훨씬 높아지도록 양성자 기울기를 만들어내게 된다. 그러고 난 다음 전자는 마지막으로 산소와 만나 물이 되면서 사라져버린다. 그다음 양성자 기울기에 의해 생긴 동력은 세상에서 제일 작은 ATP 합성효소라는 기계를 돌려 ATP를 생산해낸다. 이것이 바로 우리가 하루도 빠지지 않고 먹어야 하는 이유일 뿐만 아니라, 한시도 쉬지 않고 숨을 쉬어야 하는 단 한 가지 이유라 할 수 있다.

한스 크렙(Hans Krebs: 1900~1981)이 크렙스 회로를 완성시킬 수 있도록 중요한 몇 가지 과정을 먼저 발견한 노벨 수상자 알베르트 센트 죄르지(Albert Szent-Györgyi: 1893~1986)가 한 말을 이 즈음에서 인용하고 싶다. 그는 "생명이란 단지 쉴 곳을 찾아 헤매는 전자일 뿐이다."라는 유명한 말을 남겼다.[*] 독자분들께서 쉽게 이 말에 공감이 된다면, 그래도 내가 이 내용들을 쉽게 풀어냈다고 스스로 위로해도 될까? 지금까지의 내용은 몇 달 동안 생화학 강의를 들어야 하는 일이기 때문에 그저 감이라도 잡히면 만족스럽게 생각해도 될 듯하다.

4 세상을 바꾼 아주 작은 거인

1) 남세균 이야기

기원전 334년 알렉산드로스 대왕이 인도까지 쳐들어온 동방원정이나 1219년 칭기즈칸이 헝가리까지 쳐들어간 서방원정이 인류 문화에 수많은 흔적들을 남겨놓은 것은 누구나 인정하는 사실들이다. 그렇지만 우리가 살고 있는 지구의 46억 년 역사에서 큰 물줄기를 돌려놓은 역사적 사건의 주인공들은 전혀 이들이 아니다. 우리는 눈에도 보이지 않는 아주 작은 위대한 거인이 개척한 삶이 이 덩치 큰 지구를 녹색의 땅으로 바꾸어놓았다는 사실을 겸허히 받아들여야만 한다. 지금 소개할 그 주인공이 바로 남세균(藍細菌, cyanobacteria)이라는 세균이다.[†] 한때 남조류(green algae)라고도 불렸지만 조류가 아니라 세균이다. 그리고 남색이 아니라 녹색이라는 점에서 그 호적상 이름이 잘못된 것은 맞지만, 오랫동안 그렇게 불려왔기 때문에 지금도 그렇게 불리고 있을 뿐이다.

이 남세균이 지구를 바꾼 것은 그들이 개발한 광합성(光合成, photosynthesis)이라는, 세상에서 제일 중요한 화학반응을 처음으로 소개하였기 때문이다. 남세균이 살았던 약 35억 년 전에는 생명체들이 무기물을 산화해 얻은 얼마 안 되는 에너지로 근근이 포도당을 만들면서 연명하던 시절이었다. 그렇지만 무상으로 하늘에서 쏟아지는 눈부신 태양은 모든 생명체들이 제일 무서워하는 기피 대상물이었다. 왜냐하면 이 태양 속에 들어 있는 자외선이 생명체를 망가뜨릴 만큼 강력한 힘을 가지고 있었기 때문이다. 초창기 지구의 대기에는 자유 산소가 없어서 오존층이라는 생명의 보호막이 없던 시절의 이야기이다.

생명체들은 어쩔 수 없이 태양광이 들어오지 못하는 물속 깊숙이 숨어 들어가야만 하였다. 이러한 환경에서도 다소의 햇빛을 이용해 광합성을 시도했던 황세균들은 황화수소를 이용하는 방법을 알고 있었다. 하지만 세상을 바꿀 만한 영광의 주인공이 될 수 없었던 것은 그들이 사용하는 황화수소가

[*] 원문은 다음과 같다. Life is nothing but an electron looking for a place to rest.

[†] 끈적끈적한 남세균에 모래나 침전물들이 들러붙어 층이 쌓이고, 다시 그 층 위에 남세균이 올라앉아 층층이 쌓여 생긴 돌을 스트로마톨라이트(stromatolite)라 부르고, 서부 호주의 샤크만에서 많이 볼 수 있다. 스트로마톨라이트라는 말은 원래 그리스어로 '돌 융단'이라는 뜻이다.

흔히 구할 수 있는 재료가 아니었기 때문이다. 황화수소는 화산이나 지각의 열수분출공 정도에서나 얻을 수 있는 제한적인 재료에 불과하였다.

그러나 남세균은 용감하게도 쏟아지는 태양광 속에 들어 있는 자외선은 막아내고 나머지 에너지를 이용할 수 있는 방법을 찾고 있었다. 그들은 유해한 광선을 흡수할 수 있는 색소를 진화시키고 있었던 것이다. 그러다가 이들이 찾아낸 것은 자외선보다 해가 되지 않으면서도 높은 에너지를 가지고 있는 가시광선을 이용하는 방법을 알아낸 것이다. 이들은 가시광선의 에너지를 이용하여 마침내 포도당을 만들어낼 수 있는 획기적인 공정을 개발해냈을 뿐만 아니라, 황세균과는 달리 주위에서 얼마든지 얻을 수 있는 물을 분해해 전자를 얻고 양성자를 만들어 포도당을 만들어낼 수도 있게 되었다. 그렇지만 물을 분해해서 손쉽게 포도당은 만들 수 있었지만, 그 부산물로 산소가 나온다는 사실을 우리 모두는 잘 알고 있다. 그러나 이렇게 생겨난 산소가 더 큰 문제를 일으킬 줄을 누가 알았겠는가!

이 산소가 바로 역사상 최대의 대기오염 사건을 유발한 원인이 되었고, 덩달아 생명체의 대량 멸종 사태로 이어지게 되었다. 산소가 지상 최대의 대기오염 사건의 주범이라고? 지금은 산소가 없으면 살아남을 생명체가 거의 없을 정도로 세상이 변했지만, 산소 때문에 생명체가 대량으로 멸종했다는 것이 쉽게 이해가 되지 않을 것이다. 산소가 독이 된다는 사실은 잠시 뒤에 다시 설명하기로 하자.

이 대목에서 다시 주목해야 될 점은 이 산소의 독을 거꾸로 이용할 수 있는 새로운 생명체가 이 지구상에 등장했다는 사실이다. 이렇게 하여 독이 되던 산소를 대사에 이용함으로써 살아남은 생명체는 다시 르네상스 시대를 맞이하는 호황기를 누리게 된다는 점이다. 그야말로 지구적 환경 위기를 기회로 전환시킨 극적인 사건이 되었던 것이다.

이 정도의 설명으로는 쉽게 공감이 되지 않는 부분들이 많이 있을 수도 있다. 지금부터 남세균에서 일어난 광합성에 대한 설명을 이전에 기술한 부분에 더해 보충적으로 설명해나가려고 한다. 그리고 산소가 불러온 산소 대재앙에 대한 설명과 함께 이를 극복해나가는 생명체의 활약상을 그려볼 것이다.

2) 태양은 가득히

지구보다 100배나 더 큰 태양은 지구를 향해 아낌없이 에너지를 쏟아 부어준다. 그래도 지구는 그 에너지의 22억 분의 1 정도만 겨우 받아들일 뿐이다. 만약 지구가 이만큼의 에너지를 생산해내기 위해 석탄을 태운다면 1초에 약 4억 5천만 톤만큼이나 필요할 것이다.[25] 이 태양광을 이용해서 남세균과 일부 세균 및 원생생물 그리고 식물은 포도당을 만들어낸다. 남세균의 발명 특허인 광합성은 공중에 있는 이산화탄소와 땅속에 있는 물 그리고 태양에너지를 이용해 포도당을 만든다. 이 얼마나 기가 막힌 공법인가! 이 공정에 특별히 막대한 비용이 들어갈 구석도 없다.

비록 탄소가 대기 중에는 0.03% 정도를 차지하고 있더라도 바닷물과 탄산염에 녹아 있는 탄소량을 모두 합치면 50조 톤이 넘는다. 지구 전체 식물들이 1년에 소모하는 탄소량은 대략 2,000억 톤 정도로 추정되어 250년 이상 식물들은 아무 걱정 없이 잘 살아갈 수 있을 것이다. 이 식물들이 1년에 광합성으로 만들어내는 포도당을 각설탕으로 따지면 무려 3×10^{17}개나 된다. 만약 이들을 한 줄로 세운다면 명왕성까지도 도달할 만한 양이 될 것이다.[26]

동물들은 이 포도당을 만들 재주가 없다. 따라서 사람을 포함한 모든 동물들은 모두 식물의 기생충들이다. 식물에 기대어 살 수밖에 없다는 뜻이다. 그래서 우리는 부끄럽게도 독립이 아닌 종속영양생물이라고 불리고 있다. 그렇지만 대기에 있는 0.03%의 탄소는 우리를 조금 불안하게 만들 수도 있다. 250년 동안 쓸 수 있는 탄소가 지구에 있다고 치더라도 이들이 원활하게 하늘과 땅과 물속으로 잘 순환되어야만 한다. 왜냐하면 250년은 지구상에서 그야말로 눈 깜짝할 순간조차도 되지 않기 때문이다. 이 과정은 다시 제4부에서 나룰 것이다.

인간은 언제 처음으로 광합성이라는 공정이 이 지구상에서 일어나고 있다는 것을 눈치챘을까? 17세기 중반으로 거슬러 올라가보자. 여기서 소개할 학자는 의사이자 화학자였던 벨기에의 반 헬몬트(van Helmont: 1580~1644)이다. 그는 버드나무 묘목을 화분에다 심고 물을 주면서 5년 동안 키워보았다. 화분이나 그 속에 든 흙은 거의 무게가 변하지 않았지만, 버드나무는 그 덩치가 엄청 커져서 무거워졌다. 버드나무가 흙 속의 영양분을 먹었다면 화분 속 흙의 양이 줄어들어야 마땅하지 않는가? 그는 엉겁결에 광합성이라는 현상을 알게 된 셈이 되어버렸다. 그는 또한 가스(gas)라는 말을 처음으로 만들어낸 화학자로도 유명하다.

그가 제시한 또 다른 아이디어는 그 당시의 문화 수준을 엿볼 수 있는 기회도 제공해준다. 만약 더러운 옷과 호밀을 바구니에 넣고 21일간만 기다리면 쥐가 자연적으로 생긴다는 주장이다. 이것은 약 2,000년 전에 아리스토텔레스가 주장한 생명의 자연발생설을 뒷받침한다고 할 수 있다.[27] 이 자연발생설은 부모 없이도 생명이 자연적으로 생긴다는 의미를 담고 있다. 어디 신화나 종교에서 많이 들어본 이야기가 아닌가? 이 사실은 파스퇴르가 증명한 "생명은 생명으로부터"를 뜻하는 생물속생설이 1860년대에 증명되면서 종지부를 찍게 되고 말았다.

다시 광합성 이야기로 되돌아가자. 광합성 작용을 할 때 맨 처음 빛을 받아들이는 기관은 엽록소(葉綠素, chlorophyll)이다. 엽록소에는 a, b, c, d, e, f 등 10여 종이 있지만 주된 엽록소는 a와 b이다. 그러나 남세균은 엽록소 a와 보조색소로서 카로티노이드(carotenoid)나 피코빌린(phycobilin)과 같은 색소를 가지고 있다. 이 엽록소는 세포 안에 있는 틸라코이드(thylakoid)라는 구조물의 막 속에 파묻혀 있다. 엽록소의 구조는 마치 시골 아기가 논둑에서 날리는 연 모양과 비슷하다. 탄화수소로 되어 있는 긴 꼬리와 한가운데에 있는 마그네슘을 4개의 피롤 고리(pyrrole ring)가 둘러싸고 있는 모양의 머리로 구성되어 있다.

그런데 이 엽록소와 아주 비슷하게 생긴 구조물이 동물의 몸속을 흐르고 있다면 우리는 매우 당황스럽고 의아해할 것이다. 어떻게 광합성을 하는 남세균이나 식물 속에 들어 있는 엽록소가 우리 몸속을 돌아다닌다고? 그런데 그 정체가 바로 적혈구 속에 들어 있는 헤모글로빈(혈색소, hemoglobin)이라면 여러분은 어떤 생각이 들까? 단지 이들의 차이점*은 연 꼬리가 짧다는 점과 가운데에 마그네슘 대신에 철이 들어 있다는 것뿐이다.[28] 그렇다면 왜 이런 현상이 벌어졌을까? 따지고 보면 엽록소는 이산화탄소와 물을 이용해 포도당을 만들지만, 헤모글로빈은 폐에서 산소를 싣고 와서 다시 포도당을 물과 이산화탄소로 분해해주는 역할을 하지 않는가! 이들은 서로 반대되는 일을 하고 있지만, 실제로 생김새는 거의 비슷하다는 특징이 있다.

만약 헤모글로빈에 철이 들어 있으면 혈액이 빨간 색깔이 된다. 철이 산소에 의해 강하게 산화되기 때문이다. 그런데 철 대신 구리가 들어가면 청색이 된다. 여러분이 산 오징어를 손질하다보면 손이 청색으로 물들 것이다. 그러나 만약 여러분이 바다낚시를 위해 갯지렁이를 미끼로 쓴다면 초록색의 피가 손에 묻어나는 것을 보게 될 것이다. 이는 철 성분이 산소와 결합하는 능력이 떨어지고 주로 혈장 속에 있기 때문이다.

엽록소가 가시광선을 에너지원으로 사용하는 이유는 태양광 중에서 에너지가 높으면서도 해가 없기 때문이다. 더 높은 에너지를 가진 자외선은 엽록소를 파괴시킬 것이고, 에너지가 덜한 적외선은 그 열기로 엽록소가 데쳐질 수도 있기 때문이다. 그렇지만 엽록소가 가시광선의 전 파장의 에너지를 모두 다 흡수할 재주는 없다. 무지개의 '빨주노초파남보'처럼 엽록소 a와 b는 주로 빨간색과 푸른색을 좋아해 이들을 흡수하고 그 중간에 있는 초록색은 반사시킨다. 녹음이 우거진 산과 들판이 모두 초록색으로 보이는 이유는 바로 이 때문이다. 그러나 일부 생명체는 다른 보조색소를 가지고 있어서 주색소가 흡수하지 못하는 파장의 가시광선을 흡수하기도 한다.

그다음으로 광합성을 구체적으로 이해하기 위해서는 광계(光界, photosystem)라는 구조물에 대하여 알고 있어야 한다. 이 광계는 햇빛이라는 에너지를 흡수하여 엽록소에서 전자를 뽑아내고, 이 전자를 이용하여 포도당 합성에 필요한 ATP나 NADPH를 만들어내는 구조물을 말한다. 광계는 두 가지 종류로 나뉠 수 있다. 먼저 광계 I은 일부 원시 광합성 세균들이 가지고 있던 구조물이다. 황세균은 광계 I을 가지고 있어서 전자를 이용하여 ATP를 만들 수 있지만, 전자를 받아내는 수용체가 황이어서 산소 대신 황이 나온다. 그렇지만 이보다 진화한 남세균은 광계 I에다가 광계 II를 추가시킴으로써 ATP와 NADPH를 동시에 만들 수 있도록 기능이 보완된 것이다.

이쯤 되면 너무 복잡해서 단지 글로 설명하기에는 한계에 부닥치게 되지만, 순환적 광인산화나 비순환적 광인산화에 관한 내용은 조금 더 기다려보자. 결과적으로 엽록소와 복잡한 광계를 언급한 것은 이산화탄소를 이용하여 탄소가 6개인 포도당을 만들기 위한 준비작업 때문에 좀 복합해졌을 뿐이

* 이들은 이름도 비슷하여 chlorophyll은 엽록소로 번역되어 있고, hemoglobin은 혈색소로 불리고 있다. 엽록소는 나뭇잎에 있다는 의미이고, 혈색소는 피 속에 있는 색소라는 뜻이다.

다. 따라서 광합성을 보다 간결하게 설명할 수 있는 방법을 한번 찾아보자.[29]

이미 언급되었지만 우선 눈에 보이지도 않는 남세균이 포도당을 만들어내는 화학공정을 제1공장과 제2공장으로 나눠보자. 먼저 제1공장은 햇빛이라는 동력을 이용하여 물과 이산화탄소 재료를 틸라코이드라는 기계에 넣고 공장을 돌린다. 먼저 햇빛이 틸라코이드 속에 박혀 있는 엽록소에 들어가면 엽록소에 있는 전자를 들뜨게 만들어 활성화시킨다. 이 전자가 전자전달계를 지나면서 양성자 기울기를 만들어 ATP 합성효소를 돌려서 ATP를 생산해낼 것이다. 그러나 남세균은 이에 한 발 더 나아가 제2광계를 개발하여 NADPH까지 생산해내게 된다. 제2광계에서 받은 전자가 힘이 다 빠지게 되면 제1광계에서 다시 한번 더 햇빛을 받아 전자가 다시 재도약을 해서 만든 것이 바로 NADPH이다. 제1광계에서 만들어진 전자는 NADPH에 담기기 때문에 순환하지 않는다. 따라서 이 시스템을 비순환적 전자시스템 또는 비순환적 광인산화(noncyclic photophosphorylation)라고 부른다. 햇빛이 주된 역할을 하기 때문에 제1공장에서 일어나는 이러한 일련의 과정을 명반응이라고 한다.

이제 제2공장을 견학할 차례다. 제2공장은 제1공장에서 생산해낸 ATP를 에너지원으로 사용하고 NADPH를 접착제로 이용하여 이산화탄소에서 탄소가 6개인 포도당을 만들어내는 과정을 말한다. 이 과정은 햇빛이 전혀 관여하지 않기 때문에 암반응이나 캘빈 회로라고 하며, 이 과정을 이해하기 전에 두 가지 물질을 먼저 소개하기로 하자.

첫 번째는 탄소가 5개인 RuBP(Ribulose 1,5-biphosphate)라는 물질이고, 두 번째는 루비스코(rubisco, ribulose biphosphate carboxylase/oxygenase)라는 효소이다. 여기서 루비스코라는 효소는 탄소가 5개인 RuBP에다 이산화탄소(CO_2)에 있는 탄소 하나를 더 붙여주는 역할을 담당한다. RuBP는 이산화탄소의 수용체로 작용하고, 이 반응을 촉매하는 단백질이 바로 루비스코가 된다. 따라서 루비스코라는 효소가 이 세상에서 가장 많이 존재하는 단백질이라는 타이틀을 가지게 되었다. 이렇게 탄소가 6개가 된 물질은 곧장 2개의 3PG(3-phosphoglycerate)가 되고, ATP와 NADPH가 들어가면서 G3P(glyceraldehyde 3-phosphate)로 된다.

여기서 탄소가 3개인 G3P 1개가 이 회로에서 빠져나와 포도당으로 변하게 되고, 나머지 G3P는 다시 회로를 돌아 RuBP로 되돌아간다. 실제로는 6개의 RuBP와 6개의 이산화탄소가 들어가면 그냥 1개의 포도당이 떨어져 나오면서 탄소의 숫자가 같아지게 된다. 좀 복잡하지만 결론은 간단하다. RuBP라는 오탄당이 이산화탄소를 만나 포도당을 계속 만들어내는 과정을 말하고, 여기에 루비스코라는 효소가 관여하며 제1공정에서 만들어진 ATP와 NADPH가 포도당 합성에 소모된다는 점이다. 여기서 관전 포인트는 루비스코라는 효소에 있다.

루비스코라는 효소는 원래 이산화탄소와 결합하여 포도당을 만들어내는 중요한 단백질이다. 그런데 세상이 바뀌어 대기 중에 산소가 많아지면서 예기치 못한 현상이 발생하게 되었다. 즉 루비스코라는 효소가 이산화탄소와 결합하는 것이 아니라 이번에는 산소와 결합하는 것이다. 이렇게 되면 어떤 결과가 생길까? 당연히 포도당이 잘 만들어지지 않게 된다. 우리는 이러한 현상을 광호흡(photorespiration)

이라고 부른다.[30] 이런 현상은 루비스코라는 효소가 생겨날 당시에는 산소가 많이 없었다는 것을 알려준다고 할 수 있다.

그렇다면 식물들은 그냥 그 현실을 있는 그대로 받아들이고 불편을 감수하면서 지금까지 살아왔을까? 그렇지 않다. 이들은 다른 방법으로 루비스코가 산소를 직접 만나지 못하게 하는 여러 가지 방법들을 진화시켜왔다. 장소를 따로 만들어 산소를 피하게 만들거나 암반응이 일어나는 시간대를 조절하여 광호흡을 억제시키는 방법들을 개발해왔던 것이다. 우리는 이런 식물들을 C3식물 대신 C4식물이나 CAM 식물이라고 부른다.[31] 이들은 주제와 너무 동떨어져 있어 관심 있는 독자분들은 따로 찾아보시기 바란다.

3) 산소의 대재앙

지금까지의 이야기는 남세균이라는 마이크론 단위의 아주 작은 세균이 하늘에서 쏟아지는 햇빛을 동력으로 삼고 대기 중에 있는 이산화탄소와 땅속의 물을 이용하여 먹거리인 포도당을 만들어내는 가히 환상적인 화학공정에 대하여 살펴보았다. 너무나 특이한 점은 재료를 구하는 데에 특별히 돈이 들어갈 만한 이유가 없다는 것이다. 따라서 우리는 남세균이 발명한 광합성이 지구에서 일어난 최대의 발명이라는 것을 인정하지 않을 수 없을 것이다. 지금도 우리 모두는 남세균의 후손들이 만들어 놓은 온갖 먹거리를 즐기면서 살고 있지 않는가! 그러나 호사다마(好事多魔)라고나 할까? 전혀 예상하지 못한 광풍이 이 지구를 휩쓸기 시작하였다. 그것은 바로 남세균이 포도당을 만들어내면서 부산물로 생긴 산소 때문이었다. 우리는 산소가 없으면 10분 이상도 살 수가 없다. 그런데 남세균이 만들어내는 산소 때문에 이 지구상에서 지상 최대의 대재앙이 벌어졌다는 이야기는 도무지 앞뒤가 맞지 않는 내용이다. 무슨 일이 일어난 것일까?

인간이 산소를 처음 발견한 것은 1774년의 일이다. 산소는 사교성이 높아서 탄소나 철, 황이나 수소 등을 크게 변형시켜버리고, 심지어 다른 물질을 불태워버리기도 한다. 여러분이 소독약으로 자주 사용하는 옥시풀(oxyfull)을 예로 들어보자. 옥시풀은 과산화수소(H_2O_2)를 물에 녹여놓은 액체이다. 이 과산화수소는 상처에 있는 카탈라아제(catalase)라는 효소에 의하여 물과 산소를 발생시킨다. 이때 나오는 산소 거품이 세균을 죽이는 것이다. 산소는 전자를 쉽게 빼앗아오는 성질이 있어서 활성산소로 변하고, 이 활성산소가 세균을 죽이는 것이다. 활성산소는 인체에도 결코 좋은 일을 하지 않는다. 세포를 변형시키고 유전자를 망가뜨리기도 하며 암을 발생시키고 노화를 촉진하기도 한다. 그래서 원래 산소는 생물체에게 해로운 원소이다.

산소는 대기 중에 21% 정도를 차지한다. 그런데 만약 의사가 환자에게 100% 산소를 주게 되면 어떻게 될까? 환자는 심하게 기침을 하면서 폐에 물이 찰 것이다. 그리고 호흡곤란이 일어나고 의식이 혼미해지면서 자칫하면 생명을 잃을 수도 있다. 특히나 신생아에게 산소를 지나치게 많이 주면 망막을 해쳐서 시각장애인이 될 수도 있다. 이렇게 산소는 지금도 생명체에게 이롭지 않다. 그렇지만 우리는 역설적으로 산소 없이는 수분도 버틸 수가 없다.

약 35억 년 전에 태어난 남세균이 생산해내기 시작한 산소가 바로 대기에 쌓인 것은 아니다. 이들이 만들어낸 산소는 다른 원소들과 결합하여 소모되면서 하늘에 고일 틈이 없었다. 특히나 바닷물에 녹아 있던 철 성분과 결합해서 적철광이나 자철광을 만들어내었다. 산소가 풍부했던 여름에 만들어져 완전히 산화된 적철광은 붉은색을 띤다. 그 대신 산소가 적었던 겨울에 만들어져 덜 산화된 자철광은 약간 검은색을 띠게 된다. 따라서 이들이 교대로 침전되어 색깔이 다른 층이 생긴 줄무늬 철광석층(Banded Iron Formation; BIFs)*은 지구상에서 대기의 산소 농도의 변화를 대변해준다고 할 수 있다. 이렇게 산소가 지구상의 다른 물질과의 결합이 모두 끝나자, 비로소 대기 중에 산소가 증가하기 시작하였다. 우리는 이 시기를 약 22억 년 전으로 보고 있다. 남세균이 생긴 지 10억 년도 훨씬 지난 때였을 것이다.

이렇게 갑자기 대기의 산소 농도가 증가하자 지구 역사상 최초의 대기오염 사태가 발생하게 되었다. 대부분 산소 없이 살아왔던 수많은 미생물들이 사멸하고 일부는 진흙탕 속이나 산소가 없는 지하로 도망가는 대멸종 사태가 벌어졌던 것이다. 우리는 이러한 급변 사태를 산소 대재앙(great oxygen event)이라고 부른다.[32] 수많은 미생물들이 죽어나간 것만으로는 대재앙이라고까지 할 수 있을까? 이번에는 기온이 급격히 떨어져서 지구 전체가 얼음덩어리로 변하기 시작하였다. 적도까지 얼음으로 뒤덮여 지구 전체가 눈덩어리가 되고 말았던 것이다. 우리는 이런 사태를 눈덩이 지구(snowball earth)라고 따로 부른다.

왜 산소의 증가가 지구의 기온을 그렇게 떨어뜨리게 된 것일까? 산소는 그 당시 대기 중에 다수를 차지하던 메탄가스를 산화시켜 이산화탄소로 변하게 만들어버렸다. 그런데 이산화탄소도 온난화 기체이지만, 메탄은 그보다 25배나 더 지구를 덥게 만든다. 따라서 대기 중 메탄의 감소는 온난화 현상이 일어나지 못하게 하여 급격히 지구의 기온은 떨어뜨리고 지구 전체를 전부 꽁꽁 얼어붙게 만들었던 것이다. 남세균을 작은 거인이라고 불러야 하는 이유는, 이들이 만든 산소로 인하여 다른 미생물들이 대량으로 죽게 되고 지구 전체를 눈덩이로 변하게 만들었다는 점에서 당연한 호칭이라고 할 수 있다.

그렇다면 이렇게 독소가 되는 산소를 지금은 어떻게 해서 끼고 살지 않으면 안 되게 되었을까? 우리는 다행히도 이러한 유해물질인 활성산소를 제거할 수 있는 방법을 몸속에 가지고 있기 때문이다. 바로 활성산소를 해가 없는 물로 바꾸어주는 다양한 산화방지제(antioxidant)를 가지고 있다는 뜻이다. 우리가 흔히 말하는 수퍼옥시드 디스무타제(superperoxide dismutase), 카탈라아제(catalase), 페록시다아제(peroxidase)

---

* 줄무늬 철광석층은 인터넷 자료에서 쉽게 찾아볼 수 있다. https://geologylearn.blogspot.com/2017/01/banded-iron-formations-bifs-evidence-of.html

등이 산화방지제로 잘 알려져 있다. 또한 비타민 C나 미네랄 등도 항산화 작용이 있는 것으로 밝혀져 있다. 여기서 잠깐! 만약 여러분이 이러한 항산화제를 많이 복용한다면 암이나 노화를 방지해서 더 오래 살 수 있을까? 이는 논제를 벗어난 이야기지만, 그런 효과를 기대하고 먹을 만큼 효과가 있다는 보고는 아직도 없다는 점을 밝히고 싶다.

우리는 지구 역사에서 22억 년경에 산소가 급증했다는 과거를 가지고 있다. 그렇다면 산소가 대기 중에 없었기 때문에 그 이전에 지구에는 불이 있었을까? 당연히 불은 이 지구상에 없었을 것이다. 그래서 지구 역사의 절반 이상은 불이 없는 세상이었다. 또한 대기의 산소 농도가 21%대를 계속 유지한다는 것도 매우 신기해 보인다. 만약 이보다 산소 농도가 높으면 어떻게 될까? 우리는 불바다 속에서 살아야만 할 것이다. 그리고 만약 이 농도보다 낮다면 생물들은 아마도 질식하고 말 것이다. 이렇게 21%에서 산소 농도가 유지되고 있는 현상을 정확히 풀어내기에는 아직도 모르는 것들이 너무나 많다.

우리는 지금까지 남세균에 의해 일어난 어처구니없는 일들에 대하여 알아보았다. 그런데 이러한 산소 피해가 엄청났지만 전화위복의 기회가 기다리고 있다는 것은 매우 고무적인 일이었다. 곧이어 우리는 세포의 산업혁명기가 어떻게 일어나고 있는가를 살펴볼 것이다.

4) 세포의 산업혁명

우리 세대는 어릴 때 산으로 갈비를 구하러 갔다. 아니 갈비를 구하기 위하여 정육점으로 가지 않고 산으로 갔다고? 여기서 갈비는 여러분이 생각하는 그 갈비가 아니다. 소나무 잎이 늙어 땅으로 떨어져서 부엌의 땔감으로 전락한 솔잎을 말한다. 갈비에는 송진 성분이 들어 있어 화력이 세기 때문에 가마솥의 밥에 뜸을 드려서 밥을 맛있게 해낸다. 그러나 여러분이 생각하는 밥의 색깔은 아니다. 흰색 밥이 아니라 갈색 밥이다. 보리가 훨씬 더 많았기 때문이다.

인류는 온 산이 민둥산으로 변하자 에너지원을 구할 방법을 습지나 땅 밑에서 찾아보았다. 그때 다행히도 우리 손에 붙잡힌 것들이 갈탄이나 석탄이었다. 갈탄이나 석탄도 나무로 만들어진 것이지만, 그 화력은 검은 것들이 훨씬 강하였다. 인간은 여기에서 땔감만 해결한 것이 아니라, 이들이 끓여내는 수증기를 이용하여 피스톤을 돌리고, 이 피스톤이 구동축을 돌리는 산업혁명을 이루어내게 되었던 것이다. 인간이나 가축의 근육에만 의존하던 동력 산업은 이제 석탄으로 대체되었다. 사람이 노를 젓는 것이 아니라 석탄이 노를 저었다. 태평스럽던 동양은 서양의 무겁지만 단단한 쇠로 만들어진 함정들에 의해 무참하게 무너져 내렸다. 그러나 이것들은 인간이 만든 찰나에 불과한 순간들일 뿐이다. 이 지구상에 일어났던 또 다른 산업혁명은 이것보다 훨씬 더 폭발적이고 과격하였다.

미생물에 의해 일어난 세포의 1차 산업혁명은 그야말로 대아수라장이었다. 그 당시의 수많은 생명체들이 남세균이 만들어내는 산소라는 대기오염을 견디지 못하고 사라져갔다. 그러나 이러한 암흑

속에서도 하나의 빛이 솟아났던 것이다. 이것이 바로 미생물들이 일으킨 제2차 산업혁명이다. 지금까지는 포도당에서 ATP를 뽑아낼 수 있는 방법은 발효에 의해 겨우 2개 정도를 뽑아내고 알코올이나 젖산을 폐기물로 뱉어내는 게 전부였다. 만약 에너지가 더 많이 필요해지면 이 공정을 좀 더 빨리 돌리면 가능하기도 하였다. 그러나 이런 방법은 포도당을 완전히 산화시킬 수 없기 때문에 포도당이 가지고 있는 에너지의 극히 일부만 이용할 따름이다. 세포들이 먹고 사는 방법에서 설명한 내용들을 다시 한번 소환해보도록 하자.

일단 만들어진 포도당이 해당 과정이라는 10단계를 거쳐 피루브산으로 변하면, 산소가 있는 경우와 산소가 없는 두 가지 환경에 부닥치게 된다. 산소가 없는 환경에서는 지금 바로 기술한 발효라는 방법으로 겨우 2개의 ATP가 생산된다. 그렇지만 만약 산소가 있게 되면 몇 가지 단계를 더 거쳐서 포도당이 완전히 산화되어 최대 38개의 ATP를 얻을 수 있게 되었다. 산소 덕분에 ATP를 19배나 더 많이 빼낼 수 있는 방법이 개발된 것이다. 그 어둠과 혼돈의 시간 속에서 이러한 한 가닥 빛을 발견한 미생물이 바로 호기성 세균(aerobic bacteria)*들이었다. 이들은 에너지 측면에서 본다면 15일 걸릴 일을 하루 만에 해치우는 엄청난 에너지 혁명을 일으킨 것이다. 왜 갑자기 15일이 된 건가? 산소가 있는 경우는 최대 38개의 ATP를 얻을 수는 있다. 그러나 ATP를 얻는 과정에서 미생물마다 다소 차이가 있지만, 이런저런 부대 비용들이 추가로 들어가 실제로는 30~32개 정도의 ATP를 수확할 수 있기 때문이다.[33]

여기에서 간단하지만 세상에서 가장 중요한 화학 공식 하나를 소개하고자 한다(그림 2-1). 이 그림 하나가 지금까지 설명한 모든 내용의 압축판이라 할 수 있다. 엽록소가 일으키는 광합성은 이산화탄소와 물을 햇빛을 이용하여 포도당과 산소로 변환시킨다. 이렇게 생산된 포도당은 다시 산소와 결합하여 물과 이산화탄소로 돌아가면서 ATP를 내놓게 된다. 이 과정을 우리는 세포호흡(cellular respiration)이라고 부른다.

그렇다면 좌우 반응 중에서 원자수가 서로 다른가? 양쪽이 모두 다 똑같다. 단지 차이가 있다면 햇빛과 ATP의 차이이다. 결과적으로 보면 햇빛이 ATP로 바뀐 것뿐이다. 그러면 모든 생명체가 ATP 대신 그냥 햇빛을 에너지원으로 사용하면 안 될까? 이미 여러 번 강조했지만 우리는 그렇게 할 수가 없다. 왜냐하면 오로지 ATP만 생명체를 작동시킬 수 있기 때문이다. 좀 더 구체적으로 말하면, 인간을 포함한 거의 모든 생명체는 전기에너지나 광에너지, 위치에너지나 소리에너지 등을 직접 사용할 수 없고 유일하게 화학결합 속에 들어 있는 에너지만 사용할 수 있기 때문이다. 그렇다면 우리말로 번역하면 더 이상하게 들리는 ATP에 대하여 좀 더 자세히 알아보도록 하자.

지금까지 ATP(adenosine triphosphate, 아데노신삼인산)를 생명체라는 자판기를 작동시키는 코인에 비교해왔다.

---

* 호기성 생명체는 혐기성 생명체와는 달리 산소를 좋아하는 생명체를 말한다. 이와는 반대로 혐기성 생명체는 산소가 있는 환경에서는 살 수가 없다. 따라서 호기성 세균들은 혐기성 세균에 비하여 대사적으로 훨씬 능률적으로 진화했다고 볼 수 있다.

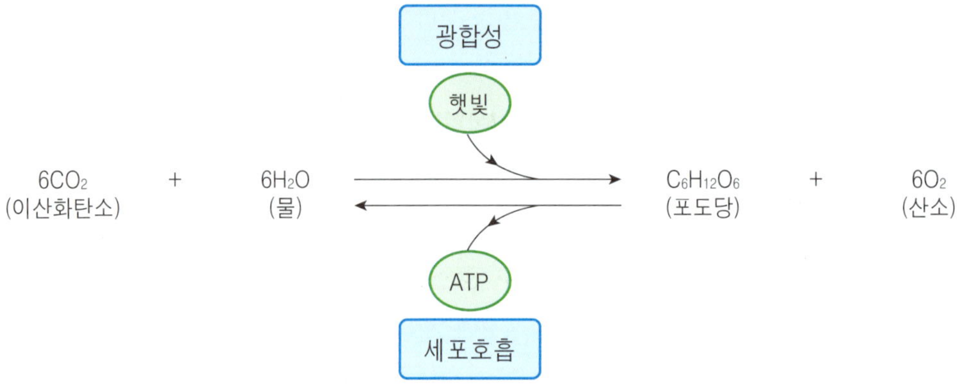

그림 2-1. 광합성과 세포호흡의 관계.

그러나 동시에 ATP를 에너지 화폐나 작은 배터리라고 말하기도 한다. 이 ATP는 가솔린 분자량보다 5배나 무겁지만, 가솔린처럼 연소되어 완전히 사라지지 않는다. ATP는 3개의 인산기 중 하나를 떼어내고 ADP(adenosine diphosphate, 아데노신이인산)가 된 다음에 포도당이 분해되는 과정에서 인산기를 받아 다시 ATP가 된다. 즉 ATP에서 ADP로 되었다가 다시 ATP로 되돌아가는 순환 체계로 운영되기 때문에 가솔린처럼 완전히 사라져버리지 않는 것이다.

따라서 인간의 몸에는 약 250gm 정도의 ATP로도 충분히 운영이 가능하다.[34] 이들은 최소한 하루에 1,500번 정도 ADP로 순환하면서 에너지를 공급한다는 뜻이다. 보통 세포 1개가 매초 약 1,000만 개의 ATP를 소비하고 세포의 총수가 약 40조 개 정도 되므로 하루에 평균 한 사람의 몸무게만큼의 ATP가 소모된다고 할 수 있다.[35] ATP 1몰이 ADP로 전환되면 약 7.3kcal의 에너지가 나온다.[36] 만약 더 많은 에너지가 필요하면 더 많은 ATP를 분해하면 될 것이다. 좀 더 자세히 말한다면, 이 ATP는 발열반응과 흡열반응을 서로 연계시켜주는 환상적인 물질이라고 말할 수 있다.

여기서 이미 언급한 내용들을 다시 한번 복기해보자. 광합성을 유도하는 물질은 엽록소이고 다시 분해하는 세포호흡은 헤모글로빈이 맡고 있지만, 이들의 화학적 구조가 아주 비슷하다는 것은 매우 흥미로운 일이다. 우리는 이렇게 생명체들이 서로 유기적인 일을 수행할 때에는 새로운 물질을 만드는 것이 아니라, 기존에 있던 물질을 다소 변형시켜서 사용한다는 것을 쉽게 알 수 있을 것이다. 그렇다면 생명체의 생존에 필수적인 ATP의 본질을 좀 더 알아보자.

ATP는 그 구성 성분을 자세히 들여다보면, 아데노신(adenosine)이라는 염기와 오탄당(ribose)* 그리고 인산기(phosphate)를 가지고 있다. 이 구조는 어디서 많이 들어본 것 같지 않는가? 바로 유전정보를 담고 있는 DNA나 RNA를 구성하는 뉴클레오티드 중 하나이기 때문이다. 에너지 화폐로 알고 있던 ATP

---

* 염기와 오탄당이 붙은 것은 뉴클레오사이드(nucleoside)라고 말한다. 아데노신(adenosine)은 뉴클레오사이드이다.

가 DNA나 RNA를 만들어내는 기본 구조물 중 하나라는 뜻이다. 만약에 이 기본 ATP에서 인산이 2개 빠져나가버리면 생명의 기원에서 등장했던 'RNA 세계'가 자동적으로 열릴 수 있는 가능성이 제기된다. 따라서 이 ATP는 바로 대사와 복제 기능을 연결해주는 고리에 해당한다는 것을 알 수 있게 될 것이다. 그뿐 아니라 ATP에 있는 그 인산기를 다른 물질에 붙여주게 되면, 그 물질이 활성화되어 반응을 진행시킬 수 있도록 해주는 재주도 가지고 있다. 우리는 이를 인산화(phosphorylation) 과정이라고도 부른다.

남세균이 만든 광합성과 그 부산물로 등장한 산소로 인하여 한바탕 소동이 마무리될 즈음, 또 하나의 커다란 사건이 이 지구 대기에 등장하게 되었다. 바로 오존층(ozone layer)의 생성이다. 성층권에 있던 산소가 오존층을 형성하고 지구의 생명체를 괴롭히던 자외선을 흡수하면서 생명체가 물속에서 육지로 올라길 수 있는 계기를 마련해주었다. 그뿐 아니라 하늘은 누렇고 군데군데 바윗덩어리만 뒹굴던 황량한 육지를 점차 파란 하늘과 푸른색 초원으로 바뀔 수 있게 만들어준 것도 바로 산소와 그 산소가 만들어낸 오존층 덕분이다. 식물과 동물이 바닷속에서 육지로 상륙할 수 있게 된 것도 결국 남세균의 업적으로 돌릴 수밖에 없다는 것을 우리 모두는 잘 알고 있다.

다시 그림 2-1로 잠깐 되돌아가보자. 남세균과 그 후손인 식물이 만든 광합성은 결국 포도당을 만들고 산소를 내뿜는다. 또한 이들이 만든 음식을 소화하는 동물들은 산소를 이용하여 포도당을 분해한 후 다시 이산화탄소와 물을 내보내게 된다. 이것이야말로 너무나 완벽한 조화가 아닐까! 즉 서로의 배설물을 서로가 각기 이용하고 있기 때문에 한쪽이 망하면 다른 쪽도 성할 수 없는 구조를 형성한 것이다. 이는 이미 작고한 미국의 천문학자이자 세포내 공생설을 주장한 마굴리스의 남편이었던 칼 세이건(Carl Sagan: 1934~1996)은 식물과 동물의 상호 관계를 이렇게 표현한 적이 있다.[37] "식물과 동물은 서로 구강과 기공*을 맞대어 서로에게 인공호흡을 시켜준다고." 식물은 이산화탄소를 섭취하고 산소를 내놓고, 동물은 산소를 섭취하고 이산화탄소를 내놓는 것을 정확히 표현한 말이다. 이렇게 남세균이 이루어놓은 세상은 20억 년쯤 지나자 다시 새로운 용트림으로 지구는 또 한 번의 전기를 맞이하게 되었다. 과연 어떤 세상이 이 지구상에 전개되었을까?

---

* 기공은 식물의 잎 아랫면에 있는 눈에 보이지 않는 작은 구멍으로서 이곳을 통하여 이산화탄소가 들어가고 산소가 밖으로 나간다. 공변세포가 주위를 둘러싸고 있어서 열리고 닫힘을 조절한다. 동물은 구강을 통하여 산소가 들어가고 대사과정에서 생긴 이산화탄소가 밖으로 나가게 된다.

5 우연이 낳은 또 다른 세상

1) 작은 거인들의 숙명

약 38억 년 전 이 땅의 한 귀퉁이에서 태어난 최초의 생명체가 세균인지 또는 고세균인지는 의견이 분분하다. 그렇지만 현재 지구상에서 고온이나 초염도 등 극한적인 환경에서도 잘 살고 있는 고세균이 아마도 최초의 생명체일 가능성이 더 높아 보인다. 그러나 이 둘은 핵이 없는 원핵생물로서 외형적으로는 구분하기가 힘들지만, 그 구조상으로 보았을 때 숙명적인 한계를 분명히 가지고 있다. 바로 그 덩치의 한계이다.

이들은 왜 그렇게 눈에도 보이지 않을 정도로 작고 단순해야만 할까? 이들은 왜 진화의 조짐은 전혀 보이지 않고 무려 38억 년 동안이나 큰 변화 없이 지금까지 잘 살아오고 있을까? 그들에게는 38억 년이라는 기나긴 시간이 별 의미가 없는 세월이란 말인가? 우리는 이들에 관하여 여러 가지 상념 속으로 쉽게 빠져들고 만다. 그렇다면 이들이 진화하지 않고 단순하며 작은 생명체로 살아온 이유는 구체적으로 무엇일까? 하나씩 따져보도록 하자.

앞에서 인용하였지만 다시 한번 더 그 내용을 구체적으로 살펴보도록 하자. 대장균은 환경이 호의적이어서 먹을 수 있는 영양분이 충분하다면 20분마다 2개로 갈라질 수가 있다. 즉 1개의 모세포가 2개의 딸세포로 분열하게 된다는 뜻이다. 이렇게 되면 하루에 72회를 분열하게 되어 그 숫자는 하루 만에 2^{72} 즉 $10^{21.6}$개에 달하게 된다. 어마어마한 분열 속도가 아닌가! 그렇지만 환경은 항상 그렇게 호의적이지만은 않다. 그래서 미생물들은 영양이 풍부할 때면 가급적이면 빨리 번식해서 그 영양분을 많이 차지하는 것이 생존에 훨씬 유리하다는 것을 잘 알고 있을 것이다. 그렇다면 이들이 다른 미생물과 비교하여 상대적으로 더 빨리 번식할 수 있는 다른 방법은 없을까? 그래서 세균이 작은 이유를 더불어 설명할 수 있을까?

첫 번째, 다른 세균보다 더 빨리 분열하기 위해서는 유전체나 몸이 작아야 유리하다는 점이다. 왜냐하면 유전체가 크면 클수록 이것을 복제하는 데 더 많은 시간과 에너지가 필요하기 때문이다. 따라서 유전체나 덩치가 작은 세균이 더 살아남을 가능성이 높아진다. 진화적으로 말하면, 자연선택을 받을 가능성이 높아진다는 뜻이다.

대부분 세균들이 가지고 있는 유전체의 염기 개수는 평균 1,000만 개 정도를 유지하고, 유전자수는 1,500~7,000개 정도를 가지고 있다. 그렇지만 이들은 쉽게 유전자를 버릴 수도 있고 얻을 수도 있다. 이것이 '박테리아 섹스' 편에서 기술한 세균들의 유전자 교환이다. 이들은 자식으로 이어지는 유전정보들이 수직이동뿐 아니라 수평이동이 가능하여 여러 가지 방법으로 주위에서 유전정보를 보충할 수가 있게 된다. 그래서 이들은 유전자를 버리는 것에도 익숙하지만 유전자를 구해서 받아들이는 방법에도 익숙하다. 유전자를 받아들이는 방법에는 이미 '박테리아 섹스' 편에서 기술한 접합, 형질전환, 형질도입 등이 속한다.

두 번째는, 세포의 표면적과 부피의 상호관계이다. 이 관계도 앞에서 설명한 바 있지만 여기에서 다시 소환할 수밖에 없다. 세포가 커져서 표면적이 커지면 부피도 덩달아 커진다. 그러나 표면적은 제곱으로 커지지만, 부피는 세제곱으로 늘어난다. 즉 표면적보다 부피가 월등히 더 커진다는 의미이다. 표면적은 외부와 연결되어 있는 입구이자 창이다. 따라서 내부의 늘어난 물자 수요를 표면적이 감당하기가 점점 더 어려워지게 된다. 특히나 세균에서는 ATP 생산이 표면적인 세포막에서 일어난다. 그래서 표면적이 커지면 ATP 생산도 다소 늘어나지만, 부피가 더 커지기 때문에 그 수요를 상대적으로 따라갈 수 없게 될 것이다. 이러한 구조적 제한이 세균이나 고세균들이 안고 있는 자신들의 한계이자 숙명인 셈이다. 그렇지만 이들은 이 지구상에서 개체수만큼은 가장 성공한 집단이자 실질적으로 이 지구를 점령하고 있는 우리의 원초적 조상이라는 점을 잊어서는 안 될 것이다.

그렇다면 이러한 제약 속에서도 인간과 같은 덩치가 아주 큰 진핵생물들은 도대체 어떻게 생겨났단 말인가? 이 해답은 비교적 쉬운 곳에 있다. 이 작고 위대한 세균들은 서로가 경쟁하기보다는 공생의 길로 나아가면서 새로운 세상을 만들었기 때문이다. 이들은 싸움 대신 서로를 합치면서 다른 새끼 종을 만들어내게 되었다. 그게 바로 우리이다.

2) 서로 합치기

우리의 조상이라는 진핵생물은 과연 어떻게 태어났을까? 세균과 고세균을 한꺼번에 지칭하는 원핵생물의 탄생과정도 완전히 밝혀지지 않는 상황에서 과연 진핵생물의 탄생을 우리가 정확히 유추해 볼 수 있을까? 20세기는 이러한 질문에 대한 희망찬 대답을 제시하기에 이르렀다. 나는 먼저 우리가 어려서 자주 보았던 자운영이 활짝 핀 논에서부터 이야기를 시작할 것이다.

여러분은 논에다 심은 자운영(紫雲英, Astragalus sinicus) 꽃밭을 기억하는가? 이 넓디넓은 자운영 꽃밭은 책보따리를 매고 다니는 꼬맹이들을 잠시 붙들어두는 마력을 가지고 있었다. 자운영의 아름다움은 우리를 시각적인 환희 대신 깊은 사유의 세계로 끌어들이곤 하였다.

자운영은 인공비료가 귀하던 시절에 훌륭한 자연 비료가 되어주어서 녹비(綠肥)라고도 불렸다. 자운영의 생명 주기와 벼의 생명 주기가 절묘하게 맞아 들어갔기 때문이다. 자운영이 쓰러질 때가 되면 나락을 파종할 때가 되었다는 뜻이다. 자운영은 콩과 식물로서 뿌리혹 세균과 함께 살아간다. 이 뿌리혹 세균은 공기 중의 질소를 고정해서 자운영한테 제공해주고, 자운영 꽃은 뿌리혹이라는 거처와 광합성으로 얻은 먹거리를 제공해준다. 이 둘의 관계가 공서(共棲)이자 공생(共生, symbiosis)인 셈이다.

혹시 여러분이 설악산을 오르다가 바위에 걸터앉았을 때 그 위에 붙어 있는 지의류(地衣類, Lichen)를 관찰해본 적이 있는가? 이 지의류는 땅의 옷이라는 말에 걸맞게 나무나 바위 위를 덮고 있고 대기가 맑고 청정한 지역에서만 살 수 있다. 만약 여러분이 이 지의류를 깔고 앉았다면 비교적 공기가 깨끗한

곳에 와 있다고 생각해도 좋을 것이다. 이 지의류는 물속에 사는 조류(藻類)와 곰팡이 종류인 균류가 공생하는 공동체이다.* 균류는 실 같은 균사체라는 조직을 이용하여 미세한 바위틈의 물과 무기 영양분을 흡수해주고, 조류는 이들을 이용하여 광합성을 하여 서로 나누어 먹는다. 이들도 서로가 이익을 교환하며 같이 사는 생명체들이다. 이처럼 대자연에는 서로 경쟁하고 포식하는 관계도 많지만 서로가 공생하는 사이도 숱하게 발견된다.

공생이라는 말이 인류 역사에서 처음으로 등장한 것은 1879년 독일의 외과의사이자 식물학자였던 안톤 드베리(Anton DeBary: 1831~1888)에 의해서였다. 그는 곰팡이를 주로 연구하여 식물병리학을 창시한 학자이기도 하지만, 공생이라는 말을 처음 사용함으로써 더욱 유명해졌다. 그러나 지금까지는 각 개체가 독립을 유지하면서 서로의 이익을 주고받는 관계를 공생관계라고 말할 수 있다. 그러나 만약 이렇게 동거하는 사이가 아니라, 아예 한 세포 몸속으로 다른 세포가 들어가서 같이 살게 되면 어떻게 될까? 이들은 한 몸이 되어서도 어떻게 서로를 존중하며 서로의 이익을 동시에 추구할 수 있을까? 우리는 이러한 공생관계를 그냥 공생이라고 하지 않고, 특별히 세포내 공생(細胞內共生, endosymbiosis, 內部共生)이라고 부른다. 지금까지 이야기가 길어진 것은 이 세포내 공생을 설명하기 위한 전초전이었다. 왜냐하면 현재의 우리가 있기 위해서는 다윈이 주장한 진화론 못지않게 중요한 개념이 바로 이 세포내 공생설이기 때문이다.

세포내 공생설을 활발한 토론의 광장으로 끌어들인 장본인은 《코스모스》 저자인 칼 세이건의 첫 번째 부인이었던 린 마굴리스(Lynn Margulis: 1938~2011)다.† 그녀가 세포내 공생설을 주장했던 논문은 《사이언스》지나 《네이처》지를 포함하여 무려 15군데의 학회지에서 게재를 거부당한 후, 1967년에야 비로소 《이론생물학회지》라는 잡지에 실리게 되었다.‡ 린 마굴리스는 새로운 종이 출현하는 것은 돌연변이나 자연선택만으로는 설명할 수 없다는 것이 그녀의 주장이었다. 즉 변이나 자연선택만으로는 결코 원핵생물에서 진핵생물로 진화할 수 없으며, 단세포 생물에서 다세포 생물로도 나아갈 수 없다는 내용이다. 그녀는 비약적인 진화를 이끌 수 있는 원동력은 돌연변이에 의한 자연선택이 아니라 바로 세포내 공생이라는 개념을 세상에다 뚜렷하게 밝힌 학자였던 것이다.

린 마굴리스가 아들인 도리언 세이건과 같이 1995년에 저술한 《생명이란 무엇인가?(What is life?)》라는 책은 내가 신경외과 의사로서 한창 뇌수술에 빠져 있을 때 의학이란 학문을 다른 각도에서 바라볼 수 있게 기회를 제공해준 고마운 책이기도 하였다.[38] 왜냐하면 그 당시 나에게는 뇌수술과 생명은 항상

---

* 균류 중에서는 자낭균류가 주를 이룬다. 자낭균류는 특히 자낭이라는 주머니를 가지고 있고 페니실린을 만드는 푸른곰팡이, 술이나 된장을 만드는 누룩곰팡이, 버섯 등이 포함된다.

† 세포내 공생설을 처음으로 주장한 학자는 1910년 러시아의 지의류 전문가였던 콘스탄틴 메르츠코프스키(Konstantin Mereschkowski: 1855~1921)다.

‡ 이때에는 재혼하기 전이어서 린 세이건(Lynn Sagan)이라는 이름으로 발표되었다. 이 논문은 인터넷에서 다음 주소로 쉽게 찾아볼 수 있다. http://coleoguy.github.io/reading.group/Sagan_1967.pdf

같이 붙어다니는 주어와 동사와 같은 존재였기 때문이다.* 하여튼 그녀가 주장한 내용은 이미 학문적으로 굳어졌고, 그녀가 왜 노벨상을 받지 못했는지는 항상 의문이 든다.

세포내 공생은 두 세포가 합쳐져 아예 한쪽의 몸속으로 다른 한쪽이 들어가서 같이 사는 형태를 말한다. 최초에 생겨난 고세균과 세균들이 이 지구상에 함께 살았던 기간이 무려 15억 년이 넘는다. 이렇게 최초로 생겨난 자손들 사이에서도 서로가 먹고 먹히는 싸움도 벌어졌을 것이다. 이때 고세균이 세균을 잡아먹었지만, 그 세균이 고세균의 몸속에서 소화되지 않고 우연히 살아남은 일이 생기게 되었다. 어떻게 이런 일이 벌어질 수 있었을까? 그것도 40억 년 지구의 생명 역사에서 딱 한 번 일어난 우연의 사건이었다. 이렇게 생겨난 세포를 우리는 레카(Last Eukaryotic Common Ancestor; LECA)라고 부른다. 모든 생명의 최초 조상을 루카(Last Universal Common Ancestor; LUCA)라고 부르지만, 세균과 고세균을 뺀 나머지 모든 생명체의 조상이 바로 레카인 셈이다. 지금부터 본격적으로 이 레카가 등장한 히스토리를 탐구해보도록 하자.

우선 고세균이 표면적을 넓히기 위하여 세포막에 주름을 잡기 시작하였다. 우리 몸에서 표면적을 넓히기 위하여 주름이 잡히는 경우는 허다하다. 뇌의 대뇌피질이 밭고랑처럼 울퉁불퉁한 것도 표면적을 넓히기 위한 전략이고, 수많은 내장의 융모도 표면적을 넓히기 위하여 만들어진 구조물이다. 이렇게 고세균의 세포막이 안으로 접혀 들어가 유전물질을 둘러싸고 마침내 세포막과 분리되면서 핵이 생겨나게 되었다. 그리고 나머지 부분들은 세포 안에서 세포내막계를 형성하여 세포가 더 복잡한 기능을 잘 수행할 수 있도록 만들어주었다.†

이렇게 생겨난 원시 진핵세포가 그다음으로는 산소를 좋아하는 프로테오박테리아(proteobacteria)‡라는 세균을 삼키게 되고, 이 세균이 소화되지 않고 살아남아 둘의 세포내 공생관계가 시작되었다는 것이다. 이렇게 들어온 호기성 세균은 나중에 우리가 잘 아는 미토콘드리아(mitochondria)가 되어 진핵세포의 에너지를 만들어내는 발전소 역할뿐만 아니라 다양한 기능을 발휘하게 된다. 이번에는 호기성 세균을 포식한 진핵세포가 다시 남세균이라는 광합성 세균을 삼키고, 이들이 다시 살아남아 엽록체(chloroplast)로 자리 잡았다는 것이 우리에게 알려진 고전적인 진핵세포 기원설이다.[39]

이번에는 진핵세포의 기원에 대하여 생화학적으로 접근한 이론을 하나 더 소개해보기로 하자. 이는 1998년 윌리엄 마틴(William Martin)과 미클로스 뮐러(Miklós Müller)가 주장한 내용으로 메탄생성 고세균(methanogen)과 알파프로테오박테리아의 관계에서 그 해답을 찾고 있다. 알파프로테오박테리아는 포도

---

* 수술 현미경을 이용하여 시행하는 뇌수술은 수술 안전도가 낮은 고난이도의 수술이다. 따라서 장시간의 뇌수술은 자칫하면 환자에게 영구적인 장애를 남기거나 생명을 앗아갈 수도 있는 힘든 작업이다.

† 세포내막계는 세포내에 있는 세포 소기관들의 막을 형성하고 이들을 상호 연결되도록 해주는 막을 말한다. 이들은 핵막이나 소포체, 골기체, 리소좀, 세포막 등이 포함되고 지질이나 단백질 합성 및 무기질의 수송에 관여하는 네트워크를 말한다.

‡ 프로테오박테리아는 그람 음성균으로 대장균, 살모넬라균, 비브리오 등 다양한 세균이 포함된 주요 세균 그룹이다. 알파프로테오박테리아는 이 프로테오박테리아의 하위 그룹에 속한다.

당을 발효시키면서 수소와 이산화탄소를 폐기물로 배출한다. 그런데 메탄생성 고세균은 바로 이 수소와 이산화탄소를 이용하여 메탄을 방출시키면서 에너지를 얻어서 먹고 사는 고세균이다. 이렇게 고세균은 자신에게 꼭 필요한 알파프로테오박테리아와 밀월 관계를 유지하다가 아예 알파프로테오박테리아가 고세균 몸속으로 들어가서 세포내 공생관계를 유지하게 되었다는 이론이다.

이렇게 세포내 공생관계가 만들어진 이후 유전자를 공유하면서 메탄생성 고세균 속으로 들어간 알파프로테오박테리아가 결국 미토콘드리아가 되었다고 추정한다. 우리는 이를 수소 가설(hydrogen theory)로 받아들이고 있다.[40] 어떤 형태로 진핵세포가 출현하였든 간에 가장 중요한 개념은 바로 세포내 공생이다. 한 세포가 다른 세포의 몸속으로 들어가서 생존할 수 있는 일이 가능한 일인가? 아마도 여러분은 면역이라는 무시무시한 방어체계를 먼저 떠올릴 수 있을 것이다. 그러나 고세균과 세균은 그 정체성이나 개체성이 제한적이기 때문에 스스로 몸을 지키기 위한 항체가 없어서 이러한 일들이 가능했을 것이다.

그렇다면 이렇게 태어난 진핵세포가 과연 어떤 결과를 초래하게 되었을까? 진핵세포의 기원에 대한 이야기를 지루하게 끌고 온 이유는 다음 단계를 설명하기 위함이다. 이제 바로 그다음 세상을 만나보도록 하자.

3) 르네상스 시대가 오다

남세균이 고세균 몸속으로 들어와서 진핵세포가 되면, 고세균으로서는 엄청난 행운이었을 것이다. 우선 포도당을 주위에서 어렵게 구할 것 없이 자신의 몸속에서 포도당을 직접 만들어낼 수가 있기 때문이다. 남세균은 포도당을 만들어주는 대신, 안전한 거처와 보호를 받을 수 있게 되었다. 그렇다면 식물 속에 들어 있는 엽록체가 남세균이란 증거가 있다는 말인가? 그렇다. 엽육세포(mesophylle cell)* 안에 들어 있는 엽록체가 남세균이라는 증거는 아주 많다.

먼저 엽록체는 고유한 DNA를 가지고 있고 비록 세포 안에 있지만 자신의 막으로 둘러싸여 있다. 그뿐 아니라 DNA에 히스톤(histone)† 이 없어서 세균과 유사하고 분열할 때에도 숙주와 관계없이 독자적으로 이분법적인 방법으로 분열해버린다. 또한 엽록체가 합성하는 DNA나 RNA 그리고 단백질 등이 특히 남세균 속에 있는 것들과 아주 비슷하다. 이렇게 남세균이 식물의 엽록체가 되고, 이 엽록체의 틸라코이드 속에 파묻혀 있는 엽록소에 의해 포도당이 만들어지는 광합성 과정은 이미 설명한 바 있다. 원시 진핵세포는 남세균과 세포내 공생을 하게 되면서 음식물을 자급자족할 수 있는 행운을 얻게 되었을 뿐만 아니라, ATP도 훨씬 더 수월하게 만들어낼 수 있게 되었던 것이다.

---

* 엽육세포는 잎의 위아래에 있는 표피세포 사이에 있는 세포들로서 엽록체를 가지고 있다.

† 히스톤은 DNA 사슬이 감길 수 있도록 실패 역할을 하기도 하고, DNA가 꼬이지 않고 잘 응축되고 유전자가 잘 발현될 수 있도록 도와주는 역할을 맡고 있다.

그다음으로 미토콘드리아를 생각해보자. 미토콘드리아는 알파프로테오박테리아 중 리케차(rickettsia)라는 호기성 세균이었다. 원래 미토콘드리아가 세균이었다는 증거는 남세균이 엽록체가 되었다는 증거와 거의 동일하다. 왜냐하면 둘 모두 세균이었기 때문이다. 이들은 각기 서로 다른 유전자를 가지고 있기 때문에 한 세포 안에 2개의 통제 센터를 가지게 되는 것과 동일한 셈이 되었다. 따라서 이러한 문제는 세포 자신의 핵과 미토콘드리아나 엽록체의 핵을 서로 조절함으로써 위기를 극복해낼 수 있었다. 예를 들면, 미토콘드리아는 37개 정도의 유전자만 자신의 몸속에 남기고 나머지는 모두 숙주의 세포핵으로 이전시키고 있다. 그래서 세포핵에 있는 유전자 중 미토콘드리아 유전자가 차지하는 비율은 전체 유전자의 약 1%에 육박하게 되었다.

엽록체도 원래 남세균에서는 약 2,000개의 유전자를 가지고 있었지만, 점차 숙주의 세포핵으로 이동해 가서 현재는 70~150개 정도의 유전자가 엽록체에 남아 있을 뿐이다. 그런데 이 엽록체 속에 남아 있는 유전자 수가 식물마다 다르다는 데 주목해야 한다. 이 사실은 아직도 엽록체와 식물세포의 세포내 공생관계가 완전한 형태로 합의되지 않았다는 것을 의미한다고 할 수 있다. 하지만 미토콘드리아의 경우는 세포내 공생이 거의 마무리 단계에 접어들었다는 것을 말해준다고 할 수 있다.

세균과 고세균의 크기는 대개 1~10μm이고, 진핵세포는 10~100μm이다. 실제로 두 그룹의 차이는 그 덩치가 무려 10배 이상 커진 셈이다. 그렇지만 이들을 부피로 따져보면 1,000~10,000배 정도까지 커진 상황이 되어버린다. 만약 길을 가다가 여러분보다 키가 10배나 큰 사람을 만난다면 어떤 생각이 들까? 도대체 무슨 방법으로 저 큰 몸을 구조적으로 지탱할 수 있으며, 얼마를 먹어야 저 몸을 유지할 수 있을까? 휘청거리는 몸을 가누기 위하여 몸속에 철근이라도 넣고 있지는 않을까? 또는 밥을 공기로 먹는 것이 아니라 솥단지째로 먹는 것은 아닌가? 이런 걱정들은 실제로 현실적으로 나타난다.

세균과 고세균의 숙명적 한계는 덩치를 더 이상 키울 수 없다는 점이다. 그 이유가 바로 덩치가 커지면 표면적과 부피의 비율 때문에 ATP를 만드는 효율이 떨어진다. 왜냐하면 ATP를 세포막에서 생산하기 때문이다. 그렇다면 이 ATP를 세포막이 아니라 세포 안에 있는 특정 구조물에서 만들게 되면 어떻게 될까? 이 역할을 해준 것이 바로 세균인 미토콘드리아라고 할 수 있다. 즉 에너지를 만드는 곳이 세포막에서 세포 안의 발전소로 옮겨갔다는 뜻이 된다. 만약 에너지가 많이 필요하게 되면 미토콘드리아를 세포 안에 더 많이 거느리면 될 일이다.

실제로 보통 세포는 300~400개의 미토콘드리아가 들어 있지만, 에너지가 많이 필요한 간세포에는 1,000개가 넘는 미토콘드리아가 들어 있다. 이렇게 되자 원시 진핵생물들은 양성자 기울기를 만들기 위하여 반드시 있어야 했던 세포벽을 훌훌 벗어던질 수 있는 절호의 기회가 찾아오게 되었던 것이다. 세포들은 표면적 대 부피의 저주를 벗어나 더 큰 세포로 변해갈 수 있는 기회를 얻게 되었다는 뜻이다. 마치 서양사에 등장하는 암흑시대와 같은 긴 시간을 지나 완전히 새로운 창조와 변화의 시대가 도래한 것과 비슷하다고나 할까! 마치 신의 시대에서 인간의 시대로 변해가듯이 세균과 고세균의 세계가 르네상스기를 맞아 진핵세포 세상으로 넘어가게 되었다는 것을 의미한다.

몸집을 키우는 일은 대단히 중요하다. 덩치가 클수록 먹잇감을 쉽게 잡을 수 있고, 또 덩치 덕분에 먹잇감이 되는 것도 쉽게 피할 수 있기 때문이다. 세포벽을 벗어버림으로써 유연해진 세포막으로 많은 ATP가 요구되는 식세포작용(phagocytosis)도 거리낌 없이 수행할 수 있게 되었다. 식세포작용은 세포막이 먹잇감이나 큰 물질을 둘러싸서 세포 안으로 끌어들일 수 있는 능력을 말한다. 이는 원핵세포에서는 꿈도 꿀 수 없었던 기능이다.

약 40억 년에 걸친 생물의 역사에서 우연히 그리고 단 한 번 일어난 세포내 공생으로 인하여 일부의 세균과 고세균은 전혀 다른 생명의 물줄기를 타기 시작하였다. 그들은 더 많은 에너지를 만들어 내기 위하여 미토콘드리아라는 세균 출신의 용병을 세포 안에 공생시키고, 수송 단백질을 만들어 더 효율적인 물질 출입을 용이하게 만들었으며, 세포벽이 없어진 대신 세포의 철근이라고 할 수 있는 세포골격(cytoskeleton)*을 만들어 큰 덩치를 잘 유지할 수 있게 되었다. 이들은 진핵생물이라는 이름을 달고 이 지구의 주인공인양 땅과 바다와 하늘을 지배하려 할 것이다.

4) 새로운 갈림길

드디어 이 지구상에 등장한 엄청난 신세대 미생물들은 그 몸속에 복잡한 기능들을 장착하고 생물권의 주인공으로 부상하기 시작하였다. 이들은 세포막 안에 그들의 논밭인 엽록체와 발전소 역할을 하는 미토콘드리아, 단백질을 만들고 가공 처리할 수 있는 리보솜(ribosome)과 소포체(endoplasmic reticulum) 및 골지체(Golgi apparatue), 주위의 쓰레기를 소각시켜주는 리소솜(lysosome) 등 다양한 세포 소기관들을 장착하게 되었다. 진핵생물은 20억 년 동안 지구를 지켜왔지만, 지금도 지구의 구석구석에 퍼져 있는 세균과 고세균과는 완전히 다른 생명체들이다. 그러나 이들도 고세균과 세균의 공생으로부터 생겨났다는 것은 부인할 수가 없다. 그렇지만 아직도 눈에 보이지도 않은 진핵세포가 어떻게 100m가 넘는 삼나무가 되었고, 달나라를 6번이나 밟고 올 수 있는 인간으로 변할 수 있었단 말인가? 그러나 누군가가 지하철에서 아무렇지도 않게 "나는 박테리아에서 인간의 모습을 발견할 수 있다."라고 외친다면 그는 틀림없이 신변에 문제가 생길 것이다. 그런데 이게 사실이라면 여러분은 어떻게 생각해야 할까?

이렇게 등장한 진핵세포도 다시 새로운 갈림길에 놓이게 된다. 먼저 핵을 가진 원시 진핵세포가 프로테오박테리아와 세포내 공생이 이루어지면서 미토콘드리아가 만들어진다. 이런 원시 진핵세포는 미토콘드리아를 품으면서 동물이나 버섯으로 변해갔을 것이다. 그러자 이번에는 미토콘드리아를 품은 원시 진핵세포가 또다시 남세균인 엽록체를 세포내 공생으로 받아들이면 이들은 무엇으로 변해갔

* 세포골격은 세포의 모양을 유지할 뿐만 아니라 물질의 이동, 세포분열 시 염색체 이동 등에도 관여한다. 세포골격은 식물이나 동물 및 원핵세포에 모두 존재한다. 특히 진핵세포에는 미세섬유(actin), 중간섬유(intermediate filament), 미세소관(microtubule)이라는 세 종류의 세포골격섬유를 가지고 있다.

을까? 바로 식물세포가 되어버렸다. 따라서 원시 진핵세포가 세포내 공생을 통해 마침내 동물이 되고 버섯이 되고, 마침내 산천을 푸르게 만든 식물이 된 것이다.

이 대목에서 우리는 진핵세포의 초창기 모습을 상기시켜볼 필요가 있다. 이 진핵세포가 처음부터 각기 독립적인 길로 나아간 것은 아니다. 바로 진핵세포의 초창기를 우리는 현재 원생생물(原生生物, protist)에서 그 모습을 찾아볼 수가 있다. 과연 여러분은 원생생물을 몇 종류나 알고 있는가? 원생동물(protozoa)은 우리의 조상임에는 틀림없지만, 이들도 아직 단세포 단계여서 눈에 잘 보이지 않기 때문에 인간의 관심밖에 머물러 있는 경우가 대부분이다. 질병을 유발하는 원생생물들만이 주로 보건의료 취약지역에서 인간을 괴롭히고 있기도 하다. 예를 들면, 말라리아 원충은 원생동물로서 인간과 모기를 오가면서 매년 60만 명 이상을 사지로 내몰고 있는 실정이다.

원생생물을 가장 손쉽게 설명하자면 동물도 아니고 식물도 아니며, 더구나 균류도 아닌 생물 전체를 지칭한다고 할 수 있다. 따라서 이러한 진핵 생물의 첫 주자인 원생생물은 동물이나 식물, 나아가 균류의 특징을 다양하게 가지고 있어서 딱 부러지게 식물이나 동물 그리고 균류로 구분할 수가 없다는 뜻이다. 그래서 원생생물은 주로 어떻게 먹거리를 얻는가에 따라 동물성 원생생물, 식물성 원생생물 및 균류성 원생생물로 구분되기도 한다.[41] 녹조류나 갈조류 또는 규조류와 같은 원생생물은 식물로 나아갔으며, 점균류는 곰팡이나 버섯으로 대표되는 균류가 되었고, 편모나 섬모 등을 가진 원생생물들은 동물로 발전해나갔다. 따라서 원생생물은 눈에 보이는 모든 생명체의 가장 기본적인 진핵생물의 조상이라고 할 수 있다.

인간은 이 중에서도 원생동물에서 분가하여 온갖 동물로 가지지기를 한 후, 맨 끝에 매달려 있는 척추동물 중 영장류의 호모 사피엔스에 불과할 뿐이다. 그렇다면 세균, 고세균 그리고 원생생물의 닮은 점들을 인간의 몸속에서도 찾아낼 수 있다면 과연 여러분은 어떤 생각에 빠져들게 될까? 내가 이 책을 더운 여름에 끙끙거리며 쓴 주된 이유이기도 하다.

03

세포 이후 단계

드디어 볼 수 있는 세계,
다세포로서의 우리들

1 세포의 집단화

1) 다세포 생물의 등장

우리 눈에는 보이지도 않았던 작은 세균이나 고세균 들이 코끼리나 삼나무처럼 커질 수 있었던 중요한 계기는 약 8억 년 전에 일어났다. 20억 년 전에 산소 농도가 증가하여 세균과 고세균이 합쳐져 진핵생물이 등장했듯이, 이번에는 두 번째로 산소 농도가 증가하면서 이들이 서로 모여들어 한 덩어리 즉 다세포가 되게 한 중요한 계기를 제공하고 있는 것이다. 다세포 생물의 등장은 드디어 우리의 조상들이 눈에 보이는 세상으로 나오게 되었다는 것을 뜻한다. 지금부터 군체(colony) 생활과 다세포 생활(multicellular life)에 대한 의미를 하나씩 풀어나가 보자.

세균이나 고세균 들도 이 세상에 태어난 이후 혼자서 쓸쓸히 돌아다니며 살아오지는 않았을 것이다. 이들이 서로 모여서 군체 생활을 하게 되면 여러 가지로 이로운 점들이 많이 생겨나게 된다. 우선 집단을 이루면 홀로 돌아다니는 것보다 안전하여 포식자로부터 보호받을 가능성이 높아진다. 또한 홀로 일을 처리하는 것보다는 다수가 모여 분업을 함으로써 먹거리를 장만하거나 이동이나 번식 등에서 기능을 분담하고 전문화를 꾀할 수 있는 장점이 생기기도 할 것이다. 지금도 세균과 고세균은 미생물막(biofilm)이라는 군체를 형성하여 서로 돕고 생존에 유리한 환경을 만들고 있다.

세균의 이러한 특징들은 인간의 입장에서 보면 좋지 않은 현상들이다. 만약 미생물들이 미생물막을 형성하면 이들을 쉽게 제압하기가 쉽지 않기 때문이다. 그렇다면 이러한 미생물막의 예를 한번 들어보도록 하자. 우리에게 잘 알려진 스트로마톨라이트도 사실은 남세균들의 군체 생활이 만든 바윗덩어리이다. 남세균들이 모여 끈적끈적한 접착제를 분비하고, 여기에 바닷물 속에 들어 있는 모래나 작은 입자들이 붙으면서 단단해진다. 그리고 다시 그 위에 남세균들이 미생물막을 침으로써 아주 미세하게 성장하여 바위가 된 것이 바로 스트로마톨라이트이다.

또한 우리가 자주 이빨을 닦아야 하는 이유도 이 미생물막을 제거하기 위함이다. 입안에 사는 세균들이 미생물막을 형성하고 여기에 음식물들이 섞여 치태(齒苔, dental plaque)를 만들게 되면, 이것이 바로 치아질환의 출발점이 되기 때문이다. 이 치태라는 미생물막을 제대로 제거하지 않으면, 치석으로 발전하고 치주염이 생겨 결국 발치까지 하게 되는 원인을 제공해준다고 할 수 있다.[1] 이렇게 작은 세포들이 모여 서로 군체 생활을 하게 되면 분명 이득이 생기지만 동시에 문제점들도 수반된다.

군체 생활에서 제일 큰 문제점은 유전적 다양성 때문이다. 즉 구성원들이 가지고 있는 유전적 차이점으로 인하여 생리적으로나 생화학적으로 갈등이 유발된다는 점이다. 한 미생물한테 유리한 점이 다른 세균이나 단세포 진핵생물한테는 불리한 점으로 작용할 수도 있다는 뜻이다. 그러나 만약 군체 생활에서 얻을 수 있는 이점이 혼자 살아가는 것보다 적다면 그냥 군체에서 떠나면 될 일이다. 이것이 다세포 생활과는 분명한 차이점이 된다. 여기에서 군체 생활을 좀 더 구체적으로 구분해보자.

먼저 유전적으로 차이가 나는 그룹과 유전적으로 동일한 그룹을 상정해보자. 우리는 전자를 전문적인 용어로는 응집형 군체(aggregating colony)라 부르고, 후자를 클론형 군체(clonal colony)라고 부른다.[2] 응집형 군체를 형성하는 각 개체들은 그 조상들이 서로 다른 경우를 말하고, 클론형 군체는 한 조상에서 출발한 동일한 유전정보를 가진 개체라고 볼 수 있다. 따라서 이 클론형 군체는 생리적 갈등을 최소화시킬 수 있기 때문에 다세포를 형성하고 우리가 볼 수 있는 식물이나 동물로 진화해나갈 수 있는 출발점이 되었을 것이다. 그렇다면 우리 자신들은 어디에 속할까? 바로 클론형 군체라고 한다면 너무나 처량해 보이지 않을까? 그러나 어쩔 수 없는 사실이다.

우리 모두는 1개의 수정란에서 시작한다. 그리고 우리를 형성하는 세포들은 이 1개에서 약 40조 개의 세포로 불어난 것이 우리일 뿐이다. 이 40조 개의 유전자는 모두 똑같다. 따라서 우리라는 존재는 클론형 군체가 발달한 다세포 개체라는 것에 동의할 수밖에 없을 것이다. 그래서 우리 자신을 이해하기 위해서는 무엇보다도 다세포라는 개념이 아주 중요해진다. 다시 과학이 말하는 우리의 역사를 한 편 더 소개해보기로 하자.

1907년 20세기를 막 넘어서자 노스캐롤라이나 대학교의 윌슨(H. V. Wilson: 1863~1939) 교수는 누구도 생각하지 못했던 한 실험 결과를 발표하게 되었다.[3] 그는 미세한 실크 거름망으로 가장 원시적인 해면동물의 세포를 하나하나 쪼개어 분리한 다음, 바닷물 속에 풀어놓아보았다. 그러자 이 각각의 세포들이 아메바처럼 기어다니다가 서로 만나서 덩어리를 만들고, 시간이 지나자 다시 해면동물로 되살아나는 것을 관찰하였던 것이다. 그러면서 이번에는 다른 종들을 섞어 동일한 방법으로 실험을 해본 결과, 같은 종끼리는 서로를 알아보고 뭉친 후 덩치를 키워서 원래의 자신의 종으로 되돌아간다는 사실을 발견하게 되었다. 이것은 무엇을 뜻하는 것일까? 무언가 같은 조상을 가진 세포들은 스스로 모일 수 있고, 각각의 단세포들이 모여 다세포 동물로 진화해갈 수 있다는 것을 실험적으로 보여주었다고 할 수 있다.

이러한 과정이 일어날 수 있다는 것은 그렇게 간단한 작업은 아니다. 우선 다세포 생물이 되기 위해서는 두 번의 단계적 진화가 일어나야만 한다. 우선 코넬 대학교의 니클라스(Karl J. Niklas: 1948~) 교수가 밝혀낸 이론을 소개하기로 하자.[4] 다소 전문용어 냄새가 풍기지만 음미해볼 필요가 있다. 첫 번째 단계는 적합도 정렬(alignment of fitness)이고, 그다음 단계는 적합도 위임(export of fitness)이다. 적합도 정렬 단계는 바로 클론형 군체의 성격를 띠어야 한다는 점이다. 즉 하나의 세포에서 출발하여 구성 세포가 모두 동일한 유전적 특성이 있어서 세포 간 생리적 충돌을 줄이고 협력을 강화시킬 수 있는 단계를 말한다. 두 번째 단계인 적합도 위임은 각 세포에서 전체 유기체로 무언가를 위임해야 된다는 의미이다. 즉 각각의 구성세포의 권한을 전체 조직으로 위임한다는 뜻이다. 이런 단계로까지 진화하면 더 이상 조직을 떠나서는 혼자 살 수 없는 상황에 도달하게 된다. 이 점이 바로 군체 생활과는 분명히 다른 점이라고 할 수 있다.

예를 들어보자. 인간은 약 40조 개의 세포들이 이루고 있는 거대한 제국이다. 그렇지만 이들은 모두 한 조상에서 분리되어 나온 똑같은 복제 세포들이다. 그러나 이들이 각기 근육세포가 되고 간세포가 되는 방법은 비교적 간단하다. 간세포는 전체 유전자(유전체) 중에서 간세포에 필요한 유전정보만 이용하고 다른 정보에는 관심이 없으며, 근육세포도 자신에 필요한 유전정보만 이용하기 때문이다. 이런 일은 다른 세포에서도 동일하게 일어난다. 즉 빵집은 빵 만드는 정보만 유전체에서 이용하고, 이발소는 이발에 필요한 정보만 이용한다는 뜻이다.

그렇지만 각각의 세포들은 모두 다 스스로 번식할 수 있는 능력을 가지고 있고, 번식하려고 하는 욕망들을 모두 다 가지고 있다는 점에 주목해야 한다. 자, 그렇다면 수많은 각각의 세포들은 이러한 번식 요구를 어떻게 상호간에 합의하여 조정할 수 있었을까? 이 점이 바로 적합도 위임이 일어나는 단계를 설명해준다. 적합도 위임은 비교적 간단한 방법을 찾아냄으로써 그 문제점을 해결해낼 수 있었다. 바로 생식세포(germ cell)를 만들어내는 것이다. 이 40조 개의 세포들은 대표적으로 생식세포라는 특수한 임무를 띤 조직을 만든 후 오로지 생식에만 전담시키고, 나머지는 이 생식세포가 제대로 성장하여 번식할 수 있도록 도와주는 쪽으로 진화해나갔다는 것이다. 이렇게 생식세포를 도와주는 기능을 수행하는 세포를 우리는 체세포(somatic cell)라고 부른다. 여러분은 최초의 세포 전문화가 일어나는 순간을 보고 있는 중이다.

그렇다면 자신들을 대표하는 이 생식세포는 모든 구성원의 특성을 모두 아우르는 것이어야만 불만이 없을 것이다. 과연 그럴까? 그 대답은 "실제가 그렇다!"이다. 왜냐하면 우리의 생식세포는 구성원 모두가 가지고 있는 유전자를 정확히 절반으로 쪼개 나누어 가지고 있기 때문이다. 이렇게 하여 자신의 번식 능력은 포기하고, 그 능력을 전체 유기체에 위임하여 생식세포를 만들어내게 되었던 것이다. 따라서 오로지 생식세포만 다른 생식세포를 만나서 번식 기능을 이어갈 수 있게 되었다.

자, 이렇게 되면 어떤 상황이 벌어질까? 군체 생활과는 다르게 자신의 조직을 떠나서는 살 수가 없는 상태에 빠지고 만다. 40조 개의 세포가 모여 엄청난 기능을 발휘하는 큰 조직으로 성장했지만, 자신의 생사여탈권을 조직 전체에 위임함으로써 이제는 이 조직을 떠나서는 살 수가 없는 신세가 되었고, 이 조직의 통제를 받아야만 하는 조직의 일원으로 남게 되었다는 뜻이다.

그러나 모든 하등 동물이나 식물이 다세포 체계로 살아가는 것은 아니다. 이들은 그저 군체 생활을 하다가 살기 싫으면 언제든지 그 군체에서 떠나 홀로 살 수 있는 단세포 생활로 되돌아갈 수 있기 때문이다. 예를 들면, 원생동물인 깃편모충류(choanoflagellate)* 는 단세포 생활과 군체 생활을 같이 즐기고 있다. 그렇지만 가장 흔한 식물성 플랑크톤인 규조류(diatom)는 대부분 단세포로서 단독생활을 즐긴다.

다세포 생물로 변화될 경우에는 생리적으로 두 가지 핵심적인 문제가 생겨나게 된다. 첫째는 세포

* 모든 동물의 공통 조상으로 보고 있다.

들끼리 '어떻게 부착할 것인가?' 하는 점이고, 둘째는 수많은 세포들끼리 '어떻게 소통할 것인가?' 하는 점이다. 각기 다른 수많은 돛단배를 '어떻게 묶어 두고 소통할 것인가?'와 같은 문제이다. 먼저 세포를 서로 묶기 전에 '어떻게 서로가 서로를 인식할 것인가?' 하는 문제가 먼저 생기게 된다. 그렇지만 이 세포 인식(cell recognition)과 세포부착(cell adhesion)은 모두 세포막에 붙어 있는 당단백질에 의해 이루어진다. 세포막에 노출되어 있는 당단백질의 화합기가 같거나 서로 친화성이 있어야만 서로 결합할 수 있는 것이다.

이 세포들을 결합시키는 구조도 크게 3가지 정도로 구분된다. 밀착연접(tight junction), 부착연접(anchoring junction) 및 연락연접(gap junction)이 이들이다.[5] 이들은 서로를 결합시키기도 하고 소통도 시켜준다. 그뿐 아니라 세포와 세포 사이에 있는 콜라겐이나 프로테오글리칸 등이 세포를 밖에서 전체적으로 이어주는 중요한 기능을 하고 있기도 하다. 이들 모두가 세포를 묶고 의사소통이 가능하게 해주며, 세포 사이를 메워주면서 몸을 만드는 아교역할을 한다고 볼 수 있다.

지금까지 우리는 세균과 고세균이 만들어낸 진핵세포가 서로 모여서 다세포 생물을 만들어내고, 마침내 이 세상에 그 모습을 드러내면서 보이지 않았던 세상에서 볼 수 있는 세상으로 나오게 된 과정을 살펴보았다.

2) 세포의 전문화

생명의 역사에서 일어난 다세포 현상은 각 개체를 구성하는 세포들의 전문화와 특수화를 촉진시키는 계기가 되었다. 즉 노동의 분업화가 이루어지기 시작했다는 뜻이다. 그렇지만 우리가 이런 사실을 눈치채기 시작한 것은 19세기 말경 독일의 진화생물학자였던 아우구스트 바이스만(August Weismann: 1834~1914)에 의해서였다. 그가 발견한 "획득형질은 유전되지 않는다."라는 쥐 실험에 대한 결과는 다음에 언급하기로 하고, 여기서는 그가 생명체의 발생을 꿰뚫고 있다는 사실 하나를 인용하고자 한다.

바이스만은 하나의 수정란이 발생해가는 과정에서 먼저 생식세포(germ cell)와 체세포(somatic cell)로 전문화된다는 사실을 알게 되었다.[6] 나중에 밝혀진 사실이지만, 이러한 세포의 전문화는 인간의 경우에는 수정 후 3주경에 일어나서 모든 세포를 생식세포 계열과 체세포 계열로 구분할 수 있게 해준다. 여기에는 과학적 심오함이 깃들어 있다. 즉 생식세포 계열은 번식이라는 과정을 거치면서 대대로 이어져 죽지 않고 영생의 길로 들어서게 될 것이다. 그렇지만 이 생식세포 계열이 순조롭게 다음 세대로 연결될 수 있게끔 모든 힘을 모아서 밀어주는 기능이 바로 체세포 계열이 해야만 하는 임무가 된다. 따라서 체세포 계열은 이 임무를 완성하기 위하여 세포의 전문화와 조직화를 이루어서 우리 몸을 이끌어가야만 할 것이다. 이와 같은 일은 동물뿐만 아니라 식물에서도 일어난다. 식물도 생식기관과 영양기관(vegetative organ)으로 나누어지기 때문이다. 생식기관으로는 꽃과 열매가 여기에 해당되고, 영양기관으로는 동물의 체세포 같은 기능을 하는 뿌리, 줄기, 잎 등이 해당된다.

생물은 그 몸속에 구성 체계와 조직화가 철저히 이루어져 있다. 우리가 생명체를 오가니즘(organism)이라고 부르는 것은 그 말 속에는 조직화(organize)라는 뜻이 숨어 있기 때문이다. 생명은 철저히 조직화되어 있다는 뜻이다. 먼저 생명체를 구성하는 분자는 원자로 구성되어 있고, 분자들은 다시 세포라는 생명체를 만든다. 세포는 생명체를 만드는 조립단위에 해당된다. 이런 세포들 중에서 비슷한 기능을 가진 것들이 모여 조직(tissue)을 만들고, 똑같은 기능을 가진 조직들이 모여 기관(organ)을 형성한다. 더 나아가서 비슷한 기능을 가진 기관들이 모여서 이번에는 기관계(organ system)를 구성한다. 이렇게 기관계들이 모인 것이 우리이다.

지금까지 나는 인간이 약 40조 개의 세포로 구성되어 있다고 기술하였다. 그렇다면 이 세포들이 모여 만든 조직은 몇 개나 될까? 원래 tissue라는 용어는 라틴어의 '엮어 만든다'라는 말에서 기원한다.

우리 몸을 만드는 조직에는 4개가 있다. 한번 살펴보자. 상피조직(epithelial tissue)은 몸의 외부인 피부와 내장 등의 바깥층을 맡고 있는 조직이다. 이들은 물질이동이나 영양분 흡수, 효소 분비나 감각 제공뿐만 아니라 피부를 보호해주는 역할을 하고 있다. 이들은 외부 환경에 노출되어 있는 조직이어서 손상과 교체가 빈번히 일어나는 조직이다. 피부는 1~2주 만에, 내장의 상피세포는 5일 정도가 지나면 새것으로 바뀌어야 한다. 따라서 왕성한 세포분열이 일어나기 때문에 돌연변이 발생이 가장 높은 조직이 바로 상피조직이라 할 수 있다. 이 말은 그만큼 이 조직에서 암 발생이 많이 일어난다는 것을 의미한다. 실제로 암의 85% 정도는 이 상피암(carcinoma)이 차지하고 있다.

그다음은 근육조직(muscular tissue)이다. 이 근육조직도 골격근이나 심장근 그리고 평활근이 되어 각기 제 기능을 다하고 있다. 신경조직(nervous tissue)은 뉴런(neuron)과 아교세포(glial cell)로 나뉠 수 있고, 아교세포는 뉴런을 보호하고 지지해주는 역할을 담당한다. 마지막으로 결합조직(connective tissue)은 다른 세포들이 세포외 기질(extracelluar matrix)이라는 물질 속에 박혀 있도록 만들어주는 역할을 담당한다. 이 세포외 기질의 대표적인 물질이 바로 콜라겐(collagen)이다. 그 외 결합조직으로 혈액이나 뼈 및 연골 등도 속한다. 이들이 2개 이상 모여 만든 것들이 바로 기관이다. 그렇다면 인간의 기관은 몇 개나 있을까?

최상위 그룹에 속해 있는 호모 사피엔스가 가지고 있는 전문화되고 분업화된 기관은 무려 78개나 된다. 이 중에서 가장 필수적인 기관으로는 뇌, 심장, 폐, 간, 콩팥을 들고 있지만, 그 외 기관들의 도움 없이는 제대로 유지되지 못한다. 그렇다면 이러한 기관 중에서 제일 큰 것은 무엇일까? 당연히 먼저 피부를 들어야 할 것이다. 피부라는 기관이 없다면 우리는 어떻게 될까? 제대로 살아남을 개체가 아무도 없을 것이다. 여기에서 우리는 다소의 의문점이 생긴다. 기관에 비하여 조직의 수가 너무 적은 것은 아닌가? 다시 조직이라는 개념을 생각해보자. 조직은 비슷한 세포들이 모여 만들어진 단위이다. 그렇지만 이 조직들이 2개 이상 모여서 이들이 가지고 있지 못한 특수한 기능을 가진 기관 수준으로 발전하면 더 복잡하고 다양해질 수밖에 없기 때문이다.

심장과 동맥, 정맥, 모세혈관은 각기 기관에 속한다. 이들은 함께 모여 혈액과 영양분을 온몸으로 전달해주고 노폐물을 거두어들인다. 우리는 이러한 기관들이 뭉쳐서 특수한 기능을 발휘하는 것을 기관계(organ system)라고 부르고, 심장과 혈관이 모인 것을 심혈관계(cardiovascular system)라고 말한다. 이런 기관계가 우리 몸에는 11개가 존재한다. 신경계, 내분비계, 소화계, 면역계, 비뇨기계 등이 여기에 포함된다. 이제 드디어 기관계로 구성된 한 생물체를 우리는 개체(organism)라고 부르게 될 것이다. 이러한 개체 중의 한 분류군 속에 호모 사피엔스가 들어가 있는 셈이다.

다시 눈을 더 크게 떠보자. 인간이라는 동일한 개체가 모여 사는 집합이 있다면 우리는 이것을 개체군(population)이라고 부르고, 이런 개체군들이 어떤 지역에 모여 살고 있다면 우리는 이를 군집(community)이라고 부른다. 즉 군집이란 같은 지역에 살아가는 모든 개체군을 말한다고 할 수 있다. 이러한 개체군이 살아가는 환경을 개체군에 포함시킨 것이 바로 생태계(ecosystem)라는 개념이다. 그렇다면 생물권이라는 큰 권역은 무엇으로 정의해야 할까? 간단히 말하면, 지구상의 생태계를 총괄하는 집합으로서 살아 있는 모든 것을 뜻한다고 할 수 있을 것이다. 생명체라고 불리는 모든 개체들은 그냥 동떨어져서 혼자 살아가지 않는다. 이들은 모두 서로가 수평적으로나 수직적인 연결고리로 체계화되어 있다. 인간은 혼자 사는 세상이 아니라는 것을 결코 잊어서는 안 된다.

약 8억 년 전부터 시작된 다세포화 과정은 세포가 가시적인 세상으로 나오는 기폭제가 되었다고 할 수 있다. 그렇지만 이 지구상에는 어느 누구도 서로를 알아볼 수 있는 눈을 가진 생명체는 아무도 없었다. 이 지구상에 불이 없었던 것처럼 어느 누구도 눈을 가지고 있지 않았던 것이다. 지구는 점점 우리가 현재 볼 수 있는 세상으로 다가오기 시작하였다. 나는 이 문제를 제5부 '무생물 밭에서 열린 생물' 편에서 다시 다루게 될 것이다.

2 성의 기원

1) 암수의 등장

우리는 섹스를 어떻게 받아들이고 있을까? 번식이나 사랑을 위해서? 쾌락과 평화를 위해서? 생존과 건강을 위해서? 그러나 실제 섹스는 그보다 훨씬 더 큰일들을 담당하고 있다는 사실을 간과해서는 안 된다. 살아 있는 무엇이 있는 곳에서는 반드시 섹스가 발견된다. 성(sex)은 그만큼 흔하고 광범위하게 분포되어 있다는 뜻이다. 왜 그럴까?

인간 정신을 형성하는 기본 골격은 삶과 죽음 그리고 성이라는 분야가 큰 영역을 차지한다. 성은 바로 삶이라는 과정을 유도해나가고, 죽음이라는 고비를 넘길 수 있는 유일한 방법이다. 그리고 현재의 우리가 있게 해준 진화의 원동력이 되어주기도 한다. 죽음이라는 자연의 숙명을 우회할 수 있는 방법이 바로 성이다. 그뿐 아니라 성은 진화를 촉진시키고, 진화는 다시 성을 밀어주는 관계를 형성하기도 한다. 성은 현재의 우리가 있게 해준 장본인이기도 하다.

성을 이해하기 위해서는 무려 40억 년 전으로 거슬러 올라가야만 할 것이다. 지금까지 우리가 이야기하고 있는 세균과 고세균 들은 성에 관해서는 우리보다 수십억 년을 앞서고 있기 때문이다. 그들은 단지 1개의 몸을 2개로 쪼개는 방식으로 번식을 한다. 그렇지만 이들은 접합(conjugation)이라는 과정을 통해 유전자를 교환하기도 하고, 다른 방법을 이용하여 유전자를 받아들이고 버리기도 한다. 이들에게는 암수라는 개념은 없다. 그러나 이미 설명한 접합이라는 현상은 앞으로 세포들의 성이 어떻게 전개되리라는 것을 어렴풋이 알려준다고 할 수 있다.

세균의 세상을 벗어나 진핵생물 세계로 넘어오면 한 개체를 2개로 만들어내는 방식에 큰 변화가 생기게 된다. 왜냐하면 핵이라는 구조가 세포 한가운데에 자리 잡고 있기 때문이다. 세균들은 대부분 1개의 염색체를 세포 안에 가지고 있기 때문에 이것을 복제하여 2개의 개체로 나누는 것이 그렇게 어려운 일은 아니다. 그러나 핵이 있고 세포 안에 다양한 구조물들이 들어 있으면서 덩치가 1,000배 이상 커진 진핵생물의 번식은 세균이 이용하는 방식으로는 해결할 수가 없게 되었다. 이들은 이러한 문제점을 어떻게 풀어나갈 수 있었을까? 또한 이들이 발견한 유성생식은 어떤 의미를 가지고 있을까?

성을 이해한다는 것은 아주 다양한 지식들이 요구된다. 그리고 우리가 모든 생명체의 성적 활동과 번식 방법을 모두 알고 있는 것도 아니다. 만약 다른 동물들이 인간을 보면 아마도 인간들은 섹스를 하지 않는다고 생각할지도 모른다. 왜냐하면 인간은 다른 동물들이 보지 않는 곳에서 섹스를 하기 때문이다. 이제부터 제한적이긴 하지만 그 하나하나의 정체를 살펴보도록 하자.

(1) 성의 기원

성의 기원은 어떻게 암컷과 수컷이 태어났는가를 알아보는 것이다. 성의 기원을 찾다보면 우리는 의외로 미토콘드리아라는 세포 소기관을 만나게 된다. 이 미토콘드리아는 이미 기술한 바 있지만 세포가 세균에서 진핵생물로 커질 수 있는 길을 열어준 것으로도 유명하다. 즉 세균은 ATP를 세포막에서 만들기 때문에 세포가 커지면 표면적이 상대적으로 작아져서 오히려 ATP 생산이 부피가 커지는 것만큼 커지지 않기 때문이다. 세포가 커지면 반대로 ATP 생산 효율이 떨어진다는 의미이다. 이런 문제를 해결해서 세포가 훨씬 더 클 수 있게 만들어준 것이 바로 세포내 공생으로 태어난 미토콘드리아이다.

이러한 역할을 담당했던 미토콘드리아가 이번에는 암수의 등장에 한몫을 하고 있다는 것은 흥미로운 일이다. 미토콘드리아의 조상은 세균이다. 이 세균이 고세균 몸속으로 들어가면서 세균 자체가 가지고 있던 유전정보가 문제로 떠오르게 된다. 왜냐하면 한 세포 안에 2개의 통제 센터가 존재하는 혼란을 피해야 하기 때문에, 미토콘드리아는 자신의 유전정보를 대부분 세포핵으로 이동시키고 최소한의 유전자만 자신이 보유하고 있게 되었다. 따라서 미토콘드리아가 제 기능을 충분히 발휘하기 위해서는 세포핵의 유전자와 미토콘드리아 자신의 유전자가 서로 충분한 소통과 교감이 있어야만 가능하다는 뜻이다.

자, 이런 상황에서 두 세포가 합해져서 수정이 될 경우에 각각의 핵은 하나로 합쳐졌지만, 두 세포에서 온 각각의 미토콘드리아는 세포 안에서 어떻게 될까? 즉 한 세포 안에 2개의 다른 미토콘드리아가 들어 있게 되는 셈이다. 만약 한 세포 안에 1개의 핵과 각기 유전자를 가진 2개의 미토콘드리아가 있게 되면 어떤 상황이 벌어지게 될까? 1개의 세포핵을 두고 2개의 미토콘드리아 유전자들이 서로 경쟁하거나 갈등을 유발하여 본연의 기능을 발휘하기가 힘들어지게 될 것이 분명하다. 마치 한집 안에 한 남자와 두 여자가 같이 사는 형태와 유사하다고나 할까?

그렇다면 이렇게 난처한 상황을 타개할 수 있는 방법은 무엇이었을까? 그 방법은 의외로 간단하였다. 암수의 생식세포가 수정이 될 때 아예 한쪽의 미토콘드리아가 수정란 속으로 못 들어가거나 들어가더라도 분해되어 사라져버린다면 문제는 쉽게 해결될 수 있었을 것이다. 따라서 세포는 두 종류로 나누어질 수밖에 없다. 한쪽은 자신의 미토콘드리아를 줄 수 있고, 다른 쪽은 자신의 미토콘드리아를 포기해야 한다는 점이다. 여기에서 우리는 성의 기원이라는 난해한 문제를 풀 수 있는 단서를 찾아내게 된 것이다. 즉 미토콘드리아가 바로 생식세포에서 암컷과 수컷을 구분할 수 있는 주역을 담당했다는 사실을 알게 되었다.[7] 미토콘드리아를 주는 쪽이 암컷이 되고, 미토콘드리아를 줄 수 없는 쪽이 수컷이 된다. 사실 그럴까?

인간의 경우에 미토콘드리아는 모계를 따라 전해진다. 인간의 미토콘드리아는 엄마를 통해서만 전달되고, 아빠의 정액 속에 든 미토콘드리아는 난자 속으로 들어가지도 못한다. 설령 들어간다고 해도 분해되어 살아남지 못하게 된다. 그러나 이러한 현상은 원생생물에서 인간에 이르기까지 똑같이 일어난다. 인간에게서 미토콘드리아가 모계를 통해서만 전달된다면, 거꾸로 이 미토콘드리아 유전자를 타고 올라간다면 우리는 최초의 여성 조상을 만날 수 있지 않을까? 이 최초의 여성을 우리는 미토콘드리아 이브(mitochondria eve)라 부르고, 다시 다음에 설명할 기회를 가질 것이다. 그뿐 아니라 미토콘드리아 유전자는 한국전쟁에서 돌아가신 전사자가 누구인지를 밝혀주는 열쇠가 되어주기도 한다.

다양한 성적 활동은 짚신벌레에서도 나타난다. 짚신벌레는 연못이나 냇가에 사는 눈에 보일락 말락 한 원생동물이다. 이 짚신벌레는 2개의 핵을 가지고 있다. 그렇지만 이 핵 자체의 기능이 완전히 다르다. 먼저 큰 대핵(macronucleus)은 영양분 합성과 분해 등의 대사 기능을 담당하고, 작은 소핵(micronucleus)은 생식에만 관여한다. 따라서 핵의 전문화가 일어난 경우라 할 수 있다. 그뿐 아니라 이 원생동물은 원시적인 번식 방법의 전형을 보여준다고도 할 수 있다.

먼저 무성생식적으로는 2개의 핵이 늘어나 이분법적으로 분열하여 딸세포를 만든다. 그러면서 유성생식 형태는 아주 다양하여 4개의 방법을 거치면서 자식을 만들어낸다. 그중 하나는 세균이 하는 방법을 도용하여 두 짚신벌레가 접합이라는 방법을 사용하여 서로가 몸을 밀착시킨 후 한 몸이 된다.

그리고 이어서 대핵은 사라지고 소핵들이 분열한 후 이들을 상호 교환한 후 다시 떨어진다. 그뿐 아니라 짚신벌레는 자가수정도 가능하여 대핵을 없애고 소핵을 감수분열 시킨 후 이들을 결합시키는 방법을 사용하기도 한다.[8] 다시 말하면 원생생물들은 아주 다양한 방법으로 환경의 변화에 맞추어 번식 방법을 선택할 수 있다는 뜻이다.

여기에서 우리는 짚신벌레 같은 원생생물들은 인간과 달리 어떤 성적 특성과 생활사를 가지고 있는지를 알아보자. 우리 인간과 같은 고등생물은 수정 후 발생이라는 과정을 거치면서 다세포로서 살아간다. 그러나 원생생물은 그저 하나의 수정란 상태에서 만족한 채로 단세포로서 나름의 생명을 이어간다고 할 수 있다. 그렇다면 이렇게 진핵생물에서 처음으로 성이 생겨난 것은 언제쯤일까? 단세포 진핵생물에서 성이 나타난 것은 대개 20억 년 전으로 보고 있다. 지금까지 확인된 최초의 유성생식 종은 약 12억 년 전에 나타난 홍조류(*Bangiomopha pubescens*)이다.

(2) 생식세포 진화

우리가 잘 알고 있는 정자나 난자는 도대체 어떤 과거를 가지고 있는가를 알아보는 순서이다. 정자는 작지만 수억 마리가 한꺼번에 쏟아져 나올 수 있는 데 비하여, 난자는 덩치가 커서 한 달에 겨우 1개 정도가 생산된다는 것쯤은 우리도 잘 알고 있다. 그렇다면 암수의 생식세포가 처음부터 이런 형태와 방법을 사용하고 있었을까? 우리는 가장 원초적인 클라미도모나스(chlamydomonas)나 해캄(spirogyra)에서 그 유래를 살펴볼 수 있을 것이다.

먼저 클라미도모나스는 맨눈으로는 볼 수 없지만, 단세포 녹조류로서 앞쪽에 2개의 편모를 가지고 왕성하게 움직일 수 있는 조류이다. 그렇지만 이들은 외관상 암수가 구분되지 않고, 단지 플러스 교배형(mating type +, mt+)과 마이너스 교배형(mating type −, mt−)으로만 불리고 있을 뿐이다. 먼저 이들의 번식 방법은 2개의 교배형 세포가 만나 서로의 편모를 붙잡으면서 결합한다. 그리고 곧이어 두꺼운 옷인 세포벽을 벗어 던지고 서로의 편모를 움켜쥔 채 몸의 일부가 튀어나와 다리를 만든 후 두 세포가 완전히 한 몸이 되기 시작한다. 이렇게 합체한 세포를 우리는 접합자(zygote)라고 부른다.

만약 인간에게서 이런 과정이 일어나면 수정이라고 말하고, 수정란이라는 점잖은 용어를 사용할 것이다. 이런 접합자는 염색체를 두 벌 가지고 있어서 복상체(2n)라고 부른다. 복상체라는 전문용어는 잠시 뒤에 감수분열이라는 의미와 같이 설명할 것이다. 이렇게 생긴 접합자는 다시 접합포자가 되어 환경이 호전되면, 감수분열 후에 다시 플러스 교배형과 마이너스 교배형이 되어 세상으로 쏟아져 나올 것이다. 여기서 관전 포인트는 개체 그 자체가 정자와 난자 같은 역할을 동시에 하고 있고, 그 모양과 크기도 모두 똑같다는 점만 알고 넘어가자.[9]

그다음 해캄은 담수 조류 일종으로 더운 여름에 냇가의 바위 등에 붙어 있는 녹색을 띤 머리카락과 같은 사상체이다. 아마도 시골에서 어린 시절을 보냈다면, 해캄을 인터넷에서 찾아보는 순간, "아, 이

것이었구나!"라고 할 만큼 우리와 친한 조류이다. 해캄 세포도 형태만으로는 암수가 구분되지 않는다. 이들은 각각이 실같이 두 줄로 늘어선 다음, 양 세포 사이에서 접합이 일어나고, 그 양다리를 통해 한쪽 유전자가 다른 쪽으로 넘어간 후 두 세포가 합체된다. 따라서 유전자를 주는 쪽이 수컷에 해당되고, 유전자를 받는 쪽이 암컷에 해당될 것이다. 여기서도 암수를 구별할 아무런 단서가 없다. 우리는 이와 같이 배우자의 모양과 크기가 같은 경우를 동형 배우자(isogamete)라고 부를 것이고, 배우자가 서로 다른 것을 이형 배우자(anisogamete)라고 부를 것이다.[10]

그렇다면 인간의 배우자는 동형 배우자일까? 이형 배우자일까? 정자와 난자의 모양이 서로 다르기 때문에 이형 배우자라 할 수 있다. 여기서 동형 배우자는 짚신벌레나 해캄 등에서 나타나는 것으로 보아, 먼저 배우자는 같은 형태에서 모양이 다른 형태로 바뀌어졌을 거라고 유추해볼 수 있다. 동형 배우자도 움직일 수 있는 것과 없는 것이 있을 수 있듯이, 이형 배우자도 움직일 수 있는 것과 없는 것이 있을 수 있다. 그러나 인간의 정자와 난자는 이형 배우자지만 정자는 수가 많고 활발히 움직일 수 있는 데 비하여, 난자는 덩치가 크고 움직일 수 없다는 점을 우리는 잘 알고 있다. 왜 이렇게 진화해왔을까? 여기서 잠깐 조지아 공과대학교의 데이비드 듀센베리(David Dusenbery: 1942~)의 연구를 소개하기로 하자.[11]

그는 먼저 정자와 난자가 서로 찾아 헤맬 때 어떤 일이 일어나는가를 알기 위한 수학적 모델을 만들어보았다. 만약 한밤중에 서로를 찾아 각자 나서면 더 빨리 만날 수 있을까? 아니면 한쪽은 가만히 있으면서 계속 신호를 보내는 것이 더 빨리 만날 수 있을까? 물론 한 사람이 찾아 나서는 것보다 더 많은 사람들이 나서서 찾는 것이 더 나을 것이다. 따라서 그가 내린 결론은 한쪽은 페로몬이라는 신호를 계속 보내면서 한군데 있는 것이 더 낫고, 찾아다니는 사람 수는 많을수록 더 빨리 찾을 수 있다는 계산을 해냈던 것이다. 이렇게 하여 난자는 한군데 머물면서 계속 페로몬이라는 신호를 보내 빨리 찾게 만들어주고, 수억 개의 정자가 흩어져서 찾는다면 그리 어려운 일은 아닐 것이다.

이제 그 많은 궁금증들이 서서히 풀리기 시작할 것이다. 난자는 덩치가 클수록 더 많은 페로몬을 분비할 뿐만 아니라 자식을 위한 영양분을 더 많이 저장할 수 있고, 정자는 수가 많을수록 더 빨리 난자를 찾아낼 수 있게 될 것이다. 따라서 수컷은 정자를 대량으로 생산해내야만 많은 자손을 얻을 기회가 높아지고, 더 많은 난자를 만날수록 더 성공적일 수밖에 없다. 이에 비하여 암컷은 난자를 만들기가 어렵게 되고 만들 수 있는 개수도 극히 한정적으로 변하게 되어, 더 많은 정자를 만난다고 해도 자식을 더 많이 얻을 수 없는 구조가 되어버렸다. 인간의 생식세포가 이형 배우자가 된 이유를 이제야 알게 될 것이다. 여자는 항구, 남자는 배가 된 사연을 어렴풋이 알아차릴 수가 있을까? 여기서 한 예를 들어보자.

세계 역사상 가장 많은 자손을 가진 기록이 남녀에게서 어떻게 차이가 있는지 궁금해질 것이다. 《기네스북》에는 남성의 경우에 모로코 황제였던 물라이 이스마일(Mulai Isamil: 1646~1727)을 들고 있다. 그는 생전에 무려 딸 342명, 아들 525명을 낳아 총 867명의 자식을 두었다. 이에 비해 여성의 경우에 자녀 수에 대한 최고의 기록은 18세기 러시아의 여성 농부가 차지하였다. 그녀는 1725~1745년에 27번 임신하여 총 69명을 출산하였다. 이렇게 많은 자녀를 낳을 수 있었던 것은 쌍둥이 16쌍, 세쌍둥이 7쌍, 네쌍둥이 4쌍을 낳았기 때문이다.[12] 이거 대박이 아닌가!

내가 여기서 강조하고자 하는 내용은 그저 인간의 정자와 난자는 이형 배우자라는 점을 말하고자 함이고, 이러한 형태를 난접합(oogamy)이라고 부른다는 것이다. 난접합은 크고 운동성이 없는 난자와 작고 운동성이 있는 정자의 형태를 말한다.

2) 성의 역할

여기서 잠깐! 영국의 어느 귀족이 아들에게 보낸 편지 내용 중 섹스에 관하여 그 일부를 소개해보기로 하자. "섹스란 쾌감은 덧없고, 자세는 바보 같으며, 비용은 지독하다."* 나는 이 방향으로 이야기를 전개할 의도는 전혀 없지만, 더 생물학적으로 끌고 갈 의지는 가지고 있다. 먼저 그렇다면 과연 "성이란 무엇인가?"라고 물어야 할 것이다. 그리고 성이 있어야 하는 이유는 도대체 무엇이며, 그 방법에는 어떤 것들이 있단 말인가? 차근차근 하나씩 풀어 나가보자.

(1) 무성생식

무성생식은 말 그대로 암수가 모두 관여하지 않고 한 부모만으로도 충분한 경우를 말하며, 그냥 모세포가 2개의 딸세포로 분열하거나 모체의 몸 일부가 떨어져 나가 자손을 만드는 경우를 말한다. 이는 세균에서부터 동물에 이르기까지 광범위하게 일어나는 번식 방법 중 하나이다. 이러한 방식은 자손을 만드는 데 가장 빠르고 효율적인 방법 중 하나지만, 유전적으로 동일한 똑같은 복제 생물을 만들어낸다는 문제점이 있다. 그러나 엄격히 따지면 무성생식과 유성생식을 구분한다는 것이 무의미할 때가 많다. 왜냐하면 모든 생명체는 무성생식과 유성생식을 섞어가면서 살기 때문이다.

가장 고등한 인간의 예를 들어보자. 우리 모두는 유성생식을 한다고 해야 맞는 말이다. 그러나 자세히 관찰해보면 역시나 이 둘이 섞여 있다는 것을 금방 알아차릴 수 있을 것이다. 우리는 정자와 난자가 만나 유성적으로 수정란을 만든다. 그러나 이 수정란이 난할을 거듭하고 분열하여 태아라는 몸을 형성하는 과정은 단순한 세포분열에 의하여 일어난다. 이 세포분열은 무성적으로 일어나는 일이 아닌가? 즉 이 분열 방법은 세균에서 일어나는 이분법적 방법이 그대로 적용되어 그냥 유사분열(mitosis)이라고 부르고 있을 뿐이다. 다시 말해 생식세포는 유성생식을 하지만, 체세포는 무성생식을 한다는 이야기이다. 따라서 우리도 역시 원초적인 생식 방법에서 벗어나 독창적인 방식을 개발했다는 의미

* Lord Chesterfield, Sex: The pleasure is momentary, the position ridiculous, and the expense damnable.

가 전혀 아니다. 그저 세균이 하던 일을 조금 섞어놓은 것에 불과할 뿐이다. 왜냐하면 다세포인 우리는 세균처럼 접합으로 끝낼 수는 없고, 생식세포라는 특화된 세포를 만들어 번식이라는 의무를 맡겨 놓고 있기 때문이다. 이런 지식을 바탕으로 유성생식을 한번 바라보자.

(2) 유성생식

유성생식을 알아보기 전에 먼저 감수분열(減數分裂, meiosis)이라는 개념부터 살펴보도록 하자. 감수분열에서 무언가 감수된다는 것은 유전정보를 가지고 있는 염색체가 절반으로 줄어든다는 의미를 가지고 있다. 처음부터 인간의 예를 바로 들어보자. 우리는 2개의 젓가락으로 음식을 잘 먹는다. 여기서 2개의 젓가락은 두 벌의 염색체(2n, 이배체, diploid)를 상징적으로 뜻하고, 2개가 있어야 생존이 가능하다는 의미이다. 만약 이 2개의 젓가락을 1개씩 나누게 되면, 한 벌의 염색체(n, 반수체, haploid)만 가지게 되고, 우리는 이러한 세포를 따로 생식세포라고 부른다. 즉 정자와 난자는 젓가락을 1개씩만 가지고 있다는 뜻이다.* 따라서 이 정자와 난자는 서로가 만나서 2개의 젓가락을 다시 만들어야 살 수 있게 되어 있는 구조이다. 이렇게 만나는 것을 우리는 그저 수정(fertilization)이라고 부른다. 그렇다면 왜 굳이 2개의 젓가락을 다시 각기 1개씩 가지고 있는 생식세포로 만들어야만 할까? 이것이 바로 성이 있어야 하는 이유를 설명해준다.

성이 있어야 되는 이유를 몇 가지로 추려보자. 첫 번째, 유성생식은 유전자 조합의 다양성을 가져다준다. 이게 무슨 말인가? 유전자를 섞어서 새로운 유전자 조합을 만들어낼 수 있다는 뜻이다. 즉 부모와는 다른 자손을 만들어낸다는 의미이다. 만약 부모의 조합이 완벽에 가깝다면 괜스레 그 조합을 망치는 결과를 초래하는 것은 아닌가? 사실은 그렇다. 이것이 단점이 될 수 있지만 장점을 넘어설 수는 없다. 지금부터 유전적으로 얼마나 다양한 조합을 정자와 난자가 만들어낼 수 있는지를 살펴보자.

일단 인간의 염색체 한 벌은 사실상 23개의 염색체로 구성되어 있다. 따라서 정자가 이 23개의 염색체를 섞어서 2개의 다른 염색체 조합을 만들 수 있는 확률은 2^{23} 즉 838만 8,608개에 달한다. 23장의 카드를 섞어놓고 패를 섞어서 다른 조합을 만들어낼 수 있는 방법과 동일하다. 난자도 마찬가지여서 이들이 만나게 되면 다시 약 800만×800만 개 정도의 확률로 불어나 64×10^{12}, 즉 64조 개 정도의 확률이 될 것이다.[13] 다시 여기에다가 각 염색체당 교차(crossing over)가 약 10회 이상 일어나기 때문에 실제로 아기가 가지고 태어나는 유전자 조합의 다양성은 거의 무한대에 가까워진다는 것을 알 수 있을 것이다. 염색체 교차는 두 염색체가 서로 다리를 들어 얹어서 그 밑의 부분을 다시 교환하는 것을 말한다.

이렇게 태어난 인간은 그 유전자 조합이 똑같은 경우는 이 세상에 한 사람도 없다. 더 나아가 이

* 동물의 몸속에 있는 세포 중에서 염색체 수가 한 벌(n)밖에 없는 세포는 오직 생식세포뿐이다.

미 이 지구상에서 사라진 사람들이나 앞으로 태어날 사람 중에서도 동일한 유전자 조합을 가질 사람은 없다는 뜻이다. 그래서 한 인간이 태어난다는 것은 그만큼 그 존엄성이 지켜져야 할 가치가 있다는 의미이다.

엄청난 다양성을 가진 개체들을 만들어내는 진정한 이유는 급변하는 환경에 그 원인이 있다고 할 수 있다. 왜냐하면 이렇게 다양한 자손 중에는 어떤 극한 환경 속에서도 살아남을 능력을 가진 자손이 있을 가능성이 높아지기 때문이다. 만약 엄청난 비용을 쏟아부으면서 생산한 자손이 이러한 극한 환경에서 살아남지 못한다면 그 종은 어떻게 될까? 이 종은 비극적으로 멸종되어 이 지구상에서 영원히 사라지고 말 것이다. 그뿐 아니라 병원균이나 기생충들은 빠르게 분열하여 더 강력한 자손을 만들어갈 수 있지만, 인간을 비롯한 고등동물은 이에 상응하여 재빠르게 분열해나갈 수가 없다. 따라서 다양한 자손을 만들어 이들에 대항할 수 있는 수단으로 성의 다양성을 이용하기도 한다.

인간의 이야기를 좀 더 해보자. 만약 부모 모두가 공부를 아주 잘해서 최고의 교육적 배경을 가졌다고 치자. 이들이 낳은 자손들도 모두 공부를 잘할까? 그렇지 않다. 이들의 자손 중에서 공부를 잘하는 학생들만 나올 가능성은 거의 없다. 자신들과 비교하며 슬퍼하지 말라. 이것이 자연의 이치이므로 무언가를 인위적으로 만들어서 자손을 과대포장해서는 안 될 것이다. 이는 유성생식의 근본을 뒤흔드는 일이다. 왜냐하면 공부를 못 하는 자손도 어떤 환경에서는 더 잘 적응하고 더 행복하게 살 가능성이 높아지기 때문이다.

성이 존재해야 하는 두 번째 이유는, 유전체 속에 들어 있는 돌연변이를 제거할 수 있는 기회를 준다는 점이다. 만약 무성생식에 의하여 계속적으로 똑같은 유전체를 자손에게 전해준다면, 세대를 거칠 때마다 축적되는 돌연변이를 제거할 방법이 없게 된다. 우리는 이런 상황을 뮐러의 미늘 톱니바퀴(Müller's Ratchet)라고 부른다. 한쪽으로만 계속 감기는 톱니바퀴는 언젠가는 터져서 망가질 것이기 때문이다. 반면에 유성생식은 다른 유전체와 섞일 수 있는 기회가 있기 때문에 돌연변이가 없는 짝에서 이 해로운 돌연변이를 상쇄할 수 있는 큰 장점이 있게 된다.

세 번째 이유를 들라면, 유전자 재조합에 의해 손상된 DNA를 복구할 수 있다는 점이다. 손상된 DNA는 여러 가지 방법으로 그 손상 부위를 복구할 수 있지만, 정상적인 유전체를 이용하면 쉽게 복구할 수 있는 장점이 있다. 그 외에도 유성생식에는 더 많은 장점들이 있다. 수정란은 늙고 지친 세포들을 젊고 싱싱한 세포로 회춘시켜주는 마력을 가지고 있기도 하다. 무성생식은 자신의 몸을 잘라서 자식을 만들기 때문에 많은 후손을 동시에 만들 수는 없다. 그러나 유성생식은 수많은 화분과 종자를 만들어 동시에 많은 자손을 만들 수 있다는 이점도 있다. 그렇다면 유성생식은 장점뿐인가? 아니다. 단점도 손에 꼽을 정도로 많다. 이번에는 그 단점들을 생각해보자.

유성생식의 첫 번째 단점은, 앞에서도 말한 바와 같이 완성된 유전체를 다시 흩뜨린다는 점이다. 공부 잘하는 부모의 유전자 조합을 깨뜨려버리는 것이다. 두 번째는, 무성생식에 비하여 그 비용이 두 배로 든다는 점이다. 이 비용은 수컷을 만들기 때문에 생겨난다. 만약 암컷이 무성생식이나 처녀생식으로 암컷만 낳는다면, 이 자손들은 다시 새끼를 계속 낳을 것이다. 그러나 유성생식에 의해 암컷과 수컷이 생겨나면, 수컷은 새끼를 낳을 수 없기 때문에 무성생식에 비하여 자손의 수에서는 두 배로 밀리게 된다.

세 번째는, 유성생식 단계에서 일어나는 고비용 구조를 들어야만 한다. 먼저 유성생식은 배우자를 만들어야만 하기 때문에 여분의 비용을 여기에 투자해야만 하고, 이 배우자들이 잘 만날 수 있게 산란(spawning)이나 교미(copulation)라는 행위를 반드시 거쳐야만 한다는 점이다. 산란이나 교미는 고비용 구조이다. 먼저 짝을 찾고 유인하는 부담이 발생하고, 다른 수컷과 경쟁하는 데 엄청난 에너지를 소비해야만 한다. 심지어 목숨을 걸기도 해야 하는 위험한 일이 된다. 또한 교미 행동 자체도 위험을 초래한다. 교미를 하는 동안 포식자에게 잡어먹힐 위험성도 높아지고, 물리적 손상 가능성도 증가하기 때문이다. 그렇지만 이러한 단점과 부담에도 불구하고 유성생식이 유지되는 것은 그 단점을 극복하고도 남을 만한 장점이 있기 때문이라고 보고 있다.

그중에서도 가장 중요한 포인트가 바로 유전적 다양성이라고 할 수 있다. 이 다양성을 다른 말로 표현한 것이 바로 유전자 재조합(genetic recombination)이라는 뜻이다. 우리가 섹스를 하는 주된 이유는 이 유전자 재조합에 달려 있다고 해도 과언은 아니다.[*] 그런데 지금은 어떤가? 어디서 유전자 재조합이라는 말을 많이 들어보지 않았던가! 바로 이제는 유전자 재조합이 침대에서 일어나지 않고, 유전공학에 의해 실험실에서 아무렇지도 않게 일어나고 있다. 과학은 이래서 우리를 놀라게 하거나 두려움에 사로잡히게 만들기도 한다.

유성생식이라는 기준으로 모든 진핵생물을 보면 아주 재미나는 현상들을 볼 수 있다. 앞에서 말한 젓가락 이야기를 다시 해보자. 먼저 인간과 같은 대부분의 동물과 일부의 원생생물이나 균류는 2개의 젓가락으로 일생의 대부분을 다세포 성체로 살지만, 배우자만 젓가락 1개인 반수체로 산다. 우리는 이런 생활주기를 복상 생활주기(diploid life cycle)라고 부른다. 이와 반대되는 일생을 사는 생물들이 바로 대부분의 곰팡이나 버섯 등이다. 이들은 젓가락 1개를 들고서 다세포 성체가 되어 대부분의 기간을 살아간다. 앞에서 말한 젓가락 2개는 인간을 포함한 동물에게서나 일어나는 일이라고 수정해야 될 것이다. 우리는 이런 형태를 단상 생활주기(haploid life cycle)라고 말한다. 즉 젓가락 1개의 시절이 대부분을 차지한다는 뜻이다. 그렇다면 식물은 어떠한가? 이들은 양쪽이 섞여 있다. 즉 젓가락 2개도 다세포 성체이고 젓가락 1개도 다세포 성체가 되어 양측을 교대로 생활하면서 지낸다. 그래서 우리는 이를 단복상 생활주기(haplo-diploid life cycle) 또는 세대교번(alternation of generation)이라고 부르기도 한다. 이때 젓가

[*] 그런데 실제로 유전자 재조합을 생각하면서 침대로 가는 인간들은 아무도 없을 것이다. 우리는 무언가에 속아서 살고 있다는 생각이 들지 않는가? 그저 원초적 본능에 의해서 말이다.

락 2개인 시기를 포자체(sporophyte)라고 부르고, 젓가락이 1개인 시기를 배우체(gametophyte)라고 부른다. 너무 복잡하다고 생각할지도 모른다. 그렇지만 생명체를 큰 그림에서 내려다보고 싶다면 한 번쯤 생각해볼 문제이다. 그래도 복잡하다면 그냥 지나가도 무방하다.

3) 자식 만들기

부모가 자식을 만들기 위해서는 어떤 과정을 거쳐야 할까? 제일 먼저 배우자인 정자나 난자를 만들어야 하고, 그다음 이 배우자를 만날 수 있게 해주어야 한다. 이들이 만나는 과정을 우리는 산란이나 교미라고들 말한다. 그리고 마지막 단계는 이 배우자들이 서로 합쳐져 수정란을 만들어야만 한다. 이 과정들을 단계별로 알아보도록 하자.

(1) 배우자 만들기

먼저 부모 각각은 자신을 대표하는 배우자를 만들어야 한다. 이 배우자는 젓가락을 1개만 가진 정자나 난자일 것이다. 그러나 이런 배우자 형성 과정을 처음부터 세세하게 나열할 생각은 없다. 다만 우리가 자식을 위하여 만든 배우자는 이미 우리가 어머니 배 속에 있을 때부터 만들어졌다는 사실이다. 즉 어머니 자궁 속에서 우리는 3대가 오손도손 모여 살면서 우리의 어머니는 벌써 그녀의 손자를 만들 수 있는 배우자를 고르고 있었던 셈이다. 어머니 배 속에서 3대가 함께 살았다고?* 나는 어릴 때 시골집에서 3대가 함께 살았다. 할아버지와 할머니, 아버지와 어머니 그리고 나의 형제들이 함께 살았던 시절이 있었다. 핵가족 이전의 그런 시대가 우리의 어머니 몸속에서 일어난다는 것은 무척 흥미로운 일이다.

우리는 이미 어머니 배 속에서 우리의 정자나 난자를 만들었고, 우리가 태어난 이후 다시 성장하여 배우자가 완성되었다. 원래 정자는 별 변화 없이 우리의 몸속에 자리 잡고 있었지만, 난자는 이미 어머니 배 속에서 제법 성장한 채로 태어나 사춘기에 도달하자마자 완전한 배우자로 성장하게 될 것이다. 그러나 정자는 별 변동 없이 고환 속에 자리 잡고 있다가 사춘기가 되면 불현듯 일어나 성숙한 정자로 자라 나올 것이다.

우리가 어머니 배 속에 있을 때 자식을 위하여 만들기 시작한 원시 정자세포를 정원세포(spermatogonia)라고 말하고, 나중에 난자가 될 원시세포는 난원세포(oogonia)라고 말하는 정도에서 만족하기로 하자.

* 3대가 살았다고 할 수 있는 이유는 나의 어머니는 자신의 난자와 아버지의 정자를 합해서 나(수정란)를 만들었고, 나를 만든 수정란은 성장하면서 곧장 다시 손자를 만들 정자나 난자를 만들었기 때문에 3대가 어머니 배 안에서 같이 살았다고 말할 수 있다. 206쪽의 내용도 참고하기 바란다.

(2) 배우자 만나기

이렇게 만들어진 배우자도 서로가 만나지 못하면 무슨 소용이 있겠는가? 우리는 이렇게 배우자가 만날 수 있게 오작교를 놓는 작업을 산란이나 교미라고 말한다. 즉 산란이나 교미는 정자와 난자를 충분히 접근시켜 수정이 일어날 수 있도록 물리적 거리를 좁혀주는 역할을 담당한다. 산란은 우리가 충분히 예측할 수 있듯이 물고기에게서 일어난다. 이들은 연어와 같이 암수가 붙어서 암컷이 알을 낳으면 수컷이 정자를 뿌려 수정을 시킬 것이다. 그러나 이들은 정자나 난자의 거리를 좁히기 위한 교접기가 상호 간에 없기 때문에 그저 알을 낳고 그 위에 정자를 뿌리는 정도에 불과하다. 그러나 만약 물살이 빠르거나 깊은 물속이라면 알들이 제대로 수정될 수 있을까? 연어가 강줄기를 타고 겨우겨우 얕은 곳에 도달하여 산란을 한 후 최후를 맞이하는 일회성 산란은 감동적인 다큐멘터리가 되어준다.

이와는 달리 교미를 위해서는 이를 달성하기 위한 구체적인 구조가 암수에서 등장해야만 한다. 왜냐하면 교미 시에 방출되는 정자는 오직 물속에서만 살 수 있고 대기에 노출되면 말라 죽어버리기 때문이다. 따라서 암컷은 정자를 받아들이는 질(膣, vagina)이 필요하고, 수컷은 정자를 주입시켜주는 음경(penis)이 필요할 것이다. 인간 심리학에서 페니스는 중요한 정신적 상징물이 되어 있다. 그렇지만 생물학적으로 페니스는 단지 정자를 전달하는 물총 비슷한 하나의 기구에 불과하다. 더구나 페니스의 귀두가 버섯처럼 생긴 이유는 질 속에 남아 있는 다른 수컷의 정자를 퍼내는 데 아주 유용하게 쓰이도록 만들어졌기 때문이다. 이들은 암컷의 생식기관을 이용하여 마침내 배우자 만나기에 성공할 것이다.

(3) 배우자 합치기

배우자 합치기는 산술적이지 않다. 2개의 세포가 합쳐져서 1개의 세포가 되기 때문이다. 우리는 이러한 과정을 수정이라 하고, 이때 새롭게 생겨난 세포를 수정란이라고 한다. 따라서 우리는 1개의 세포에서 만들어진 모든 클론으로 구성된 몸을 가지고 있다고 할 수 있다. 이 1개의 세포가 분열하여 약 40조 개의 세포인 우리가 되는 것이다. 40조 개가 되는 일은 그렇게 어렵지는 않다. 47회만 분열하여도 세포수는 거의 1경(10^{16})에 이르기 때문이다.*[14]

수정이 일어나는 과정을 세심하게 들여다보면 단순한 작업이 아님을 알 수 있다. 우선 세포 단위에서 정자와 난자가 서로를 인식해야 하고, 다른 종의 정자나 난자가 결합하는 것을 막아야 한다. 그런 후에 다시 단지 동종의 정자 중 1개만 난자 속으로 들어가도록 해야 한다. 이런 과정은 어떻게 일어나고 어떻게 통제되고 있을까? 그렇지만 이 문제들은 여러분의 지적 호기심을 자극하는 선에서 멈추도록 할 것이다.

---

* 실제 이 수치는 빌 브라이슨(Bill Bryson)의 책에서 인용하였다. 그러나 실제 2^{47}은 1경인 10^{16}에 미치지 못한다. 2^{50}이 되어야 1경을 넘어선다. 여하튼 40조 개에 이르는 일이 그렇게 대단한 일은 아니라는 것을 말해준다.

산란과 교미는 수정이 일어날 수 있을 정도로 정자와 난자를 충분히 접근시켜주는 행위이다. 이때 실제로 수정이 일어나는 부위가 몸속인가 또는 몸 밖인가에 따라 체외수정과 체내수정으로 나누어볼 수 있다.* 산란은 물속에서 일어나는 체외수정을 의미한다. 물고기는 암컷이 알을 뿌리면 수컷이 정자를 뿌려 알을 수정시킨다. 암컷이 산란을 하기 전에 수컷이 먼저 일을 저지르면 수정은 물 건너간다. 따라서 수컷은 암컷의 눈치를 철저히 살펴서 그 타이밍을 잘 맞추어야만 할 것이다.

이렇게 되면 어떤 결과가 그다음에 일어날 수 있을까? 암컷은 산란 후에 줄행랑을 칠 수 있고, 마지막 일처리를 담당하는 수컷이 그 양육을 맡을 가능성이 훨씬 높아진다. 특이한 물고기들은 수컷이 입에 알들을 물고 새끼가 태어날 때까지 금식을 하면서 새끼를 양육한다. 얼마나 배가 고플까? 아마도 최고의 부성애는 이들에게 돌아가야 하지 않을까? 그래서 구강포란(口腔抱卵, mouth brooding)은 우리를 한참 동안 생각에 잠기게 만든다.†

체외수정은 비단 물고기나 개구리에게서만 일어나지 않는다. 인간의 경우에도 수정을 위하여 유용하게 사용되고 있기 때문이다. 그러나 사람들은 체외수정을 인공수정이라는 말로 바꾸어 사용한다. 침대에서 수정이 일어나는 것이 아니라 시험관에서 수정이 일어나기 때문이다. 이러한 시험관 아기는 1978년 영국에서 첫선을 보인 이래 지금은 전 세계적인 추세로 변해가고 있다. 앞으로는 수정을 위한 행위는 침대에서 실험실로 옮겨질 가능성이 훨씬 높아 보인다. 이제는 수정란을 산모의 자궁에 착상시키기 전에 미리 핵을 검사하여 유전병이나 질병에 대한 검사나 치료를 미리 해볼 수도 있고, 아예 맞춤형 아기를 만들어서 원하는 아기를 낳을 수 있는 길이 서서히 열리고 있는 실정이다.

체내수정은 이와 반대로 몸속에서 수정이 일어나는 경우를 말한다. 그렇다면 몸속에서 수정이 일어나기 위해서는 어떻게 정자를 몸속으로 전달해야만 할까? 우선 간접적인 방법을 구사하는 동물들을 생각해보자. 진드기나 전갈류 또는 도롱뇽은 수컷이 정자가 들어 있는 정포(精包, spermatophore)‡를 암컷 주변에 놓아두면 암컷이 정포에 걸터앉아 그 속에 들어 있는 정자를 자신의 몸속으로 끌어들인다. 그러나 오징어나 거미는 좀 더 친절하다. 이들은 정자가 든 방울을 만들어서 앞다리나 촉수를 이용하여 암컷 생식기의 입구에다 넣어주는 신사도를 발휘하기도 한다.

그렇다면 직접적으로 전달하는 방법에는 어떤 것이 있을까? 좀 잔인하지만 자신의 성기를 암컷의 복부에 찔러 넣어 사정을 하는 동물이 있는가 하면, 삽입기를 이용하여 암컷의 몸속으로 정자를 전달하는 부류도 있다. 조류들은 특별한 삽입기를 가지고 있지 않아서 총배설강 키스(cloacal kiss)라는 방법으로 정자를 전달한다. 예를 들어, 닭은 대소변과 생식기능을 담당하는 부위가 구별되어 있지 않

---

* 이에 대한 자세한 사항은 240쪽을 참조하기 바란다.

† https://fishionary.fisheries.org/wp-content/uploads/2019/07/jawfish-mouthbrooding-eggs.jpg에서 잘 볼 수 있다.

‡ 정포는 정자가 들어 있는 주머니를 말한다.

다. 포유류로 올라오면 소변과 생식기능이 대변 기능과 분리되어 있지만 말이다. 그래서 우리가 먹는 달걀은 반드시 씻어서 먹어야 한다. 이 달걀은 모두가 섞여 있는 곳을 통과하여 나오기 때문이다. 이제 인간을 포함하여 우리가 알고 있는 동물들은 어떻게 정자를 전달할까? 그냥 여러분께서 생각해보시기 바란다.

수정이 일어나는 방법은 암컷과 수컷이 살아가는 생활 패턴과 밀접한 관련을 가지고 있다. 물고기의 산란 방법은 암컷이 양육에서부터 해방될 기회를 가져다줄 수 있다. 암컷은 그냥 산란만 한 후 내뺄 수 있기 때문이다. 그러나 체내수정은 수정이 일어나는 장소가 암컷의 몸속이기 때문에 수정 이후의 모든 일은 암컷의 부담으로 돌아갈 수밖에 없다. 즉 양육에 대한 부담은 오로지 암컷의 몫이라는 뜻이다. 이렇게 되면 어떻게 일이 전개될까?

암컷에게는 짝짓기가 아주 비싼 투자가 되는 반면, 수컷에게는 그렇게 심각한 투자에 해당되지 않는다. 따라서 수컷은 아무 암컷과 짝짓기를 해도 별 손해가 없다. 그래서 수컷은 많은 암컷과 교미를 하는 것이 번식의 측면에서는 훨씬 유리하다. 인간의 경우, 한 남성이 생산하는 정자만으로도 전 지구상의 여성들을 평생 동안 여러 번 임신시킬 수가 있지 않는가! 그래서 자칫하면 호색한 유전자가 자연선택에서 유리할 수도 있다는 점을 인식해야 한다. 그래도 인간 사회이니 생각해볼 점은 많다.

이에 비하여 암컷은 임신과 출산 그리고 양육까지 모든 부담을 떠안아야 하기 때문에 수컷을 고르는 데 매우 신중해질 수밖에 없다. 암컷은 아무리 많은 짝짓기를 해도 자손을 만드는 데는 한계가 있기 때문이다. 실제 양육에 대한 책임을 극명하게 보여주는 사례가 슈도비케로스 베드포르디(*Pseudobiceros bedfordi*)라는 편형동물에서 볼 수가 있다. 이들은 자웅동체이기 때문에 한 몸에 암수 기능을 모두 가지고 있다. 이렇게 자웅동체들은 암수가 만날 기회가 극히 적은 동물에게서 자주 발견된다. 우연히 만난 같은 종이 같은 성을 가지고 있다면, 수정이 불가능해지기 때문이다. 그런데 이 편형동물들은 만나자마자 뾰족한 칼과 같은 페니스를 서로 꺼내 펜싱 선수처럼 싸움을 벌인다. 왜 이럴까? 이들은 내가 임신당하기보다 먼저 상대방을 임신시키기 위해 서로의 물건을 꺼내 처절한 전투를 벌이는 것이다. 임신과 육아를 상대방한테 떠넘기기 위한 전략이 싸움으로 번진 셈이다. 임신과 출산은 그만큼 부담스럽다는 의미이다.*

실제로 90% 이상의 포유류에서는 수컷이 자손에게 투자하는 것은 오로지 정자뿐인 경우가 많다. 따라서 우리는 체내수정이라는 수정 방법이 가져오는 성적 불균형이 심각할 수 있다는 것을 알게 될 것이다. 그렇다면 인간의 경우는 어떠한가? 인간은 대뇌피질이 가장 잘 발달된 포유동물 중 하나이다. 따라서 이러한 불균형은 아마도 상쇄되는 방향으로 진행되어왔을 것이다. 어떻게? 그러나 이 책의 주제와는 너무나 벗어나기 때문에 이 정도에서 멈추고 잠깐 식물 쪽으로 눈을 돌려보자.

---

* 이들이 벌이는 penis fencing은 다음 동영상에서 자세히 볼 수 있다. https://www.youtube.com/watch?v=VHOFQri1Tjw

식물 중에서 대부분을 차지하는 현화식물의 수정에 관한 이야기를 간단히 소개해보도록 하자. 꽃식물은 아주 다양한 방법으로 자손을 생산한다. 이들은 동물처럼 움직일 수 없기 때문에 다른 방법을 이용해야만 한다. 움직이는 바람이나 동물 등을 이용할 수밖에 없다는 뜻이다. 이들은 수많은 꽃가루를 바람에 날리거나 동물의 몸에 묻혀서 다른 암술머리로 옮겨가게 만든다. 이들이 암술머리에 도달하면 화분관을 타고 씨방으로 들어가서 수정이 일어난다. 꽃식물이 하는 수정 방법은 동물보다 한 수 위이다. 이들은 이중수정(二重受精, double fertilization)이라는 특별한 방법으로 씨를 만들고 배젖을 만들어낸다. 동물에게서는 상상도 할 수 없는 방법인 셈이다. 이들이 지구상의 우점종*이 될 수 있었던 것도 이러한 특성이 중요한 요인이 되었다. 여하튼 꽃식물은 이렇게 간접적인 방법으로만 수정을 할 수밖에 없다.

만약 꽃식물들이 직접적인 방법으로 수정을 할 수 있다면 여러분은 믿을 수 있을까? 우선 직접 섹스를 하는 몇 종의 식물들을 알아보자. 우리가 잘 아는 채송화는 오후가 되면 암술머리가 밑으로 처지면서 수술이 다가와 교접을 하게 된다. 이는 민들레나 씀바귀에서도 볼 수 있는 현상이다. 분꽃은 위로 높이 솟아 있던 수술이 둥글게 구부러지면서 화분을 밑에 있는 암술머리에 묻혀주기도 한다. 이들은 자가수정을 피하기 위하여 몸부림치지만 움직일 수 없다는 한계 때문에 무작정 다른 화분이 날아올 때까지 기다릴 수만은 없는 실정이다. 이들은 직접 섹스를 한 후 아무 일 없었다는 듯이 다시 꽃잎을 펼쳐서 새로운 꽃가루가 날아오기를 기다리고 있을 것이다.[15]

(4) 발생

자, 지금부터는 수정란이 어떻게 아기가 되는가를 알아볼 차례이다. 먼저 발생이라는 용어는 그저 단세포 수정란이 다세포인 아기로 태어나는 과정을 말한다고도 할 수 있다. 그렇다고 모든 동물들의 수정란이 일률적으로 그들의 자손을 만들어내지는 않는다. 그렇지만 이들의 발생과정은 닮은 점이 아주 많다. 심지어 독일의 의사이자 생물학자였던 헤켈(Ernst Haeckel: 1834~1919)이 "개체발생은 계통발생을 반복한다."†라고 한 말이 한때 발생학을 대표하는 유행어가 된 적이 있지 않았던가. 우리는 어류나 파충류와 새들의 초기 배아를 보면 구분하기가 쉽지 않다. 그러나 발생은 각각의 개체를 발생시키는 정보를 가지고 있기 때문에 포유류가 조류가 될 염려는 없을 것이다. 앞으로 발생에 관해서는 먼저 우리의 관심이 쏠려 있는 인간 배아를 중심으로 기술해나가겠지만, 다른 동물들의 발생도 일부분 같이 다룰 것이다. 그리고 식물의 발생은 마지막에 간단히 다루고자 한다.

수정란이 분열하여 세포수가 불어나는 것을 우리는 분열이라는 말 대신 난할(cleavage)이라는 단어를 쓴다. 난할은 분열과 달리 유전자만 복제되기 때문에 난할이 진행될수록 세포 크기는 작아져버린다.

---

* 우점종은 우세종 또는 우위종이라고 하기도 하고, 생태계에서 한 종의 수가 많아지거나 넓은 면적을 차지하면서 우세한 지위를 차지하고 있는 종을 말한다. 241쪽을 참조하기 바란다.

† 원문은 다음과 같다. Ontogeny recapitulates phylogeny.

인간의 수정은 자궁에 매달린 나팔관의 맨 끝에 있는 넓은 광장*에서 일어난다. 이렇게 만들어진 수정란은 난할을 거듭하면서 자궁 내막을 향하여 이동하기 시작할 것이다. 이들이 16개에서 32개 세포로 불어나면, 마치 그 모양이 뽕나무 열매처럼 생겨서 우리는 이를 상실배(morula)라고 부른다. 이 상실배가 좀 더 난할을 거듭하면, 이번에는 세포들이 산소공급을 원활히 받기 위하여 바깥쪽으로 나가게 되고, 빈 공간인 안쪽으로는 세포 덩어리가 생기기 시작할 것이다. 이 세포 덩어리를 내세포 덩어리(inner cell mass)†라고 부르며, 이 상태의 배를 배반포(blastocyst)‡라고 부른다. 이때가 수정 후 약 1주일로 배반포의 껍데기를 둘러싸고 있던 영양막이 자궁 내막에 묻히면서 착상이 일어나게 된다. 나팔관의 광장에서 정자와 난자가 만나 데이트를 한 후, 그 수정란이 자궁까지 내려오는 데 걸리는 시간이 7일 정도 된다는 이야기이다.

이렇게 자궁에 착상된 배반포는 점점 자라서 내세포 덩어리가 2개의 층으로 나누어진다. 위쪽에 나타난 층을 상배엽(epiblast)이라 부르고, 밑의 층을 하배엽(hypoblast)이라고 한다. 이 단계를 이배엽(二胚葉, diploblast)이라고 말하고, 수정 후 약 2주가 지난 시기가 된다. 그러나 무엇이라고 부르든 간에 이들이 앞으로 우리 몸을 만들어갈 주체가 될 것임은 틀림없다. 여기서 이배엽이라는 용어를 잘 기억해두자. 왜냐하면 모든 동물이 다음 단계로 발전하는 것이 아니고, 그냥 이 단계에서 행복하게 사는 생물도 많이 있기 때문이다. 이런 동물들을 이배엽 동물(diploblastic animal)이라고 부른다.§

그다음은 삼배엽이 형성되는 낭배(gastrula)기로 발생이 진행하게 된다. 앞에서 나타난 상배엽의 뒤쪽이 두꺼워지면서 정중선에 융기가 생겨나고, 이를 우리는 원시선(primitive streak)이라고 부른다. 이 원시선은 다시 가운데가 움푹 파이면서 고랑이 형성되고, 이 고랑으로 세포들이 하배층 사이로 흘러들어가서 중배엽(mesoderm)을 형성하게 된다. 이렇게 파인 고랑을 원시고랑(primitive groove)이라 부르고, 이 고랑은 다른 동물의 원구(blastopore)에 해당되는 구조물이 된다. 원구라는 구조물도 한 번쯤 기억해두자. 이렇게 하여 상배엽은 외배엽(ectoderm)이 되고, 하배엽은 내배엽(endoderm)이 되어 드디어 삼배엽이 완성되었다. 이 삼배엽이 형성되는 시기도 3주 정도밖에 걸리지 않는다. 이때 우리의 산모는 아직도 자신이 임신했는지조차 잘 모르고 있는 시기이기도 하다.

그렇다면 왜 이 삼배엽이 중요한 건가? 우선 외배엽은 우리의 피부나 신경계를 만들어낼 것이다. 또한 피부에 붙어 있는 털이나 손톱, 땀샘이나 유방까지도 여기서 만들어진다. 그다음 내배엽에서는 소화관과 폐 그리고 간이나 이자 등도 이곳에서 만들어진다. 더 구체적으로 말하면, 이들의 내층을

---

* 나팔관 중에서 가장 넓은 부위를 말하며, 의학적 용어로는 ampulla of fallopian tube라고 말한다.

† 이때 이 내세포 덩어리를 꺼내 배양시킨 세포가 바로 그 유명한 배아줄기세포이다. 인간의 모든 조직을 만들어낼 수 있는 전능성을 가지고 있지만, 아기가 될 배아를 죽여야 하는 윤리적 문제에서 벗어날 수 없다.

‡ 배반포는 포유류에서 나타나는 것을 말한다. 포유류 이외의 동물에게서 나타나는 것은 포배(blastula)라고 말하고, 투명대가 난자를 둘러싸고 있는 형태를 말한다. 그렇지만 발생학적으로는 포배와 배반포를 동일시한다.

§ 수정 후 다른 발생과정 없이 수정란 그 상태로 행복하게 살고 있는 생명체가 바로 원생생물들이다.

만들어낸다고 할 수 있다. 그러면 중배엽에서는 무엇이 만들어질까? 여기서는 심장이나 근육 그리고 뼈나 콩팥 등이 모두 여기서 만들어진다. 다시 말하면 인간의 모든 구조는 이 삼배엽에서 만들어진다는 뜻이다. 그래서 이렇게 생겨난 동물들을 삼배엽 동물(triploblastic animal)이라고 부른다.

이런 설명은 대부분 포유류를 중심으로 기술한 내용이다. 그러나 개구리나 성게 등에서는 이 낭배기에 원구나 원장(archenteron)이라는 구조가 생겨난다. 원구는 마치 고무풍선 위를 손가락으로 누르면 풍선이 안으로 밀려들어가듯이 들어가는 구멍을 원구라 부르고, 이 구멍 안으로 생긴 공간을 원장이라고 부른다. 이 원장이 이 동물들에게서는 내장이 될 것이다.

그런데 이 원구가 '항문이 되는가? 또는 입이 되는가?'에 따라 동물의 운명이 바뀐다. 우리 인간은 어떻게 될까? 그저 이 원구가 항문이 될 뿐이다. 그래서 우리와 같이 원구가 항문이 되고 나중에 입이 만들어지는 동물을 후구동물(後口動物, deuterostomes)이라 부른다. 그렇다면 이 원구가 입이 되는 동물은 선구동물(先口動物, protostomes)*이라고 부를 것이다. 인간이 포함된 후구동물에는 어떤 종들이 포함될까? 불가사리를 포함한 모든 척삭동물, 더 나아가 물고기를 포함한 모든 척추동물들이 여기에 속한다면 여러분은 어떤 생각에 잠기게 될까? 그래도 우리는 인간으로서 긍지와 자부심을 포기하지 말아야 할 이유를 어디에서든 찾아내야만 할 것이다. 이 해답은 다음 장에서 찾아보시기 바란다.

지금까지 설명한 내용은 겨우 수정 3주경에 일어난 일들을 소개한 것뿐이다. 이제 4주경에 도달하면 우리의 산모는 자신이 비로소 임신했다는 사실을 인식하기 시작할 것이다. 그리고 이때의 배아는 비록 4mm 정도의 크기에 불과하지만, 이미 심장이 뛰기 시작하고, 눈이나 귀가 생기고, 팔다리도 몸통에서 뻗어 나오기 시작할 시기가 되었다. 이제 어두운 산도라는 터널을 빠져나올 때까지 이 기관들을 잘 키우고 성숙시키는 일만 남게 되었다.

이제 식물의 배발생을 잠깐 소개하기로 하자. 식물은 발생과정이 동물과 큰 줄기는 같지만, 그 시행 방법은 완전히 다르다. 다르다는 것은 식물의 발생이 동물의 발생보다 더 현명하고 진화적으로 앞서 있다는 점이다. 먼저 식물의 배는 발생과정에서 멈추어 서서, 심지어 수천 년 동안 정지한 채로 살아 있을 수 있다는 사실이다. 이런 일들은 동물에게서는 상상도 할 수 없는 일이 아닌가? 누가 임신과정을 잠깐 중단시키고 대학을 졸업한 후에 다시 그 임신을 진행시킬 수가 있을까? 우리는 한번 진행된 수정은 그 수정이 포기되지 않는 한 끝까지 계속될 수밖에 없다. 그러나 식물은 엄청난 세월 동안 이 과정을 멈추고 기다릴 수 있다는 큰 장점이 있다. 그뿐 아니라 그 수정란(씨앗)은 물만 있으면 살아날 수 있는 충분한 영양분까지 지참하고 있지 않는가! 그래서 현화식물은 동물들보다 이 지구 산천을 더 넓고 푸르게 만들면서도 우점종이 될 수 있는 이유가 여기에 있다고 할 수 있다.

---

* 선구동물에는 편형동물, 선형동물, 윤형동물, 환형동물, 연체동물, 절지동물 등 많은 동물들이 포함된다. 그렇다면 이배엽 동물은 선구동물에 포함될까? 아니다. 자포동물은 당연히 선구동물에 속할 수가 없다. 삼배엽 동물이 아니기 때문이다.

쌍떡잎식물의 경우에 종자가 2개의 세포로 분리되면, 위쪽 세포는 정단세포(apical cell)가 되어 동물의 내세포덩어리와 같은 배로 자라게 되고, 밑의 세포는 기저세포(basal cell)가 되어 배자루로서 배를 받치고 있을 것이다. 위쪽의 배는 심장형 시기*에 도달하면 표피 조직계(dermal tissue system), 기본 조직계(ground tissue system)와 관다발 조직계(vascular tissue system)로 나누어지고, 지상부와 뿌리 부분에 정단 분열조직(apical meristem)†이 자리 잡고 식물을 상하로 키워낼 것이다.[16] 벌써 어뢰형으로 종자가 자라나면 우리는 떡잎부터 알아본다는 식물의 형태를 감지할 수 있게 될 것이다.

3 작은 것이 만든 거대한 제국

1) 어떻게 생겼을까

(1) 거울 앞에 서기

거울은 우리의 생김새를 있는 그대로 보여준다. 이번에는 옷 단장이나 옷 매무새를 보기 위하여 거울 앞에서 선 것이 아니라 우리가 해부학적으로 어떻게 생겼는가를 보기 위해서 거울 앞에 선 것이다. 눈을 정면으로 보고 양 팔을 몸에다 붙이며 손바닥을 앞으로 향하게 서 있는 자세를 우리는 표준자세 또는 해부학적 자세(anatomical position)라고 부른다.‡ 우리가 앞뒤나 위아래 또는 등배§를 지칭하고자 할 때 표준이 되는 자세라는 뜻이다. 지금부터 복잡하고 신비스러운 우리 몸을 거시적으로 그 생긴 모습 그대로를 관찰해보자.

먼저 팔다리부터 알아보자. 팔은 팔꿈치와 손목으로 인해 크게 3등분으로 되어 있고, 다리도 무릎과 발목으로 인하여 크게 세 가지 부위로 구분해볼 수 있다. 팔은 팔꿈치 위쪽을 상완이라 부르고 뼈(상완골)가 1개 들어 있다. 그리고 팔꿈치 밑에서 손목까지는 팔뚝(전완)이라고 부르고 뼈(노뼈 radius, 자뼈 ulna)가 2개 들어 있다. 손목 이하 부위는 그냥 손이라고 부르자. 손도 자세히 보면 손목뼈(carpal bone), 손허리뼈(metacarpal bone), 손가락뼈(phalanges)로 구분할 수 있지만, 다른 부위와는 다르게 여러 개의 뼈로 구성되어 있다는 것을 알 수 있을 것이다. 따라서 이를 전체적으로 보면 팔의 구조는 뼈 1개, 뼈 2개, 뼈 여러 개라는 단순 구조로 되어 있다는 것을 알 수 있을 것이다. 우리는 각각 팔꿈치 위쪽을 주각(柱脚,

---

* 쌍떡잎식물의 종자가 발아하는 과정 중에 심장이나 어뢰처럼 보이는 것을 그 모양에 따라 부르는 시기를 말한다.

† 식물에 있는 정단 분열조직은 동물의 줄기세포와 동일하다. 그러나 식물은 분열조직이 일생 동안 그 전능성을 가지지만, 동물은 세포가 분화할수록 그 전능성을 잃어버리게 되고 세포의 전문화가 일어나게 된다.

‡ https://medscope.umaryland.edu/apps/Interactive%20Dissector/Dissector%20Intro%20-%20Right%20Anatomic%20Position.htm에서 잘 볼 수 있다.

§ 등배는 dorsal/ventral을 말하며, 등쪽과 배쪽(복부)을 말한다.

stylopodium)이라 하고, 그 밑을 순서대로 액각(軛脚, zeugopodium), 자각(自脚, autopodium)*이라고 말한다. 즉 팔은 위에서부터 주각, 액각, 자각의 순서대로 늘어서 있다고 볼 수 있다.

그다음은 다리 쪽을 보자. 우선 무릎 위쪽을 허벅지라 부르고 뼈(대퇴골)가 1개 들어 있다. 그다음 무릎 밑의 종아리에는 뼈(경골 tibia, 비골 fibula)가 2개 들어 있고, 발목 밑의 발에는 여러 개의 뼈들로 구성되어 있다. 발도 손과 같이 발목뼈(tarsal bone), 발허리뼈(metatarsal bone), 발가락뼈(phalanges) 들로 구성되어 있다. 이들도 동일하게 모두 주각, 액각, 자각이라고 부른다. 왜 그럴까? 여기서 관전 포인트는 바로 뼈 1개, 뼈 2개, 뼈 여러 개에 주목해야 한다.[17] 눈치 빠른 독자분들은 이미 감을 잡고 있겠지만, 팔이나 다리가 모두 공교롭게도 뼈가 나열되어 있는 구조가 같다는 점이다. 위팔이나 허벅지도 뼈가 1개 들어 있고, 팔뚝과 종아리도 2개의 뼈로 구성되어 있으며, 손과 발은 여러 개의 뼈로 구성되어 있다는 공통점이 있는 것이다.

그러면 팔과 다리는 어떻게 몸통과 연결되어 있을까? 우선 어깨뼈(scapula)와 빗장뼈(쇄골, clavicle)가 팔을 몸통에다 붙여주고 있다. 어깨뼈는 어깻죽지에 있는 뼈이고, 빗장뼈는 가슴이 파인 옷을 입으면 좌우로 드러나는 뼈들이다. 우리는 이러한 뼈들을 팔이음뼈(shoulder girdle)라고 부른다. 그다음 다리는 어떤가? 마찬가지로 다리이음뼈(pelvic girdle)에 의해 몸통에 붙어 있다. 다리이음뼈로는 바로 장골(ilium), 좌골(ischium), 치골(pubis)이 해당된다. 몸통은 머리부터 이어지는 척추 전체를 지칭하기 때문에 머리와 척추가 몸의 용마루가 되는 셈이다. 따라서 팔이음뼈와 다리이음뼈가 상지와 하지의 주각, 액각, 자각을 몸통에다 붙여주고 있다고 할 수가 있다.

이러한 뼈 1개, 뼈 2개, 뼈 여러 개라는 구조는 비단 인간뿐만 아니라, 여러분이 동물이라고 부르는 거의 모든 척추동물에게서 공통적으로 나타난다.† 여러분이 좋아하는 반려견의 앞다리나 뒷다리를 만져보아도 똑같다는 사실을 알게 될 것이고, 닭요리를 먹다가 발견되는 닭 날개도 틀림없이 뼈 1개, 뼈 2개, 뼈 여러 개라는 기막힌 순서대로 형성되어 있다는 것을 발견할 것이다.

결국 인간이나 척추동물은 그 구조가 복잡하고 신기한 것이 아니라 오히려 단순하고 동일한 구조로 되어 있다는 것을 쉽게 깨닫게 될 것이다. 우리는 이런 구조를 모듈식 설계(modular design)라고 부른다. 마치 컨테이너 박스들을 미리 만들어놓고 이것들을 서로 배열하여 다양한 집을 만들 수도 있고, 부둣가에서 여기에 화물을 넣고 큰 배에 실어 다른 곳으로 나를 수도 있는 것과 같은 방식을 말한다. 이러한 모듈식 설계는 우리 주변에서도 얼마든지 볼 수 있는 구조물이다. 아파트 구조도 그렇고, 자동차 구조도 따지고 보면 모듈식 설계 방법이 녹아 들어 있다.

여기서 또 하나 정리하고 넘어가야 할 사항은 이런 구조물을 만드는 방법에 대한 생각이다. 만약 설

* 손에 해당하는 자각을 다시 세분하면 손목뼈는 중각(中脚, mesopodium), 손허리뼈는 후각(後脚, metapodium), 손가락뼈는 말각(末脚, acropodium)으로 구분된다. 이는 발에도 똑같이 적용된다. 이러한 자각이 동물에 등장한 것은 데본기 후기 척추동물에 처음으로 등장한다.

† 양서류인 개구리는 상완뼈와 허벅지뼈가 1개로 융합되어 있다.

계도대로 뼈 하나, 뼈 둘 그리고 뼈 여러 개를 만들 수 있는 공장이 있다면, 사람이나 소, 닭이나 염소들을 쉽게 만들 수 있지 않을까? 즉 몇 개의 유전자(설계도)와 약간의 변형만으로도 이런 다양한 동물들을 만들어내기가 쉬워진다는 뜻이다.

그다음 거울에 비친 우리의 모습은 어딘가 편안해 보이고 안정적인 자세를 보여준다. 왜냐하면 오른쪽과 왼쪽이 대칭적이기 때문이다. 양팔과 양다리, 두 눈과 두 귀가 대칭적인 구조를 보여주고 있다. 이러한 대칭적 구조는 우리가 동물원에서 볼 수 있는 거의 모든 동물들이 가지고 있는 특징 중 하나이다.

또 하나의 다른 특징은 인간과 동물원에서 보는 동물들이 가지고 있는 방향성이다. 우리는 위에서 아래쪽을 말하면 머리와 다리 쪽을 지칭하게 되고, 앞과 뒤는 가슴 쪽과 등쪽을 가리킨다는 것을 알고 있다. 이러한 방향성을 전문적인 용어로 극성(polarity)이라고 말한다.[18] 그러나 네발로 걷는 동물의 경우에는 이런 극성이 달라진다. 강아지는 앞이 머리쪽이 되고, 뒤가 꼬리쪽이 된다. 그리고 등쪽이 위가 되고, 배쪽이 아래가 될 것이다. 인간이 직립함으로써 생기는 해부학적 변화는 다음 기회에 생각해보기로 하자. 이러한 사전 지식을 바탕으로 동물들의 몸은 '어떻게 설계되었는가?'를 알아보도록 하자.

(2) 몸의 설계

우선 지구상에 살고 있는 모든 생명체를 구분해본다면 3역 6계로 크게 나눌 수 있을 것이다. 3역은 세균, 고세균 및 진핵생물로 나뉠 수 있고, 6계는 다시 진핵생물을 원생생물, 균류, 식물, 동물로 구분하는 방법을 이 책에서는 채택할 것이다. 균류는 식물과 동물보다는 그 구조가 훨씬 간단하여 우리가 생각하는 곰팡이나 버섯 정도의 구조로 생각할 수 있다. 그다음 세균이나 고세균 및 원생생물들은 눈에 보이지도 않는 미생물들이기 때문에 그 구조를 거시적인 시각으로 판단하기는 쉽지 않다. 따라서 몸의 설계는 주로 동물과 식물에 집중될 수밖에 없을 것이다. 그렇지만 식물도 그 구조상 뿌리, 줄기, 가지와 잎이 반복되는 모듈식 설계를 일률적으로 따르고 있기 때문에 단순하다고 할 수밖에 없다. 그러나 동물들은 이동을 해야 한다는 점에서 그 구조상 설계가 다소 복합해진다. 동물은 그 설계도 면에서 35개 정도로 구분이 가능하여, 동물계는 35개의 문(門, phylum)*으로 구분하고 있다. 그러나 잘 연구되고 알려진 문은 9개 정도로서 해면동물, 자포동물, 편형동물, 선형동물, 연체동물, 환형동물, 절지동물, 극피동물, 척삭동물로 압축할 수 있을 것이다.

먼저 미리 기술한 대칭성에 대하여 알아보자. 모든 동물이 대칭성(symmetry)을 가지지는 않는다. 예를

---

* 문은 생물의 분류 체계 중의 하나이다. 분류 체계의 큰 줄기는 종(種, Species), 속(屬, Genus), 과(科, Family), 목(目, Order), 강(綱, Class), 문(門, Phylum), 계(界, Kingdom), 영역(領域, Domain)으로 구분한다. 인간을 나타내는 호모 사피엔스(*Homo sapiens*)는 호모가 속명이고 사피엔스가 종명이다.

들면, 가장 원시적인 동물이라고 알려진 해면동물은 대칭성이 있는 평면이 하나도 없다. 즉 무대칭이라는 뜻이다. 그렇다 해도 해면동물은 8,000종 이상이 바다를 무대 삼아 잘 살아가고 있다. 이들도 옛날에는 청소나 목욕용품으로 사용되기도 하였지만, 지금은 인조 물품에 밀려 우리 곁에서 멀어져 있다. 대칭성이 나타나면서 바로 좌우대칭형으로 진화한 것은 아니다.

먼저 구형대칭(spherical symmetry)은 가장 단순한 형태의 대칭으로 단세포 원생생물에서 볼 수 있는 구조이다. 그다음으로 등장하는 방사대칭(radical symmetry)은 중심을 지나는 축이 여러 개를 가지는 형태를 말한다. 이는 해파리가 생각나는 자포동물이나 불가사리가 포함되는 극피동물에게서 나타난다. 그렇지만 대부분의 동물들은 모두 좌우대칭(bilateral symmetry) 동물이다. 좌우대칭이라는 의미는 중심을 지나는 축이 1개인 경우를 말한다. 좌우대칭 동물들은 이동을 할 때 몸보다 앞서 나가는 부위가 앞이 되고, 이 부위에 머리가 생겨나게 된다. 왜냐하면 이동하는 앞쪽이 항상 새로운 환경과 먼저 마주치기 때문이다. 좌우대칭이 됨으로써 이동이 훨씬 더 효과적으로 수행된다는 것은 너무나 당연해 보인다. 좌우대칭이 아닌 동물이 이동한다면 얼마나 불편하고 이상해 보일까?

그다음은 배엽(germ layer)에 관한 설계이다. 배엽은 이미 기술한 바 있지만, 몸의 설계라는 관점에서 다시 볼 필요가 있다. 배엽을 다시 꺼낸 이유는 이 배엽이 몸을 만드는 데 아주 중요한 역할을 담당하기 때문이다. 우선 카스텔라라는 스펀지케이크를 한번 떠올려보자. 한 층으로 되어 있는 카스텔라는 그냥 배엽이 없는 무배엽 또는 단배엽(monoblast)이라고 한다. 이들은 그저 세포들이 분화되지 않고 그냥 모여 있는 세포 덩어리라고 생각할 수 있다. 이런 형태가 바로 가장 기본형인 해면동물에게서 나타난다.

그다음 이배엽은 카스텔라 케이크가 색깔이 다른 2개의 층으로 되어 있는 구조라고 생각해보자. 이러한 이배엽을 마치 안과 밖이 있는 두 층의 구조물로 생각해도 무방하다. 여러분이 생각하는 해파리들이 이런 구조를 가지고 있다. 즉 이들은 방사대칭이면서 하나의 구멍으로 먹이를 먹고 소화시키고 배설물을 내보낸다. 즉 입과 항문이 같다는 뜻이다. 그렇지만 이들은 그 구성 세포가 조직 단계로 한 걸음 더 나아가 있다.

그다음 구조는 삼배엽 동물이다. 이들은 두 층의 카스텔라 사이에 다시 한 층을 더 가지고 있는 것과 같다. 따라서 이들은 밖과 안, 그리고 그 중간 부위에서도 다양한 구조물을 만들 수 있는 능력을 가졌다는 뜻이다. 이러한 삼배엽을 우리는 피부나 신경을 만드는 외배엽, 근육이나 골격, 심장 등을 만드는 중배엽, 내장과 간, 폐 등을 만드는 내배엽으로 구분한다. 삼배엽 동물은 해면동물과 자포동물을 제외한 모든 좌우대칭 동물들이 모두 이 삼배엽 동물이라는 사실을 기억해두자. 그만큼 덩치도 더 커지고 기능도 세분화되고 전문화되었다는 것을 의미한다. 이들의 세포는 조직 단계를 벗어나 기관과 기관계 단계로 넘어서면서 고등동물의 기능을 가지게 된 것이다.

여기에서 다시 한번 우리가 주의해서 관찰해야 할 점은 삼배엽 동물에서는 반드시 심장이나 근육은 중배엽에서 나오고, 피부나 신경조직은 외배엽에서 나온다는 사실이다. 즉 모든 동물의 심장은 같은 층에서 생겨난다는 뜻이다. 이것이 바로 우리가 생물학에서 왜 공통 조상이라는 말을 흔하게 사용하는지를 설명하는 이유 중 하나가 될 것이다.

삼배엽 동물에서 입과 항문이 생기는 과정을 한번 살펴보도록 하자. 이배엽 동물인 자포동물은 입과 항문이 같다. 즉 한쪽에 난 구멍이 다른 쪽으로 뚫리지 않고 그냥 있기 때문에 입과 항문은 같을 수밖에 없다. 일전에 원구라는 구조물을 설명한 바 있다. 수정란이라는 고무풍선에 손가락으로 힘을 주면 그쪽이 안으로 밀려 들어간다. 그러나 그 밀려 들어간 고무풍선이 반대쪽에 닿아 구멍이 마주 뚫리지 않는 한 구멍이 1개밖에 없을 것이다. 이것이 바로 해파리이다.

그러나 삼배엽에서 이 구멍이 맞닿아 양쪽으로 구멍이 뚫리면, 어느 쪽이 입이나 항문이 되든 상관없이 하나의 입과 항문이 형성되고, 그 통로가 장(腸, intestine)이 된다는 것은 누구나 쉽게 유추해볼 수 있을 것이다. 여러분의 입을 자세히 들여다보라. 바깥쪽의 외배엽 피부와 안쪽의 내배엽 세포가 만나 뚫어진 구멍이 바로 입과 항문이 될 것이다. 장은 입에서 항문까지 연결되어 있는 개방된 하나의 관이다. 따라서 우리는 동물들의 몸을 가운데가 뚫린 조그만 통으로 볼 수도 있을 것이다. 즉 소화관(내배엽)과 피부인 외배엽 사이에 중배엽이 가득 차 있는 구조를 생각해볼 수 있다. 우리는 이러한 형태를 무체강(acoelomate)이라 부르고, 편충과 같은 편형동물이 여기에 속한다. 이들은 몸속의 공간인 체강이 없다.

그렇지만 선형동물인 회충은 몸속에 체강을 가지고 있다. 이들은 중배엽과 내배엽인 소화관 사이에 공간이 들어 있다. 즉 통 안에 통이 들어 있는 셈이 된다. 그러나 소화관은 중배엽으로 둘러싸여 있지 않기 때문에 의체강(pseudocoelomate)이라고 불린다. 그런데 이러한 통 속의 통이 복막이라는 중배엽으로 완전히 싸여서 척추에 매달려 붙어 있는 경우를 진체강(eucoelomate)이라고 한다.[19] 이런 형태의 체강을 가진 동물에는 연체동물, 환형동물, 절지동물, 극피동물, 그리고 인간이 포함된 척삭동물이 있다. 따라서 여러분이 저녁에 잠을 못 이루고 뒤척인다고 해도 내장이 한쪽으로 쏠리어 몰려다니는 사태는 일어나지 않을 것이다.

덧붙여서 원구가 무엇이 되는가에 따라 선구동물과 후구동물로 구분한다는 것은 이미 언급한 바 있다. 여기에서 인간이 포함된 후구동물은 원구가 항문이 되고 나중에 맞은편에 입이 생겨난다. 이런 후구동물에는 불가사리가 포함된 극피동물과 척삭동물이 속한다. 척삭동물에는 우리가 술안주로 자주 먹는 우렁쉥이 같은 미삭동물과 창고기 같은 두삭동물 그리고 척추동물이 포함된다.

동물들의 몸을 보고 있으면 우리는 몇 가지 관찰할 포인트를 더 찾을 수 있다. 먼저 앞과 뒤가 어디인지, 그리고 위아래가 어디인지를 알아보아야 한다. 그리고 왼쪽과 오른쪽이 대칭 구도인지, 앞쪽 끝에는 머리가 있고, 그 몸통의 등을 따라 척수가 뻗어 있는지, 그리고 입의 반대쪽에 항문이 있지도 살펴보아야 할 것이다.

자, 그렇다면 식물은 어떤 몸을 가지고 있을까? 식물은 움직일 필요가 없다. 따라서 세포 자체는 복잡하지만 몸 구조는 아주 간단한 편이다. 즉 이들은 뿌리, 줄기, 가지, 잎이란 모듈식 구조를 공통적으로 가지고 있게 된다. 이들을 좀 더 자세히 들여다보면 우선 식물의 기본 체형은 뿌리계(root system)와 지상계(shoot system)로 나뉠 수 있다. 속씨식물에서 뿌리는 곧은뿌리나 수염뿌리의 형태를 취하고 있고, 지상계는 줄기와 잎 그리고 꽃의 구조로 되어 있다. 가지에 달린 잎도 구조는 단순하지만, 그 배치는 다양하여 어긋나기나 마주나기 또는 돌려나기나 모여나기 등의 방법으로 가급적이면 햇빛이 가려지지 않도록 세심하게 배치되어 있다는 것을 알 수 있을 것이다. 또한 식물은 움직일 수 없다는 단점을 보완하기 위하여 잎이나 꽃은 생장이 유한한 데 비하여, 가지나 뿌리는 그 생장이 무한하다. 즉 가지나 뿌리는 일생 동안 성장을 멈추지 않고 클 수 있기 때문에 햇빛을 향해서나 물을 찾아서 무한정으로 뻗어 나갈 수 있는 보안책을 가지고 있다고 할 수 있다. 이에 비하여 동물이나 인간은 어떠한가? 한번 성장이 완료되면 더 이상 크지 않고 쭈그러들 일만 남게 된다.

그렇다면 지금까지 기술한 규격화된 모듈식 반복, 대칭성 및 극성 등을 가진 생명체를 실제 어떻게 만들어낼 수 있을까?

2) 몸 만들기

가장 원시적인 몸을 가진 해면동물은 언제 처음으로 이 지구상에 나타났을까? 물론 첫 동물의 등장 시기는 논란거리임에는 틀림없다. 그렇지만 6억 년 전 선캄브리아기의 에디아카라 생물군(Ediacara biota)이 호주의 버려진 광산에서 원시적인 현생 동물의 화석으로 발견되었다는 것은 큰 의미가 있다고 할 수 있다. 이는 호주 광산 지질학자였던 레지널드 스프리그(Reginald Sprigg)가 1947년 처음으로 발견하였지만 주목받지 못하였고, 1960년대에 들어서 비로소 밝혀진 내용들이다.[20] 이렇게 몸이 생겨나면 세상은 어떻게 달라졌을까? 우선 몸이 생기면 다른 미생물들을 잡아먹기가 쉽고, 자신은 잡아먹히는 것을 쉽게 피할 수 있게 된다는 뜻이다. 또한 이동이 가능하여 위험을 회피할 수 있고, 먹이나 숙소를 찾아내는 데 훨씬 더 능률적이라는 것도 당연해 보인다. 그러나 그 대신 에너지가 많이 들어간다는 단점은 어쩔 수가 없다. 이 지구상에 몸이 출현한 것은 우리 모두가 보이지 않는 세상에서 보이는 세상으로 나왔다는 것을 의미한다.

그렇다면 지금부터 어떻게 몸이 만들어지는지를 한번 알아보도록 하자.

(1) 어디가 앞이 될까

우리가 말하는 인간의 수정란은 근근이 볼 수 있는 아주 작은 알이다. 그런데 이 작은 알이 도대체 어디가 앞이 되고 어디가 뒤가 될 것인가를 어떻게 알 수 있을까? 우선 앞뒤부터 알아야만 그다음 순서를 알고서 몸을 만들어낼 수 있지 않을까? 이 첫 단추를 푸는 데는 초파리(fruit fly, drosophilidae)의 도움을 받아야만 하였다. 동물의 발생은 초파리의 연구에서 많은 정보를 얻었기 때문이다. 초파리는 우리가 알고 있는 파리와 같은 종이다(그림 3-1). 인간의 몸 만들기를 이해하기 위하여 시시한 초파리 이야기를 먼저 시작하는 것은 초파리에게서 일어나는 일들이 시시하지 않은 인간에게서도 똑같이 일어나기 때문이다. 초파리 몸을 만드는 유전자들이 쥐나 인간을 만드는 데 그대로 이용되고 있다는 사실은 어쩔 수 없는 진실이다. 우리는 하나의 공통 조상을 가진다는 사실을 인정할 수밖에 없는 수많은 증거 중 하나가 여기에도 있다는 뜻이다.

그림 3-1. 초파리.

우선 초파리의 몸은 세 부분으로 구성되어 있다. 머리는 3개의 체절로 구성되어 있고, 눈이나 더듬이 그리고 입이 여기에서 만들어진다. 그다음 가슴도 3개의 체절로 구성되어 있고, 체절마다 1쌍의 다리가 나오며, 두 번째 체절에서는 1쌍의 날개와 세 번째 체절에서는 날개가 퇴화된 평형곤이라는 구조물이 나오게 된다. 그다음 복부는 8개의 체절만으로 구성되어 있다. 이 정도의 선학습을 바탕으로 어떻게 몸을 만들어나가는지를 알아보도록 하자.

처음 수정된 알에서는 모체에서 유래한 비코이드(bicoid)와 나노스(nanos)라는 유전자들이 앞뒤를 구분해준다. 즉 비코이드라는 유전자가 몰리는 곳이 앞쪽이 되고, 나노스라는 유전자가 몰리는 곳이 뒤쪽이 된다는 뜻이다. 다시 말하면, 비코이드 유전자 농도는 앞쪽이 높고 뒤로 갈수록 낮아지고, 나노스 유전자는 앞에서는 낮지만 뒤로 갈수록 높아진다는 뜻이다. 이 유전자를 무엇이라고 부르든 간에 어머니가 미리 만들어둔 난자 세포 안에 들어 있는 유전자의 농도 차이가 결국 최초의 앞과 뒤를 결정한다는 뜻이다. 앞쪽(머리와 가슴)의 비코이드는 다시 헌치백(hunchback)이라는 유전자를 활성화시키고, 나노스는 카우달(caudal) 유전자와 함께 초파리 복부를 만드는 것이다. 이렇게 뚜렷한 차이가 생기는 이유는 비코이드가 카우달 유전자를 억제시키고, 나노스도 앞쪽의 헌치백 유전자의 전사를 억제시켜 앞쪽에서는 비코이드와 헌치백, 그리고 뒤쪽에서는 나노스와 카우달의 농도가 높아지게 되기 때문이다. 이러한 유전자들은 모체에서 이미 형성된 것들이어서 모계영향 유전자(maternal effect gene)라고 부른다. 최초의 발생은 어머니가 미래 정해서 발생이 시작되도록 사랑을 베풀고 있다는 뜻이다.

이렇게 일단 앞뒤가 결정되면 그다음은 이 앞뒤 공간을 더 세분화하는 유전자들이 작동하기 시작한다. 우리는 이런 유전자들을 체절형성 유전자(segmentation gene)라고 부르고, 3가지 종류*가 순차적으로

* 3가지 종류의 체절형성 유전자에는 간극 유전자(gap gene), 쌍지배 유전자(pair rule gene), 체절극성 유전자(segment polarity gene)가 있다. 이들은 앞뒤 공간을 순차적으로 줄 긋기를 하여 더 촘촘하게 체절을 만들어간다.

작동하면서 더 자세하게 영역을 구분하게 된다. 처음에는 4개 정도로 구분하다가 차츰 더 촘촘하게 몸을 나누어 체절을 만들어낸다는 뜻이다. 이는 마치 자세한 그림을 그리기 위해서는 먼저 윤곽을 그려놓고, 그다음 세세하게 그려나가는 화법과 유사하다.[21]

이렇게 앞뒤 공간이 구분되면, 그다음으로 이 공간들을 '어떻게 사용할 것인가?' 하는 문제는 다른 유전자들이 관여하기 시작한다. 바로 혹스 유전자(hox gene)가 그 역할을 맡을 차례이다. 즉 혹스 유전자는 이 갈라놓은 공간(체절)이 '무엇이 될 것인가?'를 정해준다고 할 수 있다. 초파리의 머리 체절에는 눈과 입이 만들어지게 하고, 가슴 체절에는 다리와 날개가 나오게 만드는 유전자이다. 그래서 혹스 유전자는 각 체절의 정체성을 말해준다고 할 수 있다. 초파리에게는 이러한 혹스 유전자가 머리 체절에 3개, 가슴 체절에 2개 그리고 복부 체절에 3개가 있어서 총 8개의 혹스 유전자가 초파리 몸의 정체성을 부여한다고 할 수 있다.* 만약 이런 혹스 유전자에 돌연변이가 생기면 더듬이가 나와야 할 자리에 다리가 나오고 날개가 나오지 말아야 할 자리에 날개가 나와서 마치 날개가 2쌍인 초파리 기형이 만들어지게 되는 것이다.

이렇게 발견된 일개 초파리의 혹스 유전자가 인간의 몸속에도 그대로 존재해 있을까? 여러분은 어떻게 추측하고 있는가? 초파리에 있는 혹스 유전자가 인간의 몸에도 여전히 남아서 그 기능을 발휘하고 있다면 여러분은 어떤 생각이 들까? 여하튼 절지동물인 초파리는 8개의 혹스 유전자를 가지고 있다. 그러나 척삭동물 중에서 두삭동물에 속하는 창고기는 이 혹스 유전자를 13개나 가지고 있다. 여기서 혹스 유전자가 늘어난 것은 초파리의 혹스 유전자가 단지 중복되어 일어난 일일 뿐이다. 만약 이 창고기의 13개 혹스 유전자가 통째로 4배†로 중복되면 42개의 혹스 유전자가 생겨나게 된다. 이 중에서 3개가 퇴화되고 39개만 가지고 있는 동물이 바로 우리 인간이다.

그뿐 아니라 대부분의 경골어류나 사지동물들도 4개의 혹스 유전자 복합체를 가지고 있다. 이는 42개 중에서 몇 개가 퇴화되고 몇 개가 남아 있는가 하는 정도의 차이일 뿐이다.[22] 그렇다면 동물의 기본형에 속하는 해면동물은 몇 개의 혹스 유전자를 가지고 있을까? 단 1개를 가지고 있다. 식물에서는 기관결정 유전자라고 불리는 MADS 유전자가 동물의 혹스 유전자와 유사한 기능을 가지고 있다.

여하튼 몸을 가지고 있는 동물이라면 모두가 혹스 유전자나 그 변형을 가지고 있다는 뜻이다. 그뿐 아니라 이 혹스 유전자가 그 위치를 이동하게 되면 다양한 동물들이 생겨날 수 있다는 것도 곧이어 설명할 것이다. 사실상 서서히 정체를 드러내는 우리의 몸은 어쩌면 유전자들의 현란한 춤에 놀아나는

* 머리 체절의 정체성을 부여하는 혹스 유전자는 lab, pb, Dfd라는 유전자이고, 가슴 체절은 Scr, Antp, 그다음 복부 체절의 혹스 유전자는 Ubx, AbdA, AbdB이다.

† 13개 혹스 유전자로 구성된 4개의 혹스 복합체가 된다. 즉 혹스 복합체는 HoxA, HoxB, HoxC, HoxD가 있고, 여기에 13개의 혹스 유전자가 각각 있게 된다. 그러나 모두 13개가 있는 것은 아니고, 그중에 3개가 퇴화되어 총 39개의 혹스 유전자가 있다. 이 혹스 유전자를 표시하는 방법은 HoxA-11과 같이 HoxA 복합체 11번째 있는 혹스 유전자라는 뜻이다.

그림자일 뿐이라는 생각이 들지 않을까? 너무 허무하다고 생각할 것까지는 없다. 그냥 그것이 현실이니까 받아들일 수밖에. 이제 더 나아가 사지가 어떻게 만들어지는지도 한번 살펴보자.

(2) 사지 만들기

어류의 지느러미를 만드는 유전자가 사람의 손을 만드는 유전자와 동일하다면 우리는 또 한번 '우리가 도대체 무엇인가?'라는 질문에 맞닥뜨리게 될 것이다. 사지의 발생은 수정 후 4주경 사지싹(아체, 芽體, limb bud)이 배측 방향에 생겨나면서 시작된다. 상지의 사지싹이 생긴 후 약 2일이 지나서 하지싹이 생겨난다. 상지싹은 배를 젓는 노처럼 생겨 있고, 하지싹은 마치 고무 물갈퀴 모양이다.

우선 사람의 팔다리는 세 가지 특징을 가지고 있다. 먼저 위와 아래가 있어야 하고, 그다음은 손가락의 방향이 '엄지손가락 쪽인가? 또는 새끼손가락 쪽인가?'가 정해져야 한다. 그리고 마지막으로는 몸통에 '가까운가? 또는 먼 쪽인가?'가 정해져야 한다. 먼저 사지싹이 돋아나서 커지면 그 끝의 피부가 두꺼워져 외배엽 첨단융기부(apical ectodermal ridge)라는 조직을 만들어낸다. 이 부위는 중배엽에 작용하여 어디가 몸통에 가깝고 먼지를 알려주기도 하고, 밑에서 생겨난 극성활성대(zone of polarizing activity)를 자극하는 역할을 맡기도 한다.[23] 처음에 생겨난 손은 우리가 생각하는 손가락이 아니라, 오리발같이 손가락 사이에 물갈퀴가 있는 모양이다. 왜 인간의 손에도 일시적으로 물갈퀴가 생겨날까? 우리의 조상이 물고기였단 말인가? 이는 개체발생이 계통발생을 반복한다는 헤켈의 말을 증명한다고 할 수 있을까? 아무튼 인간도 잠시 물갈퀴가 생겨난 후 이 물갈퀴가 세포자살에 의해 사라지고 지금과 같은 우리의 손 모양으로 변하게 된다. 이 물갈퀴에 대해서는 잠시 뒤에 다시 이야기하기로 하자.

이 사지의 발달에도 어김없이 혹스 유전자가 관여한다. 먼저 상완골이나 대퇴골에 해당하는 부위(주각)는 Hoxd-9 및 d-10에 의해 주도되고, 팔뚝이나 종아리에 해당하는 액각은 Hoxd-9, d-10, d-11, d-12, d-13에 의해 노뼈와 자뼈가 만들어진다. 그렇다면 자각에 해당하는 손은 어떻게 될까? 이 자각은 주로 Hoxa-13, Hoxd-13에 의해 유도된다. 만약 Hox-13에 돌연변이가 생기면 손의 구조에 기형이 발생될 것이 예상된다. 특히 손가락인 말각의 발달에는 또 다른 소닉 헤지호그(sonic hedgehog; shh)라는 유전자가 관여한다. 이 소닉 헤지호그 유전자는 극성활성대에서 분비되어 엄지손가락에서부터 새끼손가락까지의 정체성을 부여해준다. 즉 이 소닉 헤지호그 유전자 농도가 높은 곳에서는 새끼손가락이 생겨나고 낮은 곳에서는 엄지손가락이 만들어진다.

그렇다면 이 소닉 헤지호그 유전자를 다른 동물에게서도 찾아볼 수 있을까? 개구리에서부터 사람에 이르기까지 손가락이 있는 모든 동물에게서는 이 유전자가 확인된다. 즉 모든 사지동물에게 이 유전자가 있다는 뜻이다. 만약 소닉 헤지호그 유전자 발현에 문제가 생기면 손가락 발생에 기형이 초래될 것이다.[24] 이 유전자가 정상적으로 작동하지 못하게 되면, 손가락 2개가 들러붙는 합지증(syndactyly)이나 여분의 손가락이 생겨나는 다지증(polydactyly)이 생길 수 있게 된다. 헨리 8세 부인이자 〈천일의 앤〉

주인공인 앤 불린 왕비도 손가락이 1개 더 있었다는 기록이 있다.

물론 이 유전자만으로 팔다리가 완성되는 것은 아니다. 근육과 신경 그리고 혈관들이 따라 들어와야 최종적으로 아기의 팔다리가 완성될 것이다. 여기서는 팔다리 같은 부족지가 어떻게 작동하는지를 보여주는 것으로 만족할 것이다.

(3) 눈과 심장 만들기

여기서 눈과 심장 만들기를 들고 나온 것은 마스터 유전자(master gene)라는 개념을 설명하기 위함이다. 지금부터 동물의 눈이 어떻게 만들어지는지를 살펴보자. 눈은 그 종류가 동물마다 다양하다. 사람은 카메라 형태의 눈을 가지고 있고, 곤충들은 수천 개의 낱눈(個眼, ommatidium)으로 구성된 겹눈(複眼, compound eye)을 가지고 있다. 그렇다면 과연 다양한 동물 중에서 눈을 만드는 유전자가 서로 같을까 아니면 다를까? 여기에 초점을 맞추어보자.

누군가가 초파리들 중에서 우연히 눈이 없는 기형을 발견하고, 그 돌연변이 유전자를 찾아낸 후 아이리스(eyeless) 유전자라고 이름 지었다.* 즉 아이리스 유전자는 눈이 안 생기게 만드는 유전자 돌연변이이기 때문에, 역으로 이 유전자가 눈을 만드는 유전자라는 뜻이다. 이 유전자를 초파리의 다른 부위에다가 이식시키면 날개나 다리가 나와야 할 자리에 눈이 생긴다. 그렇다면 이 아이리스 유전자는 초파리에서 눈을 만드는 유전자임에 틀림없을 것이다. 그런데 이 와중에 Pax-6 유전자는 생쥐에게서 눈을 만드는 유전자임이 밝혀지게 되었다. 과연 생쥐의 눈을 만드는 Pax-6 유전자가 초파리에게서도 눈을 만들 수 있을까?

생쥐의 눈을 만드는 Pax-6 유전자를 초파리의 다리가 될 부분에 발현시키면 어떻게 될까? 다리 대신 초파리의 눈이 생겨났다. 이번에는 초파리의 아이리스 유전자를 생쥐의 배아에 이식한 결과 생쥐의 눈이 생겨났고, 그 역으로 생쥐의 Pax-6 유전자를 초파리 배아에 이식하면 초파리의 눈이 생겨났다. 더 나아가 사람의 Pax-6 유전자를 거미의 배아에 이식시킨 결과, 이번에도 거미의 눈이 생겨났다. 결국 아이리스 유전자나 Pax-6 유전자는 동일하게 눈을 만드는 유전자라는 것이 밝혀지게 된 것이다.[25] 눈을 만드는 유전자가 모든 동물에게서 동일하다는 것은 흥미를 넘어 소름 끼치는 일이 되고 말았다.

이는 심장을 만드는 유전자도 마찬가지이다. 파리부터 포유류까지 심장을 만드는 데 관여하는 유전자는 모두 동일하다. 우리는 이 유전자를 《오즈의 마법사》에 나오는 심장이 없는 양철 나무꾼의 이름에서 따와 틴먼(tinman) 유전자라고 부른다. 우리는 혹스 유전자, Pax-6 유전자와 틴먼 유전자 같은 유전자를 마스터 유전자라고 부른다.

---

* 스위스 바젤 대학교의 발터 게링(Walter Gehring: 1939~2014) 교수에 의해서 1995년 발견되었다.

이번에는 이러한 유전자들한테 다른 기능이 추가되고 있다는 사실을 한번 알아보도록 하자. 먼저 디스탈리스(distal-less) 유전자는 파리의 다리를 만들고, 바닷가재나 지네의 다리를 만들기도 하며, 나비의 날개를 만들기도 하는 유전자이다. 만약 이 유전자에 돌연변이가 생기면 부속지들에 기형이 생길 것은 당연할 것이다. 그런데 이들이 나비의 날개를 만드는 일만 하는 것이 아니라 날개에 들어가는 눈꼴무늬(eyespot pattern)*도 만들어낸다는 사실이 확인되었다. 한 종류의 유전자가 동시에 다른 기능도 가지고 있다는 것을 의미한다. 현존하는 나비의 날개 무늬는 약 1만 7천여 종이 있는 것으로 보고되어 있다. 이 중에서 눈꼴무늬는 포식자의 눈을 날개 쪽으로 유도하여 연약한 몸을 보호할 수 있는 위장 전략으로 아주 중요하다. 그런데 부속지를 만드는 디스탈리스 유전자가 이 눈꼴무늬의 크기나 개수를 조정하고 있다는 것은 매우 흥미로운 일이다.

(4) 오리와 닭

오리와 닭은 발가락에서 큰 차이를 보인다. 오리는 발가락 사이에 물갈퀴가 있는 반면, 닭은 물갈퀴가 없다. 따라서 오리는 물에서 더 잘 살고, 닭은 육상 생활에 더 잘 적응해 있다. 그런데 이 물갈퀴 존재 여부가 유전자와 관련되어 있다는 것은 이미 잘 알려진 사실이다. 그렇지만 한 번 더 자세히 알아보도록 하자.

먼저 오리나 닭의 다리에는 BMP4라는 유전자가 작동한다. 이 유전자는 발가락 사이에 있는 물갈퀴를 죽게 만들어서 다리 사이에 물갈퀴가 없어지게 만드는 유전자이다. 그런데 오리는 그렘린(gremlin)이라는 유전자를 덤으로 만들어서 이 BPP4 유전자가 작동하지 못하게 만들어버린다. 그래서 오리는 이 유전자에 의해 물갈퀴가 사라지지 않고 남아 물 위를 유유히 헤엄쳐 다닐 수 있게 된 것이다. 그렇다면 실험적으로 닭의 다리에 그렘린을 발현시키면 어떻게 될까? 물갈퀴가 있는 닭이 탄생한다. 즉 물갈퀴 정도는 유전자로서 간단히 요리할 수 있는 구조물이라는 뜻이다.

(5) 기린의 목

기린은 동물원에서 어른이나 아이 할 것 없이 제일 인기 좋은 동물 중 하나이다. 다른 동물과는 달리 기린은 어깨 높이가 아파트 한 층보다 더 높고 머리까지 합하면 아파트 한 층을 더 올라갈 정도로 키가 크다. 이러한 기린이 동양에 처음 소개된 것은 중국의 남해 원정을 이끌었던 정화에 의해 아프리카에서 중국으로 전해졌다. 이 동물의 머리가 무려 6m까지 올라가면, 도대체 혈압을 얼마나 올려야 머리까지 피가 올라갈 수 있을까? 무려 수축기 혈압이 300mmHg까지 육박하고, 이완기는

---

* 눈꼴무늬는 눈 모양으로 생겨 포식자의 공격 본능을 자극하게 된다. 날개에 이 무늬가 있으면 포식자의 시선을 날개 쪽으로 유도하여 연약한 몸통이나 머리를 보호할 수가 있어서 생존에 유리하다. https://butterflycircle.blogspot.com/2012/03/predator-strikes-back.html에서 잘 볼 수 있다.

170mmHg 정도가 되어야 가능해진다. 심장의 무게도 12kg이 넘는다. 그뿐 아니라 사람에게서는 정맥에나 있는 밸브가 아예 뇌동맥에 들어 있는 실정이기도 하다. 이들의 목이 길어진 이유는 진화를 설명하기 위해서가 아니라, 그들이 좋아하는 먹잇감이 높은 나무 위에 있기 때문이다. 이렇게 목이 길면 목에 있는 목뼈(경추)의 수는 얼마나 많을까?

바다소나 나무늘보 정도를 제외하고 대개 포유류는 목뼈가 7개이다. 기린도 똑같이 7개의 목뼈를 가지고 있음에도 불구하고 기린은 왜 그렇게 목이 길어졌을까? 그 이유는 단지 목뼈 하나하나가 다 크기 때문이다. 기린 목뼈의 평균 길이는 25cm 정도나 된다. 그렇다면 목뼈가 이렇게까지 커진 이유는 무엇일까? 그 대답은 소위 전문용어로 이시성(異時性, heterochrony)이라고 불리는 특이한 성질을 가지고 있기 때문이다.[26] 즉 목뼈의 성장이 중지되는 시기가 지연되어 계속해서 더 커질 수 있었다는 뜻이다. 예를 들면, 풍선을 불 때 보통 5초 정도를 부는 데 반해, 이시성이 나타나면 8초 정도로 더 분다는 뜻이다. 따라서 자연적으로 고무풍선이 더 커지게 되는 이치와 동일하다. 이시성에도 여러 가지 종류가 있을 수 있다. 어떤 개체가 충분히 자라기도 전에 성장이 종료되어버리는 경우도 충분히 예상된다. 따라서 이시성도 다양한 종을 만들어낼 수 있는 방법* 중 하나가 될 수 있다.

(6) 뱀의 다리는 어디로 갔을까

척추뼈나 다리를 생각할 때 빼놓을 수 없는 동물이 바로 뱀이다. 뱀은 참 기특한 동물이다. 팔다리가 없으면서도 못하는 일이 없다. 땅 위를 기거나 내달릴 수도 있고, 물 위를 유유히 헤엄칠 수도 있다. 날뱀의 경우는 나무에서 다른 나무로 날아다닐 수도 있다. 이쯤 되면 팔다리의 기능이 무색해질 만하다. 이런 기발한 재주 덕분에 뱀은 인간과 아주 밀접한 관계를 형성하고 있다. 인류 최초의 신화라 할 수 있는 《길가메시 서사시》에서도 뱀은 불시에 나타나 불로초를 훔쳐 먹기도 하고, 《구약성서》에서는 아예 원죄의 출발점에 서 있는 동물이 바로 뱀이 아니던가? 그런데 이들은 어떻게 하다가 팔다리를 모두 잃게 되었을까? 유전자 일색이라는 현대 생물학이 이 문제를 과연 풀어낼 수 있을까? 그리고 척추동물마다 경추의 개수가 다를 수 있다. 따라서 왜 인간이나 쥐의 목뼈는 7개이지만, 닭이나 오리는 14개인 데 비하여 거위는 17개이고, 비둘기는 12개인지를 설명해낼 수도 있을까?

이 문제를 풀어내기는 실제로 꽤나 복잡해 보인다. 그렇지만 실제로 혹스 유전자가 작동하는 부위를 변경만 해주면 아주 쉽게 이 문제가 설명된다는 것은 의아스럽기조차 하다. 우선 Hoxc-6 유전자의 발현 부위를 알아보자. 이 Hoxc-6가 작동하는 부위가 바로 경추와 흉추의 경계점이 된다는 것과 이 경계 지점에서 앞다리가 나온다는 것을 미리 알고 이야기를 풀어나가보자.

---

* 이시성 진화에는 유전자 발현의 속도, 시작 시간, 종료 시간의 변화에 따라 미진화와 과진화로 나누어볼 수 있다. 진화가 덜 된 상태를 나타내는 미진화에는 유형성숙, 후출현, 조숙이 포함되고, 진화가 더 진행된 과진화 상태에는 촉진, 선출현, 만숙이 포함된다.

먼저 뱀의 경우는 이 Hoxc-6 유전자가 두개골 밑까지 바싹 올라가서 경추가 생길 틈이 없어져 대부분이 갈비뼈가 달린 흉추로 변해버렸다. 상황이 이렇게 변하자, 경추와 흉추의 경계가 없어져 앞다리가 나올 공간도 덩달아 없어짐으로써 앞다리도 사라져버렸다. 그러나 쥐나 인간은 머리가 끝나는 부위로부터 7번째에서 Hoxc-6가 발현되어 7개의 경추를 가지게 되고, 이 부위에서 앞다리나 팔이 나타나게 된다. 그렇다면 거위는 어떨까? 거위의 경추는 머리에서 17번째에서 Hoxc-6 유전자가 작동하여 경계를 만들기 때문에 경추가 17개이며, 이 부위에 앞다리(날개)가 생겨난 것이다. 우리는 Hoxc-6 유전자가 작동하는 부위가 이동함에 따라 간단하게 다리가 없는 뱀이 나타날 수도 있고, 목이 긴 거위가 탄생할 수도 있다는 것을 쉽게 이해할 수 있을 것이다.[27] 결국 경추의 많고 적음은 Hoxc-6 유전자가 작동하는 부위에 따라 일어나는 변덕에 불과했던 것이다.

원래 뱀은 화석 기록으로 보았을 때 약 1억 5천만 년 전에는 앞다리와 뒷다리를 둘 다 가지고 있었던 것으로 나타난다. 그러나 약 1억 년 전부터 다리가 전부 사라지고, 비단뱀의 경우는 뒷다리의 흔적이 몸속에 일부 남아 있기도 하다. 따라서 비단뱀은 다리의 사지싹이 생겨나지만, 소닉 헤지호그 유전자의 발현이 약해지면서 퇴화된 것으로 보고 있다.

이 경우도 한번 생각해보자. 먼저 초파리 가슴 체절은 3개의 체절을 만들면서 3쌍의 다리를 가지고 있다. 거미는 머리와 가슴이 합쳐지면서 다리가 4쌍이 된다. 그렇다면 바닷가재와 같은 갑각류는 어떠한가? 이들도 머리와 가슴이 합쳐지면서 다리가 4쌍이 되고 집게발 1쌍이 추가되었다. 어떻게 같은 절지동물에게서도 이렇게 다리 수가 다를 수 있을까? 이들도 유전자가 추는 몸동작에 따라 다리 수가 달라질 수 있을까? 물론 달라진다. 이것도 역시 사지를 만드는 디스탈리스 유전자나 혹스 유전자에게 물어봐야 할 일이다. 만약 여러분이 러시아 대게의 다리 한두 개를 슬쩍 집게발로 바꿀 수만 있다면, 아마도 장사에서 대박이 나지 않을까?

게놈 속에는 한 생명체가 가지고 있는 모든 유전체의 정보가 다 들어 있다. 그래서 게놈을 그 생명체의 청사진이나 설계도라고도 부른다. 그러나 실제 이 게놈 속에 들어 있는 정보들은 크게 두 가지로 나뉠 수 있다. 먼저 그 생명체가 만들어지는 데 필요한 유전자 목록을 들 수 있고, 그다음은 그 유전자들이 언제, 어디서, 어떻게 사용되어야 하는지를 결정하는 유전자 발현 순서라고 할 수 있다. 이 이야기를 하는 이유는 인간과 생쥐의 유전자 총수는 거의 비슷하지만, 그 유전자가 작동하는 순서가 달라짐으로써 인간과 쥐로 갈라진다는 의미이다.

실제 유전자 목록에는 그 행동대원 역할을 하는 구조 단백질(structural protein)과 이 구조 단백질의 모든 구체적인 활동을 조절하는 조절 단백질(regulatory protein)로 구분해볼 수도 있다. 이 조절 단백질은 쉽게 스위치(switch)라는 용어로 더 많이 사용되며, 이는 조절 단백질이 마치 전기를 켜고 끄는 것과 같은 작용을 한다는 의미이다. 즉 조절 단백질이 구조 단백질을 켜게 되면 작동이 시작되고, 끄면 작동이 멈추는 것과 동일하다. 따라서 구조 단백질뿐만 아니라 이에 못지않게 조절 단백질의 기능도 중요하다고 할 수 있다. 또한 이 스위치들은 위성항법장치(GPS)와 같이 공간에 대한 정보를 가지고 있어서 사지싹이 '어느 부위에서 만들어져야 하는가?'를 정확하게 알려준다고 할 수 있다. 이 공간 정보는 수정란의 경도나 위도, 고도와 깊이까지를 아우를 수 있기 때문에 다음에 다룰 다양한 모습의 생물종들을 만들어낼 수 있다는 점을 강조해두고 싶다.

4 지상 최대의 가면무도회

1) 배우들의 등장

이 지구상에는 땅도 있고 바다도 있고 달과 별도 있지만, 살아서 움직이는 주인공은 아무도 없었다. 단지 눈에도 보이지 않는 미생물들이 땅과 물속에서 숨어 살고 있었을 뿐이다. 자외선이 마구 쏟아지는 하늘은 지상과 얕은 물속에서 어느 생명체도 살기를 허락하지 않았기 때문이다. 설령 무언가가 지상에서 움직이고 있었다고 하더라도 그 누구도 이를 볼 수 있는 눈조차도 없었던 시절이 아니었던가. 언젠가부터 높은 하늘에 쌓인 산소는 자외선을 막아주는 오존층을 만들어서 땅 위에 생명체가 살 수 있는 기회를 주기 시작하였다. 우리는 대략 이 시기를 6억 년 전 지구의 모습이라고 상상해도 좋을 것이다.

그러나 곧이어 등장한 캄브리아기 대폭발은 지구를 무대로 삼아 살아가는 온갖 배우들이 펼칠 수 있는 가면무도회장을 제공해주었다. 바로 현생 누대의 출발을 알리는 나팔 소리가 길게 울렸던 것이다. 굳이 내가 가면무도회라고 이름을 붙인 이유는 같은 조상에서 출발하였지만, 각기 다른 얼굴과 모습으로 그 자손들이 변해갔기 때문이다. 지금부터 가면무도회 참가자들인 주인공들을 동물과 식물 그리고 곰팡이나 버섯으로 나누어 차례대로 소개해보기로 하자.

(1) 동물

동물 중에서 최초의 공통 조상을 꼽으라면 대부분이 깃편모충류(choanoflagellate)라는 원생동물을 선택할 것이다. 이 단세포 진핵생물은 군체를 형성할 뿐만 아니라, 해면동물에 있는 깃세포(collar cell)와 모양이나 기능이 거의 비슷하기 때문이다. 단배엽인 해면동물은 동물군 중에서 가장 하등 그룹에 속하는 생명체이다. 이러한 해면동물에게 새로운 배엽이 추가되면서 방사대칭 형태의 자포동물(해파리, 말미잘, 산호 등)이 등장하게 되었고, 여기에 다시 새로운 설계도가 나타나면서 좌우대칭 동물들이 이 세상에 쏟아져 나오기 시작하였다. 이들은 선형동물(회충), 편형동물(편충), 연체동물(조개, 오징어), 환형동물(지렁이)이 되어 무도회를 더욱 다양하게 만들어주었다. 그리고 현존하는 동물의 80% 이상을 차지하는 절지동물(곤충)들은 선구동물의 선두 주자로서 이 지구를 꽉 메우고 있지 않는가! 여러분이 더운 여름밤 숲길을 걸어간다면 아마도 많은 절지동물들의 환영을 받을 것이다. 밤잠을 잊은 매미나 거미, 그리고 발밑을 기어가는 귀뚜라미까지 밤길을 즐기는 여러분을 심심치 않게 해줄지도 모른다. 앞에서도 언급하였지만, 극피동물(불가사리, 성게, 해삼 등)도 큰 분류군에서는 척삭동물과 같은 후구동물이다. 즉 원구가 항문이 되는 개체군에 함께 포함되어 있다. 동물 문 중 제일 마지막에 매달려 있는 척삭동물은 인간이 포함되어 있는 그룹이어서 화제를 여기서부터 본격적으로 출발시키고자 한다.

① 멍게는 가까운 조상

갑자기 멍게(피낭동물)를 들고 나온 이유는 술안주에 대하여 이야기하고자 함이 아니다. 그러나 소주 안주로 자주 등장하는 멍게에 대하여 우리가 알아두면 좋을 만한 사연들이 많다는 것을 지적하기 위해서이다. 멍게는 입 주위에 항문이 같이 있다. 한쪽으로 산소와 음식물이 섞인 물이 들어가고, 그 바로 밑에 있는 출수공으로 음식물 찌꺼기가 밖으로 빠져나간다. 멍게는 바다 밑에 붙어서 산다. 그렇지만 어린 새끼인 유생은 올챙이 모양을 하며 헤엄쳐 다닌다.*

모든 척추동물의 배아는 세 가지 특징이 있다. 먼저 아가미구멍을 가지고 있고, 몸을 지지하는 막대 모양의 결합조직을 가지며(척삭), 이 막대 위로 신경(신경삭, nerve cord)이 지나간다.[28] 지렁이나 곤충들은 이런 세 가지 구조가 없다. 그런데 우연하게도 멍게의 유생에게 이 세 가지 구조물이 있다는 것이 알려지게 되었다. 멍게의 유생은 알에서 부화하자마자 올챙이처럼 자유롭게 헤엄쳐 다니기 때문에 성체와는 완전히 다르다. 멍게의 유생만 보고 있으면 도저히 우리가 알고 있는 멍게를 떠올리기가 어려워진다. 그렇지만 이 유생들이 아가미구멍과 척삭 그리고 신경삭을 가지고 있어서 장차 어류나 양서류, 파충류, 조류 및 포유류의 공통 조상이 될 충분한 자질을 가지고 있다는 것을 부인할 수는 없을 것이다.

멍게는 유생 시절에 꼬리쪽에 생겨났던 척삭이 성체가 되면서 사라진다. 이런 이유로 인하여 멍게와 같은 피낭동물을 미삭동물(urochordata)이라고 부른다. 이에 반해 창고기†라 불리는 척삭동물은 한번 생긴 척삭이 퇴화되지 않고 머리에서 꼬리까지 뚜렷하게 남아 있다. 이런 종류의 동물을 두삭동물(cephalochordata)이라고 부른다. 따라서 척삭동물은 장차 척추가 될 수 있는 척삭을 가지고 있다는 뜻에서 척삭동물이라 부르고, 여기에는 멍게가 포함된 미삭동물과 창고기가 포함된 두삭동물 그리고 척추동물이 속하게 된다. 우리나라 근해에서는 볼 수 없는 창고기가 이 책 어디에선가 등장했다는 사실을 기억하는가? 바로 '혹스 유전자'를 다룰 때 나타났다. 즉 창고기의 혹스 유전자 13개가 중복되어 4개의 혹스 복합체로 변해가는 과정을 설명한 '몸 만들기' 편에서 등장하지 않았는가! 따라서 창고기의 유전자가 척추동물의 유전자와 얼마나 밀접하게 연결되어 있는지를 알 수 있을 것이다.

---

* 올챙이와 멍게 유생을 비교한 그림은 https://en.wikipedia.org/wiki/Tunicate에 잘 나와 있다.

† 창고기는 어류와 같이 생겼지만 어류(척추동물)가 아니고 척삭동물이다.

이제 우리는 멍게를 넘어 척추동물로 들어가보자.

② 물고기가 땅에 오르다

바다에 사는 물고기들에게 팔다리가 생기면서 육지로 올라온다? 이는 지구 역사상 뭍의 주인공들이 무수히 등장하는 결정적인 한 장면이 될 수 있을 것이다. 가끔 서해안 갯벌에서 깡총거리며 뛰어다니는 짱뚱어(mudskipper)를 보고 있으면, 지느러미가 앞발이 되고 손이 될 수 있다는 가능성을 충분히 알아차릴 수 있게 된다. 그렇다면 과연 물고기는 어떻게 뭍으로 올라올 수 있었을까?

먼저 어류에 대한 약간의 분류 지식이 필요할 것 같다. 척추동물은 턱이 없는 무악어류와 턱이 있는 유악어류로 대분할 수 있다. 척추동물에게서 턱의 유무는 그 생존 방법에서 뚜렷한 차이가 나게 된다. 턱을 가지게 되면 먹이를 붙잡고 씹을 수도 있어서 포식성이 뚜렷하게 증가한다. 또한 여기에 이빨까지 더해지면 화학적 소화 능력도 촉진될 것이라는 것은 당연할 것이다. 이러한 턱이 어류의 아가미궁에서 유래했다는 것은 이미 잘 알려진 사실이다. 이 아가미궁에 대해서는 잠시 뒤에 다시 설명하기로 하자.

턱이 없는 어류에는 대표적으로 먹장어류와 칠성장어를 들 수 있다. 이 둘은 입이 원형으로 생겨서 따로 원구류(圓口類, Cyclostomata)라고 부르기도 한다. 먹장어는 우리에게 익숙한 꼼장어*를 지칭하는 말이다. 눈이 멀어서 먹장어라 불리기도 하지만, 해부학적으로는 척추동물 중 아주 특이하다. 즉 머리만 있고 척추가 생겨나지 않은 원시적인 척추동물이라 할 수 있기 때문이다. 그다음 칠성장어는 온전한 두개골과 척추가 생겨나 있다. 이 무악동물류는 주로 기생생활을 하며 데본기 이후 유일하게 살아남아, 오늘날에도 주당들의 안줏감으로 술상에 자주 오르고 있다.

그다음 턱이 있는 유악어류는 크게 연골어류, 조기어류, 육기류로 구분될 수 있다. 연골어류는 우리에게 익숙한 물고기이고, 조기어류는 말 그대로 단단한 뼈를 가지고 있는 어류로서 우리 식탁에 자주 오르는 물고기들이다. 이 조기어류 중에서 특별히 엽상 지느러미를 가진 물고기가 바로 육기류(肉鰭類, sarcopterygii)이다. 이 육기류가 우리의 조상이 되는 물고기들이라고 할 수 있다. 육기류는 크게 실러캔스(空棘魚類, coelacanth)와 폐어류로 나뉠 수 있다. 이 실러캔스는 멸종된 것으로 알려졌지만 1938년 남아프리카 근해에서 처음으로 잡혔고, 1998년에는 인도네시아에서도 포획되어 세상을 깜짝 놀라게 하였다.

어류 중에서 폐를 가지고 있는 폐어는 6종이 알려져 있고, 이들은 주로 아프리카 늪지에서 서식한다. 이들은 연못이 마르면 진흙 속으로 파고들어가 공기 중의 산소를 마시며 수개월을 버틸 수 있는 저력을 가지고 있기도 하다. 이들이 자외선이 걷힌 뭍으로 올라올 준비를 마친 어류라는 사실을 염두

---

* 꼼장어는 불에 구울 때 꼼지락거리는 모습에서 붙은 이름이다. 먹장어는 장어가 아니며 장어가 속한 조기어류도 아니다. 척추동물 중 턱이 없는 무악류에 속할 뿐이다. 뚜렷한 척추의 존재 여부는 논란의 여지가 많지만 가장 원시적인 척추동물로 살아 있는 화석이라고 할 수 있다.

에 두고 땅으로 올라오게 된 사연을 먼저 알아보도록 하자.

육기류가 사지동물로 진화해나가는 과정을 알기 위해서는 몇 가지 어류 화석에 대한 이해가 필요하다. 그뿐 아니라 어류와 사지동물의 해부학적 차이점을 알아보는 것도 중요할 것이다. 먼저 물고기의 머리는 원통형이지만, 초기 육상동물은 머리가 납작하고 눈이 악어처럼 위에 붙어 있는 구조이다. 또한 어류는 목이 없고, 비늘과 지느러미가 있는 반면, 초기 육상동물들은 목이 있고 비늘이 없으며 팔다리가 나타나는 특징이 있었다. 이 팔다리 구조는 앞에서 이미 설명한 대로 영국의 비교해부학자인 리처드 오언 경(Sir Richard Owen: 1804~1892)이 알아차린 뼈 1개-, 뼈 2개-, 작은 뼈 여러 개의 순서를 가진다는 것을 다시 생각해두자. 이러한 구조는 팔다리를 가지는 사지동물에서는 어김없이 나타나는 모듈식 반복이라는 것도 발이나.

화석 연구를 통해 물고기가 사지동물로 변해가는 과정을 밝혀낸 학자 중 한 사람인 시카고 대학교 의과대학의 닐 슈빈(Neil Shubin: 1960~) 교수를 먼저 소개하기로 하자. 그는 시카고 자연사박물관인 필드 뮤지엄(Field Museum)의 총책임자이면서 틱타알릭(Tiktaalik) 화석을 발견한 학자로도 유명하다. 캐나다 북부의 엘즈미어섬(Ellesmere island)에서 2004년도에 발견된 틱타알릭은 이누이트의 언어로 '커다란 물고기'를 뜻한다. 닐 슈빈이 하필이면 그 추운 북극권의 엘즈미어섬을 발굴지로 선택한 이유는 무엇이었을까? 그가 이 섬을 택한 이유는 두 가지 관점을 고려한 것이었다.

먼저, 약 3억 8,500만 년 전 암석에서는 평범한 물고기들의 화석이 많이 발견된다. 즉 머리가 원뿔형이며 비늘과 지느러미가 있는 물고기들이다. 그런데 1987년에 제니 클라크(Jenny clar)가 그린란드에서 발견한 아칸토스테가(*acanthostega*)는 나이가 3억 6,500만 년이었고, 온전히 손발가락이 나타나고 눌갈퀴가 없으며, 진짜로 손목이 있어서 확실히 양서류로 보이는 화석이 이미 발견되었던 것이다. 따라서 어류와 아칸토스테가를 연결시켜줄 화석이라면 약 3억 7,500만 년경의 지층에서 발견되어야 한다는 것이 닐 슈빈의 생각이었다.[29] 그는 이 나이대의 지층을 집중적으로 찾아내고, 이 퇴적암이 노출되어 있는 곳으로 엘즈미어섬을 택한 것이다. 그는 4년간의 노력 끝에 처음에 생각했던 대로 3억 7,500만 년 전의 지층인 엘즈미어섬에서 정확하게 그 시대의 전이화석(transitional fossil)*인 틱타알릭을 발견했던 것이다. 물론 그 외의 많은 화석들이 어류에서 사지동물로 진화되어가는 과정을 보여주고 있지만, 틱타알릭이 더욱 중요한 가치를 지니는 이유도 여기에 있다고 할 수 있다.

우리가 초기 육상동물의 조상으로 생각하는 폐어는 그 지느러미 기저부에 1개의 뼈가 있었다. 이것이 폐어에게 이미 위팔뼈나 허벅시뼈에 해당하는 주각이 있었다고 추정하는 이유이다. 그리고 3억 8천만 년 전에 발견된 육기류의 한 종인 유스테놉테론(*Eustenopteron*)은 뼈 1개에서 뼈 2개의 배열로 진화한

* 전이화석은 중간단계 화석을 말하는 것으로서 예를 들면, 어류에서 양서류로 넘어가는 과정을 보여주는 화석을 말한다. 따라서 전이화석은 한 종이 다른 종으로 변해가는 과정을 보여준다고 할 수 있다.

액각이 생겨나고 있었다. 그다음에 나타난 틱타알릭은 뼈 1개–, 뼈 2개 –, 작은 뼈 여러 개의 배열로 나타나서 자각이 만들어지기 시작했다는 것을 의미한다. 이윽고 아칸토스테가에 이르면 완성된 사지의 골격들이 완전히 제자리를 잡게 된다. 따라서 이러한 전이화석들은 사지의 진화 단계를 여실히 증명해준다고 할 수가 있다. 이러한 이유로 인하여 '인간을 개조된 물고기'라고 말한다고 해도 달리 시비를 걸 만한 거리가 사라졌다고 할 수밖에 없다. 모든 동물들의 앞발이나 손은 이미 약 3억 6,500만 년 전 아칸토스테가라는 초기 육상동물에서부터 등장했던 것이다.

그렇다면 물고기들이 육지로 올라오기 위해 기를 쓴 이유는 무엇일까? 그다음 육지로 올라온 물고기들은 그저 마냥 행복했을까? 그들은 이 낯선 환경에 적응하기 위하여 새로운 도전에 직면해야만 하였다.

③ 양막의 혁명

물고기들이 물을 떠나 육지로 올라가기 위하여 발버둥을 친 이유를 한두 개로 압축한다는 것은 쉬운 일이 아니다. 그렇지만 우선 이미 경쟁이 심해지고 포식자가 우글거리는 서식지를 피해 새로운 개척지가 필요했을 수도 있고, 그 개척지에는 곤충이나 식물 등의 새로운 먹거리가 많이 있었을 수도 있다. 그뿐 아니라 수중보다는 훨씬 더 많은 산소가 공중에 섞여 있었기 때문일지도 모른다.

그러나 그들이 이주한 낯선 환경에 적응하기 위해서는 수많은 고생과 변화가 뒤따라야만 하였다. 몇 가지 주제로 요약해보자. 먼저 물에 관한 문제이다. 수중 생활이란 물속 세상에서 산다는 의미이다. 그러나 비록 뭍으로 올라왔지만, 동식물은 처음부터 물을 완전히 떠나서 살 수는 없었다. 사실 지금도 모든 인간을 포함한 다세포 동물들은 그 세포 하나하나를 따지고 보면, 아직도 이들은 물속에 살고 있는 형태를 취하고 있다. 왜냐하면 각각의 세포들은 모두 세포간질액(interstitial fluid)*이라는 물속에 들어 있기 때문이다. 그렇지만 물가를 떠나 육지의 깊은 곳으로 들어갈 수 있었던 이유는 이렇게 물을 극복할 수 있는 어떤 새로운 방법을 개발했기 때문에 가능했던 일이다. 특히나 물속에서 산란 방식으로 생식을 주로 해왔던 물고기들이 어떻게 건조한 지상에서 다른 번식 방법을 개발하여 대를 이어갈 수 있었을까? 이에 대한 문제는 곧이어 설명할 것이다.

그다음은 호흡의 문제이다. 물고기가 어떻게 아가미 호흡에서 폐호흡으로 바꿀 수 있었을까? 이는 폐어에서 이 문제를 극복할 수 있는 실마리가 보였다고 할 수 있다. 물고기가 공기를 마시게 되면 내장 속의 어떤 공간인 주머니 속에 고이게 된다. 이렇게 되면 공기주머니는 조기어류†에서는 부레의 역할을 맡게 되고, 육기류에서는 폐로 발달할 가능성이 높아진다. 부레는 일정한 공기를 유지할 수

---

* 세포간질액은 혈관 속이나 세포 안에 있는 물이 아니고 세포와 세포 사이에 있는 물을 말한다. 이 물들은 전체 수분의 16% 정도를 차지하고, 림프관을 통해 다시 정맥으로 들어간다. 8쪽을 참고하기 바란다.

† 조기어류는 어류의 99% 정도를 차지하는 경골어류에 속한다. 뼈가 센 조기어류는 우리의 밥상에 주로 올라오는 식재료가 된다.

있어서 힘들이지 않고 물속에서 일정한 높이로 부력을 조절할 수 있게 될 것이다. 그리고 이 공기주머니 주위에 혈관들이 밀집하게 되면 자연적으로 기체교환이 일어나 폐로서의 기능도 발휘할 수 있게 되었을 것이다.

또한 입으로 공기가 들어가면서 음식물과 공기가 들어가는 길이 구분될 필요성이 생겨나게 되었다. 이것은 구개라는 입천장이 생기면서 비강과 구강이 구분되고, 각기 후두와 식도로 연결되어 호흡기와 소화기가 구분되는 구조로 발전하게 되었다. 이러한 구조는 인간에게 다양한 발성이 가능해질 수 있는 길을 만들어주었다고도 볼 수 있다. 처음으로 비강과 구강이 분리된 것은 파충류에게서 나타나지만, 인간과 같은 단단한 형태의 입천장을 가지고 있는 동물은 새나 악어 그리고 포유류에게서만 볼 수 있다.

물속에서는 부력을 받아 몸을 지탱하기가 훨씬 수월하다. 그러나 부력이 없어진 지상생활은 중력이라는 새로운 자연의 힘에 대항하는 해부학적 구조물들을 필요로 하게 되었다. 그래서 육상동물은 더 단단한 외골격이나 내골격을 발달시켜야 했고, 이들을 운동에 이용하기 위해서는 근골격계를 재정비해야 하는 문제점도 안게 되었다. 그러나 무엇보다 더 중요한 일은 대를 이어나갈 수 있는 자손을 만드는 일이었다. 과연 물이 없는 건조한 지상생활에서 어떻게 산란과 번식이 가능할 수 있었을까?

처음 지상으로 올라온 물고기는 초기 사지동물로 발달해나갔지만, 결코 물을 떠나서는 살 수 없는 상황이었다. 우리는 개구리가 왜 초등학교 과학 실습에 자주 등장하는지를 까마득하게 잊고 살아왔다. 양서류는 말 그대로 물과 뭍에서 동시에 살 수 있다는 뜻이 아닌가! 개구리는 처음 물에 사는 올챙이가 되고, 이 올챙이에게서 팔과 다리가 나와 시냇가 언덕을 뛰어다닌다. 그러나 이들도 물고기가 물속에서 산란과 수정을 하는 방법을 그대로 답습하고 있을 뿐이다. 어류는 암컷이 산란을 하고, 수컷이 그 위에 정자를 뿌려서 수정을 시킨다. 개구리도 마찬가지이지만 조금 더 난자에 정자를 접근시킬 수 있는 방법을 가지고 있다. 즉 수컷 개구리가 암컷 개구리를 뒤에서 안고서 암컷이 알을 낳자마자 바로 수컷이 사정을 하여 수정시키는 방법을 개발한 것이다. 이들은 특별한 생식세포 주입기나 수용기를 가지고 있지는 않지만, 서로가 몸을 밀착시켜서 물고기보다는 수정이 훨씬 쉽고 효율적으로 일어나도록 해준다. 우리는 이런 과정을 다른 행위와 구별 지어 포접(amplexus)*이라는 용어를 사용한다. 좀 더 세분하여 기술해보면 물고기나 양서류는 산란 난생(oviparity)을 한다고 할 수 있다.

자, 그렇다면 물을 떠나서 더 깊숙한 육지로 들어가면 어떻게 번식을 할 수 있을 것인가? 여기서 가히 혁명적인 진화적 진전이 이루어지게 된다. 바로 배아 밖에 껍질을 만들면서 양막(amnion)이라는 새로운 물주머니를 만들어냈다는 사실이다. 특별히 이러한 양막을 가지고 있는 동물들을 양막류(羊膜類, amniota)라고 부르고, 여기에는 인간을 비롯하여 파충류, 조류, 포유류가 포함된다.

---

* 포접은 수컷 개구리가 암컷 개구리를 뒤에서 올라타 수정을 하는 행위지만, 실제로 교미가 일어나지는 않는다.

여러분이 좋아하는 큼지막한 연어알을 한번 생각해보자. 이 연어알은 그 안에 연어 배(embryo)와 이 연어 새끼가 먹고 살 양식인 계란 노른자에 해당하는 난황(yolk)이 장막(융모막, chorion)이라는 막에 싸여 있다. 단지 장막이라는 포장지 안에 연어가 될 배와 난황만 들어 있는 간단한 구조이다. 왜냐하면 이 알들이 살 공간은 물속이기 때문이다. 이는 단지 어류나 개구리 알의 구조를 설명한 것이다.

이제 우리에게 없어서는 안 될 달걀을 한번 생각해보자. 달걀은 연어알과는 다르게 알을 단단한 껍데기로 둘러싸여 있다.* 닭이나 조류는 물가를 완전히 떠나 물 밖에서 수정을 하고 자손을 낳고 키워야 하기 때문이다. 닭은 일단 알을 난각이라고 하는 달걀 껍데기와 그 바로 밑에 있는 난각막으로 에워싸 보호한다. 연어알과 같이 배를 싸고 있는 제일 바깥의 막은 역시 장막이다. 이 장막 안으로 난황을 둘러싸는 난황막(vitelline membrane)과 기체교환이나 노폐물을 관리하는 요막(allantois)이 들어 있다.[30] 이 난황막과 요막에 다시 양막이 연결되면서 닭의 배아가 여기에 매달려 있게 된다. 이 양막이 바로 배아를 물속에서 자랄 수 있도록 양수(羊水, amniotic fluid)를 가두어두는 기막힌 발명품이 된 것이다(그림 3-2). 마치 물속의 환경을 양막이 똑같이 만들어주고 있는 셈이다. 그렇다면 바로 이 달걀과 인간의 아기를 비교해보면 어떨까? 생물학에서는 흔히 볼 수 있는 비교이므로 너무 기분 나쁘게 생각하지 마시길.

달걀의 수정란에서나 볼 수 있었던 장막이 인간의 자궁 속으로 들어오면서 태반이 되어 영양분을 직접 태아에게 공급하는 일을 담당하게 된다. 그리고 퇴화된 난황막과 요막은 탯줄이 되어 아기가 들어 있는 양막과 연결된다. 우리 모두는 이 양막 안에 들어 있는 양수라는 물속에서 9개월 동안 신나게 뛰어놀다 나온 존재들이다. 그것도 임신 후반기의 양수는 주로 오줌이 주성분이라는 것도 알고 있어야 한다. 아기를 낳을 때 양수가 터졌다는 것은 출산이 임박했다는 증거가 된다. 그래서 양수를 담고 있는 양막을 만들 수 있는 동물들을 양막류라고 부르고, 물가를 떠나서 번식할 수 있는 길을 만들었다는 점에서 진화의 커다란 이정표를 세웠다고 말할 수 있다. 이렇게 양막을 만드는 동물은 인간뿐만 아니라 거북이나 뱀, 공룡이나 조류 및 포유류가 모두 여기에 속한다. 기왕 말이 나온 김에 난황관(vitelline duct)은 어떻게 될까? 이들은 태아의 내장과 연결되지만, 그 흔적이 일부 남아서 마치 맹장처럼 보이는 메켈 게실(Meckel's diverticulum)† 이 되기도 하고, 요막은 우리의 방광이 되어 소변줄의 한 부분이 될 것이다.

여기서 잠깐! 자손을 만드는 수정 방법에 대해 간단히 알아보도록 하자. 먼저 물고기와 같은 방법을 산란 난생이라고 한다. 알을 낳고 수정을 시켜 자식이 태어나는 방법이다. 그러나 이런 방법은 수정률도 낮을 뿐만 아니라 비효율적이다. 물살이 세거나 타이밍이 잘 맞지 않으면 어떻게 될까? 따라서 몸속에서 수정을 시킨다면 훨씬 더 좋은 방법이 되지 않을까? 그렇지만 체내 수정은 장점도 많지만 수반되는 문제점도 많이 생기게 된다. 먼저 수컷은 정자를 주입시켜주는 기구를 만들어야 하고,

---

* 초기 양막류의 알은 달걀 껍데기처럼 딱딱한 재질이 아니고 부드러운 가죽 같은 질감으로 되어 있다. 뱀과 악어의 알껍데기와 유사하다.

† 메켈 게실은 선천성 게실로서 회장에 달려 있는 꽈리 모양의 주머니 형태를 가지는 기형이다. 전 인구의 2%에서 나타나며 회맹판막(ileocecal valve)에서 2피트 상부에 주로 위치하며 길이는 약 2인치 정도 된다.

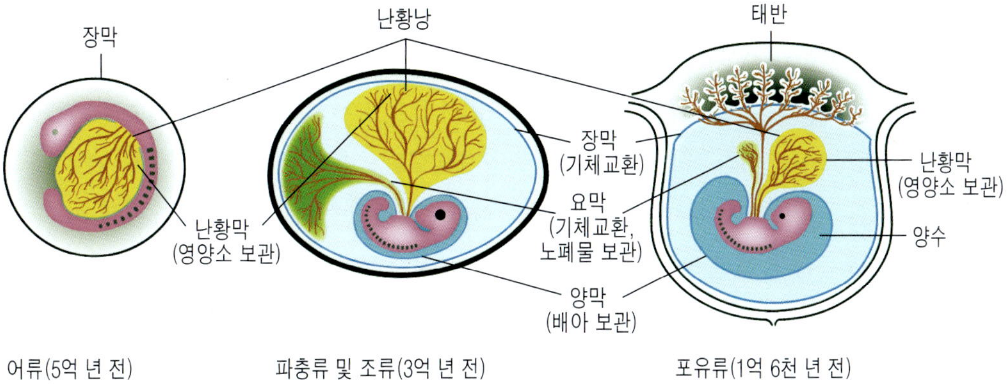

그림 3-2. 알이 어류에서 파충류, 조류 및 포유류로 진화하는 과정.[30]

암컷도 이 정자를 받아들이는 수용기를 따로 만들어야 한다. 그뿐 아니라 교미라는 행위에 따르는 여러 가지 비용 문제도 감수해야만 할 것이다. 이러한 수정의 형태는 닭과 같은 조류, 대부분의 절지동물 및 파충류에게서 볼 수 있다. 그래서 이런 형태를 산란 난생과 구분하여 진정 난생(true oviparity)이라고 부른다. 즉 몸속에서 수정이 일어난 후에 알을 낳는다는 뜻이다.

그러나 이번에는 수정란이 점차 암컷의 몸속에 머무는 기간이 길어짐에 따라 영양분을 어떻게 공급받는지에 따라 다시 분류해볼 수 있게 된다. 즉 암컷의 몸속에 들어 있지만 알 속에 든 난황으로 먹고 사는 경우와 모체에서 태반을 통해 직접 먹고 사는 형태로 구분 지을 수 있게 된 것이다. 이렇게 되면 이번에는 알을 낳는 것이 아니라 새끼를 직접 낳을 수도 있을 것이다. 따라서 같은 새끼를 낳는 종일지라도 전자는 난황영양성 태생(lecithotrophic viviparity) 또는 난태생(ovoviviparity)이라 부르며, 구피나 망상어 또는 일부 뱀이나 상어가 여기에 속한다. 그리고 후자는 모체영양성 태생(matrotrophic viviparity)이라 부르며, 여러분도 예측하고 있듯이 인간을 포함한 대부분의 포유류가 여기에 속한다.[31]

양막류를 다루면서 빠뜨리지 못할 부분이 바로 두개골이다. 양막류에서 결정적인 진화적 발전은 양막의 발명이라 할 수 있지만, 그 분류법에는 두개골을 이용하지 않으면 안 되기 때문이다. 여기서도 인간은 그저 한 종의 양막류에 지나지 않는다는 것을 인정하지 않을 수 없다. 먼저 두개골을 보면 안구가 들어가는 안와골 뒤에 구멍이 몇 개가 있는지에 따라 그 조상들이 달라진다. 안와골 뒤에 있는 구멍을 우리는 측두창(temporal fenestra)이라고 부른다. 이 측두창이 1개 있는 두개골을 단궁류(synapsid)라고 부르고, 토끼만 했던 키노돈트(cynodont)가 속했던 수궁류(therapsid)가 여기에 속한다.* 수궁류를 따로

* 양막류에서 측두창의 모양과 분류 내용은 다음 인터넷에서 쉽게 찾아볼 수 있다. https://www.geol.umd.edu/~tholtz/G104/lectures/104land.html

포유류형 파충류(mammal-like reptile)라고 부르는 이유는 바로 인간이 들어 있는 포유류의 조상이 수궁류이기 때문이다. 결국 인간은 측두창이 1개인 단궁류에 불과하다. 측두창이 1개도 없는 무궁류(anapsid)에는 거북이 속한다.

단궁류를 제압하고 한 시절 지구상의 모든 동물을 호령했던 공룡류는 이궁류(diapsid)에 속한다. 측두창이 2개 있다는 뜻이다. 이 이궁류에는 대부분의 파충류가 속해 있고, 뱀이나 악어류 및 멸종된 익룡류도 여기에 포함된다. 또한 공룡류 중 수각류(theropod)에서 조류가 진화해 나오고 있다.[32] 따라서 수각류가 닭과 같은 새의 조상이라는 뜻이다. 그런데 주로 육식을 했던 무시무시한 티라노사우루스 렉스(tyrannosaurus rex)가 대표적인 수각류가 아닌가! 그래서 벤치에 앉아서 맥주와 함께 치킨 다리를 뜯고 있는 인간들을 티라노사우루스 렉스가 지나다가 본다면 어떤 생각이 들까? 참 궁금한 일이 아닐 수 없다. 세상은 이렇게 돌고 돈다. 천하를 호령하던 공룡의 후손인 닭의 다리를 별 볼일 없던 포유류 후손들이 술안주로 뜯고 있으니 말이다.

④ 침팬지 사촌

드디어 침팬지 새끼 얼굴을 한 인간이 마지막으로 가면무도회에 얼굴을 내밀었다. 그들의 이름은 '현명한 사람'이라는 뜻을 가진 호모 사피엔스(*Homo sapiens*)이다. 그들이 현명한지 아닌지는 다음 문제이고, 과연 그들의 정체는 무엇이며 그들의 조상이 누구인지를 먼저 살펴보도록 하자.

우리의 조상을 추적하는 데는 세균부터 시작하는 것이 아니라 그 중간을 뚝 잘라 포유류로부터 출발하려고 한다. 포유류는 단궁류인 수궁류에서부터 시작하였다. 이 시기가 약 2억 5천만 년 전이어서 중생대가 출발하고 얼마 지나지 않은 삼첩기 초기였다. 또한 이 시기는 공룡이 등장하는 시기이기도 하다. 그러나 포유류와 공룡류는 그 출발 시점이 비슷했지만, 그들의 운명은 확연히 다르게 전개되었다. 공룡류는 빠르게 번성하여 중생대를 자신의 시대로 만들어버린 반면, 포유류 조상은 이들의 위세에 눌려서 기 한번 펴지 못하고 야행성으로 변하거나 나무 위에 올라가 숨어 지낼 수밖에 없게 되었다.

처음으로 포유류 중 우리의 직접 조상에 해당하는 초기 영장류가 등장한 것은 약 7천만 년 전으로 중생대가 끝나가던 백악기 후기였다. 여기서 우리는 원숭이(monkey)와 유인원(ape)을 구별할 필요가 생긴다. 보통 이 둘을 합쳐서 그냥 원숭이라고 부르는 일도 종종 있기 때문이다. 우선 유인원에게서는 꼬리가 사라진다. 처음으로 꼬리가 없는 영장류가 긴팔원숭이이다. 원원류나 진원류 또는 곡비원류나 직비원류, 광비원류나 협비원류 등은 모두 원숭이들로 꼬리가 있다.

사람과(hominid)는 오랑우탄, 고릴라, 침팬지와 호모속을 모두 아우르는 용어이다. 오랑우탄이 대략 1,400만 년 전에 분기하였고, 고릴라가 800만 년 전에 갈라졌다. 그리고 마지막 남은 침팬지와 호모속이 갈라선 것은 약 600만 년 전의 일이고, 침팬지들은 약 180만 년 전 다시 보노보(bonobo)로 갈라졌다. 그래서 만약 우리의 사촌을 꼽으라면 침팬지와 보노보를 들어야 할 것이다. 따라서 학자들이 침팬지나 보노보의 사회생활이나 성생활을 통해 인간의 진면목을 보고 싶어 하는 이유도 여기에 있다.

이렇게 갈라진 호모속이 처음부터 호모 사피엔스로 진화한 것은 아니다. 이 600만 년 이후에 우리의 선조에게서 일어난 일들을 추적하는 일에 평생을 바친 학자들이 많이 있다. 그러나 아직도 족보를 만들 듯이 우리의 선조들을 모두 일목요연하게 줄 세우기를 할 정도로 밝혀내지는 못하고 있다. 그저 인간 화석을 중심으로 600만 년이라는 세월을 그 지형과 기후를 염두에 두고 추정해볼 뿐이다. 그래서 나는 이 소제목을 쓰기 위해 압축해서 그 지나온 과거를 기술하고자 한다.

먼저 침팬지와 갈라진 이후 등장하는 우리의 선조들을 호미닌(hominin)이라고 부르자. 분기 이후에 곧장 등장하는 초기 호미닌과 약 300만 년 전후에 등상하는 오스트랄로피테쿠스(Australopithecus)* 속, 그리고 약 200만 년 전에 등장하는 호모속을 개략적으로 분리해보도록 하자. 그리고 약간의 흥미를 추가하기 위하여 먼저 침팬지와 호미닌을 구분할 수 있는 해부학적 차이점을 몇 가지 소개하기로 하자.

침팬지와 우리의 조상인 호미닌의 차이점은 제일 먼저 완전한 이족보행을 했는가에 달려 있다. 네발짐승이 서서 두 발로 걷게 되면 신체 구조상 큰 변화가 따라오기 마련이다. 그래서 골반이 좁아지고 대퇴골의 방향이 바뀔 뿐만 아니라 발 뼈에도 변화가 오게 된다. 특히 골반의 변화는 인간의 미래를 확 바꿀 정도로 예민한 구조적 변화이다. 이들은 다시 조금 뒤에 자세히 논하기로 하자.

그리고 특히 뇌에서 척추로 신경다발이 빠져나가는 대공의 위치가 호미닌들이 이족보행을 했는가를 판단하는 데 중요한 잣대가 되어준다. 그뿐 아니라 치열도 침팬지는 U자 모양이지만, 고인류부터는 V자 형태로 바뀌기 시작한다. 만약 침팬지처럼 U자 형이 인간한테 그대로 남아 있다면 현재 우리의 치아들은 사이가 많이 벌어져서 모두 다 치과병원 신세를 져야 할지도 모른다. 그 외에도 안면각이나 측두근과 주위 두개골, 후두부의 근육 변화 등이 주요 감별점이 될 수 있다.

우선 초기 인류 화석으로 꼽히는 다수의 화석 중 약 450만 년 전으로 추정되는 아르디피테쿠스 라미두스(*Ardipithecus ramidus*)를 소개하기로 하자. 이 화석이 말해주는 것은 네발로 기던 유인원이 두 발로 걷기 시작했다는 거의 확실한 증거를 보여준다는 점이다. 그뿐 아니라 그 골격이 인간과 침팬지의 특성을 모두를 가짐으로써 이 둘을 연결하는 잃어버린 고리에 해당될 만한 구조를 가지고 있다는 사실이다.

그다음으로 나타나는 오스트랄로피테쿠스속은 대략 12종이나 될 정도로 많이 보고되어 있다. 지금까지 알려진 호미닌의 전체 종수가 약 20종 이상이 되고, 앞으로 약 10여 종이 더 발굴되리라고 예상되는 상황에서 12종이나 오스트랄로피테쿠스속이 차지하는 것은 인상적이다. 우리에게 잘 알려진 루시(Lucy)라는 별명의 오스트랄로피테쿠스 아파렌시스(*Australopithecus Afarensis*)나 타웅 아이(Taung Child)로 유명한

---

* 오스트랄로피테쿠스(*Australopithecus*)의 austral은 '남방'이라는 의미이고, pithecus는 '원숭이'라는 뜻이다.

오스트랄로피테쿠스 아프리카누스(Australopithecus africanus) 정도만 소개하기로 하자.

약 200만 년이 넘어서자 오스트랄로피테쿠스속과 같은 시대를 살면서 등장하기 시작하는 호모속은 지금까지 약 9종 정도가 보고되어 있다. 1960년 고고학의 거장이라 할 수 있는 케냐 출신 영국인 루이스 리키(Loius Leakey: 1903~1972)가 탄자니아 올두바이 계곡에서 발견한 호모 하빌리스(Homo habilis)는 그 이름이 말해주듯이 도구를 사용한 흔적을 가지고 있다.

호모 에렉투스(Homo erectus: 직립인간이라는 뜻)는 1891년 집념으로 가득 찬 네덜란드 군의관이자 해부학자였던 외젠 뒤부아(Eugéne Dubois: 1858~1940)에 의해 인도네시아 자바섬에서 처음으로 발견되었다. 이 화석에 직립인간이라는 이름이 붙은 이유는 그 당시에는 직립했던 인간화석이 처음으로 발견되었기 때문이다. 이 호모 에렉투스는 약 200만 년 전부터 10만 년 전까지 아프리카, 아시아, 시베리아 등에서 광범위하게 살았던 우리의 선조들이다. 이들은 불을 사용하였고 요리를 해 먹었으며 석기를 사용하기도 하였다. 그뿐 아니라 이들은 최초로 아프리카를 떠난 호미닌이기도 하였다.

호모속이 약 200만 년 전에 등장하면서 생긴 제일 큰 변화는 두개 용량이 커지기 시작했다는 점이다. 호모 하빌리스가 약 500cm^{3}의 뇌 용량을 가지다가 호모 에렉투스에 이르면 거의 1,000cm^{3}에 도달하게 된다. 이는 침팬지의 뇌용량이 오스트랄로피테쿠스와 비슷한 400cm^3 정도인 것에 비하면 비약적인 크기의 증가가 아닐 수 없다. 현대의 호모 사피엔스는 거의 1,500cm^3 정도에 이르고 있어서 두개 용량의 증가가 현재의 인간이 있게 해준 중요한 변화 중 하나인 것은 틀림없어 보인다. 왜 이렇게 뇌가 커졌는지에 대한 논의는 뒤로 미루기로 하자.

호모 에렉투스는 우리에게 잘 알려진 자바원인(Java Man)이나 북경원인(Beijing Man)이 되었고, 더 위로 올라가서 알타이 산맥의 데니소바인(Denisovan)이 되기도 하였다. 그렇지만 현대 인류와 가장 밀접한 관계를 가지고 있는 호모 네안데르탈랜시스(Homo neantherthalensis)는 약 50만 년 전부터 3만 년 전까지 유럽과 아시아에서 널리 분포하던 호모속이다. 이들은 강인한 체력을 가지고 있었고 다양한 도구제작과 사냥 방법을 알고 있었지만, 어느 날 갑자기 이 지구상에서 사라져버렸다. 이제 오직 살아남은 호미닌은 약 30만 년 전 아프리카에서 태어나 7만 년 전 지구 전체로 퍼져 나간 호모 사피엔스 한 종뿐이다.[33] 이들이 호모 네안데르탈랜시스와 교접한 내용에 대한 기술은 다음 기회로 미루자.

이렇게 등장한 침팬지 사촌은 턱과 측두근(temporalis muscle)* 이 작아지고 뇌가 커지면서 약 7만 년 전 어느 날부터 갑자기 동굴 속에다 몽환적인 그림을 그리기 시작하였다. 그뿐 아니라 이들은 복잡한 언어를 만들어내고 문화를 개발하면서 서서히 우리 곁으로 다가오고 있었다. 이들이 죽은 사람을 매장한 것으로 보아 사후 세계에 대한 믿음과 종교의식이 싹트기 시작하였다고 볼 수 있다. 드디어 수렵 채집 사회에서 농경사회로 나아갈 준비가 갖추어졌다고 할 수 있을 것이다. 더욱이 기후도 이들을 축복

* 측두근은 씹는 근육인 저작근 중 하나이다. 눈과 귀 사이에 있는 관자놀이에서 위쪽으로 부채 모양으로 측두골에 붙어 있는 근육을 말한다.

이나 하듯이 마지막 빙기가 끝나고 간빙기로 접어들면서 약 1만 년 동안 인간을 고도의 문명사회로 접어들 수 있는 마법의 길을 열어주었던 것이다. 그렇다면 앞으로 기후는 어떻게 변해갈 것인가? 그리고 인간의 운명은 어떻게 될 것인가? 그냥 물어보기만 할 뿐 대답은 여러분의 몫이다.

(2) 식물

약 5억 년 전 지구의 육지는 이끼 하나 살지 않는 황량한 벌판이었다. 이 매력 없던 땅덩어리가 조금씩 푸른색으로 변해갈 조짐을 보인 것은 이끼나 우산이끼들이 물가에 터를 잡기 시작했기 때문이다. 이렇게 시작된 모든 육상식물(land plant)의 조상도 결국 하나의 조상에서 유래된 자손들이라는 사실이다.[34] 그렇다면 과연 식물의 조상은 누구일까? 식물의 근본도 역시 원생생물에 그 뿌리를 두고 있다. 녹조류는 엽록소 a와 b를 가지고 있고, 갈조류는 a와 c를, 그리고 홍조류는 a와 d를 가지고 있는 원생생물들이다. 그런데 육상식물은 모두 엽록소 a와 b를 가지고 있다. 따라서 우리는 광합성을 하는 녹조류가 모든 육상식물의 조상이라고 할 수밖에 없다. 그렇다면 녹조류가 육상식물로 진화하여 뭍으로 올라온 이유는 무엇일까?

대개 동물이 육지로 올라온 이유와 비슷하지만, 식물에서는 햇빛이 더 중요한 영향을 미치게 되었을 것이다. 즉 광합성에 필요한 햇빛을 물속에서보다 육지가 훨씬 더 많이 받기에 용이하기 때문이다. 또한 물속에 녹아 있는 이산화탄소보다 공기 중에 더 많은 이산화탄소가 있어서 손쉽게 구할 수 있다는 장점도 있다. 이것도 아니라면 물속의 원생생물들이 더 과밀해져서 새로운 서식지가 필요했을지도 모를 일이다.

그러나 일단 물속을 벗어난 원시식물들은 새로운 환경에 적응해야 되는 심각한 문제에 부닥치게 되었다. 먼저 부력이 통하지 않는 지상에서는 중력에 대항하는 구조물을 만들어내지 않으면 안 되게 되었다. 또한 그보다도 더 중요한 문제는 바로 동물들과 마찬가지로 물이라는 환경을 벗어나는 일이었다. 우선 선태식물(bryophyte)*은 물가나 호수 근처에 터를 잡고 양서류와 마찬가지로 물에서 멀리 떨어져 있지 않았다. 즉 이들은 비록 육지에 상륙했지만 물을 벗어나 있다고 할 수는 없었다. 또한 번식을 위해서도 정자가 난자로 헤엄쳐가기 위한 최소한의 물기가 표면에 존재하는 환경이어야만 생존이 가능했을 것이다.

이는 우리가 잘 알고 있는 고사리류가 포함되어 있는 양치식물(pteridophyte)도 같은 처지이다. 그렇지만 양치류는 뿌리, 줄기, 잎의 구별이 가능한 최초의 식물이면서 관다발(vascular bundle)† 도 생겨나기 시작하였다. 하지만 번식만큼은 아직도 수정 시 물이 필요하기 때문에 물가나 습기가 많은 지역을 벗어날

---

* 선태식물을 이끼류라고 부르기도 한다.

† 관다발은 물관과 체관, 그리고 부피생장이 일어나는 형성층으로 구성되어 있다. 물관은 물을 수송하고 체관은 영분을 운반한다.

수 없는 한계를 지니고 있었다. 이들이 진정으로 물가를 벗어날 수 있게 만든 발명품은 바로 종자(種子, 씨, seed)를 만드는 일이다. 이는 마치 동물들이 양막을 만드는 방법과 맥락을 같이한다.

하지만 식물의 종자 만들기는 동물의 양막 만들기보다 훨씬 더 효율적이고 진보된 방법이라고 할 수 있다. 왜 그렇게 생각할 수 있을까? 동물은 양막 안에 양수를 만들어 태아를 물속에서 키운다. 식물도 같은 배를 만들지만 어느 순간 배 발생을 멈추고 대신 씨를 만들어, 심지어 수천 년 동안이라도 잠을 자게 만들 수 있다. 하등식물은 포자(胞子, spore)를 만들어서 하늘로 날려 보내고, 고등식물은 종자를 만들어 번식에 이용한다. 포자는 물과 영양분이 있어야 생명을 만들어낼 수 있지만, 종자는 물만 있어도 싹을 틔울 수 있다. 왜냐하면 이들은 몸속에 이미 싹을 틔워낼 영양분을 저장하고 있기 때문이다. 마치 달걀 속의 노른자와 같은 영양분 말이다.

이러한 종자식물에는 우리가 잘 아는 겉씨식물(gymnosperm)과 속씨식물(angiosperm)이 들어 있다. 겉씨식물은 꽃이 없다. 이들은 씨방을 밖으로 노출시켜 지나가는 화분을 씨방으로 받아들인다. 이렇게 화분을 씨방으로 옮겨주는 역할은 바람이 주로 한다. 바람은 소나무의 중매쟁이인 셈이다. 내가 모 대학교 의대 학장으로 일할 당시 내 사무실에서 내려다보이는 왼쪽으로 울창한 소나무 숲이 있었다. 이 송림에 봄이 찾아오면 마치 산불이 난 듯이 송홧가루를 일시에 하늘로 날려 보낸다. 그 순간 온 소나무 숲은 타가수정을 위한 혼음의 현장으로 변하고 마는 것이다. 이렇게 맺어진 씨방은 2년이 지나면 솔방울이 되어 길바닥을 뒹굴고 있을 것이다.

식물종은 대개 40만 종 정도의 관다발식물이 있는 것으로 알려져 있고, 이 중에서 90% 이상이 속씨식물인 꽃식물이다. 속씨식물은 겉씨식물이나 동물의 번식 방법보다 훨씬 더 효율적인 방법을 개발해놓고 있다. 이들은 꽃 속에 숨겨진 씨방을 이용하여 종자를 만든다. 그냥 종자를 만드는 것이 아니라 씨의 바깥 부분을 아주 맛있는 과육으로 감싸서 나무에 매달아놓는다. 이 과육이 동물의 일용할 양식이 되는 것이다. 특히나 이들은 이중수정이라는 공정을 이용하여 풍성한 배젖을 만들어서 배가 묘목으로 자라나는 데 부족함이 없을 정도의 영양분을 제공해준다. 이들은 소나무처럼 기다림의 미학을 극복한 선진 식물이다. 언제 불지도, 또 어떻게 불지도 모르는 바람을 무작정 기다리지 않고 자신의 씨앗을 배달할 일꾼을 과일이라는 돈으로 사서 부리는 재주를 가지고 있다. 지나가던 동물들은 이 씨앗을 열심히 먹고, 그 씨를 사방팔방으로 퍼뜨려주는 역할을 담당하게 된다.

우리가 좋아하는 과일 중 하나가 체리(cherry)이고, 이 체리는 주로 플로리다에서 수입된다고 가정해 보자. 그렇다면 어떻게 된 일일까? 우리가 단지 체리를 좋아한다는 이유로 체리 나무는 누구를 시켜서 자신의 씨앗을 따게 만들고, 이를 기차에 실어서 어디 로스앤젤레스 정도로 배달시킬 것이고, 그 다음 배나 비행기로 태평양을 건너 서울 땅으로 오게 만들고 있는 것이 아닌가! 체리나무 자신은 한 발자국도 움직이지 않고도 자신의 분신을 지구 반대쪽까지 실어 나르는 데 성공하고 있는 셈이다.

이렇게 종자식물은 동물의 주요 식량원이 되어주면서 자신의 잇속을 충분히 차리고 있다. 식물은 동물이 살 수 있는 근본을 만들어주는 생명체이다. 따라서 동물 모두는 식물의 광합성에 의지하는 기생충들일 뿐이다. 우리는 이 지구상의 가면무도회에 참석한 지상 최대의 훌륭한 스폰서를 보고 있는 중이다.

(3) 곰팡이와 버섯

이번에는 삿갓 모양을 하고 무대에 등장한 배우를 소개할 차례이다. 마치 김삿갓의 모자를 쓴 것처럼 보이는 배우 말이다. 우리는 죽은 참나무나 상수리나무에 구멍을 낸 후 그 속에 종균을 넣고 물을 주면서 기다리면, 맛있게 생긴 표고버섯을 수확할 수 있을 것이다. 이들이 누구인가? 우리는 이들을 균류(fungus)라고 부른다. 이들은 약 10억 년 전 물에 사는 편모가 달린 원생생물에서 진화했다고 보고 있다. 편모가 포자에 남아 있는 원시 균류가 물속에 사는 호상균류(Chytridiomycota)*이다.[35] 이 원시 생명체는 개구리의 피부에 붙어서 피부를 두껍게 만든 결과, 많은 개구리들을 죽게 만드는 천적이 되었다. 그러나 이러한 편모는 접합균류(Zygomycota)로 진화하면서 사라진다. 접합균류는 2개의 균사가 결합한 접합포자라는 것을 만들어내는 특징이 있고, 빵곰팡이나 털곰팡이가 여기에 속한다. 또 다른 한 축을 형성하는 자낭균류(Ascomycota)는 오목하게 생긴 자낭과 안에 자낭이라는 주머니를 만들어 포자를 생산한다.

균류는 특이적으로 +교배형 균사와 −교배형 균사가 만나서 바로 2배체(2n) 균사를 만들지 않고 이핵형(n+n)†이라는 중간 단계를 거친 후에 핵융합이 일어나는 특징이 있다. 자낭균류에는 대부분의 효모와 누룩곰팡이 및 푸른곰팡이가 속한다. 효모는 이스트(yeast)라고도 잘 알려져 있어서 술을 만드는 데 꼭 필요한 미생물이다. 효모의 역할은 이미 자세히 소개된 바 있다. 누룩곰팡이가 전분을 포도당으로 분해해주는 역할을 담당한다면, 효모는 포도당을 대사에 이용하고 그 폐기물로 에틸알코올을 배출한다는 내용이다. 또한 푸른곰팡이는 자체적으로 세균과의 전쟁에 이용할 수 있는 화학물질을 만들어낸다는 사실이 밝혀지면서 최초로 인간에게 항생제라는 무기를 제공해준 고마운 균류이기도 하다.

그러나 곰팡이류보다 우리에게 더 익숙한 균류가 바로 담자균류(Basidiomycota)라고 할 수 있다. 우리가 산책길에서 자주 만나는 균류는 바로 버섯이다. 버섯을 종축을 따라 가르면, 결을 따라 잘 찢어지는 모습을 보게 될 것이다. 이는 눈에 보이지도 않는 가는 실처럼 생긴 균사(hypha)가 뭉쳐서 형성된 균사체(mycelium)가 만들어낸 작품이다. 땅속에 식물의 뿌리처럼 뻗어 있는 균사체에 비하여 지상으로 돌출

---

* 호상균류는 균류 중 하나이며 가장 원시적인 곰팡이로 주로 담수에 산다.

† 이핵형이란 교배형 균사가 각각 만나서 바로 이배체 균사가 되지 않고 한동안 한집에 2개의 교배형 균사가 같이 사는 형태를 취한다. 이는 마치 정자와 난자가 만나 바로 이배체인 핵융합이 일어나는 것이 아니고, 각기 한동안 정자와 난자 상태로 한집에서 지내는 것과 같다. 따라서 이러한 이핵형은 균류에서만 일어나는 특징이라고 할 수 있다.

되어 있는 부분을 우리는 버섯이라고 부르지만 실제는 자실체(fruit body)에 해당한다. 또한 갓처럼 생긴 자실체 밑에 있는 수많은 주름살 속에서 대를 이어갈 포자를 만들어내고 있다. 특히나 자낭균류가 자낭을 가지듯이 담자균류는 곤봉 모양의 담자기를 가지고 대를 이어갈 포자를 만들어낸다.

이러한 균류가 현재 몇 종이나 지구상에 살고 있는지는 정확히 알려지지 않았다. 그러나 대략 300만 종 정도가 살고 있을 것으로 보고 있고, 현재 12만 종 정도가 보고되어 있다. 이런 개체수를 바탕으로 균류는 식물과 동물들 틈바구니에서 당당하게 그들의 존재감을 뽐내고 있는 중이다. 그러나 자세히 들여다보면 식물과 동물의 주된 먹잇감과 중복되는 부분이 훨씬 적다. 우선 이들은 주로 부생자(腐生者, saprotroph)로서 죽은 생명체를 먹고 산다. 우리의 발에 생기는 무좀균도 습기가 많고 죽은 조직인 피부 각질이 많이 떨어져 나오는 곳에서 주로 산다. 산길에서 만나는 버섯들은 한결같이 죽은 나무나 그늘진 바위틈에서 피어나오고 있다. 또한 이들은 상리공생자로서 식물과 공생하면서 그들의 뿌리가 들어가지 못하는 미세한 틈 속으로 파고들어가 무기질이나 수분을 식물에 공급해주고, 식물은 광합성을 한 음식물을 균류에게 제공해주는 공생관계를 유지하면서 살아가고 있다. 따라서 동물과는 서로의 먹이 영역이 겹치지 않는 곳에서 공존한다고 할 수 있다.

이제까지 우리는 이 지구라는 무대에 등장한 배우들을 살펴보았다. 그렇지만 이렇게 등장한 배우들이 어떻게 환경에 적응하고, 어떻게 변해가는지도 매우 신기한 과제가 아닐 수 없다.

2) 세월은 흐르고

(1) 새벽 종소리

우리는 이렇게 어우러져 살아가는 생명체들이 어떻게 숱한 세월 속에서 살아남았는가를 전혀 알지 못하고 있었다. 이러한 생명체가 어떻게 태어났고 어떻게 살아가는지를 그저 신의 섭리 정도로만 이해하고 있었을 뿐이다. 어두컴컴한 하늘에서 귀가 찢어지도록 천둥과 번개가 치고 사방을 분간할 수 없을 정도의 폭우가 쏟아진다면, 우리는 모두 신의 분노가 극에 달했다고들 생각했다. 주위에 전염병이 돌아 시체를 발로 밟고 다녀야 하는 상황이 벌어져도 우리는 모두 기도할 수 있는 종교 시설로 달려갈 수밖에 없지 않았던가! 쥐는 조그마해서 땅 위를 기어다니고, 코끼리는 큰 대롱 같은 코로 물을 마시며, 기린은 장대 같은 목으로 높은 나무의 잎을 따 먹고 돌아다니는 세상을 과연 무엇으로 설명할 수 있었겠는가!

영국의 성공회 신부이자 철학자였던 윌리엄 페일리(William Paley: 1743~1805)의 주장을 먼저 소개하기로 하자. 왜냐하면 그의 '시계공' 이야기는 자주 인용되는 비유이기 때문이다. 즉 "만약 숲속에서 시계를 하나 발견한다면, 그 시계가 우연히 그곳에 있지는 않았을 것이다. 아마도 누군가 그 시계를 만든 지적 설계자가 있었을 것이다."라고. 이 시계는 잘 설계된 창조물이기 때문에 그 창조물의 제작자인 신을 강력하게 시사한다고 할 수 있다. 그런데 역설적인 일은 페일리가 케임브리지 대학교에서 공부하던 시절에 사용했던 기숙사 방을 후에 찰스 다윈(Charles Darwin: 1809~1882)이 사용했다는 사실이다.[36]

다윈이 에든버러 대학교에서 의학 공부를 포기하고 신학 공부를 위하여 케임브리지 대학교로 옮겼을 때의 일이다. 다윈이 했던 가장 큰 업적 중 하나는 바로 페일리가 주장했던 신학을 진정한 과학으로 바꾸어놓았다는 사실에 있다. 생명 창조의 신화를 과학의 영역으로 끌어들이는 작은 종소리가 1859년 《종의 기원》이라는 책의 발간으로 전 세계에 울려 퍼지기 시작하였던 것이다. 나는 다윈의 전기 내용을 다시 복기하고 싶지는 않다. 그러나 몇 가지만 추려 정리해보는 것은 의미 있는 일이 될 것이다.

다윈이 주장한 진화론이 세상을 놀라게 한 이유는 바로 신이 인간을 창조한 것이 아니라, 아주 먼 옛날 우연히 생겨난 한 생명체로부터 생겨났다는 이론이기 때문이다. 이러한 진화론의 등장은 성경의 창조론이 설 땅을 심각하게 위협하는 일이 되었다. 따라서 이러한 발표와 주장은 신학이 참고 견딜 수 있는 수준이 아니지 않는가! 1860년에 벌어진 그 유명한 토머스 헉슬리(Thomas Henry Huxley: 1825~1895)* 와 윌버포스(Samuel Wilberforce: 1805~1873) 주교 사이의 논쟁으로도 아주 잘 나타나 있다.[37] 먼저 선공을 한 쪽은 주교였다. "만약 진화론이 맞다면 당신의 할아버지와 할머니 중 어느 쪽이 원숭이인가요?" 이에 대한 헉슬리의 반격은 너무나 명쾌하였다. "당신처럼 진실과 마주하기를 두려워하는 사람보다는 차라리 두 마리 원숭이 자손이 되는 것을 선택하겠습니다." 만약 이 시대가 약 250년 정도 더 올라갔더라면 갈릴레오 갈릴레이(Galileo Galilei: 1564~1642)나 조르다노 브루노(Giordano Bruno: 1548~1600)† 의 신세가 될 수도 있지 않았겠는가!

다윈의 진화론은 서구 사상과 철학을 근본부터 바꾸어 놓은 대사건이었다. 그러나 진화론은 그가 처음으로 주장한 것도 아니고 더구나 단독으로 제안한 것도 아니다. 진화론은 그의 할아버지였던 에라스무스 다윈(Erasmus Darwin: 1731~1802)이나 용불용설(theory of use and disuse)을 주장한 라마르크(Jean Baptiste Lamarck: 1774~1829)‡ 에 의해 이미 제시되었다. 그뿐 아니라 다윈이 진화론을 주장할 수 있었던 이론적인 배경인 자연선택(natural selection)은 월리스 라인(Wallace's line)§ 으로 유명한 앨프리드 월리스(Alfred Wallace: 1823~1913)도 같은 생각을 가지고 있었다. 이 둘은 1858년 7월 1일 런던 린네 학회지에 공동으로 이 사실을 발표도 하지

---

* 다윈의 진화론을 적극적으로 옹호한 학자로 영국 왕립협회 회장을 지내기도 하였다. 그의 저서 《자연에서의 인간의 위치》에 나오는 사람과의 그림은 지금도 자주 인용되고 있다. 이 그림은 다음에서 쉽게 찾아볼 수 있다. https://en.wikipedia.org/wiki/Man%27s_Place_in_Nature

† 조르다노 브루노는 이탈리아의 철학자이자 로마 가톨릭 교회 수사였지만 기독교와 어긋나는 우주관과 교리를 주장한 이유로 7년간 종교재판을 받은 끝에 1600년 로마의 캄포데 피오레 광장에서 화형에 처해졌다.

‡ 라마르크의 용불용설은 많이 사용하는 기관은 발달하고 사용하지 않는 기관은 퇴화한다는 이론이다. 그러나 이러한 획득형질은 유전되지 않는다. 쥐의 꼬리를 아무리 잘라도 태어나는 쥐는 꼬리가 있기 마련이다.

§ 월리스 라인은 호주와 아시아 섬(인도네시아 자바섬의 롬복해협과 보르네오섬) 사이를 가로지르는 가상의 선이다. 이 선을 분기점으로 양쪽의 생물종에 차이가 난다. 서쪽은 아시아 계통의 생물종이 많고, 동쪽은 호주 출신의 종들이 많이 있다.

않았던가. 그러나 진화를 떠올리면 다윈을 먼저 생각하게 되는 이유는 자연선택이라는 진화의 메커니즘을 가장 단순하고 명료하게 설명했기 때문이다. 이제는 생물학에서 진화를 빼고 나면 할 말이 없다는 자조 섞인 말까지 나오게 되었다.

그뿐인가? 제2차 세계대전이 발발하기 직전에 교황직에 오른 비오 12세(Pius XII, 재위: 1939~1958)는 "인간의 육체가 예전에 있던 생물체에서 나왔다면, 정신적인 영혼만큼은 하느님에 의해 직접 창조되었다."라는 말로 진화론을 인정하였다.* 또한 최초의 폴란드 출신 교황인 요한 바오로 2세(Joannes Paulus II, 재위: 1978~2005)도 1996년 인간의 몸은 자연적 과정으로 진화했다는 입장을 발표하기도 하였다.[38] 흙으로 아담을 빚고 아담의 갈비뼈로 이브를 만든 이야기는 심각한 도전에 직면한다는 사실을 알려주고 있다는 뜻이다.

이 지구상에 등장한 주인공들의 삶의 애환이 담긴 진화는 과연 어떻게 진행되어왔을까? 그 과정을 한번 추적해보자.

(2) 진화의 원동력

진화는 시간이 지남에 따라 한 종에서 유전적으로 변화가 온다는 개념이다. 즉 진화는 궁극적으로 한 종이 다른 종으로 변하는 것을 말한다. 우리 모두는 한 생명체의 후손들이다. 그렇다면 눈에 보이지도 않았던 극히 작은 세균이나 고세균에서 어떻게 코끼리나 삼나무, 심지어 인간이라는 최상의 생명체가 태어날 수 있었을까? 이것을 설명하는 것이 바로 진화라고 할 수 있다.[39] 종이 변하기 위해서는 유전자가 변해야 한다. 따라서 유전자가 변할 수 있다면 다른 종이 생겨난다는 뜻이다. 그래서 유전자가 변하여 진화가 일어날 수 있는 그 원동력이나 메커니즘을 따져보아야 하지 않을까?

먼저 진화를 설명하는 큰 줄기인 돌연변이나 자연선택은 따로 곧이어 설명할 것이다. 그 외에도 유전자 빈도에 변화가 올 수 있는 상황은 많이 있다. 만약 지리적 장벽(큰 산맥이나 강 등)에 의하여 개체군이 분리되거나, 종 사이에 생식 가능한 한 생명체가 이동해 들어가면 어떻게 될까? 유전자 빈도에 변화가 올 가능성이 아주 높아질 것이다. 우리는 이런 경우를 그저 유전자 이동(gene flow)이라고 표현한다.

또 다른 경우를 보자. 개체수가 적은 집단에서 돌연변이나 자연선택 없이 우연한 사건에 의하여 유전자 변이가 일어날 수 있는 상황을 가정해보자. 어느 날, 지진이나 대형 산불에 의하여 소수의 들소들 중에서 몇 마리만 살아남았을 경우, 이들이 만들어낼 수 있는 유전자의 다양성은 극히 제한적일 수밖에 없다. 왜냐하면 유전자를 섞을 수 있는 개체수가 너무나 적기 때문이다. 이러한 현상은 코끼리바다표범이나 코뿔소 그리고 플로리다 판다에게서도 볼 수 있다. 캘리포니아 연안에 살던 코끼리

---

* 원문은 다음과 같다. If the origin of the human body comes through living matter which existed previously, the spiritual soul is created directly by God.

바다표범이 좋은 사냥감이 되면서 개체수가 급격히 줄어들어, 결국에는 약 20마리밖에 살아남지 못하였다. 그래서 이때부터 부랴부랴 사냥을 금지시켰지만, 원래 집단에 비하여 유전적 다양성은 극히 제한적일 수밖에 없게 될 것이다. 따라서 우리는 이런 현상을 병목효과(bottleneck effect)라고 부른다. 한 번 좁은 병의 모가지를 빠져나온 결과라는 의미이다.

그렇다면 이런 경우는 어떨까? 만약 한 마리 큰 새가 한두 개의 씨를 물고 멀리 떨어진 섬에다 떨어뜨렸다면 어떤 결과가 초래될까? 이 몇 개의 종자는 그 섬의 창시자가 되어 그 종의 최초의 조상이 될 것이다. 또한 중미와 남미 지역 인디언들의 혈액형이 거의 O형이라는 사실은 이미 잘 알려져 있다. 왜 이렇게 되었을까? 이 또한 극소수의 아시아인들만 이 지역으로 이주해 들어갔다는 것을 알려준다고 할 수 있다. 우리는 이런 경우를 창시자 효과(founder effect)라고 부른다. 그러나 큰 틀 속에서는 병목효과나 창시자 효과를 유전적 부동(genetic drift)이라는 용어로 부르고 있다.

그 외에도 유전자에 변화가 초래될 가능성이 높은 경우가 바로 선택적 교배(nonrandom mating)이다. 바로 예를 들어보자. 근친교배(inbreeding)는 동물보다 식물에서 많이 일어나서 유전자 변화를 초래할 가능성이 높다. 식물은 타가수정이 쉽게 일어나지 않기 때문에 근친교배적인 자가수정이 자주 일어난다. 인간에게서 일어나는 근친교배도 유전자 변이에 많은 영향을 미칠 수 있을 것이다. 성선택(sexual selection)도 유전자에 변이가 일어날 가능성이 높다. 암컷이나 수컷이 특정한 형질을 가진 상대만 성적 파트너로 삼을 때 일어나는 현상이다. 이는 공작새에서 뚜렷이 나타난다.

지금부터는 진화라는 과정에서 꼭 등장하는 돌연변이와 자연선택에 대하여 알아보도록 하자.

(3) 완벽하지 않아서

돌연변이(mutation)는 DNA 속에 있는 염기 서열이 변하는 것을 말한다. 즉 한 개체가 가지고 있는 유전정보가 변한다는 것이다. 이렇게 변하게 되면 어떻게 될까? 좋아질까? 나빠질까? 아니면 아무렇지도 않을까? 진화는 40억 년에 걸쳐 진행되었고, 지구가 사라지지 않는 한 진행될 한 편의 장대한 드라마 아닌가! 돌연변이란 어딘가 일어나서는 안 될 것 같은 부정적인 의미가 들어 있다. 그렇지만 아주 이율배반적으로 이 돌연변이가 진화의 원천이자 원동력이 된다는 것은 흥미로운 일이 아닐 수 없다. 지금부터 그 비밀의 문을 열고 들어가보자.

돌연변이라는 말이 처음 등장한 것은 1901년 네덜란드 식물학자인 휘호 드 브리스(Hugo de Vries: 1848~1935)가 달맞이꽃의 잎이나 꽃의 모양이 달라진 것을 두고 불렀던 말이다. 동물의 경우에는 1910년 토머스 모건(Thomas Hunt Morgan: 1866~1945)이 빨간 눈의 초파리 중에서 흰 눈을 가진 초파리를 발견하고서 불렀던 이름이다. 그렇다면 이러한 돌연변이는 왜 일어나는가? 돌연변이가 일어나는 가장 흔한 원인은 세포분열에서 생겨난다. 우리 몸에서는 초당 약 100만 개 이상의 세포가 죽어나간다. 이를 체중으로 계산한다면 하루에 1.2kg에 해당하고 있다.[40] 그러나 이 말은 그만큼 많은 세포를 만들어서 보충해야 한다는 뜻이기 때문에 세포분열이 왕성하게 일어나야만 한다. 세포분열이 일어나기 위해서는 무엇보다도 유전정보가 담긴 유전체를 복제해서 새로 생긴 세포 속에 집어넣어야 하지 않을까? 우리 몸속에는 약 32억 개의 염기쌍이 DNA 속에 들어 있다. 따라서 이만큼의 염기쌍을 똑같이 복사해야 한다는 의미이다.

과연 우리는 이 32억 개를 1개도 틀리지 않고 복제해낼 수 있을까? 그래서 어쩔 수 없이 세포가 한 번 분열할 때마다 평균 3개 정도의 유전체 복제 오류가 발생하게 된다. 즉 돌연변이가 3개 정도 생긴다는 뜻이다. 이를 염기쌍에 대비시키면 10억 개 중 1개 정도에서 돌연변이가 생긴다고 볼 수 있다.* 이런 확률을 다른 것과 비교해보면 좀 더 쉽게 이해할 수 있을 것이다. 만약 인쇄술이 발달하기 전에 성경책 전체를 손으로 베껴 쓴다면, 필경사가 성경책을 무려 280번 손으로 쓰는 동안 그 많은 성경책 글자 중 딱 한 글자만 틀리는 것과 같은 확률이다.[41] 그렇다면 이 확률과 비교하여 인간이 만드는 제품의 불량률은 과연 얼마나 될까? 여기에 견주어보기에는 우리의 불량률이 너무나 민망한 수준이지 않을까? 따지고 보면 만약 세포분열이 완벽하게 일어나서 돌연변이가 전혀 생기지 않았다면, 즉 필경사가 280번 동안 성경책을 베껴 쓸 때 한 글자도 틀리지 않았다면, 결코 진화는 쉽게 일어나지 않았을 것이다. 다시 말하면 완벽하지 못하고 실수가 있었기 때문에 현재의 우리가 있게 되었다는 의미이다. 참, 세상이 재미있지 않은가! 누군가 실수는 성공의 어머니라고 했던가. 세상은 이렇게 굴러가는 것 같다.

여기서 이 문제를 한 번 더 짚어보자. 돌연변이가 일어난 개체가 더 오래 살거나 더 많은 새끼를 낳는다면 어떻게 될까? 만약 돌연변이가 일어나지 않는 개체는 100마리를 낳고, 돌연변이가 일어난 개체는 101마리를 낳는다고 가정해보자. 전체 개체수가 1만 마리쯤 된다면 이 1%의 차이가 어떤 의미를 가지게 될까? 이는 쥐나 나방인 경우 약 2,000세대만 지나면 전 구성원이 모두 돌연변이를 가지는 개체(101마리를 낳은 개체)로 바뀐다는 것을 말해준다. 기간으로 따지면 얼마나 걸릴까? 대략 2,000년도 채 걸리지 않는 시간이다†[42]

그런데 진화를 직접 관찰할 수 있다는 영국 산업지구의 얼룩나방(peppered moth, *Biston betularia*)의 경우, 그 선택계수가 0.2~0.5 정도로 추정되기 때문에 고작 수십 년 내에 그 빈도가 현저히 증가하게 된다는 것을 알 수 있을 것이다. 얼룩나방이 검은색으로 변해가는 과정을 수학적으로 증명해낼 수 있다는 의미이다.‡ 따라서 얼룩말의 줄무늬가 별다른 의미가 없다면 "어떻게 하여 줄무늬가 없는 얼룩말이 존

---

* 같은 내용이지만 209쪽을 참조하기 바란다.

† 돌연변이가 개체군에 퍼지는 시간을 계산하는 공식은 시간=2/s In(2N)이다. 여기서 N은 전체 개체수이고, In은 자연로그를, s는 선택계수(위의 경우 0.01)를 뜻한다.

‡ 영국의 산업지구에서 오염이 발생하여 나무에 이끼가 자라지 못하고 그을음이 묻게 되었다. 그리하여 흰색 나방은 눈에 잘 띄어 천적에게 쉽게 포식당하는 대신, 검은색 얼룩나방은 그 숫자가 현저하게 늘어난 경우를 말한다. 실제 진화를 관찰할 수 있는 증례로 유명하다. https://www.britannica.com/animal/peppered-moth에서 잘 관찰할 수 있다.

재하지 않는가?"에 대한 해답을 얻을 수 있을 것이다. 얼룩말의 줄무늬가 흰색 바탕에 검은색 줄이 있는 것인지, 검은색 바탕에 흰색 줄이 있는 것인지는 잘 모르지만. 이렇게 돌연변이는 우연히 일어나면서 끊임없이 진행된다고 할 수 있다.

그다음으로 돌연변이가 일어날 수 있는 원인들은 DNA 염기의 화학적 반응 때문에도 일어날 수 있고, 방사선에 의해서도 유전물질이 손상받을 수 있다. 그뿐 아니라 다양한 화학물질이나 감염도 돌연변이를 유발시킬 수 있다. 따라서 우리 주위에도 아주 다양한 돌연변이원들이 널려 있는 셈이다.

이번에는 돌연변이가 일어나는 장소를 한번 크게 구분해보자. 만약 돌연변이가 체세포 계열에 일어난다면 세포 노화나 암 등이 발생할 가능성이 높지만, 이런 문제는 그 세대에서 끝난다. 그러나 만약 생식세포 계열에 돌연변이가 생기면 문제는 확 달라진다. 왜냐하면 이들은 다음 세대에도 그 영향력을 물려주기 때문이다.

그렇다면 돌연변이가 일어나면 어떤 변화가 생길까? 일단 유전정보에 돌연변이가 일어나면 생존에 불리할 수도 있고 유리할 수도 있다. 또한 아예 불리하지도 유리하지도 않을 수 있다. 대부분의 경우에 불리하지만, 유리하지도 불리하지도 않은 경우도 많고, 간혹 생존에 유리한 경우도 생겨나게 된다. 그렇다면 이러한 유불리를 누가 판단해야 할까? 그 판단 주체가 바로 자연이 맡게 되고, 이렇게 선택되는 메커니즘을 우리는 손쉽게 자연선택이라고 부르는 것이다.

이번에는 돌연변이가 어디에 생기는지를 한번 생각해보자. 먼저 돌연변이가 염기에 생길 수도 있고 유전자에 생길 수도 있다. 더 나아가 아예 염색체 전체에 생길 수도 있지 않을까? 따라서 염기가 1개 더 들어가든지 아니면 빠져버리는 경우를 생각할 수 있는데, 우리는 이런 경우를 전문용어로 점돌연변이(point mutation)라고 부르며, 제일 많은 부분을 차지한다. 더 나아가 염색체가 부분적으로 떨어져나가거나(결실) 중복될 수도 있고, 떨어져 나간 부위가 다른 곳에 가서 붙을 수도 있다(전좌). 모든 경우를 다 나열할 수는 없지만, 돌연변이가 일어날 수 있는 부위와 기전은 아주 다양하다고 할 수 있다.

그렇다면 이번에는 돌연변이가 일어나는 부위에 따라 어떤 결과가 나타날까? 먼저 초기의 생물 진화에는 돌연변이가 염기 수준에서 발생한 경우가 많았다. 그러나 생명체가 점점 복잡해져 가는 과정에서는 유전자 수준의 돌연변이가 관여한다. 그렇지만 다양한 동식물이 진화하여 오늘날에 이르게 된 것은 염색체 수준의 변화에 의해 일어난 일들이다. 특히 염색체 수준의 유전정보 변화로는 약 5억 년 전 캄브리아기 대폭발(Cambrian explosion)에서 일어난 사건이 해당한다고 할 수 있다. 이렇게 하여 고생대 초기 이후 지구라는 무대 위에는 아주 다양한 배우들이 등장하고 사라지는 땅이 되었다.

마지막으로 한 가지 예를 더 들어보자. 여러분의 산책길에 만나는 도토리는 참나무에서 열리는 열매이다. 누가 주워 먹는지는 관심 밖이다. 참나무는 유전체 전체가 중복이 되어 다배체화(polyploidy)가 된 식물들이다. 그래서 원래 참나무는 떡갈나무, 상수리나무, 굴참나무, 신갈나무, 갈참나무, 졸참나무로 갈라지게 되었다. 나에게 잎이나 도토리를 주면서 이것이 어떤 나무의 것이냐고 물으면 정확히

답을 맞힐 자신은 없지만, 이들이 유전체 돌연변이라는 과정을 통해 다른 종으로 갈라졌다는 것만은 확실히 이야기해줄 수 있을 것이다.

(4) 최고의 법정

자연선택이란 용어는 특정인이 선택한다는 것이 아니라 자연 그 자체가 선택한다는 말이다. 그러나 자세히 들여다보면 선택되는 것보다 선택되지 않는 것이 더 많기 때문에, 선택한다고 하기보다는 제거하거나 버리는 과정이라고 말하는 것이 더 옳을 것이다. 여러 가지 옷 색깔 중에서 어느 것이 선택을 받아서 더 유행하듯이 자연선택과 적자생존이라는 용어는 정치, 경제, 사회, 문화 등 다양한 분야에서도 적용되는 매력이 있다. 그만큼 진화라는 큰 줄기를 일목요연하면서도 간단명료하게 설명해내는 말이 바로 '자연선택'이라는 용어라고 할 수 있을 것이다. 그래서 나약한 다윈을 적극적으로 옹호했던 토머스 헉슬리(Thomas Henry Huxley: 1825~1895)도 "이런 생각을 못 해냈다니 내가 정말로 바보로구나!" 하고 한탄하지 않았던가!*

자연선택은 그 당시 진화론을 설명하던 용불용설을 무너뜨리는 큰 바탕의 이론이 되었다. 진화를 설명하는 데 꼭 등장하는 기린을 라마르크가 용불용설로 설명했기 때문이다. 즉 용불용설은 기린이 높이 있는 잎을 따 먹기 위하여 기를 쓴 결과, 목이 길어졌다고 설명한다. 즉 목을 길게 하기 위하여 많이 사용한 결과, 목이 길어졌다는 뜻이다. 그렇다면 과연 이 말이 맞는가? 그러나 다윈은 기린의 목이 길어진 것을 다르게 설명하였다. 즉 많은 기린들 중에서 목이 긴 기린이 높이 있는 나뭇잎을 따 먹는 데 더 유리하기 때문에 더 많은 새끼들을 낳게 되어 목이 길어졌다고 설명한다. 결국 자연이 목이 긴 기린을 선택했다는 주장이다. 마침내 라마르크가 주장한 획득형질(acquired character)† 은 유전되지 않는다는 것이 밝혀지면서 자연선택은 더욱더 유명세를 타게 되었다.

이탈리아 유전학자인 루카 카발리 스포르차(Luca Cavalli-Sforza: 1922~2018)는 이러한 자연선택을 '최고의 법정'이라고 부르지 않았던가![43] 좀 더 구체적으로 말하면 자연선택이 힘을 받기 위해서는 그 집단에 유전적 변이가 존재해야 된다는 뜻이다. 즉 기린 중에 목이 짧은 개체도 있고, 목이 긴 개체도 있어야 한다는 의미이다. 따라서 개체의 차이가 진화의 원재료가 될 것이고, 이러한 개체의 차이는 돌연변이에 의해 생긴다고 보면 된다. 그다음은 이러한 변이를 가진 개체가 유전율이 높아야 한다는 점이다. 즉 선택받은 목이 긴 기린이 목이 길다는 형질을 다음 세대에 넘겨줄 능력이 있어야 한다는 뜻이다. 그리고 마지막으로 이들이 직접 후손을 남길 수 있어야만 자연선택이 가능해진다는 것이다. 우리는 자연선택에 대한 예를 너무나 많이 보고 있다.

---

* 원문은 다음과 같다. How stupid of me not to have thought of it.

† 획득형질은 생물체가 살아 있는 동안 환경에 적응한 결과로 획득한 후천적 형질을 말한다. 1893년 바이스만(August Weismann)은 쥐의 꼬리를 대를 어어 계속 잘랐지만 꼬리가 없는 쥐는 태어나지 않는다는 '생쥐의 실험'을 통해서 획득형질은 유전되지 않는다는 것을 증명하였다.

다른 한 증례를 마지막으로 들어보자. 포유류는 고환이 몸 밖으로 나와 있다. 그러나 우리의 먼 조상인 어류는 생식샘이 배 안에 들어 있지 않았던가. 그런데 의외로 오리너구리나 코끼리 그리고 바다소 등의 고환도 배 안에 들어 있다. 그렇다면 왜 다치기 쉽게 고환이 밖으로 나와 있는 개체들이 선택되었을까? 이 고환들이 밖으로 나오게 되면서 병원 신세를 지는 사람들도 많아진다. 탈장이 바로 고환이 밖으로 나온 이후에 생긴 후유증이기 때문이다. 그러나 고환이 몸속에 있게 되면 고환이 제 기능을 발휘하지 못하여 불임이 되든가 고환암이 생길 가능성이 훨씬 높아진다. 이는 아마도 정자 생성에 관여하는 효소가 체내 온도에서는 제대로 작동하지 않기 때문인 것으로 보고 있다. 포유동물이 온혈동물로 진화하면서 벌어진 일일 수도 있을 것이다.

어릴 시절 시골에 살면서 가축이나 농작물의 품종개량을 보아온 다윈은 비글호* 선장의 말벗 노릇을 하면서 핀치새의 비밀은 알아낸 그의 혜안은 신화와 종교를 과학의 영역으로 끌어들인 장본인임에는 틀림이 없다.

3) 지울 수 없는 흔적

(1) 진화의 유적지

2010년, 시카고 대학교 명예교수인 제리 코인이 쓴 《왜 진화는 진실인가?(Why is evolution true?)》라는 책이 《지울 수 없는 흔적》이라는 제목을 달고 우리나라에서 번역판이 출간된 적이 있다.[44] 이와 더불어 《네이처》지에서는 진화의 증거를 15가지로 구분하여 자세하게 기술하기도 하였다.† 그러나 만약 여러분이 누군가와 서로 마주 보고 있다면, 머리부터 발끝까지 진화의 흔적이 남아 있지 않은 곳을 찾아보기가 힘들 것이다. 왜냐하면 아주 작은 세균이 인간이 되기까지 그 진화의 궤적이 그대로 인간의 몸속에 남아 있기 때문이다. 정말 그럴까?

흔히 교과서에서 말하는 진화의 흔적은 맹장(충수)을 그 예로 자주 들고 있다. 왜냐하면 맹장은 인간에게서 퇴화되고 말썽꾸러기로 남아 있기 때문이다. 실제 코알라나 토끼 그리고 캥거루는 맹장이 사람보다 훨씬 더 길다. 이들 속에는 셀룰로오스를 분해할 수 있는 세균이 들어 있다. 그렇지만 인간은 셀룰로오스를 분해할 수 없기 때문에 거의 없는 것이나 마찬가지로 퇴화되어 배 안에 있는 시한폭탄과도 같은 존재로 항상 남아 있었다. 인간은 평생 동안 맹장염을 앓을 가능성이 15% 정도 된다. 하지만 인류 역사의 99%에서는 외과의사가 없었다. 만약 지금이라도 외과의사가 한순간 모두 사라

---

* 비글(HMS Beagle)호는 왕립해군의 군함으로서 쌍돛대 범선으로 대서양과 남미 해안의 수로를 탐사했으며, 타히티와 호주를 거쳐 영국으로 돌아온 중형 범선이다.

† 자세한 내용은 https://www.nature.com/scitable/content/15-Evolutionary-Gems-7555225/#에서 볼 수 있다.

져버린다면, 아마도 강력한 진화적 선택압*이 작용하여 맹장이 없는 인간만 살아남아 왕성하게 번식할 수도 있을 것이다. 따라서 의학이란 자연적 선택압을 흐트러뜨리는 훼방꾼이 될 수 있다는 것도 부인할 수 없는 실정이다. 즉 의학의 발달은 의외로 진화와 자연선택의 기회를 빼앗아버릴 수 있다는 의미가 된다.

만약 여러분이 아직도 귀를 쫑긋쫑긋하게 움직일 수 있다면 소나 말의 귀에 있는 근육들이 아직도 남아 작동하고 있다는 증거가 될 것이다. 날지 못하는 새라도 퇴화된 날개를 가지고 있다. 아프리카의 타조나 뉴질랜드의 키위, 뜸부기나 펭귄도 기능을 못하는 날개를 가지고 있다. 우리는 이런 구조를 아예 흔적기관(vestigial organ)이라고 부른다. 고래나 보아뱀도 골반이나 다리뼈의 흔적을 몸속에 가지고 있다. 그렇다면 차라리 머리부터 차근차근 밑으로 한번 내려가면서 찾아보도록 하자.

여러분의 머릿속에 든 뇌는 어떻게 진화되어왔을까? 가장 핵심적인 질문이기도 하다. 모든 동물이 인간과 같은 뇌 구조를 가지고 있지는 않을 것이기 때문이다. 이는 다음 장에서 기술할 내용이다. 그다음은 눈이다. 눈은 과연 어떻게 진화되어왔을까? 모든 동물이 처음부터 앞쪽으로 눈이 쏠린 양안의 카메라 눈을 가지고 있지는 않았을 것이다. 더구나 광어나 도다리는 아예 눈알이 한쪽으로 돌아가 있지 않는가. 얼굴 가운데 솟은 코나 귀는 또 어떻고, 그 밑의 입은 또 어떻게 발달하고 진화되어왔을까? 그리고 턱은 과연 어디서 진화되어왔고 목은 어떻게 생겨났을까? 우리는 물고기에 목이 없다는 것을 잘 알고 있다.

의과대학 학생들이 해부학 교실에서 머리를 싸매고 공부해야 하는 것 중 하나인 아가미궁(branchial arch, pharyngeal arch)은 상어에서부터 인간에 이르기까지 모든 동물에게서 배의 초창기에 나타나는 구조물이다. 왜 그럴까? 그런데 인간과 같은 포유류에게는 아가미가 없다. 그런데 이 아가미가 바로 우리의 턱이 되고, 귀 안의 작은 뼈가 되어 소리를 듣게 하고, 후두나 인두의 구조물이 되어 삼키거나 소리를 내는 데 참여하고 있다면, 여러분은 어떤 생각에 잠기게 될까? 그래서 이 아가미궁이 제대로 막히지 않아서 태어난 아기의 목에 낭종이 생겨 있는 경우도 발견된다.

그뿐인가! 목을 타고 올라가는 경동맥이나 심장에서 나오는 대동맥은 모두 물고기의 혈관에서 나온 결과물들이다.[45] 이들이 퇴화되고 변화되어 생긴 대동맥궁(aortic arch)은 목 수술 시에 조심해야 되는 신경 구조를 만들어내기도 한다. 바로 미주신경(vagus nerve)에서 나오는 되돌이후두신경(recurrent laryngeal nerve)이다. 이 신경은 좌우의 주행 길이가 다르기 때문에 자칫하면 목 수술 후에 목소리가 잘 안 나오는 일이 종종 벌어지곤 한다. 물고기의 아가미 혈관들이 점차 변해 인간의 주된 혈관이 되어가는 과정을 보

---

* 진화적 선택압(evolutionary pressure)이란 한 개체군 중에서 번식률을 감소시키거나 증가시키는 요인이 있다면 증가시키는 쪽으로 진화가 진행될 수 있도록 자연적으로 생기는 압력을 말한다. 만약에 빛이 없는 동굴 속에 사는 물고기는 만들고 유지하는 데 많은 비용과 시간이 소모되는 눈을 없애는 방향으로 진화적 압력이 가해질 것이다. 따라서 동굴 속의 물고기는 제 기능을 하지 못하는 퇴화된 눈을 가진 물고기가 많다.

고 있으면, 우리는 한동안 할 말을 잃어버릴 것이다. 너무나 황홀한 지난날의 흔적들이기 때문이다.

그렇다면 심장은 어떤가? 심장은 처음부터 심방과 심실이 나누어져 4개의 구역으로 출발했을까? 심장을 에워싸고 있는 허파는 처음부터 수많은 폐포로 구성되어 있었을까? 물고기의 공기주머니가 어떻게 폐어의 허파로 변하였고, 거미가 가지고 있는 서폐(book lung)*는 또 무슨 의미를 가지고 있는가? 그리고 내장은? 콩팥은? 사지 골격은? 우리가 찾을 수 있는 진화의 증거들은 이 책을 모두 여기에 소모한다고 해도 모자랄 판이다. 누구 말처럼 차고 넘친다고나 할까!

또 한편으로는 진화의 증거를 좀 더 교과서식으로 분리하여 생각해볼 수도 있다. 화석 기록을 통해 찾아볼 수도 있고 형태학적 유사성에서도 알아볼 수 있다. 더불어 발생학적 증거, 해부학적 증거, 생물지리학적 증거도 우리를 현혹시킨다. 더구나 최근에 불붙기 시작한 분자 증거들은 진화라는 과정을 그냥 이론으로만 치부할 수 없다는 당위성을 설명해준다고 할 수 있다. 이제 이 정도에서 진화의 흔적을 정리하는 것이 좋을 듯하다.

5 도구를 만드는 뇌

1) 귀신이 다니는 길

(1) 신경계 나들이

이 지구상에는 수많은 생물들이 산다. 모두 다 자신만의 멋을 뽐내면서 밤낮을 누빈다. 이들은 생존과 번식을 위하여 다양한 기관과 기관계를 가지고 있다. 그러나 고등생물로 진화하면 할수록 복잡하고 다양한 기관들이 많이 나타나게 마련이다. 특히 여기서 다루고자 하는 기관계는 신경계이다. 왜냐하면 다른 생물에 비하여 유난히 발달된 기관계가 바로 인간이 가지고 있는 뇌조직이기 때문이다. 우리가 다른 동물에 비하여 더 나은 점이 무엇인가? 바로 뇌라는 구조물이다. 따라서 뇌를 이해하기 위해서는 전반적으로 신경계가 무엇인지를 알아보는 것이 중요할 것이다. 자, 지금부터 우리도 잘 알지 못하는 '우리 자신은 도대체 무엇인가?'에 대한 해답을 한번 찾아 나서보자.

우리가 흔히 말하는 신경(神經, nerve)은 원래 무슨 의미를 가지고 있을까? 말 그대로 '귀신 신(神)'에 길을 뜻하는 '경(經)'이 합쳐져 '귀신이 다니는 길' 정도로 해석될 수 있을 것이다. 영어에서 말하는 nerve의 어원은 '끈'이나 '줄'이라는 의미를 가지고 있다. 이는 실제 신경을 해부해서 꺼내놓고 보면 마치

---

* 서폐는 얇은 주름이 있는 책장처럼 생긴 호흡기관으로서 거미류의 배 앞쪽 끝에 파인 주머니처럼 생긴 구조물을 말한다. 고등한 척추동물과 비슷한 호흡체계를 가지고 있다.

끈처럼 생겨서 붙은 이름이다. 이것이 별것 아닌 것처럼 보이지만 곱씹어볼 필요가 있다. 우리가 신경이라는 것을 접할 때 '귀신이 다니는 길'이라고 생각하는 것과 '끈'이라고 생각하는 것은 동서양의 사고적 차이점이 분명히 드러난다고 볼 수 있다. 동양적인 신경은 다소 추상적이며 형이상학적인 면이 있어 보이고, 서양적인 것은 사실적이며 형이하학적이라 해도 크게 불편해 보이지 않을 것이다.

누구나 다 잘 아는 사실이지만 우리는 신경계를 크게 나누어 중추신경계(central nervous system; CNS)와 말초신경계(peripheral nervous system; PNS)로 구분할 수 있다. 중추신경계에는 뇌와 척수가 포함되고, 말초신경계에는 뇌신경과 척수신경이 속한다. 뇌는 단단한 뼈로 구성된 두개골 속에 들어 있고, 척수는 척추뼈 속에 뚫려 있는 구멍 속으로 머리부터 꽁지 뼈까지 뻗어 있다. 이러한 중추신경계는 단지 철통 같은 뼈로만 보호되지 않는다. 이들은 뼈 속에서 다시 뇌척수액(cerebrospinal fluid)이라는 물속에 띄워져 있다. 즉 이들이 물속에 있게 됨으로써 뼈에 전달되는 직접적인 충격을 다시 흡수할 수도 있고 부력을 받을 수도 있게 된 것이다. 이들은 부력을 받아서 1,500gm 정도의 뇌 무게가 실제로는 50gm 정도밖에 되지 않는다.[46] 축구 선수들이 수시로 강력한 헤딩을 해도 병원에 실려 가지 않는 이유도 여기에 있다. 우리는 척수에 고인 물을 뽑아내어 중추신경계 질병을 진단하는 데 요긴하게 쓰기도 한다. 중추신경계가 이렇게 요새처럼 보호받는 이유는 이들이 한 번 손상되면 재생이 되지 않기 때문이다.

말초신경은 중추신경계와는 다르게 재생이 된다. 그렇지만 이들도 손상을 피하기 위하여 주로 몸의 안쪽으로만 달린다. 즉 팔의 안쪽이나 다리에서도 허벅지 안쪽으로 주행한다. 이들은 뇌에서 직접 나오는 12개의 뇌신경(cranial nerve)과 척수에서 나오는 31개의 척수신경(spinal nerve)으로 구분된다. 물론 이들은 좌우에서 모두 1쌍씩 나오게 된다. 그런데 뇌신경은 오른쪽에서 나온 것은 오른쪽으로 나가지만, 척수신경은 다르다. 뇌에서 내려오거나 올라가는 신경은 연수에서 교차하기 때문에 반대쪽으로 가게 된다. 따라서 머리에 어떤 병변이 생기면 반대쪽 사지를 못 쓰게 되는 이유가 여기에 있다. 말초신경에 속하는 자율신경은 다시 교감신경과 부교감신경으로 구분되어 심장이나 내장 및 분비샘에서 서로 보완적인 작용을 수행하게 될 것이다.

(2) 신경세포는 괴상해

신경계를 형성하는 가장 기본적인 구조물을 우리는 뉴런(neuron) 또는 신경세포(nerve cell)라고 부른다. 그렇다면 이러한 신경세포가 우리 몸에는 얼마나 있을까? 이에 대한 대답은 여러분이 어떤 책을 보는가에 따라 약간씩 달라진다. 전반적으로 약 1,000억 개의 뉴런이 우리 몸속에 있다고 본다. 그러나 일부에서는 뇌 속에 있는 뉴런의 수가 약 860억 개쯤 된다고 보고 있기도 하다. 그런데 우리가 알아두어야 할 것은 우리가 태어날 때 이미 이만큼의 뉴런을 가지고 세상에 나온다는 점이다. 그다음에는 더 이상 뉴런은 만들어지지 않고 나이가 들면서 점차 줄어들 뿐이다. 이는 근육세포에서도 마찬가지이다.

또한 여기서 중요한 것은 뉴런은 재생되지 않는다는 점과 이들이 다른 뉴런들과 수많은 연결을 가진다는 점이다. 뉴런끼리의 연결을 시냅스(synapse, 신경세포 접합부)라고 부른다. 1개의 뉴런이 약 1,000개의 연결을 가지고 있기 때문에 전체 시냅스는 약 100조 개에 달하게 된다. 다시 말하면 우리의 모든 인생은 이 100조 개의 시냅스 속에 들어 있다고 말할 수 있다.[47] 우리가 가지고 있는 뉴런의 숫자는 하늘에 있는 별의 수만큼이나 많다. 이들이 서로 연결되어 만든 신경망은 우리의 상상을 벗어날 정도로 많고 복잡하다.

귀신이 다니는 길로 해석이 된다는 신경세포는 언뜻 보기에도 마치 귀신처럼 보인다(그림 3-3). 머리처럼 생긴 세포체(cell body)에는 수많은 수상돌기(樹狀突起, dendrite)가 돋아나 있고, 축삭(axon)이라고 불리는 가느다란 몸통 끝에서는 다시 수천 개의 축삭말단(axon terminal)이 갈라져 있다. 긴 몸통을 가진 축삭은 1m 이상 되는 것들도 있다. 세포체에는 다른 세포와 같이 핵과 세포 소기관들이 들어 있고, 여기서 돌출된 수상돌기는 말 그대로 머리에서 돋아난 나뭇가지와 비슷하다. 이 세포체와 축삭이 만나는 곳을 우리는 축삭 언덕(axon hillock)이라 부르고, 여기서부터 시작된 축삭은 그 모양이 다르다.

축삭은 다시 수초(myelin)라는 절연체로 둘러싸여 있다. 수초는 우리가 가정집에서 보는 전깃줄을 연상시킨다. 전깃줄 안에 전기선이 들어 있고 그 바깥쪽을 절연물질이 감싸고 있듯이 축삭도 수초라는 절연체로 감싸져 있는 것이다. 축삭의 마지막 부분에 있는 축삭말단은 바로 다음 뉴런의 수상돌기와 직접 이어지는 것은 아니다. 그 사이에는 틈(synaptic cleft)이 있다. 따라서 우리는 뉴런을 하나의 신

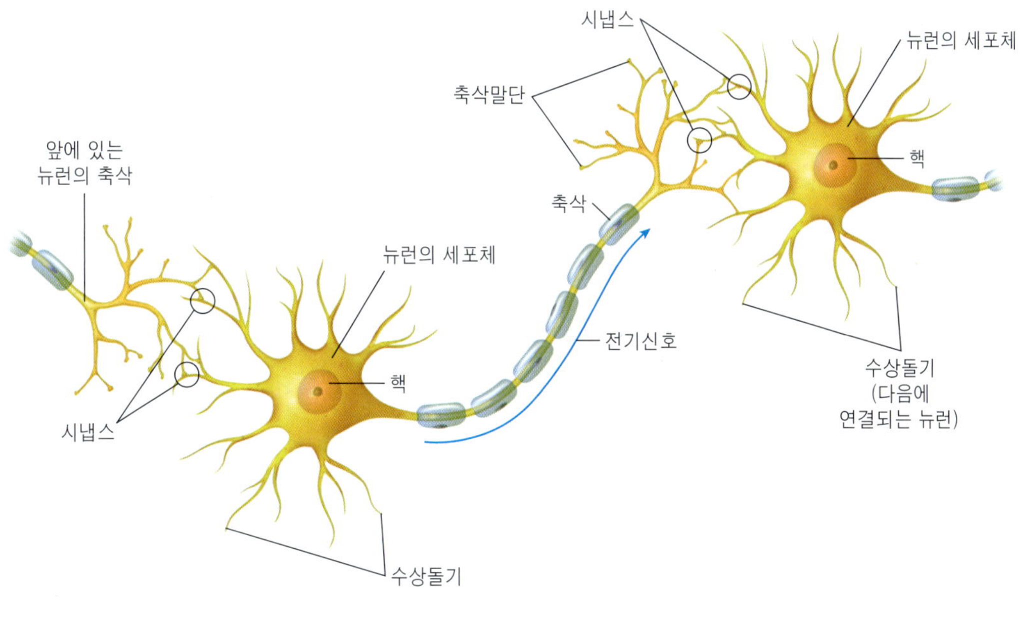

그림 3-3. 뉴런과 시냅스의 형태 및 구조.

경의 기본 단위로 보게 되는 것이다. 그러나 처음부터 이 사실을 알아차릴 수는 없었다. 왜냐하면 이 틈이 워낙 작아서 기껏해야 사람 머리카락 두께의 2천 분의 1에 해당하는 20nm 정도밖에 되지 않기 때문이다.

인간의 역사를 통틀어 뉴런이 머릿속에 있다는 것을 처음으로 알게 된 것은 겨우 19세기 후반이었다. 우리가 철학을 이야기하고 정신과 마음을 논할 때는 항상 뇌라는 구조물을 생각하였다. 하지만 그것이 무엇으로 구성되었는지도 모르면서 축의 시대를 지나고 종교와 계몽시대를 지나온 것이다. 실제 우리가 신경세포를 볼 수 있게 된 것은 1873년에서야 가능하였고, 이탈리아 신경학자인 카밀로 골지(Camillo Golgi: 1833~1926) 덕분이었다. 그는 질산은이라는 화학물질로 뉴런을 염색하고 나서야 비로소 신경세포를 현미경으로 관찰할 수 있게 되었다.* 우리가 우리를 이해할 수 있는 가장 기본적인 구조물을 발견하게 된 셈이다. 그렇지만 그는 이 신경세포가 다른 신경세포와 돌기에 의해 직접적으로 연결되어 있다고 생각하였다. 그래서 그가 주장한 이론을 망상설(reticular theory)이라고 부른다.

그러나 이 이론은 1887년 스페인의 신경과학자였던 산티아고 라몬 이 카할(Santiago Ramón y Cajal: 1852~1934)에 의해 도전을 받게 된다. 즉 그는 신경세포들이 돌기에 의해 직접 연결된 것이 아니라 분리되어 있어서 각기 독립된 세포라고 주장했던 것이다. 이런 이유로 그가 주장한 이론을 뉴런설(neuron doctrine)이라고 부른다.[48] 이 두 학자는 1906년에 노벨상을 같이 받았지만, 결국 과학은 마침내 누구의 손을 들어주었을까? 이 결과는 1960년대 전자현미경이 등장하고 나서야 비로소 결판이 나게 되었다. 전자현미경은 두 신경세포의 돌기들이 틈을 사이에 두고 떨어져 있다는 것을 알려주었기 때문이다. 이러한 결과가 현재 우리가 신경세포 또는 뉴런이라고 부를 수 있게 된 동기가 되었던 것이다.

그런데 이러한 사실이 알려지기 훨씬 전에 실제로 뉴런이라는 이름을 붙인 학자는 독일의 빌헬름 폰 발다이어(Wilhelm von Waldeyer: 1836~1921)였다. 이제 우리는 뉴런과 뉴런 사이에 틈이 있고, 이 틈새를 시냅스라고 불러야 한다는 것을 확실히 알게 되었다. 그래서 우리는 시냅스의 틈을 중심으로 그 전후를 구분해서 생각해보아야 할 것이다. 따라서 시냅스 앞부분의 신경세포를 시냅스전 뉴런(presynaptic neuron)이라 부르고, 그 뒷부분을 시냅스후 뉴런(postsynaptic neuron)이라고 부른다. 그리고 그 가운데에 있는 틈새를 시냅스 틈(synaptic cleft)이라고 한다.

그뿐 아니라 신경세포와 더불어 이 세포들을 지원하는 아교세포(glial cell)들도 간단히 소개해보기로 하자. 신경세포는 전기신호를 생성하고 이를 전달하지만, 아교세포는 이런 일을 하지 않는 대신에 물리적으로나 면역적으로 또는 대사적으로 뉴런들을 지원해준다. 회돌기아교세포(oligodendrocyte)는 중추신경계 뉴런의 수초를 만들어내고, 이 중에서 슈반 세포(Schwann cell)는 말초신경의 수초를 만들어낸다. 만약 어떤 이유로 해서 이 수초가 제대로 만들어지지 않고 벗겨지면 어떤 결과가 초래될까? 결

---

* 266쪽의 내용도 참고하기 바란다.

코 반갑지 않은 질병들이 우리를 기다리고 있을 것이다. 흔히 탈수초 질환(demyelinating disease)이라고 불리는 다발성 경화증(multiple myeloma)은 뇌에서 발생하고, 말초신경에서 생기는 것은 길랑-바레 증후군(Guillian-Barre syndrome)이라고 부른다. 특히 다발성 경화증은 미국인 700명 중 1명이 걸리는 흔한 병으로서 불구가 되어 집안에 갇히고 마는 불행한 병이다. 그 외에 아교세포들에는 별아교세포(astrocyte), 미세아교세포(microglia) 등이 있다.

이번에는 신경계를 기능적으로 구분해볼 필요가 있다. 즉 서울이 중추신경계의 중심이라면, 서울로 들어오는 정보를 가지고 있는 신경을 구심성 신경(afferent nerve)이라 부르고, 사지(지방)에서 올라오는 모든 감각정보가 여기에 해당한다. 즉 시각이나 청각, 통각 및 온도감각, 위치정보 등이 속해 있고 의식의 세계 속으로 들어오게 된다. 그렇지만 혈압이나 체온, 혈중 산소량 등은 우리가 의식하지 못한 채 뇌로 운송되고 있다. 이에 반해 중추신경계에서 나가는 정보는 원심성 신경(efferent nerve)을 타고 각지로 배달된다. 이들은 골격근에 운동 명령을 전달하고, 의지와는 관계없이 심박동이나 땀흘리기 등에 대한 지령도 같이 내려가게 된다. 그러나 우리가 부르는 신경에는 이러한 구심성 신경과 원심성 신경이 같이 들어 있기도 하고, 각각 전용으로 달리기도 한다.

지금까지 우리는 신경세포가 어떻게 생겼는가를 집중적으로 살펴보았다. 그렇다면 뉴런이 가지고 있는 본연의 임무인 정보나 신호 전달은 이러한 구조 속에서 어떻게 일어날까? 우리는 우리 자신을 이해할 수 있는 길을 찾을 수 있을까?

(3) 살아 있는 몸에는 전기가 흐른다

우리 몸에서 전기가 어떤 일을 하는지를 처음으로 인지한 사람은 1780년 이탈리아 볼로냐 대학교 교수였던 루이지 갈바니(Luigi Galvani: 1737~1798)였다. 그는 개구리 뒷다리에 금속을 갖다 대면 다리가 수축한다는 것을 발견하게 된 것이다. 아마도 개구리 몸에서 만들어진 전기 때문이라고 그는 생각하고 있었다. 그러나 실제 개구리 뒷다리를 움직인 것은 몸에서 생긴 전기가 아니라 금속에서 발생한 전기라는 사실이 밝혀진 것은 그로부터 10년 후에 알레산드로 볼타(Alessandro Volta: 1745~1827)에 의해서였다. 우리 몸에 전기가 흐른다는 사실이 인류에게 알려지기 시작한 시기이기도 하다. 그렇다면 전기란 무엇인가라는 근본적인 의문이 떠오를 것이다.

전기(electricity)는 음의 전하를 띤 전자(electron)나 이온(ion)이 양의 전하를 띤 입자 쪽으로 움직여 가는 현상을 말한다. 이온은 어떤 원자나 분자가 전자를 얻거나 잃어서 생긴 것이다. 만약 마찰에 의해 원자에서 전자가 빠져나면서 전기적 균형이 깨어져 생긴 전기를 우리는 정전기(static electricity)라고 부른다. 그리고 어떤 원자가 물속에서 이온화되면서 균형이 깨진 경우를 화학적 전기라고 부르고, 자석운동으로 균형이 깨진 경우는 역학적 전기라고 부른다. 물이 흐른다는 것은 위치에너지의 균형이 깨졌기 때문에 흐르게 된다. 만약 위치에너지의 변동이 없다면 물은 결코 흐르지 않을 것이다. 마찬가지로 전하의 균형이 깨지면 전기가 흐르게 될 것은 당연할 것이다.

우리가 자주 쓰는 배터리를 한번 생각해보자. 배터리 속에는 음극제와 양극제가 분리막으로 구분되어 전해질 속에 들어가 있다. 우리가 배터리를 작동시키면 음극제의 전자가 양극제로 흐르면서 전구를 밝게 빛나게 해준다. 다시 어떤 힘을 양극제에 가하여 전자를 음극제로 이동시키는 과정이 바로 충전이다. 따라서 전자가 흘러가는 것이 전류이며, 마치 수압처럼 전자가 흘러가는 힘이 바로 전압이라고 할 수 있다. 우리가 쓰는 전기는 전자가 흘러가면서 생기지만, 우리 몸에서 생겨나는 전기는 세포막을 가로지를 때 이온에 의하여 전기가 생겨나게 된다. 특히 뉴런에서 전기를 운반하는 주요 이온들은 Na^+, Cl^-, K^+, Ca^{2+} 등이다.

자, 그렇다면 우리 몸은 어떻게 전기를 만들어서 신호나 정보를 다른 데로 보낼 수가 있을까? 뉴런은 서로가 연결되어 있는 하나의 네트워크이다. 그래서 일단 출발점을 뉴런의 머리에 해당하는 세포체에서부터 시작해 보자. 먼저 세포체로 정보와 신호가 들어오는 길은 앞으로 나와 있는 수많은 수상돌기들이다. 이들이 시냅스후 뉴런이 되어 신호를 받아들인다. 이렇게 들어온 엄청난 양의 정보가 모이는 곳이 축삭이 시작되기 전에 솟아 있는 축삭 언덕이고, 여기에 들어온 정보는 흥분성이거나 억제성 신호들이다. 이들의 전위는 축삭 언덕에서 공간합(spatial summation)과 시간합(temporal summation)이 합쳐지는 합산이 일어난다. 만약 여러 개의 시냅스후 전위가 동시에 들어왔을 때에도 이들을 합산하고(공간합), 1개의 전위가 짧은 시간에 연이어 들어오는 경우(시간합)에도 이들을 총합해낼 수가 있다. 그래서 어느 쪽이든 전위의 합이 역치(문턱값, threshold)*를 넘어서면 바로 활동전위(action potential)가 개시된다. 따라서 아무리 많은 정보가 들어왔다고 하더라도 1개의 축삭에서는 1개의 활동전위만 만들어진다. 이렇게 축삭 언덕에서 활동전위가 시작되는 것은 여기에 나트륨 통로†가 많이 있기 때문이다.

지금부터 활동전위라는 전기신호가 일어나는 과정을 한번 추적해보자. 모든 동물 뉴런은 세포 안에는 칼륨 이온(K^+)이 더 많고, 세포 밖에는 나트륨 이온(Na^+)이 더 많다. 이 상태가 뉴런이 휴지기에 있는 시기이다. 이렇게 세포막을 중심으로 안과 밖의 전기량이 다르기 때문에 안쪽의 전하량이 −70mV 정도가 유지되게 된다. 즉 뉴런이 활동을 하지 않는 시기에 나타나는 전위를 휴지전위(resting potential)라고 말한다. 만약 여기에 물리적 또는 화학적 자극이 가해지면 이러한 전하에 극적인 변화가 초래된다. 세포막에 있던 나트륨 통로(sodium channel)가 열리면서 바깥쪽의 나트륨이 세포 안으로 확 밀려들어와 휴지전위가 깨지고 활동전위로 바뀌게 되는 것이다.

이렇게 활동전위가 최고조에 도달하게 되면 세포 안의 전압이 +30mV까지 높아지게 된다. 이 활동전위가 바로 전기신호가 된다. 마치 뾰족한 산봉우리처럼 활동전위가 올라간다는 뜻이다. 이렇게 활

---

* 역치 또는 문턱값은 어떤 반응이 일어나기 위한 최소치의 물리량을 말한다. 즉 이 문턱값을 넘어서야 반응이 일어날 수 있고, 이 문턱값보다 낮은 물리량에서는 반응이 일어나지 않는다.

† 이러한 이온 통로는 뉴런에서 갑자기 등장한 것이 아니라 수십억 년 전 세균에서부터 있었던 구조물들이다.

동전위가 상승하면 이번에는 칼륨 통로(potassium channel)가 열리면서 세포 안쪽의 칼륨이 세포 밖으로 빠져나가면서 활동전위는 사그라들고 재분극(repolarization)이 일어나면서 다시 휴지전위로 되돌아가게 되는 것이다. 그다음에 흐트러진 세포 안팎의 칼륨과 나트륨은 주로 칼륨-나트륨 펌프가 작동하여 칼륨을 세포 안으로 끌어들이고, 나트륨은 다시 세포 밖으로 내보내게 된다.* 이것이 전기적 신호인 활동전위가 만들어지고 사라지는 과정이라고 할 수 있다.[49]

축삭 언덕에서 만들어진 활동전위는 어떻게 축삭을 따라 진행하면서 축삭말단까지 전파되어갈까? 만약 위와 같은 복잡한 과정을 거치면서 활동전위를 만든다면 그 전파 속도가 느려질 수밖에 없을 것이다. 실제로 이런 방법으로 활동전위가 전파되는 지렁이는 그 속도가 초당 한 자리 숫자에 불과해서 겨우 2m 정도밖에 나아갈 수가 없다. 우리는 굼벵이가 굼벵이 짓을 하는 이유를 알 수 있을 것이다. 그렇다면 날아오는 돌멩이를 피할 정도로 활동전위가 빨리 전파되려면 어떻게 해야 할까? 여기에 아주 비상한 방법이 등장한다. 바로 수초(myelin)의 형성이다. 수초가 축삭을 둘러싸면 어떤 현상이 벌어질까? 마치 전기선을 절연물질로 감아놓듯이 수초도 축삭을 감싸서 절연체 역할을 한다. 그런데 수초가 축삭 전체를 모두 감싸고 있는 것은 아니다. 수초가 축삭을 둘러싸지만 1.5mm마다 수초가 없는 부분이 있다. 우리는 이 부위를 랑비에 결절(node of Ranvier)이라고 부른다.

자, 이렇게 되면 어떻게 활동전위가 전파될까? 이 랑비에 결절에는 나트륨† 통로가 밀집되어 있다. 따라서 이 랑비에 결절에서 유입된 양이온은 마치 전류의 형태로 축삭 내부를 흘러 다음 결절에서 다시 활동전위를 만들어내고, 이러한 전파는 축삭말단에 이르기까지 계속된다. 즉 수초로 싸인 부분에서는 활동전위가 일어나지 않고 랑비에 결절에서만 활동전위가 일어나는 셈이다. 이러한 모습은 마치 활동전위가 점프를 하는 것처럼 보여서 도약 전도(saltatory conduction)라고 불린다.[50] 이렇게 되면 어떻게 결과가 초래될까? 드디어 우리는 굼벵이 신세를 벗어날 수 있게 될 것이다. 즉 활동전위의 전파 속도는 세 자리 수에 도달하여 초당 100m 이상을 내달리게 된다. 이렇게 수초가 있는 신경을 유수신경(myelinated nerve)이라고 부르고, 수초가 없는 신경을 무수신경(unmyelinated nerve)이라고 부른다.

그렇다면 드디어 축삭말단에 도착한 전기신호는 어떻게 그 정보를 다음 뉴런한테 전달해줄 수 있을까? 우리는 이미 축삭말단과 그다음 뉴런의 수상돌기가 직접 연결되어 있지 않고 틈새가 있다는 것을 잘 알고 있다. 그리고 이 틈새를 시냅스(synapse)라고 부른다는 것도 안다. 따라서 축삭말단에 도착한 신호는 반드시 이 틈새를 건너야만 할 것이다. 어떻게? 축삭말단에 도착한 전기신호가 틈새를 건너는 방법에는 크게 두 가지가 있다. 이는 진화적으로도 큰 의미를 가지기 때문에 눈여겨보아야 할 대목이다.

먼저 화학적 방법으로 건너는 것(화학 시냅스)과 전기적 방법으로 건너는 것(전기 시냅스)을 생각해보도록 하

* 물론 이때에는 농도에 역행하여 이온을 옮기기 때문에 에너지가 들어간다.

† 나트륨(Na)은 라틴어나 독일어로는 나트륨(natrium), 영어로는 소듐(sodium)으로 불리는 원자번호 11번의 알칼리 금속 원소이다.

자. 화학 시냅스는 신경과 근육의 접합(neuromuscular junction)이 제일 좋은 보기일 것이다. 먼저 활동전위가 축삭말단에 도착하면, 주위의 칼슘 통로가 열리면서 아세틸콜린(acetylcholine)이라는 신경전달물질(neurotransmitter)이 틈새 사이로 쏟아져 들어간다. 이렇게 들어간 아세틸콜린은 그다음 근육세포에 있는 아세틸콜린 수용체에 결합하여 나트륨을 근육세포 내로 끌어들이고 칼륨을 세포 밖으로 내보내면서 활동전위를 만들게 된다. 이렇게 만들어진 근육세포의 활동전위는 근육을 수축시켜 우리 몸을 움직일 수 있게 만들 것이다. 그런 다음 이 아세틸콜린은 분해효소에 의해 그 효과가 사라지고, 그 구성 성분들은 다시 아세틸콜린을 합성하기 위하여 재흡수될 것이다.

그렇다면 활동전위가 전파된 결과는 무엇인가? 바로 근육이 수축했다는 사실이다. 갈바니가 처음 관찰했던 개구리 다리가 바로 이런 과정으로 일어난 것이다. 만약 아세틸콜린이 분비되지 못하게 하면 어떻게 될까? 근육이 수축되지 않고 축 늘어질 것이다. 여기서 무슨 약제가 머리에 떠오르지 않는가? 바로 보톡스(botox) 주사이다. 보톡스를 맞으면 어떻게 될까? 근육이 수축하지 못하고 축 늘어진 덕분에 여러분의 주름살이 펴진다는 의미이다. 사실 보톡스는 클로스트리디움 보툴리누스(*Clostridium botulinum*)라는 세균이 내는 독소를 주름 펴기에 이용하는 것에 불과하다. 이 세균에 감염되면 근육이 마비되고 호흡을 못해서 큰 변을 당할 수도 있게 된다.

이번에는 이 틈새를 건너는 데에 전기를 이용하는 방법이다. 축삭말단에 도착한 활동전위는 간극연접(gap junction)*이라는 사다리를 이용해 이웃한 세포로 건너가는 것이다. 활동전위 그 자체가 건너가는 셈이다. 이렇게 되면 어떤 현상이 벌어질까? 즉 화학 시냅스에 비하여 속도가 훨씬 더 빨라질 수가 있고, 더 정확하게 전달될 수도 있으며, 양 방향으로 전달될 수도 있다. 이런 방법을 사용하는 경우는 심장이나 내장근육 등에서 볼 수가 있다.

그러나 전기 시냅스는 하등동물에게서 주로 나타나고, 복잡한 체계를 가지고 있는 동물에게서는 화학 시냅스가 주로 사용된다. 전기 시냅스는 시냅스후의 신호가 시냅스전 신호와 비슷하거나 거의 같다. 그렇지만 화학 시냅스는 시냅스후 신호가 시냅스 전에 비하여 조정되거나 다를 수가 있게 된다. 즉 전기 시냅스는 흥분성 신호만 전달하지만, 화학 시냅스는 흥분성과 억제성을 모두 다 전달할 수 있게 될 것이다. 여기서 관심 있게 보아야 할 점은 화학 시냅스가 전기 시냅스에 비하여 아주 다양하고 복잡하다는 점이다.

먼저 신경전달물질만 해도 100종류 이상이 보고되었고, 각각의 신경전달물질에 대하여 여러 종류의 수용체들이 존재한다. 또한 이러한 신경전달물질을 합성하는 데도 수많은 단백질들이 관여하고, 이들을 받아들여서 실제 효과를 일으키는 수용체도 다양하기 때문에 앞으로 신경과학자들이 알아내

* 간극연접은 동물에서 세포와 세포 사이를 밀착시켜주는 구조물을 말하고, 작은 분자들이나 신호 등이 이동할 수 있는 통로를 제공해준다. 식물에서도 이와 유사한 기능을 하는 구조물이 있어서 원형질연락사(plasmodesmata)라고 부른다.

야 할 일들이 태산 같다고 할 수가 있다.

우리 몸은 전기에 의해서 뇌가 작동하고 전기에 의해서 심장이 뛴다. 심장의 활동전위는 뉴런의 활동전위와 그 생김새가 약간 달라서 꼭대기 부분이 뾰족하지 않고 두리뭉실하다. 이는 뉴런에 있는 전해질 통로보다 칼슘 통로가 1개 더 있기 때문이다. 우리는 뇌에 있는 전기를 그려내는 것이 뇌파(electroencephalography; EEG)이고, 심장을 흐르는 전기를 감지하는 것이 심전도(electrocardiography; EKG)*라는 것을 잘 알고 있다. 그렇다면 우리 몸에 전기가 흐르지 않으면 어떻게 될까? 전기가 흐르지 않는 육체는 죽은 목숨일 뿐이다. 전류는 전자가 흘러가는 물결이다. 그렇다면 우리의 목숨은 결국 전자에 달려 있단 말인가?

2) 생각하는 고깃덩어리

(1) 뇌는 어떻게 만들어졌을까

인간이 다른 동물과는 달리 특별히 그들과 구분될 만한 기관이나 구조물을 가지고 있을까? 아마도 큰 뇌(腦, brain)를 가졌다는 것이 제일 큰 차이점일 것이다. '뇌(腦)'라는 글자를 뜯어보면 고기를 뜻하는 의미와 정수리에 꾸불꾸불한 개천이 있다는 형태적인 의미를 담고 있다고 할 수 있다. 이는 마치 뇌가 고구마 밭처럼 고랑과 이랑이 있는 구조를 가지고 있다는 것과 같다. 그렇지만 이 뇌(腦)라는 글자를 더 쉽게 풀이하면 고기(月, 肉, meat)와 생각(㐫, think)이라는 2개의 뜻이 만나서 '생각하는 고깃덩어리'라고 해석해도 무리는 없을 것이다. 그렇다면 이 뇌가 '어떻게 생겼고, 어떻게 생겨나는가'를 알아보는 것이 우리 자신을 이해할 수 있는 기회가 될 수도 있지 않을까?

먼저 뇌는 수정된 이후 3주가 지나면 배아에서 신경관(neural tube)이라는 튜브가 생겨난다. 이 튜브는 피부가 생기는 외배엽에서 만들어진다. 즉 껍데기가 말려서 관을 형성하고 있는 것이다. 처음에 이 관은 앞뒤가 터져 있는 형태이지만, 곧이어 양측이 막히면서 하나의 관이 되고, 다시 앞쪽으로는 마치 막대기 고무풍선이 부풀어 나가듯이 3개의 울룩불룩한 구조물이 앞쪽으로 불거져 나오게 된다. 이들이 바로 앞에서부터 전뇌(forebrain), 중뇌(midbrain), 후뇌(hindbrain)가 될 것이다. 이 세 가지 구조물은 수정 후 7주경에 이르면, 앞으로 더 구부러지면서 전뇌는 종뇌(telencephaon)와 간뇌(diencephalon)로 갈라지고, 후뇌도 2개의 세부 조직으로 나누어지게 된다.†

임신이 더 진행되어서 11주경에 도달하면 종뇌는 대뇌(cerebrum)로 커지고, 간뇌는 시상(thalamus)으로 변하게 된다. 그리고 후뇌는 다시 뇌교(pons)와 소뇌(cerebellum), 그리고 연수(medulla oblongata)로 갈라지면서 드

* 심전도를 영어로 표현하면 ECG라 말하고 독일어로 표현하면 electrokardiogram이 되어서 EKG라고 말한다.

† 신경해부는 전문가도 힘들어하는 부분이기 때문에 가볍게 읽고 지나가도 상관없을 것이다.

디어 우리가 성인에게서 볼 수 있는 뇌 구조를 만들 수 있게 될 것이다. 그렇지만 실제로 겉으로 보아서는 이러한 구조물들이 모두 보이는 것은 아니다. 대부분 대뇌가 뇌 전체를 싸고 있고, 뒤쪽으로 소뇌가 일부 보일 뿐이다.

이 대뇌는 다시 표면에 나 있는 커다란 홈을 경계로 전두부(frontal lobe), 두정부(parietal lobe), 측두부(temporal lobe), 후두부(occipital lobe)로 나누어진다. 또한 우리가 알아두어야 할 구조 중 하나가 뇌줄기라 할 수 있는 뇌간(brainstem)이다. 이 뇌간에는 중뇌와 뇌교 및 연수가 포함되고, 때로는 시상을 여기에 포함시키는 경우도 있다. 이렇게 맨 밑에 있는 뇌의 연수는 두개골에 큰 구멍이 뚫리면서 척수로 이어져 내려간다. 우리는 이 큰 구멍을 대공(大孔, foramen magnum)이라고 부르고, 이 대공이 두개골의 어디에 있는가에 따라 직립보행의 정도를 판가름해볼 수 있는 중요한 잣대가 되기도 한다.*

말초신경은 중추신경에서 뻗어 나온 신경들이다. 먼저 후각신경과 시신경을 제외한 나머지 10개의 뇌신경(cranial nerve)은 중뇌와 연수에서 나오고, 척수(spinal cord)에서는 31개의 척수신경(spinal nerve)이 나오게 된다. 먼저 뇌신경 중 제1뇌신경인 후각신경과 제2뇌신경인 시신경은 각기 중추신경 요소를 가지고 있지만, 그 나머지는 모두 말초신경들이다. 척수신경도 각자가 단독으로 근육을 지배하는 것이 아니라, 이들이 섞여서 신경총(nerve plexus)을 만든 다음 서로 섞어서 근육으로 내려간다. 이는 1개의 말초신경이 손상을 당할 경우를 대비하여 그 피해를 줄이고자 만들어진 대책으로 볼 수 있다. 즉 한 신경이 절단되어도 다른 신경을 통하여 그 근육을 지배할 수 있도록 하자는 의도이다.

내가 시카고의 노스웨스턴 대학교의 신경외과 전공의들에게 던진 질문이 생각나서 여기에 소개하기로 한다. 1년은 12달로 구성되어 있고, 시계도 12시로 만들어져 있다. 동양에서는 12간지가 유명하다. 그런데 "왜 뇌신경도 12개로 구성되어 있을까?"라고. 그런데 사실은 나도 잘 모른다. 왜 12진법이 이 세상에 등장했는지? 그렇지만 추측하건대 10진법이 손가락 10개에서 만들어졌다면, 12진법은 엄지손가락으로 손 매듭 수를 세어보는 것에서 출발하지 않았을까? 마치 12간지를 계산하듯이.

뇌를 발생시키는 유전자에도 어김없이 혹스 유전자(hox gene)가 등장한다. 앞에서 말한 후뇌를 능뇌(rhombencephalon)라고도 부르는 것은 마름모 모양이기 때문이다. 이 능뇌에서 뇌교와 소뇌 그리고 연수가 생겨나게 된다. 이들은 모두 혹스 유전자들에 의해서 만들어질 것이다.[51] 그렇다면 그 상부의 중뇌나 전뇌는 어떻게 만들어질까? 여기에도 여러 가지 유전자들이 후뇌와 중뇌의 경계를 결정하고 더 나아가 중뇌와 대뇌를 구분하게 한다. 이러한 구분들도 여러 가지 유전자들의 농도 차이에 의해 일어난다. 여기에 관여하는 유전자들에는 Otx2, Gbx, Wnt, FGF, Shh, Pax-6 등이 있다.

보통 갓 태어난 아기의 뇌는 약 400gm으로 성인 무게의 1/4 정도밖에 되지 않는다. 그렇지만 이 아기들이 가지고 있는 뉴런의 수는 1,000억 개 정도로 아주 많다. 즉 일생 동안 우리를 지배할 뉴런

---

* 대공의 위치에 관해서는 185쪽을 참조하기 바란다.

은 이미 태어날 때부터 모두 가지고 나오는 셈이다. 이들은 더 이상 재생되는 일이 없기 때문에 세월이 지나면서 줄어들 일만 남아 있을 뿐이다. 그러나 이 뉴런의 숫자만이 중요한 것은 결코 아니다. 이들을 상호 연결하는 시냅스 수가 더 중요하기 때문이다.

(2) 뇌는 무슨 일을 할까

뇌가 하는 일을 모두 정리한다면 이 책 한 권으로도 부족할 것이다. 그렇지만 이를 압축적으로 한 번 풀어보도록 하자. 먼저 전뇌에서 만들어진 대뇌는 점점 커져서 마침내 뇌에서 가장 큰 부위가 되어 대부분의 뇌 조직을 덮어서 감싸게 된다. 이 대뇌의 바깥층을 우리는 대뇌피질(cerebral cortex)이라고 부른다. 여기서 아주 중요한 관전 포인트는 인간의 뇌가 크다는 것은 이 대뇌피질이 다른 동물에 비하여 더 크다는 의미이다. 즉 어류, 양서류, 파충류, 조류, 포유류 순으로 대뇌피질이 커진다는 뜻이다. 이러한 대뇌는 감각을 인식하고 학습하며, 기억과 의식적 행동을 담당하는 역할을 하게 된다. 이는 잠시 뒤에 더 구체적으로 기술하기로 하자.

간뇌에 자리 잡은 시상은 대뇌로 올라가는 거의 모든 감각정보가 최종적으로 거쳐가는 장소이기도 하다.[*] 즉 시상은 의식이 살아 있는 대뇌로 몸에서 올라오는 모든 정보를 조정하여 보고하는 기관이라고 할 수 있다. 마치 모든 정보를 취합하여 보고하는 종합 비서실이라고나 할까. 간뇌에 속하는 시상하부는 자율신경계의 중추라고 할 수 있다. 따라서 시상하부는 교감신경과 부교감신경을 이용하여 몸의 항상성을 조절하는 역할을 담당한다.

중간뇌는 주로 시각과 청각을 처리하고, 뇌교는 연수와 같이 호흡이나 혈액순환 등 기본적인 생리 기능을 관장하고 있다. 그리고 소뇌는 근육 조정과 균형 유지를 기본 역할로 삼고 있다. 따라서 관절이나 근육에서 올라오는 정보를 받고, 뇌에서 근육으로 내려보내는 운동 명령에 대한 복사본도 받아서 이를 조정한다. 따라서 대뇌피질에서 내리는 운동 명령이 악보라면, 실제 이 악보를 연주하는 장소가 소뇌라고 할 수가 있다. 소뇌가 없다면 우리는 줄타기 곡예나 자전거타기를 포기해야만 할 것이다.

이렇게 후뇌의 기능을 종합적으로 판단하면 순환, 소화, 호흡 활동과 심장이나 내장근의 운동을 관장하여 생명을 유지시키는 가장 기본적인 일을 수행한다고 할 수 있다. 따라서 이러한 구조는 하등동물에서부터 고등동물에 이르기까지 공통적인 뇌 구조물로 자리 잡고 있을 것이다.

① 대뇌피질

우리가 다른 동물보다 더 현명하다고 생각하는 점을 해부학적으로 설명한다면 이 대뇌피질이 상대

---

* 후각 정보만은 시상을 거치지 않고 직접 뇌로 들어간다. 이러한 사실은 동물들이 얼마나 후각에 의존적인 생활을 했다는 것을 상징한다고 할 수 있다. 실제 인간은 후각이 주도하는 생활에서 시각이 주도하는 생활로 바뀌었다고 할 수가 있다.

적으로 훨씬 더 크다는 데 있을 것이다. 그래서 대뇌피질의 넓이를 쉽게 예를 들어 설명해보도록 하자. 원래 대뇌피질은 고구마 밭처럼 고랑과 이랑이 만들어져 있다. 이렇게 울퉁불퉁한 이유는 그 표면적을 넓히기 위한 전략이기 때문이다. 그래서 만약 우리가 이 고랑과 이랑을 쭉 펼쳐놓으면 그 표면적이 얼마나 될까? 먼저 인간은 그 넓이가 A4 용지 4매 정도인 약 $1m^2$가 될 것이다. 그렇지만 우리와 사촌인 침팬지는 A4 용지 1매 정도의 크기가 될 것이고, 원숭이는 겨우 엽서 1매 정도의 표면적을 가지고 있을 뿐이다. 그렇다면 쥐의 뇌는 얼마나 될까? 쥐의 대뇌피질 표면적은 겨우 우표 1개 정도의 크기에 불과하다.*[52] 이는 매우 상징적이라고 할 수 있다.

이 대뇌피질은 대뇌를 덮고 있는 회색질(gray matter) 구조를 말하고, 그 두께가 평균 2.5mm 정도 된다. 우리가 회색질이라고 부르는 이유는 여기에 뉴런의 세포체와 그 지원세포들이 모여 있고 수초로 덮여 있지 않아서 회색으로 보이기 때문이다. 이에 반해 대뇌피질 안쪽으로는 흰색으로 보이는 백색질(white matter)이 주를 이루고 있다. 이는 회백질에 있는 세포체에서 뻗어 나온 축삭을 수초가 감고 있기 때문에 흰색으로 보이게 된다. 따라서 백색질은 세포체를 밖으로 두고, 여기로 들어가고 나가는 축삭들의 길이라고 할 수 있다.

이런 세포핵이 들어 있는 세포체가 대뇌피질에서는 맨 바깥쪽에 자리를 잡고 있다. 하지만 척수에서는 세포핵들이 가운데에 몰려 있고, 뇌간으로 올라오면 뒤쪽으로 몰려 있게 된다. 이렇게 뇌간에서 세포체들이 뒤쪽으로 몰려 있는 부위를 우리는 망상계(reticular system)라고 부른다. 이 망상계는 척수를 타고 올라오는 감각정보들의 가지들이 많이 분포한다. 이 망상계가 활성화되어 있는 경우에는 우리가 깨어 있게 되고, 억제되면 잠에 빠져들게 될 것이다.

만약 우리가 대뇌피질을 현미경으로 들여다본다면 6층으로 구성되어 있다는 것을 알게 될 것이다. 그렇지만 모든 대뇌피질이 다 똑같다는 것은 아니다. 대개 90% 정도는 6층으로 되어 있으며, 이들을 특히 신피질(neocortex)이라고 부른다. 나머지 10%의 대뇌피질은 6층으로 되어 있지 않고, 3층이나 6층 이하의 구조를 가지고 있다. 우리는 이러한 구조물을 이종피질(allocortec)이라고 부른다. 이 이종피질에도 2가지 종류가 있다. 먼저 원시피질(archicortex)은 3층으로 되어 있으며, 해마(hippocampus)가 여기에 속한다. 그다음 구피질(paleocortex)은 후각 관련 피질로 3~5층으로 구성되어 있다. 이들은 모두 대뇌 변연계(limbic system)의 일부가 될 것이다.[53]

대뇌피질은 그 표면에 나 있는 큰 고랑에 의하여 4개의 구역으로 나뉠 수 있다. 먼저 중심고랑(central sulcus, fissure of Rolando) 앞쪽에 있는 전두엽은 1차 운동피질이 들어 있고, 특정 부위의 근육을 통제한다. 만약 이 운동피질을 전기로 자극하면 단지 특정 부위의 근육이 꿈틀거리는 정도의 반응을 얻게 될 것이다. 그러나 이러한 운동은 세심히 조율된 운동이 아님을 알 수 있게 된다. 본래 운동 명령은 소뇌를

* 각각의 동물별로 뇌의 크기, 뉴런의 수에 대한 비교들은 참고 문헌을 참조하기 바란다.

거치면서 다듬어져야만 제어된 운동 형태로 나타나게 되는 것이다.

전두엽은 우리가 일상생활을 영적으로 유지하는 데 많은 역할을 담당한다. 감정이나 사고, 인격 형성, 판단력, 자제력과 더불어 기억 저장에도 관여한다. 특히나 우성 대뇌*의 전두엽에는 언어를 담당하는 브로카 영역(Broca's area)이 있어서 말을 하기 위해서는 필수적으로 건재해야 하는 구조물이다. 만약 이 부위에 뇌졸중이 발생하여 기능이 망가지면 무슨 말을 해야 되는지는 알지만, 실제 소리로써 말을 발성할 수가 없게 된다. 1861년 브로카(Paul Broca: 1824~1880)는 프랑스 외과의사로서 뇌의 기능이 나누어져 있다는 사실을 처음으로 알아낸 학자이다. 그는 "탠"이라는 말만 할 수 있는 환자에게서 전두엽의 한 부분이 손상되어 있다는 것을 발견하고, 그 자리에 자신의 이름을 붙여놓았다.

중심고랑의 뒤편에 있는 두정엽(parietal lobe)은 1차 몸감각피질(somatosensory cortex)을 가지고 있어서 온몸에서 오는 감각을 느끼는 부위이다. 이 부위를 자극하면 촉감과 같은 느낌을 받는다. 따라서 두정엽은 청각, 미각, 시각, 촉각, 후각을 지각하고 통합하는 기능을 가지고 있어서, 우리가 어떤 환경에 놓여 있는가를 알아차리는 데 아주 중요하다. 즉 눈으로 보고 피부로 느낀 것이 무엇인가를 인식하는 데 필수적인 기능을 하기 때문에, 두정엽이 손상되면 인지장애가 올 것이라는 것을 우리는 쉽게 이해할 수 있을 것이다.

그다음 앞에서 뒤로 나 있는 가쪽고랑(lateral sulcus, Sylvian fissure)을 경계로 하여 밑에 놓여 있는 측두엽(temporal lobe)은 청각 정보를 관장하며 사물을 인지하고 판별하는 역할을 담당한다. 그뿐 아니라 감정 조절에도 관여하며, 들어온 감각정보를 관리해서 기억으로 저장하기도 하고, 언어를 이해하는 데도 중요한 역할을 담당한다. 특히나 우성 대뇌에 존재하는 베르니케 영역(Wernicke's area)은 글자를 읽거나 말을 들어서 이해하는 언어중추라고 할 수 있다. 만약 이 영역이 손상되면 말은 술술 잘할 수 있지만, 말의 앞뒤가 맞지 않고 횡설수설식 언어를 쓰게 된다. 따라서 브로카 영역을 운동성 언어중추라고 말하고, 베르니케 영역을 감각성 언어중추 또는 제2의 언어중추라고 부르는 이유를 알 수 있을 것이다.

머리 뒤쪽에 있는 후두엽은 시각중추로서 역할을 담당한다. 만약 여러분이 눈을 감으면 아무것도 보이지 않을 것이다. 만약 눈을 뜨고 얼음이 든 플라스틱 잔을 본다면 그것이 커피인지 과일 주스인지를 알아내고, 또 그 이름이 무엇인지를 말로 하는 경우를 생각해보자. 단순히 눈을 통하여 후두엽으로 들어온 정보만으로는 위와 같은 임무를 수행할 수 없다. 따라서 측두엽에서 경험적인 기억을 불러내고 전두엽에서 그 상황을 점검받은 후, 두정엽에서 시각에 대한 인식 등이 종합되어 베르니케 영역을 거쳐 브로카 영역으로 넘어와 마침내 구강 구조를 이용하여 발성을 하게 될 것이다. 이쯤에서 우리는 그의 말을 듣고 "아! 수박 주스구나."라고 알아들을 것이다.

---

* 우성 뇌는 손잡이에 따라 달라진다. 만약 오른손잡이라면 대부분이 왼쪽 뇌가 우성 뇌이다. 그러나 왼손잡이라면 약 30% 정도에서만 오른쪽 뇌가 우성 뇌가 될 수 있다. 브로카 영역은 우성 뇌에 존재한다.

마지막으로, 변연계(limbic system)에 대하여 알아보자. 모든 척추동물의 간뇌(시상이나 시상하부)는 계통학적으로 오래된 대뇌피질이 둘러싸고 있으며, 대표적으로 편도체(amygdala)나 해마(hippocampus) 등이 여기에 속한다. 이 부위를 전기로 자극하면 강력한 쾌감이나 고통 또는 분노가 폭발하는 것을 볼 수 있을 것이다. 따라서 변연계는 배고픔이나 목마름, 본능적 행동, 장기기억 형성 및 공포 감정 등에 관여하는 것으로 보고 있다.

우리는 약 1,000억 개의 뉴런을 가지고 태어난다고 말한다. 또한 이들이 서로 연결되어 약 100조 개의 시냅스를 만들어서 우리가 상상할 수 없을 정도의 복잡한 네트워크를 만든다. 그렇다면 어느 시기에 가장 많은 시냅스를 뉴런 사이에서 만들어낼까? 아기가 태어날 당시에는 약 10%의 시냅스를 가지고 있다가 2~3세 정도에 도달하면 최고의 네트워크가 만들어지게 된다. 이게 무슨 말인가? 겨우 2세 정도 경과하면 벌써 네트워크가 최고조에 도달한다고? 이는 마치 한 덩어리의 진흙을 학습이라는 조각칼로 모양을 잡아서 결국 인간이라는 조각품을 만들어내는 것과 같다. 즉 100조 개의 시냅스들은 경험이나 학습을 통하여 깎이고 깎여 기억이라는 네트워크로 남아서 일생을 살아갈 것이다.

그렇다면 신경을 에워싸는 수초 형성은 어떻게 될까? 아기가 태어날 당시에는 뉴런들이 거의 수초화되어 있지 않아서 아무것도 제대로 할 수가 없다. 겨우 할 수 있는 정도가 젖을 빨거나 아무거나 붙잡을 수 있는 정도밖에 되지 않는다. 그러나 태어난 이후에는 아주 빠른 속도로 수초화가 일어나서 나이에 맞게 발달해가지만, 실제 수초화가 완성되는 시기는 25세 전후까지 진행된다. 따라서 우리의 뇌가 이 나이가 될 때까지 완전히 성숙되었다고 말할 수 없다. 즉 뇌의 발달이 우리가 핏덩어리에서 인간으로 변하게 해주는 일등공신이라는 것을 말해준다고 할 수 있다.

② 인생은 스파이크이다

겨울에 방전된 차의 배터리를 재충전할 때 우리는 배터리에서 불꽃이 튀는 것을 볼 수 있을 것이다. 이처럼 살이 있는 생물체에서도 스파이크(spike)가 튄다. 이 스파이크는 마치 뾰족한 산봉우리처럼 생기기도 하지만, 마치 구두 밑창에 있는 징처럼 생기기도 한다. 이 스파이크가 우리의 몸에서는 전기 신호인 활동전위로 나타난다. 이 스파이크를 따로 다루는 이유는 '우리가 무엇인가?'를 설명하는 데 꼭 필요하기 때문이다. 왜냐하면 뉴런이 만들어내는 결과물이 스파이크이고, 이 스파이크가 생성되고 전달되는 과정이 바로 우리가 생각하고 행동하며 기억하는 모든 것들이기 때문이다.

성인의 뇌에 있는 뉴런은 약 860억 개쯤 되고, 이중에서 대뇌피질에 있는 뉴런이 약 170억 개로 추정된다. 그런데 이 뉴런들이 비활동적인 경우는 초당 1~5회 정도의 스파이크를 내보내지만, 흥분하면 초당 50~100회 정도의 신호를 내보내기도 한다. 아주 심한 경우에는 500회 이상을 내보내는 경우도 있다. 이렇게 퍼져나간 신호들이 다시 거미줄 같은 시냅스와 케이블을 따라 다른 뉴런과 말을 나누고 수다를 떨 것이다.

이를 간단하게 수학적으로 한번 계산해보자. 만약 뉴런이 초당 1회의 활동전위 즉 스파이크를 내보낸다면, 인간이 80년을 살 경우에는 얼마나 많은 수의 스파이크를 내보낼 수 있을까? 80년은 25억 초에 해당한다. 따라서 25억 초에 170억 개의 뉴런을 곱하면 그 답은 간단하다. 대강 43×10^{18}이라는 수치를 얻을 수 있다. 나는 이 수치가 얼마나 되는지를 어림잡기는 힘들지만, 이 속에 우리의 인생이 들어 있다는 것만은 확신할 수가 있다.[54]

만약 누군가가 "인간의 뇌가 컴퓨터인가?"라고 묻는다면 가타부타를 딱 잘라서 말하기가 쉽지 않을 것이다. 인간의 뇌도 컴퓨터의 특징을 가지고 있는 것은 사실이다. 그러나 뇌가 컴퓨터와 다른 점을 하나 지적하고 싶어진다. 컴퓨터는 입력이 없을 때는 기본적으로 가만히 쉬고 있지만, 뇌는 쉴 때에도 결코 가만히 있지 못한다. 즉 자발적인 스파이크가 계속 일어나고 있다는 뜻이다. 밖에서 들어오는 입력 정보는 그저 뉴런 상태를 조절하는 것에 불과하다는 말이다. 왜 이럴까?

감각 부분이 자발적으로 활동하는 것은 다음 순간에 들어올 감각 입력이 무엇일지를 예측하기 위한 것으로 추측한다. 이렇게 함으로써 그 변화를 재빨리 따라갈 수가 있기 때문이다. 운동 피질에서도 자발적 활동은 멈추지 않는다. 왜냐하면 몸을 미리 준비시켜서 다음 순간에 운동 명령이 떨어지면 순식간에 이를 실행하기 위해서이다.

우리는 시냅스에 들어온 입력 정보가 뉴런을 흥분시키거나 억제시킨다는 것을 알고 있다. 그런데 이러한 스파이크의 어떤 형태가 정보를 전달한다는 것인가? 즉 스파이크 개수가 정보를 전달할 수도 있고, 그 스파이크를 방출하는 시간을 통해서도 정보를 전달할 수 있을 것이다. 어느 것이 맞는지는 아직도 잘 모르고 있다. 실제 뇌 속은 아는 것보다 모르는 것이 훨씬 더 많다고 할 수 있다. 뉴런이 발견된 지 이제 150년 정도가 흐르고 있는 시점에서 뇌 속을 완전히 정복한다는 시나리오는 너무나 비현실적이다. 그러나 이러한 스파이크의 전달 오류가 뇌 질병을 유발한다는 것은 분명해 보인다.

예를 들어 간질 환자는 이러한 스파이크 전달의 절대적 오류에 의해 발작을 일으키고, 정신분열증 환자는 스파이크 오류에 의해 존재하지도 않는 목소리를 듣게 되는 것이다. 특히나 알츠하이머병은 뉴런 사이에 있어서는 안 될 단백질인 베타 아밀로이드(beta-amyloid)가 있거나, 뉴런 내부에 이상 단백질인 타우 엉킴(tau tangle)이 생겨나서 스파이크 전달에 오류를 발생시키고, 이들이 기억장애나 인지장애를 유발시킨다는 것을 우리는 알고 있다. 단지 이러한 장애물을 치우는 방법을 잘 모르거나 스파이크 전달 오류를 바로잡을 수 있는 방법을 모르고 있을 뿐이다.

③ 남녀의 차이

인간을 인간답게 만드는 뇌가 남녀의 차이가 있을까? 만약 있다면 남과 여는 약간씩 다른 인간이란 말인가? 이는 순전히 의학적인 접근이라는 것을 밝혀두려고 한다. 먼저 일부 뇌의 구조가 확실히 다르다. 즉 여성에게서는 양쪽 대뇌반구를 연결해주는 뇌량(corpus callosum)이 남성보다 더 크다. 그리고 시상하부에 있는 일부 신경핵에서는 여성이 더 작다. 그러나 덩치를 감안하더라도 남자의 뇌 크기가 여성보다는 크다. 그렇지만 학습이나 기억을 담당하는 해마는 여성에게서 더 크다는 것이 밝혀지고 있다. 이와는 반대로 감정을 경험하고 이러한 감정을 다시 재수집하는 편도는 오히려 남성이 더 큰 것으로 나타나고 있다.[55]

이번에는 기능적으로도 약간의 차이를 보이고 있다. 즉 공간 수행 능력은 남자에게서 높게 나타난다. 수렵 채집 기간부터 남자는 움막에 남아 아기를 키우는 여성과는 달리 사냥을 나가야 하기 때문에 방향감각이 절실하게 필요했을 것이다. 따라서 집을 찾아내는 데는 여성보다 남성이 더 잘한다. 그렇지만 언어수행 능력에서는 월등하게 여성의 손을 들어주어야 할 것이다. 이는 검사 소견으로도 확연히 나타난다. 말을 하고 있을 때의 여성의 뇌는 양쪽 대뇌반구를 모두 사용하지만, 남성은 우성 뇌만 사용한다. 따라서 뇌졸중으로 인하여 언어장애가 발생한 경우에 여성에게서 훨씬 회복이 빠른 이유도 설명이 될 수 있을 것이다.

3) 뇌가 지나온 과거

사람의 뇌는 어떻게 만들어졌을까? 그래서 우리가 우리임을 알 수 있는 그 마음은 어떻게 생성되는 것일까? 더 나아가 다른 생물체의 뇌와 인간의 뇌는 어떤 차이점이 있을까? 신경계의 기본구조가 뉴런이라면 뱀이나 개구리, 개미, 지렁이, 오징어 및 어류 등의 뉴런은 인간의 뉴런과 다른 것인가? 나는 뇌의 진화 과정을 설명하기 전에 우선 스스로에게 묻고 싶은 이야기들을 끄집어내놓고 보았다. 우선 지금 이 지구상에 살고 있는 그 어느 누구도 뇌에 관한 모든 질문에 대답해줄 수 있는 사람은 아무도 없다는 것에서부터 시작하고자 한다. 뇌를 이해하기 위해서는 뉴런이 어떻게 등장했는가를 살펴보아야 할 것이다. 이제부터 생명의 가장 기본 형태를 유지하고 있는 박테리아부터 찾아가보자.

잘 연구된 대장균은 우리에게 많은 정보를 준다. 이렇게 눈에도 보이지 않는 작은 세균에게 포도당과 젖당을 같이 주면, 먼저 포도당을 이용하고 그다음에 젖당을 사용한다. 이들은 이 두 가지를 어떻게 구분한단 말인가? 그런데 이들도 분명히 화학적 구조를 인식하고 각각을 분해할 수 있는 효소들을 동원하는 것으로 보인다. 이번에는 이들이 있는 근처에 아미노산을 떨어뜨리면 편모를 이용하여 이쪽으로 달려온다. 그런데 만약 이들이 싫어하는 초산을 떨어뜨리면 이번에는 반대편으로 달아난다.*

대장균 속에 들어 있는 어떤 것이 이런 정보와 신호를 편모에 전달해서 이들이 이러한 행동을 할 수 있게 만드는 것인가? 지금까지 연구된 바로는 어떤 자극이 대장균 표면의 수용체에 접속하면 CheY라는 단백질을 만들고, 이 물질이 운동을 일으키는 편모의 모터를 움직인다고 보고 있다.[56] 즉 어

---

* 우리는 이러한 성질을 주화성(走化性, chemotaxis)이라는 용어로 막연히 부르고 있을 뿐이다. 이와 비슷하게 식물이 빛을 따라가는 것을 주광성(走光性, phototaxis)이라고 한다.

떤 자극이 어떤 반응을 일으키고 있는 것이다. 우리는 이러한 과정을 신경계라고 부를 수는 전혀 없지만, 일차적으로 자극과 반응이라는 과정이 박테리아에서도 존재한다는 것을 알 수 있을 것이다.

그렇다면 이 과정을 좀 더 자세히 정리를 해보자. 우리는 감각수용체를 통해서 빛이나 촉감, 통감이나 화학물질, 소리나 중력 등 다양한 자극을 감지할 수 있고, 이 감각정보가 바로 운동신경으로 전달되어 어떤 행동이 일어나게 만들어준다. 우리는 이를 각각 감각수용기(sensory receptor)와 운동효과기(motor effector)라고 할 수 있다. 그러나 만약 아주 다양한 자극이 여러 군데서 동시에 들어온다면 이들 정보를 통합하고 선별 처리를 해야 할 중간 단계가 필요해질 것이다. 따라서 단순한 '감각계 → 운동계'라는 구조에서 '감각계 → 말초신경계 → 운동계'가 등장하였고, 다시 여기에 한 단계가 업그레이드가 되어 '감각계 → 말초신경계 → 중추신경계 → 운동계'라는 구조로 재편되어야 할 것이다(그림 3-4). 이것이 바로 신경계의 전반적인 진화과정이라고 할 수 있다. 굳이 진화라는 말 대신에 그저 신경계의 발달이라고 한들 이상할 것은 아무것도 없다.

뉴런의 발달 과정도 그 출발점은 세균에서부터 시작한다. 이는 이미 설명한 대로 세포 안에서 어떤 화학물질에 의해 수용기에서 효과기로 신호가 전달된다. 이런 과정은 단세포 원생동물까지 계속해서 이어진다. 그러나 우리가 흔히 가장 원시적인 동물로 해석하는 해면동물의 유충 단계에 오면 다세포가 아예 감각세포와 운동세포의 성격으로 나누어지게 된다. 이들도 각각 세포 사이의 소통을 위하여 화학물질을 사용하고 있을 것이다. 그래서 만약 감각세포의 한 부분이 길게 자라나기 시작하여 길어지게 되면, 먼 곳에 있는 세포까지 도달하게 될 것이다. 이렇게 되면 어떤 전기적 신호가 이 길어진 부분을 따라 흐르다가 그 말단 부위에서 화학물질을 분비하여 신호를 전달하게 될 것이 아닌가? 이렇게 등장하게 된 것이 바로 자포동물의 신경계 출현이다. 즉 근거리의 화학적 소통 방법이 원거리 신경 소통 방식으로 바뀌게 되었다는 뜻이다. 이런 과정을 통하여 해면동물에 없던 신경조직이 자포동물에서 처음으로 나타나게 된 것이다.

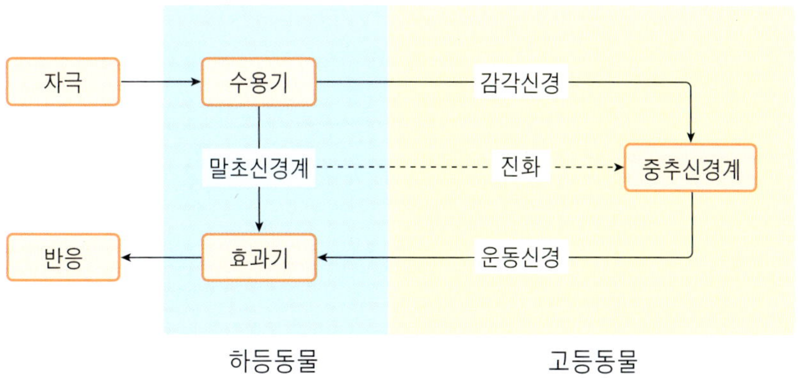

그림 3-4. 수용기와 효과기 그리고 동물 신경계의 발달 과정.

그러나 뉴런이 자포동물에서 나타났지만, 실제 시냅스전이나 시냅스후의 영역을 만들 수 있는 유전자들은 해면류도 가지고 있을 뿐만 아니라, 그 이전의 조상인 깃편모충류(choanoflagellate)에서도 발견된다는 것은 매우 인상적인 일이다. 그렇다면 왜 이들은 뉴런을 만들어내지 못하였는가? 아마도 이 유전자를 발현시키는 다른 신호를 가지고 있지 못했기 때문일 것이다.

자포동물 중 해파리는 몸속에 산만 신경망(diffuse nerve net)과 신경고리(nerve ring)를 가지고 있다. 그러나 이들은 감각 기능을 통합하고 선별할 수 있는 중간 관리자가 없기 때문에 운동이 국지적으로 일어날 수가 없게 된다. 따라서 한 부위에 자극을 주면 그 반응이 똑같이 전체적으로 일어난다. 여러분이 해파리를 생각해보면 충분히 이해할 수 있을 것이다. 해파리는 앞쪽만 움직이고 동시에 뒤쪽은 움직이지 않고 가만히 있을 수가 없다.

그뿐 아니라 해파리는 우리에게 더 중요한 정보도 가르쳐준다. 독일의 데트레브 아렌트(Detlev Arendt; 1968~)가 밝힌 바에 따르면, 자포동물의 우산 부위에 집중된 뉴런들은 그 후손인 좌우대칭 동물에서 뇌의 전구체로 발전되었고, 입이나 촉수에 밀집되어 있던 뉴런은 뇌와 연결된 신경삭*이 되었다는 것이다. 여기서 또 하나 흥미로운 점은 자포동물로부터 시작되는 동물들의 몸 구조에서 나타난다.

자포동물은 몸속에 정돈되지 않는 산만 신경망이 퍼져 있고, 입이자 항문 주위로 링 모양의 신경이 두르고 있다. 따라서 단면을 보면 내장† 주위로 산만 신경이 둘러싸고 있는 형태이다. 그러나 이들이 선구동물로 진화하면 등쪽에서부터 내장, 축삭(axochord)‡[57] 그리고 신경삭이 놓이게 된다. 그러나 이들이 다시 척삭동물이 되면 그 순서가 뒤바뀌게 되어 등쪽부터 신경삭, 척삭 그리고 내장이라는 순서대로 놓이게 된다. 이 차이는 무엇을 뜻하는 것인가? 바로 위아래를 뒤집어놓은 결과와 똑같은 것이 된다는 뜻이다. 그렇지만 이러한 순서는 척추동물로 올라오면 척삭이 변한 척추 안에 신경삭이 변한 척수가 들어 있게 되고, 그 밑에 내장이 놓이게 된다. 이는 우리가 동물을 이해하는 데 큰 도움을 줄 것이다.[58]

자, 이제 뇌가 어떻게 시작되고 있는지를 한번 살펴보자. 이번에는 플라나리아(planaria)라는 편형동물을 들고 나올 차례이다. 왜냐하면 이 편형동물에서 가장 원시적인 뇌의 형태를 찾아볼 수 있기 때문이다. 플라나리아는 해파리와 같이 입과 항문이 한 구멍으로 되어 있지만, 위수강(gastrovascular cavity)은 훨씬 더 정교하게 발달되어 있다. 이 동물은 안점(eyespot) 주위로 원시 뇌와 같은 구조물이 등장하고 등과 배 쪽으로 신경삭이 지나가면서 말초신경을 내놓고 있다. 이 플라나리아의 뇌 구조 형성에 관여

---

* 신경삭(nerve cord)은 척추동물에게서는 척수가 된다.

† 해파리는 굳이 내장이라 할 만한 조직이 없다. 그저 입으로 연결된 공간인 위수강(gastrovascular cavity)이 있을 뿐이다.

‡ 여기서 말하는 축삭(axochord)은 신경의 구조 중 하나인 축삭(axon)과는 다른 이름이다. 즉 axochord를 한국어로 번역하기가 힘들어서 동일어를 사용하고 있을 뿐이다. Axochord는 환형동물에서 나타나는 세로근으로서 척삭과 비슷한 유전 특성과 형태학적 특성을 가지고 있어서 척삭으로 진화하는 것으로 추정하고 있다.

하는 유전자를 동정해보면 116개 정도를 찾아낼 수가 있다. 그런데 뇌가 없고 신경계밖에 없는 선충에서도 이 뇌 특이적인 유전자의 90% 정도가 발견되고 있다. 그뿐 아니라 뇌는커녕 신경조차도 없는 식물인 애기장대에서도 40%나 발견되고, 효모에서도 35%가 발견된다는 것은 과연 무엇을 상징한다고 할 수 있을까? 아마도 뇌가 생기기 훨씬 이전부터 뇌를 만들 수 있는 유전자가 있었다는 것을 의미한다고 할 수 있다.[59]

그러나 실제로 뇌다운 뇌를 만들기 위해서는 신경관이 생겨나는 동물을 찾아야만 된다. 그래서 아무래도 처음으로 떠오르는 동물은 척삭동물 중 미삭동물에 속하는 멍게의 유생일 것이다. 이 멍게의 유생은 가운데가 텅 빈 튜브 같은 관을 만들어내고, 이 관을 길이나 굵기를 변화시키면서 성장하여 뇌나 척수를 만들어내기 때문이다. 이러한 과정은 멍게의 사촌인 창고기의 경우에도 비슷하게 일어난다. 그러나 전체적으로 보면 신경관은 어느 척추동물에게서나 비슷한 모습을 하고 있다.

또한 그 배열도 닮은 구석이 너무나 많다. 사람이나 어류, 양서류나 파충류도 뇌 전체의 배열은 아주 유사하다. 즉 뇌의 끝부분은 주로 냄새를 맡는 부위가 자리 잡고 고등동물로 올라오면서 뇌 전체를 감싸는 대뇌로 발달하게 된다. 대개 파충류까지는 전뇌가 너무 작아서 대뇌라는 말 대신에 종뇌라는 말을 주로 사용한다. 이들은 이미 설명한 대로 전뇌와 중뇌 그리고 후뇌라는 세 종류의 연결된 고무풍선을 만들어서 각기 세부적인 구조들을 만들어내고 있는 것이다. 따라서 모든 척추동물은 척수, 연수, 후뇌,* 중뇌, 간뇌, 종뇌 순으로 배열되어 있다. 그렇다면 이러한 뇌의 발달 과정을 좀 더 쉽게 설명할 수 있는 방법은 없을까?

1960년대 미국 신경과학자인 폴 맥린(Paul MacLean: 1913~2007)이 독일 해부학자인 루트비히 에딩거(Ludwig Edinger: 1855~1918)의 이론을 종합하여 발표한 삼중 뇌이론(Triune brain theory)을 소개하기로 하자.[60] 물론 이 이론은 현재 많은 비판을 받고 있지만, 뇌의 기능과 진화에 관한 역사와 그 구조를 이해하기 위해서는 참고가 될 만하다. 우선 인간의 뇌를 이해하기 위해서는 먼저 파충류 뇌(reptile brain)를 알아야 한다. 이 파충류 뇌는 뇌간 및 소뇌로 구성되어 뇌의 가장 깊은 곳에 위치한다. 이들은 동물적인 본능을 관장하여 생존과 번식을 위한 행동이나 본능적 반응을 담당하고 있다. 따라서 생명유지에 필요한 체온유지, 심장박동, 방향감각, 삼킴반사(swallowing reflex) 등을 관장하는 셈이다.

그다음은 이러한 파충류 뇌의 위쪽을 초기 포유류 뇌(paleomammalian brain)라는 부분이 감싸게 된다. 이는 진화과정에서 초기 포유류에서 생겨난 신경 구조물이다. 이 구조물은 파충류 뇌를 감싸면서 변연계(limbic system)라는 형태를 만들어내게 된다. 이는 구피질에 해당하고 감정이나 정서, 기억이나 사랑, 공포, 학습 등에 관여하게 된다. 즉 포유류의 희로애락을 느끼는 중추라고 할 수도 있다.

파충류의 뇌가 본능적인 것을 관장한다면, 초기 포유류 뇌는 좀 더 복잡한 감정적인 요소가 생겨나

---

* 후뇌에는 소뇌가 포함된다.

는 부위에 해당한다고 할 수 있다. 그러나 실제 인간다운 인간이 되기 위해서는 이 초기 포유류 뇌를 다시 신포유류 뇌(neomammalian brain)가 감싸야만 한다. 이 신포유류 뇌는 바로 우리가 말하는 대뇌피질로 구성되어 있다. 따라서 우리가 다른 동물에 비하여 더 누릴 수 있는 논리적 사고나 합리적 판단, 의사결정, 의식적 사고 및 언어적 표현 등이 바로 여기에서 기인한다고 할 수 있을 것이다. 따라서 우리가 다른 동물과 구분될 수 있는 구조가 바로 이 대뇌피질 중 신피질이라는 것을 꼭 숙지해둘 필요가 있다. 우리가 인공지능 시대에 살면서 알아두어야 할, 놓치기 쉬운 인간 해부학의 화룡점정이 바로 여기에 있기 때문이다.

인간을 어류나 양서류, 더 나아가 파충류나 다른 동물들의 뇌와 비교해볼 때 가장 큰 차이점은 바로 뇌 즉 대뇌피질의 크기가 다르다는 것을 우리는 잘 알고 있다. 만약 어류나 양서류 및 파충류의 뇌를 사람 몸무게로 조정한 후 뇌 크기를 비교해보면, 이들의 뇌 크기는 사람의 1/150 정도에 불과하다. 따라서 이들이 지능적으로 인간보다 나을 방법이 없는 것이다. 이들에게 제일 중요한 외부 정보는 후각이다. 그래서 이들은 종뇌와 간뇌가 중요한 기능을 담당하게 되고 행동에도 절대적인 영향을 미치게 된다. 그뿐 아니라 인간의 대뇌반구를 뒤덮고 있는 신피질은 어류나 양서류, 더 나아가 파충류에서는 거의 나타나지 않는다. 그러나 최근에 들어서면서 신피질의 상동기관이 파충류나 조류에서 발견됨에 따라 이런 이론들이 도전받고 있는 것도 사실이다. 따라서 현재는 모든 척추동물의 뇌는 공통된 일반적인 신경 설계를 따른다고 보고 있다. 다만 정도의 차이는 있지만, 유형별 차이가 없다는 점을 강조하는 것이다.

결국 우리가 우리인 것을 느낄 수 있는 것은 38억 년이라는 기나긴 세월 동안에 형성된 것들이다. 세균에서부터 현재의 호모 사피엔스에 이르기까지 변화하고 덧붙여지고 더 통합된 결과로 나타난 것이 바로 신경계라고 할 수가 있다.

4) 뇌가 커진 호모 사피엔스

(1) 사바나에서 살아남다

인간을 다른 동물과 비교할 때 유별나게 다른 점을 들라고 하면 어떤 것들이 있을까? 몇 가지를 압축적으로 꼽아보자. 먼저 외관상 두 발로 서서 걷는다는 것과 수다스러울 정도로 말을 많이 한다는 사실이다. 그리고 그들의 손에는 도구가 들려 있고 달리기보다는 차를 타고 하늘을 날아서 달을 거닐기도 했다는 점일 것이다. 그러나 이러한 특징들과 연계된 제일 큰 차이점은 바로 그들보다 뇌가 크다는 사실에서 찾아볼 수 있다. 특히 뇌 중에서도 신피질이라는 부위가 훨씬 넓다.

우리가 침팬지와 공통 조상에서 갈라져 나온 지가 약 600만 년 정도가 지난 시점에 와 있다. 그러면서 우리는 침팬지와 비록 유전적으로는 99%가 동일하지만 이미 다른 종이 되어 있다. 우리는 어떻게 하여 침팬지와 다른 길을 걸어오게 되었을까? 또 이 기간 동안 어떤 이유로 우리는 그들과 완전히 달라졌을까? 먼저 이러한 사실을 추구해나가기 전에 약간의 기후적 변화에 대한 정보를 알아둘 필요가 있을 것이다.

영장류의 조상이 등장한 시기는 백악기 말인 약 7천만 년 전으로 추정된다. 이때 우리와 가까운 영장류는 처음에 어떤 환경과 맞닥뜨렸을까? 우리가 추정하는 중생대는 지금보다 기온이 훨씬 높은 상태였다. 현재의 지구 평균 온도는 15℃ 정도이지만, 그 당시에는 5~10℃ 정도는 더 높은 기온을 유지하고 있었다. 그러다가 신생대로 넘어와서 약 5천만 년을 지나오면서 기온이 급격하게 떨어지기 시작하였다. 에오세* 말기인 3,400만 년경에는 남극에 처음으로 빙상이 형성되기 시작하였고, 마이오세 중반기인 1,400만 년 전에는 북극에도 빙하가 형성되기 시작하였다.[61] 그리고 마침내 우리는 600만 년 전 마이오세 후반기에 침팬지와의 공통 조상에서 분리되었지만, 대기의 기온은 점점 더 떨어지고 있었다.

이렇게 하강하던 기온은 플라이오세 후반기를 지나면서 일정 수준을 유지하게 되었지만, 빙기와 간빙기가 교대로 나타나는 가장 추운 시기에 놓이게 되었다. 빙기로만 따져보면, 가장 마지막에 나타났던 빙기는 약 12만~1만 1,000년에 해당되고, 홍적세 기간인 지난 약 1만 년 동안은 기후가 안정되어 있는 간빙기에 들어 있게 된다. 그렇다면 우리의 호모 사피엔스는 언제 등장하였을까? 지금까지 밝혀진 것으로 보아 약 30만 년 전에 출현한 것으로 보고 있다.[62] 따라서 호모 사피엔스가 나타난 시절도 빙기와 간빙기가 교대로 나타나는 기후 속에 살았다는 것을 알 수 있을 것이다.

그리고 가장 마지막 1만 년 동안에 우리는 수렵 채집 생활을 정산하고 정착형 농업 생활로 전환하게 되었다. 따라서 인간이 가지고 있는 지난 6,000년간의 역사는 기후가 잠시 쉬어가는 간빙기 동안에 반짝 일어난 일회성 이벤트일지도 모른다. 그리고 지난 1만 년이란 기간은 인간이 수렵 채집 생활을 하던 30만 년에 비하면 아주 짧은 시간이라는 것에도 주목해야 한다.† 즉 우리는 수렵 채집 생활인의 기질과 체질을 아직도 가지고 있다는 점을 알아야만 현재의 우리를 이해하는 데 도움이 될 것이다. 현대를 살고 있는 우리가 왜 '자연인'이 되고 싶어 하고, 비만인이 늘어나는가를 알 수 있을 테니 말이다.

그다음 기후대(climate zone)를 자세히 논하고 싶지는 않지만, 몇 가지 인간의 진화사에 긴요하게 등장하는 기후변화에 대해서도 알아보도록 하자. 먼저 열대우림기후(tropical rainforest climate)는 세계에서 가장 기온이 높은 지역으로서 건기가 없고 발달한 숲이 주를 이루는 기후대를 말한다. 그다음 열대우림기후를 둘러싸고 있는 열대기후 중 하나가 사바나 기후(savanna climate)이다. 이 사바나 기후는 건기와 우기

---

* 약 6,500만 년 전에 시작된 신생대는 고제3기(팔레오기), 신제3기(네오기) 및 제4기로 나뉜다. 2,300만 년에 끝나는 고제3기는 팔레오세, 에오세(시신세), 올리고세(점신세)로 나뉘고, 280만 년 전까지인 신제3기는 마이오세(중신세), 플라이오세(선신세)로 나뉘며, 제4기는 플라이스토세(홍적세) 및 홀로세(충적세)로 나뉘어 현재에 이르고 있다. 표 5-1을 참고하기 바란다.

† 30만 년 동안 수렵 채집 생활을 해왔고, 오직 지난 1만 년 동안만 농업 생활로 정착했다는 뜻이다.

가 있고, 더불어 숲과 초원이 상존하는 지역이기도 하다. 이 지역보다 더 건조한 지역은 적도 지방에서 일어난 더운 공기가 식어서 하강하는 건조대 기후 중 하나로 초원지대로 구성된 스텝 기후(steppe climate)를 들 수 있다.

따라서 스텝 기후는 키가 큰 교목이 듬성듬성 흩어져 있기도 하고, 키가 작은 관목들과 풀만 펼쳐져 있는 초원이기도 하다. 스텝 기후는 인간의 역사를 바꿀 수 있었던 공간을 제공해주기도 하였다. 특히 유라시아의 중간 지역에서 동서로 펼쳐진 스텝 기후 지역은 살기가 척박하여서 강인한 인간을 만들어내는 수련장과도 같았다. 따라서 이 지역에 살던 사람들은 기후가 가혹해져서 먹을 것이 부족해지면, 남으로 쳐내려 와서 먹거리와 문명을 약탈하곤 하였다. 중국은 이들을 막기 위하여 수백 년 동안이나 만리장성을 쌓지 않았던가. 특히나 몽골에서 태어난 칭기즈칸이 동쪽 끝에서 헝가리까지 점령해서 몽골제국을 세울 수 있었던 것도 모두 스텝 기후가 만들어낸 결과물이라고 할 수 있다.[63] 만약 스텝 기후를 지나 더 건조해지면 어떤 기후대를 만나게 될까? 우리는 모래가 바람에 휘날리는 사막을 만날 것이다. 따라서 가장 습한 열대우림기후에서 건조한 기후대로 넘어가면서 사바나 기후, 스텝 기후, 사막기후로 변해간다는 것을 알 수 있을 것이다.

자, 그렇다면 세상이 만들어내는 기후대를 머릿속에 그리면서 인간이 어떻게 침팬지와의 공통 조상에서 현재 우리가 보고 있는 호모 사피엔스로 진화되어왔는가를 한번 살펴보기로 하자. 먼저 우리는 현재의 침팬지와 같이 열대우림지역에서 살고 있었다. 이 당시에는 크게 침팬지와 다를 바가 없던 상태로 나무 위에서 주로 살았고, 팔로 매달려 나무에서 다른 나무로 이동하면서 주로 과일이나 연한 조직의 나뭇잎을 먹고 살았을 것이다. 현재 약 600만 년 전에 살았다는 사헬란트로푸스 차덴시스(*Sahelanthropus tchadensis*)나 440만 년 전에 살았던 아르디피테쿠스 라미두스(*Ardipithecus ramidus*)가 여기에 속한다고 할 수 있다. 여기에서 이족보행을 했던 확실한 호미닌이라는 타이틀은 아무래도 아르디피테쿠스한테 돌아가야만 할 것 같다. 우리는 이러한 인간화 단계(stages in hominization)의 첫걸음을 열대우림 단계(the rain forest stage) 또는 침팬지 단계(chimpanzee stage)라고 부른다.[64] 즉 사헬란트로푸스나 아르디피테쿠스는 침팬지 쪽에 더 가까운 조상이었다는 것을 말해준다고 알 수가 있다.

그다음 단계는 교목 사바나 단계(the tree savanna stage) 또는 오스트랄로피테쿠스 단계(Australopithecus stage)이다. 열대우림지역 가장자리는 악화되는 기후변화에 따라 우림이 점차 교목 사바나 지역으로 변하게 되었다. 즉 숲과 초원이 어우러져 있는 환경이었지만, 줄기가 하나인 큰키나무(교목)들이 듬성듬성 들어차 있는 환경이었던 것이다. 이곳에서는 침팬지 단계를 벗어나기 시작한 직립보행 인간들이 살고 있었다. 이들을 우리는 오스트랄로피테쿠스속이라고 부른다. 이들은 열매나 과일이 부족해지자, 구근이나 구경을 파먹기 위하여 땅으로 내려오기 시작하면서 사자나 치타와 같은 맹수들의 목표물이 되어갔을 것이다. 그러나 이들이 올라가 숨을 수 있는 교목들이 주위에 있었기 때문에 목숨을 부지할 수 있는 은신처는 가지고 있었던 셈이다. 이들은 주로 초식성이었고 이족보행을 하였지만, 밤에는 나무 위에서 잠을 자는 생활을 하고 있었다. 1924년 발견된 타웅 아이로 불리는 오스트랄로피테쿠스 아프리카누스(*Autsralopithecus africanus*)나 1974년에 발견된 루시라 불리는 오스트랄로피테쿠스 아파랜시스(*Autstalopithecus afarensis*)가 이 단계에 있었다고 할 수 있다. 이들은 침팬지와 인간의 중간 단계에 와 있다고 생각된다. 이제 우리는 인간에 접근하고 있는 호모속을 만나게 될 것이다.

관목 사바나 단계(the bush savanna stage) 또는 호모속 단계(Homo stage)를 만나기 위해서는 약 250만 년 전 홍적세 초반기로 올라가야만 한다. 이 시기에 기후는 더 추워지고 건조해져서 교목은 사라지고 관목과 풀만이 남게 되었다. 관목은 줄기가 여러 개여서 키가 작고 겨우 덤불 정도만 형성하여 교목처럼 맹수로부터 몸을 피할 만한 은신처가 되어 주지 못하였다. 따라서 연약한 인간의 선조들은 사자나 들개들의 먹잇감으로 전락할 수밖에 없는 처지에 놓이게 되었다. 여기에서 살아남을 수 있는 유일한 방법은 이족보행으로 인하여 자유로워진 손을 이용하여 그들을 제압할 도구를 만들거나, 지혜를 발휘해서 위기를 넘기는 방법밖에는 없었을 것이다. 이렇게 하여 맹수로부터 피식자 신세를 면하게 된 우리의 조상들만이 유일하게 살아남는 행운을 누렸을 것이다. 실제로 타웅 아이의 오른쪽 안와골에 독수리 발톱 자국으로 보이는 흔적이 발견되었고, 호모 하빌리스(*Homo habilis*)의 발목뼈에 악어 잇자국이 발견된 적도 있다. 더구나 파란드로푸스 로부스투스(*Paranthropus robustus*)* 의 두개골에서는 표범의 송곳니가 만들어낸 구멍이 발견된 적도 있다. 따라서 인간은 이 시기에 사냥꾼이 아니라 사냥감이었다는 사실을 말해준다고 할 수 있다.

이 중에서 눈에 띄는 화석이 호모 하빌리스이다. 이들은 말 그대로 도구를 사용했던 확실한 선조로 보고 있다. 그 뒤를 잇는 계부는 아마도 호모 에렉투스(*Homo erectus*)라는 종을 들어야 할 것 같다. 이 호모 에렉투스는 200만 년 전부터 10만 년 전까지 아프리카, 아시아, 시베리아에서 폭넓게 퍼져 살았던 인간 조상 종이기 때문이다. 이들이 오랫동안 맹수의 숲에서 살아남을 수 있었던 이유는 아마도 불의 사용에서 그 원인을 찾아야 할 것 같다. 불은 추위를 몰아낼 수도 있었고, 맹수로부터 몸을 지킬 수 있었으며, 요리를 해 먹을 수 있게 되어서 몸의 변화를 주도한 혁신적인 사건이라 할 수 있을 것이다. 더구나 불은 음식을 연하게 만들어서 소화가 잘될 수 있게 만들어주었다. 따라서 치아가 작아지게 되고, 씹는 근육인 측두근이 줄어들게 만드는 결과를 초래하게 되었다.

측두근이 줄어들면 어떤 결과가 초래될까? 우선 씹는 근육이 발달된 종은 두개골이 작고 안와골이 위로 튀어 올라간다. 왜냐하면 저작 압력†이 강해지면 안와골이 쭈그러질 가능성이 높기 때문이다. 만약 소화가 잘되는 음식을 먹게 되면 우선 측두근의 역할이 줄어들게 되고, 이로 인해 두개골이 위

---

* 파란드로푸스 로부스투스는 오스트랄로피테쿠스 로부스투스라고 불리기도 하여 강인한 종에 속하지만, 루시로 불리는 오스트랄로피테쿠스 아파랜시스는 연약한 그룹에 속한다.

† 저작 압력이란 우리가 음식을 씹을 때 치아에 가해지는 압력을 말한다. 저작근이란 씹기근육을 말하고, 대표적인 근육이 머리의 귀 위쪽 두개골에 붙어 있는 측두근이다.

로 커지면서 안면각이 예각에서 직각에 가깝게 변할 수 있게 된다. 저작근인 측두근이 줄어들면 두개골이 커질 수 있는 가능성이 훨씬 높아지게 될 것이다.

그런 다음 호모 에렉투스는 세 부류의 인간으로 분리되었다. 먼저 아프리카 지역에 살았던 호모 사피엔스(*Homo sapiens*)와 유럽에 주로 살았던 호모 네안데르탈인(*Homo neanderthalensis*), 그리고 시베리아 알타이 산맥과 그 동쪽에 살았던 데니소바인(Denisovan)으로 분리되었다고 생각된다. 호모 네안데르탈인의 화석은 약 400개가 발견되었고, 그중 약 30개는 비교적 골격이 잘 보존된 종이다. 그렇지만 이들은 약 4만 년 전에 이 지구상에서 영원히 사라져버렸다. 왜 이들은 멸종했을까? 아마도 우리인 호모 사피엔스가 그 원인의 한가운데에 있는 것만은 확실하다. 호모 사피엔스가 7만 년 전* 아프리카를 벗어나 유럽이나 아시아로 이주해갈 때마다 이미 그 땅에 살고 있었던 호모 에렉투스들이 차례대로 사라져 버렸기 때문이다. 이제 마지막 남은 호모 사피엔스는 장차 어떻게 될까? 그 전에 두 발 보행이 우리에게 남긴 흔적들을 먼저 살펴보자.

(2) 두 발로 서서 걷기

인간은 사지동물에 속하지만 유일하게 두 발로 서서 걷는 동물이다. 오랑우탄도 한 번씩 서서 몇 발자국을 걸어갈 수는 있다. 고릴라나 침팬지는 주먹을 쥐고 손가락관절 부분이 지면에 닿으면서 움직이는 네발 동물이다. 그렇다면 호모 사피엔스가 직립보행을 하게 된 이유는 무엇일까? 또 무엇이 직립보행을 선호하게 만들었을까? 우선 직립보행을 하게 되면 두 손이 걷는 데서 자유로워진다. 이 두 손을 다른 용도로 이용할 기회가 생긴다는 뜻이다. 양손을 이용하여 도구를 만들어 사용할 수도 있고, 먹을 것을 운반할 수도 있을 것이다. 따라서 음식을 가져다줄 수 있는 수컷을 암컷은 더 선호했을 가능성이 높다. 따라서 직립보행은 암컷에 의해 선택되었을 가능성이 높아졌고, 그 자식 또한 생존할 수 있는 가능성이 높아졌다고 할 수 있을 것이다.

또 두 발 보행은 키를 높여서 보행 시 풀을 넘어 멀리 볼 수도 있었을 것이고, 물을 건널 때는 물 밖으로 머리를 높게 내밀 수도 있게 되었을 것이다. 일부 학자는 아예 초기 유인원들이 물속에서 식량을 채취하다가 머리를 물 밖으로 내밀기 위하여 두 발로 서게 되었다는 이론을 제시하기도 한다. 그런가 하면 다소 엉뚱하게도 남성은 음경을 드러내기 위하여 직립보행을 하게 되었고, 여성은 음부를 감추기 위하여 두 발로 걷게 되었다고 주장하기도 한다. 그러나 무엇보다도 직립보행의 중요한 사실은 두 손이 자유로워졌다는 것이다. 이렇게 자유로워진 양손은 도구를 제작하고 노동력을 높여서 사회를 구성하게 만들었으며, 나아가 언어나 감각기관이 발달할 수 있는 계기를 마련했다고 보고 있다.

그렇지만 사지로 걷는 동물이 서서 걷게 되면 몸의 해부학적 구조에 큰 변화가 유발하기 마련이다.

---

* 대략 6만~9만 년으로 보고 있다.

이러한 구조 변화는 초기 유인원들이 두 발 보행을 했는가를 판단하는 데 중요한 기준점이 되기도 한다. 먼저 머리에서 나온 중추신경이 대공이라는 구멍을 통해 척추로 이어질 때 그 구조물에 변화가 온다. 즉 고릴라나 침팬지는 네 발로 걷기 때문에 두개골이 척추와 수평적으로 연결된다. 따라서 머리가 항상 앞을 볼 수 있게 들고 있어야 하기 때문에 후두부에 붙어 있는 근육과 그 근육이 붙는 자리가 넓고 잘 발달되어 있을 뿐만 아니라 대공도 위쪽으로 뚫려 있게 된다. 이에 비해 두 발 보행을 하는 인간은 서 있기 때문에 이 대공이 가운데 쪽으로 옮겨와 있을 것이다.

그러나 실제적으로 뼈 중에서 두 발 보행 여부를 진단할 수 있는 가장 좋은 부분은 체중을 감당하는 골반이나 무릎 및 발목 관절 부분이라 할 수 있다. 특히 대퇴골과 무릎은 침팬지에 비하여 두 발 보행 시 안으로 몰려 있는 상태를 유지하게 된다. 그러나 무엇보다도 직립보행을 하기 위해서는 골반이 좁아져야만 가능하다. 골반이 좁아지면 어떤 결과가 초래될까?

이족보행이 진행되면서 좁아진 골반은 인간 진화에 결정적인 요인으로 작용하게 되었다. 즉 골반이 좁아지면 이족보행은 효율적으로 할 수 있게 되었지만, 아기를 낳는 데는 결정적으로 불리해지기 때문이다. 골반이 좁아지면 큰 아기를 낳을 수가 없다. 그렇다면 어떻게 될까? 결과적으로 아기를 충분히 배 속에서 키우지 못한 채 미숙아 상태로 낳을 수밖에 없게 되었다는 뜻이다. 이제 아무것도 할 수 없는 아기를 누군가는 키워야 하고, 누군가는 밖에서 먹을 것을 가져다주어야만 아기와 산모가 살아남을 수 있게 변해버린 것이다.

여기서 잠깐! 좁은 산도에서는 어떻게 하여 분만이 이루어지는지를 한번 살펴보자. 우리가 알고 있는 오랑우탄, 고릴라, 침팬지는 아기의 머리에 비하여 골반이 훨씬 더 크다. 그래서 대부분의 포유류와 영장류의 출산은 산모의 단독 작업으로 이루어지게 된다. 즉 엄마가 앞으로 움츠린 자세에서 자신의 손으로 아기를 받아낼 수 있는 것이다. 그러나 인간은 혼자서 아기를 낳기에는 산모나 아기가 모두 위험에 빠질 가능성이 훨씬 높아진다. 왜 그럴까?

먼저 인간의 좁은 골반은 아기가 처음 만나는 산도의 입구부터 문제가 된다. 즉 골반의 입구는 앞뒤보다 좌우가 더 넓다. 그런데 아기의 머리는 좌우보다는 앞뒤가 더 길다. 그래서 우선 아기는 산도 입구에서는 머리를 좌우로 밀어 넣어야만 한다.[65] 만약 산도가 큰 침팬지라면 이런 것은 전혀 문제가 되지 않을 것이다. 그다음 산도의 출구에서는 골반이 좌우보다 앞뒤가 더 넓다. 그래서 중간 단계에서 다시 머리를 좌우에서 앞뒤로 돌려야만 한다. 이렇게 머리를 틀면서 나온 아기는 산도 출구에서 머리가 산모의 등쪽을 보게 될 것이다. 그다음은 어깨가 빠져나올 차례이다. 이 어깨도 머리가 나온 길을 따라 좌우에서 앞뒤로 돌면서 순조롭게 잘 빠져나와야 한다. 그러나 이 어깨가 산도에 걸려서 난산으로 이어지는 경우가 종종 발생하게 된다. 따라서 인간의 출산은 이족보행으로 인하여 다른 동물에 비해 생명을 걸어야 할 정도의 어려운 과정으로 변하게 되었다. 두 발로 걷게 된 장점이 고스란히 출산의 고통으로 이어진 셈이다.

또한 직립보행은 인간의 몸에서 털을 없애주는 역할을 했다고 믿기도 한다. 기생충을 없애기 위해 털이 없어진 것이 아니라, 포식자를 피해 멀리 달리기 위해서 털이 사라졌다고 믿는 것이다. 멀리 그리고 빨리 달리기 위해서는 필수적으로 땀을 흘려서 체온을 조절해야만 한다. 표범은 400m만 달려도 체온상승으로 인하여 더 이상 달릴 수가 없다. 인간이 발명한 이 땀을 흘리는 냉각 시스템은 인간으로 하여금 더 빨리 그리고 더 멀리 뛸 수 있는 지구력을 만들어주었다고 할 수 있다. 아무튼 직립보행은 영장류 중에서 인간을 가려내는 인류학 최고의 보증서라고 할 수 있을 것이다.

(3) 도구를 만드는 뇌

직립보행을 하게 되고 양손이 자유로워짐에 따라 인간은 다른 동물과 다르게 도구를 만들기 시작하였다. 도구도 인간이 진화하고 발전함에 따라 그 종류나 정밀성도 점차 증가하는 쪽으로 나아가게 되었다. 이러한 도구의 발전 단계를 살펴보면, 먼저 자연물을 그대로 사용하는 시기가 있었고, 그다음은 이 도구를 가공하여 사용하는 시기가 오게 된다. 즉 자연석을 이용하여 다듬은 다음, 사용하는 시기를 말한다. 마지막 단계는 아예 베틀처럼 기계를 만들어서 사용하는 것이다. 인간 조상이 나무에서 내려와 두 발 보행을 한 이후 처음으로 도구를 만들기 시작한 시기는 약 250만 년 전 호모 하빌리스 시절로 보고 있다. 이들은 딱딱한 돌을 내려쳐서 날을 만든 다음, 반대쪽을 손으로 잡고 도구로 이용한 찍개(chopper)가 대표적인 도구이다. 그 외에 긁개(scraper)나 망치 등이 발견되었고, 이것들을 이용해 고기를 저미거나 썰었을 가능성이 높다. 우리는 이러한 도구들이 탄자니아 올두바이 협곡에서 발견된 지명을 따서 올두완(Oldowan) 석기라고 부른다.

그다음은 호모 에렉투스 화석과 함께 발견된 아슐리안(Acheulian) 석기이다. 이 아슐리안 석기는 두 손을 모은 것 같은 양날 도끼 모양의 주먹도끼(hand-axe)가 대표적이라고 할 수 있다. 이러한 아슐리안 석기는 150만 년 동안 그 모양이 변하지 않은 채 발견되는 지역들만 변하고 있다는 특징이 있다. 우리나라에서도 경기도 연천 전곡리에서 아슐리안 석기가 발견되어 화제가 되기도 하였는데, 이는 아슐리안 석기가 발견될 수 없다고 주장하는 모비우스 선(Movius line) 동쪽에서 발견되었기 때문이기도 하다. 이 모비우스 선은 인도 서쪽을 아슐리안 석기의 주먹도끼 문화권으로 보고, 인도 동쪽을 찍개 문화권으로 보는 학설이다.[66]

그다음 호모 네안데르탈인에게서 발견되는 무스테리안(Mousterian) 석기는 돌을 깨는 위치를 조절할 정도로 정교하게 만들어진 석기이기 때문에 네안데르탈인의 문명을 가늠해볼 수 있는 척도로도 사용되고 있다. 마지막으로 크로마뇽인에 의해 만들어진 오리냐크(Aurignac) 문화는 날카로운 돌칼로 조각품을 만들고, 동굴에 그림을 그리는 시대로 접어들게 되었다. 직립보행은 도구를 만들게 하고, 도구를 만드는 작업은 뇌가 커지게 만든 이유 중 하나로 자리 잡게 되었다.

(4) 뇌가 커진 이유

뇌가 커진 시기는 대략 250만 년 전으로 오스트랄로피테쿠스속에서 호모속으로 넘어오면서 급격히 커지기 시작하였다. 그렇다면 왜 이 시기에 뇌가 커지게 되었을까? 이때는 기후가 급격히 추워지고 건조해져서 인류의 조상이 나무에서 내려오게 되면서 안전한 생활에서 벗어난 시기와 맞물려 있다. 이들이 도망갈 곳 없는 관목형 사바나에서 오직 살아남을 수 있는 방법은 그들의 지혜를 동원하는 수밖에 없었던 것이다. 이 당시에는 여러 종의 인간 조상 종들이 살았지만, 급변하는 기후에 적응하지 못하거나 포식자의 공격을 극복하지 못한 다수의 호모속들은 그저 역사 속으로 사라져갔다. 불을 이용하고 머리를 써서 도구를 만들기 시작한 호모 에렉투스만 오랫동안 살아남아 이 지구상에서 인간이 진화할 수 있는 밑거름이 되어주었다고 말할 수 있을 것이다.

이미 기술한 바 있지만, 뇌가 커진 것은 파충류의 뇌나 초기 포유류의 뇌가 커진 것이 아니라 오직 대뇌를 싸고 있는 신피질이 커졌다는 것을 뜻한다. 이 대뇌피질은 감각, 운동 및 언어 기능을 통합할 뿐만 아니라, 생각하고 판단하며 추상적인 것과 창조력 등 인간다움을 담고 있는 기능들을 총망라한다고 할 수 있다. 이렇게 뇌가 커진 호모 사피엔스는 어느 날 갑자기 동굴에 그림을 그리고, 날카로운 칼로 상아 뿔에 여인상을 조각하는 호기를 부리기 시작하였다. 드디어 우리가 현재 거울 속에서 만날 수 있는 인간들이 이 세상에 나타난 것이다. 이 시기를 여러 학자들은 후기 구석기시대(upper paleolithic)[67] 또는 대약진시대(great leap forward)[68] 등으로 부르고 있다.

약 5만 년 전에 일어난 이 사건들은 도구 면에서도 이전 것들과 비교할 수 없을 정도로 비약적인 발전을 이루었다. 즉 다양하고 기능적으로 개선된 도구나 연장들이 등장하고 심오한 의식세계를 나타내는 예술작품들이 발견되면서, 드디어 우리가 인간이라고 부를 수 있는 시기에 도달했다는 것을 알려주는 것이다. 특히 3만 5,000년 전 오스트리아 빌렌도르프(Willendorf)에서 발굴된 여인상이나 비슷한 시기에 발견된 인류 최초의 미술작품으로 평가되는 스페인의 알타미라 동굴벽화 등은 이 시대가 크로마뇽인이 나타난 시대임을 알려주고 있다. 이들은 형태가 현저하게 달라진 도구들인 박편이나 화살촉, 바늘, 송곳, 절구와 공이, 낚싯바늘이나 미늘이 달린 작살 등을 사용하였다. 이들은 이미 해부학적으로 완전한 현생 인류에 속하게 되었고, 특수한 도구를 이용한 기술이나 예술 및 문화가 급격히 일어난 시기이기도 하였다. 그뿐 아니라 이것들이 바로 뇌가 커진 이유를 설명하는 결과물들임이 분명해 보인다. 이들에 대해서는 잠시 뒤에 다시 다루도록 하자.

인간의 조상에서 뇌가 커지면서 지불해야 될 대가는 없었을까? 뇌를 운용하기 위해서는 많은 에너지가 지불되어야만 한다. 실제 뇌의 무게는 전 체중의 2%에도 못 미치지만, 전체 에너지의 20% 이상을 가져다 사용하고 있다. 따라서 우리는 식량을 찾아다니는 데 더 많은 시간을 소모해야 하고, 근육에 쓸 에너지를 뉴런에 투입함으로써 근육이 위축되는 변화를 초래하기도 하였다. 최근에는 NOTCH2NL이라는 유전자가 발견되어 뇌가 커지는 것을 유전학적으로 설명할 수 있는 시대에 도달하게 되었다. 즉 원숭이에게는 이 유전자가 없기 때문에 대뇌피질이 잘 형성되지 않는다는 것이 알려지기도 하였고, 이 유전자를 쥐한테 투입하면 쥐의 뇌에서 대뇌피질이 형성된다는 보고도 있다.[69]

(5) 언어의 등장

후기 구석기시대에 일어난 또 하나의 획기적인 사건이 바로 언어의 등장이다. 인간이 사용하는 언어의 풍성함이 어느 정도인지는 굳이 설명이 필요 없을 정도로 다른 동물에 비하여 탁월하다. 현재 전 세계적으로 약 5,000개 정도의 언어가 사용되고 있는 것으로 보고 있다. 이 언어들도 기본적으로 자음이나 모음 같은 하나의 음소가 모여 한 단어를 이루고, 이 단어들이 모여 문장을 만든다. 우리가 의사소통에 쓰이는 언어는 궁극적으로 문화를 만들어가는 중추적 역할을 담당하고 있는 셈이다.

우리가 말을 할 수 있다는 것은 아주 복잡하면서도 원활한 뇌 기능이 보장되지 않으면 결코 일어날 수 없는 고급 뇌 활동 중 하나라고 할 수가 있다. 소통을 위해서는 우선 눈으로 상대방을 읽고, 귀로써 그 소리를 분석해야 한다. 중이의 고막을 통하여 들어온 소리에너지는 내이의 달팽이관에서 전기신호로 바뀌어 측두부로 전달될 것이다. 그렇지만 이 소리의 내용을 분석하고 그 뜻을 이해하기 위해서는 전두엽과 두정부의 도움을 받아야 하고, 기억 속에 내장된 그 소리의 의미를 찾아내야만 가능할 것이다. 이렇게 분석이 끝나면 다시 비슷한 과정을 거쳐 적절한 대답을 베르니케 영역에서 찾아내야 하고, 이를 브로카 영역으로 옮겨 후두에 있는 발성기관을 적절하게 움직일 수 있는 명령으로 바뀌어야 비로소 소통이 가능한 상태가 될 수 있다. 여러분은 이 모든 과정을 일일이 간섭하면서 소통하지는 않는다. 다만 학습을 통해 어떻게 대화를 이어가야 할 것인지를 판단하고 통합하여 실행에 옮기고 있을 뿐이다.

우리 모두가 처음부터 말로써 소통할 수 있는 것은 아니다. 갓난아기는 갓 태어나면 울음소리 외에는 만들 수 있는 발성이 없다. 아기들은 침팬지처럼 후두개(epiglottis)*가 위로 올라와 있기 때문에 인두 공간이 좁다. 따라서 소리의 울림통이 작아서 해부학적으로 정교한 소리를 낼 재주가 없게 된다. 그러나 18개월 정도가 지나면 후두가 목구멍 아래로 이동하면서 발성 공간이 불어나게 되고, 14세경이 되면 어른과 같은 위치에 도달하게 된다. 이렇게 후두개가 위에 있으면 소리를 제대로 구사할 수는 없지만 더 힘껏 젖을 빨 수는 있을 것이다. 그러나 후두개가 어른 정도로 밑으로 내려오면 이번에는 소리는 잘 만들 수 있지만, 음식을 삼키다 보면 식도가 아닌 기도로 음식물이 들어가서 사레가 들려 참을 수 없는 기침이 한동안 계속되는 원인이 되기도 한다.[70]

언어의 배열은 민족마다 아주 다르다. 우리가 쓰는 한국말이나 일본어 및 티베트어는 주어 다음에 목적어 그리고 동사가 뒤따라오는 순서로 진행된다. 그러나 대부분의 언어들은 주어 다음에 동사가

---

* 후두개는 후두의 덮개로서 음식을 삼키면 기도로 들어가지 않게 후두를 덮어주는 역할을 담당한다.

오고, 마지막에 목적어가 오는 순서로 되어 있다. 따라서 한국인에게 영어나 중국어가 쉽게 배워지지 않는 이유도 여기에 있다고 할 수 있다. 우리의 뇌는 이미 학습을 통하여 주어 다음에 목적어가 올 것을 기대하고 있지만, 동사가 먼저 오면 일시적인 혼란이 생겨날 것이다. 그렇다고 반드시 주어가 맨 앞에 오는 것도 아니다. 웨일스어는 동사가 제일 앞에 오고 주어가 맨 뒤에 오는가 하면, 브라질의 아마존 유역에 사는 부족들은 목적어가 제일 앞에 오고 동사가 맨 뒤에 오는 어순을 가지고 있는 경우도 있다. 뇌가 커지면서 만들어진 또 다른 혁신이 바로 언어의 등장이라고 할 만하다.

6 뇌가 만든 역사

1) 인지혁명

(1) 수렵 채집인

지금까지 이 지구상에는 대략 20종 이상의 인간 조상이 살았다고 알려져 있다. 이 중에서도 호모속은 최소 8종 이상이 이 땅에 이름을 올려놓고 있다. 그러나 현재까지 살아남아서 이 땅을 지배하고 있는 호모속은 단지 호모 사피엔스 한 종뿐이다. 그렇다면 우리와 같은 호모 사피엔스는 언제 이 지구상에 등장했을까? 가장 기본적이고 현실적인 질문이지만, 어떤 논문이나 책을 보는지에 따라 그 대답은 달라진다. 일반적으로 1967년 에티오피아에서 발굴된 화석이 가장 오래된 호모 사피엔스로 알려져서 우리의 역사를 약 20만 년으로 알고 있었다. 그러나 2017년 모로코에서 발굴된 호모 사피엔스 화석이 31만 5,000년 전의 것으로 밝혀지면서 그 역사가 지금은 약 30만 년으로 알려지게 되었다.[71] 따라서 어느 연대가 옳은 것인지는 차치하고라도 대략 1만 세대나 1만 5,000세대 정도 올라가면 최초의 호모 사피엔스 조상 할아버지를 만날 수 있을 공산이 커진다는 뜻이다. 그리고 그 할아버지는 사하라 이남의 아프리카가 고향일 것이다. 그래서 우리의 원적*은 모두 아프리카가 될 것이다. 그렇다면 우리의 본적은 어디쯤 될 것이라고 생각하는가?

이렇게 태어난 호모 사피엔스는 대부분의 시간을 동아프리카를 떠돌면서 수렵 채집인(hunter-gatherer) 생활을 하고 지냈을 것이다. 수렵 채집인이라는 것은 거의 모든 음식을 자연에서 얻으면서 사는 사람들을 말한다. 이들의 주된 음식은 야생 식물이나 동물, 곤충, 버섯, 꿀, 새의 알, 물고기 등으로 하루 벌어 하루를 먹고 사는 떠돌이 생활을 영위한다는 뜻이다. 이들은 소규모 무리를 지어 살았고, 매주 또는 매달 집을 옮기면서 생활하였다. 그들이 수렵이나 채집으로 얻은 식량은 저장하기가 힘들었

---

* 만약 결혼 등으로 분가를 하게 되면 원래 태어난 곳은 원적이 되고, 분가를 해서 새로 시작하는 곳이 본적이 된다.

기 때문에 생활 자체에 대하여 어떤 계획을 세운다는 것은 별 의미가 없던 시절이었다. 이러한 생활은 거의 기원전 1만 년 전까지 지속되었고, 유목 생활을 끝내고 농업 생활로 정착하기 시작한 것이 이 시기였기 때문이다. 따라서 인간은 그들 역사의 95% 이상을 수렵 채집인으로 살아왔고, 한곳에서 정착하여 작물과 가축을 기르면서 살아온 기간은 고작 1만 년 정도밖에 안 된다는 계산이 나온다.

그렇다면 우리의 몸과 마음은 이러한 급작스러운 환경 변화에 현실적으로 잘 적응하고 있을까? 우리의 몸에서 일어나는 여러 가지 현상들은 아직도 우리의 몸과 마음이 수렵 채집인 생활에서 농경 생활로 완전히 적응했다고 말하기는 어려워 보인다. 1만 년은 우리의 몸을 완벽하게 농경 정착생활에 적응시키기에는 너무 짧은 시간이 아닌가. 예를 한번 들어보자.

우리가 살아온 세월은 모두가 풍족하게 먹은 적보다 굶주린 기간이 더 많았던 시간들이다. 특히나 수렵 채집인 시절에도 마찬가지였을 것이다. 그런데 수십 년 전부터 우리의 일부는 과잉 영양 상태에 빠지는 행운을 누리게 되었다. 그 이유가 어떠하든 간에 우리는 더 이상 굶주리는 일 대신에 과식하는 즐거움에 빠지게 된 셈이 되어버렸다. 그렇지만 우리 몸은 아직도 못 먹고 굶주림에 대비하고 있는 상태의 몸을 가지고 있다. 몸속에서 쓰고 남은 에너지는 한 톨도 밖으로 내보내지 않고 몸속에 저축한다. 따라서 호모 사피엔스의 날씬한 체격들은 모두 사라지고 점점 비만이라는 늪에 빠지게 되었다. 즉 우리 몸은 한 방울의 포도당도 소변으로 내보내지 못하게 막고 있기 때문이다. 만약 소변에서 포도당이 발견되면 즉시 여러분은 당뇨병으로 진단을 받게 될 것이다.

또한 우리의 몸은 한군데 오래 앉아서 컴퓨터를 두드리는 일에 전혀 익숙해 있지 않다. 따라서 수렵 채집인 시절보다 성인병이나 대사질환이 훨씬 높게 발병할 것은 너무나 당연해 보인다. 그뿐 아니라 생활방식도 너무나 다르다. 고대 수렵 채집인 생활에서는 일부일처제라는 제도가 없었기 때문에 태어난 아기의 아버지는 모두가 다 아버지일 수밖에 없었다. 따라서 이러한 가족제도가 현대를 살아가는 핵가족이나 일부일처제에 그대로 녹아들 수 있었을까? 우리가 꼭 기억해야 될 일은 역사의 95% 이상이 수렵 채집인이었다는 사실이다.[72]

(2) 뇌가 만든 혁명

30만 년 전에 태어난 호모 사피엔스는 수렵 채집 생활을 영위하면서 마냥 아프리카에서만 떠돌이 생활을 하지는 않았다. 이들은 기후변화에 의하여 생겨난 사바나 지역을 따라 약 10만 년 전 아프리카를 떠나 지중해 동쪽에 있는 레반트(Levant) 지역*까지 진출했지만, 네안데르탈인 지역에서 견디지 못하고 다시 아프리카로 되돌아가야만 했다. 그러다가 약 7만 년 전 다시 아프리카를 떠난 호모 사피엔스는 승승장구하면서 동진을 계속하여 5만 년 전에는 호주에 도달하게 되었고, 4만 5천 년 전에는

* 레반트 지역은 지중해 동쪽에 있는 현재의 시리아, 레바논, 이스라엘 및 요르단이 있는 곳을 말한다.

빙 둘러서 유럽에 도달하게 되었다.

그런데 이때 특이한 점은 호모 사피엔스가 유럽에 도달한 시기가 바로 호모 네안데르탈렌시스가 지구상에서 사라진 시기와 맞물린다는 점이다. 왜일까? 그 진실은 아무도 모른다. 그저 기후변화에 의해 네안데르탈인이 사라졌다고 하기도 하고, 호모 사피엔스가 그들을 멸망시켰다고 하기도 하고, 아무튼 호모 사피엔스는 시베리아를 거쳐 2만 1,000년경에는 아메리카 대륙을 건너게 되었고, 빙하기 말인 1만 2,000년경에는 얼음이 없는 거의 모든 지구에서 점령군처럼 살게 되었다.

다시 7만 년에서 3만 년 전쯤으로 되돌아가보자. 수렵 채집 생활을 하던 호모 사피엔스들이 갑자기 특이한 행동들을 하기 시작하였다. 처음에는 황토색으로 몸을 치장하더니 몸에다 장신구를 달기 시작하였던 것이다. 그러고 나서 죽은 사람을 매장하고, 동굴에 입체적인 그림을 그리고, 상아나 뼈에다 조각품을 새겨넣었다. 그림이 그려진 동굴은 무려 600군데가 넘었고, 그중에서도 가장 오래된 쇼베 동굴벽화, 천장에다 그린 알타미라 동굴벽화, 라스코 동굴벽화들은 무언가 새로운 일들이 일어나고 있다는 것을 암시하고 있었다.

그뿐 아니라 1908년 오스트리아 빌렌도르프 근교에서 발견된 비너스상은 그 당시 수렵 채집인의 창의력과 기원을 엿볼 수 있는 좋은 본보기라고 할 수 있다. 이러한 여성 조각상은 대부분 유방과 허리, 배, 엉덩이 및 성기를 강조한 것으로 보아서 다산과 풍요 그리고 생식력을 상징하는 표상으로 만들어졌다고 보인다.* 이때 함께 발견되는 도구들은 활과 화살, 배, 기름등잔, 바늘 등이다. 이미 기술된 바 있지만, 우리는 이 특이한 시기를 인지혁명 시대, 후기 구석기시대, 대약진 시대 등으로 부르고 있다. 더불어 신화나 종교 그리고 신들이 이 인지혁명과 함께 처음으로 등장하기 시작했던 것이다.

이 시대에 또 하나의 커다란 변화는 언어의 기원이 비슷한 시기에 시작하고 있다는 점이다. 만약 우리가 인간이 되기 위한 중요한 자질을 꼽는다면 탁월한 지능, 도구제작 및 소통능력을 들 수 있을 것이다. 따라서 인지혁명은 비로소 호모 사피엔스가 우리가 되는 큰 전환점이 되었다는 것을 알 수 있다. 이러한 변화는 약 400만 년 전부터 시작된 이족보행, 그리고 200만 년 전부터 커지기 시작한 대뇌피질이 한순간에 문턱값을 넘어서면서 일어난 일대 변혁이라고 볼 수가 있다. 드디어 호모 사피엔스가 우리가 된 것이다. 이렇게 인지혁명은 별 볼일 없었던 호모 사피엔스를 지구의 지배자로 만들어주는 계기가 되었다고 말할 수 있을 것이다.

그렇지만 인지혁명이 불러온 변화는 모두 긍정적이었을까? 인지혁명을 겪은 호모 사피엔스는 그들이 지구를 접수해가는 곳마다 그들의 친척들인 네안데르탈인이나 데니소바인들은 원인도 모른 채 영원히 이 지구상에서 사라져버리게 만들었다. 그뿐 아니라 45kg이 넘는 매머드나 아르마틸로 같은 대형 포유류들도 함께 사라져버렸다. 왜 그랬을까? 물론 호모 사피엔스의 단독 범행이라고 말할 수

* 빌렌도르프 비너스상은 https://www.thecollector.com/venus-of-willendorf/ 에서 잘 볼 수 있다.

는 없겠지만, 그 일부의 책임에서 벗어나기는 힘들어 보인다. 그저 인간의 사냥만으로 이들이 멸종되었다기보다는 기후변화도 한몫했다는 보고가 있을 뿐이다.

실제 인지혁명 당시 대형 포유류가 약 200속 정도가 살고 있었지만, 농업혁명 당시 약 100속 정도로 급속히 줄어들어서 금속 도구를 만들기 이전에 이미 절반가량이 멸종되었다는 사실이 밝혀졌다. 따라서 호모 사피엔스 즉 인간은 생물의 연대기에서 가장 치명적인 종이 아닌가 싶다. 지금부터 인지혁명을 겪은 인간들이 만들어가는 그들의 역사를 한번 훑어본다면 여러분은 어떤 생각에 잠기게 될까? 인지혁명은 대뇌피질이 만든 변혁이다. 과연 인간의 대뇌피질이 만들어가는 역사의 드라마는 어떻게 쓰이고 있을까? 일단 역사를 만드는 주체가 대뇌피질이라는 것만 강조하고 다음으로 넘어가자.

2) 농업혁명

인지혁명 다음으로 우리의 역사를 구획화한다면 아무래도 농업혁명(agricultural revolution)을 빠뜨릴 수는 없을 것이다. 인지혁명으로 눈을 뜬 인간이 처음으로 생활방식을 대대적으로 바꾼 사건이 바로 농업혁명이기 때문이다. 수렵 채집 생활은 떠돌이 생활이면서 식량을 야생에서 얻는 방식이지만, 농업혁명은 식물과 동물을 직접 작물화(plant domestication) 및 가축화(animal domestication)를 통해 얻는 방식이다.[73,74] 따라서 농업혁명은 매주 또는 매달 거주지를 옮겨 다닐 필요가 없이 한곳에 정착하여 식물을 재배하고 가축을 기르는 형태로 바뀐다는 뜻이다. 떠돌이 생활로부터 정착 생활로의 변화는 인간의 삶 자체를 완전히 바꾸어놓았다. 현재 인류에게 필요한 에너지의 90% 이상을 제공하는 곡물은 밀, 쌀, 옥수수, 감자, 수수, 보리이다. 이것들은 대부분 기원전 9,500년에서 기원전 3,500년 사이에 작물화한 식물들로, 우리의 부엌은 고대 농부가 만들어놓은 그대로를 이어오고 있다고 할 수 있다. 먼저 작물화와 가축화가 이 지구상에서 언제, 어디서, 어떻게 일어났는지를 살펴보도록 하자.

제일 먼저 지구상에서 농업 정착이 일어난 곳은 약 1만 년 전 티그리스강과 유프라테스강 사이와 이집트를 잇는 비옥한 초승달 지역(fertile crescent)이다. 우리가 흔히 말하는 메소포타미아 문명(Mesopotamian Civilization)이 일어났던 곳이기도 하다. 이 지역에서 작물화와 가축화가 제일 먼저 일어난 이유를 몇 가지 설명해보기로 하자.

이곳은 아프리카와 아시아 대륙의 길목에 있다는 지리적 장점이 있고, 아시아 대륙이 같은 위도에서 옆으로 늘어서 있기 때문에 기후대가 비슷하다는 유리한 점이 있게 된다. 더구나 이러한 특성에 추가하여 작물화할 수 있는 다양한 식물들이 이 지역에 더 많이 있었다는 점을 들 수 있을 것이다. 이런 장점들은 그저 우연히 맞아떨어진 행운에 불과하다. 그렇다면 아프리카에서 작물화나 가축화가 시작되지 못한 이유는 무엇일까? 이곳은 대륙의 폭이 좁고 위도대가 넓어서 기후대가 각각 다르기 때문에 작물화한 식물이 전파되기도 힘들뿐만 아니라, 작물화할 식물도 풍부하지 않았다는 데 그 원인을 찾을 수 있다. 이렇게 시작된 비옥한 초승달 지역에서는 밀과 보리 그리고 양과 염소가 식량원으로 자리 잡게 되었다.

그러나 실제로 작물화와 가축화가 일어난 곳은 시기만 약간씩 다를 뿐 11개 지역 이상에서 독자적으로 일어나기 시작하였다. 중국에서는 기원전 8,000년경 양쯔강 유역에서 쌀이 재배되었고, 기원전 7,000년경에는 황하강 유역에서도 기장이 작물화하고 돼지가 가축화되기도 하였다. 그뿐 아니라 인도의 인더스강 유역, 아메리카의 중미에서도 기원전 4,000년경 옥수수와 토마토가 작물화되었다. 그리고 아마존에서는 감자가 작물화되기도 하였고, 아프리카 사하라 지역에서는 사탕수수가 재배되기 시작하였다. 이렇게 시작된 농업혁명은 기원전 3,500년경 가축화와 작물화가 거의 완료되었고, 기원후 100년쯤에는 세계 대부분 지역의 사람들이 농부로 바뀌게 되었다. 그렇다면 인간의 대뇌피질이 이루어낸 농업혁명은 수렵 채집인 시대에 비하여 어떤 차이점이 있을까?

먼저 식단의 영양적인 면에서 한번 관찰해보자. 수렵 채집인은 다양한 음식을 먹을 수 있는 반면, 농부는 제한된 음식을 먹음으로써 불균형 식사를 했을 가능성이 높다. 따라서 수렵 채집인이 더 건강하고 굶어 죽거나 영양실조에 걸렸을 가능성이 낮았다고 보고 있다. 그다음은 식량의 다변화이다. 수렵 채집인은 다양한 먹거리를 구할 수 있는 반면, 농부는 극소수의 작물에 의존함으로써 가뭄이나 화재, 지진 또는 병충해를 입게 되면 농사를 망쳐서 기근에 빠질 가능성이 높아졌다. 따라서 이웃 경작지를 습격하거나 더 공격적인 성향을 보일 가능성도 덩달아 높아졌다고 볼 수 있을 것이다. 또한 수렵 채집인들은 다른 집단과 갈등이 생기면 있던 자리를 벗어나서 다른 곳으로 이동함으로써 쉽게 갈등을 해소시킬 수 있었다. 하지만 농경사회는 정착 사회였기 때문에 집단 간 갈등을 쉽게 해결할 수 있는 방법을 찾아내기가 어렵게 되었던 것이다.

농경사회는 인구가 과밀화하는 현상이 필수적으로 뒤따르게 된다. 작물화나 가축화는 많은 노동력이 필요하기 때문이다. 따라서 부수적으로 따라오는 것이 전염병의 발생이다. 인구 밀집에 따른 비위생적인 환경과 가축화된 동물로부터 오는 질병이 인간사회에 전파되면서 전염병은 대표적인 농업사회의 결점으로 떠오르게 되었다. 인수공통감염병(zoonosis)* 은 현대사회에서도 경계의 대상이 되는 것처럼 이들의 원조가 바로 1만 년 전의 농업혁명에 그 뿌리를 두고 있다는 점을 인식하고 있어야 할 것이다.

그렇다고 농경 생활이 모두 단점만 있다고 할 수는 없다. 바로 농경 생활은 문명의 시작으로 이어지기 때문이다. 그렇지만 이 중에서 단연 우리의 관심을 끄는 대목이 바로 잉여 농산물이다. 농업혁명으로 이루어낸 식량의 생산 증가로 인하여 생기는 여분의 식량은 더 많은 인구의 폭발로 이어지고, 농업을 하지 않는 사람들조차도 먹여 살리는 수단으로 전락하고 말았다. 즉 새로운 엘리트 계급 또

---

* 인수공통감염병은 사람과 동물 사이에서 전파가 가능한 질병을 말한다. 현재까지 약 250여 종의 질병이 알려져 있으며, 대표적으로 홍역, 결핵, 백일해, 천연두, 유행성 출혈열 등을 들 수 있다.

는 계급사회의 출현을 유도하게 되었다는 점이다. 즉 가진 자와 못 가진 자 또는 지배층과 피지배층이란 사회 구도가 형성되게 된 것이다.

이렇게 인구가 밀집하자 그 규모가 점점 커져서 도시가 생겨나게 되고, 더 나아가 국가 형태를 띠기 시작할 것이다. 점차적으로 도시는 무역과 산업, 정치의 중심지로 변해갔을 것이고, 농산물의 생산과 분배 등을 조절하는 정치적 조정이 필요해지기 시작했을 것이다. 이 지구상에서 가장 오래된 도시라 할 수 있는 예리코(Jericho)는 기원전 6,000년경 팔레스타인 지역에 있었다는 것이 알려져 있다.

가축화의 성공은 식용화를 위한 역할뿐만 아니라 인간의 근육을 대신할 힘을 제공함으로써 전쟁과 운송수단을 획기적으로 바꾸어놓았다. 낙타나 소 그리고 말은 전쟁을 더욱 치열하고 파괴적으로 변화시켰으며, 이들은 다시 비단길을 달려 상품과 정보를 전달하게 만들었다. 그뿐 아니라 바닷길이 열리면서 점차 인류는 서로를 알아가는 새로운 시대에 접어들고 있었다. 그러나 이러한 비단길이나 바닷길은 다시 인쇄술이나 화약과 같은 기술을 전파시키고, 불교나 이슬람교, 기독교 등이 이 길을 따라 전 세계로 퍼져나가게 되었다. 또한 바라지도 않은 질병들도 이 길을 따라 함께 나서면서 인류는 천연두나 흑사병 등으로 이유도 모른 채 수많은 사람들이 죽어나가지 않았던가.

결국 농업혁명이 불러온 사회적 변화는 아직도 많은 사람들이 자유인으로 살고 싶어 하는 욕망을 잠재울 수는 없는 모양이다. 그렇다면 우리는 다시 그 옛날의 수렵 채집인으로의 생활로 돌아갈 수 있을까? 그 판단은 여러분 몫으로 남겨두려고 한다.

3) 제국의 탄생

갑자기 제국(帝國, empire) 이야기를 들고 나온 이유는 농업 사회가 한 도시와 국가를 형성한 것을 넘어서 다른 민족이나 나라들까지 통치하는 형태로 발전했기 때문이다. 제국은 황제가 다스리는 나라다. 드디어 농업 사회가 황제라는 지도자를 정점으로 조직화된 사회를 형성했다는 증거가 된다. 호모 사피엔스가 기원전 6,000년경에 팔레스타인 지역에서 처음으로 도시를 세운 이후 첫 번째 황제가 다스리는 제국이 나타나기까지는 약 4,000년 정도가 더 걸렸다. 지구상에서 처음으로 제국이 등장한 것은 메소포타미아 지방에서 생긴 아카드 제국(Akkadian Empire)이라고 할 수 있다. 첫 제국이 일찍이 메소포타미아 지방에 등장한 이유도 이 지역이 다른 지역들보다 먼저 작물화와 가축화가 일어났다는 사실과 직결되어 있다고 볼 수 있다.

그러나 이 제국보다 실제적으로 더 방대한 지역을 지배했던 페르시아 제국은 그로부터 2,000년 정도가 더 흘러야 등장한다.[75] 아케메네스 제국이 힘을 바탕으로 메소포타미아 지방을 넘어 그리스와 처음으로 동서양 전쟁을 벌인 제국이 되었던 것이다. 이들이 3차에 걸쳐 벌인 전쟁이 바로 페르시아 전쟁(B.C. 499~B.C. 449)이 아닌가. 이렇게 50년간 벌어진 전쟁의 승자는 그리스에 돌아가게 되었다. 그렇다면 그리스는 어떻게 되었을까? 이들은 승리의 감격이 채 가시기도 전에 다시 아테네와 스파르타가 한바탕 싸움을 벌이는 펠로폰네소스 전쟁(B.C. 431~B.C. 404)을 치르게 된다.

이렇게 그리스의 양대 세력이 전쟁으로 힘을 소진하고 있는 동안 북쪽 마케도니아의 알렉산더 대왕의 아버지가 그리스 연합군을 격파하고 그리스를 접수하게 되었다. 알렉산더 대왕의 동양 원정은 이러한 바탕에서 시작하여 처음으로 페르시아를 점령하고 인도까지 진격하지 않았는가! 그리고 이 틈바구니에서 이탈리아를 통일한 로마는 아프리카 북부의 카르타고와 포에니 전쟁(B.C. 264~B.C. 146)에서 승리하면서 드디어 서양 역사상 가장 강력하고 방대한 로마제국을 만들어내게 되었다. 역사에 만약은 없지만 알렉산더 대왕이 일찍 사망하지만 않았다면 아마도 로마의 번성은 없었을 것이다.

그렇다면 동양은 어떠했는가? 양쯔강과 황하강에서 시작된 초기 농업 문화는 서양과 비슷한 과정을 거쳐 나라를 세워나갔다. 비교적 자세하게 알려진 주나라부터 춘추전국시대를 거치면서 성장한 진나라가 중국을 통일하면서 강력한 제국을 형성하게 되었다. 진시황제가 이루어낸 진나라는 차이나(China)라는 이름이 되어 서양에 알려졌지만 곧 한나라에 의해 멸망하고 만다.

호모 사피엔스가 인지혁명을 거치면서 똑똑해진 이후 농사를 짓기 시작했고, 이를 계기로 인구가 밀집되기 시작한 끝에 제국이 만들어졌으며, 그리고 수많은 싸움과 전쟁으로 역사가 이어져가고 있다. 이게 무슨 일인가? 인간의 인지혁명은 결국 끝없는 전쟁과 정복의 역사를 만들어내는 도화선이 되었다는 뜻인가? 생리학적으로 말하면 본능적인 대뇌변연계와 이성적인 대뇌피질의 끊임없는 싸움질이라고 해야만 할까?

결과적으로 고대 인간 종이 침팬지와 분리된 이후 두 발로 걷기 시작하였고, 어느 순간 뇌가 덩달아 커지기 시작하였다. 그러더니 약 7만 년 전 인지혁명을 거치면서 동굴에 그림을 그리고, 상아에다 뚱뚱한 여인상을 조각했으며, 죽은 인간을 매장하기 시작한 지 얼마 후부터 농사를 짓기 시작하였다. 그러고 난 후 어떤 일이 벌어졌는가? 인지혁명과 함께 일어난 제4기 멸종처럼 거대 포유류들만 죽이는 것이 아니라 이번에는 주위의 힘없는 동족들을 무참히 죽이는 행동들을 스스럼없이 하고 있지 않는가? 우리에게 무엇이 잘못되었을까? 그렇다면 인지혁명의 최종 결과는 어떻게 전개될까?

4) 황제와 교황

유럽의 역사는 황제와 교황의 역사라고 해도 과언이 아니다. 만약 여러분이 유럽 여행을 가신다면 한 번쯤 왜 우리가 봐야 하는 관광지가 모두 성(城) 아니면 성당이라는 사실에 짜증이 날 수도 있을 것이다. 이것이 바로 유럽의 역사는 황제와 교황의 역사라는 것을 반증해준다고 할 수가 있다. 그렇다면 과연 인간은 언제부터 내세를 믿고 기도를 드리는 종교적 활동이 시작되었을까?

최초의 매장 행위가 일어난 시기는 기원전 약 10만 년 전으로서 이스라엘에서 발굴되었다. 그렇지만 네안데르탈인의 경우에 매장 행위가 확인된 것은 7만 년에서 3만 5천 년 사이로 유럽과 중동지방에서 발견되었다. 따라서 이러한 매장이나 종교적 행위 역시 인간의 인지혁명과 면밀히 연결되어 있다고 볼 수 있을 것이다.

가장 문명이 일찍 자리 잡은 메소포타미아 지역에서 생긴 페르시아 제국은 어떤 형태의 종교를 섬기고 있었을까? 그들은 아후라 마즈다(Ahura Mazdah)라는 신을 숭배하는 조로아스터교(Zoroastrianism)를 믿고 있었다. 이 종교는 세상을 선과 악이 투쟁하는 장소라고 보고 있고, 살아 있을 때의 행적에 따라 사후에 심판을 받아 천국이나 지옥으로 간다고 믿고 있다. 천국과 지옥, 심판의 날, 사탄 등은 우리가 어디서 많이 들어본 말들이 아닌가. 따라서 조로아스터교는 거의 모든 종교의 근본적 사상을 제공해준 가장 오래된 일신교라고 할 수 있다. 중국에서는 신자들이 제사를 지낼 때 불을 피웠기 때문에 배화교라고도 알려져 있다. 이렇게 시작된 종교는 현재 전 세계적으로 60억 이상의 신자를 거느리고 있으며, 기독교와 이슬람교가 그 양대 세력을 형성하고 있는 실정이다.

먼저 기독교만 놓고 따져보자. 기독교는 동로마와 서로마가 갈라지면서 종교도 로마가톨릭교와 동방정교회로 크게 갈라졌고, 다시 로마가톨릭교는 종교개혁에 의해 여러 갈래의 개신교로 분파되었다. 그렇다면 이슬람교는 또 어떠한가? 이슬람교는 창시와 동시에 종교와 정치를 한 지도자가 맡으면서 강력한 지도력을 구축하여 120년 만에 지중해와 중동지역에 거대한 이슬람 제국(Islamic Empire)을 건설하게 되었다. 이들은 이미 유럽 전체를 장악하고 있었던 기독교와는 무려 200년간이나 십자군 전쟁을 벌였고, 마침내 동로마를 무너뜨린 쾌거를 이룩해 내지 않았던가! 그렇지만 이들도 수니파와 시아파로 나뉘어 서로 싸우고, 뉴욕의 세계무역센터를 비행기로 폭파시키는 행동을 스스럼없이 하지 않았는가! 그렇다면 동양에서는 축의 시대 이후 또 어떤 일들이 벌어졌을까?

브라만교에 반기를 든 불교는 힌두교에 그 자리를 내주면서 인도에서는 뿌리를 내리지도 못하고 동쪽으로 밀려나게 된다. 하지만 불교도 대승불교나 소승불교로 나누어지고, 다시 교종이나 선종으로 분파하면서 천태종이나 조계종 등으로 갈라지게 되었다. 속세가 아닌 영적 세계를 주도한다는 종교조차도 서로 갈라지고 싸우는 모습에서 우리의 인지혁명이 성공적인 결과물로 이어지고 있다고 말하기는 점점 더 어려워지고 있다. 춘추시대에 성립된 유교는 종교의 색채보다 오히려 인간이 지키고 살아가야 할 철학을 가르치는 교과서적인 역할을 맡고 있다는 시각이 더 강하다.

기왕 이야기가 나온 김에 교황에 대한 이야기를 좀 더 해보기로 하자. 우선 어떤 제국이든 그들의 역사는 승자들의 역사이다. 패자들은 뒤안길로 사라지거나 왜곡되기가 쉽기 때문이다. 로마 제국만 하더라도 첫 황제인 아우구스투스로부터 서로마가 망할 때까지 82명의 황제가 지나갔다. 그들의 흥망성쇠를 굳이 여기서 드라마처럼 이야기하고 싶은 생각은 전혀 없다. 다만 몇몇 이성적인 황제를 제외하면 모두 다 자신과 자신의 가족과 자식들만을 위한 과오의 연속이었다고나 할까?

그렇다면 교황은 현재까지 몇 대나 이어져 내려오고 있을까? 기원 후 30년에 취임한 1대 성 베드로 교황부터 2013년 아르헨티나 출신으로는 처음으로 교황이 된 프란치스코 교황까지 대략 2,000년 동안 266대의 교황이 지나가고 있다. 그렇다면 과연 교황들의 연대기는 굴곡이 없는 영적 행복을 누리고 살았을까? 어느 시절에는 교황이 황제보다 더 우월한 위치에 있었던 적이 있고, 또 다른 시절에는 황제가 교황보다 더 권세를 누린 적도 있지 않았는가! 심지어 아주 극단적인 상황을 연출한 카노사 굴욕 사건*이나 아나니 사건†으로 연결된 아비뇽 유수‡는 불교의 일주문이 무색해질 만큼 진흙탕 속의 역사들이 아니었든가? 나는 지금 인지혁명이 몰고 온 인간의 역사가 결코 아름답거나 모범적이지 못하다는 것을 지적하고 있는 중이다.

5) 대항해시대

만약 나에게 인간의 역사를 바꾼 중대한 사건 중 하나만 꼽으라고 한다면 알렉산드로스 대왕의 동방원정도 아니고 칭기즈칸의 서방원정도 아닌 대항해시대를 들고 싶다. 동로마 제국이 이슬람 세력에 무너지면서 시작된 르네상스의 기운이 이탈리아를 중심으로 불기 시작할 즈음, 지중해 입구에 자리 잡은 포르투갈과 스페인의 조그만 용트림들이 전 세계의 흐름을 바꾸어놓을 준비를 하고 있었기 때문이다. 이들은 오스만 제국이 틀어막고 있는 동양과의 모든 길을 우회할 수 있는 방법은 오직 바다뿐이라는 사실을 직관하고 있었다. 그뿐 아니라 이 나라들은 위치상 지중해 무역의 중심지로 자리 잡을 기회가 희박하다는 것도 잘 알고 있었다. 그들에게는 오로지 바다를 여는 길만이 유럽 최대 무역 상품인 후추와 같은 향신료를 구할 수 있는 길이라는 것도 알아차렸다. 특히 포르투갈이 그랬다. 그 당시 후추 1그램의 가격이 금 1그램의 가격과 비슷했다는 사실을 현재 우리는 잘 이해하기가 어렵다. 그러나 그 당시 유럽인들이 후추에 열광했던 이유는 음식에 풍미를 더하고 음식을 오래 저장할 수 있었기 때문이라고들 말한다. 여하튼 후추를 손에 쥐는 것이 최대의 돈벌이가 되었던 것만은 사실이다. 그렇다면 후추의 최대 산지이자 유통지인 인도를 어떻게 바다를 통해 갈 수 있을까? 인간의 인지혁명이 만든 호기심과 모험심이 또다시 작동하는 순간이 찾아온 것이다.

나는 테니스보다도 바다낚시를 더 좋아한다. 잔잔한 플로리다의 멕시코만 바다는 하늘과 수평선이 그려내는 풍경화들로 항상 나를 유혹하곤 하였다. 왠지 울적한 날이면 더욱더 그랬다. 한 시간 남짓 배를 끌고 서쪽으로 달리면 육지의 해안선은 모두 다 사라져버린다. 이미 핸드폰은 끊긴 지 오래고, 사면이 모두 넘실대는 푸른 바다로만 둘러싸이게 된다. 간혹 얼굴도 보기 전에 상어가 먼저 잘라 먹

* 카노사 굴욕은 1077년 독일 황제 하인리히 4세를 교황 그레고리오 7세가 파문한 사건이다. 교회의 성직자 임명권을 둘러싸고 황제와 교황이 벌인 대립으로, 하인리히 4세가 교황이 거처하는 성문 앞에서 맨발로 3일간 무릎을 꿇은 후에야 비로소 파문이 취소되었다. 하인리히 4세는 절치부심하여 7년 후에 로마를 공격하여 교황을 폐위시키고 새 교황을 옹립하게 되었다. 그러나 이 두 사람 모두 말년에 불행한 삶을 살게 된다. 교황의 권력이 황제의 권력보다 더 우위였던 시절에 벌어진 슬픈 역사이다.

† 아나니 사건(Anagni Incident)은 1303년 프랑스 왕 필리프 4세가 그의 측근을 보내 교황 보니파시오 8세가 머물고 있는 아나니 별장을 급습하여 교황을 구타한 사건을 말한다. 황제의 권력이 교황의 권력보다 더 우위에 있던 시절의 이야기이다.

‡ 아비뇽 유수는 아나니 사건 이후 프랑스 왕 필리프 4세가 로마에 있던 교황청을 아예 프랑스 남부 아비뇽으로 옮겨버린 사건을 말한다. 1309년에 시작된 아비뇽 유수는 1377년이 되어서야 우여곡절 끝에 겨우 교황청이 로마로 돌아갈 수 있게 되었다.

고 남은 그루퍼* 대가리를 손으로 건져 올리면 왠지 기분이 더 으스스해진다. 더구나 파란 하늘에 적란운†이라도 생기기 시작하면 혼자서 너무 멀리 나온 것을 후회하기 시작할 것이다. 이렇게 큰 바다는 큰 용기를 가진 자만을 좋아하는 모양이다. 그렇다면 수백 년 전 인간은 GPS도 없고 피스톤도 없었으며, 비타민 C도 없던 시절에 어떻게 대서양, 인도양, 태평양을 건널 수 있었을까? 그들이 설령 돈이 되는 향신료를 구하기 위해서라고 해도 말이다.

먼저 아프리카 서부 해안을 따라 남으로 내려가면서 대항해시대를 연 국가는 포르투갈이다. 특히 주앙 1세의 아들인 엔리크 왕자는 제일 먼저 대항해시대의 중요성을 깨달은 사람이라고 할 수 있을 것이다. 이들을 먼 바닷길로 나서게 만든 이유는 바람과 해류에 대한 지식이 어느 정도 쌓이고 있었다는 증거라고 할 수 있다. 이들은 해류가 포르투갈에서 아프리카 쪽으로 흐른다는 사실(카나리아 해류)을 알고 있었고, 카나리아 제도 근처에 도달하면 바람이 항상 서쪽으로 분다는 사실(무역풍)도 알고 있었다. 또한 이 지점에서 북쪽으로 올라가면 이번에는 동쪽으로 부는 바람(편서풍)이 항상 존재한다는 사실도 알게 되었다. 그래서 이들은 이러한 자연현상을 이용하여 아프리카 서부 해안을 따라 내려가다가 다시 포르투갈로 돌아올 수 있었던 것이다. 그들은 이 방법을 볼타 두 마르(Volta do mar)‡ 항법이라고 불렀다.[76]

이렇게 아프리카 서부 해안을 야금야금 내려가기 시작한 항해는 1488년 드디어 바르톨로메우 디아스(Bartolomeu Dias: 1450~1500)에 의해 아프리카 최남단을 돌게 되었다. 디아스는 이곳을 폭풍의 곶(Cape of Storm)이라고 이름을 붙였지만, 주앙 2세가 다음 항해자를 위하여 희망봉(Cape of Good Hope)이라고 고쳐 부르게 하였다. 그 후 바스쿠 다가마(Vasco da Gama: 1469?~1524)가 희망봉을 돌아 인도양을 건너서 인도의 캘리컷(Calicut)§에 도착한 것은 10년이 지난 1498년의 일이다. 드디어 그들은 유럽에서 오스만 제국을 통하지 않고 바다를 이용하여 인도에 갈 수 있는 인도 항로를 찾아낸 것이다. 그리고 5년 후 바스쿠 다가마는 총과 군대를 이끌고 가서 캘리컷을 정복하고 후추 무역을 장악해버렸다. 이것이 동양에는 암울한 전초전이 될 것이라는 것을 깨닫기까지는 더 많은 세월이 흘러야만 하였다.

역사상 가장 큰 용기와 착각을 과감히 실행에 옮긴 사람을 들라면 나는 주저 없이 크리스토퍼 콜럼버스(Christopher Columbus: 1450~1506)를 꼽을 것이다. 그리고 이러한 역대의 돈키호테를 지지해주고 엄청난 자금을 제공한 스페인의 이사벨 여왕을 최고로 어리석은 군주로 생각해야 할 것이다. 왜냐하면 콜럼버스는 서쪽으로 가면 포르투갈의 인도 항로보다 더 빨리 인도의 동쪽 해안에 도달할 것으로 믿고 있었기 때문이다. 어떻게 이런 일이 일어날 수 있었을까? 그 당시의 세계 지도가 사람들에게 그렇게 말

---

* 그루퍼(grouper)는 플로리다 지역에서 제일 비싸고 맛있는 생선으로 알려져 있고, 우리나라의 다금바리와 비슷해 보이지만 덩치가 훨씬 더 크다.

† 적란운은 수직으로 발달한 구름으로 수증기를 많이 머금고 있어서 번개와 함께 강한 비가 내릴 수 있는 구름 종류이다.

‡ '바다에서의 귀환'이라는 뜻을 담고 있다.

§ 인도 남서부 해안에 있는 도시로서 현재는 코지코드(Kozhikode)라고 부른다.

해주고 있었기 때문이다.

그런데 그 중간에 엄청나게 큰 대륙이 있을 것이라고 누가 예측이나 했을까? 그리고 콜럼버스의 제안을 거절했던 포르투갈이나 제노바, 베네치아, 영국은 얼마나 땅을 치며 후회하였을까? 그렇지만 콜럼버스조차도 그가 죽을 때까지 처음에 도착한 곳이 인도 땅인 줄로 알고 있었다면, 역사는 역시 한 편의 코미디라고 불러도 과하지 않을 것 같다. 그래서 그는 지금의 카리브 해역을 서인도 제도라고 불렀고, 그곳에 사는 사람들을 인디언으로 불렀던 것이다. 그때가 1492년이 아니었던가.* 그렇게 아메리카 대륙은 무지와 착각 속에서 세계의 역사를 바꾼 대사건으로 인류에게 다가오고 있었다. 특히나 때 묻지 않고 살아온 원주민들에게는 참혹한 역사가 시작되는 날이기도 하였다.

콜럼버스가 바하마 제도에 처음으로 도착하고 채 30년이 흐르기도 전에 아메리카 대륙에 살던 원주민들에게는 최악의 순산들이 다가오고 있었다. 1519년 스페인의 에르난 코르테스(Hernan Cortes: 1485~1547)는 단지 550명의 군인을 이끌고 아즈텍 지배자인 옴테주마 2세를 볼모로 잡은 뒤 수백만 명의 원주민을 몰살시키지 않았던가! 그들은 그들이 가지고 있던 총칼과 세균으로 그 많은 사람들을 자신들이 믿는 신의 이름으로 죽이지 않았던가! 코르테스가 베라크루스 항†에 입항한 지 1세기가 채 넘기도 전에 벌써 원주민의 90%가 죽어나가게 되었다. 미처 한 번도 노출되어 본 적이 없었던 흑사병, 콜레라, 결핵 등이 총칼과 함께 수백만 원주민들을 죽음으로 몰아넣었던 것이다. 그리고 비극은 여기에서 끝나지 않았다.

코르테스를 눈여겨본 프란시스코 피사로(Francisco Pizarro: 1471~1541)도 덩달아 10년 후에 168명의 원정대를 조직하여 거대한 잉카 제국을 멸망시켰다.[77] 그들은 잉카 제국의 지배자인 아타후알파를 초대한 후 납치하여 코르테스가 했던 방식을 그대로 도입하여 수백만 명의 원주민을 죽이고 그들의 금을 빼앗아갔던 것이다. 아즈텍 제국이나 잉카 제국의 원주민들도 인지혁명으로 똑똑해진 호모 사피엔스가 베링해를 넘어 아메리카 대륙으로 흘러들어간 같은 동족들이 아니었던가!

코르테스가 아즈텍 원주민들을 학살하고 있을 때 스페인에서는 또 하나의 커다란 사건이 기다리고 있었다. 그 주인공은 우리에게도 익숙한 페르디난드 마젤란(Ferdinand Magellan: 1480~1521)이다. 그는 1519년 작은 배 5척과 265명의 선원들을 태우고 대서양을 건너 남미의 동부 해안을 따라 남쪽으로 내려가다가 지금의 마젤란 해협을 통과하고, 비로소 고요한 바다 태평양으로 들어서게 되었다. 그들은 모든 면에서 거의 한계 상황에 도달할 즈음에 태평양을 건너 필리핀 해역에 도착할 수 있었다. 그러나 마젤란의 운명도 여기까지였던가 보다. 그는 필리핀에서 원주민들과의 사소한 충돌로 인하여 사망하고 말았기 때문이다. 그리고 마침내 살아남은 마지막 18명의 선원들은 빅토리아호에 26톤의 향신료를

* 미국은 논란 속에서도 10월의 두 번째 월요일을 공휴일로 지정하여 콜럼버스의 날로 기념하고 있다.

† 멕시코 동쪽 멕시코만과 접해 있는 항구이다.

가득 싣고 3년 만에 스페인으로 되돌아오게 되었다. 드디어 세계 일주 항해가 완성된 것이다. 그러나 마젤란이 이룩한 세계 일주 항해는 죽음과 맞바꾸는 모험의 항해에 불과하였다.

아무래도 괴혈병 없이 장기간의 세계 일주 항해를 완성한 사람은 영국의 제임스 쿡(James Cook: 1728~1779) 선장에게 그 명예가 돌아가야 할 것 같다. 쿡 선장은 1768년 첫 번째 항해를 시작으로 대서양과 인도양 그리고 태평양의 남쪽과 북쪽까지의 거의 모든 지역을 유럽 사람들에게 알림으로써 대항해시대의 종말을 고하고 거대한 식민주의와 제국시대의 시발점을 알리는 호모 사피엔스가 되었던 것이다. 그는 미국 독립전쟁으로 인하여 방대한 미국 땅을 잃고 시름에 빠진 대영제국에게 오스트레일리아 대륙이라는 커다란 식민지를 대신 제공해준 장본인이기도 하였다. 그렇다면 대항해시대가 남긴 세계 질서는 어떻게 변하고 있었을까?

포르투갈은 인도 항로를 먼저 개척한 덕분에 아프리카와 인도 그리고 동남아시아를 선점하고 향신료 무역을 장악하게 되었다. 그다음 스페인은 콜럼버스 덕분에 남미와 북미를 선점하고 마젤란의 공으로 필리핀까지 점령함으로써, 마치 세계를 두 나라가 나누어 가지는 결과를 초래하게 되었다. 교황도 이들 두 나라한테 세계를 양분해주는 조약을 발표하기도 하였다.* 이 중에서 1500년 포르투갈의 페드루 알바르스 카브랄(Pedro Álvares Cabral: 1468~1520)이 희망봉으로 가다가 폭풍우를 만나 엉뚱하게도 브라질의 세루고 항에 도착한 후, 그 지역을 포르투갈령으로 선포한 이력 때문에 남미에서 유일하게 브라질만 포르투갈의 땅이 되고 말았다.[78]

이렇게 스페인과 포르투갈의 대항해시대의 선두 그룹이 네덜란드와 영국 그리고 프랑스의 후발 주자한테 밀려나면서 누가 최종 승자가 될지는 더 이상 다루지 않기로 하자. 역사가 아직 끝나지 않았으니까 누가 최종 승자라는 말은 약간의 모순이 있어 보이기 때문이다. 마침내 우리가 눈여겨보아야 할 대목은 이 대항해시대가 아프리카와 아메리카 대륙의 몰락을 가져다주고, 인도를 포함한 동아시아의 지형 변화를 예고하는 전초전이 되고 있다는 점을 기억해두자.

그렇지만 동서양의 역사적 분기점이 될 수 있었던 중국의 정화에 의한 남해 원정만큼은 잠깐 짚고 넘어가야 할 것 같다. 정화(鄭和: 1371~1434)† 제독이 인도양을 건너 중동과 아프리카 동부 지역까지 원정길에 처음 나선 것은 1405년의 일이다. 여기서 중요한 포인트는 콜럼버스의 아메리카 대륙 발견이나 바스쿠 다가마가 인도 항로를 개척하기 약 90년 전이라는 사실이다.

만약 정화가 거꾸로 희망봉을 돌아서 아프리카 서부 해안을 따라 유럽으로 들어갔다면 세계의 역사는 어떻게 달라졌을까? 이는 내가 상상하기 이전에 이미 스탠퍼드 대학교의 역사학자인 이언 모

---

* 1493년 교황 알렉산데르 6세가 지정한 스페인과 포르투갈 간의 식민지 분할선과 1494년에 체결된 토르데시야스 조약, 그리고 1592년에 체결된 사라고사 조약으로 두 나라는 세계를 양분하여 서로의 식민지를 경계 지었다.

† 정화는 영락제로부터 정(鄭)이라는 성을 하사받고 환관의 최고직인 태감이 되었다. 키가 무려 2m가 넘고 수려한 용모에 무인다운 위엄이 있었다고 전해진다. 역사상 유명한 환관은 《사기》를 쓴 사마천과 종이를 발명한 채륜 등을 들 수 있다.

리스(Ian Morris: 1960~)가 그의 저서 《왜 서양이 지배하는가?》에서 아주 사실적으로 기록하고 있는 내용들이다.[79] 정화의 원정은 콜럼버스나 마젤란의 원정과는 차원이 다르다. 정화의 배는 300척에 가까운 선단과 2만 7,000명이 넘는 선원으로 구성된 원정단이었기 때문이다. 정화는 원래 한족이 아니다. 그는 무슬림으로 명 태조 주원장의 4번째 아들인 연왕을 도와 '정난의 변'을 일으킨 명나라 제3대 황제 영락제의 군신이다. 영락제는 조카인 건문제를 폐위시키고 황제가 된 사람이다. 어디서 많이 보던 장면이 아니던가!

이때 영락제를 도와 정변에 참여한 인물이 바로 무슬림으로 체격이 장대한 정화 제독이었다.[80,81] 영락제는 정화를 환관으로 만들어 곁에 두었고, 마침내 7차 항해를 할 수 있게 그의 원정을 지원한 황제가 되었다. 이렇게 유럽보다도 거의 한 세기나 먼저 출발한 항해시대는 영락제가 사망한 이후 불행하게도 그만 막을 내리고 말았다. 항해시대를 열기보다는 북쪽 유목민의 침범을 막고 농사가 천하지대본이라는 미명하에 동양이 지속적으로 서양을 앞서나갈 수 있는 절호의 기회를 스스로 박차버린 셈이 되었다. 그들은 스스로 문을 걸어 잠그고 밖의 소리나 변화보다는 그들의 파티에 빠져버렸던 것이다.

만약 그들이 약 400년 후에 불어닥칠 아편전쟁의 기막힌 사연을 미리 감지할 수 있었더라면, 해금령을 내려서 나라의 빗장을 스스로 걸어 잠그는 큰 실수는 범하지 않았을 것이다. 아니, 그 후에도 식민지 전쟁과 제국주의가 판을 치는 주변 정세를 조금만 살펴보았더라면 그 결과는 또 어떠했을까? 이는 대한민국 역사에도 묻고 싶은 간절한 이야기일 것이다. 이 대항해시대는 다시 새로운 에너지를 불어넣어 더 걷잡을 수 없는 불의 용광로 속으로 이 세상을 빠져들게 만들 것이다.

6) 산업혁명

나의 기억 속에 남아 있는 어머니에 대한 추억은 겨우 몇 개 정도밖에 없다. 그중에서 아직도 손끝에 살아 있는 추억은 바로 부드러운 비로드* 촉감이다. 비로드는 깃털처럼 고운 비단으로 만든 옷감이다. 나는 어머니의 비로드 치마를 손으로 붙잡고 따라가면서 약간씩 파도처럼 밀리는 비단을 만지작거리고 있었다. 아마도 한 달에 한두 번 정도 있을까 말까 한 장날 외출 때였는지도 모른다. 그런데 옥양목†이란 말은 그저 생각만 날 뿐이다. 내가 이 비로드와 옥양목을 이 책으로 소환한 것은 동양이 서양에 앞서 있을 당시의 주요 수출품이었고, 특히나 옥양목은 산업혁명과 밀접한 관계에 놓여 있기 때문이다. 지금부터 10세대 정도만 과거로 돌아간다면 우리는 인류 역사의 한 전환점을 만든 산

* 비로드는 영어로 velvet, 포르투갈어로는 veludo, 한자로는 우단(羽緞), 일본어로는 비로도(ビロード)라고 부른다.

† 옥양목(玉洋木, calico)은 목화로 만든 면직물로서 원래 인도에서 생산되었다. 이 옥양목이 캘리코라고도 불리는 이유는 바스쿠 다가마가 처음 인도에 상륙한 장소가 캘리컷(Calicut)이었고, 이후 유럽 국가가 이 면포를 수입하기 위하여 이곳에 모여들게 되었다. 그래서 이 캘리컷에서 수출되는 면포를 캘리코라고 불렀기 때문이다.

업혁명과 만나게 될 것이다.

산업혁명이 일어난 시점은 대개 18세기 중반 정도*로 보고 있다. 우리는 산업혁명이 영국에서 먼저 일어난 것을 잘 알고 있다. 그렇다면 그 당시 세계는 어떤 상황에 놓여 있었을까? 유럽은 르네상스 운동을 거치면서 신장된 시민의식이 1689년 영국의 권리장전을 낳았고, 이렇게 번진 계몽주의† 사상은 신과 왕정에 억눌린 민의가 폭발하는 과정으로 번지고 있었다. 따라서 프랑스에서는 프랑스 대혁명으로 그 불꽃이 타오르기 시작하였고, 대서양 건너편 미국은 미국 독립전쟁의 소용돌이 속으로 빠져들기 시작하였다. 또한 독일도 300여 개의 연방국가로 분열된 상태에 놓여 있게 되었다. 이 시기에 영국에서는 역사의 물줄기를 바꿀 수 있는 에너지 혁명이 조용히 일어나고 있었던 것이다.

지나고 보면 아무것도 아닌 것들이 그 당시에는 엄청난 일이었다는 것을 우리는 잘 알고 있다. 마치 자연선택이라는 생각을 미처 하지 못했다고 한탄했던 토머스 헉슬리가 생각나지 않는가! 가용 에너지라고는 산의 나무밖에 없었던 시절 영국 사람들은 민둥산 대신 석탄으로 불을 뗄 생각을 해냈던 것이다. 우리가 산업혁명을 하나의 역사적 전환점으로 보는 이유는 단지 석탄을 연료로만 사용했다는 것에 있는 것이 아니다. 이들은 이 석탄을 이용하여 물을 끓이고, 이때 나오는 증기를 이용하여 피스톤을 돌릴 생각을 했다는 데 있다. 그 당시 영국에서는 아주 쉽게 구할 수 있었던 석탄이 마침내 기차를 움직일 수 있게 만든 것이다.

그렇다면 왜 하필이면 영국에서 이런 산업혁명이 일어나야만 했을까? 중국이나 일본 또는 인도, 나아가 우리나라에서는 일어나서는 안 되는 일이었던가? 또 비록 영국이 먼저 산업혁명을 일으켰지만, 프랑스나 독일, 미국, 일본은 금방 그 뒤를 따라갔으나 중국이나 인도 등 동양에서는 왜 그들을 따라가지 못했을까? 그리고 일본이 태평양전쟁을 벌릴 수 있었던 것도 세계적 추이였던 산업혁명을 뒤늦게라도 열심히 따라갔던 결과물이라고 말할 수 있을까? 이러한 수많은 질문에 대답하기에는 주제에서 너무 벗어나기도 하고 공간도 너무 좁다. 그렇지만 몇 가지 점만 더 짚고 넘어가도록 하자.

산업혁명이 불러일으킨 첫 번째 변화는 기차뿐만 아니라 면직물 산업에서도 찾아볼 수 있다. 원래 인도의 면직물이 유럽으로 건너온 것은 기원전 300년경으로 알렉산드로스 대왕이 인도 원정에서 면으로 된 옷을 유럽으로 들여왔다고 본다. 본래 목화씨에는 털이 많다. 목화는 이 털을 바람에 실려 씨앗을 멀리 날려 보내고 물에 띄워 먼 곳으로 자식을 보낸다. 그런데 인간의 인지혁명은 이 털을 양털과 같이 실로 꼰 다음 천을 만드는 꾀를 생각해냈던 것이다. 그런데 인도 사람들은 손으로 이 목화 털을 실로 만들고 천을 짜서 옷을 만들었다.

---

* 산업혁명은 각 나라마다 일어난 시기가 다르므로 대개 1750~1850년으로 보고 있다.

† 계몽주의(啓蒙主義, enlightenment)는 17세기 후반 유럽에 불어닥친 시대적 사조이다. 계몽주의는 enlightenment처럼 빛을 밝혀서 눈을 뜨게 한다는 뜻이다. 신이나 미신에 의존하지 않고 오로지 인간의 이성으로만 판단해야 한다고 생각한다. 우리가 잘 아는 볼테르, 몽테스키외, 루소 등이 주도하였고, 이러한 사조는 미국 독립전쟁과 프랑스 대혁명의 도화선이 되었다.

그런데 이번에는 영국의 산업혁명이 석탄으로 방적기와 방직기를 돌려서 사람의 손 대신 기계가 옷을 만들게 바꾸어놓은 것이 아닌가. 그 결과는 너무나 뻔하다. 영국이 인도산 면직물에 관세를 부과하면서 보호무역을 실시하자, 한순간에 인도의 면직물 영광은 사라져버렸다. 영국은 목화의 원재료를 미국 남부 목화밭에서 무진장 저렴하게 구할 수 있었기 때문에 인도의 목화 산업은 눈 깜짝할 사이에 사양 산업이 되어버렸다. 영국의 거대한 문어발이 히말라야산맥을 만든 인도 대륙에 검은 그림자를 드리우기 시작했던 것이다.

이번에는 산업화에 의한 피스톤이 군사적 용도로 사용되면서 전대미문의 전투력을 영국이 검어 쥐게 되었다는 점이다. 그들은 이 군사력을 바탕으로 인도를 삼키고, 주변 국가인 미얀마나 말레이시아까지도 식민지로 만들었다. 인도네시아는 네덜란드가, 필리핀은 미국이, 캄보디아와 베트남은 프랑스가, 그리고 탈아입구*를 주장하면서 분발하던 일본이 한국을 식민지로 만들어버리는 역사가 연출된 것이다.

이번에는 마지막 남은 종이호랑이 중국을 유럽 열강들이 가만히 두고만 보고 있을 것인가? 그 역사는 우리가 알고 있는 아편전쟁에서부터 중국이 무너져 내리는 비명 소리를 우리는 너무나 잘 알고 있다. 왜 이런 불행한 결과가 초래되었는가를 심각하게 물어봐야 하지 않을까? 세상이 돌아가는 것을 모르고 헤매다가는 누구나 당할 수 있는 미래라는 것을 새기고 새겨두어야 할 역사라 할 수 있다.

산업혁명은 지금도 진행 중이다. 처음에 증기로 시작한 생산업은 그다음 전기로 이어지면서 생산 조립 라인이 등장하였다. 그리고 1960년대에 시작된 컴퓨터 혁명과 제4차 산업에 의한 인공지능의 출현은 앞으로 미래가 어떻게 전개될 것인가를 예측하기가 결코 쉽지 않나는 것을 말해주고 있다. 약 7만 년 전 호모 사피엔스가 동굴에 그림을 그리기 시작한 이후 오로지 내세울 것이라고는 두뇌밖에 없었던 우리가 이제 다시 새로운 두뇌를 만들어내기 시작하였다. 인간은 기계가 스스로 공부할 수 있는 방법을 우리의 뇌에서 찾아낸 것이다. 따라서 기계가 우리의 두뇌 능력을 뛰어넘을 날이 멀지 않았다는 사실은 우리를 매우 불안하게 만든다.

보통 화석으로 등장하는 종은 300만 년 정도의 평균 생존기간을 나타내고 있다. 이제 인간은 이 지구상에 등장한 지 겨우 30만 년 정도 되었고, 그래도 우리와 비슷하다고 생각하는 크로마뇽인이 등장한 것은 이제 7만 년 전쯤 되었다. 산업혁명이 뱉어내는 이산화탄소는 우리를 또 어디로 끌고 갈 것인가? 그렇다면 산업혁명은 결국 우리 모두에게 무엇을 의미하는가? 나는 대항해시대와 산업혁명이 몰고 온 제국시대와 식민지 시대가 '우리 모두를 행복하게 만들어주었는가?'라고 물어보고 싶다. 누구에게? 역사에게!

---

* 탈아입구(脫亜入欧)는 아시아를 벗어나 유럽으로 들어간다는 뜻으로, 일본의 개화기에 일본이 나아가야 할 길을 밝힌 사상이다.

7) 두 번의 세계대전

약 7만 년 전 인지혁명이 가져온 가장 처절한 결과물이 드디어 이 지구상에 등장한다. 바로 두 번의 세계대전이다. 전 세계의 나라들이 두 편으로 갈라져서 서로를 죽이고 또 죽이는 살상전을 펼친 것이다. 그것도 21년을 사이를 두고. 사람을 죽이는 것은 제일 큰 죄악이자 범죄이다. 그러나 전쟁은 서로를 더 많이 죽여야 살아남는 게임이다. 전쟁에서 사람을 죽이는 것은 죄를 묻지도 않을 뿐만 아니라, 더 많이 죽일수록 더 많은 영웅 칭호를 받는다. 인지혁명은 스스로에게조차도 모순적인 일들을 너무나 스스럼없이 해낸다. 역사의 아이러니가 아니라 인간의 역설이 아닌가!

일단 이 지구상에는 얼마나 많은 전쟁이 있었을까? 누구도 잘 모른다. 어떤 학자는 1만 7,000건 이상의 전쟁이 있었다고들 말한다.*[82] 그러나 전쟁이라는 범위를 어떻게 정의하는가에 따라 그 숫자는 훨씬 달라질 수밖에 없었을 것이다. 산업혁명이 만들어낸 증기기관이 전함 위에 올려지자 그 어떤 범선도 그 위력을 감당할 수 없게 되었다. 영국이 만든 네메시스호†는 중국의 목선들을 모조리 무용지물로 만들어버리고 말았다.[83] 산업혁명이 만든 군사력의 산업화는 대형 살상과 파괴를 동반하는 괴물로 변해가고 있었던 것이다. 지금부터 약 100년 전 과거로 돌아가보자.

1914년 7월 28일, 오스트리아가 세르비아에 선전포고를 하면서 시작된 제1차 세계대전은 마치 도미노처럼 얽혀서 전 세계가 전쟁의 도가니 속으로 빨려 들어갔다. 영국과 프랑스 그리고 러시아가 속해 있던 삼국협상(Triple Entente)과 독일, 오스트리아, 이탈리아가 맺고 있던 삼국동맹(Triple Alliance)이 충돌하면서 시작된 전쟁은 25개국이 참가하는 세계대전으로 확전되고 말았다. 각국의 이해타산과 민족주의에 의해 터진 이 전쟁을 분석하거나 그 진행 과정을 나열하고 싶지는 않다. 나는 오로지 이 세계대전과 호모 사피엔스의 인지혁명을 연계해보고 싶은 생각뿐이기 때문이다. 4년 4개월간 이어진 이 전쟁으로 인하여 양측 모두 약 900만 명 이상이 사망하고 2,000만 명 이상이 부상을 입게 되었다. 그리고 700만 명 이상이 실종자로 밝혀져 전쟁으로 인한 인명 살상이 엄청나다는 것을 알 수 있을 것이다. 그러나 이것이 전부였을까? 20년이 조금 지나자 또다시 전 세계는 두 편으로 갈라져 서로를 죽이기 시작하였다. 바로 제2차 세계대전이다.

제2차 세계대전은 1939년 9월 1일 나치 독일이 폴란드를 침공함으로써 시작되었다. 그러나 일부에서는 일본이 중국을 침범한 1937년을 개전일로 보기도 한다. 여기서 잠깐 일본을 눈여겨보자. 일본은 메이지 유신의 성공으로 왕정복고와 함께 개혁을 단행하면서 국가 전체를 선진화할 수 있었다. 이

---

* 인간의 역사에서 전쟁이 시대적으로 어디에서 시작되고 있는가를 시각적으로 아주 잘 표시한 동영상이 있다. 한 번쯤 꼭 보시길 권한다. https://vividmaps.com/4500-years-of-battles-in-5-minutes/

† 네메시스(Nemesis)호는 그리스 신화의 복수의 여신에서 따온 이름이다. 영국이 무쇠로 만든 철선으로, 2대의 증기기관과 2개의 돛을 가진 함정이다. 바람이 있을 때는 돛을 사용하고 바람이 없을 때는 증기기관을 가동한다. 중국인이 악마의 배라고 불렀던 이 배는 증기철제선이었던 것이다.

들은 이러한 힘을 바탕으로 1894년 청일전쟁, 그리고 삼국간섭(Triple intervention)*을 뚫고 1904년 러시아와 러일 전쟁을 일으키게 된다. 일본이 러시아의 발트 함대를 대한해협에서 격파했을 때 유럽은 "황색 원숭이가 나타났다."고 놀라워하지 않았던가! 영국과 미국 그리고 프랑스가 주축이 된 연합군(Allied Powers)과 독일과 일본 그리고 이탈리아가 주축이 된 추축국(Axis powers)이 격돌한 제2차 세계대전은 얼마나 많은 피해를 남겼을까? 양측을 합쳐 군인 사망자는 2,400만 명을 넘었고, 민간인 사망자는 무려 5,000만 명에 육박하였다. 군인 사망자보다 민간인 사망자가 훨씬 더 많았다.

1945년 대항해시대와 산업혁명이 낳은 제국주의는 마침내 무너졌지만, 세상은 더 안전해지고 더 행복해졌는가? 이제는 핵이라는 가공할 무기를 가지고 겨우 '상호확증파괴'†라는 어쩔 수 없는 거미줄에 묶여 전쟁이 억지되고 있는 위험한 상황은 아닌가? 어쩐지 호모 사피엔스의 인지혁명이 낳은 결과물들이 결코 좋은 방향으로 흘러간다고 말할 수가 없을 것 같다. 사람이 똑똑해진다는 것이 더 좋아지고 더 행복해진다는 의미와는 거리가 멀다는 뜻이다. 여러분은 어떻게 생각하시는가? 이제부터는 다시 원래의 세포로 되돌아가서 이야기를 이어갈 것이다.

7 제국의 몰락

1) 늙어가는 제국

먼저 인간을 생각해보자. 우리의 몸은 약 40조 개의 세포로 구성된 거대한 제국이다. 그리고 세포 각각은 모두 자치권을 가진 독자적인 생명체였지만, 제국의 깃발 아래 모여 각자의 임무를 열심히 수행하는 구성원들이 되었다. 인구가 40조인 제국이 있었던가? 우리 몸은 이렇게 엄청난 세포들이 모여 사는 살아 있는 유기체 제국인 셈이다.

그러나 이들은 모두 그 출신지가 동일하다. 왜냐하면 이 모든 세포는 단 1개의 수정란이라는 단세포에서 출발했기 때문이다. 따라서 이들이 가지고 있는 족보(유전체)는 당연히 40조 개의 세포에서 모두가 다 똑같다. 이들의 창고에 있는 유전자에 관한 자료들은 무려 200쪽짜리 책 1,000권 정도에 들어가 있다.[84] 그런데 이들은 자기에게 필요한 부분만 읽고 나머지에 대해서는 별 관심이 없다. 심장세포는 자신의 역할에 관한 부분만 뽑아서 보고 뇌세포가 하는 일은 아예 쳐다보지도 않는다. 이들은

* 삼국간섭은 청일전쟁에서 승리한 일본이 요동반도를 차지하자 러시아, 프랑스, 독일이 반대하여 요동반도를 다시 청나라에 반환하게 한 사건을 말한다. 이 사건을 시작으로 서구 열강들은 청나라의 영토를 본격적으로 분할하기 시작한다.

† 상호확증파괴(Mutual Assured Destruction; MAD)는 핵무기를 사용하면 사용한 두 주체, 즉 공격한 쪽이나 공격당한 쪽 모두가 살아남지 못한다는 것을 의미한다. 그래서 어쩔 수 없이 그 많은 핵무기를 사용하지 못하고 있을 뿐이다. 마치 독사가 독사를 공격하지 못하는 것처럼.

모두 뇌라는 절대 군주를 모시고 살아가는 하나의 제국이다.

이 모든 세포들은 신경과 호르몬이라는 두 계통의 조직에 의해 일사불란하게 변화하는 환경에 적응해가면서 잘 살고 있다. 그렇지만 이렇게 복제된 수많은 세포들이 모여 살면서 마냥 혼란이 일어나지 말라는 법은 없지 않는가! 예를 들어 누구는 자식을 낳을 수 있고 누구는 자식을 낳지 못하게 막고 있다면, 그 평화가 오래 유지될 수 있을까? 따라서 이 문제를 해결하기 위하여 나선 것이 바로 생식세포(germ cell)의 출현이다.

생식세포는 모든 40조 개의 세포를 대표하는 세포로 만들어진다. 즉 40조 개의 세포는 모두의 유전자를 똑같이 가지고 있는 생식세포를 만들기 때문에 누구도 불평이 있을 수가 없다. 그래서 나머지 세포들은 이 생식세포가 잘 자라서 다른 생명체의 또 다른 생식세포를 만나 많은 자식이 생산되기만을 고대하고 있을 뿐이다. 우리는 이러한 세포들을 체세포(somatic cell)라고 부른다.

우리의 생식세포, 즉 정자나 난자는 우리의 아버지와 어머니가 각각의 할머니 배 속에 있을 때 이미 만들어진 세포들이다. 이때에는 3대가 한집에 같이 살았다. 할머니 몸에는 우리의 아버지나 어머니가 들어 있었고, 우리의 반쪽이 그때에 생겨나고 있었기 때문이다. 그런데 이 사실이 왜 그렇게 중요한 일인가? 바로 우리의 몸을 단 2개의 세포군으로 구분한다면 생식세포와 체세포로 구별할 수 있기 때문이다.

이러한 사실을 처음으로 인식한 학자는 독일의 진화생물학자인 아우구스트 바이스만(Friedrich Leopold August Weismann: 1834~1914)*이다. 그는 이 사실 이외에도 라마르크가 주장한 용불용설을 실험적으로 좌초시킨 장본인이기도 하다. 그는 여러 대에 걸쳐서 쥐의 꼬리를 잘라도 그 자식들은 모두 꼬리를 가진 자손이 나온다는 사실을 알아냈기 때문이다. 즉 획득형질은 유전되지 않는다는 사실을 알아낸 것이다. 자, 여기서 다시 생식세포와 체세포에 대하여 생각해볼 문제가 더 있다.

우리가 만들어낸 생식세포는 줄기차게 다른 생식세포를 만나 다른 생명체를 만들어서 대를 이어간다. 즉 생식세포는 죽지 않고 불멸의 길을 간다는 뜻이다. 그렇다면 체세포는 어떤가? 모든 체세포는 생식세포가 짝을 잘 만날 수 있도록 최선의 시중을 들지만, 결국 지치고 늙어서 사라져버린다(그림 3-5). 맞는 말인가? 그렇다! 체세포는 결국 늙고 병들어 사라지고 만다. 노화는 만병의 근원이다. 죽음에 이르는 가장 큰 원인이 바로 노화이다. 인간을 죽음에 이르게 하는 3대 질병이 심장병, 암 그리고 중풍이 아닌가. 그런데 이 3대 질환의 기본에 깔려 있는 바탕이 바로 노화이다. 즉 노화가 사망원인 제1위인 셈이다. 그렇다면 노화는 왜 체세포에서만 일어나야 하는가? 또한 노화는 우리가 궁극적으로 받아들여야 하는 숙명일까? 아니면 치료가 가능할 질병일까?

노화가 일어나는 이론은 300가지가 넘는다. 그래서 모든 노화 이론을 여기서 모두 나열하고 싶은

---

* 바이스만에 관한 내용은 158쪽을 참조하기 바란다.

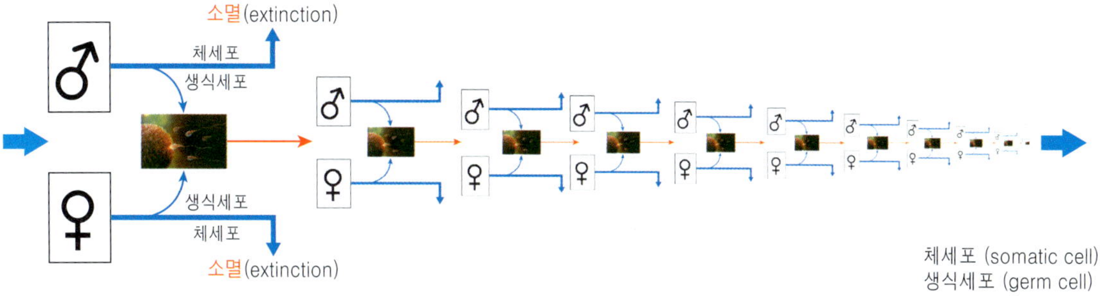

그림 3-5. 번식과 죽음이 만들어내는 유성생식 개체의 생활사.

생각은 없다. 그러나 몇 가지로 간단히 추려본다면 유전자 손상, 염증이나 면역기능 저하, 줄기세포 감소, 활성산소 등을 들 수 있을 것이다. 그렇지만 여기서는 노화를 개념적으로 설명하는 이론 몇 가지만 소개하기로 하자.

먼저 1977년 영국의 생물학자인 토머스 커크우드(Thomas Kirkwood: 1951~)가 주장한 일회용 체세포 가설(disposable soma theory)이라는 이론을 알아보도록 하자.[85] 우리가 사는 환경은 자원이나 에너지가 모두 제한적이다. 무궁무진하게 공급될 수 없는 게 자원과 에너지가 아니겠는가! 따라서 이러한 자원을 어디에 집중적으로 사용하는지에 따라 결과가 확연히 달라지게 된다. 즉 성장과 번식 그리고 몸의 유지 및 보수, 어느 쪽에 더 많이 투자하는가에 따라 결과가 달라진다는 뜻이다. 예를 들면, 성장과 번식 쪽에 더 많은 자원을 공급하면, 몸의 유지 및 보수 쪽에 자원 투자가 줄어들 것이다. 따라서 유전사 손상을 제때에 수리하지 못하고 돌연변이도 더 많이 축적되며 줄기세포도 줄어들어 결국 노화가 일찍 찾아오고 말 것이다.

그러나 거꾸로 만약 유지와 보수 쪽에 더 많은 자원을 투자한다면, 수명은 늘어날지 몰라도 번식이 줄어들어 세대를 이어가지 못하고 멸종하고 말 것이 아닌가. 즉 이 두 가지는 서로 상충관계(trade-off)에 있다고 할 수 있다. 하나를 얻으면 다른 하나를 잃게 되는 셈이다. 따라서 우리의 천금 같은 몸은 성장과 생식이 종료되면 버려지는 신세가 될 공산이 크다. 물론 이 이론이 노화에 대한 모든 질문에 답해줄 수는 없지만 많은 것을 시사해준다고 할 수 있다.

만약 이런 상황도 가정해보자. 성장과 번식에 결정적인 장애가 되는 질병을 누군가가 가지고 있다고 해보자. 그는 결국 성장과 번식에 도달하지 못하기 때문에 자식을 만드는 데 실패하여 더 이상 대를 이어가기가 힘들 것이다. 그래서 그는 자연선택에 의해 점점 개체군 내에서 사라져버리는 신세가 될 것이다. 그렇지만 만약 어떤 질병이 성장과 번식 단계 이후에 발병한다면 상황은 달라진다. 즉 자식을 만든 후에 일어난 일이기 때문에 자연선택에 의하여 제거되지 않을 것이다.

이런 현상으로 인하여 우리는 치매나 헌팅턴 무도병(Huntington's chorea), 루게릭병(Lou Gehrig's disease) 등이 지속되는 이유가 설명될 수 있을 것이다. 이 질병들은 주로 40대 이후에 나타난다. 따라서 번식 단계 이후에 나타나기 때문에 유전적 질병 요인이 제거되지 못하고 지속적으로 나타난다고 보고 있다. 이러한 사실을 처음으로 제시한 학자는 후천성 면역에 관한 공로로 노벨상을 받은 영국의 피터 메더워(Peter Medawar: 1915~1987)다.

그렇다면 모든 동물들이 한결같이 노화를 겪고 있을까? 그렇다면 노화가 잘 일어나지 않는 동물군들도 있을까? 먼저 가장 원시적인 해면동물을 살펴보자. 이 해면동물은 단세포에서 처음으로 다세포로 진화한 동물로서 신경계가 아직 없다. 이들은 왕성한 재생력을 바탕으로 아주 경미한 노화만 나타난다. 그다음 단계인 자포동물에서도 새로운 세포를 만들 때 노화된 세포는 미리 버려버린다. 특히 작은보호탑해파리(*Turritopsis nutricula*)는 불사의 해파리로도 잘 알려져 있다.* 이 해파리는 노화가 진행되면 죽지 않고 우산 모양의 몸을 뒤집어서 바깥쪽 세포들을 안으로 흡수하여 유생 형태인 폴립으로 다시 돌아갈 수 있다.[86] 즉 이들은 늙은 몸을 다시 유생상태로 되돌려 젊어진다는 뜻이다. 만약 인간도 이렇게 늙음과 젊음을 반복하면서 살 수 있다면 얼마나 좋을까?

우리의 제국은 서서히 늙어간다. 그렇지만 현재는 노화를 보는 시각이 많이 변하고 있다. 노화 자체를 그저 운명으로만 바라보던 과거의 의학이 이제는 노화를 치료 가능한 질병 쪽으로 생각을 바꾸고 있는 것이다. 2018년 세계보건기구에서 발행한 국제질병분류(International Classification of Disease; ICD) 제11판에서는 노화에 MG2A라는 새로운 코드를 부여하고 있다.[87] 세계보건기구가 노화를 질병으로 보고자 하는 의도를 드러냈다고 볼 수 있는 것이다. 노화 분야가 의학의 최전선으로 떠오르기 시작하고 있다는 반증이다. 특히 1991년 장수 유전자로 각광받는 시르투인(sirtuin) 유전자들의 발견은 항노화의학의 선두를 달리는 토픽이 되었다. 또한 노화 유전자를 찾아내는 작업이나 텔로미어(telomere)와 이 텔로미어를 만들어내는 텔로미라제(telomerase)의 관계는 암의 발생과 어우러져 노화를 연구하는 중요한 과제로 떠오르고 있다. 노화가 점점 치료 가능한 대상으로 변해가고 있는 셈이다.

그래도 우리는 늙어간다. 100세 문턱을 넘기 위해서 모두 다 안달이다. 그래도 성장과 번식이 끝난 다음에는 그저 별 볼일 없는 일들만 남아 있다는 사실을 미리 알아두는 것이 중요하지 않을까? 그래야 우리가 남은 삶을 더 보람 있고 의미 있게 살아갈 수 있을 것이다.

2) 암으로 쓰러지고

한국인과 미국인의 제1의 사망원인은 다소 다르다. 미국인은 심혈관계 질환이 제1위인 반면, 한국인은 암이 제1위이다. 그렇지만 둘 다 40조 개의 제국을 무너뜨리는 제일 큰 원인이 되는 것은 틀림

---

* 작은보호탑해파리는 성체 메두사가 접합자를 만들어 수정을 시킨 후 그 자손이 플라눌라 유생 → 폴립 형성 → 미성숙 메두사의 과정을 거쳐서 성체 해파리가 된다. 만약 환경이 열악해지면 성체에서 이 과정을 거꾸로 돌려서 다시 폴립으로 되돌아갈 수 있다. 작은보호탑해파리는 회춘이 가능하다는 뜻이다. 다음의 자료를 참고하기 바란다. https://scitales.com/the-jellyfish-that-never-dies/

없어 보인다. 암이 역사에 처음 나타난 것은 이집트의 에드윈 스미스 파피루스(Edwin Smith Papyrus)에 새겨진 유방암에 대한 기록이며, 기원전 400년경의 히포크라테스도 여러 종류의 암에 대한 기록을 남겼다. 또한 기원전 3세기경에 쓰인《황제 내경》에도 암에 대한 기록이 나온다. 그렇다면 암이란 무슨 특징을 가지고 있을까?[88]

첫 번째, 암은 제멋대로이다. 40조의 제국을 이루고 있는 우리 몸의 세포들은 일정한 규칙 속에서 전체에 속하여 살고 있다. 그러나 어떤 연유로 인하여 이러한 고삐가 풀린 세포는 원래 가지고 있던 규칙을 따르지 않고 무한정 분열을 계속한다. 즉 통제가 되지 않는 행동이나 분열을 한다는 뜻이다. 그렇다면 왜 암세포들은 이런 행동을 하게 될까? 우리는 세포의 핵 안에 있는 유전자에 변이가 발생하여서 일어난다는 것을 알고 있다. 즉 DNA에 돌연변이가 오면 노화가 오고 암이 생기게 된다. 따라서 노화와 암의 발생은 밀접한 관련이 있다. 만약에 종양유전자(oncogene)를 작동시키는 돌연변이가 발생되거나 종양억제유전자(tumor suppressor gene)를 손상시키는 돌연변이가 생겨나도 암이 생길 수 있을 것이다.*

그렇다면 암의 발생 원인인 유전자 돌연변이는 얼마나 자주 발생할까? 세포는 여러 가지 목적에 사용되기 위하여 세포분열이 일어나야만 한다. 따라서 세포가 한 번 분열할 때마다 약 3만 번의 오류가 발생한다. 그렇지만 분열과정에서 중합효소에 의해서 교정되어 그 오류율이 100배 정도로 낮아지게 된다. 여기에 다시 DNA 오류에 대한 복구기전이 작동하면서 결과적으로 10억 개의 염기가 복제되는 동안 1번 정도의 오류가 발생되는 것이다. 따라서 복제가 많이 될수록 유전자 오류가 많이 생겨나게 될 것은 당연하다. 그래서 나이를 많이 먹을수록 유전자 복제가 더 많이 일어났을 것이고, 따라서 유전자 오류가 생길 가능성이 점점 높아진다는 뜻이다. 즉 우리가 더 오래 살수록 더 암에 잘 걸린다는 의미가 된나. 이런 이유로 우리에게 가장 강력한 발암물질로 작용하는 요인이 바로 나이이다. 노화는 암 발생에 가장 큰 원인을 제공한다.

암의 두 번째 특징은, 새로운 신생 혈관을 많이 만든다는 사실이다. 암이 무한 분열을 계속하기 위해서는 많은 영양분을 지속적으로 공급받아야 하기 때문에 원래에 없던 혈관들이 무수히 주위에 생겨나게 된다. 이렇게 생긴 혈관들의 모양이 마치 게처럼 생겼다고 해서 암을 영어로 cancer라고 부른다. 원래 게를 뜻하는 그리스어의 Karkinos가 변한 말이다. 우리가 부르는 암(癌)은 병을 뜻하는 의미와 바위가 합해진 말로서 암 덩어리가 딱딱해서 붙여진 이름이다. 만약 이렇게 새로 생긴 혈관들을 막아버리면 암이 더 커지는 것을 막을 수 있지 않을까? 이것이 암을 치료하는 색전술(embolism)에 해당한다.

암의 세 번째 특징은, 암이 한군데만 있지 않고 주위나 먼 곳으로 잘 퍼져 나간다는 데 있다. 우리

---

* 종양유전자는 암을 만들 수 있는 유전물질을 가져서 암을 유발시킬 수 있는 능력을 가진 유전자를 말하며, 종양억제유전자는 세포의 증식을 조절하여 종양의 발생을 억제시킬 수 있는 능력을 가진 유전자를 말한다.

는 이를 전이(metastasis)라고 말하고, 암의 악성도를 알아보는 측도로도 사용하고 있다. 그 외에도 암들은 스스로 세포가 죽은 세포자멸사(apoptosis)를 회피하는 기술을 가지고 있을 뿐만 아니라 암세포를 죽이는 면역세포를 피해 다닐 수 있는 능력도 가지고 있다. 따라서 이러한 능력이 뛰어날수록 암의 악성도는 높아지고 그 암을 가지고 있는 숙주한테는 불리해진다. 어떻게 보면 암은 바이러스나 기생충보다 훨씬 더 바보임에는 틀림없다. 바이러스나 기생충은 그가 살고 있는 숙주가 죽을 때까지 괴롭히거나 해롭게 하지는 않는다. 왜냐하면 숙주가 죽으면 자신도 죽을 수밖에 없기 때문이다. 그러나 암은 이런 사정을 잘 모르는 모양이다. 그들은 숙주가 죽을 때까지 분열하고 증식한다.

우리는 암과 노화가 서로 연결되어 있다는 사실을 잘 알고 있다. 그래서 암을 극복하는 길이 바로 노화를 치료할 수 있는 길이 될지도 모른다. 이제 암을 완전히 몰아낼 수는 없지만 다스릴 수 있는 경지까지는 도달하고 있다. 따라서 노화가 제국을 완전히 멸망시키기 전에 이를 달래가면서 다스릴 수 있는 수준까지 과학이 끌고 갈지는 좀 더 기다려보자.

3) 섹스가 만든 죽음

(1) 죽음의 탄생

약 40억 년 전에 이 삭막한 지구의 땅 위에 처음으로 생명체가 태어났다. 생물권이 다른 권역과 어우러져 지구라는 환경을 꾸려나갈 새로운 세력권으로 등장한 것이다. 그렇다면 생명이 태어나자마자 동시에 죽음도 생겨났을까? 그렇지 않다면 죽음이란 현상이 진화과정 중 어느 단계에서 나타나기 시작한 혁명적인 변화였을까? 지금부터 그 변화과정을 한번 추적해보자.

한 생명이 태어나서 영원히 살지도 못하고 번식조차 실패한다면 대를 이어 살아남을 생명체가 하나도 없을 것이다. 즉 생명이 영생을 할 수 없다면 필연적으로 그 후세를 남기는 번식 활동이 생명체의 보존에 필수적이라는 뜻이다. 그렇다면 처음에 생겨난 세균과 같은 원핵생물은 어떻게 번식을 했을까? 우리는 이미 기술된 내용들이지만 다시 한번 그 의미를 되새겨보자.

먼저 세균과 같은 미생물들은 무성생식적으로 번식을 한다. 암수라는 성이 필요 없이 번식을 한다는 뜻이다. 이들은 자신의 몸을 그냥 2개로 쪼개버린다. 유전자와 세포막 등 필요한 부분을 2배로 늘린 다음, 그냥 자신을 2개로 분리하는 것이다. 1개에서 생긴 2개의 세포는 모양과 내용물이 모두 똑같다. 우리는 이러한 번식 방법을 이분법(二分法, binary fission)이라고 부른다. 처음의 1개는 사라지고 똑같은 2개가 만들어졌다고 해서 처음의 1개가 죽었다고는 말할 수 없지 않는가! 이렇게 번식을 하다 보면 온통 똑같은 것들의 천지가 될 것이다. 따라서 이론상 무성생식적 번식 방법에는 죽음이 없다. 영원히 대를 이어 살 수 있다는 뜻이다.

그런데 이 방법이 만물의 영장이라는 우리 몸에도 똑같이 일어난다. 암수에 의해 수정된 수정란이

40조 개의 세포로 늘어날 때 똑같은 방법이 동원되는 것이다. 즉 1개의 세포가 2개의 세포로 늘어나는 것이다. 그렇지만 우리는 이런 방법을 이분법이라 하지 않고 유사분열(有絲分裂, mitosis)이라고 부른다. 우리가 지금까지 강조해온 체세포가 분열하는 방법과 같기 때문에 체세포분열이라고도 부른다. 물론 이러한 유사분열이나 체세포분열은 단세포가 아닌 다세포에서 일어나는 현상이다. 그렇다면 성이 있는 생명체에는 어떤 현상이 벌어질까?

암수가 있는 유성생식으로 태어난 모든 생명체는 두 가지 세포로 구성된다. 즉 생식세포와 체세포로 말이다. 생식세포는 체세포가 분열하는 식으로 만들어지지 않는다. 이 생식세포(정자나 난자)는 핵의 수가 줄어드는 감수분열(減數分裂, meiosis)을 하게 된다. 즉 1쌍으로 되어 있는 염색체를 나누어서 반쪽을 만들고 배우자를 만나서 다시 1쌍의 염색체를 만드는 것이다. 그렇지만 이 생식세포는 끝없이 대를 이어 다음 생명체로 전달되는 불멸의 삶을 살고 있다.

하지만 체세포는 어떤가? 한 번 태어나 몸을 만들고 자신의 생식세포를 내보내 다른 생명체(자식)를 만들었지만, 실제 자신의 몸은 수명 이상으로 살 수가 없다. 다세포 생물들은 나이가 들면서 노화가 생기고 암이 생기며 혈관들이 모두 녹슬어 마침내 죽음을 맞이하게 될 것이다. 이것이 우리가 죽어야 되는 이유이다. 따라서 죽음은 무성생식에서 유성생식으로 넘어오는 과정에서 등장한 최고의 발명품 중 하나가 되었다. 성(sex)이 생기면서 죽음이 생겼다? 그래서 어떤 학자들은 죽음을 가장 무서운 성병(性病, sexually transmitted disease; STD)으로 취급하기도 한다.[89] 죽음을 섹스와 맞바꾸었다면 죽음이 너무 하찮아지지는 않을까 걱정이 된다.

인간의 역사에서 죽음에 대한 인식 변화가 감지된 것은 인지혁명이 일어난 시기와 비슷하다. 이 시기부터 호모 네안데르탈인의 유골이 매장된 흔적이 나타나고, 꽃과 함께 거적 위에 유골이 놓인 것으로 보아 장례의식과 같은 의례가 있었다고 보고 있다. 이는 특히 이라크 북부 샤니다르 동굴(Shanidar cave)에서 발견된 유골에서 나타났지만 다소의 논란거리는 여전히 남아 있기도 하다.

우리는 흔히 죽음을 사(死)라는 말로 표현한다. 이는 죽은 사람의 유골을 형상화한 글자이다. 죽음을 다루는 학문도 사학(死學)이라고 한다. 그런데 이 사학을 영어로 옮기면 타나톨로지(thanatology)가 된다. 이 말은 그리스 신화에 나오는 죽음의 신인 타나토스(Thanatos)에서 따온 말이다. 타나토스는 밤의 여신인 닉스(Nyx)와 어둠의 신인 에레보스(Erebus) 사이에 태어난 아들이다. 그렇다면 이 타나토스와 쌍둥이 형제는 무슨 신일까? 그는 잠을 관장하는 수면의 신인 히프노스(Hypnos)이다. 이번에는 오히려 동양이 죽음을 사실적으로 보고 있는 반면, 서양은 신화를 통하여 죽음을 희화화하고 있다는 느낌이 든다.

(2) 죽음에 대한 정의

죽음이 무엇인가를 현실적으로 어떻게 판단할 것인가? 죽었는지 또는 살았는지를 어떻게 결정해야 할 것인가? 누군가 의사가 되어 환자의 위중 상태를 살피고 최종적으로 사망 선언을 해야 할 첫 경험에 빠진 의료인들은 그 묘한 책임감과 흥분에 휩싸이게 될 것이다. 마치 삶과 죽음의 마지막 경계에서 흰 깃발을 들어 올리는 전쟁터의 한 군인처럼.

죽음에 대한 의학적 판단은 심혈관이나 호흡 기능의 불가역적* 정지 상태에서 뇌 기능 쪽으로 옮겨왔다.[90] 우리는 전자를 심폐사(cardiopulmonary death)라고 부르고, 후자를 뇌사(brain death)로 부른다. 뇌사란 인공 기계에 의해 심장과 호흡 기능이 유지되고 있다 하더라도 뇌 기능 전체가 불가역적으로 정지된 상태라면 이 기준을 충족한다고 할 수 있다. 하지만 심폐사가 일어난 이후 약 40조 개의 모든 세포들이 일제히 기능을 멈추고 손을 놓지는 않는다. 각 부위의 세포들은 어느 정도 살아서 기능을 유지하다가 최종적으로 죽음에 이르게 된다. 죽은 사람의 수염이 뒷날 조금 자라나 있는 것도 그렇게 놀랄 일은 아니다. 우리는 이렇게 각 세포에서 일어나는 죽음을 세포사(cell death)라고 부른다. 따라서 생물학적 관점에서 본다면 세포사야말로 한 개인의 완전한 죽음에 해당한다고 할 수가 있다. 뇌사는 장기이식과 바로 연결된다. 그렇지만 여기에서는 뇌사판정 기준이나 여기에 따르는 제반 사항에 대해서는 다루지 않기로 한다.

(3) 죽음의 특징

인간은 자신의 삶이 유한하다는 것을 아는 지구상의 유일한 생명체가 아닐까? 따라서 죽음에 대한 확실성은 누구나 언젠가는 반드시 죽는다는 것을 의미한다. 이러한 필연성은 우리에게 죽음에 관하여 많은 생각거리와 질문을 던지게 한다. 인간은 어차피 죽음을 향해 가는 존재다. 그래서 역설적으로 "어떻게 살 것인가?"라는 강렬한 질문이 되살아나는 것이다. 그다음 죽음에 대한 불확실성은 언제, 어디서, 어떻게 죽는가를 전혀 모른다는 사실이다. 아무도 가르쳐주지 않는다. 신은 왜 인간에게 언제 죽을지는 알려주지도 않으면서 반드시 죽는다는 것만 강조하는 것일까? 그래서 만약 우리가 우리의 죽음에 대한 정보를 정확히 알게 된다면 과연 어떤 일들이 벌어질까? 상상할 수도 없는 혼란과 혼돈 속으로 빠져들고 말 것이다.

또 다른 죽음의 특징 중 하나는 대체 불가능하다는 점이다. 나는 어릴 때 할머니 방에서 할머니와 함께 먹고 자랐다. 할머니는 삼베길쌈으로 허벅지에 때를 묻히면서 "통시길(변소 가는 일)과 저승길은 대신 갈 수 없다."고 강조하셨다. 크고 난 다음에야 그 말뜻을 알게 되었지만, 왜 할머니는 그 뜻 모르는 말을 말귀도 잘 못 알아듣는 손자에게 했을까? 아마도 그 삼베 철학에서 우러나오는 삶에 대한 혜안이 아니었을까! 똑바로 살아야 한다고.

내가 미국에 살 때, 스티브 잡스(Steve Jobs: 1955~2011)가 스탠퍼드 대학교 졸업식에서 행한 연설은 많은

* 불가역적 또는 비가역적이라는 말은 되돌릴 수 없다는 뜻이고, 이와 반대인 가역적이라는 말은 되돌릴 수 있다는 뜻이다. 즉 물질이 다른 상태로 변한 다음 본래의 상태로 돌아갈 수 있는 성질을 가역적이라고 말하고, 돌아가지 못하는 것을 불가역적이라고 말한다.

사람들을 생각의 도가니 속으로 몰아넣었다. 그는 "죽음을 생각하는 것은 무엇을 잃을지도 모른다는 두려움에서 벗어나는 최고의 길!"*이라고 역설하였다.[91] 그의 췌장암은 이미 그가 가지고 있었던 천문학적 재산이 한갓 뜬구름에 불과하다는 것을 알게 해주었던 것이다. 더구나 안타깝게도 그 아무것도 가지고 갈 수 없다는 사실도 그의 말 속에 숨어 있지나 않을까?

(4) 환희의 송가

막다른 길목에서 어쩔 수 없이 만나는 죽음보다 품위 있게 죽음을 맞이하고 싶다는 사람들이 점차 늘어가고 있다. 나도 그중 한 사람이다. 그래서 죽음에 관한 생각들이 점점 '언제 죽느냐'에서 '어떻게 죽느냐'라는 문제로 전환되고 있는 것 같다. 누구는 "태양과 죽음은 똑바로 바라볼 수가 없다."라는 발로 심란한 심정을 나타내기도 한다. 그러나 우리는 "언젠가 떠나야 한다면 어떻게 가는 것이 좋은가?"를 묻는 편이 더 낳을지도 모르겠다.

그렇지만 우리는 현실적으로 품위 있게 죽을 방법을 찾지 못하고 있다. 국가나 의료기관들은 끝까지 생명을 연명시키는 것을 최상의 목표로 삼고 있기 때문이다. 죽음은 개인의 자유의사가 관여할 수 없는 법의 통제 안에 완전히 갇혀 있다. 그러나 생명을 연장하는 치료가 차라리 인간다운 죽음을 방해하거나 고문하는 경우가 생긴다면, 우리는 이 문제를 달리 생각해야 할 시점에 도달했다고 본다. 104세였던 호주의 과학자 데이비드 구달(David Goodall: 1914~2018)은 2018년 스위스에서 베토벤 9번 교향곡 〈합창〉에 나오는 '환희의 송가'를 들으면서 자신의 삶을 품위 있게 맞이하였다.[92] 의료는 인간이 만든 법이라는 그물망에 걸려서 인간의 죽음을 삶의 완성으로 승화시킬 수 있는 기회를 박탈하고 있다고도 말할 수 있을 것이다.

새벽의 여신 에오스(Eos)의 사랑 이야기는 우리에게 많은 숙제를 던져준다. 에오스는 첫눈에 반한 트로이 왕자 티토노스(Tithonos)를 납치하여 사랑을 이어간다. 에오스는 티토노스를 너무나 사랑한 나머지 제우스에게 그가 죽지 않고 영생할 수 있도록 간청하여 허락을 얻어냈다. 그러나 에오스의 결정적인 실수가 드러나기까지는 좀 더 기다려야만 하였다. 그렇게 훈남이던 티토노스가 나이 들면서 점차 늙어가는 것이 아닌가? 에오스는 처음부터 제우스에게 영생만 부탁하고, 늙지 않게 해달라는 말을 빠뜨린 것이다. 티토노스는 늙어가면서 그 고통스러운 비명이 가득 찬 방 안에 남겨져 있었다. 그래서 보다 못한 에오스는 그를 매미로 만들어버린다. 여름철 고막을 울리는 매미 소리는 티토노스의 비명이라는 말인가? 내가 왜 지금 매미 이야기를 꺼내는지, 그 이유가 독자분들께 고스란히 전달되었으면 한다.

---

* 원본은 다음과 같다. You are going to die is the best way I know to avoid the trap of thinking you have something to lose.

04

순환의 세계

다시 안 보이는 세계,

돌고 도는 우리들

1 돌고 도는 세상

드디어 우리는 순환의 세계로 들어왔다. 돌고 도는 세상을 만난 것이다. 우리는 이 세상이 어떻게 돌고, 어디에서 돌고, 언제 도는지를 알아보는 것은 어떨까? 이것이 진정 우리를 이해하는 길일지도 모른다. 먼저 지구라는 환경을 보자. 이미 잘 알고 있듯이 지구는 권역별로 기권, 지권, 수권, 생물권으로 크게 나뉠 수 있다. 이들은 서로 순환하면서 상호작용이 일어난다. 따라서 어떤 한 순환계에 교란이 일어나면 다른 순환계에게도 심각한 영향을 미치게 될 것은 너무나 당연하다. 이렇게 상호 연계되어 있는 지구의 순환을 생물지구화학적 순환(biogeochemical cycle)이라고 부른다.[1]

생물권 안에 들어와 있던 어떤 물질은 다시 비생물권 권역으로 들어가서 기권과 지권 그리고 수권으로 순환을 할 것이고, 비생물권에 있던 어떤 물질은 생물권 안으로 들어와 유기체를 형성하게 될 것이다. 그래서 우리의 존재는 말 그대로 돌고 도는 세상 속의 한순간에 지나지 않게 된다. 생물지구화학적 순환에서 다루는 중요 물질은 물, 탄소, 질소, 산소, 인, 황 등 많은 물질들이 있지만, 여기서는 물과 탄소 그리고 다른 권역들의 순환에 대하여 개략적으로 살펴보도록 하자.

1) 물도 돌고

거의 모든 생명체의 몸은 60% 이상이 물로 구성되어 있다. 물은 화학적으로 산화이수소(H_2O)이다. 이 물들은 어떻게 돌고 돌까? 먼저 물이 있는 장소를 알아보자. 물은 우리가 살고 있는 지구 표면의 70% 정도를 덮고 있다. 바다가 그 정도 된다는 뜻이다. 실제 이 바닷속에 들어 있는 물이 전체의 96.5%를 차지한다. 따라서 물은 대부분이 바다에 있다고 할 수 있다. 그리고 나머지 물 중 2.5% 정도만 민물에 있게 된다.[2] 이 민물 중에서도 빙하 속에 들어 있는 것이 약 69%이고, 지하수에 들어 있는 물이 약 30%이다. 따라서 실제 강과 호수에 남아 있는 물은 약 1%를 겨우 넘을 뿐이기 때문에 내륙에 사는 사람들은 물의 실체를 못 보고 살 가능성이 높다. 이 물들은 어떻게 돌고 돌까?

이 순환은 누구나 예측할 수 있는 일이다. 먼저 바닷물이 증발하여 구름이 되고, 이 구름이 비가 되어 바다나 지상으로 떨어진다. 지상으로 떨어진 물은 강과 호수가 되어 땅을 적시고, 마지막으로 다시 바다로 돌아갈 것이다. 또한 지하로 스며든 물은 땅속으로 흘러들어가지만 결국 다시 바다로 돌아간다. 실제로 제주도 산간에 떨어진 빗방울은 암반을 타고 여과되면서 흐르다가 20년 정도가 되어서야 비로소 바닷가에서 용천수로 솟아오른다. 그렇다면 대양으로 흘러들어온 물은 어떻게 될까? 바다로 흘러들어온 물도 자연은 그냥 가만히 두고 보지 못한다. 바닷물은 흘러가면서 강력한 해류를 만들어낸다. 이렇게 해류를 만들어내는 자연의 힘은 바로 바람, 지구의 자전 그리고 바닷물의 밀도이다.

먼저 해류와 지구의 자전에 대해서 생각해보자. 우리는 지구가 스스로 한 바퀴 도는 데 24시간이 걸리는 것을 잘 안다. 그런데 지구는 적도에서 지름이 가장 크다. 따라서 적도의 둘레가 약 4만km이기 때문에 24시간으로 나누면 적도에서 지구의 자전 속도는 약 시속 1,675km이다. 그런데 북위 40° 근처에서는 지구의 둘레가 작아지기 때문에 지구의 자전 속도가 느려져서 시속 1,279km로 돌게 된다. 이는 마치 회전목마에서 제일 바깥 줄에 탄 사람이 제일 많이 돌고, 안쪽에 탄 사람은 그보다 적게 도는 것과 같은 이치이다. 그래서 이러한 지구 자전 속도의 차이는 저절로 북반구에서는 물체의 이동방향에 대하여 오른쪽으로 휘는 힘이 생겨나게 되고, 남반구에서는 왼쪽으로 휘는 힘이 생기게 된다. 이렇게 자연적으로 생기는 힘을 코리올리 힘(Corilois force) 또는 전향력(轉向力)이라고 말하고, 전향력이 생겨나면 하늘에서는 바람의 방향이 바뀌게 된다.

먼저 북반구에서 북위 30° 이하의 저위도에서는 서쪽으로 바람이 부는 무역풍(trade wind)이 생겨나고, 북위 30~60°의 중위도에서는 동쪽으로 부는 편서풍(westerly)이 불게 된다. 그리고 고위도인 60~90°에서는 다시 서쪽으로 부는 극편동풍(polar easterly)이 불어온다. 이러한 바람과 코리올리 힘은 바닷물을 움직여 해류를 만들어내기도 한다.[3] 이렇게 움직이는 바닷물을 표층해류(surface current) 순환이라고 말한다. 대표적으로 대서양 서쪽에서 일어나는 멕시코 만류(Gulf stream)는 폭이 100km 이상 되는 바닷물이 미국 동부 해안을 따라 하루에 150km 이상 북상한다. 이들은 적도의 뜨거운 열기를 싣고 마치 강물처럼 움직여 노르웨이 연안까지 치고 올라간다. 이런 해류가 싣고 간 열기 덕분에 스칸디나비아반도나 영국을 포함한 서부 유럽이 위도에 비하여 겨울을 춥지 않게 날 수 있는 요인이 되어주기도 한다.

또한 태평양 서쪽의 적도 부근에서 발생하는 쿠로시오 해류(Kuroshio current)도 남중국해와 일본 열도를 따라 적도의 열기를 북쪽으로 옮겨준다. 그리고 북대서양 동쪽의 카나리아 해류(Canary current)는 폭이 무려 1,000km가 넘고, 하루에서 수십 킬로미터씩 이동할 수 있는 힘을 가지고 있어서 초창기 대항해시대를 열어준 고마운 바닷길이 되어주었다. 이에 반해 바닷속을 파고드는 심층해류(deep current)는 밀도에 의해 형성된다. 심층해류의 출발점은 최대 난류인 멕시코 만류에서 시작한다. 이 해류가 북상하면서 점차 차가워지면 밀도가 증가하여 그린란드 앞바다에서 가라앉아 심층수가 된다. 그다음 이 심층해류는 대서양 바닥을 타고 흘러내려와 남극에 도달하게 될 것이다. 이렇게 남극에 도달한 심층수는 남극의 환남극 해류(Antarctic circumpolar current)와 만난 후 인도양과 북태평양에서 다시 표층수로 솟아오르게 된다. 이러한 해류 순환을 대양 컨베이어 벨트(ocean conveyor belt) 순환이라고 부르고, 한 바퀴를 도는 데 무려 1,500년이 걸린다는 것을 최근에야 비로소 알게 되었다.[4] 물이 흘러간다는 것을 낚시꾼만 아는 것은 아니다.

이번에는 가까운 속초 앞바다로 한번 올라가보자. 해류가 만들어내는 구조물은 인간 생활에 많은 볼거리를 제공해주기도 하고 안식처도 제공해준다. 만약 해변의 지형이 안으로 푹 들어간 만(灣, bay)을 형성했다고 가정해보자. 이 만 쪽으로 해류가 일정한 방향으로 흐른다면 어떤 지형적 변화가 생겨날까? 해류가 흘러가는 방향으로 만 입구에는 모래톱이 자라날 것이고, 이 사취*가 커지면서 사주가 되면 마침내 만을 조그만 입구만 남겨놓은 채 막아버릴 것이다. 이렇게 형성된 지형을 우리는 석호(潟湖, lagoon)라고 부르고, 세계적인 해안 휴양지는 대부분 잘 발달된 석호를 끼고 있다. 속초의 청초호나 영랑호가 석호라는 것은 잘 알려진 사실이다.

이번에는 물이 하늘로 치솟는다. 이들은 구름이 되어 햇빛을 가리고 비를 내릴 것이다. 하늘을 한번 쳐다보자. 하늘에는 온갖 구름들이 만들어지고 사라진다. 그렇지만 과학자의 눈에는 몇 종류의 구름으로 나뉘어 보일 것이다. 새털구름과 같은 권운(卷雲, cirrus), 구름이 더미처럼 쌓인 적운(積雲, cumulus), 층을 만들고 있는 층운(層雲, stratus), 그리고 비를 품고 있는 난운(亂雲, nimbus)으로 구분한 후, 구름 모양에 따라 이들을 적절히 섞어서 구름의 이름을 정할 것이다.[5]

이렇게 하늘의 구름은 다시 차가워져서 땅으로 떨어지고, 떨어진 비는 강물이 되어 다시 바다로 돌아간다. 생명체 속에 들어 있는 물도 그저 돌고 있는, 극히 일부분이 잠깐 몸속에 들어왔다가 다시 바다로 돌아가는 한 방울의 비와도 같은 것이다.

2) 다이아몬드도 돌고

탄소순환을 이해하기 위해서는 다이아몬드가 아니라 이산화탄소(CO_2)가 주인공이라는 사실이 중요하다. 이산화탄소는 기체이다. 우리가 더운 여름에 갈증을 느끼고 마시는 탄산음료에서 방울방울 올라오는 것이 이산화탄소이다. 탄산(H_2CO_3)은 이산화탄소를 고압에서 물속으로 녹여 넣은 것을 말하고, 병뚜껑이 열리면서 높은 압력이 사라지면, 이산화탄소가 물 밖으로 다시 솟아 나오게 된다. 탄소는 원소 중 4개의 팔을 가지고 있기 때문에 다양한 물질들을 만들어낼 수 있다. 생명체를 구성하는 탄수화물, 단백질, 지질, 핵산 등은 모두 탄소로 구성되어 있어 유기물질이라고 부른다. 따라서 탄소순환은 생물권과 가장 밀접한 연관성을 가지고 있기 때문에, 이들이 어떻게 기권에서 생물권과 수권 및 지권으로 순환하는지를 이해하는 것이 필수적이다. 먼저 기권에 들어 있는 이산화탄소에서부터 이야기를 시작해보자.

대기 중의 이산화탄소를 포획하여 포도당으로 만드는 재주를 가진 생명체는 광합성을 하는 식물이나 조류 및 세균들뿐이다. 이들을 제외한 어떤 생명체도 광합성을 할 수 있는 능력이 없다. 따라서 이들이 만든 유기물이 모든 종속영양생물†을 먹여 살리는 기둥 역할을 하는 셈이다. 그뿐 아니라 식물에 포획당한 이산화탄소는 식물의 몸과 이를 먹고 사는 동물들의 몸을 구성하기도 한다. 광합성으로

---

* 사취는 새의 부리처럼 해류나 바람 등에 의하여 모래나 자갈이 해안에서부터 바다로 뻗어 나간 둑 모양의 모래톱을 말하며, 이것이 막대 모양으로 길어져 만을 막으면 사주라고 한다. 그리고 사주로 둘러싸인 만이 석호가 되는 것이다.

† 종속영양생물은 자신이 독립적으로 유기물을 만들 수 없고 다른 생물이 만들어 놓은 유기물을 먹이로 삼는 생물을 말한다. 동물이나 균류 그리고 대부분의 세균들이 여기에 속한다.

얻은 포도당은 호흡이라는 과정을 통하여 ATP로 전환된 다음 물과 이산화탄소가 되어 다시 대기 속으로 사라져버린다. 그렇지만 생물권을 구성하는 유기물들은 죽어서 땅에 묻히면 고압과 열을 받아 다른 에너지원으로 전환될 수도 있다. 이렇게 전환된 물질이 바로 무엇일까? 아마도 여러분은 어렵지 않게 우리가 사용하는 석유나 석탄 및 천연가스가 여기에 해당된다는 것을 알 수 있을 것이다. 우리의 자동차를 움직이게 하고 추운 겨울에 우리를 따듯하게 해주는 석탄이나 석유는 생명체가 죽어서 만든 기름인 셈이다. 생명체는 죽어서도 그 자손을 먹여 살리는 역할을 하고 있다.

우리가 화석연료를 사용할 줄 알게 된 것은 18세기 중엽 산업혁명 이후부터이다. 따라서 인간의 활동이 이산화탄소의 순환에 큰 교란을 초래했다는 책임에서 쉽게 벗어나기가 어려워 보인다. 화석연료 속에 파묻힌 이산화탄소가 대기 중으로 쏟아져 나오면서 이 지구에는 끔찍한 일들이 벌어지기 시작하였다. 바로 지구온난화 현상이다. 이는 이산화탄소가 온실효과를 유발하기 때문이다. 따라서 지구의 온도가 점차 상승함에 따라 인류가 아직까지 경험해 보지 못한 숱한 자연재해에 봉착하게 되었다. 북극의 빙하가 녹아 해수면이 상승함에 따라 연안 주위의 도시나 도서 지역이 침수되면서 인간이 살 수 있는 서식지가 점차 줄어들고 있다. 그뿐 아니라 수분 증가로 인하여 열대성 폭풍이나 강력한 허리케인의 수가 증가하는 기상이변이 속출하고, 기온 변화에 따라 질병이나 유해곤충의 폐해가 점차 증가하는 실정이 아닌가.

이번에는 대기권의 이산화탄소와 수권 및 지권의 관계를 살펴보자. 하늘에 떠 있던 구름들이 서로 모여 빗방울이 되고, 대기 중의 이산화탄소와 결합하여 탄산을 형성할 것이다. 산성화를 띤 탄산은 땅으로 떨어져 바위를 화학적으로 풍화시켜 칼슘이나 규소 이온 그리고 중탄산염(HCO_3^-)을 만들어 내게 된다. 이렇게 풍화된 화학물질은 다시 강을 타고 바다로 스며들 것이다.

이러한 과정은 대기에서 직접 이산화탄소가 확산에 의해 바닷물 속으로 녹아들 때에도 비슷한 결과가 초래된다. 이렇게 만들어진 탄산칼슘($CaCO_3$)은 산호나 조개 등의 단단한 껍데기가 된다.[6] 특히나 맨눈으로 간신히 볼 수 있는 단세포 유공충류가 이것을 이용하여 만든 껍데기들은 우리에게 남다른 감동을 선사한다. 도버해협의 영국 쪽 해안에 형성된 백악 절벽(White Cliffs of Dover)이 바로 이들이 죽어서 만든 퇴적암이라는 사실은 우리를 한동안 생각에 잠기게 만든다. 이렇게 쌓인 퇴적암을 석회암(limestone)이라 부르고, 유공충이나 조개 등 생물의 껍데기로 만들어졌기 때문에 유기적 퇴적암*이라고 부른다.

그렇다면 이렇게 생겨난 퇴적암은 영원히 이산화탄소를 머금은 채 마냥 바다나 땅속에 가라앉아 있을까? 그렇지 않다. 이들은 또다시 지각운동에 의하여 일어나는 섭입(攝入, subduction)과정†을 통하여 지하에서 데워진 후 화산폭발과 함께 지구 대기 속으로 복귀하게 될 것이다. 그리고 지하에 남아 있는 석

---

* 이와는 달리 고농도의 용액으로부터 탄산칼슘이 퇴적하여 만들어진 것을 화학적 퇴적암이라고 부른다.

† 2개의 지각판이 만나서 무거운 판이 가벼운 판 밑으로 파고 들어가서 맨틀 속으로 들어가는 과정을 말한다.

회암은 또 어떻게 변할까? 만약 이산화탄소가 녹아 있는 지하수가 석회암 지역으로 스며들면 이 탄산칼슘이 역으로 녹아내려 침식작용이 일어나게 된다. 이렇게 형성된 카르스트(karst) 지형*은 석회암 동굴뿐만 아니라 커다란 지하 호수를 만들기도 한다. 이러한 카르스트 지형은 우리나라의 평창이나 정선, 단양, 문경 등지에서도 볼 수 있다. 혹시 여러분이 베트남의 하롱 베이나 튀르키예의 파무칼레를 방문한 적이 있다면 아마도 이 지형에 대한 지식이 풍부해졌을 것이다. 그리고 여기서 잠깐 탄산칼슘에 대하여 좀 더 알아보자.

탄산칼슘은 방해석의 조성 성분이 되고, 석회석은 주로 방해석으로 구성되어 있다. 이렇게 탄산칼슘은 조개나 산호, 전복, 대합, 굴, 홍합 등의 껍데기를 만드는 주성분이다. 그렇다면 인간을 비롯한 척추동물의 뼈나 치아의 주성분은 무엇일까? 이는 탄산칼슘이 아닌 인산칼슘(calcium phosphate)이 주성분을 이룬다. 그뿐 아니라 물고기 뼈나 치아도 모두 인산칼슘으로 구성되어 있다. 이는 캄브리아기 후기에 등장하는, 턱은 없지만 두꺼운 갑옷을 입고 있는 갑주어(ostracoderm)†에서도 나타난다. 즉 갑주어의 갑옷이 인산칼슘으로 되어 있다는 것이 밝혀진 것이다.

이렇게 몸을 보호하는 구조물이 인산칼슘으로 구성되어 있다는 점이 척추동물의 특징이기도 하다. 여기서 한 가지 알아둘 점은 우리의 귀 속에 들어 있는 이석(耳石, otholith)‡이 탄산칼슘으로 구성되어 있다는 점이다. 이것은 어떤 의미일까? 그리고 절지동물의 홑눈과 달걀의 딱딱한 껍데기들도 모두 탄산칼슘으로 구성되어 있다. 따라서 인산칼슘이나 탄산칼슘은 뼈나 치아 그리고 껍데기를 만들어서 우리를 지탱하고 있는 셈이다.

생명체에게 제일 중요한 원소 중 하나인 탄소도 돌고 돈다. 그렇다면 같은 탄소로 구성된 연필심과 다이아몬드는 또 어떠한가? 이것들은 단지 탄소의 배열에서 차이가 나서 1개는 흑연이 되고 다른 1개는 보석이 되었을 뿐이다. 돈(錢)도 '돈다'는 의미에서 붙여진 이름처럼 한군데 머물지 않고 돌고 돈다. 만약 누군가가 연필심을 다이아몬드로 바꿀 수만 있다면 어떤 일이 벌어질까? 그래도 탄소가 지구를 돌 듯이 다이아몬드도 돌고 도는 세상이 끊임없이 반복될 뿐이다.

3) 땅도 돌고

우리는 죽어서 흙으로 돌아간다고들 말한다. 《창세기》에는 흙으로 아담(Adam)을 빚고, 아담의 갈비뼈로 이브를 만들었다고 적혀 있다. 원래 아담이라는 말은 히브리어로 흙이라는 아다마(adamah)에서 온

---

* 카르스트 지형은 석회암으로 구성된 지형으로서 이산화탄소가 포함된 지하수가 스며들어 침식작용이 일어나는 지형을 말한다.

† 갑주어는 데본기 말에 멸종한 어류의 조상이 되는 척추동물이다. 이들은 머리와 몸통 앞쪽이 단단한 골판으로 덮여 있고, 뒤쪽은 비늘로 덮인 어류이다.

‡ 이석은 내이의 평형감각을 담당하는 전정기관에 들어 있는 미세한 돌이다. 이 돌이 빠져나와 세반고리관으로 돌아다니면 이석증이 발생하여 어지럽고 토하는 증상이 나타난다.

말이다. 로마어의 후무스(humus)도 흙이라는 말이고, 여기에서 호모(homo), 더 나아가 인간(human)이라는 말이 만들어졌다. 그렇다면 과연 흙이란 무엇인가? 이 흙은 어디에서 만들어지는 것인가? 땅을 밟고 사는 인간이라면 한 번쯤은 반드시 물어야 할 질문이기도 하다. 흙은 바위(암석)가 풍화작용에 의해 큰 돌로 갈라지고, 이 큰 돌은 다시 작은 돌로 쪼개져 자갈*이 되고, 마침내 모래나 미사 그리고 점토로 변한 것일 뿐이다. 그렇다면 흙의 근원인 바위는 어떻게 생겨났는지를 물어야 할 차례이다. 우리는 이 해답을 얻기 위해 원시 지구가 형성된 최초의 시간대로 올라가야만 한다.

먼저 원시 지구는 지표면이 녹아서 흘러내린 마그마로 이루어진 바다였다. 이 마그마 바다는 점차 식어서 최초의 암석인 화성암(火成巖, igneous rocks)이 되었을 것이다. 그다음 이 화성암에서 풍화작용으로 떨어져 나온 지각 물질들로 퇴적암(堆積岩, sedimentary rocks)이 생겨나고, 그 뒤를 이어 변성암(變成岩, metamorphic rocks)이 나타나게 되었다.[7] 그렇다면 이들의 정체는 과연 무엇인가?

먼저 화성암은 말 그대로 불이 만든 바위로 화산에서 만들어졌다는 의미이다. 마그마가 올라오다가 땅 위로 솟아나지 못하고 땅속에서 굳어진 암석을 심성암(深成岩, plutonic rock)이라고 한다. 이 심성암에는 반려암, 섬록암, 화강암 등이 속해 있다. 이에 비해 마그마가 땅 위로 분출하여 굳어져서 생긴 암석을 화산암(火山岩, volcanic rock)이라고 하고, 현무암, 안산암, 유문암 등이 여기에 속한다. 따라서 마그마가 어디에서 굳어지는가에 따라 일차적 구분이 가능해진다. 우리나라에서 가장 넓게 분포되어 있는 단일 암석은 화강암이다. 북한산이나 설악산 그리고 금강산도 모두 화강암으로 이루어져 있다. 모두 불이 만든 산들인 셈이다.

퇴적암은 지각 물질이 쌓여서 만들어진 암석을 말한다. 즉 이들은 풍화된 시삭 물질이 침식, 운반, 퇴적 과정을 거친 후에 생겨난 것들이다. 퇴적암의 특징은 우리가 흔히 단층면에서 볼 수 있는 층리(層理, bedding)†와 화석들이 이 층에 들어 있다는 점이다. 자갈이 퇴적되면 역암이 될 것이고, 모래나 진흙이 퇴적되면 각각 사암(沙巖)이나 셰일(shale)이라고 부른다. 소금이 쌓여서 암석이 되면 암염(巖鹽)이라고 부르고, 화산재가 쌓여서 생긴 암석은 응회암(凝灰巖)이 될 것이다.

그다음 변성암은 변해서 만들어진 암석을 말한다. 변한다는 것은 화성암이나 퇴적암이 높은 온도나 압력을 받아서 그 구조가 변한다는 뜻이다. 변성암의 특징은 엽리(葉理, foliation)에 있다. 엽리는 압력에 의해 생겨난 층상 구조를 말한다. 이러한 엽리도 입자의 크기나 모양에 따라 달라질 수 있다. 만약 광물이 작은 세립질인 경우에는 편리(片理, schistosity)‡ 구조가 나타나고, 광물이 큰 경우인 조립질에서는 편마(片麻, gneissosity) 구조가 나타난다. 편리가 잘 발달되어 있는 암석을 편암이라고 부르고, 편마 구

---

* 자갈도 왕자갈(boulder), 큰자갈(cobble), 중자갈(pebble), 잔자갈(granule)로 나뉠 수 있다.

† 층리는 퇴적물이 가라앉아서 생긴 평행한 줄무늬를 말한다.

‡ 엽리의 두 가지 중요한 형태인 편리 구조는 재결정된 광물이 얇은 판상으로 배열된 것이고, 편마는 결정이 더욱 커지면서 두 광물의 층이 번갈아 나타나는 구조를 말한다.

조가 잘 발달된 것이 편마암이다. 퇴적암의 사암이 변성되면 규암이 되고, 화강암이 변성되면 편마암이 되는 것이다.

석회암이 변성되면 어떤 암석이 될까? 바로 번쩍거리는 대리석 건물을 장식하고 있는 대리암이 된다. 전체적으로 보면 현재 지각을 이루고 있는 암석의 분포는 95% 정도가 화성암이고, 5% 정도가 퇴적암으로 구성되어 있다. 그러나 지표면에 드러난 암석은 75%가 퇴적암이다. 지금까지 지루하게 바위 이야기를 한 것은 다음의 사실들을 이해하기 위함이다.

우리가 이해하고 있는 세 종류의 암석들이 항상 고색창연하게 제 자리에 머물고 있는 것은 결코 아니다. 이들도 서로 돌고 돈다. 화성암은 풍화와 침식 작용으로 퇴적암이 되고, 이 퇴적암은 고온과 고압의 영향을 받아 변성암이 되며, 이들이 녹아서 마그마가 된 다음 다시 화성암으로 돌아간다. 변성암이 퇴적암이 되고 화성암이 변성암이 되기도 한다. 결국 이들은 퇴적물과 마그마라는 중간 단계를 거치면서 돌고 도는 암석의 세계를 보여준다고 할 수 있다.

지금까지는 암석을 중심으로 순환의 세계를 알아보았다. 그렇다면 암석으로 구성된 지구의 껍질인 지각(地殼, crust)도 항상 제 자리에 머물고 있을까? 여러분은 혹시 세계지도를 보다가 북미 · 남미의 동부 해안과 유럽 · 아프리카의 서부 해안을 끼워 맞춘다면 아주 잘 맞아 들어갈 것처럼 보인다고 생각한 적은 없는가? 왜 이렇게 큰 대륙들이 서로의 틈새로 잘 맞아 들어갈까? 왜냐하면 이 대륙들이 처음에는 한 덩어리로 된 땅이었지만, 나중에 여기서 서로 갈라져 나왔기 때문이다. 이러한 사실이 인류에게 처음으로 인식된 것은 1521년 마젤란이 세계 일주에 성공하고, 이들이 가지고 온 정보를 이용하여 세계지도를 만들기 시작한 시기로 올라간다. 1598년 네덜란드 지도 제작자인 오르텔리우스(Abraham Ortelius: 1527~1598)도 이 사실을 인지하였고, 아메리카 대륙이 지진과 홍수에 의해 아프리카 대륙으로부터 떨어져 나갔다고 생각하였다.

그 후 400년가량이 지나 이러한 사실을 규명해내는 데 평생을 바칠 결심을 한 사람은 독일의 베게너(Alfred Wegner: 1880~1930)라는 학자였다. 그는 1912년 《대륙이동(*Continental drift*)》이라는 저서를 통해 원래 지구는 판게아(Pangaea)라고 불리는 한 덩어리의 땅이었고, 이들이 로라시아(Laurasia)와 곤드와나(Gondwana)라는 대륙으로 나누어졌다고 주장하게 되었다.[8] 그러나 그의 저서는 독일어로 쓰였고, 제1차 세계대전 기간이어서 별로 큰 관심을 받지 못했을 뿐만 아니라, 그가 지질학자가 아니고 기상학자였기 때문에 더 많은 편견에 시달리기도 하였다.

그렇지만 그에게 가장 치명적인 사건은 이 거대한 무게의 지각을 움직이게 하는 힘이 "도대체 어디에서 나오는가?"에 대한 그의 부족한 설명이었다. 그는 지구가 자전하면서 생기는 원심력과 달과 태양의 인력에 의한 조석 마찰력으로써 이 힘을 설명하려고 했지만 역부족이었고, 당대의 학자들을 만족시키는 데 실패하고 말았다. 결국 1930년 그린란드 탐험 길에 나선 베게너가 조난당하여 사망함으로써 그의 대륙이동설도 함께 잠들어버렸다.

그러나 이 대륙이동설이 다시 탄력을 받게 된 것은 그의 친구인 홈스(Arthur Holmes: 1890~1965)에 의해서였다. 그는 베게너가 사망할 무렵에서야 비로소 맨틀 대류설(Mantle convection theory)을 제시하면서 지각을 움직이는 힘이 어떤 것인가를 설명하기 시작하였다. 홈스는 지구의 깊은 곳에서 방사선 동위원소의 붕괴에 의하여 생긴 열로 인하여 데워진 물질이 지표면으로 올라오고, 다시 식어서 무거워지면 가라앉는 맨틀 내 대류가 생긴다고 주장하게 되었다. 즉 이 맨틀 대류가 바로 지각을 움직인다는 뜻이다.

그리고 곧이어 제2차 세계대전이 끝나고 난 후 바닷속 내부 구조가 서서히 알려지기 시작하였다. 특히 미국 수송함 함장을 지낸 헤스(Harry H. Hess: 1906~1969)는 제2차 세계대전이 끝난 후 독일 잠수함을 찾던 탐지 기술을 이용하여 심해저 탐사를 진행한 결과, 해저확장설(sea-floor spreading)을 주장하게 되었다. 그는 대서양 한가운데에 높이가 1~2km에 달하는 긴 산맥이 있는 것을 발견하였고, 특히나 그 산맥의 정상부가 깊게 파여 있다는 사실도 알게 되었다. 이렇게 파인 정상부를 해령(ocean ridge)이라 부르고, 여기에서 마그마가 솟아올라 바다 밑이 갈라지는 시작점이 된다는 것도 알아내게 되었다. 대서양을 담고 있는 대양의 바닥이 동서 양쪽으로 조금씩 깨져 갈라지고 있다는 것이 과학적으로 증명된 셈이다. 이렇게 하여 우리는 드디어 판구조론(plate tectonics)을 만나게 된다.

판구조론은 지구의 지각이 몇 개의 큰 판과 작은 판으로 쪼개져 있다는 생각이다.* 만약 우리가 수박을 지구로 생각한다면 수박의 껍데기가 여러 조각으로 깨져 있다는 말과 같다. 수박의 껍데기가 깨져 있다면 그 깨진 접촉면에서는 어떤 일들이 벌어질까? 우리는 대개 세 가지 일들이 벌어질 것으로 생각한다.[9]

첫 번째는, 그 깨진 면들이 서서히 더 벌어지는 상태를 예측해볼 수 있다. 이 틈새 사이로 마그마가 분출된다면 2개의 깨진 틈이 점차 벌어져서 멀어져 갈 것이다. 이러한 경계부위를 발산경계(divergent boundary)라고 부른다. 즉 새로운 지각 물질과 암석이 생성되는 장소가 되는 것이다. 현재 우리가 볼 수 있는 이러한 지형에는 대서양 중앙 해령, 동아프리카 열곡대 그리고 이와 연결된 홍해가 해당된다고 할 수 있다. 대서양 중앙 해령이 벌어진다는 것은 무엇을 뜻하는 말일까? 북미 · 남미 대륙과 유럽 · 아프리카 대륙이 서로 조금씩 멀어진다는 뜻이다. 이제는 위성 위치 확인 기술을 이용하여 대륙이 움직이는 것을 정확히 확인할 수 있게 되었다. 대개 그 벌어지는 속도는 마치 손톱이 자라는 속도와 비슷하여 연간 5~10cm 정도로 이동한다고 보고 있다. 그리고 동아프리카 열곡대는 우리와는 어떤 인연일까? 특히 이 지역은 모든 호모 사피엔스의 원적지로 등록되어 있는 곳이 아닌가!

두 번째는, 벌어지는 것이 아니라 이번에는 판들이 줄어든다. 즉 한쪽의 판이 다른 판과 충돌하면서 그 판의 밑으로 기어들어가는 상황이 벌어지게 되는 것이다. 그래서 한쪽의 지각이 점차 사라지

---

* 지구의 판 중에서 큰 판으로는 유라시아판, 호주-인도판, 태평양판, 북아메리카판, 남아메리카판, 남극판, 아프리카판이 있고, 작은 판들은 필리핀판, 나스카판, 카리브판, 아라비아판 등이 있다. 일본 열도는 태평양판과 유라시아판 그리고 필리핀판으로 된 3개의 판이 만나는 곳이기 때문에 지진과 화산폭발이 많은 이유가 설명된다.

고, 그 지각 물질도 땅속으로 들어가버린다. 이렇게 판들이 들어가는 지역을 섭입대라 부르며, 여기에는 깊은 바다인 해구(海溝, trench)가 생겨나게 된다.* 이러한 구조를 수렴경계(convergent boundary)라고 부른다. 만약 해양판과 해양판이 충돌하여 그중 무거운 판이 가벼운 판 밑으로 밀고 들어가면, 해구가 생기면서 뜨거운 마그마가 치솟아 호상열도(弧狀列島, island arc)가 생겨난다. 호상열도는 화산섬이 활 모양으로 배열되어 있는 지형을 말하고, 일본 열도, 알류샨 열도, 쿠릴 열도, 필리핀 열도 등이 여기에 속한다.

이번에는 해양판과 대륙판 또는 대륙판과 대륙판이 충돌하여 무거운 해양판이 대륙판 밑으로 파고 들어가면 어떤 현상들이 벌어질까? 바로 땅들이 밀려 올라가서 거대한 산맥을 형성하게 될 것이다. 이러한 지질학적 현상을 조산운동(造山運動, orogeny)이라고 부른다. 이러한 결과로 태어난 산맥으로는 북미의 로키산맥, 남미의 안데스산맥, 인도의 히말라야산맥 그리고 알프스산맥 등을 대표적으로 들 수 있다. 특히나 히말라야산맥은 인도 판이 서서히 북상하여 약 5,000만 년 전 유라시아판과 충돌하면서 솟아오른 거대한 산맥을 말하고, 그 산맥 뒤로 밀려서 올라간 땅덩어리가 바로 티베트고원이다. 이 거대한 세계의 지붕이 풍화작용에 의하여 대기의 이산화탄소를 바다로 운반시키고, 이들이 바다 밑에 침전되어 석회암이 되면서 점차적으로 지구의 기온이 하강하기 시작했다고 보고 있다.

마지막으로, 변환경계(transform boundary) 또는 보존형 경계라고도 불리는 형태를 소개하기로 하자. 이 형태의 지질학적 변동은 깨진 두 판이 멀어지거나 한쪽으로 들어가지 않고, 2개의 판이 서로 미끄러지면서 반대 방향으로 움직이는 경우를 말한다. 이렇게 되면 지각 물질이 새롭게 생기거나 없어지지는 않는다. 그래서 보존형 경계라고도 부르는 이유가 설명이 될 것이다. 2개의 판이 서로 마찰하면서 어긋나게 되면 어떤 일이 벌어질까? 당연히 화산활동보다는 지진이 훨씬 더 많이 발생하게 될 것이다. 이러한 변환경계는 대부분 해저에 분포하지만 육지에서도 볼 수 있다. 미국 캘리포니아주에 있는 산 안드레아스(San Andreas) 단층이나 뉴질랜드의 알파인(Alpine) 단층 등이 대표적이다. 산 안드레아스 단층은 태평양판이 북서쪽으로 움직이고 북아메리카판이 남동쪽으로 움직이면서 만들어진 단층이다. 또한 알파인 단층은 태평양판이 남서쪽으로 움직이고 호주판은 북동쪽으로 움직이면서 생긴 것이다. 이들 지역에 지진이 자주 발생하는 것은 당연한 일일 것이다.

우리는 어느 하나 제 자리를 영구히 지키면서 붙박이가 되는 어떤 구조물도 없다는 것을 알게 되었다. 10년이면 강산이 변한다거나 상전벽해가 된다는 말은 그저 인간이기에 내뱉을 수 있는 수사에 불과하다. 이 지구의 땅덩어리는 2억 5,000만 년 전에 하나로 뭉쳐 있다가 갈라져 나왔고, 다시 이만큼의 세월이 흐르면 다시 한군데로 모이게 될 것이다. 우리는 이런 순환을 윌슨 사이클(Wilson cycle)이라고 부른다. 일찍이 윌슨(John Tuzo Wilson: 1908~1993)은 1963년 하와이제도의 나이를 측정해서 판구조론을 설명하는 논문을 썼지만, 저명 학술지에서 게재 불가 판정을 받았다는 것은 곱씹어볼 만한 일이다. 하

* 그래서 생겨난 해구들이 세상에서 가장 깊다는 마리아나 해구, 필리핀 해구, 일본 해구, 쿠릴 해구, 페루-칠레 해구 등이다.

와이제도는 열점(hot spot)이라는 지질학적 용어를 잘 설명해주는 플룸(plume)*이 만든 섬이다.[10] 하와이제도에 있는 열점은 태평양판이 움직이는 방향을 따라 북쪽으로 올라가면서 섬의 나이가 점점 많아지기 때문에 이들도 끊임없이 움직인다는 사실을 증명해준다고 할 수 있다. 결국 이 무거운 땅덩어리† 도 돌고 돈다는 뜻이다.

4) 하늘도 돌고

밤하늘의 별들은 우리를 숙연하게 만든다. '도대체'라는 부사가 마음속에서 저절로 솟아오르게 만드는 힘이 있다. 도대체 별들은 얼마나 많은 것인가? 도대체 별들은 얼마나 멀리 떨어져 있을까? 또는 누군가 살고 있지나 않을까? 우리가 보는 하늘은 항상 감탄과 질문의 대상이 되어온 지가 오래되었다. 과연 우주는 얼마나 클까? 실제 우주의 크기를 정확히 아는 사람은 아무도 없다. 그저 '관측 가능한'이라는 전제조건을 달고 우리는 항상 이야기를 시작한다.

우주의 나이는 2012년 미국 나사의 더블류맵(WMAP) 위성이 보내온 자료와 2015년 유럽 우주항공청의 플랑크(Plank) 위성 자료를 분석하여 137~138억 년으로 밝혀졌다.[11] 따라서 빛은 이 나이만큼 날아갈 수 있고, 처음에 출발한 빛이 우리에게 도달하기까지 우주가 3배가량 커졌기 때문에, 실제 우리가 볼 수 있는 우주의 크기는 반경 약 464억 광년인 것으로 보고 있다. 그리고 우주에 있는 은하의 수는 약 2조 개이고, 이 속에 들어 있는 별의 수는 최소한 10^{23}개 정도가 있을 것으로 추정된다. 여기서 말하는 별은 태양과 같은 항성을 말한다. 이 별들이 가지고 있는 행성은 또 얼마나 될까? 우리가 하늘을 우러러 경외심을 느끼는 이유가 여기에 있을 것이다. 그리고 이 우주공간 속의 온도는 절대온도 0에 가깝고, 우주 전체 평균 밀도는 10^{-30}gm/cm^3 정도여서 거의 진공 상태 수준이다. 이는 단지 천체물리학이 알려주는 사실들이고 또 이 사실을 인용하고는 있지만, 우리가 평소에 살고 있는 물리적 환경과는 완전히 동떨어져 있다. 따라서 2조 개의 은하 중 하나인 우리 은하(Milky Way Galaxy)만이라도 한번 따져보도록 하자.

우리 은하는 약 2,000개의 별들로 구성되어 있고, 나선팔을 가지고 있는 막대 나선은하에 속한다.‡ 또한 그 직경만 하더라도 약 10만 광년이고, 태양계는 우리 은하의 중심부로부터 약 2만 7,000광년 떨어진 오리온 팔 안쪽에 자리 잡고 있다. 따라서 우리가 살고 있는 태양계는 우리 은하의 외곽 쪽에 위치해 있다고 할 수 있다. 그리고 우리가 속한 태양계도 우리 은하를 공전할 것이다. 지구의 입장에서 보면 돌고 도는 세상이 더욱 복잡해진다. 지구는 스스로 돌면서 밤과 낮을 만들어내고, 우리는 이 기간을 하루로 삼는다. 또한 지구는 자전과 동시에 태양 주위를 1년에 걸쳐 공전한다. 그래서 우리는

---

* 해양지각 맨틀에서 마그마가 올라오는 통로를 말하며, 마그마가 뿜어져 나오는 곳이 열점이 된다.

† 평균 대륙판의 무게는 40.7×1,021kg이라고 알려져 있지만, 나의 대수 개념으로는 얼마나 무거운지를 가늠하기가 쉽지 않다.

‡ 은하는 형태에 따라 나선 은하, 타원 은하, 불규칙 은하로 크게 나뉠 수 있다.

지구의 기울기로 인하여 사계절을 즐길 수 있게 된 것이다.

그렇다면 이 태양계는 또 어떠한가? 태양계는 다시 우리 은하를 한 바퀴 돌아서 공전하게 될 것이다. 그렇다면 이들을 수치로 한번 계산해보자. 먼저 지구에서 태양까지의 거리를 1천문단위(astronomical unit; AU)라고 부르고 약 1억 5천만km 정도가 된다. 이 거리를 1천문단위로 삼은 것은 우리가 우주의 거리를 계산할 때 쉽게 알아보기 위하여 만든 계산법이기 때문이다. 예를 들면, 태양계에서 가장 가까운 별은 프록시마 센타우리(Proxima Centauri)로서 약 4.2광년 떨어져 있다. 만약 이를 천문단위로 계산하면 27만 AU에 해당한다. 그래서 우리는 금방 가장 가까운 별까지도 태양과의 거리에 비하여 27만 배나 더 멀리 떨어져 있다는 것을 직감할 수 있는 것이다. 그렇다면 지구에서 태양까지 상업용 비행기를 타고 날아간다면 얼마나 걸릴까? 대개 상업용 비행기는 시간당 1,000km 정도를 비행하므로 태양까지 가기 위해서는 17년간 비행기 속에 앉아 있어야만 할 것이다.

그렇다면 지구가 자전하는 속도부터 먼저 알아보자. 적도를 중심으로 지구의 자전 속도를 계산해 보면 시속 1,674km로 돌고 있고, 서울을 중심으로 계산하면 시속 1,337km로 돈다. 여러분은 고속도로에서 시속 몇 킬로미터로 달리는가? 그다음 지구가 다시 태양 주위를 공전하기 때문에 그 속도는 무려 시속 10만 7,000km에 이른다. 이쯤 되면 이 지구호에 타고 있는 모든 승객들이 제대로 서 있거나 구토를 하지 않을 사람은 아마도 한 사람도 없을 것이다. 그런데도 우리 모두는 멀쩡하다.

이번에는 다시 태양계가 우리 은하를 도는 속도를 한번 계산해보자. 태양계가 우리 은하를 공전하는 데는 약 2억 5,000만 년이 소요된다. 따라서 지구가 태어난 이후 겨우 20번 정도 우리 은하를 돌아봤을 것이다. 우리가 우리 은하를 공전하는 속도는 무려 시속 82만 8,000km나 된다. 그뿐 아니라 우리 은하는 또 다른 중심을 가운데 두고 돌고 있을 것이다. 그러나 나는 더 이상 이야기를 진전시킬 밑천이 없다는 것을 알릴 수밖에 없다. 돌고 도는 세상에서 그래도 우리는 잘 버티고 있지 않는가!

우리가 실제로 멀미를 느끼지 않는 이유는 아주 간단하다. 우리의 귓속에 자리 잡은 이석이 다행히도 변화에만 민감하기 때문이다. 관성의 법칙이 작용하고 있는 한 우리는 어지럽지 않고 잘 견딘다. 아인슈타인의 특수 상대성 원리에 꼭 등장하는 그림이 두 개의 기차이다. 이 두 개의 기차가 동시에 똑같은 속도로 달리면 이동 감각이 없다. 속도가 다를 때만 우리는 느끼고 멀미를 한다. 세상이 도는 것보다 훨씬 더 빠른 속도로 하늘이 돌고 있다는 것을 우리는 알아차려야 할 것이다.

지구 운동에서 변화가 일어나는 몇 가지 사례를 추가해 볼 필요가 있다. 먼저 이 사실을 처음으로 알아챈 사람은 세르비아 출신의 천문학자인 밀란코비치(Milutin Milankovitch; 1879~1958)이다. 지구 운동에 변화를 초래하는 첫 번째 요인은 이심률(eccentricity)의 변화이다. 이심률이란 지구가 태양을 도는 공전 궤도에 변화가 생긴다는 말이다. 즉 이심률이 0이면 원이 되고, 1이 되면 직선이 된다. 공전궤도의 타원이 찌그러져서 근일점이나 원일점에서 차이게 생긴다는 의미이다. 이렇게 원형에서 타원형으로 바뀌는 일이 약 10만 년을 주기로 일어난다.

두 번째는, 지구 자전축의 변화이다. 지구는 23.5°의 기울기(tilting)를 가지고 있다. 이 기울기가 4만 년마다 약 22.5~24.5°에서 변한다는 뜻이다. 만약 기울기가 작아지면 겨울과 여름의 온도차가 줄어들 것이고, 커지면 온도차가 더 벌어지게 될 것이다.

마지막으로, 세차운동(precession)을 들고 있다. 이 운동은 마치 돌고 있는 팽이의 축이 변하는 것과 같은 현상이다. 이러한 세차운동은 2만 6,000년 주기로 변한다.

만약 이러한 세 가지 지구 운동에 변화가 오면 당연히 지구의 기온에 커다란 변동이 동반되고, 지구 환경이 바뀌게 될 것은 당연한 일이 될 것이다.[*]

우주 전체가 돌고 있을 뿐만 아니라 각각의 별들도 그들의 운명이 정해져 있다. 별들은 그들이 죽어서 남긴 성운[†]에서 태어나 성장하고 불태우다가 먼지와 가스인 성운으로 다시 돌아간다. 이것이 별들의 운명이자 별들의 순환인 셈이다. 이들은 제1부에서 자세히 다루었기 때문에 참고하기 바란다.

5) 우리도 돌고

여기서 말하는 '우리'란 생물권 전체를 구성하는 모든 생명체를 지칭하는 말이다. 우리가 이미 예상한 대로 생물권 역시 다른 권역들과 서로 소통하고 상호작용을 한다. 그래서 지금까지 기술해온 내용들을 다시 한번 더 함축적으로 반복해보자. 먼저 우리는 세포 이전 단계로 눈에 보이지 않는 무생물로서의 우리를 만나보았다. 우리 몸을 구성하는 촌모자(CHONCaP)[‡]라는 원소는 생물권을 포함하여 다른 권역들과 상호 연계되어 있는 물질들이다.

이렇게 원자로 구성된 미시세계는 눈으로 볼 수 있는 거시세계와는 완전히 나른 세상이라는 것을 우리는 잘 알고 있다. 그렇지만 이러한 무생물들이 모여 생명의 기본단위인 세포가 만들어진다. 이 세포도 우리 눈에는 보이지 않지만, 1개의 세포는 단세포로서 자신의 생명을 40억 년 이상 이 땅의 주인공으로서 살아오고 있지 않는가! 우리가 볼 수 있는 세계는 이 단세포가 모여 다세포가 된 후에야 비로소 일어난 일이다.

인간은 약 40조 개의 단세포들이 모여 사는 제국이다. 이들이 어떻게 모이고, 어떤 명령을 따르고, 어떻게 자손을 만들어가는가를 우리는 지금까지 살펴보았다. 그러나 단세포든 다세포든 간에 결국은 소멸되어 사라진다. 그들의 형태는 사라졌지만 그들을 구성하고 있던 원소들은 다시 땅과 하늘과 물속으로 흩어져버린다. 이렇게 흩어진 생명의 재료들은 모두 재생되어 결코 소모되지 않고 이 지구 속을 돌고 돌 것이다. 여기에서 우리는 그 사라지는 단계를 잠시 짚고 넘어가야 한다.

---

[*] 이 운동들을 잘 이해하기 위한 동영상은 나사가 제공한 https://climate.nasa.gov/news/2948/milankovitch-orbital-cycles-and-their-role-in-earths-climate/에 잘 나와 있다.

[†] 성운은 별과 별 사이에 모여 있는 먼지와 가스 덩어리로 이루어진 구름으로 새로운 별이 탄생하는 밑거름이 된다.

[‡] 촌모자는 생명체를 구성하는 주된 원소인 탄소(C), 수소(H), 산소(O), 질소(N), 칼슘(Ca), 인(P)을 따서 만든 합성어이다.

우리가 어릴 때 배운 먹이사슬(food chain)은 먹고 먹히는 피식자와 포식자의 관계를 나타낸다고 할 수 있다. 즉 광합성을 하는 풀들을 메뚜기가 뜯어먹고, 메뚜기를 다시 개구리가 잡아먹고, 개구리를 다시 뱀이, 뱀을 다시 독수리가 잡아먹고, 독수리가 죽으면 다시 분해자인 세균이나 균류가 이를 부패시켜 다시 무생물로 되돌려준다는 내용이다. 우리는 생산자와 소비자라는 말을 자주 쓴다. 생산자는 움직이지 못하는 식물이 되고, 소비자는 피식자나 포식자라는 사슬에 묶여 먹고 먹히는 사이를 유지하고 있는 것이다.

그렇지만 엄밀히 말하면 먹이사슬은 죽음의 사슬이자 생물과 무생물의 순환, 그리고 삶과 죽음의 순환을 뜻한다고 할 수 있다. 이 사슬은 하위 사슬의 생명체를 죽여서 상위 사슬의 생명체가 그 몸에 든 원소들을 섭취하는 과정이라고 말할 수 있을 것이다. 예를 들어보자. 먼저 우리의 식탁에 오르는 방어 1톤을 생산해내기 위해서는 8~10톤의 정어리를 죽여야 하고, 이 정어리를 먹여 살리기 위해서는 식물 플랑크톤 100~1,000톤이 희생되어야만 달성되는 먹이들이다.[12] 즉 먹이사슬은 죽음의 사슬로서 높은 단계로 올라갈수록 상위 개체수나 총량은 감소하게 되어 피라미드 구조를 형성한다.

우리는 흔히 특별한 천적이 없는 인간을 최상위 포식자 그룹에 올려놓고 있다. 그러나 아무리 인간이라고 해도 다시 무생물로 돌아가야 하는 과정을 피할 수 있는 방법은 전혀 없다. 왜냐하면 최상위에 자리 잡고 있는 것은 확실해 보이지만, 인간도 역시 생물권 안에 있는 하나의 개체에 불과하기 때문이다. 그렇다면 맨 위에 앉아 있는 인간이라 하더라도 최종적으로 다른 생명체들과 같이 어떤 경로를 밟아서 다시 원점으로 돌아갈까? 여기서는 대표적으로 인간을 포함한 포유동물이 죽고 난 이후 분해되어가는 과정을 한번 살펴보도록 하자.

일단 명이 다하여 숨이 끊어지면 모든 에너지 생산이 중단되고, 이 에너지에 의해 작동하던 모든 기관들은 그 기능이 점차적으로 중지되기 시작할 것이다. 제일 먼저 중지되는 조직은 산소결핍에 대하여 가장 취약한 뇌조직이다. 만약 심장이 10분 이상 신선한 혈액을 뇌에 공급해 주지 않으면, 뇌조직은 영구히 살아나지 못한다. 이렇게 산소공급이 중단되면, 세포막의 기능이 손상되어 세포 안에 있는 효소들이 세포 밖으로 쏟아져 나오면서 자신을 녹여내기 시작한다. 이는 미생물에 의해서 일어나는 작용이 아니고, 개체 안에서 일어나는 일이기 때문에 전문용어로는 자가분해(autolysis)라는 말을 사용한다.

이렇게 처음으로 일어나는 자가분해 현상은 갓 죽은 생명체의 각막을 혼탁하게 만들고, 피부 색깔을 짙은 갈색으로 변하게 만들어버린다. 그다음에는 총칼로 무장했던 면역체계가 붕괴되면서 정상적으로 내장에 존재해야 하는 상재균(normal flora)*이 혈관내로 들어와, 이곳에 있는 영양분을 이용하여

---

* 우리 몸에서 피부나 점막, 입속이나 소화관 및 비뇨생식기 등에 정상적으로 존재하는 세균을 말한다. 이 숫자는 무려 10^{14}(100조)개에 이르고, 20종 이상의 세균이 우리 몸에 상주하고 있다.

증식하면서 전신으로 퍼져나가 조직을 손상시킨다. 이때 중요한 역할을 하는 주인공이 혐기성 세균들이다. 그뿐 아니라 외부와 연결된 내장과 호흡기, 즉 입과 항문을 통해 외부에 있던 세균들이 몸속으로 들어와 이들과 합세하여 화학분해 작업에 가세하게 될 것이다. 우리는 이와 같은 과정을 부패(腐敗, putrifaction)라고 말한다.[13]

이러한 부패 과정을 더욱 적나라하게 기술하고 싶은 생각은 없지만, 결과적으로 우리는 분해자인 세균과 균류에 의해 무생물로 되돌아가게 된다는 것을 강조하고 싶다. 어떻게 보면 최상위 포식자라는 타이틀은 인간을 포함한 몇몇 포유류에게 돌아갈 것이 아니라, 이 생물권의 근간을 이루고 있는 이 분해자들에게 그 영광이 돌아가야 되지 않을까? 우리는 미생물 바다에서 뛰놀다가 그들의 먹잇감이 되는 씁쓸한 만물의 영장이라는 타이틀이 더 어울릴 것 같다. 그렇다고 모두 태워 없애버리겠다고 작정을 한다면 지금까지 헌신하면서 기다려준 미생물한테 빚을 지는 것은 아닌지 생각해볼 일이다.

2 하늘의 구름처럼

1) 종이 태어났다가

이 지구상에는 얼마나 많은 생물 종(種, species)들이 현재 살고 있을까? 또는 얼마나 많은 생물 종들이 살다가 사라졌을까? 이러한 질문에 대하여 정확하게 대답해줄 자료는 어디에도 없다. 모두가 다 추정하고 있을 뿐이다. 우리는 약 35억 년 전에 단지 한 종의 조상 종에서부터 시작되었다는 것을 잘 알고 있다. 이렇게 오직 한 종에서 시작한 미미한 출발이 3,000억 종으로 번져나갔고, 이들 중 98%는 이미 멸종하여 사라졌다. 현재 이 지구상에 보고된 생물 종은 대략 200만 종이 되지만, 실제로는 1,000만 종 이상이 살고 있을 것으로 보고 있다. 그러나 일부에서는 1억 종 이상이 아직도 발견되기를 기다리고 있을 것으로 생각하기도 한다.[14]

그렇다면 만약에 35억 년 전에 한 종에서 출발하여 현재 1억 종이 있다고 가정해보자. 이런 가정을 전제로 하여 계산을 해보면, 한 선조 종이 두 자손 종으로 갈라지는 데 약 2억 년이 걸렸다는 계산이 나온다.[15] 따라서 우리는 멸종된 종을 포함해도 수많은 종으로 진화하는 데 충분한 시간이 주어졌다는 것을 알 수 있을 것이다. 또한 한 종이 생긴 이후 멸종할 때까지 걸린 시간은 대개 400만 년* 정도로 보고 있다.

현재 이 지구상에 존재하는 인간(*Homo sapiens*)이라는 종의 총개체수는 무려 80억 명이라는 숫자를 향해 달려가고 있다. 그렇지만 우리는 단 한 종의 생명체에 불과할 뿐이다. 종이 생겨난다는 것은 수수

---

* 한 종의 평균수명은 보고자마다 다른데, 대개 300만~400만 년으로 보고 있다. 따라서 이 책에서도 2개의 수치가 섞여서 사용되고 있다.

께끼 중의 수수께끼이다. 어떻게 한 종에서 다른 종이 생겨날까? 실제로 다윈도 한 종이 시간에 따라 자연선택에 의하여 변해가는지는 알아냈지만, 어떻게 한 종이 두 종으로 갈라지는지는 설명하지 못하였다. 우리는 먼저 종이라는 것이 무엇인가라는 근본적인 질문에서부터 시작해보자.

종을 정의하는 것이 생각보다는 용이하지 않다.[16] 종을 단지 생긴 것이 비슷하다고 해서 같은 종으로 볼 수는 없지 않는가? 이러한 문제가 처음으로 제안되었고 지금도 중요한 종의 기준으로 삼고 있는 점이 바로 교배(交配, mating)라는 개념이다. 즉 같은 종이란 상호 교배가 가능해야 하고, 그 결과로 태어난 자식이 다시 생식이 가능해야 한다는 뜻이다. 이는 1942년 유전생물학의 선두주자라고 할 수 있었던 미국 하버드 대학교의 에른스트 마이어(Ernst Mayer: 1904~2005) 교수가 제안한 종의 정의이다. 우리는 이러한 종의 정의를 생물학적 종(biological species)이라고 부른다. 그렇다면 왜 같은 조상에게서 태어난 자손들이 세월이 흐르면서 상호 교배가 되지 않는 생식적 격리가 생겨나는 것일까? 즉 무엇이 자손들이 서로 짝짓기를 못하도록 막아서는 것일까? 이 질문에 대한 대답은 지리적 장벽이다. 이는 잠시 뒤에 다루도록 하자.

우리가 굳이 종이라는 개념을 따로 분리해서 생각해야 하는 이유는 비교적 간단하다. 만약 사자 무리 중에서 유익한 돌연변이가 생겼다고 가정해보자. 이 좋은 돌연변이는 사자 무리 내에서만 퍼져나갈 것이다. 만약 다람쥐 중에 꼬리가 긴 돌연변이가 생겨나고, 이 긴 꼬리 덕분에 나무에서 균형 잡기가 쉬워 생존에 더 유리하다고 가정해보자. 마찬가지로 이렇게 유리한 돌연변이도 사자 무리가 아닌 단지 다람쥐 내에서만 퍼져나가게 된다. 따라서 종이란 개념은 유전이나 진화를 설명하는 기본 단위가 된다는 것을 알 수 있을 것이다. 이렇게 하여 우리는 모든 생물체를 종으로 분리해보아야 비로소 서로의 조상이나 유사점을 찾을 수 있게 될 것이다.

생물학적 종이라는 정의가 모든 생물체를 분류하는 데 모두 적용되는 것은 물론 아니다. 먼저 무성생식으로 번식하는 개체는 분류 자체가 불가능해진다. 세균이나 일부 원생동물 그리고 균류는 유성생식을 하지 않는다. 그래서 이들에게서 교배란 의미가 없기 때문이다. 또한 암말과 수탕나귀가 교배하여 생긴 노새는 불임이기 때문에 새끼를 만들 수 없다. 따라서 생물학적으로 보면 종이라고 할 수 없는 모순에 빠지게 된다.

그다음으로 우리가 흔히 사용하는 방법에 형태학적 종(morphological species)이라는 개념이 있다. 이는 말 그대로 다른 집단에 비하여 더 많이 닮았다는 데서 출발한다. 이러한 종의 분류는 일찍이 칼 폰 린네(Carl von Linné: 1707~1778)가 1735년에 사용했던 방법이라는 것을 누구나 잘 알고 있을 것이다. 린네는 이명법*을 제안하여 현재에도 사용하고 있지만, 그는 18세기 생물학을 동물계, 식물계 그리고 광물계로

* 이명법(二名法, binominal nomenclature)은 린네가 제안한 방법으로 생물 종에 이름을 붙이는 방법이다. 속명과 종명을 합쳐서 학명을 정한다. 예를 들면, 인간은 호모 사피엔스(*Homo sapiens*)로 Homo가 속명이고 sapiens가 종명이며, 각기 대문자와 소문자로 표기하고 이탤릭체를 사용한다.

나누었다. 광물계는 지금의 시작으로 보면 매우 엉뚱하다. 그뿐 아니라 호모 사피엔스를 아프리카인, 아메리카인, 아시아인, 유럽인 등의 아종으로 분류하여 인종차별적 사고를 유발하는 데 일조하기도 하였다. 그렇지만 그는 진화론이나 유전학에 대해 전혀 알지 못했던 시절에 침팬지를 사람 속에 포함시켜 종교적 논쟁을 불러일으킨 장본이기도 하였고, 인간을 '현명한 사람'이라는 의미를 가진 호모 사피엔스라고 명명한 학자이기도 하다.

그러나 이러한 형태학적 종의 분류도 많은 문제점을 가지고 있다. 만약 같은 종이라도 암수가 전혀 다르게 생겼다면, 우리는 이를 다른 종으로 볼 위험성을 가지게 된다. 또한 서로 다른 종이지만 겉보기에 거의 같게 생겼다면, 이 분류 방법은 무너지고 만다. 예를 들어, 돌고래를 생각해보자. 돌고래는 물속에 산다. 그리고 생긴 형태가 마치 물고기처럼 유선형이고 지느러미가 있기 때문에 돌고래를 어류의 일종이라고 생각하기 쉽다. 그렇지만 고래의 조상은 어류와는 너무나도 동떨어져 있다. 발굽을 짝수로 가지고 있는 소나 기린 같은 우제류*가 그들의 조상이기 때문이다. 따라서 형태학적 종의 분류법도 분명한 한계를 드러낸다고 할 수 있다.

이러한 종에 대한 분류적 한계를 벗어날 수 있는 방법이 바로 유전학적 종(genetic species)이라고 할 수 있다. 이는 상호 종에 대한 유전학적 검사를 통해 그 유연관계를 찾아내는 방법으로, 가장 정확하게 분류할 수 있는 방법을 최근에 우리는 손에 쥐게 되었다는 뜻이다. 그렇지만 이미 화석화되어 유전자 분석이 불가능한 경우는 어쩔 수 없이 형태학적 종의 분류법을 동원할 수밖에 없을 것이다. 한 종이 다른 종으로 분화되는 것은 생명의 다양성을 구축하는 데 필수적인 과정이다. 만약 새로운 종이 생겨나지 않았다면 이 세상은 너무나 단순한 모노드라마에 불과했을 것이다. 이제부터 어떻게 새로운 종이 탄생하는지를 한번 알아보자.[17]

다윈은 새로운 종이 생겨나는 과정을 이렇게 설명하고 있다. 생물학적 종의 분화는 마치 하나의 조상이 사용하던 언어가 분화되어가는 과정과 비슷하다는 것이다. 처음 한 조상이 사용하던 언어가 지리적으로 서로 격리되면서 각기 달라지기 시작하였다. 한참 세월이 흐른 후에는 영어와 독일어가 되어 마침내 서로가 이해할 수 없는 언어가 되어버렸다는 뜻이다. 그렇지만 이들의 어원은 같아서 그 속성들을 따라 올라가보면 조상 언어를 추출해낼 수 있게 될 것이다. 따라서 종분화도 지리적 격리가 가장 흔한 원인으로 등장하게 된다. 그래서 지리적 종분화(geographic speciation)가 가장 일반적인 방식으로 자리 잡게 되었다.

지리적 종분화를 우리는 이소적 종분화(異所的種分化, allopatric speciation)라고도 부른다. 왜냐하면 새로운 종이 태어나는 장소가 각기 다르기 때문이다. 한 종이 물리적 장벽에 의해 서로 격리되는 경우에는 어

---

* 우제류는 발굽이 있는 포유류를 총칭한다. 그중 짝수의 발굽을 가진 소나 양, 기린, 염소, 돼지, 하마 등을 우제류라고 하고, 홀수의 발굽을 가진 말, 당나귀, 코뿔소 등을 기제류라고 한다.

떤 일들이 그들에게 벌어질까? 예를 들면, 대륙이 움직여서 산맥이 솟아나거나 큰 강이 생겨난다면, 한 종은 지리적으로 서로 결별할 수밖에 없을 것이다. 약 300만 년 전에 솟아올라 남아메리카와 북아메리카를 연결시킨 파나마 지협은 카리브해와 태평양 사이에 살던 한 종을 지리적으로 완전히 갈라놓았을 것이다. 수중 잠수함을 놀라게 하는 딱총새우(snapping shrimp)가 그 대표적인 주인공이다. 또한 빙하가 확산되거나 새로운 사막이 생겨나고, 가뭄으로 한 숲이 2개로 갈라지는 것과 같은 수많은 지리적 격리 현상이 지구에서 벌어졌다는 것을 우리는 잘 알고 있다.

이렇게 한 종이 지리적으로 서로 격리되면 어떤 현상이 벌어질까? 높은 산맥이 가로막고 있는 두 지역을 한번 가정해보자. 이때 어느 종자식물의 씨를 배 속에 넣은 새가 그 산맥을 넘어서 반대쪽 땅에다 그 씨앗을 옮겨놓았다고 생각해보자. 산맥 양쪽은 그 환경적 차이가 분명히 존재할 것이다. 산 이쪽은 벌새가 많아서 이 종자식물은 수분 매개자로 벌새를 이용하는 쪽으로 진화해갈 것이다. 따라서 꽃잎은 벌새가 좋아하는 붉은색으로 변해갈 것이고, 벌새의 긴 부리를 이용하기 위해서는 꽃 모양이 깊은 튜브 형태를 띠게 될 것이다. 그러나 산 저쪽은 환경이 다르다. 여기에는 벌새보다 벌들이 더 많다. 따라서 식물들은 벌에 적응하기 위하여 벌들이 좋아하는 분홍색으로 변해갈 것이고, 혀가 짧은 벌을 이용하기 위해 얕은 꿀통을 준비해야 할 것이다. 그뿐 아니라 벌은 벌새와 달리 공중에 정지해서 꿀을 빨아먹을 수 없기 때문에 벌들이 꽃잎에 내려앉아 꿀을 먹을 수 있도록 잎들이 평평해지고 넓어지는 쪽으로 진화하게 될 것이다. 이런 상태가 한동안 지속되면 비록 산맥이 사라진다고 하더라도 이미 생식적으로 격리되어서 새로운 식물종이 생겨나게 될 것이다. 원숭이 꽃(monkey flower)이 이런 과정을 거쳐 선조 종에서 갈라져 나오게 되었다.

그런데 이번에는 같은 장소에서도 다른 종이 생겨날 수 있다. 어떤 경우일까? 우리는 지리적 격리 없이도 새로운 종이 생겨나는 또 다른 경우를 동소적 종분화(sympatric speciation) 또는 동 지역 종분화라고 말한다. 이들은 지리적 장벽이 아니라 염색체 조합의 변화에 의해 같은 지역에서 새로운 종이 태어나는 것을 말한다. 이들은 상당히 희귀한 사건들이 연속해서 두 세대에 걸쳐 일어나야만 가능하다. 따라서 식물들은 알세포나 꽃가루를 수백만 개나 만들고 자가수정이 자주 일어나기 때문에 이러한 염색체 변이가 연속적으로 일어날 가능성이 높다. 이렇게 염색체 변이에 의해 생긴 배수체* 종분화(polyploid speciation)는 종자식물 중 1/4가량이 이런 방법으로 새로운 종을 만들어낸 것이다. 배수체 종분화는 같은 지역에 사는 다른 두 종이 잡종을 낳으면서 시작되는 경우와, 같은 지역에 사는 한 종의 염색체가 2배로 늘어나 생기는 경우를 가정해볼 수 있다. 우리는 전자를 이질 배수체 종분화(allopolyploid speciation), 후자를 동질 배수체 종분화(autopolyploid speciation)라고 말한다.

---

* 배수체란 사람의 경우 두 세트의 상동 염색체를 가지고 있지만 이러한 세트를 두 쌍 이상 가지고 있는 생물체를 말한다. 그러나 염색체들이 적절히 쌍을 짓지 못하면 생식세포를 만들 수가 없어서 번식을 할 수가 없다.

먼저 이질 배수체 종분화에 대해서 알아보자. 두 종이 어떻게 잡종을 만드는지를 알아보는 것이다. A종은 2세트 4개(2n=4)의 염색체를 가지고 있고, B종은 2세트 6개(2n=6)의 염색체를 가지고 있는 종이 있다고 가정하자. A종이 생식세포를 만드는 경우 감수분열에 의하여 1세트의 생식세포가 만들어져야 하지만, 염색체 비분리*라는 과정이 일어나 2세트 4개(2n=4)의 비정상적인 생식세포가 만들어졌다. 그러나 B종은 정상적인 감수분열이 일어나서 1세트 3개(n=3)의 염색체를 가진 생식세포가 만들어질 것이다. 만약 이 둘이 교배를 하게 되면 7개의 염색체를 가진 잡종이 만들어지게 된다. 이번에도 다시 이 잡종 세포가 감수분열을 할 때 우연히도 연속적으로 염색체 비분리가 일어나서 7개의 염색체를 가진 생식세포가 만들어지고, 여기에 B종의 정상 생식세포인 1세트 3개의 염색체와 교배가 이루어지면 2세트 10개(2n=10)의 염색체를 가지면서 생존과 번식이 가능한 새로운 종이 탄생하게 되는 것이다.

한편 한 종에서 일어나는 동질 배수체 종분화(autopolyploid speciation)는 다음과 같은 경우에 일어난다. 한 조상 종의 핵형†이 2세트 6개(2n=6)의 염색체를 가진 개체가 염색체 비분리에 의하여 2세트 6개의 염색체를 가진 생식세포가 만들어지고, 또 다른 똑같은 비분리에 의해 만들어진 2세트 6개의 염색체를 가진 생식세포와 우연히 자가수정이 일어나면 4세트 12개(4n=12)의 염색체를 가진 종이 나타나게 된다. 이렇게 나타난 종은 부모 종과는 다른 새로운 종이 되는 것이다. 그러나 이러한 핵형들을 비전공자가 이해하기는 다소 복잡할 수 있다. 그렇지만 동일 지역에서 한 종이 다른 종으로 분화해갈 수 있는 방법 중 하나가 염색체 변이에 의해서도 일어날 수 있다는 점만 이해해도 만족해야 할 것이다.

지금까지 우리는 큰 틀에서 종이 태어나는 과정을 살펴보았다. 그렇다면 이렇게 태어난 한 종은 대대로 영원히 살아갈 수 있을까?

2) 종이 사라졌다가

생명체의 기본 구조가 세포이듯이 어떤 개체군의 기본 구조는 종이라고 할 수 있다. 이러한 종은 하늘의 구름처럼 나타나기도 하고 사라지기도 한다. 종 자체가 순환 구조를 타고 있는 것이다. 그래서 이번에는 종이 사라져 소멸해버리는 사건들을 추적해보기로 하자. 생물체가 살아온 역사의 80%는 미생물들이 차지하고 있다. 이들은 유성생식을 하지 않는다. 따라서 종이라는 개념으로 이들을 분류할 수가 없다. 그래서 이 지구상에서 종이 소멸하는 역사를 찾아 올라가는 작업은 현생누대‡에서부터 시작하고 있다.

만약 한 종이 사라진 후 다시 한 종이 태어난다면 종의 총수는 현상 유지를 할 수 있을 것이다. 그

---

* 염색체 비분리(nondisjunction)는 세포분열 중 상동 염색체나 자매 염색체가 절반으로 나뉘지 않고 한쪽으로 몰려서 분리되는 비정상적인 분열을 말한다.

† 핵형(核型, karyotype)은 세포의 핵 안에 있는 염색체의 모양, 크기, 수 등을 총칭하여 부르는 말이다.

‡ 현생누대란 지질 시대의 구분으로 5억 4,200만 년 전부터 시작된 고생대부터 중생대, 신생대를 말한다.

렇지만 소멸하는 종보다 더 많은 종이 태어난다면 종의 수는 증가할 것이고, 반대 상황이 생기면 종의 수는 감소할 것이다. 그렇다면 현재 우리가 종의 탄생과 소멸의 속도를 정확히 알 수 있을까? 현재 살고 있는 종의 총수도 추정치에 불과한 상황에서 이들을 정확히 밝혀낸다는 것은 대단히 힘든 작업일 것이다. 일반적으로 1년에 100만 종 중 1종 정도가 소멸한다고 보고 있다.[18] 또 다른 조사에서는 100년에 1만 종 중 0.1~1종 정도가 사라지는 것으로 보고되기도 한다.[19] 이 중에서도 대멸종(大滅種, mass extinction) 또는 대멸절이라고 부를 수 있는 경우는 280만 년 이내에 약 75%의 종이 사라지는 것을 말한다. 이러한 대멸종은 현생누대에서 5차례에 걸쳐 일어났고, 그 중간 단계의 멸종 사례도 10번 정도가 알려져 있다.

이러한 대멸종 사건이 일어나는 원인은 도대체 무엇일까? 우리는 그 시대적인 원인을 정확하게 파악하기는 힘들지만 20여 가지의 사건들이 범인으로 떠오르고 있다. 그중에서 몇 가지를 든다면 대륙판의 이동으로 인한 대규모 화산폭발, 그리고 메탄과 이산화탄소의 배출에 의한 대기 온도 상승과 같은 기온 변화를 들 수 있다. 그뿐 아니라 거대한 운석이나 혜성의 충돌, 해수면이 하강하여 대륙붕이 육지로 변하여 생기는 서식지 변동, 바다의 산소 고갈 등이 원인으로 추정된다. 그러나 만약 대대적인 종의 멸종이 없었다면, 이렇게 다양한 종이 지구상에 살고 있지는 않을 것이다. 지구상에서 일어난 역사의 위기들은 언제나 역동적인 진전으로 이어졌다는 사실이 매우 교훈적이다. 이제부터 5차계에 걸쳐 일어난 대멸종에 대하여 알아보도록 하자.

처음으로 화석 기록상 종의 멸종이 보고된 것은 오르도비스기(Ordovician period: 4억 8,500만~4억 4,300만 년 전) 말기이다. 말기라는 뜻은 오르도비스기와 실루리아기(Silurian period: 4억 4,300만~4억 1,900만 년 전) 사이를 말한다. 그리고 오르도비스기 말기에 생긴 멸종을 제1차 대멸종이라고 하기도 한다. 오르도비스기는 처음으로 육상 선태식물이 땅에 올라오는 시기로, 척박한 육지가 점차 푸른색으로 바뀌기 시작한 때이기도 하다. 그렇지만 말기로 가면서 주요 대륙들이 남반부로 몰리게 되면서 기온이 내려가고 빙하가 생겨 해수면이 50m 정도 하강한 결과, 대멸종이 일어나게 되었다.

두 번째 대멸종은 데본기(Devonian period: 4억 1,900만~3억 5,900만 년 전)와 석탄기(Carboniferous period: 3억 5,900만~2억 9,900만 년 전) 사이에 발생한다. 데본기는 육지에 석송류나 속새류가 번창한 결과로 암석을 풍화시켜 최초의 토양이 만들어지고, 이를 바탕으로 산림이 육지에 출현한 시기이기도 하다. 또한 최초의 유악어류가 등장하고, 오징어와 같은 연체동물의 방산이 일어난 때이다. 이렇게 데본기 말에 대멸종이 일어난 이유로는 대륙이 남극 쪽으로 이동하여 빙하가 형성되고, 해수면 하강으로 인하여 대륙붕이 육지로 변하는 사건들이 주요 원인으로 생각된다. 그렇지만 운석 충돌이나 화산폭발도 대멸종을 일으킨 원인에서 완전히 배제할 수는 없는 실정이다. 석탄기에는 대륙 덩어리가 극과 극까지 뻗어 있어서 유럽이나 아시아 및 북미는 적도 지방에 모여 있게 되고, 이로 인하여 덥고 습한 열대성 숲이 넓게 펼쳐져 있던 시기이기도 하다. 말 그대로 이 시기에 대규모의 석탄층이 형성되었다고 보고 있다.

세 번째 대멸종은 페름기(Permian period: 2억 9,900만~2억 5,200만 년 전) 말기에 일어난 일로, 지구상에 존재했던 생물 종의 96%가 멸종하는 가장 격렬한 대멸종이라고 할 수 있다. 이러한 지상 최대의 멸종으로 인하여 고생대가 끝나고 중생대로 넘어가는 지질학적 경계가 되기도 하였다. 페름기의 특징은 지구가 지형적으로 판게아(Pangaea)를 형성한 시기이다. 판게아는 1915년 독일의 알프레드 베게너가 제안한 이름으로, 대륙들이 한군데로 모여 초대륙을 형성한 것을 말한다. 이 당시에 대륙들이 뭉쳐지면서 만들어진 산맥들이 현재 러시아의 우랄산맥, 북미 대륙의 애팔래치아산맥(Appalachian mountains) 등이다. 페름기 대멸종을 초래한 주원인으로 소환되는 사건은 바로 슈퍼 화산폭발인 시베리아 트랩(Siberian traps)이다. 왜냐하면 이 거대한 화산폭발과 용암 분출 시기가 페름기 멸종 시기와 시기적으로 맞아 들어가기 때문이다. 시베리아 트랩은 우랄산맥 동쪽의 광대한 시베리아 지역에 펼쳐진 초거대 현무암질 용암 지대를 말한다. 엄청난 양의 용암과 화산재가 이 지역을 초토화시켰을 것이다. 거대한 화산재는 햇빛을 차단하고 광합성을 방해했을 뿐만 아니라 기온을 하강시켰고, 이러한 페름기 대멸종은 트라이아스 중반에 가서야 비로소 회복될 정도로 심각한 멸종 사건이었다. 그렇지만 이러한 대멸종을 통하여 새로운 종이 형성될 길이 열렸다는 것은 지구가 항상 역동적이라는 사실을 보여준다고 할 수 있다.

네 번째 대멸종은 트라이아스기(Triassic period: 2억 5,100만~2억 년 전) 말에 등장한다. 트라이아스기에는 함께 뭉쳐서 초대륙을 형성한 판게아가 다시 서서히 분리되기 시작하고, 육지에는 침엽수와 종자 고사리가 자리 잡았던 시기이기도 하다. 뒤이어 등장하는 쥐라기(Jurassic period: 2억~1억 4,500만 년 전)는 현재보다 더 따뜻하고 습도도 높아 다양한 동식물들이 증가하면서 대형화되어갔다. 우리가 잘 아는 공룡이 이 시대를 대표하는 거대 육상동물이지 않는가! 쥐라기 시대의 판게아는 드니어 2개의 큰 대륙인 북쪽의 로라시아(Lauasia)와 남쪽의 곤드와나(Gondwana)로 분리되었다. 그뿐 아니라 최초의 포유류와 꽃식물이 등장한 시기이기도 하다.

다섯 번째 대멸종은 중생대와 신생대를 가르는 백악기(Createceous period: 1억 4,500만~6,500만 년 전) 말에 일어난다. 이 시기에는 로라시아와 곤드와나가 각기 현재의 대륙으로 분리되기 시작하였고, 꽃식물의 방산이 일어나서 우점종으로 자리 잡기 시작한 때이기도 하다. 우리는 백악기와 신생대 제3기(Tertiary period: 6,500만~180만 년 전)를 K/T 경계라고 부른다. 백악기의 C는 독일어로는 K가 된다. 이렇게 백악기 대격변이 일어난 이유로는 주로 두 가지를 들고 있다. 먼저 인도 중서부의 데칸고원에 있는 데칸 트랩(Deccan traps)은 지구상에서 가장 큰 화산활동 지형으로 손꼽힌다. 이렇게 거대한 화산폭발과 이산화탄소의 분출은 당연히 지구의 기온 변화를 초래하였을 것이다.

그다음은 멕시코 유카탄반도 북쪽에 직경 15km 정도의 원형 운석이 충돌하여 생긴 파괴력에 의해 멸종이 일어났다는 주장이다. 우리는 이 운석이 충돌한 지역을 칙술루브 운석구(Chicxulub crater)라고 부른다.[20] 이 운석구는 직경이 약 180km이고 깊이가 약 20km로 광범위할 뿐만 아니라, 이 분지의 일부는 바닷속으로 연결되어 있을 정도이다. 이러한 운석 충돌이 백악기 대멸종을 초래하였다는 증거는 이리듐(iridum)이라는 원소에서도 찾아볼 수 있다. 이 원소는 지구 표면에서는 대단히 희귀하지만 운석에서는 흔하게 발견되기 때문이다. 이 원소가 백악기와 제3기를 구분하는 지층에 많이 포함되어 있다는 것은 거대한 운석의 충돌이 이 시기에 일어났다는 것을 암시한다고 할 수 있다. 이렇게 하여 하늘에 퍼진 직경 200km 파편 구름은 태양광을 차단하여서 일차 생산자인 식물의 광합성을 방해하였고, 엄청난 화재가 발생하여 온 천지를 불태워버렸다. 이러한 대격변 시대에서 덩치 큰 공룡들은 모두 멸종해버리고, 덩치가 작고 숨어 지내던 포유류에게는 절호의 기회로 다가오게 된 것이다. 세상은 공룡의 시대를 마감하고 새로운 포유류 시대를 선언하였다. 이렇게 6,500만 년 전 역경 속에서 살아남은 포유류 중 마지막 주자인 인간은 커진 뇌와 이족보행을 무기 삼아, 모든 생물체가 공존하고 공생하는 이 세상을 만들기보다는 서로 싸우고 주위 환경을 파괴하는 일을 스스럼없이 하고 있지 않는가! 우리가 무척 우려하는 일들이 실제로 벌어지고 있는 것이다.

우리가 걱정하는 일 중 하나가 바로 인간(*Homo sapiens*)에 의해 저질러지는 제6차 대멸종이다. 이 대멸종은 인류세 대멸종 또는 신생대 4기의 홀로세 대멸종(Holocene extinction)으로 불리기도 한다. 그리고 이 지구상에 살고 있는 수많은 종 중에서 인간이라는 한 종에 의해 저질러지는 대멸종 상황을 예측하는 용어이기도 하다. 인간이라는 종의 증가는 상대적으로 다른 생물 종의 서식지를 급격히 파괴해나가는 피해로 나타난다. 만약 여러분이 북한산에 올라 서울 시내를 내려다보면서 누군가가 던진 한마디를 생각해보아야 하지 않을까? "이 지구는 인간이라는 피부병을 앓고 있다."라는 말을.

촘촘히 박힌 아파트촌들이 산을 둘러싸고 점점 더 거리를 좁혀가면서 산 위쪽으로 밀고 올라오는 모습을 볼 수 있을 것이다. 누구에게는 비싸고 전망 좋은 거주지가 될지 모르지만, 그 땅에 살던 원주민들은 집을 잃고 쫓겨나는 신세가 될 것이다. 인간 사회의 선진화 잣대가 되는 산업시설과 대중교통은 화석연료를 사용함으로써 이산화탄소를 비롯한 온갖 불순물들을 대기 속으로 내뱉고 있다. 인간은 자신조차도 살 수 없을 정도로 심각한 쓰레기와 오염물질로 이 땅이 썩어가도록 방치하고 있지 않는가! 이들은 지구 전체를 몇 번이고 완전히 초토화시킬 수 있는 무기를 장착하고 서로를 향하여 으르렁거리고 있다. 지금이라도 우리는 '인간 사회의 일원으로서'가 아니라 이 지구상에 사는 '생물 종의 한 일원으로서' 생각하고 행동해야 할 시점에 와 있다는 것을 깊이 인식해야 할 것이다.

지구 역사에 나타난 화석 종의 수명은 약 400만 년이다. 인간은 태어난 지 약 30만 년 정도를 지나고 있다. 과연 우리는 다른 종처럼 평균수명이라도 누릴 수 있을까? 누군가가 나에게 OX로 대답하라면, 나는 무조건 X 쪽에 한 표를 던질 것이다. 종도 생겨나고 사라진다. 우리도 그저 생겨나고 다시 사라질 뿐이다.

3 생사의 순환

우리가 알아보고자 하는 순환의 세계는 보이는 부분보다 안 보이는 부분이 훨씬 더 많다. 그래서 순환의 세계는 우리의 인식 밖에 있기가 쉽고, 모두 다 느끼지도 알지도 못하면서 살아간다. 그러나 삶과 죽음이라는 커다란 화두 앞에 도달하게 되면 우리의 관심은 최고도에 도달할 것이다. 왜냐하면 이 두 과제는 모든 철학과 문학의 최종 질문에 해당하기 때문이다. 그렇지만 태어남과 죽음이 과연 순환이라는 고리 속에 들어 있는 것인가? 사람이 죽으면 다시 사람이나 다른 생물로 태어날 수 있을까? 이제 우리는 종교가 아닌 과학이 이 질문에 대하여 이론적이고 체계적인 대답을 내놓을 시기에 도달했다고 본다. 어떻게?

그림 4-1은 내가 그려본 모든 생명체의 운명을 그린 생활사이다. 생명은 그저 이 순환의 궤도를 돌고 돌 뿐이다. 그림에서 보는 무생물 세계는 하늘과 땅과 물이 여기에 속한다. 즉 지구의 다른 권역들이 여기에 다 포함된다는 뜻이다. 우리가 죽으면 우리의 모든 구성물들은 기권과 지권 그리고 수권으로 되돌아간다. 그리고 그들과 한 몸이 된다. 이렇게 분해된 원자는 분자를 만들고, 그 분자들이 모여 물이 되고 바위가 될 것이다. 이들은 다시 이 지구라는 무대를 치장하고 장식하는 부속품이 되어줄 것이다.

그러나 여기서 주목해야 할 포인트는 이 무생물 세계를 제외한 모든 생물권은 그 조상이 한 종이라는 사실이다. 수십억 년 전 한 종의 조상이 우연히 이 땅에 태어나 현재 수천만 종으로 불어나 있지

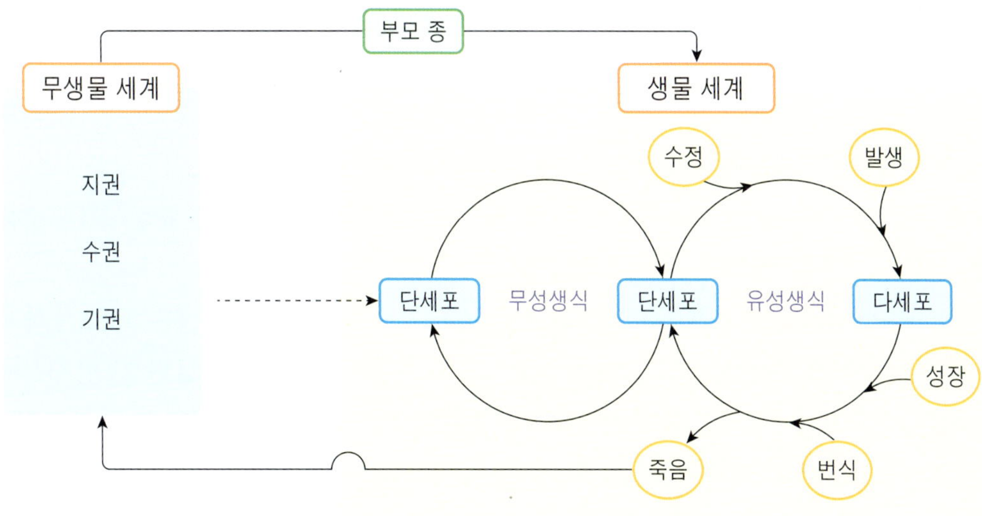

그림 4-1. 모든 생명체의 운명을 그린 생활사. 무생물 세계에서 생물권으로 진입한 사건은 우연에 의한 단회적 사건이다. 생물권은 다시 죽음에 의해서 무생물권으로 돌아가고 무생물권에서 생물권으로 진입하기 위해서는 반드시 부모가 필요하며, 단세포는 주로 다세포의 먹이가 되어 물질의 순환에 관여한다.

만, 그 뿌리는 여전히 모두 한 조상 종에 모여 있다는 사실이다. 또한 이 생명들은 초창기에는 무생물 속에 들어 있는 에너지를 이용하여 살았지만, 약 35억 년 전에는 물과 태양 빛을 이용하는 광합성이라는 기술을 찾아냄으로써 더 손쉽게 먹고살 수 있게 되었다.

자, 그렇다면 우리가 죽은 후에 소나 말, 사슴이나 백합꽃으로 다시 태어날 수 있을까? 아니 진드기나 대장균, 더 나아가 짚신벌레나 아메바로 다시 태어난다는 말인가? 그 대답은 이것이 완전히 불가능한 일이라는 것이다. 왜냐하면 우리가 소나 사슴으로 다시 태어나기 위해서는 원자나 분자가 필요한 것이 아니라 반드시 소나 사슴이라는 부모가 필요하기 때문이다. 말이 좀 복잡한가? 우리는 인간으로 태어나기 위해서는 인간이라는 부모 종이 있어야 가능하고, 사슴으로 태어나기 위해서는 사슴이라는 부모가 있어야 가능하다는 뜻이다. 그러나 여기에서 이야기를 끝내면 좀 시시하지 않을까?

우리가 죽어서 원자나 분자로 되돌아간 후 비생물권에 오랫동안 머물다가 오로지 나의 원자나 분자만 생물권으로 다시 재흡수되라는 법도 전혀 없다. 더구나 수많은 생명 중에 하필 인간이라는 종에 흡수되어 다시 인간으로 태어난다는 기적은 아예 기대를 하지 않는 편이 훨씬 더 과학적이다. 그리고 원자, 아니 쿼크*로 되돌아간 나의 원자나 분자는 이미 나의 것이 아니라, 그저 비생물권의 한 구성 성분으로 환원되었다고 표현하는 것이 더 정확할 것이다. 즉 나의 쿼크나 원자가 다른 쿼크나 원자와 특별히 구분될 하등의 이유가 없다는 뜻일 뿐만 아니라, 이들은 모두 내 것 네 것이 없다는 의미가 된다. 더군다나 내 몸을 이루던 수소는 물이 되어 바닷속에 들어 있을지도 모르고, 또한 산소는 오존이 되어 성층권에 머물고 있을지 누가 알겠는가?

우리는 생물권 전체를 단세포군과 다세포군으로 나눌 수가 있다. 단세포는 세균이나 원생생물로 세포 하나로 구성된 생물들이고, 다세포군은 우리가 눈으로 볼 수 있는 거의 모든 생물들이 여기에 속한다. 이들이 살고 죽는 것은 그저 생물권의 한 순환을 돌리는 구성 성분에 불과하다는 사실이다. 단세포는 그저 이분법에 의해 단세포로 변한다. 이분법은 말 그대로 한 세포가 다른 2개의 세포로 갈라지는 것을 말한다. 우리는 이런 방식을 무성생식이라고 하고, 부모 중 한쪽만 있어도 충분하다. 그러나 다세포는 반드시 부모 양쪽이 모두 있어야만 가능하다. 우리는 이러한 부모 종을 암컷과 수컷이라고 부른다.

그렇다고 다세포에서 곧장 다세포가 만들어지지 않는다. 유성생식에 의해 만들어진 다세포가 다시 다세포로 돌아가기 위해서는 반드시 단세포로 먼저 되돌아가야만 한다. 이 다세포는 단세포인 생식세포를 만들어내고, 이들이 합쳐져서 새로운 단세포인 수정란을 만든 후, 발생이라는 과정을 통해야만 비로소 다세포가 만들어질 수 있기 때문이다. 왜 이렇게 꼭 해야만 할까? 바로 우리의 출발점이 단세포였기 때문이다. 이번에는 이들이 어떻게 태어나고 어떻게 죽어가는지를 한번 차례대로 살펴보자.

---

* 쿼크(quark)는 물질을 이루는 가장 근본적인 입자로 양성자와 중성자를 만든다.

1) 태어남

생물권에서 태어남이란 생식적인 관점에서 보면 두 가지 방법밖에 없다. 무성생식과 유성생식이 바로 그것이다. 그러나 일부 생물체는 환경이 유리할 때는 무성생식을 하다가 환경이 열악해지면 유성생식으로 전환하기도 한다. 무성생식은 성이 없다는 말로서 암컷과 수컷이라는 개념이 없다. 이들은 그저 생김새나 모양이 똑같은 2개로 쪼개진다. 딱히 개체수가 늘어난 것을 태어났다고 할 수도 없고, 개체수가 줄어들었다고 죽었다고 말할 수도 없다. 그저 개체수가 늘었다거나 줄었다고 말하는 것이 더 정확할 것이다. 왜냐하면 이들은 모두 똑같기 때문이다. 따라서 이들에게는 삶과 죽음이라는 개념을 적용하기가 어렵다.

그렇지만 유성생식은 암수가 따로 있고 암컷은 난자를, 수컷은 정자를 만들어낸다. 이러한 생식세포는 그 자식이 가져야 되는 유전사의 절반씩을 가지고 있다. 따라서 이 2개의 생식세포가 만나야 비로소 온전한 유전자를 가진 자식이 만들어진다는 뜻이다. 그리고 이 생식세포를 만들어내는 부모인 암수가 한 몸속에 있을 수도 있고 따로 있을 수도 있다. 한 몸속에 있는 경우를 동물일 때에는 자웅동체(雌雄同體, monoecious, hermaphrodite: 한집이라는 뜻)*라고 부르고, 식물일 때에는 자웅동주(雌雄同株)라고 한다. 또한 암수가 각기 다른 경우를 동물일 때에는 자웅이체(雌雄異體, dioecious: 두 집이라는 뜻)라고 부르고, 식물일 때에는 자웅이주(雌雄異株)라고 한다.

그렇다면 우리 인간은 어떠한가? 당연히 자웅이체라고 말할 것이다. 그렇지만 수정 이후 발생과정을 살펴보면 우리 몸도 역시 자웅동체의 구조를 가지고 있다가 점차 자웅이체로 변해가는 것을 볼 수 있다. 자웅이체의 전 모델이 자웅동체라는 뜻이다. 즉 발생 초기에는 고환과 난소를 만드는 조직이 한 덩어리로 되어 있기 때문이다. 이러한 원시 생식샘(undifferentiated gonad)은 남자 아기가 가지고 있는 SRY†라는 유전자에 의해 고환으로 바뀌게 되어 남성으로 커나가게 되고, SRY라는 유전자가 없는 여자 아기는 난소가 되어 여성으로 성장해나갈 뿐이다.

그다음 주제는 암컷과 수컷에서 만들어진 생식세포가 '어떻게 서로 만날 수 있는가?' 하는 문제이다. 즉 '어떻게 수정할 수 있는가?'를 말한다. 제일 먼저 우리는 체외수정을 생각할 수 있을 것이다. 물고기나 개구리는 체외수정을 한다. 이들은 산란이나 교접을 통하여 정자나 난자를 충분히 접근시켜서 수정이 일어나게 해준다. 양서류는 물고기처럼 물속에 알을 낳고 수컷이 정자를 뿌리는 방법을 택하지 않고, 수컷이 암컷을 뒤에서 붙잡고 암컷이 알을 낳으면 바로 수정시키는 방법을 택한다.

---

* 헤마프로다이투스(Hermaphroditus)에서 온 말로서 그리스의 헤르메스(Hermes) 신과 미의 여신 아프로디테(Aphrodite) 사이에서 태어난, 남자와 여자 성기를 섞어서 가진 신이다. 왜 이러한 기형적인 신이 탄생하였을까? 원래 아프로디테의 남편은 대장장이이자 절름발이인 헤파이스토스(Hephaestus)이다. 그래서 헤마프로다이투스는 아프로디테의 불륜으로 태어난 아이가 어떤 기형을 가지는지를 상징적으로 보여준다고 할 수 있다.

† 아기의 성을 남성으로 결정하는 SRY(sex-determination region of Y chromosome) 유전자로 성세포의 Y 염색체 위에 있다.

물고기 수정 방법보다는 좀 더 효율적이다. 그렇지만 이들은 교접에 필요한 부속 성기관*을 가지고 있지는 않다. 이러한 체외수정은 그 방법이 효율적이지 못하여 수많은 알과 정자를 만들어야 할 뿐만이 아니라, 수정 후에도 수정란이 생존할 수 있는 가능성이 낮아진다. 따라서 이러한 방법을 개선한 것이 바로 체내수정이다. 몸속이라는 한정된 공간에서 수정이 일어나면 수정이 될 확률도 높아지고 수정란이 안전하게 보호될 수 있지만, 추가적으로 신체 구조의 변화와 부속 성기관이 필요하게 된다.

초기의 체내수정은 수정 후 알을 만들어서 몸 밖으로 내보낸다. 이렇게 외부로 나온 알은 주위에 물이 없다. 어류나 개구리와는 완전히 다른 환경인 것이다. 따라서 이들은 알 속에 물을 담을 수 있는 보자기를 따로 만들어야만 한다. 이것이 바로 양막(羊膜, amnion)이고, 이 양막 속에 든 양수는 우리가 어머니 몸 밖으로 나올 때까지 물장구치는 배 안의 요람인 셈이다.

이렇게 만들어진 알은 비록 물이라는 환경은 벗어났지만, 실제로 산란과 같은 위험성이 도사리고 있기는 마찬가지이다. 어미의 몸 밖으로 나온 알이라고 해서 자연이 특별히 더 보호해주지는 않기 때문이다. 따라서 이 알들은 수정 후 점차 배 안에 머무는 시간이 길어져 배 안에서 부화하여 아기 상태로 엄마 배 속을 나오게 된다. 물론 이들은 배 속에서 알 속의 영양분으로 성장할 것이다. 그다음 단계는 아예 알을 없애고 영양분을 엄마 몸에서 직접 받아 성장하는 쪽으로 진화하게 된다. 이것이 우리가 보는 아기의 탄생인 것이다. 그렇다면 식물은 어떠한가? 식물에도 정자나 난자가 있는가?

식물도 동물의 정자보다 더 복잡한 꼬리나 구조를 가진 정자를 가지고 있다. 우리가 냇가에서 주로 볼 수 있는 이끼류인 선태식물이나 야산 그늘에 피어나는 고사리와 같은 양치식물들도 정자를 가지고 있다. 이들은 물속에서 정자가 헤엄쳐서 암컷의 난자 속으로 들어가서 수정이 일어난다. 이렇게 정자를 가진 또 다른 식물은 우리가 잘 알고 있는 은행나무나 소철이다. 은행나무는 아예 암나무와 수나무가 구분되어 있다. 이들은 너무 멀리 떨어져 있으면 수정 자체가 불가능할 것은 당연한 일이다.

그러나 대개의 식물들은 암수가 한 몸에 있는 자웅동주들이다. 그렇지만 한 나무에 살더라도 단성화 형태를 취하여 암꽃과 수꽃이 다른 경우도 있다. 예를 들면, 옥수수는 수꽃이 맨 위에 이삭 모양으로 있고, 암꽃은 줄기 중간에 자리 잡고 있다. 따라서 이들은 비록 한 기숙사에 살지만 남녀가 사는 층이 다르다는 의미이다. 이렇게 암수를 구분해놓는 것은 자가수분을 막기 위한 고육지책이라고 할 수가 있다. 그렇다고 이들의 자가수분을 완전히 막을 수 있을까? 그래서 이들은 다시 추가적으로 자웅이숙(雌雄異熟, dichogamy)이라는 전략을 선택하고 있다.[21] 즉 암술과 수술이 성숙하는 시기를 달리하여 자가수정이 일어나는 것을 방지하는 것이다.

또한 식물에서는 동물과는 아주 다르게 이중수정(二重受精, 중복수정, double fertilization)이라는 과정이 일어난

* 부속 성기관은 고환이나 난소 이외에 생식에 필요한 구조를 말한다. 수컷은 부고환, 정관, 정낭, 전립선 등이 필요하고, 암컷은 나팔관, 자궁, 질 등이 필요하다. 이들 각각은 볼프관(Wolffian duct, mesonephric duct), 뮐러관(Müllerian duct, paramesonephric duct)에서 생겨난다.

다. 이 이중수정은 꽃식물에서만 일어나는 과정으로 2개의 정자가 수정에 관여하는 것이다. 정자가 1개가 아니라 2개가 수정에 관여한다고? 실제 배낭에서 수정에 관여하는 것은 1개의 정자이지만, 다른 정자 1개는 난자와 자매 관계인 다른 2개의 세포와 결합하며 유전자가 3세트인 배젖(endosperm)을 만들게 된다. 이 배젖은 아기가 되는 것이 아니라 수정란을 키우는 영양분이 되어주는 것이다. 따라서 꽃식물의 수정란은 자신의 형제를 먹고 자라는 신세가 되고 만다. 그래서 이러한 형제자매의 희생에 힘입어서 꽃식물은 식물 중 90% 이상을 석권하고 지구 생물 총량의 80% 이상을 차지하는 최우점종으로 거듭날 수 있게 되었다.

이렇게 수정 과정의 진화는 우리 인간에게도 아주 재미있는 현상을 남겨놓고 있다. 즉 다른 동물이나 식물과는 전혀 다른 형태의 체내수정이 일어난다는 뜻이다. 먼저 구세계 원숭이인 개코원숭이(baboon, 긴꼬리원숭이, 비비)를 알아보자. 개코원숭이는 말 그대로 코가 개의 코를 빼닮았다. 그리고 사람과*와는 다르게 꼬리가 아직도 남아 있다. 사람과 이전의 영장류이지만 인간과는 그리 멀지 않은 친척이다. 이들은 수정이 일어나는 섹스를 어떻게 할까? 먼저 암컷 개코원숭이는 자신의 배란 시기를 모두에게 알린다. 성기 주변이 부풀어 오르고 색깔도 선홍색으로 변한다. 냄새를 풍기기도 하고 자신의 엉덩이를 보여주기도 한다. 자신이 수정 가능한 기간에 와 있다는 것을 알리는 것이다. 그렇지만 만물의 영장이라는 인간은 자신의 배란일을 자신조차도 잘 모른다. 왜 인간에게서는 이 배란일이 감추어졌을까?

또한 인간 여성은 다른 포유류와는 다르게 거의 항상 섹스를 할 준비가 되어 있다. 그뿐 아니라 인간과 우리의 사촌인 침팬지나 보노보(bonobo)는 수정을 위한 섹스보다 훨씬 더 많은 횟수의 섹스를 즐긴다. 왜 이럴까? 여기에는 우리의 진한 과거가 숨이 있다. 일부일처제가 등장하는 계기가 만들어지고 유아 살해를 막는 모책이 그 속에 숨어 있는 것이다. 그리고 인간의 역사를 움직이고 문화와 문학이 꿈틀거리는 숨은 원동력이 수정과 섹스에 연관되어 있다는 것은 모두가 잘 아는 사실이다. 그러나 이러한 주제들은 이 책의 주제와는 너무나 동떨어져 있기 때문에 그저 문제 제기 정도에서 그칠까 한다.

영장류가 아닌 대부분의 포유류는 발정기(estrus cycle†)를 가지지만, 인간에게는 월경 주기(menstruation cycle)가 있다. 이렇게 인간과 같은 월경 현상을 보이는 영장류는 사람과를 포함하여 긴팔원숭이, 구세계원숭이 및 신세계원숭이 정도까지 거슬러 올라간다. 그러다가 안경원숭이나 여우원숭이에 도달하면 월경은 완전히 사라져버린다.[22]

이렇게 한 생명체가 태어나기 위해서는 한 부모든 두 부모든 반드시 부모가 관여해야만 가능하다. 부모 없이 이 세상에 태어나는 경우는 오직 신화나 종교에서만 볼 수 있는 현상이다. 인류 역사상 이러한 사실을 처음 과학적으로 밝힌 사람은 저 유명한 루이 파스퇴르(Louis Pasteur: 1822~1895)이며, 그에게 그

* 사람과(hominid)는 오랑우탄, 고릴라, 침팬지 그리고 사람 속을 포함한다.

† Estrus란, 소의 피를 빠는 등에라는 파리를 말한다. 소에 등에가 붙으면 소가 흥분하여 어쩔 줄 몰라 하게 된다. 이 estrus에서 기원한 말이 여성호르몬을 뜻하는 에스트로겐(estrogen)이다.

공적이 돌아가야 할 것이다. 왜냐하면 그는 생명이 자연발생적으로 생겨나는 것이 아니라 "생명은 반드시 생명으로부터(Omme vivum ex vivo)" 온다는 사실을 실험적으로 밝혀냈기 때문이다.

2) 성장과 번식

성장과 번식은 유성생식이라는 물레방아를 돌리는 하나의 축임에는 틀림없다. 만약 이들이 원활하게 돌아가지 않으면 이 순환은 기능을 잃고 멈추어 서게 될 것이다. 다른 관점에서 본다면 태어남도 이 최상의 번식기를 향해 달려가는 시작에 불과하다는 것을 알 수 있다. 그래서 인간의 사춘기는 번식이 가능하다는 출발 신호에 해당하고, 장년기는 번식 기능이 최절정에 도달했다는 시기를 뜻한다고 할 것이다. 그리고 이 장년기를 넘어서면 곧바로 노년기에 접어들고 단풍이 물들 듯이 노화현상이 따라오게 된다. 우선 성장과정에서 나타나는 몇 가지 점에 주목해보도록 하자.

먼저 식물에서는 일어나지 않는 일들이 동물에게서 벌어진다. 즉 부모가 만든 수정란을 누가 키울 것인가라는 양육 문제가 생겨나게 된다. 자식을 키우는 일은 무척 고된 일이어서 수정 방법에 따라 자식을 키우는 역할이 조금씩 달라진다. 체내수정은 별 도리 없이 암컷이 양육을 담당하는 경우가 대부분이다. 왜냐하면 수컷은 사정 후에 도망갈 기회가 있기 때문이다. 이에 반해 어류는 체외수정을 하여서, 수컷이 먼저 사정을 하게 되면 정자가 흩어져서 수정이 안 될 가능성이 높다. 따라서 수컷은 암컷이 산란할 때까지 기다려야만 한다. 이렇게 되면 수정 후 도망갈 기회는 암컷에게 주어진다. 그래서 물고기의 경우에는 수컷이 자식을 기르는 경우가 흔하다. 이것은 내가 한 이야기가 아니고, 미국의 진화생물학자인 로버트 트리버스(Robert Trivers: 1943~)가 1972년에 발표한 내용들이다.[23] 이러한 양육 문제를 좀 더 구체적으로 알아보자.

만약 수정란이나 새끼가 부모의 도움 없이는 생존할 가능성이 극히 낮아지게 되면 아비와 어미의 갈등이 시작된다. 이때의 주안점은 수정란을 만들 때 누가 더 많은 투자를 했는지에 달려 있다. 만약 부모 둘 다 양육을 서로 미루게 되면, 먼저 투자를 많이 한 쪽이 미련을 버리기가 쉽지 않을 것이다. 이런 관점에서 보면 수정란의 대부분을 제공한 측은 암컷일 것이고, 수컷의 투자는 극히 미미하여 유전자만 들어 있는 정자만 손해 볼 뿐이다. 따라서 수정란의 부양은 암컷에게 돌아갈 공산이 크다. 그 대신 수컷은 더 많은 자손을 수정시킬 다른 기회를 노리게 된다.*

인간의 경우를 생각해보자. 남성이 만약 그와 관계한 여성을 임신시켰다면, 최소한 280일 동안에는 다른 기회를 가질 수가 있다. 적어도 한 달에 한 번 사정을 한다고 해도 약 2억 개의 정자를 방출할 수 있기 때문에 최소한 2억 명의 다른 여자를 임신시킬 수 있는 가능성이 있다는 계산이다. 남성들을 때때로 혼돈에 빠뜨리는 이유가 여기에 있을지도 모른다. 그뿐 아니라 체내수정에서는 배 속의

* 베이트먼의 실험을 유명하게 만든 트리버스의 이론은 지금 현재 여러 가지 비판에 직면해 있기도 하다.

아기가 암컷에게는 자신의 자식임이 틀림없지만, 수컷에게는 암컷만큼 자신의 자식이라는 확신이 서지 않는다. 따라서 이러한 이유가 2억 명 쪽으로 기우는 원인이 될 수도 있을 것이다.

체내수정은 한 부모가 새끼를 양육하기가 매우 힘들거나 불가능할 경우가 많다. 특히나 미숙아 상태로 자식을 낳은 부모에게는 더 절실한 문제가 된다. 따라서 한쪽이 새끼를 돌보는 동안 다른 쪽이 먹이를 구해와야만 한다. 인간의 경우에 수렵 채집 기간 동안 부모 중 한쪽이 떠나버리면 새끼가 살아남을 확률이 극히 낮아질 것이다. 따라서 자식을 혼자 돌볼 수 없는 경우는 일부일처제가 자리를 잡을 확률이 높다. 또한 수컷이 둥지를 비우는 일은 자식이 자신의 핏줄이라는 확신을 가지는 데 아무런 도움이 되지 않는다. 따라서 일부일처제는 암컷의 수정란에 대한 투자와 수컷의 다른 암컷을 수정시킬 기회 등을 고려해 볼 때, 자식을 키워나가는 번식 방법 중에서 다소 불완전한 요인이 상존한다고 볼 수 있다.

자손의 번식기는 호르몬 작용에 의해 유도된다. 먼저 인간의 경우에는 뇌 속에 들어 있는 시상하부에서 호르몬(GnRH)*이 분비되어 뇌하수체로 들어간다. 이 뇌하수체는 이들의 지령을 받아서 두 종류의 호르몬†을 분비하여 각기 고환과 난소로 전달되어 기능을 발휘하게 된다. 이렇게 하여 최종적으로 남성은 남성호르몬인 테스토스테론(testosterone)이 분비되고, 여성은 여성호르몬인 에스트로겐(estrogen)이 분비되면서 본격적인 성적 활동에 들어서게 되는 것이다.[24] 우리가 말하는 위대한 사랑은 이러한 화학물질들로 인하여 유발된 생리 현상이라고 치부해버리면 너무도 문학적이지 않다. 그러나 사실인 것을 어떻게 하겠는가!

3) 소멸

인간의 경우에는 장년기에 들어서면 성장이 멈추고 번식 기능은 최고조에 달하게 된다. 그러나 이 황금 같은 장년기를 넘어서면 우리는 노년기에 동반되는 노화현상을 만나게 될 것이다. 노화는 만병과 죽음의 가장 흔한 원인이라는 것을 누구나 잘 알고 있다. 노년기는 질병 발생기로 이어지고, 곧이어 우리는 병원을 들락거리는 체크 시대‡로 접어들게 될 것이다. 즉 병원 입원기에 진입하고 있다는 의미이다. 병원 입원기는 다시 급한 치료가 끝난 요양기로 이어지고, 우리는 이제 소멸의 순간을 기다려야만 할 것이다. 이것이 인생이다. 너무 허무하지 않는가? 그렇지만 할 수 없다. 태어나는 것은 우연일지 몰라도 죽는다는 것은 필연이다. 누구나 피해 갈 수가 없다. 그래서 "삶은 죽음을 배경으로

---

* 생식선자극호르몬방출호르몬(gonadotropin-releasing hormone; GnRH)을 뜻한다.

† 두 종류의 호르몬은 난포자극호르몬(follicle-stimulating hormone; FSH)과 황체형성호르몬(luteinizing hormone; LH)이다. 난포자극호르몬은 고환에서는 세르톨리 세포(Sertoli cell)에 작용하여 정자 생산을 돕고, 난소에서는 난포(follicle)의 과립막 세포(granulosa cell)에 작용하여 배란을 돕는다. 황체형성호르몬은 고환의 라이디히 세포(Leydig cell)에 작용하여 테스토스테론이 분비되게 해주고, 난소에서는 난포의 난포막 세포(theca cell)에 작용하여 에스트로겐이 잘 분비되도록 해준다.

‡ 체크(check) 시대는 의학적 용어가 아니다. 나이가 들어서 매번 병원에 가서 체크를 받으면서 산다는 뜻이 내포되어 있다.

할 때 가장 잘 보인다."는 말이 피부에 와닿는지도 모른다.

소멸 즉 죽음의 첫 번째 특징은 두말할 나위 없이 확실성이고 필연성이다. 언젠가는 반드시 죽는다는 뜻이다. 우리는 죽음이라는 루비콘강을 건너면 누구나 다시 돌아올 가능성은 전혀 없다. 대부분의 화학반응은 가역적이지만 죽음은 절대 비가역적이다. 죽었다가 살아온 사람은 신화나 종교에서만 보는 현상일 뿐이다.

그다음 죽음의 특징은 불확실성과 예측 불가능성에 있다. 우리는 우리에게 주어진 시간이 얼마나 남았는지를 알아낼 방법이 없다. 언제, 어디에서, 어떻게 이 세상과 이별해야 되는지를 알지 못한다. 간혹 생명보험 통계는 우리에게 연령별로 얼마나 살 수 있는지를 알려주기도 하지만 말이다. 그리고 우리는 일정한 환경에서는 사망률이 2배가 되는 데 걸리는 기간이 약 8년*으로 일정하다는 것도 잘 안다. 따라서 우리가 100세를 넘기기가 극히 힘들다는 것도 통계는 거침없이 말해주고 있다.

또 하나의 죽음에 대한 특징은 대체 불가능성이라는 점이다. 내 죽음을 누군가가 대신해 줄 수 없다는 절박함이다. 내가 이 책에 인용한 인물들에 대해서는 모두 그 이름과 출생 및 사망일을 적어놓았다. 물론 이렇게 해야 하는 이유는 동명이인과 구별하기 위함이고, 이렇게 하는 것이 책을 쓰는 원칙이기 때문이다. 사망일이 적혀 있지 않은 사람은 아직도 생존해 있다는 뜻이다. 따라서 1920년 이후에 태어난 어떤 학자도 사망일이 적혀 있지 않은 사람은 없다. 생명보험 통계가 말해주는 결과도 100세가 되면 생존 가능성에서 마치 심전도가 멈추듯이 0에서 평행으로 내달린다.

생명이 없는 물질의 세계에서는 물론 죽음도 없다. 우리가 죽어서 무생물 세계로 돌아간다면, 우리는 죽음이라는 수수께끼와 별개로 지낼 수도 있을 것이다. 그렇지만 우리는 항상 죽음을 달고 살아야 하기 때문에 그만큼 더 소중히 남은 시간을 보내야 할 책무도 있지 않을까? 죽음은 단지 그림 4-1에서 보는 바와 같이 유성생식을 돌리는 가장 기본적인 요소이다. 따라서 누군가가 말했듯이 "죽음은 지상 최대의 성병이다."라고 외치는 것에 동의할 수밖에 없다.

레프 톨스토이(Leo Tolstoy: 1828~1910)도 "죽음을 두려워하는 것은 죽음 자체에 대한 두려움이 아니라, 삶을 잘 살지 못한 것에 대한 두려움이다."라고 갈파하지 않았던가! 또 한편으로 고대 그리스의 철학자인 에피쿠로스(Epicurus: B.C. 341~B.C. 270)는 "우리가 살아 있을 때는 죽음이 없고, 우리가 죽었을 때는 우리가 없다."라는 유명한 말을 남겼다. 그런가 하면 2015년 영국의 닉 레인(Nick Lane: 1967~)은 그의 책 《바이털 퀘스천(The Vital Questions)》에서 생화학자답게 생명이란 "쉴 곳을 찾아가는 전자의 흐름"이라 보았고, 죽음이란 "그 전자가 멈추는 것"이라고 생각하였다.[25] 전자가 흘러야 막전위가 살아 있고, 막전위가 살아 있어야 심장이 뛰고 뇌가 활동한다는 의미이다. 그렇다면 그 가장 작은 소립자인 전자

* 곰퍼츠-메이컴(Gompertz-Makeham)의 사망률 배가시간을 말하며, 사망률이 2배가 되는 데 8년이 걸린다는 법칙이다. 예를 들어, 미국인 35세의 사망률이 배가 되는 시기는 43세이고, 다시 8년 후인 51세에 다시 2배가 된다는 법칙이다. 이렇게 일정한 환경에서 사망률이 2배가 되는 데 걸리는 시간이 거의 일정하다는 것을 말해준다.

한테 모든 것이 달려 있다는 뜻인가?

불교는 우리가 지수화풍(地水火風)으로 만들어졌다고 말한다. 흙과 물 그리고 불과 바람으로 만들어졌다는 의미이다. 나는 그저 불과 바람을 기권으로 해석하고 싶다. 지수화풍은 유일하게 축의 시대에 동양과 서양이 철학적으로 일치한 사상이다. 불교는 불을 지펴 화장으로 우리의 몸을 다시 지수화풍으로 돌려보낸다고 생각한다. 따라서 우리의 몸은 이승에서 잠시 빌려 입은 헌 옷이므로 이 몸을 태움으로써 이승에 대한 애착을 버리고 새 옷의 주인으로 다시 태어난다는 의미가 들어 있다. 그래서 우리는 다시 삼도육계*를 돌고 돌아 마침내 사라수† 밑에서 열반에 들 준비를 해야 되지 않을까?

4) 죽음으로부터 탈출하기

"생명이란 무엇인가?"를 묻는다는 것은 "죽음이란 무엇인가?"를 간접적으로 묻는 것과 같다. 우리는 생명을 알아야 죽음을 이해할 수 있고, 죽음을 알아야 생명을 이해할 수 있다는 것을 잘 알고 있다. 여기서 1944년 오스트리아 물리학자이자 노벨상을 수상한 에르빈 슈뢰딩거(Erwin Schrödinger: 1887~1961)를 소개하기로 하자. 그를 여기에 소개하는 이유는 생명현상을 물리학적으로 설명한 최초의 과학자일 뿐만 아니라 후학들이 생물학에 매료되도록 만든 장본인이기 때문이다. 그는 아일랜드 수도인 더블린에서 행한 대중 강연들을 모아 《생명이란 무엇인가?(What is Life?)》라는 저서를 발간하게 되었다.[26] 이 제목을 단 책들은 나의 서재에도 몇 권이나 되지만, 특이 이 책이 주목받는 것은 생명을 물리학적 용어인 '음의 엔트로피(negative entropy)' 즉 '네겐트로피(negentropy)'라는 용어로 설명했다는 점이다. 그렇다면 죽음과 음의 엔트로피는 어떤 관계일까? 여기서 잠깐 우리도 잘 아는 몇 가지 물리 법칙을 알아보도록 하자.

물리학적 관점에서 지구를 보면 에너지에 대해서는 개방계(open system) 형태를 취하고 있다. 즉 태양의 복사열은 끊임없이 지구에 도달하고, 또 그 열은 끊임없이 우주로 빠져나간다. 그렇지만 물질에 대해서는 폐쇄계(closed system)다. 지구에 있는 물질은 우주로 빠져나가지 못한다는 것이다. 따라서 생명이 사용하는 모든 물질은 모두 재생된 물질들이며 결코 소모되지 않는다. 그렇다면 생명이라는 현상을 열역학 법칙으로 다룰 수 있을까? 이 점을 슈뢰딩거가 파고들어 물리학으로 생물학을 설명했다는 점이 아주 흥미를 자아내게 만들었다. 물리학 제1법칙이 에너지 보존의 법칙이라면 제2법칙은 엔트로피(entropy)의 법칙이다.

엔트로피는 질서와 무질서의 정도를 나타낸다. 엔트로피가 낮다는 것은 질서가 높다는 뜻이고, 엔트로피가 높다는 것은 질서가 깨져서 무질서가 높다는 뜻이다. 즉 엔트로피는 무질서의 정도를 나타

* 삼계는 욕계(欲界: 욕망에 휘둘리는 세계), 색계(色界: 욕망은 극복했지만 아직도 육체적 속박에서 벗어나지 못하는 것), 무색계(無色界: 물질과 육체의 속박에서 완전히 벗어난 세계)가 있고, 육도는 지옥도(가장 고통이 심한 세계), 아귀도(지옥보다는 낫지만 굶주리는 세계), 축생도(짐승과 벌레의 세계), 아수라도(분노로 가득한 세계), 인간도(인간들이 사는 세계), 천신도(신들이 사는 행복한 세계)를 뜻한다.

† 삼대 성수의 하나이며, 부처는 무우수 아래에서 태어나고 보리수 아래에서 깨달음을 얻고 사라수 아래에서 열반했다고 한다.

낸다고 할 수 있다. 그런데 열역학 제2법칙은 모든 물질은 시간이 지나면 무질서해진다는 것을 말해준다. 엔트로피가 증가한다는 뜻이다. 생명은 무엇인가? 물질들이 질서를 이루고 있는 현상이다. 따라서 엔트로피는 낮을 것이다. 그렇지만 시간이 지나가면 이러한 질서는 무질서 쪽으로 흘러가고 엔트로피는 증가할 것이다. 생명현상에서 질서가 무너지고 엔트로피가 증가한다는 뜻은 무슨 말인가? 이게 바로 물리학적으로 본 죽음인 것이다.

그렇다면 물리학이 본 생명이란 무엇이란 말인가? 슈뢰딩거는 엔트로피 증가를 막아야 되는 음의 엔트로피*가 바로 생명현상이라고 본 것이다. 엔트로피 증가를 막아서 죽음으로 가는 현상을 억제하는 방법은 과연 무엇이란 말인가? 바로 주위에서 에너지를 얻어야만 질서를 유지하고 무질서를 막을 수 있다는 것이며, 이것이 그의 이론적 배경이 되었다. 우리는 주위에서 끊임없이 에너지를 얻어야만 살 수 있다고? 누가 이 말이 틀렸다고 반박할 수 있을까? 우리는 죽을 때까지 에너지를 섭취해야만 한다.

옛말에 숟가락을 놓으면 죽는다고 하지 않았던가! 그러나 에너지를 만드는 과정은 그렇게 단순하지 않다. 녹말에서부터 포도당으로, 그다음 포도당에서 ATP가 만들어지는 일종의 공정은 정밀한 기계가 돌아가듯이 빈틈이 없어야 한다. 이러한 기계도 세월이 흐르면 흐트러지고 질서를 잃어버려서 결국 제 기능을 다할 수 없게 될 것이다. 우리가 근근이 먹을 수는 있어도 그 결과는 허탕이다. 그래서 우리는 결국 죽는다. 죽음은 우연이 아니라 필연적인 것이다.

그렇다면 우리가 살아남을 방법은 도대체 무엇이란 말인가? 인간이 죽으면 그 형태를 유지하던 40억 개의 세포들은 모두 생명이 없는 무생물 세상으로 되돌아간다. 죽은 후에 살아남는 세포는 단 하나도 없다는 뜻이다. 그렇지만 잘 생각해보라. 우리가 죽어도 죽지 않고 살아가는 우리의 세포가 있다. 바로 여러분이 이미 생산해낸 정자와 난자 들이다. 이 세포들은 죽지 않고 다른 정자나 난자를 만나서 엔트로피가 아주 낮은 새로운 질서인 40억 개의 생명체를 다시 만들어내지 않았던가! 이것이 바로 우리가 필연적으로 죽어야 되는 과정 중에서 유일하게 살아남을 수 있는 방법인 것이다. 내가 이 책을 통하여 끊임없이 생식세포와 체세포를 강조한 이유도 여기에 있다.

여기서도 우리는 더 이상 욕심을 부려서는 안 된다. 만약 나와 꼭 같은 자식들만 만들어낸다면 변화하는 세상에서 자칫하면 한꺼번에 모두 변을 당할 수가 있기 때문이다. 나는 아주아주 달리기를 못한다. 한 번도 운동회에서 달리기를 일등 해본 적이 없다. 매번 꼴등이었다. 그래서 만약 나를 닮아서 자식들이 한결같이 모두 달리기를 아주 못하는 특징이 있다면, 큰 쓰나미가 밀려올 때 재빨리 내달려서 산으로 도망갈 수 있는 자식이 과연 몇이나 있겠는가? 그 결과는 너무나 자명하여 모두가 희

* 음의 엔트로피는 엔트로피가 증가하는 쪽이 아니라 엔트로피가 감소하는 쪽으로 가는 현상을 말하기 때문에 '음(negative)'이라는 말을 쓰고 있다. 즉 엔트로피가 높은 죽음 쪽으로 가는 것이 아니라 생명이라는 질서가 높고 엔트로피가 낮은 쪽으로 간다는 의미이다.

생되고 말 것이다. 그래서 우리는 모두 나를 닮은 자식 만들기를 포기하고, 서로를 섞어서 자식을 만드는 방법을 선호하게 된 것이다. 나와 다른 사람을 섞으면 그중에는 달리기를 아주 잘하여 재빨리 산으로 도망갈 자식이 생길 확률이 높아지기 때문이다.

이렇게 나와 똑같은 자식을 만들어내는 방식을 무성생식이라 부르고, 나와 다른 자식을 만들어낼 수 있는 방식을 유성생식이라고 부를 뿐이다. 유성생식은 나의 절반을 내놓고 다른 이성의 절반과 섞는 작업이다. 나의 절반을 버리고 그 절반만큼 나와 다른 자손을 만들어서 살아날 가능성을 높인다고 할 수 있다. 그만큼 욕심을 버릴수록 나의 자식들은 더 잘 생존할 가능성이 높아진다고나 할까? 결국 죽음에서부터 탈출하여 우리가 대를 이어 살아갈 수 있는 것은 바로 번식이라는 과정이 있기 때문이다.

5) 생사의 불확정성 원리

우리가 죽어서 돌아가는 무생물 세계는 우리가 생각하는 상식적인 세계가 아니라 우리의 상식이 통하지 않는 완전히 다른 세상이라는 것을 잘 알고 있다. 전자나 쿼크와 같은 소립자는 입자이자 동시에 파동이다. 과연 이러한 성질이 상식적인 세상에서 가능하다는 말인가? 그러나 이들의 세상에서는 이것이 통한다. 우리는 그저 이런 성질을 이중성을 가지고 있다고 말하고 있을 뿐이다. 특히나 이들은 위치(position)나 운동량(momentum)을 결정하는 순간에 도달하면, 어느 것도 결정할 수 없는 상태에 놓이게 된다. 전자의 경우에 운동 방향을 결정하면 그 전자의 위치가 불확실해지고, 위치를 결정하면 전자의 운동 방향이 불확실해지기 때문이다. 우리는 이 두 가지를 동시에 측정할 수 없다는 뜻이다. 왜냐하면 한 물리량을 정확히 측정하면 할수록 다른 물리량에 영향을 주기 때문이다. 그래서 이 결과치를 다만 확률로만 표시할 수 있을 뿐이다.

이 우주에 있는 쿼크의 수는 무려 10^{80}개 정도라고 알려져 있다. 그렇다면 이들 쿼크의 크기나 질량은 얼마나 될까? 양성자나 중성자가 쿼크로 이루어져 있다면, 이들도 분명 크기나 질량을 가질 것이 아닌가? 따라서 이들보다는 더 작기 때문에 0에 가깝다고 말할 수는 없고, 그저 측정할 수 없다고 말하는 것이 옳을 것이다. 양성자 안에 있는 3개의 쿼크는 자유롭게 돌아다니지만 그 위치나 크기를 확정할 수 없다는 것을 양자역학이 말해주고 있다. 이러한 이론은 1927년 노벨 물리학상을 받은 독일의 베르너 하이젠베르크(Werner Heisenberg: 1901~1976)가 제안한 불확정성 원리(uncertainty principle)이다.[27]

살아 있다는 것은 살아 있지 않은 것들이 모여서 만든 현상일 뿐이다. 이렇게 지극히 우연적으로 일어난 단 한 번의 사건이 이 지구상에서 생명체라는 거대한 권역을 형성할 정도로 번성하게 되었다. 따라서 살아 있다는 것과 살아 있지 않다는 것을 물리학적 측면에서는 어떻게 측정해야 할까? 우리는 또 다른 사고실험*을 불러올 필요가 있다.

---

* 사고실험(thought experiment)은 실제로 실험실에서 행하는 실험이 아니라 머릿속에서 추론만으로 하는 실험을 말한다.

슈뢰딩거가 한 이 사고실험은 아주 독특하다. 그는 보이지 않는 통 속에 고양이를 넣고 청산가리가 나올 수 있는 장치를 만들었다. 방사선이 붕괴되면 청산가리가 나와서 고양이가 죽고, 방사선이 안 나오면 고양이는 살아 있을 것이다. 그런데 1시간 후에 방사선이 붕괴될 확률은 절반씩이다. 그렇다면 1시간이 흐른 후에 고양이는 죽었을까 아니면 살았을까? 그 대답은 죽었을 수도 있고 안 죽었을 수도 있다. 맞는 말이다. 그렇다면 어떻게 고양이의 생사를 알아맞힐 수 있을까? 우리는 그 상자를 열어보기 전에는 고양이가 죽었는지 살았는지를 알 수가 없다. 좀 더 정확히 말하면 고양이는 그 상자 안에서 삶과 죽음이 중첩된 상태로 있기 때문에 살아 있으면서도 동시에 죽어 있는 상태라고 할 수 있을 것이다. 이런 사고실험을 슈뢰딩거 고양이(Schrödinger's cat)라고 부른다.[28]

우리는 죽음을 모른다. 죽은 자들은 말이 없고, 살아 있는 자들만 죽음에 대해 시끄럽게 떠들고 있을 뿐이다. 슈뢰딩거의 고양이나 하이젠베르크의 불확정성 원리는 삶과 죽음에 대한 생각을 다시 정립하게 만들어준다. 살아 있다는 것을 정확히 밝혀낼수록 죽어 있다는 것이 더 부정확해지고, 죽어 있다는 것을 더 정확히 정의할수록 살아 있다는 것을 정의하기가 더 어려워진다. 물리학이 우리의 머리를 더욱 복잡하게 만들었지만, 결국은 생사는 별개가 아닌 생사불이(生死不二)라는 말로 요약할 수가 있다.* 태어남과 죽음은 한 조각 뜬구름†이라고 하지 않았던가! 우리는 불생불사(不生不死)와 같이 생겨나지도 않고 죽지도 않은 그 상태로 지구의 한 구성원으로 남아 있을 따름이다.

---

* 사후생과 관련된 내용은 267쪽을 참조하기 바란다.

† 이는 불교의 명구 중의 하나로 자주 인용되는 구절이다. 태어남은 한 조각 뜬구름이 일어남이요(生也一片浮雲起 생야일편부운기), 죽음은 한 조각 뜬구름이 사라지는 것이니(死也一片浮雲滅 사야일편부운멸), 뜬구름 자체가 본래 실체가 없듯이(浮雲自體本無實 부운자체본무실), 태어나고 죽는 것도 실체가 없기는 마찬가지이니라(生死去來亦如然 생사거래역여연).

05

우리는 도대체 무엇인가?

1 우주가 만든 생명

1) 나무와 숲

우리가 흔히 쓰는 말 중에 형이상학(形而上學, metaphysics*)적이라는 표현이 있다. 어떤 물체가 가지고 있는 그 형태보다도 그 이면에 있는 또는 그 위에 있는 어떤 가치나 개념을 먼저 알아보고자 한다는 뜻이다. 이와는 대조적으로 형이하학(形而下學, physics)이라는 말은 추상적인 실제를 추구하는 것이 아니라 실제 눈으로 보이는 그 사물의 형태를 그 사유의 출발점으로 삼는다는 것이다.

우리는 신경(神經, nerve)을 말 그대로 "귀신이 다니는 길"이라는 말로 표현하지만, 서양은 nerve라는 다른 말로 표현한다. 이 nerve라는 말은 '끈'이라는 뜻을 가지고 있다. 같은 형태를 보면서 동양과 서양이 서로 다르게 생각한다는 뜻이다. 동양은 그저 그 모양을 뛰어넘어 무언가를 사유하고 직관한다면 서양은 사실적인 실체를 추구한다고 볼 수 있다. 따라서 자연과학을 보는 관점이 서로 다를 수밖에 없다.

고대 그리스에서 출발한 서양과학의 기조는 사실적인 실체에서 출발한다. 끈처럼 생긴 이 실체가 어떻게 정보를 전달할까? 그 속에는 무엇이 들어 있을까? 그리고 그 속에 들어 있는 그 무엇이 어떻게 작용하여 정보가 전달될까? 이렇게 출발한 서양과학의 철학적 출발이 현대 생물학의 근간을 이루고 있는 것이 사실이다. 우리는 이렇게 시작하는 사유의 관점을 환원주의(還元主義, reductionism)라고 부른다.[1]

환원주의라는 말을 좀 더 구체적으로 알아보자. 이 말은 우리가 화학에서 말하는 산화나 환원 반응과는 아무런 관련이 없는 말이다. 본래 환원주의란 철학적 용어로 복잡한 상위 개념을 더 낮은 단계의 구성 요소들로 세분하여 전체를 이해하고자 하는 생각을 말한다. 그림 5-1에서 보는 바와 같이 생물권을 더 낮은 단계들로 쪼개서 나눈 후 이를 다시 올려다보면 그 전체가 보일 수 있다는 개념이다. 전체를 부분으로 쪼개는 것은 마치 하향식 접근법(top-down approach)이라 할 수도 있고, 부분에서 전체를 알아보고자 할 때에는 상향식 접근법(bottom-up approach)이라고도 할 수 있다. 그렇지만 이러한 환원주의는 "전체는 부분의 합인가?"라는 질문 앞에서 무력해진다. 만약 병아리를 분쇄기에 집어넣고 분해한 다음, 원심 분리기로 산산조각으로 나누어놓았다고 치자.[2] 이 조각들을 다시 모아서 병아리로 만들 수 있을까?

모든 생명체는 촌모자(CHONCaP)라는 원소로 구성되어 있다는 것을 잘 알고 있다. 그렇다고 이 촌캡을 모아서 생명체를 다시 만들 수는 없지 않는가! 이것이 환원주의의 안타까운 점이지만, 현대 생물학이 이루어낸 뛰어난 업적을 생각해보면 그래도 성공적이었다고 할 수가 있을 것이다. 그렇다면 이

---

* 모양(형)보다는 그 위에 있는 의미를 해석한다는 뜻이고, metaphysics의 meta는 그 뒤에 있는 의미를 해석한다는 뜻이다. Physics는 자연과학을 말한다.

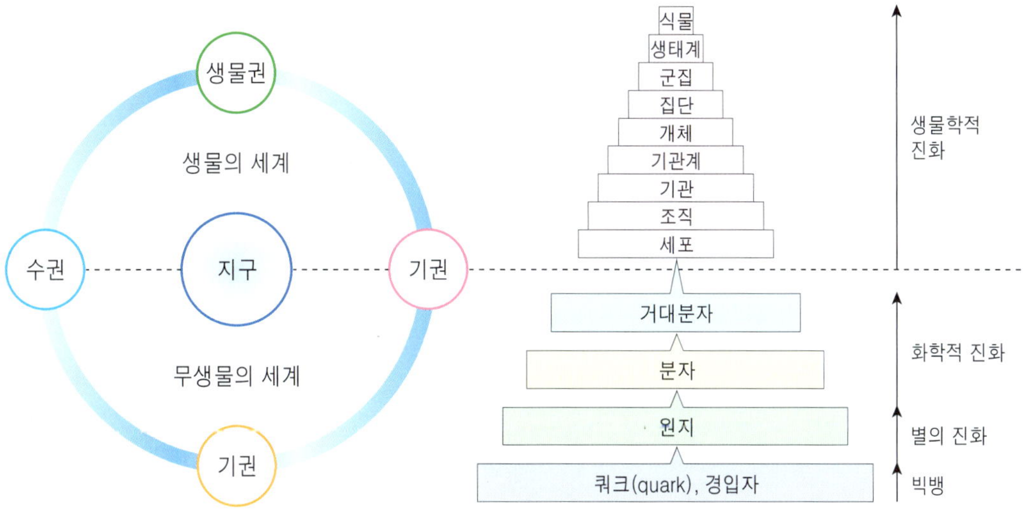

그림 5-1. 지구권역과 생명의 계통적 조직 구조.

러한 환원주의를 보완할 연구 방법은 없을까? 우리는 이러한 환원주의의 반대 개념을 전일주의(全一主義, holism)라고 부른다. 전일주의는 부분을 먼저 보는 것이 아니라 전체를 먼저 보겠다는 생각이다. 만약 우리가 숲을 알기 위해서는 나무를 보아야 한다. 그렇지만 나무만 보고 있으면 숲을 보지 못하는 우를 범할 수 있다. 결국은 두 가지를 모두 보기 위해서는 숲과 나무를 동시에 알아야 한다는 뜻이다. 숲은 전일주의를 나타내고, 나무는 환원주의를 대신한다고나 할까!

현대 생물학을 낳게 한 또 다른 서양 철학의 사조는 기계적 유물론(機械的 唯物論, mechanical materialism)이다. 유물론은 물질을 만물의 근원으로 보고 정신현상도 물질에 의해 만들어진다고 생각하는 철학이다. 17세기 프랑스 철학자인 르네 데카르트(Rene Descartes: 1596~1650)는 천장에 붙어 있는 파리를 보고 좌표라는 개념을 생각해낸 수학자이기도 하다.[3] 그는 인간의 신체를 하나의 거대한 기계라고 생각하였고, 그 기계를 설계한 기술자가 신이라는 생각을 견지하였다. 과연 인간은 스프링과 톱니바퀴와 크랭크가 돌아가는 잘 만들어진 기계일까? 그래서 인간이 다른 동물보다 더 나은 것은 이러한 부속품들이 더 많거나 더 정교해서일까? 우리는 피를 내뿜는 심장을 인공 심장으로 교체할 수도 있고, 무릎이나 고관절을 세라믹으로 바꿀 수도 있다. 자연과학은 쉴 새 없이 전진한다. 그러나 우리가 항상 염두에 두고 있어야 할 점은 나무와 숲이다. 둘 다 볼 수 있는 눈을 가져야 더 합리적인 결론을 얻어 낼 수 있다는 뜻이다. 이는 비록 과학에서만 적용되는 사유의 방법이 아니다. 인문학과 사회학 그리고 경영학도 모두 숲과 나무는 좋은 교훈이 되어줄 것이다.

2) 마법의 세상

마법은 지팡이 끝에서만 나오는 게 아니다. 세상 온 천지에 마법이 통한다. 하늘에서는 나무뿌리를 통째로 뽑아내는 바람이 불고 바다에서는 방파제를 훌쩍 넘어가는 파도가 인다. 이 모든 것이 자연이 부리는 마술이다. 우리를 감탄하게 만드는 마술사의 손재주도 그 방법을 알고 나면 그저 피식 웃고 말 것이다. 더운 적도의 바다에서 물이 데워져 하늘로 올라가면 물방울이 작은 얼음 조각이 되고, 이들 사이에 마찰이 일어나 정전기가 생겨나면 우리는 하늘에서 벼락이 치는 것을 볼 수 있을 것이다. 우리는 자연이라는 마술사의 그 손재주를 이제야 알아차리게 되었다.

그러나 이러한 마술이 눈에 보이지 않는 미시의 세계에서도 벌어진다. 물 이야기를 다시 한번 꺼내보자. 물은 산화이수소이다. 산소 1개와 수소 2개가 만나서 만든 분자이다. 수소는 기체로서 폭발력이 강하고 산소는 무색무취한 원소로 연소 시에 역시 폭발한다. 그러나 이 둘이 만나면 아주 다른 성질을 가진 물이 생긴다. 물은 기체도 아닐 뿐만 아니라 폭발력도 없다. 우리는 이렇게 생긴 현상을 그저 창발성(創發性, emergence)이라고 말한다.[4] 만약 탄소 하나와 수소 4개가 만나면 어떤 물질이 생길까? 가장 간단한 유기화합물인 메탄(methane) 가스가 된다. 이들은 천연가스가 되어 요리를 하고, 우리의 몸을 데워줄 수도 있고, 액화성 탄화수소는 석유가 되어 우리의 차를 달리게 만들어주고 있다. 탄소와 수소가 만나서 이런 성질이 생기리라고 누가 생각이나 했겠는가?

따라서 창발성이라는 개념을 다시 한번 정리해보면, 각각의 요소들이 한 단계 높은 차원에서 합쳐지면 그 하위 단계에서는 볼 수 없었던 새로운 속성이 나타나는 것을 말한다고 할 수 있다. 탄소와 수소 그리고 질소가 합쳐지면 엉뚱한 단백질이 만들어진다. 탄소와 수소 그리고 산소가 만나면 포도당이 만들어진다.

물리학의 발전에 시동을 건 주제는 "빛이란 무엇인가?"라는 화두이다. 마침내 우리가 알아낸 빛은 전기장과 자기장이 교대로 나아가는 전자기파(electromagnetic wave)라는 것을 알게 되었다. 따라서 전기와 자기가 만나면 빛이라는 물리현상을 만들어내는 것이다. 이것은 또 무엇인가? 여기에서 우리는 다시 그림 5-1을 보면서 생각에 잠길 시간이 되었다. 쿼크와 경입자가 만나서 원자를 형성하고, 원자가 분자를 만들고, 다시 분자들이 모여서 거대분자를 만든다. 생명체의 몸은 70%가량이 물이다. 그리고 그 나머지 대부분은 단백질, 탄수화물, 지질, 핵산으로 구성되어 있다. 그러나 문제는 이렇게 물과 4개의 거대분자를 37℃에 넣고 아무리 기다려도 세포가 만들어지지 않는다는 점이다. 그래서 우리는 또다시 창발성이라는 개념을 소환할 수밖에 없다고 한탄하고 있다.

그러나 생명의 기원에 관한 연구는 1953년 시카고 대학교의 스탠리 밀러*의 실험에서부터 시작하

---

* 이 실험은 1953년 스탠리 밀러(Stanley Miller: 1930~2007)와 그의 스승인 해럴드 유리(Harold Urey: 1893~1981)가 한 실험으로 물과 메탄, 수소, 암모니아와 같은 무기물을 시험관 안에 넣고 열을 가한 후 전기 스파이크를 일으켜 원시 대기의 번개와 같은 상황을 연출한 결과 유기물이 생긴다는 것을 알아낸 실험으로, 생명의 기원을 연구하게 하는 계기를 마련해준 유명한 실험이다.

고 있기 때문에 연구 기간이 극히 짧다고 할 수 있다. 특히나 생명의 기원이라는 주제는 종교적 이론과 맞물려 있어서 연구 환경과 진행 상황이 더딜 수밖에 없다는 점도 인정해야 할 것이다. 왜냐하면 생명의 기원은 종교의 기원과는 그 원리가 서로 상충되기 때문이다. 즉 생명의 기원이 더 명확하게 밝혀질수록 종교가 설 땅은 점점 줄어들 수밖에 없다.

만약 우리가 턱걸이*처럼 걸려 있는 거대분자와 세포 사이의 단계를 해결해낼 수만 있다면, 세상은 과연 어떻게 변해갈까? 창발성이라는 굴레를 훨훨 벗어던지고 인간이 드디어 무생물에서 생명을 만들어낼 수 있다면, 인류 역사에서 가장 획기적인 전환점이 될 것은 확실해 보인다. 과연 그러한 가능성이 있어 보이는가? 나는 '가능성이 있다'는 쪽에 투표하고 싶다. 인간보다 먼저 AI가 해낼지는 몰라도, 21세기를 선도하는 생물학이 목에 가시처럼 걸려 있는 이 '생명의 기원', 즉 분자에서 세포(생명)로의 전환 문제는 종교가 아니라 과학이 풀어내야 할 지상 최대의 과제로 여전히 남아 있다. 우리는 이 문제를 '새로운 우리' 편에서 다시 한번 더 다룰 것이다.

2 되돌아보기

1) 지나온 세월

우리가 알고 있는 것 중에서 생일이 제일 오래된 것은 무엇일까? 우주의 탄생? 지구의 생일? 그래서 우리는 지나온 과거를 되돌아보기 위하여 어디까지 거슬러 올라가야 할까? 아무래도 138억 년 전부터 시작하는 것이 좋을 것 같다. 왜냐하면 생명체의 몸속에 들어 있는 수소는 우주가 탄생한 빅뱅에서 만들어졌고, 그 외의 원소들은 모두 별에서 태어났기 때문이다. 그러나 실제 이 138억 년을 가늠해보기는 쉽지가 않다. 따라서 우리는 우주 달력(cosmic calendar)[5]이라는 것을 만들어서 생각을 정리해 보는 것이 나을 것이다.

이 우주 달력은 138억 년을 1년 치 달력으로 환산한 것이다. 그래서 우주의 빅뱅은 1월 1일 0시에 시작한 것으로 계산한다. 태양계가 속해 있는 우리 은하는 5월경에나 나타나지만, 실제 태양계는 9월이 되어서야 등장한다. 우리가 사는 이 지구는 우주의 3분기 말에나 태어났다고 할 수 있다. 10월 달에는 남세균이 등장하여 광합성이 시작되었고, 11월 달에는 진핵세포가 나타났고, 12월 달 중에서도 2주가 지나서야 비로소 우리 눈에 보이는 다세포가 등장한다. 지구에 살거나 살았던 생명체는 모두 12월 중순 이후에나 나타난다.

그렇다면 예수가 등장한 시기는 우주 달력에서 언제쯤일까? 12월 31일 자정에서부터 5초도 안 되

* 내가 턱걸이라고 표현한 이유는 이 거대분자에서 세포로 진행되는 과정만이 수수께끼로 남아 있기 때문이다.

는 시기에 해당한다. 인간이 사는 100년을 우주 달력으로 표시를 해보면 눈 깜짝할 사이인 0.23초밖에 되지 않는다. 그러나 이러한 예시에도 불구하고 우리는 아직도 138억 년이라는 햇수에 대하여 감이 잘 오지 않는다. 왜냐하면 인간은 흔히 수백 년 전 일조차도 생각하기를 싫어하는 경향이 있기 때문이다. 시간에 대한 감각을 되살리기 위하여 다른 예를 한 번 더 인용해보도록 하자.

만약 우리가 1초에 숫자 하나씩을 세어서 올라간다면 100만 년을 세는 데는 11일이 넘게 걸린다. 만약 태어나자마자 밤잠을 자지 않고 똑같이 하나씩 10억 년을 센다면 아마도 32세나 되어야 끝날 것이다. 그렇다면 138억 년을 계산하면 얼마나 걸릴까? 434년도 더 걸리는 시간이 필요할 것이다.

그래도 감이 오지 않는다면 이번에는 돈으로 한번 계산해보자. 우리가 사는 100년을 100원으로 치고, 지구의 나이인 46억 년을 46억 원으로 바꾸어보면 어떨까? 하기야 기백만 원도 현금으로 세어본 경험이 없는 나로서는 이 경우도 그렇게 실감이 나지 않는다. 그래서 이번에는 인간이 만드는 사슬을 한번 생각해보자.

만약 나의 어머니가 그녀의 어머니의 손을 잡고 그녀의 어머니는 다시 그녀의 어머니의 손을 잡고 인간 사슬을 만든다면 어떻게 될까? 약 10km 정도의 인간 사슬을 만들면 우리의 어머니는 이미 호모 사피엔스 단계를 넘어간다. 이때부터 우리는 말 그대로 "인간이 아니다". 100km를 지나가면 오스트랄로피테쿠스 단계를 훨씬 넘어가고, 300km를 지나면 꼬리 달린 원숭이 세계도 벗어날 것이다. 몇 천 킬로미터를 더 올라간다면 손발은 모두 사라지고 배와 등에 지느러미가 달려 있을 것이며, 더 올라간다면 우리 모두는 바닷속으로 들어가버릴 것이다. 현재 살아 있는 모든 인간은 가장 마지막 인간 사슬에 해당한다는 것을 알고 있어야 한다.[6]

지금부터 우리는 우리의 지나온 과거를 압축적으로 알아보기 위하여 화석 기록에 근거한 지질연대표(표 5-1)를 이용할 것이다. 그러나 미리 알아두어야 할 사항은 생명체가 지구상에서 진화한 순서대로 나타나는 것은 사실이지만, 그 등장 시기는 보고자에 따라 다르다는 점을 밝혀두고자 한다. 예를 들어 원핵생물, 진핵생물, 원생생물, 식물, 균류, 동물의 순서대로 지질 연대표에 나타나지만, 그 등장 시기는 약간씩 차이가 있을 수 있다는 점이다. 왜냐하면 현재로부터 너무 멀리 떨어진 과거 일을 정확히 추정하기는 쉽지 않은 일이기 때문이다. 또한 지질 시대를 누대(Eon), 대(Era), 기(Period), 세(Epoch) 정도로 구분할 것이고, 그 시대적 구분은 2023년 국제층서위원회가 제시한 국제지질연대층서표*를 참조할 것이다.

---

* 국제층서위원회(International Commission on Stratigraphy)가 제시한 2023년 연대층서표는 다음을 참조하시기 바란다. https://stratigraphy.org/chart#latest-version

표 5-1. 지질 연대표

<table>
<tr><th colspan="2">누대(Eon)</th><th>대(Era)</th><th colspan="2">기(Period)</th><th>세(Epoch)</th><th>46억 년 전(4600)</th></tr>
<tr><td rowspan="8">선캄브리아 시대 (Precambrian)</td><td>명왕누대 (Hadean)</td><td></td><td colspan="2"></td><td></td><td>40억 년 전(4000)</td></tr>
<tr><td rowspan="4">시생누대 (Archean)</td><td>초시생대</td><td colspan="2"></td><td></td><td></td></tr>
<tr><td>고시생대</td><td colspan="2"></td><td></td><td></td></tr>
<tr><td>중시생대</td><td colspan="2"></td><td></td><td></td></tr>
<tr><td>신시생대</td><td colspan="2"></td><td></td><td>25억 년 전(2500)</td></tr>
<tr><td rowspan="3">원생누대 (Proterozoic)</td><td>고원생대</td><td colspan="2"></td><td></td><td></td></tr>
<tr><td>중원생대</td><td colspan="2"></td><td></td><td></td></tr>
<tr><td>신원생대</td><td colspan="2"></td><td></td><td>5억 4,000만 년 전(540)</td></tr>
<tr><td colspan="2" rowspan="17">현생누대(Phanerozoic)</td><td rowspan="7">고생대 (Paleozoic)</td><td>캄브리아기 (Cambrian)</td><td></td><td></td><td></td></tr>
<tr><td>오르도비스기 (Ordovician)</td><td></td><td></td><td></td></tr>
<tr><td>실루리아기 (Silurian)</td><td></td><td></td><td></td></tr>
<tr><td>데본기 (Devonian)</td><td></td><td></td><td></td></tr>
<tr><td rowspan="2">석탄기 (Caboniferous)</td><td>미시시피기 (Mississippian)</td><td></td><td></td></tr>
<tr><td>펜실베이니아기 (Pennsylvanian)</td><td></td><td></td></tr>
<tr><td>페름기 (Permian)</td><td></td><td></td><td>2억 5,000만 년 전(250)</td></tr>
<tr><td rowspan="3">중생대 (Mesozoic)</td><td>트라이아스기 (Triassic)</td><td></td><td></td><td></td></tr>
<tr><td>쥐라기 (Jurassic)</td><td></td><td></td><td></td></tr>
<tr><td>백악기 (Cretaceous)</td><td></td><td></td><td>6,600만 년 전(66)</td></tr>
<tr><td rowspan="7">신생대 (Cenozoic)</td><td colspan="2" rowspan="3">고제3기 = 팔레오기 (Paleogene)</td><td>팔레오세 (Paleocene, 팔레오세)</td><td></td></tr>
<tr><td>에오세 (Eocene, 시신세)</td><td></td></tr>
<tr><td>올리고세 (Oligocene, 점신세)</td><td></td></tr>
<tr><td colspan="2" rowspan="2">신제3기 = 네오기 (Neogene)</td><td>마이오세 (Miocene, 중신세)</td><td></td></tr>
<tr><td>플리오세 (Pliocene, 선신세)</td><td>2.6</td></tr>
<tr><td colspan="2" rowspan="2">제4기 (Quaternary)</td><td>플라이스토세 (Pleistocene, 홍적세)</td><td></td></tr>
<tr><td>홀로세(Holocene, 충적세)</td><td>현재</td></tr>
</table>

2) 생명의 기원

46억 년 지구 역사는 크게 2개의 시대로 구분할 수 있다. 선캄브리아 시대(46억~5억 4,000만 년 전)와 현생누대(顯生累代, Phanerozoic Eon: 5억 4,000만 년 전~현재)가 그것들이다. 따라서 선캄브리아 시대는 전 지구 역사의 88%를 차지하고, 우리가 볼 수 있는 생명체들이 나타난 현생누대는 겨우 12% 정도밖에 되지 않는다. 우주 달력과 같이 지구의 역사를 지구 달력[7,8]으로 환산하여 비교하는 경우도 많다. 만약 지구 46억 년을 1년으로 계산해보면 현생누대가 시작하는 시점은 11월 18일경이다. 그렇다면 그 이전의 시대에 살았던 모든 생명체들은 우리가 눈으로 볼 수 없는 아주 작은 미생물에 불과했다는 의미이다.

선캄브리아 시대는 다시 명왕누대(冥王累代, Hadean Eon: 46억~40억 년 전), 시생누대(始生累代, Archean Eon: 40억~25억 년 전) 및 원생누대(原生累代, Proterozoic Eon: 25억~5억 4,000만 년 전)로 구분된다. 명왕누대는 지구가 태어나서 생명이 시작되기 전의 시기이다. 명왕(Hades)은 저승세계의 왕이고, 하데스는 그리스어로 지하세계를 다스리는 신이다. 갓 태어난 지구는 시뻘건 마그마로 뒤덮여 있었고, 실세 없이 소생성이나 유성이 날아와 지구를 폭격하여 생명이 도저히 생겨날 수 없는 최악의 환경이었다는 것을 암시적으로 말해준다고 할 수 있다. 그렇지만 이 시기에 대 충돌에 의해 달이 생겨나고 일부 지각과 대양이 생겨났다는 증거들이 발견되곤 한다. 그러나 현재에서는 이때에 생긴 암석들은 거의 발견되지 않고 있다.

생명이 처음 이 지구상에 태어난 시기는 언제쯤일까? 질문은 쉽지만 대답이 어렵다. 우리는 우리의 정확한 생일날을 모른다는 뜻이다. 42억 년 전부터 35억 년 전까지 그 대답이 다양하다. 그렇지만 대개 생명의 기원은 38억 년 전에서 35억 년 전쯤으로 보고 있다.* 특히 35억 년 전에 태어난 남세균은 지구환경에서 생물권이 얼마나 막대한 영향력을 미칠 수 있는 가를 보여주는 좋은 사례라고 할 수 있다. 왜냐하면 이들은 광합성이라는 지상 최대의 화학공정을 완성시켜 물을 분해한 후 산소라는 부산물을 대기로 내놓기 시작했기 때문이다.

이 산소는 대기에 풍부하던 온실가스인 메탄과 반응하여 이산화탄소로 바뀌면서 기온은 서서히 떨어지게 되었다. 메탄은 온실가스 역할에서 이산화탄소보다 21배나 더 강력하게 지구를 데운다. 메탄이 대기 중에서 감소하자 지구는 처음으로 거의 전 지역이 얼음덩어리(snowball earth)로 변하는 휴런 빙하기(Huronian glaciation)가 나타나게 되었다. 이때를 25억 년에서 21억 년 전쯤으로 보고 있다. 그리고 높은 산소 농도는 마침내 세균인 원핵세포가 핵이 있는 진핵세포로 진화하는 중요한 계기를 만들어주었다. 진핵세포가 이 지구상에 등장한 시기도 약 20억 년 전으로 고농도의 산소가 대기 중에 쌓인 시기와 맞아 들어간다. 그리고 대략적으로 12억 년 전에 유성생식이 처음으로 생겨나고, 두 번째 눈덩이 지구가 약 8억 년 전부터 6억 년 전 사이에 지구를 다시 뒤덮게 되었다.

1947년 호주 남동부 에디아카라 언덕에 있던 버려진 광산에서 레지널드 스프리그(Reginald C. Sprigg:

---

* 따라서 이 책에서도 생명의 기원 연대가 서로 달라 혼란스러울 수 있기 때문에 참고하기 바란다.

1919~1994)에 의해 발견된 수많은 화석들은 무심하게도 세간의 관심을 끌지 못하였다. 하지만 1960년대에 들어서면서 새롭게 조명을 받기 시작한 생물상이 바로 에디아카라 생물군(Ediacaran biota)이다.[9] 여기에서 발견되는 화석들은 잘 조직된 몸으로 대칭적 구조를 가지고 있었을 뿐만 아니라 이들이 다세포로 구성되어 있다는 것이 밝혀지게 되었다. 이 지구상에 확실하게 다세포 구조를 보이는 화석들이 발견된 것이다. 그러나 이들은 마치 해면이나 해파리처럼 생긴 모양을 하고 있었지만, 이들이 현재 우리가 볼 수 있는 해면과 해파리의 조상이라고 단정하기에는 많은 논란거리가 남아 있다. 이렇게 낯선 생물체들은 처음 등장한 만큼이나 갑작스럽게 캄브리아기 이전에 모두가 사라져버렸다. 그리고 에디아카라 생물군이 가지는 또 하나의 생물학적 의미는 생물들이 눈에도 잘 안 보이는 밀리미터(mm) 단위에서 센티미터(cm) 단위로 크기가 커졌다는 점이다.

한편 지구의 표면이 식어서 지각을 형성하기 시작한 시기가 약 44억 년 전으로 보이고, 지각판 운동이 일어나기 시작한 지점이 약 38억 년 전으로 추정된다. 현재까지 초대륙이 형성된 시기는 25억 년 전에서 15억 년 전까지 만들어진 컬럼비아 초대륙(Columbia supercontinent), 12억 년 전부터 9억 년 사이에 형성된 로디니아(Rodinia) 초대륙, 그리고 고생대 말에 형성된 판게아(Pangea) 초대륙들을 들 수 있다.[10] 이제부터 우리에게 그래도 익숙한 현생누대로 넘어가도록 하자.

3) 삼엽충 이야기

우스운 이야기이지만 '캄오실 데석페 트쥐백……'이란 말은 내가 처음으로 지구 연대기를 보고 이를 암기하기 위하여 쪽지에 써서 컴퓨터 밑에 붙여두고 눈으로 익힌 또 다른 '태정태세 문단세……'였다. 현생누대는 캄브리아기 대폭발과 함께 시작한다. 현생누대의 고생대가 시작한 시기를 지구 달력으로 계산해보면 11월 18일 오후 8시경으로 겨울로 접어들 때쯤으로 볼 수 있다. 에디아카라 생물문에 뒤이어 등장한 캄브리아기 대폭발은 다양한 동물종들이 폭발적으로 늘어난 시기이다. 이 대폭발은 1,300만 년에서 2,500만 년 정도에 걸쳐 일어난다. 그리고 현재 우리가 볼 수 있는 35개의 동물문(phylum)들은 모두 그 기원을 캄브리아기 대폭발에 두고 있다. 이러한 대폭발이 일어난 원인은 차치해두고라도 지질 연대기에서 선캄브리아기와 현생누대를 구분 짓기에 충분한 화석의 변화가 일어났다는 것을 말해준다고 할 수 있다. 특히 캄브리아기 화석으로 유명한 지역은 캐나다 브리티시 컬럼비아의 버제스 세일(Burgess Shales)과 중국 남부 쳉지앙(Chengjiang) 화석군을 들 수 있다.

캄브리아기 초기의 지구 풍경은 삭막한 땅 그 자체였다. 지표면은 대부분 벌거벗은 바윗덩어리가 전부였고, 간혹 물가에는 광합성 박테리아와 이끼만이 외로움을 달래고 있을 뿐이었다. 물속에는 무척추 절지동물인 삼엽충(trilobite)과 갑옷이 없는 척추를 가진 어류, 그리고 해양 척삭동물인 무악어들이 살고 있었다. 특히나 삼엽충은 지구 역사상 가장 성공한 생물로서 무려 3억 년 이상 생존한 유일한 종이다. 이들은 페름기 대멸종 때까지 공룡보다도 2배 이상 더 오래 생존하였고, 처음으로 눈을 가진 동물이기도 하였다. 삼엽충은 방해석으로 만들어진 겹눈을 가지고 있었던 것이다.[11] 따라서 캄브리아기는 볼 수 없는 시절에서 볼 수 있는 시대로 전환되었다는 것을 알려준다. 이 세상에 처음으로 눈이 등장한 것이다. 눈이 생겨나면 어떤 현상들이 벌어질까?

눈의 등장은 동물들을 수동적 포식자에서 능동적 포식자로 바뀌게 만들어주었다. 따라서 선캄브리아기 시대의 다세포 동물들은 모두 부드러운 몸을 가지고 있었던 반면, 캄브리아기 시대부터는 갑옷을 두르고 경고색을 과시하며 위장색을 띠고 있어서 경쟁의 시대로 접어들었다는 것을 의미한다. 즉 시각에 적응하기 위하여 경쟁의 시대가 도래했다는 뜻이다. 삼엽충도 자신을 보호하기 위해 단단한 갑옷 같은 외골격을 가지고 있는 것으로 보아 포식자인 동시에 피식자였다는 것을 간접적으로 말해준다고 할 수 있다.

오르도비스기(Ordovician period: 4억 8,500만~4억 4,300만 년 전)에 접어들면 지구는 다소 초록색으로 변하기 시작한다. 비록 풀 한 포기가 없지만 이끼들이 물가에서 펴져나가고, 지네나 전갈 같은 절지동물들이 땅 위를 기어다녔을 것이다. 바다에는 점점이 육지들이 흩어져 있었고, 나무나 관목 또는 곤충들은 아직까지 보이지 않았다. 오르도비스기 후반에는 남부 대륙에 대규모 빙하가 형성되어 해수면이 50m가량 하강하게 된다. 따라서 대륙붕이 드러나면서 해양생물들의 대멸종이 초래되었다.

실루리아기(Silurian period, 4억 4,400만~4억 1,600만 년 전)는 대륙들이 서서히 모여들기 시작하는 때이다. 무악어류는 더욱 다양화되고, 턱이 있는 유악어류들이 등장하기 시작하였다. 육지는 최초로 관다발식물이 진화하여 더 푸르게 되고, 데본기(Devonian period: 4억 1,600만~3억 5,900만 년 전)에 접어들면서 최초의 겉씨식물이 출현하게 되었다. 또한 이들은 석송류나 나무 고사리들과 어울려 처음으로 숲을 이루게 된다. 데본기에는 오징어와 같은 연체동물이 방산하여 어류와 지배권을 놓고 경쟁 상태에 놓이기도 하였다. 또한 양서류와 같은 네발로 걷은 동물과 곤충들이 최초로 육지 정복을 시작한 때이기도 하다. 이들이 육지로 진출하게 된 이유도 갑자기 증가한 대기의 산소 농도 때문으로 보고 있다. 그러나 데본기 말기에도 대멸종 사건이 일어나면서 해양생물 종의 약 75%가량이 사라지고 말았다.

석탄기(Carboniferous period: 3억 5,900만~2억 9,700만 년 전)에는 광범위한 습지 산림이 열대 대륙에 자리 잡고 있었고, 나무고사리나 속새류가 우점종의 지위를 차지하고 있었다. 이들의 잔해가 남아 화석화된 것이 석탄이라는 것을 우리는 잘 알고 있다. 이 시기는 양서류가 대형화되고 곤충들이 날개를 진화시켜 공중을 날아다니는 최초의 동물로 등극하게 된다. 이제 생물체는 물과 육지 그리고 하늘까지 그 활동 범위를 넓히게 되었다. 더구나 양막류가 등장함으로써 건조한 땅에서도 알을 낳아 번식을 할 수 있게 됨으로써 지구 깊숙하게 동물들이 진격해 들어갈 능력을 갖추게 되었다고도 할 수 있다. 드디어 이 지구상에 파충류가 기어다니는 시대까지 진전하게 된 셈이다.

페름기(Permian period: 2억 9,700만~2억 5,100만 년 전)가 시작된 시기에는 대기의 산소 농도가 30%를 넘어서서 최고도에 도달한 시기이기도 하다. 산소 농도가 높아지면 어떤 현상이 생겨날까? 먼저 광범위한 숲이 불길에 휩싸이기가 쉽다. 번개가 한 번 칠 때마다 숲에서 불길이 솟아오르고 연기가 피어올라와 하늘은 지저분한 황갈색으로 변했을 것이고 검댕이가 하늘을 날아다녔을 것이다. 그뿐인가? 곤충들은 날개가 커져서 우리가 생각하는 잠자리가 더 이상 아니었다. 메가네우라(Meganeura)라는 잠자리는 날개폭이 75cm나 되고, 거미는 다리가 46cm를 넘어서고, 1m가 넘는 지네나 전갈들이 어슬렁거리던 시절이었다. 그뿐 아니라 점점 가까이 융합하기 시작한 대륙들은 드디어 1개의 초대륙인 판게아(Pangea)를 형성하게 되었다. 이때 시베리아와 발티카(Baltica)*가 충돌하면서 생겨난 산맥이 동서양을 경계 지우는 우랄산맥(Ural mountains)이다. 그리고 약 2억 5,000만 년 전에 등장한 단궁류인 키노돈트(Cynodont)는 장차 포유류로 진화할 원대한 꿈을 꾸고 있었는지도 모른다. 이 키노돈트는 온혈성 척추동물이다. 따라서 내온성을 가진 동물들이 페름기에 등장했다는 증거이기도 하다.

그리고 페름기에는 지질 연대기에서 고생대와 중생대를 구분할 만큼 커다란 지질학적 사건이 발생하고 있다. 바로 지구 역사상 가장 큰 대멸종 사건이 벌어진 것이다. 그 당시 삼엽충을 포함하여 이 지구상에 살고 있었던 생물 종의 약 90%가 사라지는 최악의 사태가 벌어진 것이다. 페름기 말기에는 대륙들이 한곳으로 모여 초대륙을 형성하면서 지각운동이 활발한 시기였던 만큼 화산활동도 심했을 것이다. 특히나 시베리아 벨트로 대표되는 엄청난 화산폭발은 페름기 대멸종을 초래하고도 남았을 것이다. 그뿐 아니라 소행성의 충돌도 대멸종의 원인으로 생각되기도 한다. 페름기 말기의 대멸종으로 인하여 지구는 완전히 벌거벗은 사막으로 변하게 되었고, 남아 있는 식물도 거의 없었으며, 마치 캄브리아기 이전의 세상으로 되돌아간 것 같은 환경으로 변하게 되었다. 그러나 지구는 진보적이면서 역동적이다. 새롭게 태어나는 중생대는 과연 어떤 모습이었을까?

4) 공룡 이야기

중생대(Mesozoic era: 2억 5,000만~6,500만 년 전)의 시작은 지구 달력으로 치면 12월 12일 오후 1시경이라 할 수 있다. 우리가 공룡의 시대라고 부르는 중생대는 이렇게 지구 달력의 마지막 한 장의 중간 즈음에서 시작한다. 우리가 알고자 하는 대부분의 과거들은 거의 모두가 어둠 속에 파묻혀 있다고 해도 과언이 아니다. 페름기 말에 일어난 최대의 대멸종 사건으로 인하여 중생대의 시작은 텅 비어 있는 세상과 만나게 된다. 그뿐 아니라 페름기에 뭉쳐져서 1개의 초대륙을 형성한 판게아가 이번에는 다시 분리되기 시작하는 시기이기도 하다. 이렇게 시작되는 트라이아스기(Triassic period: 2억 5,100만~2억 년 전, 삼첩기)는 다시 육지에는 침엽수와 종자고사리류가 번성하고 최초의 경골어류가 등장하기 시작한다. 또한 2억 3,000만 년 전에는 처음으로 공룡이 등장하고 그로부터 약 2,000만 년 후 최초의 원시 포유류가 이

* 발티카 대륙은 원생누대 후반과 고생대 초기에 있었던 대륙판이다. 현재는 유라시아 대륙의 북서부를 구성하고 있는 동부 유럽 대륙괴에 포함되어 있었다. 이 서쪽의 발티카 대륙판과 시베리아가 충돌하면서 생긴 산맥이 동서로 뻗어 있는 우랄산맥이다.

세상에 출현하게 된다. 그렇지만 트라이아스기 말기에 등장한 대멸종 사건으로 용반류* 중에서 유일하게 공룡만 살아남아 그들의 세상을 펼쳐나갈 기회를 얻게 되었다. 트라이아스기 또는 삼첩기는 독일 중부지방의 지층이 세 부분으로 구별되어 붙여진 이름이다.

쥐라기(Jurassic period: 2억~1억 4,500만 년 전) 시대는 판게아가 북쪽의 로라시아(Laurasia)와 남쪽의 곤드와나(Gondwana)로 분리되는 시절이다. 이 시대에는 거대 육상동물인 공룡이 이 지구를 점령하고 있었고, 바다에서는 조기어류가 다양화되기 시작하였다. 특히나 1억 7,000만 년에는 최초로 꽃을 피우는 현화식물(꽃식물)이 등장하여 이 지구를 새롭게 치장하기 시작하였고, 약 2,000만 년 후에는 최초의 새(시조새)가 등장하여 세상을 점차 살 만한 곳으로 만들어가기 시작하였다. 이들은 백악기(Cretaceous period: 1억 4,500만~6,500만 년 전)에 접어들면서 공룡과 꽃식물은 더욱 방산되고 우점화되어 갔다. 판게아가 남북으로 2개의 큰 대륙으로 나누어진 후 각각은 다시 현재의 대륙으로 분리되기 시작한 시기이기도 하다. 그러나 백악기 말 유카탄반도에 떨어진 거대 행성의 충돌로 인하여 먹이 식물이 급속히 감소하면서 25kg 이상 되는 동물들은 거의 모두가 이 세상에서 사라지고 말았다. 한 시대를 호령했던 공룡도 사라지고, 이때까지 공룡의 위세에 눌려 야행성으로만 살았던 덩치도 작고 별 볼일 없었던 포유류에게도 드디어 기회가 찾아온 것이다. 거대한 지구의 역사도 언젠가는 기회를 준다는 사실을 우리에게 알려주고 있다.

5) 포유류 이야기

신생대(Cenozoic era: 6,500만 년 전~현재)에 접어들면 비로소 세상이 점점 우리에게 다가오고 있다는 느낌이 들 것이다. 그렇지만 지구는 점차 현재의 지도 모습을 띠고는 있지만 인도는 아직도 아시아 대륙과 충돌하기 전이었고, 호주는 남극대륙과 멀리 떨어져 있지 않았다. 그리고 테티스해(Tethys sea)† 는 아직도 대서양과 인도양 쪽으로 열려 있었던 시절이었다. 그래도 꽃식물의 방산이 이루어지고 겉씨식물이 점령하면서 육지는 녹색혁명으로 푸른 지구를 형성하고 있었다. 또한 인도판이 점차 북상하면서 유라시아판과 충돌이 시작되고, 약 3,000만 년 전부터 육지의 땅들이 밀려 올라가면서 세계의 지붕이라는 거대한 히말라야산맥이 생겨나고, 그 북쪽으로는 평균 고도가 4,500m에 달하는 티베트고원이 자리 잡게 되었다.

신생대는 이탈리아 지질학자 조반니 아르두이노(Giovanni Arduino: 1714~1795)가 암석을 시대순으로 구분한 방법에서 유래하여 제3기(Tertiary period: 6,500만~260만 년 전)와 제4기(Quaternary period: 260만 년 전~현재)로 나뉜다.[12] 제

* 양막류 중 이궁류(diapsid)에 속하는 공룡류는 조반류와 용반류로 나뉘고, 용반류에는 다시 용각류(sauropod)와 수각류(therapod)가 있다. 수각류에서 조류가 진화해 나온다.

† 테티스는 그리스의 바다의 여신을 의미한다. 테티스해는 곤드와나와 로라시아 대륙 사이에 있던 대양으로 아프리카가 점차 로라시아 쪽으로 밀어 올라오면서 점차 쪼그라들어서 약 5,000만 년 전에 완전히 닫히게 되어 현재에는 지중해, 흑해, 카스피해 등으로 그 잔재가 남아 있다.

3기는 고온 다습하고 개구리나 도마뱀 그리고 조류와 포유류가 진화적으로 빠른 변화를 보인 시기이기도 하다. 트라이아스기에 처음으로 출현한 포유류는 백악기 말 대멸종에서 살아남아 영장류로 발전해갈 수 있는 기틀을 마련하게 되었다. 그러나 유전학적 검사에서는 백악기 말에 이미 포유류에서 영장류가 분기해나간 사실을 알려주지만, 실제 영장류 화석이 발견되는 시기는 5,500만 년 전 팔레오세(Paleocene)이다. 가장 초기 영장류는 아주 작고 야행성이며 벌레를 잡아먹고 살았던 나무두더지(tree shrew)로 알려져 있다. 영장류의 출발은 이렇게 극히 미미한 생명체로부터 시작하고 있는 셈이다.

이들은 약 4,000만 년 전 원원류인 안경원숭이와 여우원숭이가 갈려나가고, 약 3,000만 년 전에는 광비원류인 신세계원숭이가 분기해나간다. 우리가 흔히 개코원숭이 또는 비비(baboon)라 부르는 구세계원숭이는 약 2,000만 년 전에 떨어져 나가게 된다. 우리는 신세계원숭이와 구세계원숭이를 그냥 원숭이(monkey)*라는 이름으로 부르고 있다. 약 1,400만 년 전에는 긴팔원숭이가 분리되면서 인간을 포함하여 남아 있는 영장류 그룹은 사람과(Hominidae)라고 부르게 된다.

그다음 오랑우탄은 약 900만 년 전, 고릴라는 약 700만 년 전, 그리고 침팬지는 사람속으로부터 약 600만 년 전에 분기한 것으로 보고 있다. 우리의 사촌인 침팬지와 분리된 사람속은 다시 오스트랄로피테쿠스 시대를 거쳐 호모속으로 진화하고, 호모 사피엔스는 지구 달력에서 12월 31일 23시 54분경에 등장하였다. 이렇게 태어난 인간은 겨우 몇 분 동안에 이 지구라는 환경을 휘저으면서 대혼란을 초래하고 있지 않는가? 그들이 이렇게 행동할 수 있는 유일한 밑천은 그들이 개발해낸 큰 뇌라는 것을 우리는 이미 알고 있다.

신생대 제4기는 지구에 등장한 4번째 대빙하기에 속한다. 홍적세라고 일컬어지는 플라이스토세(Pleistocene: 260만~1만 2,000년 전)에는 20번 정도의 빙하기가 교대로 나타났다는 사실은 우리에게 이미 잘 알려져 있다. 우리가 수렵 채집 생활에서 농경 정착생활로 접어든 충적세(홀로세, Holocene)는 이제 겨우 1만 2,000년 정도를 지나가고 있는 중이다. 그런데 여기서 주목해야 할 대목은 이 기간 동안의 기후 조건이다. 인류가 정착생활을 시작한 시기는 마지막 빙하기가 끝나고 난 후, 그 기후가 가장 안정적으로 유지되고 있는 기간이라는 사실이다. 인간이 그들 나름대로 로마제국을 건설하고, 한나라를 세우고, 맨해튼 섬에 마천루를 지을 수 있었던 것은 이 기간이 가장 기후가 안정되어 있는 간빙기라는 사실을 우리는 잊어서는 안 될 것이다.

---

* 우리는 흔히 원숭이(monkey)라고 하면 원원류(prosimians)와 원숭이 그리고 소형 유인원인 긴팔원숭이를 합쳐서 부르는 경향이 있다. 유인원부터 꼬리가 없어지고 긴팔원숭이를 포함하여 대형 유인원인 오랑우탄, 고릴라, 침팬지를 모두 유인원(ape)이라고 부른다.

3 대답이 없는 질문

1) 무생물 밭에서 열린 생물

우연과 필연이라는 말이 있다. 이 두 말은 곱씹어 보면 볼수록 감칠맛이 나는 무언가를 그 속에 숨기고 있는 듯하다. 굳이 대장균이 어떻게 젖당을 소화시킬 수 있는지를 유전자 차원에서 밝혀낸 자크 모노(Jacques Monod: 1910~1976)*를 소환하지 않아도 우리의 삶은 이 우연과 필연이 교묘하게 뒤섞여 있다는 사실을 쉽게 알아차릴 수 있을 것이다.[13] 우연과 필연? 이들은 우리와 어떤 관계를 형성하고 있을까? 그들의 흔적을 찾아서 먼 길을 나서 보자.

우리는 약 138억 년 전에 일어난 모든 일의 시작점을 빅뱅이라고 부른다. 이 빅뱅이야말로 우연적이며 단회적으로 일어난 사건이라고 할 수 있다. 이 세상에 우주가 있게 하고 우리가 있게 만든 유일한 우연이 바로 빅뱅이라는 뜻이다. 빅뱅이 일어난 과정은 모두가 다 우연의 연속이라고 해도 과언이 아니다. 예를 들어보자.

태초의 에너지는 빛과 물질로 구성된다. 빛이 물질과 반물질로 바뀔 수도 있고, 물질과 반물질이 쌍소멸하여 다시 빛으로 돌아갈 수도 있다. 빛이 항상 이들을 쌍으로 만들어내는 이유는 자신의 전하량이 0이기 때문에 이를 보존하기 위해서이다. 이렇게 빅뱅의 초기에는 빛과 물질 · 반물질의 전환이 평행상태에 있다가 우주가 팽창하면서 온도가 점차 내려가자 빛은 더 이상 물질 · 반물질로 바뀌지 못하고 오히려 물질 · 반물질이 빛으로 전환되게 되었다. 이때 물질과 반물질 사이의 대칭이 깨어진다. 즉 반물질보다 물질의 비율이 10억 분의 1 정도로 많아지게 된 것이다.[14] 이러한 비대칭이 바로 우주를 만들고 태양계를 만들고 그리고 생명을 만들어낼 수 있는 원천물질이 되었던 것이다. 이러한 결과는 다음의 수치에서도 잘 나타난다. 우주에 존재하는 양성자 총수는 10^{80}개 정도이고, 광자수는 10^{89}개로 알려져 있다. 따라서 양성자 개수는 광자의 10억 분의 1에 해당한다. 여기에서도 우연히 등장한다. 만약 물질과 반물질의 차이가 10억 분의 1보다 더 많았다면, 우주의 모든 물질들은 이미 블랙홀 속으로 빠져 들어갔을 것이고, 만약 이보다 더 적었다면 은하나 태양은 아직도 만들어지지 못했을 것이다. 이러한 사실은 모두 고베 위성이 처음으로 우주배경복사†를 촬영한 결과물에서 얻은 사실들이다. 다행히 우리는 반물질보다 물질이 더 많았기 때문에 물질의 세상에 살 수 있게 되었고, 밤하늘에서 수많은 별들을 볼 수 있게 되었다.

그렇다면 이번에는 생명에 대해서도 한번 생각해보자. 생명도 극히 예외적으로 우연히 단회적으로 무생물 밭에서 열린 결과물이다. 단회적이라는 말은 단 한 번 생겼다는 의미이다. 빅뱅이 단회적이

* 자크 모노는 프랑수아 자코브(François Jacob: 1920~2013)와 함께 대장균이 어떻게 유전자를 이용해서 젖당을 분해하는가를 연구한 오페론(operon) 이론으로 1965년 노벨상을 공동 수상하였다. 또한 그는 《우연과 필연》이라는 책의 저자로도 유명하다.

† 우주배경복사는 제1부 '우주는 무에서' 편을 참조하기 바란다.

었듯이 생명도 단 한 차례 등장했을 뿐이다. 이렇게 등장한 보잘것없던 원시세포가 100m가 넘는 미국 삼나무가 되고 코끼리나 기린으로 변해간 것도 그저 우연의 연속일 뿐이다. 과연 이렇게 이야기를 거침없이 해도 될까? 한번 따져보자.

지구의 생물권을 이루고 있는 모든 생물체는 모두 필히 공통적인 구조물을 가지고 있다. 그것이 바로 유전정보를 담고 있는 핵산이라는 DNA이다. DNA는 뉴클레오티드(nucleotide)라는 기본 구조를 가진 단위체이다. 따라서 DNA는 당연히 살아 있지 않고 무생물이다. 그런데 이 복제가 가능한 화학물질이 생명체를 만드는 설계도이자 가이드 북 역할을 하고 있다는 점이다. 이것은 생명이 없는 무생물이 생명 그 자체를 통제하고 관리 · 유지한다는 뜻이다. 무생물이 생물을 관리 통제한다고?

더 나아가서 이러한 DNA 구조가 시간이 지나면서 변화한다는 사실이다. 우리는 이러한 유전정보의 변화를 돌연변이라고 부른다. 그런데 이 돌연변이가 임의적이고 우연적으로 생긴다는 사실에 특히 주목하여야 한다. 돌연변이는 자외선이나 화학물질, 더 나아가서 세포의 복제 시에도 생겨난다. 만약에 생명이 완벽하여 이 DNA에 어떤 돌연변이도 생겨나지 않았다면, 현재 우리가 주위에서 볼 수 있는 그 어떤 생명체도 태어나지 않았을 것이다. 즉 원시세포에 일어난 우연의 연속들이 우리가 있게 만든 원동력이 되었던 셈이다. 더 정확히 표현한다면 돌연변이는 우연히 일어난 사건이지만, 그 결과로 일어난 자연선택은 필연적이라고 말하는 것이 더 정확할지도 모른다.

따라서 생명의 역사는 DNA라는 화학물질의 연대기에 불과하다고 말할 수도 있다. 그래서 개체수준에서 보면 생명이란 분명히 한계성을 가지지만, DNA라는 유전자 관점에서 보면 영속성을 가지게 된다. 이러한 시각은 우리를 잠시 우울하게 만든다. 왜냐하면 인간의 육체는 단지 그들이 가지고 있는 무생물인 유전자를 다음 세대에 전달해주는 운반체에 불과하다는 생각이 들기 때문이다.

특히 인간이 이 지구상에 등장한 이후 수렵 채집 생활을 이어오다가 약 7만 년 전부터 이상한 행동들을 남기기 시작했다는 것을 우리는 이미 잘 알고 있다. 그들은 동굴 속에다 몽환적인 그림을 그리기 시작하였고, 낚싯바늘에 미늘을 만들어 넣기 시작하였다. 바늘로 옷을 만들고 창으로 동물을 사냥하기도 하였다. 우리는 이러한 시대적 변화를 인지혁명이라고 부른다. 그런데 왜 이러한 혁명적인 변화가 침팬지나 오랑우탄에게서 일어나지 않고 하필이면 호모 사피엔스에서 일어났단 말인가? 호모 사피엔스에서 일어난 이러한 유전적 돌연변이는 뇌가 더 커지게 만들었고, 뇌 속의 배선을 변화시켜서 인지기능이 폭발적으로 늘어나게 만들어주었다. 우리는 이러한 변화가 순전히 우연의 산물이라는 것을 인정할 수밖에 없을 것이다.

인간의 역사 속에 들어 있는 우연도 곳곳에서 발견된다. 인류의 문명이 메소포타미아나 중국에서 일어날 수 있었던 것도 우연의 산물이었고, 산업혁명이 영국에서 시작된 것도 우연의 결과라는 것은 잘 알려져 있다. 혹시 2016년 브라질에서 하계 올림픽이 열렸을 때, 브라질이 1534~1822년에 포르투갈의 식민지였다는 사실에 의구심을 가진 이들이 많았을 것이다. 1492년 스페인의 콜럼버스가 아메리카 대륙을 처음 발견한 이후 중미의 아즈텍 제국과 남미의 잉카 제국이 모두 스페인 손아귀에 들어갔지만, 왜 하필이면 브라질만 포르투갈 식민지가 되었을까? 이 또한 역사적 우연에 불과할 뿐이다. 바스쿠 다가마의 뒤를 이어 희망봉을 돌아 인도로 향하던 페드루 알바르스 카브랄(Pedro Álvares Cabral: 1468~1520)이 풍랑을 만나 남미 대륙의 브라질 해변에 도착하여, 그 땅에다 말뚝을 박은 사실에 기인한다는 것도 그저 우연일 뿐이다.

이제 우리는 다시 또 다른 질문 앞에 서야만 한다. 단지 우연이나 필연으로만 설명해서는 안 될 부분들이 산더미처럼 남아 있기 때문이다. 여러분은 마음 깊숙이 어떤 질문들을 가슴에 품고 있는가? 그리고 마침내 그 질문에 대한 해답을 얻은 적이 있는가? 그런데 만약 그 해답을 얻었다면 과연 그 해답은 진실한 것인가? 그런데 나는 이러한 질문을 던지고 싶다. 누구에게?

2) 테스 형한테 물어보기

인류 역사상 가장 커다란 호기심과 상상력을 유발시키는 질문은 무엇일까? 또는 모든 사람들이 생각하기는 싫어하나 내심으로는 가장 궁금해 하는 주제 중 하나는 무엇일까? 바로 우리가 죽고 난 후에 무슨 일들이 벌어질 것인가에 대한 물음일 것이다. 인간을 포함한 모든 생명체는 태어나서 죽지 않고 영원히 살 재주는 처음부터 아예 없었다. 《창세기》 3장 9절에는 "너는 흙이니 흙으로 돌아갈 것이다."라는 내용이 있다. 흙으로 만들어졌으니 흙으로 돌아간다는 것에 이의를 제기할 사람은 아마도 없을 것이다. 그러나 여기에서 우리가 간과해서는 안 될 가장 중요한 문제가 등장한다. 내 몸의 전체가 모두 흙으로 돌아간다는 말인가? 아니면 몸은 흙으로 돌아가지만, 영혼만은 떨어져나가 어디론가 간다는 말인가? 이 질문에 대한 고민은 인류가 기원전 500년경을 지나오면서 본격화되기 시작했다고 볼 수 있다.

일부 학자들은 이 시대를 축의 시대라고 부르고 있지만 어떻게 부르는지는 그렇게 중요하지 않다. 다만 시대적으로 동서양에서 동시에 철학과 사상에 대한 생각들이 나름대로 정리되기 시작하였다는 뜻일 뿐이다. 이들의 주장이 맞고 틀림은 그다음 문제로 돌리고 우선 그 당시 이들이 생각했던 내용들을 살펴보는 것은 인류의 사상이 어떻게 흘러왔는가를 이해하는 데 도움이 될 것이다. 대표적으로 동양의 유교와 불교 그리고 서양의 그리스 철학과 《구약성서》 등을 주로 알아보도록 하자.

먼저 고대 그리스 철학은 소아시아 식민지에서부터 시작하여 아테네로 번져온 과거력을 가지고 있다. 적어도 철학적인 면에서는 본토보다 식민지가 더 발달했다는 뜻이다. 이 중에서도 서양 철학의 첫 번째 인물로 꼽히는 소크라테스(Socrates: B.C. 470?~B.C. 399)는 채석공의 아들로 태어나 펠로폰네소스 전쟁*에도 참전하였고, 세 아이의 아빠이기도 하였다. 그가 생각한 인간은 소멸하여 없어지는 육신

---

* 펠로폰네소스 전쟁(Peloponnesian War: B.C. 431~B.C. 404)은 아테네와 스파르타가 주동이 된 동맹 사이에 벌어진 전쟁으로 스파르타의 승리로 끝난다.

과 영원히 살아남는 영혼으로 구성되어 있다고 굳게 믿고 있었다. 그는 아테네가 인정한 신들을 믿지 않았고 청년들을 타락시킨 죄로 사형을 선고받은 것은 누구나 잘 알고 있는 사실이다.* 그는 부유한 친구인 크리톤이 탈옥을 권유했지만 이를 거절하고 헴록(hemlock)이라는 독배를 순순히 마시게 된다.[15] 그가 살아남을 수도 있었던 방법을 뿌리치고 스스로 죽음을 택할 수 있었던 사상적 용기는 과연 어디에 있었을까?

그가 믿었던 철학은 자신이 독배를 마시면 비록 육신은 소멸하지만 영혼은 불멸할 것이라는 것을 철석같이 믿었던 것이다. 죽음은 나쁜 것이 아니라 고귀한 영혼이 낡고 병든 육신에서 벗어나는 경사스러운 일이라고. 독약이 온몸에 퍼지면서 발끝부터 차가워지던 다리가 마비되는 것을 느끼면서도 그는 아무런 두려움을 느끼지 못했을 것이다. 그가 스스로 세상을 떠난 지 벌써 2,000년도 훌쩍 넘어섰다. 그래서 나는 지금 그에게 물어보고 싶은 얼†빠진 감정에 빠져 있는 것이다. 테스 형, 근황이 어떠시냐고?

소크라테스는 부처나 예수 그리고 무함마드와 마찬가지로 글을 남기지 않았던 현자이다. 그의 수제자였던 플라톤이 전하는 말로는 "한 사람의 의견을 기록으로 남긴다는 것은 어리석은 일이다. 왜냐하면 당신의 관점은 변하더라도 종이에 남긴 당신의 말은 그대로 남기 때문이다."라고 그 이유를 밝히고 있다. 소크라테스와는 달리 아테네 명문가 출신의 플라톤도 그 스승의 영향을 받아서 영혼불멸설을 주장하게 되었다. 또한 그는 영혼을 이성을 관장하는 합리적인 부분(rational soul), 감정과 같은 정신적인 부분(spiritual soul) 및 식욕이나 성욕 그리고 소유욕과 같은 욕망적 부분(appetitive soul)이 합쳐진 것으로 해석하였다. 그리고 플라톤이 아테네 교외에 세운 아카데미아에서 20여 년간 공부한 아리스토텔레스는 그 영혼을 다시 3가지로 구체화하였다. 즉 식물들은 성장과 번식을 담당하는 생혼(生魂, vegetative soul)을 가지고 있고, 여기에 더하여 동물들은 운동과 감각이 있는 각혼(覺魂, sensitive soul)을 가지며, 더 나아가 인간은 이성을 담당하는 영혼(靈魂, rational soul)까지 가지고 있다고 주장하였다.[16] 이러한 생각들은 서양 사상의 중심이 되어 중세 암흑기를 거쳐서 르네 데카르트(Rene Descartes: 1596~1650)에 이르게 된다.

데카르트는 우리에게 잘 알려진 "나는 생각한다, 고로 존재한다(Cogito ergo sum)."라는 명언을 남긴 프랑스 철학자이다. 그가 외친 이 한마디는 중세 기독교 세계관에서 벗어나고자 하는 외마디 울림이라는 것을 우리는 잘 알고 있다. 신이 창조했으므로 내가 존재하는 것이 아니라, 생각(의심)함으로써 내가 존재한다는 의미이다. 따라서 신 중심의 기독교적 관점에서 인간 중심의 이성주의적 관점으로 돌아왔다는 외침이기도 하다. 그러나 데카르트가 생각한 '나'라는 인간은 비록 육체와 영혼이 결합된 하나의 존재이지만 이들은 서로 분리되어 있다고 생각하게 된다. 육체는 자연법칙에 종속되지만 영혼은

---

* 이 정도의 죄상으로 사형을 선고받았다는 것이 쉽게 이해되지 않지만, 대부분의 책에서는 이런 내용만을 담고 있다.

† '얼빠지다'에서 '얼'은 쓸개를 말한다. 동양의학에서는 정신을 관장하는 기관이 쓸개에 있다고 생각하여 파생된 말이다.

이 법칙을 따르지 않는다고 그는 믿었던 것이다. 그가 제안한 이론이 바로 우리가 잘 알고 있는 물심이원론(物心二元論, mind-body dualism)이다. 만약 마음과 몸이 따로 있다면 이들은 어떻게 서로 연결되어 있을까? 데카르트는 우리의 뇌 속에 들어 있는 송과선이 그 역할을 담당한다고 주장하였다. 그러나 우리는 세월이 흐르면서 송과선이 이러한 역할과는 아주 거리가 멀다는 것을 알게 되었다. 따라서 이원론은 점차 버틸 자리가 없어져 간다는 사실도 우리는 알고 있다.

이러한 이론과는 달리 육체와 영혼을 한 몸으로 보고 단지 그 관계를 겉과 속으로 구분 지우는 일원론(一元論, monism)은 몸과 마음을 따로 보지 않는다. 그러나 일원론도 오직 육체만이 존재한다는 쪽으로 생각하는 물리론(物理論, physicalism)과 오직 정신만이 존재한다는 유심론(唯心論, mentalism)으로 구분되게 된다. 그뿐 아니라 육체를 포함한 정신도 모두 물질에 의한 결과물이라고 생각하는 유물론이나 모든 현상이 원인과 결과의 인과관계로 설명할 수 있다는 기계론도 우리의 궁금증을 해갈시켜주지는 못하고 있다.

나는 이 시점에서 의학이 말해주는 중요한 사실 하나를 지적하고 싶다. 모든 생명체가 세포라는 조립단위로 구성되어 있다는 사실을 알아차린 시점이 바로 1838년이다. 이렇게 19세기는 소크라테스나 공자, 예수나 부처가 살았던 시절과는 완전히 다른 세상이었고, 물심이원론을 주장했던 데카르트보다도 200년이나 지난 시점이라는 점에 주목하자. 혹시 여러분은 '뇌 속에는 어떤 기본 구조물이 들어 있을까?'라고 생각해본 적이 있는가? 과연 우리의 영혼이나 정신이 들어 있다고 생각되는 뇌조직에는 기본적으로 어떤 세포들로 구성되어 있을까?

이에 대한 해답은 세포설이 발표되고 난 이후에도 30여 년이란 세월을 더 기다려야만 하였다. 왜냐하면 뉴런이라는 신경세포는 그 구조가 특이해서 쉽게 현미경하에 그 모습을 드러내지 않기 때문이다. 머리를 풀어헤치고 몸뚱이에 수백 개의 발이 붙어 있는 신경세포를 찾아내기란 결코 쉬운 일이 아니기 때문이다. 드디어 1873년 이탈리아 해부학자인 카밀로 골지(Camillo Golgi: 1843~1926)가 질산은을 이용한 염색법을 개발함으로써 비로소 그 용태를 세상에 드러내게 되었다. 마침내 뉴런이라는 세포가 인간의 문명 속으로 들어온 것이다. 골지는 이러한 뉴런이 서로 연결되어 있다고 생각했지만, 곧이어 등장한 스페인의 신경조직학자인 카할(Santiago Ramón y Cajal: 1852~1934)은 이 뉴런들이 각기 틈새에 의해 떨어져 있다고 주장하게 되었다.*

이 두 사람은 1906년 노벨상을 공동 수상했지만 실제로 뉴런이 각각의 단일 세포로 구성되어 있다는 것이 확인된 것은 1960년대 전자현미경이 도입됨으로써 비로소 알려지게 되었다. 우리가 뉴런을 정확히 알게 된 것은 이제 겨우 50여 년을 넘기고 있다. 그래도 의식이나 기억에 관한 의학적 발전 속도는 느리지만 그 내용은 비약적이라 할 만하다. 그러나 뉴런을 모방한 인공지능은 이미 퀴즈 대결에

---

* 골지는 신경세포가 서로 연결되어 있다는 망상설(reticular theory)을 주장하였고, 카할은 신경세포가 틈새에 의해서 서로 떨어져 있다는 뉴런설(neuron doctrine)을 주장하였다.

서 인간을 이겼고 바둑 게임에서는 인간을 하수로 만들어버렸다.

자, 이제 다시 육체와 영혼이라는 본론으로 되돌아가보자. 그렇게 자신감이 넘치던 테스 형이 이에 대한 대답이 없으니 우리는 더욱 궁금해질 수밖에 없다. 과연 육체와 영혼은 분리되어 있는가? 만약 분리되어 있다면 육체는 소멸하고 영혼은 불멸하여 어딘가에 모여 그 실재를 영위해나가고 있는가? 만약 그들이 사후 세계에 살고 있다면 다시 그들을 이 세상으로 모셔올 수도 있을까? 이번에는 앞서 간 현자들로부터 대답을 기대할 수 없기 때문에 우리의 영적 세계를 이끌고 있다는 종교는 이 문제에 대하여 어떤 해답을 내놓고 있을까? 그 대답을 찾으러 나서 보자.

3) 시방삼세

시방삼세(十方三世)라는 말은 불교 용어로 시간과 공간을 통틀어 일컫는 말이다. 시방은 동서남북을 포함하는 전 공간을 뜻하며, 삼세는 시간적 개념으로 전세(前世), 현세(現世), 내세(來世)를 뜻한다. 우리가 살고 있는 현재가 현세라는 의미이다. 그렇다면 우리가 태어나기 전의 전세는 무엇이며 우리가 죽고 난 다음에 오는 내세는 무엇이란 말인가? 이것은 모든 생명체에 해당되는 사항인가? 아니면 단지 인간에게만 적용되는 시간 개념일까?

거의 모든 종교는 죽음이라는 현상을 이용하거나 남용한다는 비판을 자주 받는다. 아니 이보다는 더 싸늘한 시선으로 종교를 바라보기도 한다. 즉 종교의 존재적 근거는 죽음이라는 현상에 있고 아마도 죽음이 없다면 종교는 그 존립 자체의 타당성을 잃어버릴 수 있다고 경고하기조차 한다. 그러나 인간은 뇌의 상상력을 동원하여 그들의 능력이 어떤 한계점을 분명히 가지고 있다는 것을 너무나 잘 알고 있다.

만약 친구 두 사람이 산길을 걷다가 불곰을 만났다고 가정해보자. 일단 두 사람은 무서워서 내달리기 시작할 것이다. 이때 한 친구가 숨을 헐떡이며 "야! 친구야, 우리가 곰보다 더 빨리 달릴 수 있을까?"라고 한탄한다. 그러자 그 소리를 들은 다른 친구는 암담하게 이렇게 말한다. "괜찮아! 너보다만 더 빨리 달리면 돼!!" 이렇게 하여 뒤처진 친구는 무슨 생각을 하고 있을까? 분명히 누군가에게 간절한 도움을 요청하고 있을 것이다. 그래서 우리라는 인간은 무교를 포함한 모든 종교에 취약할 수밖에 없다. 그래서 인간을 '종교적 인간(Homo religious)'*이라고들 하지 않는가!

기왕 이야기가 나온 김에 먼저 불교에서 말하는 내세 또는 사후생이란 무엇인가를 알아보도록 하자. 그렇지만 불교의 뿌리인 브라만교나 힌두교의 교리 차이와 같은 전체적인 개념이 아니라 단지 내세를 보는 시각에만 초점을 두고 생각해보자.

불교는 인간의 몸을 지(地)·수(水)·화(火)·풍(風)으로 구성되어 있다고들 말한다. 우리의 몸은 이승에

---

* Homo religious라는 말은 무언가를 믿기 좋아하는 인간의 특성을 호모 사피엔스에 빗대어 쓰는 말이다.

서 잠시 빌려 입은 낡은 옷에 불과하다는 뜻이다. 우리는 이 헌 옷을 불에 태움으로써 이승에 대한 애착과 미련을 버리고 새 옷의 주인으로 다시 태어날 수 있다는 뜻이다. 불교는 인간의 생명을 사유(四有)로써 표현한다. 생유(生有)는 태어나는 짧은 순간을 말하고, 사유(死有)는 죽는 순간을 말한다. 그렇다면 이 중간에 해당하는 기간은 무엇이라고 부를까? 이 기간이 본유(本有)에 해당하고, 죽어서 다시 다른 생명으로 태어나기까지의 기간을 중유(中有)라고 부른다. 또한 이 중유 기간 동안 죽어 있는 상태를 중음신(中陰身)이라고들 한다.[17] 이 중유 기간에 살아 있는 사바세계의 인간들이 해야 할 도리가 바로 49제이다. 이 49제는 불교의 윤회사상과 중국의 유교적 조령 숭배 사상이 합쳐져서 생겨난 하나의 의식이라고 볼 수 있다. 이 기간 동안 사자의 복을 기원하며 제사를 지내야 죽은 사람이 좋은 곳으로 다시 환생할 수 있다는 믿음에서 출발한 것이다.

우리는 현생을 살아가면서 만든 행위의 산물인 업(業, Karma)*을 통해 그 과보를 받게 된다. 선업을 많이 쌓으면 좋은 곳으로 환생한다는 믿음이다. 결국 중생이 만든 업에 따라 삼계육도†를 도는 윤회의 세상을 돌다가 진리를 체득하여 해탈의 경지에 도달하면, 드디어 윤회의 사슬을 벗어나 열반의 경지에 오른다는 개념이다. 불교는 업이라는 과정을 통하여 전세와 현세, 더 나아가서 내세의 운명이 결정된다는 교리를 제시하고 있다.[18] 따라서 내세를 확실히 인정하고 그 심판적인 요소가 바로 업이라는 사실을 이야기하고 있는 것이다.

불교는 5세기경 한반도에 유입된 이래 신라와 고려 중기까지 번성하여 화장이 크게 유행하였다. 따라서 신라의 문무왕, 효성왕, 성덕왕 그리고 진성여왕은 화장으로 마지막을 정리하였다. 그러나 조선시대에는 유교사상이 퍼지면서 화장 대신 매장으로 문화가 바뀌게 된다. 그렇다면 유교는 사후생을 어떻게 보고 있을까? 유교는 종교 중에서 내세에 대한 개념이 가장 미약한 점이 특징이다. 그래서 우리는 유교의 사후생에 대한 개념을 영혼 수명론이라고 부른다. 영혼이 불멸하지 않다는 뜻이다. 중국 춘추시대에 무녀의 아들로 태어난 공자는 1남 2녀를 둔 아버지이기도 하였다.

유교의 사생관은 비교적 체계적이다. 우선 인간은 이(理)와 기(氣)로 구성되어 있다고 본다. 이(理)는 하늘로부터 부여받은 본성적 측면을 말하고, 기(氣)는 다시 혼(魂)과 백(魄)으로 나누어진다. 여기서 혼은 정신적인 측면을 말하고 백은 육체적인 측면을 말하고 있다. 우리가 흔히 말하는 혼백은 이렇게 하여 등장한 것이다. 이는 마치 플라톤이나 아리스토텔레스가 영혼을 세분하기 위하여 노력한 내용과 유사한 점이 많다.

그렇다면 유교에서는 사람이 죽으면 어떻게 된다는 말인가? 우선 사람이 숨을 거둘 무렵이면 고운

---

* 업은 신업(身業: 몸으로 짓는 행위), 구업(口業: 말로써 짓는 행위) 그리고 의업(意業: 마음으로 짓는 행위)으로 나뉜다.

† 3계는 욕계(欲界), 색계(色界), 무색계(無色界)를 말하고 6도는 지옥도, 아귀도, 축생도, 아수라도, 인간도, 천상도를 말하다.

솜털을 코 밑에 갖다 대고 호흡이 있는지를 살핀다. 우리는 이 과정을 속광(屬纊)*이라고 부른다. 그리고 솜털이 움직이지 않으면 망인의 적삼을 들고 지붕이나 마당으로 나가서 고인을 애절하게 세 번 부른다. 이렇게 고복(皐復)이 끝나면 사자상을 집 앞에다 내놓고 본격적으로 장례의식에 들어가게 된다. 이때 고인을 구성하던 이(理)는 다시 하늘로 올라가지만, 정신인 혼은 신(神)이 되고 육체인 백은 귀(鬼)가 되어 귀신이 된다.[19] 이렇게 분리된 혼백은 귀신이 되지만, 이들은 영혼불멸이 아니다. 일정 기간만 지상에 머물다가 사라지는 존재에서 우리는 이를 영혼 수명론이라고 부른다. 따라서 이러한 귀신이 지상에 머무는 동안 자손을 해롭게 하지 않고 이롭게 해줄 수 있도록 면식 조상 범위 내에서 제사를 지내야 한다는 이야기이다. 면식 조상이란 생전에 만나서 얼굴을 알아볼 수 있는 조상을 말하고 고조부까지의 4대를 말한다고 할 수 있다. 그래서 유교가 보는 사후생의 결론은 어떠한가? 내세란 그저 짧은 기간에만 존재하고 사라지는 개념으로 보는 것이다.

그렇다면 기독교는 어떻게 보고 있을까? 여기서 말하는 기독교는 차라리 아브라함 계열 종교(Abrahamic religions)라고 표현함이 더 옳을 듯하다. 왜냐하면 이렇게 함으로써 유대교, 천주교와 개신교를 포함하는 기독교, 그리고 이슬람교를 모두 어우를 수 있기 때문이다. 이 종교들는 소크라테스부터 시작된 영혼불멸설에 근거하여 결코 영혼은 소멸되지 않고 특정 시점이 되면 다시 부활하여 심판을 받은 후 천국과 지옥에서 영원한 삶을 영위한다는 교리를 제시하고 있다. 이 종교들의 중심에는 항상 이 세상을 창조한 유일신인 하느님(god)이 있다는 점이다. 특히 기독교는 영혼불멸을 넘어서 예수 그리스도를 믿고 그의 가르침을 따르는 사람은 심판의 날에 죄를 용서받고 부활하여 천국에서 영생을 누릴 수 있다고 믿고 있다. 그리고 천주교는 지옥과 천당 사이에 연옥(燃獄, Purgatorium)을 두고 어중간한 사람들이 머무는 곳임을 강조한다.

아브라함 종교가 말하는 부활이 성서나 코란에 처음으로 등장하는 것은 아니다. 일찍이 고대 메소포타미아 문명이 자리 잡고 있던 시절에 쓰였던 《길가메시 서사시》†에도 불로초와 뱀이 등장해 있고, 고대 이집트 신화나 사자의 서에서 등장하는 오시리스 신화‡는 부활과 재생 그리고 죄에 대한 심판을 중점적으로 다룬다. 특히나 서양 종교에 많은 영향을 미쳤다고 보고 있는 조로아스터교는 심판의 다리 위에서 선악을 무게를 재어 천당과 지옥으로 갈리는 권선징악적 개념이 뚜렷하게 나타나고 있다. 이렇게 아브라함 계열 종교는 영혼이 불멸할 뿐만 아니라 그 사후 세계를 천당과 지옥 그리고 부활이

---

* 의사들도 환자의 사망을 확인하는 데 이 방법을 최종적으로 사용하기도 한다.

† 《길가메시 서사시(Epic of Gilgamesh)》는 고대 수메르 신화에 등장하는 길가메시 왕을 노래한 최초의 서사시이자 문학작품이다. 길가메시가 죽음을 알고 영생을 찾아 헤매는 과정을 그리고 있다. 성경의 대홍수와 노아의 방주를 연상케 하는 장면들이 들어 있다. 불로초와 뱀이 등장한다.

‡ 오시리스(Osiris)는 고대 이집트 신화에 등장하는 죽음과 부활의 신으로 동생인 세트에 의해서 살해당하여 나일강에 뿌려지지만, 그의 여동생이자 아내인 이시스가 그의 시신을 수습하여 부활시킨다는 내용이다. 오시리스는 부활과 재생을 의미하게 되었고, 파라오는 오시리스의 화신으로 여겨지게 되었다.

라는 방식으로 전개시키고 있는 것이다.

지금까지 종교가 이야기하는 사후 세계는 영혼은 소멸하지 않고 불멸한다거나 최소한 일정 기간은 존재한다는 쪽으로 기울어져 있다. 그렇다면 현대의 과학은 이 문제에 대하여 어떤 입장을 취하고 있을까? 아마도 종교적 입장을 지지하는 쪽보다는 의구심을 나타내는 쪽에 서 있다고 할 수 있다. 즉 단멸론이나 최소한 불가지론적 입장을 취한다는 뜻이다. 단멸론은 나의 존재는 죽음과 함께 완전히 소멸한다는 견해이고, 불가지론은 죽은 이후에 어떻게 될지는 아무도 모른다는 개념이다. 아마도 과학과 종교가 가장 첨예하게 충돌하는 주제 중 하나가 바로 사후생 문제일 것이다. 만약 사후생이 존재하지 않는다는 것이 분명히 밝혀지게 되면 대다수의 종교는 그 존립 자체가 흔들릴 것이고, 사후생이 존재한다는 것이 분명히 밝혀지면 과학의 패러다임도 혁신적으로 바뀌어야만 할 것이다.

그러나 미국의 노벨 물리학상을 수상한 스티븐 와인버그(Stever Weinberg: 1933~2021)는 위와 같은 문제점을 다음과 같이 평가하고 있다. "과학은 지적인 사람들이 종교를 믿지 못하도록 만들지는 못했지만, 적어도 종교를 믿지 않아도 되게끔 만들었다."[*]라고. 아무래도 나는 이 책 전반을 통하여 이러한 생각에 동의하고 싶은 유혹을 강하게 느낀다. 즉 생명과 인생은 생사불이(生死不二)이고 불생불멸(不生不滅)[†]이라고.

4 새로운 우리들

1) 복제인간

복제인간을 설명하기 위하여 고심하다가 이야기를 '씨도둑'에서부터 시작하려고 한다. 씨도둑은 말 그대로 씨는 훔칠 수 없다는 자조적인 말이다. 비록 콩과 팥이 비슷해 보이지만, 밭에다 콩을 심으면 콩이 나고 팥을 심으면 팥이 난다는 뜻이다. 결코 콩을 심었는데 팥이 나지 않는다는 의미를 담고 있다. 그런데 근래에 들어와서 이 말이 여전히 맞는 말로 남아 있을까? 우리는 분명히 콩을 심었는데 팥이 나오는 세상에 살고 있는 것이다. 과연 어떤 사연이기에 이런 일이 벌어질 수 있을까?

(1) 줄기세포

1961년 토론토 암 연구소에서 근무하던 어니스트 맥컬럭(Ernest McCulloch: 1926~2011)이 쥐의 골수에서 줄기세포를 발견함으로써 우리 자신을 보다 더 자세히 이해할 수 있는 길을 찾아내게 되었다. 왜냐하면 우리 스스로를 만들어내는 배아가 바로 최상의 줄기세포이기 때문이다. 줄기세포는 우리의 몸을 유지 ·

---

[*] 원본의 의미는 다음과 같다. "One of the great achievements of science has been, if not to make it impossible for intelligent people to be religious, then at least to make it possible for them not to be religious."

[†] 생사불이는 삶과 죽음이 다르지 않다는 뜻이고, 불생불멸은 생겨나지도 않고 없어지지도 않는다는 뜻이다.

관리하고 염증이나 노화 등으로부터 우리를 보호해주는 역할을 담당하고 있기도 하다. 더 정확히 줄기세포를 정의해본다면 3가지 정도의 특징을 가지고 있는 세포라고 할 수 있다. 먼저 형태나 기능이 확정되지 않는 미분화 세포 상태를 말한다. 그리고 일반 세포와는 달리 횟수에 제한 없이 분열할 수 있다는 특징이 있다. 이는 마치 생식세포나 암세포와도 유사한 특징이다. 그뿐 아니라 줄기세포가 분열을 하게 되면 1개의 세포는 줄기세포 자신으로 남아 있고, 다른 1개는 다른 형태의 기능을 가진 세포로 변해갈 수 있다는 점이다. 그래서 줄기세포는 고갈되지 않고 계속적으로 몸을 유지 · 관리해갈 수 있게 된다. 그렇지만 나이가 들어가면 이러한 기능이 약해지면서 노화현상이 나타나게 될 것이다.

그렇다면 이제 줄기세포에는 어떤 것들이 있을까? 줄기세포는 크게 4가지 정도를 생각할 수 있다. 먼저 어니스트가 발견한 골수에 있는 줄기세포는 성체 줄기세포(adult stem cell) 중 하나이다. 이 줄기세포들은 성인의 몸속에 들어 있는 정상적인 세포들을 말한다. 두 번째는 우리가 흔히 말하는 배아줄기세포(embryonic stem cell; ES cell)이다. 즉 아기가 되는 배아에서 뽑아낸 줄기세포라는 뜻이다. 정자와 난자가 만나서 수정이 되면, 배반포 단계에서 새로운 생명으로 자라나는 세포 덩어리(內細胞塊; inner cell mass)가 있게 된다. 이 배아줄기세포는 이러한 초기 세포 덩어리에서 떼어낸 세포를 말한다. 이렇게 추출한 줄기세포는 각각의 장기로 배양해낼 수 있게 될 것이다. 다만 새로운 생명체로 커나갈 수 있는 배반포를 파괴시켜야만 얻을 수 있다는 커다란 윤리적 문제를 안게 된다. 생쥐에게서 배아줄기세포를 처음으로 만든 학자는 1981년 영국의 마틴 에번스(Martin Evans; 1941~)였지만, 원숭이(1995)와 인간(1998)에게서 각기 배아줄기세포를 얻어낸 학자는 미국 위스콘신 대학교의 제임스 톰슨(James Thomson; 1958~)이다.

그다음은 배아줄기세포이지만 복제라는 말이 앞에 더 붙어서 복제배아줄기세포라는 좀 복잡한 과정을 거쳐야 만들어지는 줄기세포가 있다. 이 복제배아줄기세포는 핵을 바꾸기 때문에 체세포핵치환배아줄기세포(somatic cell nuclear transfer embryonic stem cell; SCNTESC)라고 부르기도 한다. 이 복제배아줄기세포는 잠시 뒤에 다시 설명하기로 하자. 마지막으로 기술할 줄기세포는 정형외과 의사이자 마라톤을 즐기는 교토 대학교의 야마나카 신야(Shinya Yamanaka; 1962~)교수가 만들어낸 유도만능줄기세포(induced pluripotent stem cell; iPS)이다. 여기서 굳이 '만들어낸'이라고 쓴 것은 복제배아줄기세포와 유도만능줄기세포는 인간의 정교한 손재주로 탄생한 세포이기 때문이다.*[20]

유도만능줄기세포를 이해하기 위해서는 역분화라는 개념을 알아둘 필요가 있다. 역분화(reprogramming)란 고도로 전문화된 세포에 어떤 조작을 가하여 다시 줄기세포로 되돌아가게 만들어주는 것을 말한다. 예를 들어보자. 초등학교에 갓 입학한 꼬마 학생은 앞으로 장래가 유망할 것이다. 사회 각층에서 필요한 인재로 성장할 수 있다는 뜻이다. 마침내 이 꼬마 학생이 물리학자가 되고 의사나 변호사

* 물론 배아줄기세포도 인간이 만든 줄기세포이지만 복제배아줄기세포나 유도만능줄기세포는 생산 과정에서 더 정교한 시술이 요구되기 때문이다.

가 되었다고 치자. 여기서 물리학자나 의사 그리고 변호사 등등이 바로 우리 몸으로 치자면 피부세포가 되고 심장세포 그리고 뇌세포가 된 것과 같다는 뜻이다. 그런데 만약 누군가가 지상 최대의 마술을 부려서 이 물리학자를 다시 초등학교 시절의 꼬마 학생으로 되돌릴 수 있다면 어떻게 될까? 이렇게 되돌아간 꼬마 학생은 다시 모든 가능성이 있는 직업군의 종사자로서 성장할 수 있게 될 것이다. 바로 이 과정을 생물학에서는 역분화라고 부른다. 이와 같이 피부세포를 다시 줄기세포로 되돌릴 수 있는 마술을 찾아낸 학자가 바로 노벨상을 받은 야마나카 신야라고 할 수 있다.

그렇지만 이러한 역분화의 가능성을 처음으로 암시한 학자는 1962년 영국의 생물학자 존 거든(John Gurdon: 1933~)이었다. 그는 개구리 난자에서 핵을 제거하고 여기에 올챙이 소장의 상피세포에 있는 핵을 넣어준 결과, 올챙이가 다시 생겨난다는 실험을 해냈던 것이다. 이미 분화가 끝난 상피세포의 핵이 다시 핵이 없는 난자 속으로 들어가면, 어떻게 역분화가 일어나서 초기의 꼬마 학생으로 돌아갈 수 있단 말인가? 어떻게 다 늙은 상피세포가 난자 속으로만 들어가면 원기를 되찾고 회춘하여 별별 조직으로 다시 태어날 수 있는 이유는 무엇일까? 야마나카 신야의 업적이 빛나는 순간이 바로 여기에 있다. 그는 난자 속에서 특이한 4개의 유전자를 찾아낸 것이다. 이 4개의 유전자를 주입하면 어떤 세포도 다시 줄기세포로 되돌아갈 수 있도록 만들 수 있게 되었다. 그는 이러한 공로를 인정받아 존 거든 교수와 함께 2012년 노벨 생리의학상을 받게 되었다.

이 과정을 다시 풀이해 보면 물리학자에서 다시 꼬마 학생으로 변하게 만들고, 이 꼬마 학생을 다시 변호사로 만드는 과정과 유사하다. 그러나 아직까지도 물리학자에서 바로 변호사로 만들 수 있는 재주는 누구도 선보이지 못하고 있다. 즉 피부세포를 바로 심장세포로 바꿀 수는 없다는 뜻이다. 이제 우리는 복제인간을 만들 수 있는 지식적 배경에 한 발 더 다가가고 있다는 느낌이 들 것이다.

(2) 복제 생물

똑같은 생물 즉 복제 생물을 만든다는 것은 무슨 뜻인가? 나를 닮은 똑같은 나를 다시 만들어낼 수 있다는 뜻이고, 내 옆에 살다가 저 세상으로 먼저 간 애완견을 다시 만들어낼 수 있다는 의미이다. 미국의 유명한 가수 겸 배우인 바브라 스트라이샌드(Barbra Sterisand)는 2018년 자신의 죽은 반려견을 복제해서 두 마리나 키우고 있다.[21] 이게 어디 가능한 이야기인가? 지금부터 그 과정을 알아보도록 하자.

복제(cloning)란 완전히 똑같은 생물체를 만든다는 뜻이다. 인간이 생물을 복제하기 이전에 자연에서도 복제 현상이 똑같이 일어나고 있다. 세균이 자신의 몸을 2개로 쪼개어 번식하는 것도 복제이고, 식물의 꺾꽂이도 완벽한 복제라고 할 수 있을 것이다. 그럼 인간에게도 자연적으로 복제 현상이 일어나지 않을까? 일란성 쌍둥이가 바로 자연스럽게 생겨나는 복제 현상이다. 일란성 쌍둥이는 하나의 수정란이 만들어진 후 수일 내에 이 수정란이 우연히 2개로 분리되어 각각이 자궁 안에서 성장하여 생긴 결과물이다. 이들은 다른 개체이지만 유전적으로는 완전히 동일하다. 수정란에서부터 일찍 분리될수록 태반과 양막을 공유하게 되지만, 아예 늦게 분리되면 쌍둥이의 신체 일부가 붙어서 나오는 결합 쌍둥이(conjoined twin)*가 되기도 한다.

복제 생물의 역사에서 처음으로 등장하는 독일의 한스 드리슈(Hans Driesch: 1867~1941)는 성게의 알이 2개의 딸세포가 될 때 이들을 흔들어 분리시키면 복제된다는 것을 처음으로 알아차린 학자이다. 발생학의 창시자라고 알려진 한스 슈페만(Hans Spemann: 1869~1941)은 어린 딸의 머리카락을 이용하여 꼬리가 달린 양서류인 영원(newt)의 알을 묶어서 핵이 들어 있는 쪽이 성체 영원으로 발달하고, 핵이 없는 쪽은 그저 세포 덩어리에 머문다는 사실을 알게 해준 장본인이기도 하다. 그러나 무엇보다도 복제 생물의 역사에서 한 획을 그은 학자는 1997년 세상을 깜짝 놀라게 한 영국의 이언 윌머트(Ian Wilmut: 1944~2023)가 만들어낸 돌리 양(Dolly the sheep)일 것이다. 그는 과연 어떻게 돌리 양을 만들어낼 수 있었을까? 그 과정을 한번 추적해보기로 하자.

돌리 양이 만들어지는 과정은 앞에서 기술한 복제배아줄기세포†라는 개념과 연결되어 있다. 즉 핵이 제거된 난자에다가 복제하고 싶어 하는 동물의 체세포 핵을 넣어 배아를 만들어내는 작업을 말한다. 좀 복잡하지만 전문용어로는 체세포핵치환 배아줄기세포(somatic cell nuclear transfer embryonic stem cell; SCNT-ESC)라고 부른다. 2023년에 작고한 이언 윌머트는 아주 영리하게 돌리 양을 만들 과정을 설계하였다. 여기에는 세 마리의 양이 동원되지만 외관상으로는 두 종류의 양으로 구분된다. 즉 얼굴이 검은 양(Scottish Blackface)과 얼굴이 흰 양(Finn-Dorset)이 그 둘이다. 먼저 얼굴이 검은 암양에게서 난자를 채취하여 핵을 제거한다. 그리고 얼굴이 흰 암양의 유방 세포에서 핵을 뽑아낸 다음, 이 핵을 이미 핵이 제거된 검은 암양의 난자에다가 집어넣어 배반포까지 만들어낸다. 그런 다음 이 배반포를 다시 얼굴이 검은 대리모의 자궁에다가 이식시킨다.[22] 이런 과정을 227번 시도한 끝에 겨우 한 대리모에게서 태어난 복제 생물이 바로 돌리이다.‡[23]

그런데 왜 돌리라는 이름이 붙었을까? 여기서도 이언 윌머트의 위트 감각이 빛을 발한다. 혹시 여러분이 흥얼거리는 팝송 중에 〈나는 변함없이 당신을 사랑할 거예요(I will always love you)〉§라는 노래를 작곡하고 부른 가수가 머릿속에서 떠오르는가? 바로 미국 테네시 출신 돌리 파튼(Dolly parton: 1946~)이다. 흰

---

* 결합 쌍둥이란 수정란의 분리가 늦게 일어나서 신체의 일부가 붙은 상태로 태어난 쌍둥이를 말한다. 얼굴이나 등 및 복부 등이 붙은 채로 쌍둥이가 태어난다.

† 복제배아줄기세포는 배아줄기세포보다 한 단계 기술적 수준이 높은 줄기세포이다. 생쥐에게서 복제배아줄기세포를 최초로 만든 사람은 2001년 일본 이화학연구소의 와카야마 데루히코였다. 2004년에 한국의 황우석 교수에 의해 인간 복제배아줄기세포가 만들어졌다는 발표는 허위로 밝혀져 국제적으로 불미스러운 사건이 되어버렸다. 원숭이에게서 복제배아줄기세포가 만들어진 것은 2007년 미국 미탈리포프에 의해서였고, 그는 뒤이어 2013년에 가서야 겨우 인간 복제배아줄기세포를 완성시킬 수 있었다.

‡ 실제로 227개의 젖샘세포와 난자를 융합시켜서 배아로 발달한 것은 29개였고, 이들을 자궁에 이식해서 13개만이 임신이 되었다. 그러나 마지막까지 살아남은 배아는 1개였고, 여기서 태어난 복제 생물이 바로 돌리이다.

§ 싱어송라이터인 돌리 파튼이 1973년에 발표한 이후 1992년 〈보디가드〉라는 영화의 OST로서 휘트니 휴스턴에 의해 불려 우리에게 더욱 익숙한 노래이기도 하다. 테네시주에 가면 돌리우드(Dollywood)라 불리는 공원과 리조트가 있다.

얼굴을 가진 암양의 유방 세포에서 유래한 복제 양은 풍만한 가슴을 가진 돌리 파튼의 이름을 얻기에 충분한 자격을 가지고 있었던 셈이다. 사실 돌리 양한테는 아빠가 없다. 얼굴이 희고 검은 두 암양과 얼굴이 검은 대리모가 있을 뿐이다. 그렇다면 과연 돌리는 얼굴이 흰색일까? 검은색일까? 또한 새로 태어난 복제양 돌리가 이들에게서 만들어졌다는 과학적인 근거는 무엇일까?

돌리는 대리모나 핵 없는 난자만을 준 검은 얼굴의 양이 아니라 핵을 준 암양의 얼굴을 닮아서 흰색 얼굴을 하고 있었다. 역시 "피는 못 속인다."는 말이 돌리의 얼굴에서도 나타난다고나 할까? 또한 돌리의 DNA도 핵을 준 암양의 DNA와 동일하다는 것이 밝혀짐으로써 복제양 돌리의 탄생이 인정되게 되었다. 돌리는 이후 6년 정도를 살다가 폐렴으로 안락사하게 된다. 자, 그렇다면 이제 이 방법을 이용하여 인간을 복제해볼 차례이다. 인간 복제도 돌리 양이 만들어지는 과정과 다를 바가 없다. 먼저 A 여성에게서 난자를 채취하여 핵을 제거한다. 그리고 다른 사람 B의 몸에서 마치 코로나 검사를 하듯이 체세포 조각을 얻어서 여기서 나온 핵을 핵이 제거된 A 여성의 난자 속에 집어 넣는다. 즉 세포의 핵만은 바꾼 것이다.* 그다음 이렇게 만들어진 배반포를 다른 한 대리모 C 여성의 자궁에다 이식시킨다. 이렇게 태어난 아기가 바로 사람 B의 인간 복제물이 되는 것이다.

이것이 가능할까? 이미 기술적으로는 완성되어 있다고 보인다. 그렇지만 대부분의 나라에서 생식 목적의 인간 복제는 금지하고 있지만, 줄기세포 채취를 위한 치료 목적의 복제는 아직도 완전한 합의가 이루어지지 않은 상태이다. 인간 복제를 반대하는 큰 이유는 먼저 복제 생물들이 수정이라는 과정 없이 태어나기 때문에 예기치 못한 부작용들이 많이 생겨나기 때문이다. 여러 가지 기형들이 나타나서 태반이 비대해지거나 태아가 지나치게 커질 수도 있고 돌리처럼 일찍 죽을 수도 있다. 그뿐 아니라 유전적 돌연변이가 많이 쌓여 있는 성체의 체세포 핵이 유성생식을 통해 섞이지 않고 그대로 사용되기 때문에 수명이 짧아지거나 암에 잘 걸리고 노화현상이 빨리 올 가능성이 훨씬 높기 때문이다.

그렇지만 만약 나와 똑 닮은 복제인간이 태어난다면 어떤 일들이 벌어질까? 나와 신체 조건이 똑같고, 사고방식이나 태도도 나와 똑같을 것이며, 같은 수준의 능력이나 지능을 가지고 있을 것인가? 대답은 절대 "아니다"이다. 왜냐하면 나의 복제인간은 나보다 수십 년 늦게 태어날 것이고, 그와 소통하는 사람들이 다를 것이며, 다른 시대적 환경 속에서 성장할 것이기 때문에 나와 똑같을 방법이 없다. 만약 내가 쌍둥이로 태어났다면, 나의 쌍둥이보다 나의 복제인간이 훨씬 더 나와 다를 것이라는 것은 분명해 보인다.

따라서 나의 복제인간은 나의 일란성 쌍둥이도 아니고 나의 분신도 아니다. 또한 나와 유전자가 똑같다는 이유만으로 내가 불멸의 삶을 살아간다고 말하기도 어렵다. 그렇다면 무엇이라는 말인가? 나

---

* 이 단계에서 배반포 안에 든 내세포괴를 떼어내 배양한 것이 바로 복제배아줄기세포가 된다. 따라서 복제배아줄기세포는 동물 복제를 만들 수 있는 방법과 아주 근거리에 있다고 할 수 있다.

의 복제인간은 외모만 나와 닮았을 뿐 나와는 다른 사람이다. 여하튼 복제인간이 이 세상에 태어난 적이 있는가? 아직까지는 소문만 무성할 뿐이다. 인간은 영특하고 명예욕과 물욕으로 가득 차 있는 생물 종이 아니던가! 따라서 어디선가 복제인간이 태어날 것은 아마도 시간문제일 뿐이다. 우리는 새로운 우리와 어울려 살아야 하는 시대가 곧 다가올지도 모른다.

2) 인간과 인공지능

우리에게 불어닥친 인공지능에 대하여 언급하기에는 여러 가지 한계점이 도사리고 있다. 왜냐하면 인공지능이란 분야는 하루가 다르게 변하고 있고, 이미 일상생활에 흡수되어 그것이 인공지능인지조차 모른 채 지나가고 있기 때문이다.* 그렇지만 이에 관하여 몇 가지 요점을 추려서 생각해보기로 하자. 먼저 뇌와 컴퓨터는 어떤 관계일까?

(1) 뇌와 컴퓨터

인간의 뇌 속에는 약 1,000억 개의 뉴런이라는 신경세포가 자리 잡고 있지만, 단지 신경세포의 개수만이 문제가 되는 것은 아니다. 이 신경세포들은 가지를 뻗어서 서로 연결되어 있다는 점에 주목하여야 한다. 한 신경세포가 약 1,000개의 가지를 뻗어 서로 연결하고 있기 때문에 약 100조 개(10^{14})에 달하는 네트워크가 형성된다. 이렇게 엄청난 수의 연결망이 호모 사피엔스의 역사에서 인지혁명을 이끌어냈고, 달나라를 다녀올 수 있는 재주를 만들게 해주었던 것이다. 인공지능 역사에서 처음으로 등장한 네트워크도 인공 신경망을 모방한 퍼셉트론(perceptron)이다. 퍼셉트론이란 말조차도 뉴런(neuron)과 지각한다는 뜻의 perception이 합쳐져서 만들어진 용어가 아닌가. 즉 뉴런을 닮아서 여러 개의 정보가 입력되면, 이들을 모아 하나의 값으로 출력하도록 만든 알고리즘인 셈이다.

그렇다면 과연 뇌와 컴퓨터는 어떤 점에서 서로 닮았을까? 만약 우리의 뇌를 컴퓨터화할 수 있다면 어떤 일들이 벌어질 수 있을까? 또는 컴퓨터로 뇌를 만들 수 있다면 생명체에게는 어떤 변화가 나타날 수 있을까? 지금까지는 컴퓨터가 뇌를 닮아가기 위하여 부단한 노력을 쏟아붓는 것처럼 보인다. 만약 컴퓨터가 더 발전하여 인간의 뇌와 접속이 가능해진다면, 우리는 완전히 다른 세상에서 그리고 완전히 다른 우리와 살게 될 것이다.[24]

우리의 뇌도 컴퓨터와 접속할 수 있는 방법들을 다소 가지고 있다.† 내가 의사로서 진료한 환자 중

---

* 검색엔진도 인공지능이 하는 일이다. 그러나 이미 실용화되어 하나의 분야를 형성하면 더 이상 인공지능이라고 부르지도 않는다. 우리는 이런 현상을 AI 효과라고 말한다.

† 현재 뇌와 컴퓨터를 연결해줄 수 있는 신호로는 비침습적 방법인 뇌파가 있지만 대단히 민감하다는 단점이 있고, 기능적 뇌자기공명영상술(functional MRI; fMRI)은 값이 비싸다는 단점이 있다. 비침습적이라는 말은 전극을 넣기 위해서는 개두술이라는 머리 수술을 해야 하지만(침습적), 수술이 필요 없이 비교적 쉽게 할 수 있다는 의미이다.

에서 가장 감정선이 무너져 내린 경우는 근위축성 측삭경화증(루게릭병, amyotrophic lateral sclerosis)이란 희귀병을 가진 환자를 만나면서 시작되었다. 이들은 신경 중에서도 유독 운동신경만 파괴시켜서 점차적으로 움직일 수가 없게 된다. 그렇지만 의식이나 인지기능 및 감각기능은 대체로 잘 보존되어 있다.

엄마의 병간호 때문에 과년한 딸은 목욕탕에서도 한눈을 팔 수가 없다. 만약 조금이라도 방심하면 비눗물이 묻은 엄마는 목욕탕 물속으로 스르르 미끄러져 들어가지만, 그 어머니는 스스로 아무것도 할 수가 없기 때문이다. 그냥 굳어진 몸과 함께 물속으로 들어가는 수밖에. 전혀 말을 하거나 몸을 움직일 수도 없다. 모기가 날아와서 그녀의 팔뚝을 물어도 그냥 보고만 있을 수밖에 없다. 이 환자가 할 수 있는 일은 오로지 그 딸이 벽에다 붙여놓은 한글 자음이나 모음 글자를 막대기로 가리킬 때 눈을 깜빡거릴 수 있는 것이 전부이다. 딸은 이런 엄마의 속마음을 대강 알아차리고 있다. 딸이 'ㅂ'을 가리키면 엄마는 눈을 깜빡인다. 하고 싶은 말이 'ㅂ'으로 시작한다는 뜻이다. 벌써 점심때가 훌쩍 넘었다. 다시 딸은 'ㅏ'을 가리키고 그다음 마지막으로 'ㅂ'이 선택되면 드디어 딸은 '밥'이라는 말을 알아듣고 늦은 점심상을 차리게 된다. 그녀의 남편은 술만 마시면 노래방 마이크에다 대고 "나는 어떡하라고!!"를 질러댄다. 그렇지만 불행하게도 이 환자를 고통의 구덩이에서 구출해줄 의사나 성직자가 없다. 이 환자의 눈 깜박거림은 마치 컴퓨터의 이진법처럼 세상과 소통할 수 있는 유일한 창구였던 셈이다.

인간의 뇌는 수많은 질문을 쏟아내는 대상물이다. 기본적으로 뇌조직이 뉴런이라는 신경세포로 구성되어 있다는 것이 제대로 알려진 시기가 아직도 채 100년이 지나지 않고 있는 실정이다. 인간은 뇌를 정복하기도 전에 이미 그 모형물을 만들어서 뇌의 역할을 위협하고 있다. 그렇지만 뇌는 살아 있고 인공지능을 만들어내는 컴퓨터는 죽은 실리콘이다. 뇌는 생명체만 사용할 수 있는 ATP라는 에너지를 사용하지만, 컴퓨터는 전기에너지만 사용한다. 컴퓨터 속으로 포도당과 아미노산이 가득한 링거를 연결한다고 해서 컴퓨터가 작동하지는 않을 것이다. 컴퓨터는 전류를 이용해서 소통하지만, 뇌는 전기와 더불어 화학물질로도 서로 소통할 수가 있다. 이 화학물질은 뉴런과 뉴런 사이에 존재하여 그 전기 강도를 높이거나 줄이는 역할을 할 수 있기 때문에 전하고자 하는 정보를 조정할 수 있게 된다. 뇌는 전신에서 올라오는 감각기관을 통하여 정보를 입력시키지만, 컴퓨터는 키보드나 마우스 그리고 카메라 등으로 정보를 얻는다. 컴퓨터는 계산이나 검색 또는 분류나 정보처리 같은 단순 작업은 인간보다 수백 배 더 빠르게 처리할 수 있는 반면, 인간의 뇌는 복잡하고 종합적인 일을 더 잘 처리해낼 수 있다. 따라서 이 둘을 서로 연결할 수만 있다면 엄청난 파괴력을 가진 괴물이 탄생할 수도 있을 것이다. 실제로 그 방법이 뇌 컴퓨터 인터페이스(brain-computer interface; BCI)이다.[25]

뇌 컴퓨터 인터페이스라는 용어를 처음으로 만든 학자는 1973년 캘리포니아 로스앤젤레스 대학교 자크 비달(Jacques Vidal) 교수이지만, 실제 사람의 뇌에 전극을 넣은 학자는 1998년 에모리 대학교의 신경학자인 필립 케네디(Philip Kennedy)와 신경외과 의사인 로이 베케이(Roy Bakay)이다. 이들이 착안한 뇌 접속 방법은 뇌의 일차운동피질*에 초점을 맞추고 있다. 이들은 왼쪽 팔을 움직일 때 자극을 받는 일차운동피질 부위에 전극을 넣고 환자에게 훈련을 시킨다.

그들이 시키는 훈련은 아주 간단하다. 먼저 전극을 이식받은 환자는 컴퓨터 화면에 떠 있는 커서를 머릿속으로 움직인다고 생각한다. 커서를 위로 움직이고 싶으면 왼손을 위쪽으로, 그리고 커서를 아래로 움직이고 싶으면 왼손을 아래로 움직인다고 생각한다. 여기서 중요한 것은 '생각'이다. 실제로 환자는 왼손을 움직이지는 못하지만, 왼손을 움직인다는 생각만으로 그의 일차운동피질로 들어오는 미세한 신호를 전극이 받아내는 것이다. 이 전극으로 들어온 신호는 컴퓨터로 송신되어서 컴퓨터가 대신 커서를 위아래로 움직이게 해준다.

이러한 훈련의 결과로 몇 달 후 이름을 타이핑하거나 문장을 만들 수 있게 되고 자신이 배고프다는 뜻을 표현할 수 있게 되었다. 즉 인간이 직접 손으로 커서를 움직이는 것이 아니라 인간의 생각만으로도 커서를 움직일 수 있다는 것은 인간의 생각을 컴퓨터화할 수 있다는 가능성을 제시해준 것이라고 할 수 있다. 이제 사지가 마비되고 말도 못하는 환자들이 컴퓨터를 통해 세상과 소통할 수 있게 된 셈이다.

그러나 문제는 여기에서 멈추지 않는다. 이렇게 읽어낸 인간의 마음을 지구 반대편에 있는 컴퓨터로 전송해서 그곳에서 환자의 마음을 실행시키는 일도 가능해진 것이다. 정상인이라 할지라도 머릿속에 전극을 넣고 있는 사람은 손발뿐만 아니라 생각만으로도 움직일 수 있는 제5의 신체 하나를 더 추가적으로 가질 수도 있다는 뜻이 된다. 더 나아가서 사람과 사람의 마음을 서로 연결시킬 수 있게 된다면 세상은 어떻게 바뀔까? 현재의 WWW(World Wide Web)가 아니라 전 세계 사람들의 생각과 경험을 공유하는 WWM(World Wide Mind)이라는 세상이 오지 않을까? 인간이 만들어낸 실리콘의 미래가 무척 궁금해진다.[26]

(2) 인공지능

2005년 미국 모하비 사막에서 열린 무인자동차 경주대회는 우리에게 놀라움과 두려움을 동시에 선사한 사건이라고 할 수 있다. 스탠퍼드 대학교의 스탠리(Stanley) 자동차는 미국 국방고등연구계획국†이 주체한 대회에서 운전자 없이 자동차가 스스로 알아서 운전을 하여 약 230km의 거친 사막길을 헤쳐 나와 완주하면서 우승한 일이 벌어졌다. 이 하나의 사실은 수많은 질문들을 낳게 만든다. 운전자가 없는 차를 탄다면 안전할 수 있을까? 만약 무인 자동차를 타고 퇴근한다면 음주운전 걱정 없이 그

---

* 일차운동피질(primary motor cortex)은 중심고랑 앞의 전두엽에 있는 대뇌피질로 운동을 계획하고 실행하는 데 중요한 역할을 담당한다.

† DARPA는 미 국방성의 Defense Advanced Research Projects Agency를 말하며, 스탠리 이야기는 Stanley: The robot that won the DARPA Grand Challenge (stanford.edu)에서 그림과 내용을 자세히 볼 수 있다.

차 안에서 느긋하게 와인이라도 마시면서 피로를 풀 수 있을까? 초기 한국 유학생들*이 즐겨 선택했던 대륙 간 트럭의 운전사 자리들은 모두 그 설 땅을 잃게 될 것인가? 아마도 인공지능을 이용한 무인자동차 하나의 등장만으로도 이 세상은 연쇄적인 변화와 충격 속에 빠져들고 말 것이다. 과연 인공지능이 펼치는 우리의 미래는 어떤 세상일까? 과연 인간과 인공지능 간의 관계는 어떻게 전개될까?

만약 어느 날 저녁, 모르는 사람으로부터 전화 한 통이 걸려왔다고 가정해보자. 상대방이 남자든 여자든 상관없이 그 전화는 5분 이상 계속되었다. 그런데 알고 보니 그 상대방이 사람이 아니라 기계였다면 당신은 어떤 생각이 들까? 이것은 실제 1950년 영국의 수학자이자 컴퓨터 과학자였던 앨런 튜링(Alan Turing: 1912~1954)이 기계가 사람 행세를 할 수 있는지를 알아보는 튜링 테스트의 한 단면을 소개한 것이다. 그 후 인공지능(artificial intelligence; AI)이라는 말이 처음으로 등장한다. 미국 다트머스 대학교에서 '지능에 관한 기계'를 주제로 한 학술대회에서 이 용어가 제안되었다. 곧이어 퍼셉트론이 주도하는 제1차 AI 붐이 일어나게 되고 곧 침체기에 빠지고 만다. 다시 엑스퍼트 시스템(expert system)이 주도하는 2차 붐이 1980년대부터 시작되었지만 얼마 지나지 않아서 다시 시들어버렸다. 모두 인공지능이 보였던 한계점이 스스로 노출되었기 때문이다.

그러나 다시 인공지능이 고개를 들 수 있었던 것은 기계학습(Machine Learning)이라는 기발한 기법이 등장한 이후부터이다.[27] 기계가 공부(학습)를 한다고? 그러나 사실은 사람이 기계를 학습시킨다는 표현이 더 맞을 것이다. 이는 마치 어린이에게 고양이 사진을 주고 다른 사진들 중에서 고양이를 찾아내도록 훈련을 시키는 것과 동일한 것이다. 여기서 여러 종류의 사진들은 학습 데이터가 되고, 고양이는 라벨(label)이라는 컴퓨터 용어가 되는 것이다. 우리는 이런 방법을 지도학습(Supervised Learning)이라고 부른다. 그러나 더 나아가서 이번에는 고양이라는 라벨을 주지 않고, 많은 양의 그림만 준다면 과연 컴퓨터는 어떻게 할까? 정답은 없지만 아마도 이 그림 중에서 비슷한 모양끼리 스스로 구분해 모을 수 있는 학습 능력이 생길 수 있을 것이다. 따라서 우리는 이 방법을 비지도학습(Unsupervised Learning)이라고 한다. 현재 인터넷에 모여 있는 모든 데이터들은 라벨이 없기 때문에 비지도학습은 이런 환경에 아주 적합한 학습 방법이라고 할 수가 있다. 여기에서 한발 더 나아간 방법이 강화학습(Reinforcement Learning)이다.[28] 이 강화학습은 현재의 상황에서 어떤 행동을 하는 것이 최적인지를 학습하는 방법이다. 또한 그 행동이 어떤 결과로 나타나는지에 따라 보상이 주어지기 때문에 그 보상을 최대화하는 방향으로 학습이 진행된다는 특징이 있다. 강화학습은 인간이 기계로 하여금 보상이라는 미끼를 이용하여 그 능력을 최대화하는 방법이라고 할 수 있다. 바둑에서 알파고가 이세돌 기사를 이길 수 있었던 것도 컴퓨터라는 기계를 보상이라는 강화방법으로 학습시킨 결과물인 것이다.

* 한국에서 미국으로 유학 간 초기 학생들은 돈이 없었기 때문에 대륙을 횡단하는 트럭의 운전사 아르바이트를 선호하였다. 그들은 돈도 벌면서 미국 전역을 돌아다니며 구경을 할 수 있었기 때문이다.

기계 학습을 뛰어넘는 새로운 방법이 심층학습 즉 딥러닝(Deep Learning)이다.[29] 이 심층학습은 마치 갓 태어난 아기가 이 세상을 조금씩 배워나가는 것과 같은 방식으로 데이터를 학습해나간다. 컴퓨터 스스로가 데이터의 특징을 알아내고, 그 특징들을 바탕으로 지식을 만들어내며, 다시 이 지식들을 이용하여 새로운 특징을 찾아내는 자율학습으로 이루어지는 것이다. 그런데 이 심층학습은 인간의 뇌 속에 들어 있는 신경세포인 뉴런의 구조를 그대로 모방하고 있다. 이 학습은 다층 구조 형태의 인공 신경망으로 무장한 채 스스로 학습함으로써 인공지능의 핵심 기술로 자리 잡게 되었다.

우리의 최대 관심은 "인공지능이 과연 인간을 완벽하게 대체하거나 제압할 수 있을까?"라는 질문에 모여 있을 것이다. 인공지능이 병원에서 의사들을 무력하게 만들고, 로펌에서 변호사들을 몰아내고, 회계사나 은행원들을 집으로 돌려보낼 만큼 파괴적으로 변할 수 있을까? 그러나 현실은 점점 더 그렇게 되고 있다는 쪽으로 흘러가고 있다. 이미 체스 게임이나 바둑에서는 인간이 인공지능한테 적수가 되지 못한다. 앞으로 영원히 인공지능 바둑을 이길 수 없다는 현실 앞에서 인간 최고의 바둑 기사들은 이미 체념하고 있는 듯하다. 우리는 인공지능이 불러주는 택시를 타고 인공지능이 보내주는 신호로 택시비를 치른다. 또한 인공지능이 비무장지대를 감시하고, 하늘과 땅 그리고 바다에서 우리를 지키고 있다.

최소한 동물과 달리 인간다움(humanness) 또는 인간성(humanity)이라는 것은 우리 몸속 어디에 있는 것인가? 인간만이 4개의 방을 가진 심장이 있고 허파가 있고 콩팥이 있는 것은 아니지 않은가. 우리의 유전체 속 어디에도 인간다움을 담고 있는 유전자를 찾을 수가 없다. 우리가 치타보다 더 빨리 달리지 못하고 기린처럼 키가 크지도 못하지만, 그들을 제압할 수 있는 유일한 이유는 더 많은 뉴런을 가지고 더 높은 지능을 가졌다는 점일 것이다.

그렇다면 결국 인공지능이 인간의 지능을 뛰어넘을 수 있을 시기가 오고야 말 것인가? 미국의 미래학자인 레이 커즈와일(Ray Kurzweil: 1948~)은 이 시기를 2045년경으로 잡고 있다.[30] 만약 이 예측이 맞아 들어가서 인간의 지능을 뛰어넘는 인공지능이 탄생하고, 또 그 인공지능이 자신보다 더 우월한 지능을 가진 인공지능을 만들어내고……. 이렇게 사건이 전개되어간다면, 이 와중에서 인간이라는 종이 살아남을 수 있다고 장담할 수 있을까? 과연 인간이 이 무궁무진한 인공지능의 발전을 통제할 수 있는 끈을 끝까지 붙잡고 있을 수 있을까? 작고한 스티븐 호킹(Stephen Hawking: 1942~2018)이 "인공지능은 인류의 종말을 초래할 수 있다."라고 경고한 것을 곱씹어볼 필요가 절실해 보인다.

3) 생명의 창조

과연 인간은 어떻게 만들어졌을까? 우리 조상들은 인간이 만들어진 과정에는 반드시 신이 개입되어 있다고 생각한 모양이다. 고대 그리스 신화에 등장하는 프로메테우스는 진흙으로 인간을 만들고 아테나가 숨결을 불어넣는다. 그리고 인간의 손에 불까지 쥐어주었다. 이 사실을 알게 된 제우스는 분노를 참지 못하고 프로메테우스를 산 위의 바위에 묶어 독수리한테 간을 쪼아 먹히는 형벌을 내리게 된다. 아마도 '먼저 생각하는 사람(선각자)'인 프로메테우스도 이 지경까지는 생각을 하지 못한 것 같다. 그러나 이 정도에서 그칠 제우스가 아니다. 그는 아들인 대장장이 헤파이스토스한테 아름다운 여자이자 악마를 만들도록 명령한다. 그래서 그리스 신화에 최초로 등장하는 인간 여성이 바로 판도라이다. 하필이면 제우스가 준 판도라 상자*를 들고 그녀가 결혼한 사람이 왜 프로메테우스의 동생인 '나중에 생각하는 사람(후각자)' 즉 에피메테우스였을까? 이렇게 프로메테우스나 헤파이스토스도 진흙으로 인간을 만들어낸다. 또 진흙으로 만들어진 인간이 있다. 바로 《구약성서》에 등장하는 아담이다. 외로운 아담을 위하여 하느님은 그의 갈비뼈를 뽑아서 이브를 만들어 배필이 되게 만들어준다. 또한 사람이 만든 작품 중에서도 인간을 만들어서 일어나는 소동을 그린 《프랑켄슈타인》†은 감동과 흥미를 뛰어넘어 최초의 과학소설[31]로 인정받고 있지 않는가!

그러나 실제 21세기에 접어들어 '신의 놀음'이라고 불리는 사건들이 연이어 벌어지고 있다. 인간이 아니라 가장 작은 세균에서부터 조용한 소용돌이가 휘말려 올라오고 있는 것이다. 이러한 현상이 '신의 놀음'이라는 비아냥으로 끝날 것이 아니라 이 문제에 대하여 한번 꼭 생각해볼 필요가 있다. 먼저 암소 한 마리가 어찌어찌하여 새끼를 배게 되었다고 치자. 이 새끼의 출발점인 수정란은 암소의 자궁에 착상하여 새로운 생명체로 자라기 시작할 것이다. 그런데 우리가 생각해야 할 점은 '이 새끼가 자궁 속에서 커 나가는 과정에서 암소가 하는 역할이 특별히 무엇인가?'라는 부분에 있다. 실제 암소가 하는 일은 옥수수나 잡곡이 들어간 영양가 높은 쇠죽을 더 많이 먹고, 가급적이면 소들의 싸움질에서 멀어져서 지내는 일일 것이다. 이러한 일 이외에 특별히 배 안의 송아지를 위해서 해줄 일은 없다. 즉 때맞추어 심장을 만들고 머리를 만들고 그리고 입과 항문 등등을 만드는 과정에는 별로 하는 역할이 없다는 뜻이다. 송아지는 암소의 의중과는 아주 별개로 스스로 송아지 자신을 만들어내는 것이다. 우리는 이러한 발생 순서가 바로 유전체 속에 들어 있다는 것을 잘 알고 있다.

그렇지만 이 유전체를 구성하고 있는 유전자는 DNA라는 무생물로 만들어져 있다. 그래서 유전체는 무생물인 화학물질 덩어리에 불과하다. 실제로 이 화학물질 덩어리가 때를 놓치지 않고 시간에 맞추어서 차례대로 송아지를 키워낸다고 해도 과언이 아니다. 여기서 또 한 번의 사고 전환이 필요해진다. 차마 꼭 적고 싶지는 않지만 우리 인간도 결코 이러한 상황에서 예외적이지 않다는 점이다. 그렇다면 생명의 창조라는 '신의 놀음'은 어떤 의미를 가지고 있을까? 이제 지금부터 JCVI-syn3.0이

---

* 판도라(Pandora)는 '모든 선물을 받은 여자'라는 뜻으로, 여러 신으로부터 선물을 받게 된다. 그중에서 제우스가 준 판도라 상자는 그 속에 온갖 욕심과 질투, 질병과 미움 등이 들어 있었지만, 제우스는 절대 열어 보지 말라고 경고를 준다. 그러나 호기심을 참지 못한 판도라가 그 상자를 열자 모든 나쁜 것이 세상에 퍼지고 희망만이 상자 속에 남았다는 신화이다.

† 《프랑켄슈타인》은 영국의 메리 셸리(Mary Shelley: 1797~1851)가 1815년 18세이던 때에 쓴 공상과학소설이다. 빅터 프랑켄슈타인 박사는 정상인이 아닌 흉측하고 괴물처럼 생긴 인간을 만들게 되지만, 무서워 이 괴물을 버리고 달아난다. 이에 화가 난 괴물은 복수를 위하여 프랑켄슈타인의 주위 사람들을 죽이지만, 결국 그의 죽음 앞에 괴물은 눈물을 흘린다는 내용을 담고 있다.

라는 제품을 소개하기로 하자.

(1) JCVI-syn3.0

마치 특정 컴퓨터 제품 이름처럼 JCVI-syn3.0을 소개하지만, 여기에는 엄청난 유전공학의 비밀이 숨겨져 있는 세포의 이름이다. 이 세포와 관련된 생명공학자이자 사업가는 21세기 유전공학에서 가장 유명한 인물 중 한 사람이라고 할 수 있는 바로 미국의 크레이그 벤터(John Craig Venter: 1946~)라 할 수 있다. 그는 고등학교를 졸업한 후 베트남 전쟁에 참전하여 야전병원 중환자실에서 위생병으로 근무한 예비역 하사라는 특이한 이력을 가지고 있기도 하다. 이러한 그가 23세 때 커뮤니티 칼리지에서부터 학업을 다시 시작하여 캘리포니아 샌디에이고 대학교에서 박사학위까지 받아낸 입지전적 인물이 되었다. 그가 유전공학의 선두주자로 뛰어오를 수 있었던 것은 미국 국립보건원(National Institute of Health)을 뛰쳐나와 자신의 연구소와 회사를 차리고, 국립보건원과 인간 유전체 프로젝트*에 대하여 경쟁 관계를 형성하기 시작하였기 때문이다. 그는 2000년 미국 국립보건원 원장이던 프랜시스 콜린스(Francis Collins: 1950~)와 함께 백악관에서 빌 클린턴 대통령과 영국의 토니 블레어 총리가 영상으로 참관한 가운데 인간 유전체에 들어 있는 약 32억 개의 염기 서열에 대한 가안을 발표하였고, 2003년에 드디어 이 프로젝트를 최종적으로 완성하게 되었다. 그의 커다란 업적은 여기에서 끝나지 않았다. 그는 2006년 그가 설립한 회사들을 합병하여 크레이그 벤터 연구소(John Craig Venter Institute: JCVI)를 설립하고, 마침내 '신의 놀음'을 시작하였기 때문이다.

그가 처음부터 착안한 세포는 크기가 가장 작고 예외적으로 세포벽이 없는 세균으로 알려진 마이코플라스마 마이코이데스(*Mycoplasma mycoides*)였다. 그는 이미 잘 알려진 이 세균의 100만 개 정도의 염기 서열을 컴퓨터를 이용하여 합성해내었다. 그런 다음 이 합성한 유전체를 자신의 유전체가 제거된 다른 마이코플라스마 카프리콜럼(*Mycoplasma capricolum*) 세균 속에다 집어넣어보았다.† 과연 자연 상태가 아닌 인간이 인공적으로 만든 이 유전체를 받은 세포가 제대로 작동하여 성장할 수 있을까? 그는 이 인조 유전체를 이식받은 다른 마이코플라스마가 활발하게 생명활동을 하는 것을 관찰하면서 엄청난 환호성을 질렀을 것이다. 그는 이 새로운 세균을 JCVI-syn1.0이라는 이름을 붙이고 신티아(Synthia)‡라는 미국 여성 이름의 예명까지 붙여주는 해학을 선보이기도 하였다.§ 이때가 2010년도의 일이다. 이

---

* 인간 유전체 프로젝트(Human Genome Project: HGP, 현재 가치의 지출된 총비용, 30억 달러)는 1990~2003년에 미국에서 진행된 3번째로 큰 과학 프로젝트이다. 1940년대 원자탄을 만들기 위해 시작된 맨해튼 프로젝트(Manhattan Project, 220억 달러), 1960년대 우주시대를 개척하기 위해 시작된 아폴로 계획(Apollo Project, 950억 달러) 다음으로 큰 국제적 프로젝트였다. 인간 유전체의 32억 개의 염기 서열을 밝히는 프로젝트로 영국, 일본, 독일, 프랑스, 중국과 셀레라 지노믹스(Celera Genomics) 회사의 후원을 받기도 하였다.

† 이렇게 만들어진 세균을 실험실에서 만들었다는 의미로 Mycoplasma Laboratorium으로 불렀다.

‡ Synthia는 원래 합성 세포라는 synthetic cell에서 만들어낸 말로서 마치 돌리 양처럼 별명을 붙이기 위하여 만든 이름이다.

§ JCVI-syn1.0에 나오는 JCVI는 자신의 회사 이름의 약자이고, syn은 합성한다는 뜻의 synthetic에서 온 말이다. Mycoplasma laboratorium을 뜻한다.

를 다른 방법으로 표현한다면 밭에다가 씨를 뿌리는데, 자연산 씨를 부리는 것이 아니라 인간이 만든 씨를 뿌린 결과 생명이 싹트는 것과 같은 현상이라고 할 수 있다. 미국의 《사이언스》 과학잡지는 최초의 인공 세포를 만들었다고 대서특필하기도 하였지만, 실제로는 인공 세포를 완전히 만들었다고 할 수는 없다. 왜냐하면 이미 알고 있는 씨의 염기 순서를 그대로 베껴서 인공적으로 만든 것이라고 할 수밖에 없기 때문이다.

그는 여기에서 작업을 멈추지 않았다. 2016년에는 JCVI-syn1.0의 염기쌍이 107만 8,809개였던 것을 그 절반 정도 되는 53만 1,490개로 줄였고, 유전자 수를 볼 때에도 901개였던 것을 490개로 줄인 최소 세포(minimal cell)라는 이름을 가진 JCVI-syn3.0을 발표하게 되었다.[32] 그는 각기 A(아데닌), T(티민), C(시토신), G(구아닌)로 구성된 유전자들을 만들고, 이들을 다시 서로 연결하여 최소 인공 유전체를 만들어서 더 진전된 합성 세포를 만들어내는 데 성공하였다. 그렇지만 JCVI-syn1.0과 같이 완전한 생명 창조라고는 할 수 없지만 '신의 놀음'이라는 환호와 우려의 대상이 되기에는 충분한 가치가 있었다. 앞으로 이들이 사용한 기술이 3세대 유전자 가위인 크리스퍼(CRISPR)*와 만나서 어떻게 발전할지는 더욱 관심거리로 남아 있다. 인간은 이미 생명체가 만든 씨가 아니라 인공적으로 씨를 만들 수 있는 재주를 가졌지만, 앞으로 만약 그 씨가 살아갈 밭†을 동시에 만들 수 있다면 '신의 놀음'이 아니라 명실상부한 인간이 신이 되는 새로운 세상이 펼쳐질 것이다.

(2) 합성 배아

인간의 몸뚱이 중에서 인공적으로 심장을 만들고, 신장을 만들고, 자궁을 이식하고, 관절을 만들고 그리고 드디어 인공 배아까지 만든다면 '우리는 도대체 무엇인가?'라는 질문을 다시 하지 않을 수가 없을 것이다. 인류의 역사에서 "생명은 자연적으로 생긴다."라는 아리스토텔레스의 철학이 종교가 세상을 휘어잡고 있던 시절에서도 살아남아서 2,000년 이상 인간의 뇌리를 점령하고 있었다. 그러나 이러한 사고가 전환점을 맞이한 것은 저 유명한 파스퇴르(Louis Pasteur: 1822~1895)가 결론을 내린 "생명은 생명으로부터" 온다는 실험이지 않는가! 즉 생명속생설로서 모든 생명은 반드시 그 부모로부터 온다는 사실이 알려지게 되었다. 그래서 우리는 이제 생명은 부모를 통해서만 태어날 수 있다는 것을 알고 있다. 따라서 우리는 부모의 역할이 무엇인지를 더 잘 알게 되었다.

그러나 이제 돌리 양의 탄생으로 인하여 유성생식에서 수컷의 역할이 중요하지 않다는 것이 절실

---

* 크리스퍼는 CRISPR-Cas9을 말하며 제3세대 유전자 가위로 개발자들이 2020년 노벨상을 받은 획기적인 발견이었다. 이는 세균이 바이러스에 대항하기 위하여 가지고 있는 시스템으로서 원하는 DNA 서열을 찾아주고 이를 잘라내는 효소를 가지고 있는 유전자 가위이다. 크리스퍼의 발견으로 인간은 모든 생명체의 유전자를 적은 비용으로 수시로 편집할 수 있는 기술을 가지게 되었다. 다윈이 말하는 '자연선택'에 의한 진화가 아니라 인간이 만들어내는 진화의 '유도시대'에 들어섰다는 의미이다.

† 내가 밭이라고 표현한 것은 유전체는 인공적으로 만들었지만, 이 유전체가 활동할 수 있는, 핵을 제거한 세포를 만들어야만 진정으로 인공 생명체를 만들었다고 할 수 있기 때문이다.

하게 증명되었다고 할 수 있다. 돌리 양은 마치 하등동물의 처녀생식처럼 수컷이 없고 오로지 암컷만 있어도 새로운 생명체가 태어날 수 있다는 의미이다. 그래서 생물학은 이제 왜 길거리에 화려한 예식장들이 줄줄이 늘어서 있는지를 더 이상 설명할 수 없게 되었다. 차라리 이들을 모두 실험실로 바꾸어야 하지 않을까? 왜냐하면 이제는 다음 생명을 만들어내기 위하여 부모의 설 자리는 점점 사라지고 오로지 줄기세포가 그 자리를 차지하게 될지도 모르기 때문이다. 왜 그럴까? 사연은 이렇다.

2022년 다른 연구소에 앞서 이스라엘 아이즈만 연구소의 연구진들이 쥐의 배아줄기세포를 이용하여 인공 배아를 만들어내는 데 성공했다는 발표가 세상을 깜짝 놀라게 하였다.[33] 정자나 난자 그리고 심지어 자궁조차 없어도 쥐를 만들어낼 수 있는 배아를 줄기세포에서 만들어냈고, 심장이 뛰고 뇌가 발달하는 과정까지 발생시킬 수가 있었다는 보고였기 때문이다. 이게 무슨 발인가?

이들은 실험실에서 배양하는 쥐의 배아줄기세포와 약간의 약물 그리고 다른 유도만능줄기세포 등에서 얻은 세포들을 조합하여 새로운 쥐 인공 배아를 만들어내는 데 성공한 것이다. 그리고 그 환호성이 채 가시기도 전인 2023년에는 드디어 인간의 배아줄기세포에서 인공 배아를 만들었다는 소식이 전해졌다.[34] 이 인공 배아는 대부분의 나라에서 허락하는 14일까지만 성장시킨 후 모두가 폐기 처분되었다. 이제 하나의 배아줄기세포에서 인간을 만들어낼 수 있는 배아를 만들 수 있다는 뜻이다. 과학은 우리를 어리둥절하게 만들 뿐만 아니라, 불길한 예감이 동반되는 경악과 우려를 동시에 던져준다고 할 수 있다.

이러한 인공 배아의 유용성은 도처에서 이미 감지되고 있다. 인간의 불임을 유발하는 유산의 발생 원인을 규명한다거나 발생 초기에 일어나는 선천성 기형의 발병을 알아내는 데 중요한 역할을 할 것으로 기대를 모으고 있다. 그러나 실제 우리가 염려하는 부분은 여기에 그치지 않는다. 만약 이러한 인공 배아를 자궁 속에서 키워내거나 실험실에서 성장시킬 수 있게 된다면 우리는 어떤 세상에서 살게 된다는 말인가?

세상은 변하게 마련이다. 모든 것이 제자리에 머물고 있다는 생각은 오래전부터 사실이 아님을 우리는 잘 알고 있다. 1973년 시카고 대학교의 밴 베일런(Leigh Van Valen: 1935~2010)이 주장한 '붉은 여왕 가설'* 은 우리가 변해야 하는 당위성을 말해주고 있다. 불교의 제행무상(諸行無常)† 은 일체의 모든 것이 무상하다고 하지 않았던가! 모든 존재는 한시도 쉬지 않고 변한다는 의미이다. 심지어 전 GE 회장이었던 잭 웰치(Jack Welch: 1935~2020)도 "변화하지 않으면 변화당한다."라는 명언을 남기고 있다. 세상이 바뀌어 자손이 그 조상 없이도 만들어질 수 있다는 사실 앞에서 우리는 무력감을 느끼지 않을 수 없다. 이

---

* 붉은 여왕 가설(The Red Queen hypothesis)은 루이스 캐럴이 쓴 《거울 나라의 앨리스》에 나오는 붉은 여왕의 장면에 비추어 사용한 말이다. 세상이 모두 경쟁하고 있는데 자신만 변하지 않고 서 있다면 경쟁 상대에 밀려서 도태된다는 내용을 담고 있다.

† 불교의 깃발이라고 부르는 삼법인(三法印) 중 하나이다. 제법무아(諸法無我)는 모든 존재는 불변하는 실체가 없다는 뜻이고, 일체개고(一切皆苦)는 무상함을 깨닫지 못하여 온갖 고통에 빠져 있다는 뜻이다.

것은 단지 과학자들이 다루는 줄기세포에 국한된 이야기는 아닐 것이다. 실험실에서 배양하고 있는 줄기세포 몇 개와 약간의 약물만을 이용해서 자식을 만들 수 있는 세상이 온다면 인간은 또다시 다른 판도라의 상자를 만나지 않을까 심히 걱정된다.

5 우리들의 남은 시간

1) 우주의 미래

내일도 모르는 인간이 우주의 미래를 생각한다는 것이 가당하기나 한 소리인가? 그런데 알고 보면 우리도 어쩔 도리가 없다. 왜냐하면 우리 자신을 구성하고 있는 뼈와 살이 모두 우주의 기원이나 별의 일생과 맞닿아 있기 때문이다. 우리가 보는 하늘은 시간과 공간에 관계없이 항상 변하지 않고 시작도 끝도 없이 영원히 존재한다고 늘 생각해왔다. 이것이 아인슈타인도 믿었던 정상우주론(定常宇宙論, Steady state theory)이다. 적어도 1929년 이전까지는 그랬다.

그러나 이러한 인류의 낭만적인 우주관은 윌슨산 천문대에서 근무하던 에드윈 허블(Edwin Hubble: 1889~1953)에 의해서 송두리째 깨지고 말았다. 그는 우주가 변하지 않고 가만히 있는 것이 아니라 끊임없이 팽창하고 있다고 주장하였다. 그가 내세운 이론적 근거는 별들이 점점 멀어져가기 때문에 그 별들에서부터 오는 빛이 점차 적색으로 변해간다는 것이다. 빛이 붉은색 쪽으로 옮겨간다는 것은 그 대상 물체가 관측자로부터 멀어져간다는 것을 의미한다. 우리는 이런 현상을 도플러 효과(Doppler effect)*로 쉽게 설명할 수 있다. 이렇게 허블이 주장한 우주 팽창론은 인류가 우주를 보는 시각을 송두리째 바꾸어놓았을 뿐만 아니라 빅뱅 이론이 등장할 수 있는 이론적 배경이 되어주었다.

다시 말하면, 허블의 우주 팽창론은 1929년 이전에 발표된 우주관들을 모두 박물관으로 몰아넣을 만큼 파괴력을 가지고 있었다는 뜻이다. 그것도 그냥 팽창하는 것이 아니라 멀리 있는 별일수록 더 빨리 멀어진다는 사실도 밝혀냈다. 138억 년 전 우주가 무에서 생겨난 이후 지금까지 지속적으로 팽창하고 있다는 사실은 우리에게 많은 질문거리를 제공해준다. 우주는 생겨날 때부터 무슨 힘으로 그렇게 줄기차게 팽창할 수 있었을까? 더구나 우주나 별들이 만들어낸 물질들 사이에 작용하는 중력(상호 인력)은 도대체 어디에 있기에 이를 저지하지 못하고 우주가 계속 팽창하도록 내버려둔단 말인가? 그래서 우리는 다시 우주를 구성하고 있는 물질로 이야기를 옮겨가야만 할 것이다.

먼저 나사(NASA)가 말하는 우주를 구성하는 물질들은 크게 3가지로 볼 수 있다.[35] 우리가 잘 알고 느낄 수 있는 수소나 헬륨 같은 일반적인 물질은 겨우 5% 정도를 차지하고, 우리에게 익숙하지도 않는

---

* '우주 탐구 역사' 편을 참고하기 바란다.

암흑물질(dark matter)이 27%, 그리고 암흑에너지(dark energy)가 68%를 점유하고 있다. 따라서 우리가 알 수 있는 것은 오직 5%에 불과하고, 95%는 모르고 있는 셈이다. 이는 마치 인간 유전체의 98% 이상이 그 기능을 알 수 없는 것과 비슷하다고 할 수 있다.

암흑물질은 1930년대부터 예측되었던 물질이다. 이는 칼텍의 프리츠 츠비키(Fritz Zwicky: 1898~1974)가 은하단의 연구에서 멀리 떨어져 있는 은하들의 회전 속도가 줄어들지 않는 현상을 발견하고, 이 은하들을 묶어놓기 위하여 은하 내에 보이지 않는 질량을 가진 물질이 있을 것으로 추정하였다. 그렇게 해야 비로소 케플러 법칙(Kepler's law)*을 만족시킬 수 있기 때문이다. 암흑물질은 빛으로 보이지는 않지만 중력을 가지고 있으므로 그 존재를 간접적으로 알 수가 있게 된다.

그렇다면 암흑에너지는 무엇인가? 이 암흑에너지가 바로 우주가 팽창하는 원인을 제공하는 에너지이다. 즉 암흑에너지는 물질이 아니라 에너지의 형태를 가지고 있다. 그래서 우주를 팽창시키려는 에너지가 중력보다 더 크기 때문에 우주는 탄생 이래 줄기차게 팽창하고 있는 것이다. 따라서 거시적으로 판단하면 암흑물질은 우주를 끌어당기는 주된 힘이 되고, 암흑에너지는 우주를 밀어내는 힘으로 작용한다는 의미이다. 종합하면 우주가 팽창한다는 것은 암흑에너지가 다른 중력을 유발하는 어떤 물질보다 더 크기 때문에 일어나는 현상이라고 할 수 있다. 그렇다면 이번에는 우주의 물질에 대하여 밀도라는 관점에서 한번 생각해보자.

우주의 물질에 대한 밀도를 측정하는 것은 암흑물질이나 암흑에너지를 정확히 모르는 상태에서 알아내기가 쉽지 않을 것이다. 따라서 보고자마다 그 수치가 다르다. 옥스퍼드 대학교에서 발표한 우주의 임계밀도는 세제곱미터당 10^{-29}gm으로 보고 있다.[36] 이는 세제곱미터당 수소 원자가 6개 정도 들어 있는 것과 같다. 여기서 임계밀도의 값에 대한 정확도를 따지자는 것이 아니라, 만약 우주의 밀도가 앞으로 임계밀도보다 더 낮아지면 우주는 계속 팽창하여 열린 우주(open universe)로 나아갈 것이다. 그렇지만 만약 우주의 밀도가 파격적으로 더 낮아진다면, 급격한 팽창이 일어나서 모든 물질이 갈가리 찢어지는 빅 립(Big Rip)이 일어날 수도 있다는 뜻이다. 이와는 반대로 임계밀도가 우주의 밀도보다 더 높아지면 이번에는 우주가 수축하여 닫힌 우주(close universe)가 되고, 더 극단적으로 높아지면 우주가 찌부러져 빅 크런치(Big Crunch, 대함몰, 大陷沒)가 일어날 수도 있다는 의미이다.[37]

인간이 물리학적으로 우주를 이해하기 위하여 물꼬를 튼 사람을 들라고 하면, 우리는 아무래도 먼저 아인슈타인을 떠올려야 할 것이다. 일반 상대성 원리는 시간과 공간이 절대적인 값이 아니라 휘어질 수 있다는 사실을 말해주고 있다. 여기서 휘어지는 정도를 말로만 하는 것이 아니라 수학적 공식이라는 정교한 언어로 표현을 해주기 때문에 우리는 그의 주장을 신뢰하게 된다. 따라서 우리는

* 케플러 법칙은 요하네스 케플러(Johannes Kepler: 1571~1630)가 1619년 마지막으로 제안한 법칙으로서 태양계에서 수성은 태양에 가까이 있기 때문에 중력으로 인하여 빨려 들어가지 않기 위해서는 빨리 돌아야 하고(48Km/초, 1회 공전 시 88일 걸림), 해왕성은 가장 멀리 있기 때문에 중력의 영향을 덜 받아서 천천히 돌아도(5km/초, 1회 공전 시 165년 걸림) 된다는 법칙을 말한다.

그저 자연법칙이라고 부르는 이 현상을 실제적으로 공식화하고 있다. 만약 여러분이 일반 상대성 원리를 정리한 방정식*을 보고 있으면, 우리는 이러한 자연법칙이 수치화될 수 있다는 사실 앞에 숙연해질 것이다.

우리는 과연 자연법칙들을 어떻게 받아들였는가? 먼저 자연법칙을 최초로 그리고 분명하게 제시한 인물은 르네 데카르트이다. 그는 자연법칙이 신에 의해서 처음에는 작동되었지만, 그다음부터는 신의 개입 없이 스스로 작동한다고 생각한 사람이다. 이렇게 자연법칙의 기원을 신의 작품으로 생각한 학자들이 케플러나 갈릴레오 그리고 데카르트나 뉴턴 등이다. 그렇다면 자연법칙에서 기적이라는 예외적인 상황이 발생할 수도 있을까? 과연 자연법칙을 일시적으로 무력화하는 어떤 일들이 벌어질 수 있단 말인가? 그러나 종교도 간혹 법칙을 강조하지만 예외적으로 기도로써 그 법칙을 일시적으로 무너뜨릴 수 있다고 말해주고 있다.

과연 그럴까? 우리가 살고 있는 하늘 아래에서 자연법칙은 예외를 두지 않는다. 우주가 생겨나면서 나타난 자연법칙은 그저 하나의 법칙으로 우주를 다스리고 있을 뿐이다. 우주는 누구의 어떤 힘에 의해 그 크기가 결정될 사항은 더구나 아니다. 자연법칙에 의해서 더 커지거나 작아질 뿐이다. 우리의 선조들은 자연법칙의 작용 원리보다 작용 이유에 대하여 더 많은 관심을 두고 있었다. 왜냐하면 고대 그리스 철학의 근간을 이루었던 아리스토텔레스의 큰 단점은 관찰이나 측정을 불필요하다고 생각했고, 그 작용 이유를 신에게서 찾고 있었기 때문이다. 그렇지만 우리가 우주를 완전히 이해하기에는 그 우주가 너무 오래되었고 너무나 크다는 사실도 인정해야 할 것이다.

2) 태양의 미래

태양이 서쪽 수평선 하늘을 붉게 물들이기 시작하였다. 나는 와인 잔을 홀짝거리면서 낚시 친구인 밥에게 말을 건넨다. "밥! 그런데 말이야, 일몰과 일출이 서로 다른 이유를 모르겠어. 생긴 게 비슷하잖아." 그는 의아한 듯이 나를 쳐다보았다. "우리가 보고 있는 이 일몰은 또 누군가에게는 일출이 될 것이고? …… 그래서 나는 2개가 똑같다고 생각해." 내가 플로리다에서 은퇴생활을 할 때 일어난 어느 날 오후의 일상이었다. 그 빛나는 태양은 항상 그렇게 뜨고 또 질까? 언제까지나?

태양이 사는 집이 태양계이다. 이 태양계 중심에는 지구가 아니라 태양이 있다. 우리는 그 태양으로부터 약 1억 5,000만km 떨어진 곳에서 산다. 태양은 태양계의 다운타운을 독식하고 있다. 태양계 총질량의 99.9%를 혼자 다 차지하고 있고, 나머지 0.1%만 외곽에 흩어져 돌고 있기 때문이다. 태양이 도는 자전 방향과 나머지 8개의 행성들이 도는 공전 방향이 모두 똑같다. 옛날 옛적에 태양계가 한

* $R^{\mu\nu} - {}^{\mu\nu} + \lambda g^{\mu\nu} = 8\pi G T^{\mu\nu}$에서 등호 왼쪽은 시공간이 얼마나 휘어지는지를 나타내고, 오른쪽은 질량이나 에너지가 어떻게 분포하는지를 보여주는 방정식이다.

원판에서 태어났다는 증거이기도 하다. 이 위대한 태양은 지구보다 100배나 더 크지만, 부피로 따지면 무려 100만 배나 더 크다. 그렇지만 우리의 원대한 태양도 우리 은하의 한 외곽에 자리 잡고 있는 작은 항성에 불과하다는 것을 우리는 잘 알고 있다.

태양계는 태양과 8개의 행성 그리고 소행성들, 카이퍼대(Kuiper belt)와 오르트 구름(Oort cloud)으로 구성되어 있다. 카이퍼대는 태양으로부터 48억km나 떨어져 있고, 주로 가스로 된 수십만 개의 작은 천체들로 구성되어 있다. 오르트 구름은 이 카이퍼대를 둘러싼 거대한 구형 공간을 말한다. 우리가 말하는 태양권 즉 태양의 끝은 태양의 중력이 미치는 영역까지를 말하고 태양풍이 닿은 범위를 이야기한다고 할 수 있다. 인간이 만든 보이저(Voyager)* 1호와 2호가 이제 겨우 태양권을 벗어나 제일 먼 미지의 세계로 나아가고 있는 중이다.[38]

태양은 실제 우주가 만들어진 초창기부터 있었던 항성이 아니다. 태양은 우주가 생성되고 난 후 약 90억 년경에 태어났다. 그래서 태양계는 우주 역사의 2/3에서는 그 행적을 찾아볼 수가 없다. 태양을 둘러싸고 돌고 있는 행성은 8개가 존재한다. 수성이 가장 태양 가까이에서 돌고 있고, 30AU만큼 떨어진 곳에서는 푸른 행성인 해왕성이 돌고 있다. 수성은 화구투성이의 곰보 얼굴을 하고 있고, 명왕성은 2006년에 왜소 행성으로 분류되면서 태양의 행성에서 탈락하게 되었다.

금성은 지구와 크기가 비슷하지만 황산 구름에 빛이 반사되어 아주 밝게 보여 샛별이라고도 불린다. 자기장을 가지지 못하여 태양풍으로부터 대기를 보호받지 못하고, 이산화탄소가 많아서 온실효과 때문에 표면이 400℃까지 오르기도 한다. 그렇지만 우리가 살고 있는 지구는 액체인 물이 풍부하여 바다가 표면의 70%를 차지하고, 질량 때문에 대기가 도망가지 못하여 안정적인 기권을 형성하고 있다. 그래서 생명이 살 수 있는 환경이 조성되게 되었던 것이다. 또한 판 구조를 가지고 있어서 높은 산맥과 깊은 해구가 나타나고, 모 행성에 대한 크기가 최대인 달이라는 위성을 가지고 있기도 하다. 달은 지구 크기의 1/4 정도에 해당하면서 질량도 1/80 정도에 이른다. 인간은 1969년에 달에 착륙한 이후 6차례에 걸쳐서 달에 다녀올 수 있었다.

붉은 행성인 화성은 판 구조가 없어서 한 화산에서 뿜어내는 화구가 이동하지 않고 한곳에서 계속 용암을 분출하게 되어 태양계 전체에서 가장 높은 순상화산인 올림포스산을 가지고 있다. 높이가 무려 21km에 달하고, 그 면적도 지름이 600km 정도에 이를 만큼 넓다. 1976년 화성에 착륙한 바이킹 1호와 2호가 보내온 정보에 의하면, 아무래도 생명의 존재에 대해서는 회의적인 시각이 더 많은 듯하다. 태양계 최대 행성인 목성은 자기장을 가지고 지구에서 볼 수 있는 오로라도 나타난다. 또한 태양계 중에서 가장 큰 위성인 가니메데(Ganymede)를 포함하여 63개의 위성을 가지고 있기도 하다. 토성

* 보이저 1호와 2호는 1977년 9월과 8월에 목성과 토성을 관찰하기 위하여 발사된 위성으로, 2013년 태양계를 가까스로 벗어나서 47년째 우주를 비행하고 있다.

도 타이탄을 비롯한 60여 개의 위성을 가지고 있는 행성이다. 태양의 행성들은 그 주성분에 따라 암석 행성, 가스 행성 그리고 얼음 행성으로 구분할 수 있다. 암석 행성에는 수성, 금성, 지구, 화성이 속하고, 가스 행성에는 목성, 토성이 있다. 그리고 수소나 헬륨과 얼음으로 구성된 천왕성과 해왕성이 얼음 행성에 속한다.

태양은 항성이다. 스스로 불타오르고 빛을 내뿜을 수 있기 때문이다. 그렇다면 태양은 어떻게 중심 온도가 1,500만℃에 달하고 표면 온도도 6,200℃에 도달할 수 있을까? 용광로에서 쇠가 녹는 온도가 섭씨 1,600℃ 정도이기 때문에 어느 정도 높은 온도인지를 가늠해볼 수 있을 것이다. 그렇다면 누가 태양에 불을 지펴서 이 정도까지 열을 올릴 수가 있을까? 이는 이미 여러 번 언급되었지만 수소의 핵융합으로 발생하는 에너지에 의해서 데워진다. 별이 성운에서 생겨나는 이유와 다를 바가 없다. 태양은 수소를 태워 헬륨으로 바꾸면서 그 여분의 질량을 에너지로 전환시키고 있는 것이다.

모든 물체는 열을 받으면 빛을 발산한다. 화산에서 터져 나오는 용암은 1,000℃ 정도 되기 때문에 주황색으로 보인다. 물체의 온도가 점차 높아지면 붉은빛은 점차 노란색에서 파란색으로 변하게 된다. 빛은 데워진 물체에서 뿜어져 나오는 전하를 띤 입자(전자 또는 양성자 등)가 가속 운동을 할 때 주변으로 전기장과 자기장의 파동을 만들어내는 것을 의미한다. 그래서 우리는 빛을 전자기파라고 부른다. 태양 빛은 무수한 색깔의 빛을 모두 포함하고 있기 때문에 흰색으로 보인다. 이 태양 빛 속에는 우리 눈에는 보이지 않지만 자외선과 적외선도 포함되어 있을 것이다. 빛은 태양에서만 빛나는 것은 아니다. 모닥불이나 반딧불 그리고 등잔불이나 백열등도 빛을 낸다. 이들 광원이 내는 빛의 원리도 모두 똑같다. 즉 백열등이나 형광등이 빛을 내는 것도 전자의 전기에너지가 빛에너지나 열에너지로 전환되기 때문이다.

별의 수명에 관한 공식은 이미 기술한 바 있다.[*] 따라서 태양이 수소를 모두 태우는 데 걸리는 시간은 대략 100억 년 정도로 보고 있다. 그런데 이미 50억 년 정도를 불태워왔으니까 남은 시간은 대략 50억 년 정도로 추정된다. 그렇다면 50억 년이 지나면 태양은 어떻게 될까? 두말할 필요도 없이 우주의 먼지가 되어 사라져버릴 것이다. 그럼 우리는? 물을 필요도 없이 우리 모두 흔적도 없이 사라져 없어질 것이다.[39] 그런데 실제로는 50억 년까지 기다릴 필요도 없다. 그 중간에 이미 지구는 녹아서 태양이 사라지기 전에 먼저 없어질 것이기 때문이다. 왜 그럴까?

일단 태양의 중심부에 있던 수소들이 모두 헬륨으로 전환되면 밖으로 밀어내는 힘이 부족해져서 태양은 다시 안으로 수축하기 시작할 것이다. 이렇게 압축되는 태양의 중심부가 다시 기온이 1억℃까지 올라가게 되면 헬륨이 탄소로 바뀌게 되고, 다시 탄소를 다 태우면 산소가 생길 때까지 핵융합이 진행될 것이다. 이렇게 중심부 온도가 상승하면 주변부 온도도 덩달아 올라가서 중심이 아닌 주변부에

---

* $T=10^{10}/M^{2.5}$년에 관한 공식은 23쪽을 참조하기 바란다.

있던 수소들이 헬륨으로 핵융합을 일으키면서 태양이 거대한 적색거성(赤色巨星, red giant)으로 부풀어 오르게 된다. 이렇게 되면 태양의 지름이 약 200배가량 커지게 됨으로써 지구는 그 태양의 품 안으로 들어가게 되는 것이다. 따라서 현재 지구의 표면 평균 온도가 섭씨 15℃ 정도이던 것이 3,500℃까지 상승하게 될 것이다. 그렇다면 이 기온에 살아남을 생명체가 이 지구상에 과연 존재할 수 있을까? 우리는 태양이 적색거성에서 백색왜성으로 변하기 전에 이미 그 존재가 없어지는 신세가 될 것이다. 그리고 백색왜성으로 변한 태양의 운명도 여기까지일 것이다.

3) 생명의 미래

미래는 과거와는 다르다. 왜냐하면 미래는 손쉽게 무언가를 예측하게 가만두지 않기 때문이다. 우리가 기를 쓰고 그 미래를 미리 알고 싶어 하는 것은 그 세상이 무척 궁금하기 때문일 것이다. 생명은 지구라는 환경, 더 나아가서 태양계, 우리 은하 그리고 마침내 전 우주적인 변화와 맞물려 있다. 비근한 예로 태양도 사라질 것이고, 30~40억 년 후에는 우리 은하도 안드로메다 은하와 충돌하여 합쳐질 가능성도 얼마든지 있다. 그리고 언제, 어디서 혜성이나 소행성이 우리를 덮칠 줄 예상하기도 어렵다. 공룡이 으르렁거리던 중생대도 지름 12km짜리의 소행성 한 방의 충돌로 75%의 생명체가 사라져버리지 않았는가! 또한 지구의 특징 중 하나인 지각운동은 현재의 땅덩어리를 제자리에 그냥 가만 두고 있지는 않을 것이다. 약 3만~5만 년이 지나면 나이아가라 폭포는 미국 버팔로 쪽으로 붙어버릴 것이고, 하와이제도는 시북쪽으로 9km 정도 더 올라가 있을 것이다. 또한 5,000만 년 정도가 지나면 지중해는 완전히 사라져버리고, 유럽과 아프리카 대륙이 한 덩어리로 합쳐질 것이다. 따라서 2억 5,000만 년 정도가 지나면, 지구는 다시 한 덩어리*가 되어 지금의 지도는 모두 무용지물이 되고 말 것이다.

그렇다면 과거에는 어떤 일들이 일어났을까? 약 3,000만 년 전에는 인도 대륙이 남극에서부터 북상하여 아시아 대륙과 충돌한 후 히말라야산맥과 티베트고원을 만들지 않았는가! 그리고 300만 년 전에는 갈라져 있던 북아메리카와 남아메리카 사이에 파나마 지협이 솟아올라 두 대륙이 연결되게 되었다. 이러한 여파로 양 대륙의 생명체들이 서로 섞이면서 멸종과 우점종으로 그 판도가 바뀌고, 해류가 변화함에 따라 바닷속 생명체들도 생사의 변화가 뒤따랐을 것이다. 그렇지만 이러한 지리적 변화는 이 지구상에 살고 있는 생명체들에게는 그저 바라만 보고 있을 수밖에 없는 현상들이다. 즉 자연적 요소로서 우리의 능력 밖에서 일어나는 일들이라고 할 수가 있다.

그렇다면 우리 스스로에 의해서 일어나는 일들로 인하여 우리의 미래는 어떻게 위협받고 있을까? 생명의 미래에 암울한 영향을 미칠 인위적 요인으로서 몇 가지를 심각하게 생각해볼 필요가 있다. 먼저 인공지능과 생명공학의 발달, 그리고 복제 생물에 대한 견해는 이미 기술한 바 있다. 그다음으로

---

* 이렇게 형성될 미래의 초대륙을 판게아 얼티마(Pangaea Ultima)라고 부른다.

생명의 미래에 큰 영향을 미칠 것으로 보이는 요소가 바로 핵무기라고 할 수가 있다. 인류가 원자핵 속에 엄청난 에너지가 숨어 있다는 사실을 처음으로 알아낸 사람은 1938년 독일의 오토 한(Otto Hahn: 1879~1968)과 프리츠 슈트라스만(Fritz Strassmann: 1902~1980)이다. 우라늄이 분열하면 엄청난 양의 에너지가 나온다는 사실이 밝혀진 후, 미국으로 망명한 독일의 과학자들이 이 에너지를 독일이 무기화할 것을 우려한 나머지 미국 루스벨트 대통령한테 건의하면서 '맨해튼 프로젝트(Manhattan Project)'가 가동되었다는 것은 이미 잘 알려진 사실들이다. 그리고 제2차 세계대전을 종식시킨 히로시마와 나가사키의 원자탄 투하가 실제로 이루어진 것이 1945년도이다. 여기서 우리가 주목해야 될 대목이 바로 1938년과 1945년이라는 시간대이다. 인류는 자신을 파멸로 이끌 수 있는 분열폭탄인 원자탄을 만들어내는 데 채 10년도 걸리지 않았다는 사실에 주목하여야 한다. 지금은 어떤가? 인류를 모두 수십 번씩이나 죽이고도 남을 흉측한 무기들을 힘자랑하듯이 만들어 저장하고 있지 않는가!

이런 면에서 인공지능도 매우 우려스러운 상황이라고 할 수 있다. 인간의 지능을 뛰어넘는 인공지능의 등장은 우리에게 가공할 파괴력을 가져다줄 것이라는 점을 잘 알고는 있지만, 인간의 욕망이 원자폭탄 앞에서 멈추어 서지 않았던 것처럼 인공지능 문제도 대단히 위태로워 보인다. 인간의 채워지지 않는 열망은 마치 불 속으로 뛰어드는 불나방처럼 스스로 제어할 능력이 충분해 보이지도 않는다.

그렇다면 그다음으로 큰 문제가 될 수 있는 기후변화는 어떠한가? 기후변화는 인간이 쏟아내는 화석연료와 이산화탄소의 순환장애 때문에 발생하는 재해이다. 문제는 이러한 기후변화가 인간에 의해서 저질러지고 있다는 점일 것이다. 우리가 분명히 알고 있어야 할 기후 문제 중 하나는 마지막 빙하기가 약 2만 년 전에 있었고, 그다음에 약 1만 년 동안 간빙기에 들어서 있기 때문에 현재의 기온이 안정적으로 유지되어 왔다는 사실이다. 이 사실이 그렇게 중요한 이유는 무엇일까? 바로 인간이 유일무이하게 이룩해놓은 그 역사가 이 기간 안에서 일어났기 때문이다.

기후가 안정되어 있었기 때문에 우리는 대항해시대를 열 수가 있었고 달나라에도 갔다 올 수 있게 되었다. 그렇지만 인간이 1880년 처음으로 대기 온도를 측정해본 이후 현재까지 지속적으로 기온이 상승하고 있다는 것은 잘 알려진 사실이다. 이산화탄소의 배출은 나라마다 이해관계가 복잡하게 얽혀서 핵무기만큼이나 쉽게 해결될 기미를 보이고 있지 않다. 가뭄이나 폭염이 발생하여 농작물을 모두 태워버리고 홍수가 주거지와 농지를 송두리째 휩쓸어가도 우리는 그저 체념한 듯이 비행기를 타고 차들을 몰고 다닌다. 바다의 산호들이 죽어서 어족자원이 고갈되어가고, 빙하는 녹아 인간이 누릴 땅들을 점점 바다로 만들어가고 있다.

화석 기록은 우리에게 한 종의 평균수명이 대략 400만 년은 될 것이라고 귀띔해준다. 그렇지만 현재의 상황을 가늠해보면 과연 인간이 그 평균수명을 누릴 수 있는 가능성은 극히 작아 보인다. 소행성이 충돌하고 태양이 사라지는 시대를 생각하기 이전에 우리는 스스로 저지른 과업으로 인하여 먼저 소멸할 수밖에 없는 상황으로 가고 있는 듯하다. 그런데 대형 포유류에 속하는 인간이 사라진다고 모든 포유류들이 없어지는 것은 전혀 아니다. 공룡이 사라진 자리를 포유류들이 대신하였듯이 인간이 사라진다고 해도 다른 포유류들이 인간의 자리를 대신할 것이다. 그렇지만 만약 이 지구에서 식물이 사라진다면 아마도 살아남을 포유류는 한 종도 없을 것이다.

생명체가 이 지구상에 등장한 시기가 약 38억 년 전이라는 것을 우리는 잘 알고 있다. 그렇지만 이 생명체들이 앞으로 살아갈 날들은 이보다는 훨씬 더 짧을 것이라는 것은 확실해 보인다. 즉 이 땅에 살고 있는 모든 생명체는 이미 생의 반환점을 돌아서 소멸의 시간대로 접어들었다고 해도 과언은 아니다. 반가운 이야기는 아니지만 어쩔 수 없는 현실이다. 그렇다면 어떻게 해야 할까? 적어도 여러분의 엉덩이에 초속 11km*로 날아갈 수 있는 로켓을 달고 지구의 중력을 벗어나서 우주로 나아가는 방법밖에는 묘수가 딱히 없어 보인다. 그래서 새로운 우수 대항해시대가 우리 앞에 펼쳐질 것인가?

6 단 한 번의 무대

1) 생명이라는 거울

우리가 외출할 때는 언제나 한 번씩 꼭 들르는 곳이 있다. 바로 거울 앞이다. 거울은 그 앞에 선 어떤 대상도 가감 없이 있는 그대로를 보여준다. 왜냐하면 거울은 그 대상에서 나온 모든 색깔의 빛을 모두 반사하여 되돌려주기 때문이다. 어떤 학자가 침팬지한테 짓궂은 장난을 걸었다. 침팬지 얼굴에다 빨간 동그라미 스티커를 붙여주고 거울 앞에 서게 만든 것이다. 과연 침팬지는 어떤 반응을 보일까? 만약 그 빨간 스티커가 당신 얼굴에 붙어 있다면 아마도 당신은 누군가가 잠깐 낮잠을 즐기는 사이에 장난삼아 붙여놓았을 것이라고 생각할 것이다. 마찬가지로 침팬지가 자신의 얼굴에 붙은 빨간 스티커에 어떤 반응을 보이면, 우리는 침팬지가 자신을 스스로 인지하는 능력이 있다는 것을 알 수 있을 것이다. 이러한 실험을 거울 인지실험(Mirror recognition test)이라고 부르고, 이 실험을 처음으로 시행한 학자는 1970년 미국의 고든 갤럽(Gordon Gallup: 1941~)이다.[40]

우리는 거울에 비친 또 다른 사람이 바로 내 자신이라는 것을 곧장 알아차린다. 침팬지나 오랑우탄도 자신을 알아본다. 그러나 족보를 타고 좀 더 올라가서 긴팔원숭이나 비비 원숭이 정도만 되어도 거울 속의 원숭이가 자신인지를 알아보지 못한다. 혹시 한집에서 같이 사는 애완견한테 거울을 보여주고 어떻게 반응하는지를 관찰해본 적이 있는가? 여러분의 강아지들은 도저히 이러한 현상을 이해하기가 어려워 금방 싫증을 낸다는 사실을 바로 알게 될 것이다.

---

* 초속 11km 또는 시속 3만 9,600km는 지구의 중력을 벗어나기 위한 최소한의 속도로 임계 속도라고도 불린다. 이는 탄도미사일보다 훨씬 더 빠른 속도이다.

여러 마리 까투리와 새끼를 거느리고 있는 장끼는 근처 민가 지붕에 설치된 반사경을 매일같이 찾아와서 그 거울을 깨부술 듯이 공격한다. 왜 장끼는 이런 무지막지한 행동을 매일같이 반복하는 것일까? 우리는 이 장끼가 거울 속에 보이는 새로운 장끼가 자신이라는 사실은 까마득히 모른 채 외부 침입자로 보고 있다는 사실을 뒤늦게 알게 될 것이다. 따라서 장끼는 자신의 가족에게 위협적인 존재로 보이는 거울 속의 자신을 매일같이 공격하는 것이다.

그렇다면 만물의 영장이라는 인간도 그 거울 속에 비치는 자신의 모습을 있는 그대로 볼 수가 있다는 뜻인가? 다음의 경우들을 한번 생각해보자. 거울에 비친 여러분의 얼굴은 심장이 뿜어낸 혈액으로 인하여 얼굴에 온기가 돌고 두 뺨이 불그스름하게 보일 것이다. 이는 우리가 폐쇄순환계(closed circulatory system)*라는 잘 발달된 혈관계를 가지고 있다는 뜻이다. 이게 무슨 소리인가? 그렇다면 개방순환계(open circulatory system)라는 것이 있단 말인가?

우리와 같은 척추동물이 가지고 있는 폐쇄순환계의 원조는 무척추동물들이 가지고 있는 개방순환계이다. 개방순환계에는 모세혈관이 없다. 따라서 심장이 뿜어낸 혈액이 동맥을 통해서 몸속으로 퍼져나간 후 다시 정맥으로 들어가서 심장으로 되돌아간다. 몸속의 세포들은 동맥에서 흘러나온 혈액 속에 둘러싸여 있게 되어 직접적으로 영양분을 혈액†에서 흡수하고 찌꺼기는 배설하는 구조를 가지고 있는 셈이다. 이런 구조는 단세포가 환경으로부터 영양분을 얻고 대사산물을 배설하는 단순 구조에서 다세포로 진화하면서 생겨난 순환 구조라 할 수 있다.

우리는 절지동물인 곤충이나 갑각류 그리고 연체동물인 조개나 달팽이들이 모두 개방순환계를 가지고 있다는 것을 잘 알고 있다. 그렇다면 이보다 한 단계 업그레이드된 인간과 같은 폐쇄순환계를 가지고 있는 동물은 어디에서부터 나타나고 있을까? 바로 그 주인공이 환형동물인 지렁이나 거머리라면 좀 당황스러운 일일지도 모른다.[41] 우리는 거울에 비친 우리의 붉은 입술에서 지렁이의 순환계를 읽어내는 데 전혀 익숙하지 않다. 이러한 사실은 인간이 만물의 영장이라는 자만심을 부풀리게 만들어서 이 지구상의 우두머리로서 함부로 행세하고 다른 생물들을 업신여기도록 부추기고 있을지도 모른다.

또 다음 경우를 다시 생각해보자. 수많은 생각으로 잠 못 드는 밤을 보낸 적이 있는가? 잠을 못 들게 만드는 것은 심장이 아니라 생각이 복잡한 당신의 뇌일 것이다. 거울에 비친 당신의 얼굴을 보라. 더구나 명경지수‡에 빠진 듯한 당신의 표정은 보는 사람으로 하여금 평온함을 느끼게 하지 않을까? 그

* 폐쇄순환계는 모세혈관이 동맥과 정맥을 연결해주어 혈액이 직접 조직 속으로 들어가지 않는다. 일부 작은 분자들이 모세혈관을 빠져나와 조직액 안으로 흘러 들어가서 물질교환에 관여한 후 림프액이 되어 다시 정맥혈로 되돌아간다. 따라서 척추동물에게 림프 순환은 개방순환계의 유물인 셈이다.

† 더 정확히 말하면 혈림프(hemolymph)라고 말한다.

‡ 명경지수(明鏡止水)는 맑은 거울과 흐르지 않는 물이라는 뜻이다. 흐르는 물에서는 자신의 얼굴을 자세히 볼 수가 없다. 거울이 맑고 정지된 물에서만 고요하고 깨끗한 자신을 볼 수 있다. 물속에 비친 달도 흐르지 않는 물에서만 자세히 볼 수가 있다. 단지 볼 수만 있을 뿐 손으로 퍼낼 수는 없다. 퍼내는 순간 달은 사라지고 손만 시릴 뿐이다.

러나 사실 당신의 머리는 눈에서 귀 쪽으로 그리고 턱으로 이어지는 부분으로 구성된 얼굴과 그 뒤쪽에 있는 두개골로 구성되어 있다. 그래서 머리 전체의 앞쪽 1/3은 얼굴이 차지하고, 뒤쪽 2/3는 두개골이 덮고 있을 뿐이다. 그렇지만 우리는 앞쪽 1/3만 차지하는 얼굴이 거의 모든 첫인상을 좌우한다. 서울 강남의 길거리를 한 집 건너 성형외과가 차지하고 있는 주된 이유이기도 하다. 그러나 나의 주된 관심사는 항상 뒤쪽 2/3에 몰려 있다. 왜냐하면 이 부분이 오늘의 우리가 있게 해준 제일 중요한 부분이기 때문이다. 그렇다면 우리를 웃고 울리게 만드는 두개골에서 우리는 무엇을 읽어내야만 할까?

혹시 '9회 말'이라는 상호를 가진 포장마차에서 막차를 기다리며 멍게를 안주 삼아 마지막 잔을 기울여본 적이 있는가? 우리가 먹는 멍게 살은 물고기의 아가미와 비슷해서 물을 걸러내는 조직이고, 여러분이 먹는 꼭지는 입이거나 항문일 가능성이 높다. 멍게는 바다 밑에 붙이 사는 고착형 동물이지만, 그 새끼들은 완전히 딴판이다. 즉 멍게의 유생은 고착형이 아니라 올챙이처럼 생겨서 헤엄을 치고 다닌다. 이렇게 생활사가 완전히 다른 멍게 유생을 유심히 관찰한 학자는 영국의 월터 가스탱(Walter Garstang: 1868~1949)이다.[42]

그는 모든 척추동물이 처음 배아가 발생할 때 아가미가 생기고 척삭과 신경삭이 생긴다는 것을 발견한 후, 이러한 3가지를 공통적으로 가지고 있는 동물을 무척추동물 중에서 찾아보기로 하였다. 그가 조사한 곤충이나 조개, 불가사리, 지렁이 등은 아가미구멍은 있지만, 연골 막대인 척삭을 가지고 있지 않았다. 마침내 그가 찾아낸 동물은 의외로 멍게의 유생이었다. 이 유생은 척삭을 가지고 있었고, 신경삭이 될 신경관과 아가미구멍을 모두 가지고 있었던 것이다. 이 어린 올챙이처럼 생긴 유생은 척삭을 꼬리 부분에 가지고 있다가 성체가 되면서 사라져버린다. 따라서 우리는 이러한 피낭동물을 척삭동물 중 미삭동물이라고 부른다. 이제 우리는 우리를 잠 못 들게 만드는 뇌가 멍게에서 출발한다는 사실을 알게 되었고, 인간과 같은 척추동물은 결국 척삭동물의 후예라는 사실을 부인할 수 없게 되었다.* 나의 두개골에서 멍게를 떠올려주는 거울이 있다면, 우리는 그 거울을 마술의 거장이라는 이름을 붙여도 손색이 없을 것이다.

사실 이러한 거울 속 우리의 원조들을 소개하는 일은 아마도 이 책 전부를 할애해도 그 내용이 넘쳐날 정도이다. 생명을 보여주는 거울은 우리에게 심각한 경고를 주고 있다. 만물의 영장으로서 경거망동하지 말고 차분히 앞뒤를 살펴가면서 행동하라는 강력한 경고를 보내준다고 할 수 있다.

2) 지구라는 극장

이미 작고한 《코스모스》의 저자인 칼 세이건(Carl Sagan: 1934~1996)은 "이 광활한 우주공간에 생명이 있는

* 실제로 뇌조직이 처음 나타나는 동물은 플라나리아(planaria)라는 편형동물이며, 이들이 가지고 있는 원시 뇌조직이 척추동물 뇌의 원조가 된다.

곳이 지구뿐이라면 이 얼마나 엄청난 공간 낭비인가?"라고 말한 적이 있다. 이 우주에는 생명이 존재할 가능성이 있는 별들이 수없이 많다. 우리 은하만 하더라도 최소한 10만 개 이상의 행성이 후보군으로 떠오르고 있다. 그렇지만 우리가 아는 생명체들은 지구의 중력에 갇혀 이 땅 위에서 살아가고 있는 존재들뿐이다. 그리고 우리는 눈에 보여야만 관심을 가지는 동물들이 아닌가! 눈에 보이지 않으면 가까운 친척도 남이 되어버리는 특성을 가지고 있을 뿐만 아니라, 우리는 눈에 보이지 않는 곳에 더 많은 생명체들이 우리와 같이 더불어 살고 있다는 사실조차도 잊고 있는 듯하다.

우리 모두는 지구라는 행성의 극장 속에서 살아가고 있다. 이 극장 안의 무대에는 수많은 배우들이 등장하여 그들의 사연을 연기하고 사라지기를 반복한다. 이 무대를 장식하는 소품들은 우리의 상상력을 넘어선다. 광대한 5대양과 6대륙이 있고, 낮에는 태양이 하늘을 밝혀주고, 밤에는 셀 수 없이 많은 별들이 그 공간을 채우고 있다. 우리는 이 무대에 등장하는 모든 배우들을 뭉뚱그려 그저 생물권이라고 부르고 있다. 그러나 우리는 이 생물권에 속하는 배우*들이 얼마나 많은지도 잘 모르고 있다. 대강 800만 명이 넘거나 최대 1억 명까지 있을 것으로 추정하고 있을 뿐이다. 우리 모두는 그들의 연기력에 감탄사를 연발한다. 그들이 무대에서 실력을 발휘할 때 일부는 그들의 관객이 되어 좌석을 꽉 메우고 있다. 이들은 관객을 두고 서로 경쟁하지만 서로가 보이지 않는 끈으로 묶여 있다는 사실을 인정하고 있다. 왜냐하면 그 어느 누구의 연기력도 과소평가할 수가 없기 때문이다.

세균들은 무대 위에서 몸을 2개로 쪼개는 연기를 펼친다. 인간의 마술은 상자 안에서만 사람을 두 동강이로 만들지만, 세균은 실제 상자 밖에서도 2개로 완전히 쪼갤 수 있다. 고세균은 누구도 따라 할 수 없는 묘기를 가지고 있다. 그들은 도저히 들어갈 수 없는 끓는 물속에서도 행복하게 잘살 수 있다. 이들은 미국 옐로스톤 국립공원(Yellowstone National Park)에 그 많은 방문객을 불러들이는 서커스 단원들이다. 그들이 만들어내는 온천물의 색깔은 무대 소품으로서는 최고의 볼거리를 제공한다고 할 수 있다.

짚신벌레는 서로가 몸을 붙들고 비벼서 핵을 교환하면서 몸을 새롭게 만든다. 그렇지만 회춘에 대한 마술의 극치는 아무래도 해파리한테 돌아가야 할 것 같다. 작은보호탑해파리는 늙은 몸을 슬그머니 젊은 몸으로 되돌려놓는다. 다 큰 어른이 어린 아기로 되돌아가서 살기 좋은 세상이 돌아오면 다시 기지개를 켜고 어른이 되는 것이다. 우리는 무대에서 펼쳐지는 수많은 연기들을 모두 감상하기에는 너무나 시간이 부족하다. 그렇지만 기왕 이야기가 나온 김에 좀 더 이어가보도록 하자.

흰나리로도 불리는 백합은 그 폭발적인 향기와 우아한 자태로 모든 관객과 무대를 압도한다. 백합은 야자나무나 대나무와 같이 한 장의 떡잎이 피어나는 외떡잎식물이다. 그렇지만 때로는 사이클로파민(cyclopamine)이라는 화합물을 만들어서 새끼 양의 눈을 외눈박이(cyclops)로 만들어버리는 심술을 부리기도 한다.[43] 백합꽃은 화분을 받아들이기 위하여 피어난다. 이끼나 고사리는 꼬리 달린 정자가 물

* 여기서 말하는 배우는 생물종을 에둘러 표현한 말이다.

속에서 난자를 찾아가지만, 가루로 된 화분은 과연 어떻게 난자를 찾아갈 수 있을까? 객석에 앉은 관중은 숨죽여 그들의 곡예를 뚫어지게 바라볼 것이다. 왜냐하면 백합꽃의 화분은 그 크기가 50마이크론 정도밖에 안 되지만, 씨방이 매달려 있는 암술대는 길이가 무려 10cm에 달하기 때문이다. 이는 화분 길이의 2,000배에 달하는 길이이기 때문에 꼬리도 없고 노잣돈도 충분하지 않은 백합꽃 화분이 과연 어떻게 신방처럼 꾸며진 씨방에 무사히 도달할 수 있을까? 그러나 이들이 펼치는 연기는 관객을 압도하기에 충분하다. 먼저 암술은 시들기 전까지 무색무취한 점액을 50mL 이상을 분비해 낸다. 이 점액에 붙들린 화분들이 서로 경쟁적으로 암술대에서 관세포의 호위를 받으며 씨방의 안내에 따라 이틀에 걸쳐 알세포에 도달한다. 이러한 화분들의 경주는 모든 꽃식물이 보여주는 연극의 클라이맥스라고 하지 않을 수 없다.

그뿐인가! 단풍나무는 씨앗에 헬리콥터 날개를 달아서 바람 속으로 날리고, 할미꽃은 솜털을 달아서 아이들의 입김으로도 하늘로 날아오르게 만든다. 벼나 보리는 씨앗 끝에 꺼끄러기를 달아서 씨가 떨어질 때 나사를 박은 드라이버처럼 갈라진 땅속으로 깊이 박히게 만들어준다. 반면에 보리타작을 하는 농부들에게는 이 꺼끄러기가 옷에 달라붙어 목과 등을 따끔거리게 만들어서 성가시게 해 줄 것이다.

그러나 식물에 비하면 동물들의 연기는 더 생동감이 넘치고 역동적이다. 이들은 땅속을 기어다니고 대지 위를 뛰어다니다 못해 하늘을 날아다닌다. 우리에게 눈을 가져다준 삼엽충에서부터 중생대를 호령한 공룡에 이르기까지 우리는 그들의 연기력에 모두 압도당할 것이다. 그러나 무엇보다도 우리를 감동시키는 동물은 아마도 뱀의 연기일 것이다. 왜냐하면 뱀은 다른 어떤 동물과도 다르게 팔과 다리가 하나도 없기 때문이다. 뱀은 사지가 하나도 없어도 물에서 헤엄을 치고 땅 위를 내달리며, 심지어 나무 위에서 날아서 땅으로 내려올 수도 있다. 침팬지조차도 무서워하는 뱀이지만 우리는 그들의 연기에 감탄하지 않을 수가 없다.

인간이 무대에서 펼치는 공연은 과히 압도적이다. 왜냐하면 그들은 두개골 속에 더 발달된 뇌조직을 가지고 있기 때문이다. 이들은 비가 오면 우장이나 우산을 만들어 쓰기도 하고, 동굴 속에다 물감으로 천연색 그림을 그리기도 한다. 그뿐 아니라 이들은 동물들을 구슬려서 가축으로 만들어 그들의 근육을 이용하거나 식용으로 잡아먹기도 한다. 또한 입맛에 맞는 과일이나 열매를 얻기 위하여 식물을 키워서 먹기도 한다. 그리고 이들은 석탄이나 검은 기름을 이용하여 피스톤을 돌리는 기적을 만들어낸 후 하늘과 땅과 바다를 모두 자신의 손아귀에 넣어버렸다. 특히 이들의 명연기는 사막의 결투가 아니라 실제로 총알로 총알을 맞추는 공연을 보여준다는 데 있다고 할 수 있다.

이제 이 지구라는 극장에서 인간이라는 배우를 따라갈 연기자는 더 이상 존재하지 않는다. 그러나 그들은 개도 안 먹는 돈이라는 이상한 종이를 만들고 난 이후 점차 이성을 잃어가는 연기를 보여주고 있다. 이들을 싸움박질하게 만드는 이상한 종이를 다른 연기자들은 알 수도 없고 만들 수도 없다. 그러나 실제 인간의 역사는 태어난 지 겨우 약 30만 년쯤 되어 보이고, 잡아먹히는 신세에서 잡아먹는 위치로 올라선 지도 얼마 되지 않아 보인다. 이제 이 지구라는 무대는 인간이라는 무적의 집단에 의해 장악되었다고 해도 과언이 아니다.

자, 여기에서 다시 한번 생각해야 될 문제가 등장한다. 그렇다면 이 지구라는 극장의 무대를 총체적으로 관장하는 감독과 그 시나리오는 누가 담당하는 것일까? 여러분은 어떻게 생각하고 계시는가? 인류는 문명이라는 시대가 도래하면서 제일 먼저 이 무대를 관장하는 감독과 시나리오 작가로 항상 신을 생각해왔다. 신이라는 감독은 무대를 없애거나 바꿔버릴 수 있는 전지전능한 힘을 가진 존재라고 믿었고, 지금도 그렇게 믿고 있다. 그러나 과학은 조금 다른 견해를 내비치고 있다. 즉 이 무대를 관장하는 것은 신이 아니라 DNA라는 유전물질이라고, DNA는 끊임없이 변해간다. 변하는 만큼 무대와 시나리오도 바뀐다. 등장인물이 바뀌고 그 배역이 달라진다. 그러나 불행하게도 우리는 DNA가 생물이 아니라 무생물이라는 희극이자 비극적 결말에 도달하고 만다.

사실 우리 생물권에 있는 모든 배우들은 다시 우리를 둘러싸고 있는 소품으로 반드시 되돌아가야 할 운명에 놓여 있다. 즉 무생물인 소품으로 되돌아가야만 한다는 사실은 죽음을 달고 살아야 한다는 의미와 똑같다. 그래서 되풀이되는 말이지만 "삶은 죽음을 배경으로 할 때 가장 잘 보인다."는 말이 설득력을 얻게 되는 이유이다. 그리고 한 번 되돌아간 무생물이 땅에 묻히고 나면 다시 생명체의 일원으로 복귀하는 데는 무려 수억 년이 걸리게 된다. 그렇다고 우리가 인간이나 다른 동물, 더 나아가 은행나무로 다시 태어난다고 한들 무슨 소용이 있겠는가! 만약 내가 어쩌다 다시 소로 태어난다면 그 소가 과연 나라고 할 수 있을까? 만약 내가 어쩌다 공작새로 태어나 인간들이 골프 치는 길목에서 날개를 펴고 아양을 떨면서 서 있다고 하더라도 과연 그 공작새가 나와 같은 존재일까? 그래서 우리는 이 한 번뿐인 무대를 어떻게 꾸밀 것인지를 심각하게 고민해야만 한다.

누구는 우리에게 이렇게 말한다. "청산은 나를 보고 말없이 살라 하고 창공은 나를 보고 티 없이 살라 한다."라고. 또 누구는 "그 자리에 있어서는 안 될 사람, 그 자리에 있으나 마나 한 사람, 그 자리에 없어서는 안 될 사람"이라는 협박조의 말도 들린다. 여러분은 어떤 철학과 신념을 가지고 있는가? 청산이나 창공 그리고 자리 타령은 그렇게 교훈적인 대답은 물론 아닐 것이다. 만약 여러분이 이것보다 더 현실적인 철학을 마음속에 가지고 있지 않다면, 아마도 생명이 흘러온 역사 속에서 그 정답을 찾아보는 것도 한 방법이 될 수 있을 것이다. 이 땅에서 살아남았던 생명의 역사는 항상 변화만이 살아남는 길이었다는 것을 알려주고 있다.

나가는 글

만약 누구로부터 "우리는 도대체 무엇입니까?"라는 당돌한 질문을 받았다고 치자. 그러면 우선 우리는 상대방이 무슨 의도로 이러한 질문을 한 것인가를 먼저 알아보려고 노력할 것이다. 그런 후에 이 질문의 정체가 아주 심오하다는 것을 알게 된다면 잠시 멍한 기분에 빠져들 것이다. 과연 우리는 무엇인가? 물질일까? 정신일까? 아니면 둘 다일까? 그렇다면 우리는 도대체 어떻게 생겨나고 어떻게 사라진다는 것인가? 또한 사라진 이후에는 그것으로 끝이란 말인가? 그다음에는 아미도 이렇게 툭 내뱉고 말 수도 있다. "이 먹고 살기도 힘든 세상에 별 실없는 소리들을 다하고 있네!"라고. 우주와 생명은 때때로 우리와 아주 가까이에 있기도 하고 먼 곳에서 남의 이야기처럼 들리기도 한다.

내가 이렇게 생명이라는 어처구니없는 대명제에 빠져들기 시작한 것은 의학을 공부하고 뇌수술 전문가가 된 이후가 아니다. 이는 60년 전에 우연히 일어난 막다른 골목에서부터 시작되었다. 초등학교를 졸업하기도 훨씬 전의 어느 날, 나는 상엿소리가 멈추고 난 후 하관이 끝난 어머니 관 위에다 실토(實土)를 하면서 느꼈던 그 절망감에서부터 찾아야 할 것이다. 나의 고사리손에 들린 흙은 어머니 관위로 조심스레 떨어졌고, 곧이어 산역꾼들은 나의 마음과는 전혀 상관없이 흙을 덮고 무덤을 만들어버렸다. 지금은 비와 바람이 깎아서 봉분은 거의 사라져버렸고, 겨우 표지석 하나가 그 흔적을 가리키고 있을 뿐이다.

나는 이 세상에 얼마나 많은 학문 분야가 있는지는 잘 모른다. 그러나 모든 학문의 궁극적 초점은 결국 어디로 모여들까? 학자마다 그 관점은 다를 수 있지만 아무래도 우주와 그 연관 주제들에 모일 것으로 생각된다. 우주란 우리의 과학과 상상력이 추구하는 가장 장엄한 과제가 아니던가! 이제 우리는 우주의 나이가 138억 년이라는 것쯤은 알고 있다. 이미 언급했지만 만약 이 138억 년을 하나, 둘, 셋, 넷……, 이런 식으로 1초에 1개씩 틀리지 않고 세어나간다고 해도 밤낮없이 434년을 세어야 겨우 이 숫자에 도달할 것이다. 한 세대에서 끝나는 것이 아니고, 나의 고손자까지 내려가면서 계속해서 세어야만 가능한 일이다. 그렇지만 독자분들이 궁금해하는 우주의 모든 것들을 다루기에는 내 밑천이 넉넉하지 않다는 것도 나는 잘 알고 있다.

그다음 생명이라는 화두는 우주의 하위 계층임에는 틀림없지만 우리를 현혹시키기에는 너무나 벅찬 주제이다. 생명은 그 자체가 수많은 의문부호이자 느낌표가 아니었던가! 즉 우주만큼이나 생명도 우리의 지적 호기심의 대상이자 학문적인 자극제이기 때문이다. 내가 의과대학에서 '생명과학'이라는 교양과목을 강의하다가 그 내용을 정리하여 출판한 책이 "생명"이라는 이름으로 3년 전에 발간된 적이 있다. 이 "생명"이라는 책이 생명에 대한 총론이라면 "우리는 도대체 무엇인가?"라는 이 책은 그

각론에 해당한다고 할 수가 있다. 이 책을 집필하면서 세포라는 개념을 먼저 들고 나올 수 있었던 것은 나에게 큰 행운이라는 생각이 든다. 그만큼 생명을 이해하는 데는 세포라는 생물학적 구조물이 절실하게 필요하기 때문이다. 그러나 실제 세포라는 주제를 중심에 두게 된 것은 저녁마다 고즈넉한 오솔길을 내어준 동네 야산인 매봉산의 공이 더 크다고 할 수 있다.

모든 생명체는 오로지 한 조상에서 시작하여 오늘에 이르고 있다는 것은 너무나 잘 알려진 사실이다. 여기서 등장하는 한 조상의 정체가 바로 지금의 세포 즉 단세포의 조상이 되는 셈이다. 따라서 우리는 당연히 생명을 이해하기 위해서는 반드시 이 세포의 이전 단계를 물어야 할 것이고, 나아가서 세포가 태어나는 과정을 밝혀야 할 것이다. 그리고 어떻게 하여 이러한 세포들이 모여서 다세포를 형성한 후 인간을 포함한 눈에 보이는 모든 살아 있는 생물체들이 되었는지도 알아내야 한다. 그렇지만 우리는 이 모든 과정을 다 밝혀낼 수 있을까?

세포의 이전 단계는 말 그대로 무생물의 세상이다. 무생물의 세상은 원자나 분자들로 구성되어 있다. 그렇지만 원자는 우주의 빅뱅과 별들의 진화 과정에서 생겨난 것들이고, 분자는 원자들이 모여 생겨난 화학적 진화의 결과물들이다. 그런데 어떻게 하여 이러한 원자와 분자 들이 모여서 살아 있는 세포가 만들어졌을까? 현재 우리가 안고 있는 과학은 마치 목에 걸린 가시처럼 이 문제를 쉽게 풀어내지 못한다. 아니 어쩌면 풀어내기보다는 덮어두고 싶어 하는 심정도 읽혀지고 있다. 인류 역사상 원자폭탄을 만들어냈던 맨해튼 프로젝트, 인간을 달나라에 보낸 아폴로 프로젝트, 인간의 유전체 정보를 읽어낸 인간 게놈 프로젝트, 머릿속을 알아보기 위한 뇌의 10년(decade of brain) 등에는 천문학적인 자금이 지원되었지만, 생명의 기원을 알아보고자 하는 연구는 별 진척이 없기 때문이다. 그래서 우리는 무생물 밭에서 어떻게 생물이라는 과일이 열리는지를 아직도 잘 모른다.

그러나 어떻게 생명이 태어났는지는 잘 모르지만 일단 태어난 생명이 어떻게 살아왔는지에 대해서는 너무나 많은 지식들이 축적되고 있다. 예를 들어, 우리가 누구이며 어떻게 만들어지는지를 적어놓은 유전체는 자연이 진화라는 방법을 동원해 서서히 변형시켜왔지만, 이제 우리는 실험실에서 간단하게 누구나 만지고 변형시킬 수 있는 재주를 가지게 되었다. 따라서 자연선택에 의한 다윈식 진화는 이제 그 자리를 잃고 점차 사라져가고 있다. 또한 내가 만든 그림 4-1에서도 생명은 반드시 그 부모종이 있어야 태어날 수 있다고 기술하였다. 그러나 유성생식에서 수컷의 역할이 사라진 지도 오래되었고, 무성생식과 유성생식의 경계가 허물어진 지도 옛날 일이 되었다. 여러분은 새로운 천 년이 시작되기 바로 전인 1998년도에 무슨 일을 하고 있었던가?

1998년에는 새로운 정부가 대한민국에 들어섰고, 미국은 빌 클린턴 대통령의 섹스 스캔들로 세상이 시끄러운 시절이었다. 그러나 이러한 일들은 영국 에든버러 로즐린 연구소에서 태어난 돌리 양만큼 인간의 운명을 바꿀 만한 사건들이 전혀 아니었다. 이 세상에 태어난 돌리 양은 아버지가 없다. 단지 3마리의 어미만 있을 뿐이다. 한 어미는 핵만 주었고, 다른 어미는 핵이 빠진 난자만 주었다. 그리고 마지막 어미는 자궁만 빌려주었을 뿐이다. 우리는 돌리 양이 태어난 그 과정을 잘 이해하고 있다. 좀 어려운 말이긴 하지만 체세포핵치환 배아줄기세포로 태어난 양이다.

그런데 이 돌리 양을 다시 불러낸 것은 2023년에 일어난 또 다른 사건을 설명하기 위해서이다. 돌리 양 이후 약 25년 만에 이제는 돌리 양을 만들기 위하여 3마리의 어미가 필요 없이 그저 한 마리의 어미만 있어도 새끼를 만들거나 인공자궁을 만들 수 있다면 어미 없이도 생명체를 만들 수 있는 시대에 접어들었다는 사실이다. 즉 배아줄기세포에서 역분화 과정을 이용하여 합성 배아를 만들어내고 있기 때문이다. 합성 배아가 앞으로 어떻게 발전해나갈 것인가에 대한 시각은 매우 우려스럽다.

그뿐 이니라 미국 크레이그 벤터는 2016년 JCVI-syn3.0라는 인공세포를 만들어냄으로써 세포 안에 들어 있는 유전체를 인간이 합성하거나 조작할 수 있는 가능성을 충분히 보여주었다. 과연 세상은 어떻게 전개되어갈까? 우리는 이렇게 생명의 첫 번째 기원을 풀어내는 데는 실패하고 있지만, 일단 만들어진 생명들을 조작하고 길들이는 데는 양심을 잃어버린 채 잘들 해내고 있다.

생명의 조작이나 그 변형에 대한 과학적 연구는 우리가 불안감에 사로잡힐 정도로 발전 속도가 빠르다. 그러나 생명의 소멸이라는 대명제에 대한 과학적 연구는 별다른 흥미를 불러 모으지 못하고 있는 실정이다. 그저 종교적 해석과 의례를 따르고 존중할 뿐이다. 이제는 우리가 생명의 시작에 관심을 두듯이 생명의 소멸에 대한 과학적 접근과 공론화도 필요한 시기가 되었다는 생각이 든다.

우리는 아침에 떠오르는 붉은 태양을 보면서 하루를 시작하고, 저녁노을 속으로 사라지는 태양을 보면서 와인 잔을 기울인다. 그러나 이러한 일출과 일몰은 보는 시기만 다를 뿐 그 장면은 모두 비슷하다. 만약 당신 앞에 일출과 일몰 사진을 보여주고 어느 것이 일출 또는 일몰인지를 알아맞히도록 한다면 제대로 가려낼 사람이 드물 것이다. 왜냐하면 서로가 구분되지 않기 때문이다. 나는 이 책을 통하여 생명은 시작과 끝이 있는 것 또는 탄생과 죽음이 따로 있는 것이 아니라, 마치 일출과 일몰을 보듯이 돌고 도는 생명의 순환으로 보는 견해가 옳을 것이라고 생각한다.

그렇지만 한순간 이 지구라는 무대에 등장한 배우는 반드시 단 한 번의 연기와 역할로 끝난다는 것도 인식하여야 할 것이다. 왜냐하면 무생물로 되돌아간 나의 부품들이 다시 생명으로 되살아난다는 보장이 전혀 없기 때문이다. 따라서 절체절명의 단 한 번뿐인 이 무대를 어떻게 운영할 것인가는 순전히 여러분 자신들의 몫일 수밖에 없다. 나는 우리를 구성하고 있는 실체가 무엇인가를 집중적으로 살펴보기 위하여 노력하였다. 제4부에서 기술한 '순환의 세계'가 이를 잘 설명해줄 것으로 기대해본다.

이 작업이 끝나면 나는 곧장 밀린 신간들을 읽고 난 후 다음 번 저술을 다시 시작할 것이다. "우리는 도대체 누구인가?"라는 다음 책에서는 거울 앞에 선 우리의 모습에서 우리와 같이 살아가는 모든 생물들의 진면목을 동시에 보여드리도록 노력할 것이며, 머리부터 발끝까지 나의 거울 속에서 나의 과거의 모습들을 떠올려볼 것이다.

끝으로 이 책이 출판될 수 있도록 고생해주신 대한나래출판사 최용원 사장님, 교정 · 교열을 담당해주신 김경미 부장님 그리고 편집 디자인을 맡아주신 유문형 차장님께 감사의 인사를 드린다. 또한 하루 종일 방 안에 들어앉아서 나올 줄 모르는 남편을 넉넉한 시선으로 바라봐준 최정연 원장한테도 고맙다는 말을 전하고 싶다.

2024년 5월 매봉산 자락에서

하 영 일

참고문헌

들어가는 글

[1] Aleman M. *Does the size of ocean bacteria matter to a sea virus?* University of Southern California. Available at: https://dornsife-wrigley.usc.edu/news/does-the-size-of-ocean-bacteria-matter-to-a-sea-virus%EF%BF%BC/

[2] Rutherford A. *Creation: The origin of life/The future of life.* (김학영 역. 『크리에이션 : 생명의 기원과 미래』. 서울 : 중앙 books, pp. 37-39, 2013.)

[3] 정우현. 『생명을 묻다』. 서울 : 이른비, pp. 312-315, 2022.

[4] Collins, FS. *The language of God: A scientist presents evidence for belief.* (이창신 역. 『신의 언어』. 서울 : 김영사, pp. 280-281, 2006.)

제1부 세포 이전 단계

[1] Morris I. *Why the west rules-for now: The patterns of history, and what they reveal about the future.* New York: Farrar, Straus and Giroux, Kindle ed. of Amazon, pp. 280-288, 2010. (최파일 역. 『왜 서양이 지배하는가?』. 서울 : 글항아리, pp. 360-373, 2013.)

[2] 하영일. 『생명』. 서울 : 대한나리출판사, pp. 15-17, 2021.

[3] Jackson T. *The periodic table: A visual guide to the elements.* (장정문 역. 『주기율표』. 서울 : 소우주, pp. 40-45, 2018.)

[4] Crace, J. *20 amazing facts about the human body.* The Guardian. Available at: https://www.theguardian.com/science/2013/jan/27/20-human-body-facts-science

[5] Cotner S., Wassenberg D. *The evolution and biology of sex.* University of Minnesota. Available at: https://open.lib.umn.edu/evolutionbiology/

[6] Hills DM, Heller HC, Hacker SD, et al. *Life: The science of biology.* (12 Eds.). 2020. (정종우 외. 『생명 : 생물의 과학』. 서울 : 라이프사이언스, pp. 24-25, 2021.)

[7] NewScientist. *What is the body made of?* Available at: https://www.newscientist.com/question/what-is-the-body-made-of/

[8] Boina T. *What primary elements are humans comprised of?* Available at: https://www.quora.com/What-primary-elements-are-humans-comprised-of

[9] Sagan C. *Cosmos.* New York: The Random House Publishing Gr., pp. 2263-2264, Kindle ed. of Amazon. (홍승수 역. 『코스모스』. 서울 : 사이언스북스, pp. 215-216. 2004.)

[10] Clear exam. *Biomolecules.* Available at: https://www.leariitmedical.com/2019/06/biology-notes-biomolecules.html

[11] Universe-review. *Interstitial fluid.* Available at: https://universe-review.ca/R10-89-ISF.htm

[12] Lawton G. *The origin of (almost) everything: From the Big Bang to Belly-button Fluff.* (김성훈 역. 『거의 모든 것의 기원』. 서울 : 프리렉, pp. 14-15, 2017.)

[13] Watson JD. *DNA: The story of the genetic revolution.* Kindle ed. of Amazon, pp. 66-93. (이한음 역. 『DNA: 유전자 혁명 이야기』. 서울 : 까치, pp. 100-105, 2017.)

[14] 이강한. 『빅뱅의 메아리』. 서울 : 마음산책, pp. 99-219, 2017.

[15] 이석영. 『모든 사람을 위한 강의』. 서울 : 사이언스북스, pp. 79-91, 2009.

[16] The Nobel Prize. *The Nobel Prize in physics 2006.* Available at: https://www.nobelprize.org/prizes/physics/2006/summary/

[17] Sagan C. *Cosmos.* New York: The Random House Publishing Gr., pp. 2263–2264. Kindle ed. of Amazon. (홍승수 역 .『코스모스』. 서울 : 사이언스북스 , pp. 281. 2004.)

[18] 윤상철 .『우리는 모두 별에서 왔다』. 서울 : 21 세기북스 , pp. 171. 2020.

[19] 김경렬 .『지구의 나이를 찾아서』. 서울 : 광주과학기술원 , pp. 133–135. 2018.

[20] National Aeronautics and Space Administration. *Imagine the universe: Stars.* Available at: https://imagine.gsfc.nasa.gov/science/objects/stars1.html

[21] 최덕근 .『지구의 이해』. 서울 : 서울대학교 출판부 , pp. 240–241. 2003.

[22] NASA/IPAC Extragalactic Database. *Stellar nucleosynthesis.* Available at: https://ned.ipac.caltech.edu/level5/Sept16/Rauscher/Rauscher4.html

[23] Hills DM, Heller HC, Hacker SD, et al. *Life: The science of biology.* (12 Eds.). 2020. (정종우 외 .『생명 : 생물의 과학』. 서울 : 라이프사이언스 , pp. 27–41. 2021.)

[24] My NASA data. *About the earth as a system: Background information.* Available at: https://mynasadata.larc.nasa.gov/basic-page/about-earth-system-background-information

[25] Britannica. *Thermohaline circulation.* Available at: https://www.britannica.com/science/thermohaline-circulation

[26] Bryson B. *A short history of nearly everything.* (이덕환 역 .『거의 모든 것의 역사』. 서울 : 까치글방 , p. 227. 2003.)

[27] 이윤기 .『그리스 로마 신화 1』. 서울 : 웅진 지식하우스 , p. 71. 2000.

[28] Rosenberg M. *Speed of the earth.* ThoughtCo. Available at: https://www.thoughtco.com/speed-of-the-earth-1435093

[29] Bar-On YM., Phillips R., Milo R. *The biomass distribution on earth.* Available at: https://www.pnas.org/doi/10.1073/pnas.1711842115

[30] Hills DM, Heller HC, Hacker SD, et al. *Life: The science of biology.* (Eds.). 2020. (정종우 외 .『생명 : 생물의 과학』. 서울 : 라이프사이언스 , pp. 43–82. 2021.)

[31] Saibil H. *Chaperone machines for protein folding, unfolding and disaggregation.* Nat Rev Mol Cell Biol 14, pp. 630–642. 2013. Available at: https://www.ncbi.nlm.nih.gov/pmc/articles/PMC4340576/

[32] 정우현 .『생명을 묻다』. 서울 : 이른비 , pp. 326–329. 2022.

[33] Druyan A. *Cosmos: Possible worlds.* Washington, DC: National Geographic Partners, p. 35. Kindle ed. of Amazon. (김명남 역 .『코스모스 : 가능한 세계들』. 서울 : 사이언스북스 , pp. 45–46. 2020.)

[34] Lane N. *Life ascending: The ten great invention of evolution.* (김정은 역 .『생명의 도약 : 진화의 10 대 발명』. 서울 : 글항아리 , pp. 25–63. 2008.)

[35] LeDoux J. *The deep history of ourselves: The four-billion-year story of how we got conscious brain.* pp. 57–62. 2019. Kindle ed. of Amazon. (박선진 역 .『우리 인간의 아주 깊은 역사 : 생물과 인간 , 그 40 억 년의 딥 히스토리』. 서울 : 바다출판사 , pp. 89–96. 2019.)

[36] BioNinja. *RNA world hypothesis.* Available at: https://ib.bioninja.com.au/standard-level/topic-1-cell-biology/15-the-origin-of-cells/rna-world-hypothesis.html

[37] Szostak J., Bartel D., Luisi P. *Synthesizing life.* Nature 409, pp. 387–390. 2001. Available at: https://www.nature.com/articles/35053176#citeas

[38] Martin W., Russel MJ. *On the origins of cells: a hypothesis for the evolutionary transitions from abiotic geochemistry to chemoautotrophic prokaryotes, and from prokaryotes to nucleated cell.* Phil Trans R Soc Lond. B Biol Sci. 358(1429), pp. 59–85. 2003. Available at: https://hoffman.cm.utexas.edu/courses/russell_and_martin_origin_of_cells.pdf

[39] 이일하 .『생물학 산책』. 서울 : 궁리 , p. 53. 2014.

[1] Schwarcz J. *The real story behind "21 Grams"*. McGill University. Available at: https://www.mcgill.ca/oss/article/did-you-know-general-science/story-behind-21-grams

[2] Report of the Ad Hoc Committee of the Harvard Medical School to Examine the Definition of Brain Death. *A Definition of Irreversible Coma.* JAMA. 205(6): pp. 337 - 340. 1968. Available at: https://hods.org/English/h-issues/documents/ADefinitionofIrreversibleComa-JAMA1968.pdf

[3] University of Washington. *Aristotle on the soul.* Available at: https://faculty.washington.edu/smcohen/320/psyche.htm

[4] Benner SA. *Defining life.* Astrobiology. 10(10). pp1021-1030. 2010. Available at: https://www.ncbi.nlm.nih.gov/pmc/articles/PMC3005285/

[5] Sagan C. Magulis L. Sagan D. *Life.* Britannica. Available at: https://www.britannica.com/science/life

[6] Nurse P. *What is life? Understanding biology in five steps.* (이한음 역 .『생명이란 무엇인가 ? 5 단계로 이해하는 생물학』. 서울 : 까치 . pp. 196-220. 2020.)

[7] Fukuoka S.『生物と無生物のあいだ』. (김소연 역 .『생물과 무생물 사이』. 서울 : 은행나무 . pp. 133-147. 2007.)

[8] Kuhn JH. *Virus taxonomy.* Encyclopedia of virology. pp. 28-37. 2021. Available at: https://www.ncbi.nlm.nih.gov/pmc/articles/PMC7157452/

[9] The Editors of Encyclopedia. *Antonie van Leeuwenhoek.* Britannica. https://www.britannica.com/biography/Antonie-van-Leeuwenhoek

[10] Stillwell W. *Membrane Transport.* An Introduction to Biological Membranes. pp. 423 - 451. 2016. Available at: https://www.ncbi.nlm.nih.gov/pmc/articles/PMC7182109/

[11] Flemming HC. Wuertz S. *Bacteria and archaea on earth and their abundance in biofilms.* Nat Rev Microbiol. 17(4). pp. 247-260. 2019. Available at: https://pubmed.ncbi.nlm.nih.gov/30760902/

[12] Coscia A. Bardanzellu F. Caboni E. et al. *When a Neonate Is Born. So Is a Microbiota.* Life (Basel). 16:11(2). 2021. Available at: https://www.ncbi.nlm.nih.gov/pmc/articles/PMC7920069/

[13] Hatton IA. Galbraith ED. Merleau NS. et al. *The human cell counts and size distribution.* PNSA 120(39). 2023. https://doi.org/10.1073/pnas.2303077120.

[14] Levin PA. Angert ER. *Small but Mighty: Cell Size and Bacteria.* Cold Spring Harb Perspect Biol. 8: 7(7): a019216. 2015. Available at: https://www.ncbi.nlm.nih.gov/pmc/articles/PMC4484965/

[15] Lane N. *Power. sex. suicide: Mitochondria and the meaning of life.* Oxford University Press. pp. 169-170. Kindle ed. of Amazon. (김정은 역 .『미토콘드리아 : 박테리아에서 인간으로 . 진화의 숨은 지배자』. 서울 : 뿌리와 이파리 . p. 178. 2005.)

[16] University of Colorado Denver. *Horizontal gene transfer.* Available at: https://www.ucdenver.edu/docs/librariesprovider132/a-sync_sl/genetics/upload-2/bacterial-genetics/horizontal-gene-transfer-activity-guide.pdf?sfvrsn=4896b5ba_2

[17] Georgia Institute of Technology. *Biological principle: Respiration. chemiosmosis and oxidative phosphorylation.* Available at: https://bioprinciples.biosci.gatech.edu/05-respiration-chemiosmosis-and-oxidative-phosphorylation-2/comment-page-1/

[18] Basshan JA. Lambers H. *Photosynthesis.* Britanica. Available at: https://www.britannica.com/science/photosynthesis

[19] Chandel NS. *Glycolysis.* Cold Spring Harb Perspect Biol. 3;13(5): a040535. 2021. Available at: https://www.ncbi.nlm.nih.gov/pmc/articles/PMC8091952/

[20] Wikipedia. Fermentation. Available at: https://en.wikipedia.org/wiki/Fermentation

[21] Stoakers SF. *Krebs cycle overview.* News Medical Life Science. Available at: https://www.news-medical.net/life-sciences/Krebs-Cycle-Overview.aspx

[22] Surendranath Collage. *Electron transport chain.* Available at: https://surendranathcollege.ac.in/new/upload/SUBHADIPA%20MAJUMDER2022-07-22ETC.pdf

[23] Lane N. *The vital question: Energy, evolution, and the origin of complex life.* New York: W. W. Norton & Company, pp. 71-73, kindle ed. of Amazon, 2015. (김정은 역 . 『바이털 퀘스천 : 생명은 어떻게 탄생했는가 ?』 서울 : 까치 , pp. 97, 2016.)

[24] Onckheere AI, Smeitink JA, Rodenburg RJ. *Mitochondrial ATP synthase: architecture, function and pathology.* J Inherit Metab Dis, 35(2): pp. 211-225, 2012. Available at: https://www.ncbi.nlm.nih.gov/pmc/articles/PMC3278611/

[25] 이와나미 요조 . 『光合成の世界 : 地球上の生命を支える秘密』. (권영명 역 , 『광합성의 세계』 . 서울 : 도서출판 아카데미서적 , p. 74, 2010.)

[26] Sadava D, Hills D, Heller C, et al. *Life: The science of biology. 9th ed.* (강해묵 외 역. 『생명 : 생물의 과학』. 제9판. 서울 : 라이프사이언스 , p.189, 2012.)

[27] Wikipedia. *Spontaneous generation.* Available at: https://en.wikipedia.org/wiki/Spontaneous_generation

[28] Lobo SD. *Chlorophyll and hemoglobin: An unlikely connection.* Starry Stories. Available at: https://www.starrystories.com/chlorophyll-haemoglobin/

[29] Gassham JA, Lambers H. *The pathway of electrons.* Britannica. Available at: https://www.britannica.com/science/photosynthesis/The-pathway-of-electrons

[30] Yamori W, Hikosaka K, Way DA. *Temperature response of photosynthesis in C3, C4, and CAM plants: temperature acclimation and temperature adaptation.* Photosynthesis Research 119, pp. 101-117, 2014. Available at: https://publish.uwo.ca/~dway4/files/Yamori%20et%20al.%202013.pdf

[31] Kumar V, Sharma A, Soni JK, et al. *Physiological response of C3, C4 and CAM plants in changeable climate.* Pharma Innovation Journal, 6(9), pp. 70-79, 2017. Available at: chrome-extension://efaidnbmnnnibpcajpcglclefindmkaj/https://www.thepharmajournal.com/archives/2017/vol6issue9/PartB/6-8-66-259.pdf

[32] Schirrmeister BE, Gugger M, Donoghue PJ. *Cyanobacteria and the great oxidation event: Evidence from genes and fossils.* Palaeontology, 58(5), pp. 769-785, 2015. Available at: https://onlinelibrary.wiley.com/doi/full/10.1111/pala.12178

[33] University of New Mexico. *ATP production on one glucose.* Available at: https://www.unm.edu/~lkravitz/Exercise%20Phys/ATPproduction.html

[34] May P. *Adenosine Triphosphate (ATP).* University of Bristol. Available at: https://www.chm.bris.ac.uk/motm/atp/atph.htm

[35] Lane N. *The vital question: Energy, evolution, and the origin of complex life.* New York: W. W. Norton & Company, pp. 62-63, kindle ed. of Amazon, 2015. (김정은 역 . 『바이털 퀘스천 : 생명은 어떻게 탄생했는가 ?』 서울 : 까치 , pp. 85-86, 2016.)

[36] Answers. *How many calories does a mole of ATP have?* Available at: https://www.answers.com/Q/How_many_calories_does_a_mole_of_ATP_have

[37] Tyson ND. *Carl Sagan' s Cosmos.* New York: Ballantine Books, pp. 31; 2013. (홍승수 역 . 『코스모스』. 서울 : 사이언스북스 , p. 67, 2004.)

[38] Margulis L, Sagan D. *What is life?* University of California Press. 1995. (황현숙 역 . 『생명이란 무엇인가 ?』. 서울 : 지호 , 1999.)

[39] University of Hawaii at Manoa. *Weird science: Serial endosymbiosis.* Available at: https://manoa.hawaii.edu/exploringourfluidearth/biological/aquatic-plants-and-algae/evidence-common-ancestry-and-diversity/weird-science-serial-endosymbiosis

[40] Martin W, Müller M. *The hydrogen hypothesis for the first eukaryote.* Nature 392, pp. 37-41, 1998. Available at: https://www.molevol.hhu.de/fileadmin/redaktion/Fakultaeten/Mathematisch-Naturwissen-

schaftliche_Fakultaet/Biologie/Institute/Molekulare_Evolution/Dokumente/59.pdf

[41] Bio S. *Kingdom protista: Characteristics, classification, reproduction, life cycle, example.* Microbiology Note. Available at: https://microbiologynote.com/kingdom-protista-general-characteristics-classification-examples/

제 3 부 세포 이후 단계

[1] Marsh PD. *Dental plaque as a biofilm and a microbial community-implications for health and disease.* BMC Oral Health. 15; 6 Suppl 1: S14, 2006 Available at: https://www.ncbi.nlm.nih.gov/pmc/articles/PMC2147593/

[2] Marquez-Zacarias P, Conlin PL, Pentz JT, et al. *Why have aggregative multicellular organism stayed simple.* Current Genetics, 67, pp. 871-876, 2021. Available at: https://par.nsf.gov/servlets/purl/10322811

[3] Wilson HV. *On some phenomena of coalescence and regeneration in sponges.* J Elisha Mitchell Scientific Society. 23(4), pp. 161-174, 1907. Available at: https://www.jstor.org/stable/pdf/24330883.pdf

[4] Niklas KJ, Newman SA. *The origins of multicellular organisms.* Evol Dev.15(1), pp. 41-52, 2013. Available at: https://materiais.dbio.uevora.pt/Evo/The_origins_of_multicellular_organisms.pdf

[5] Alberts B, Johnson A, Lewis J, et al. *Molecular biology of cell.* 4th ed. NewYork/GarlendScience,2002. Availableat:https://www.ncbi.nlm.nih.gov/books/NBK26857/

[6] Wikipedia. *August Weismann.* Available at: https://en.wikipedia.org/wiki/August_Weismann

[7] Lane Nick. *Life ascending: The ten great inventions of evolution.* 2008. (김정은 역 .『생명의 도약 : 진화의 10대 발명』. 서울 : 글항아리 , pp. 231-236, 2008.)

[8] Drews F, Boenigk J, Sinon M. *Paramecium epigenetics in development and proliferation.* J Eukaryotic Microbiology, 69(5), 2022. Available at: https://onlinelibrary.wiley.com/doi/epdf/10.1111/jeu.12914

[9] Pan J, Senll W. *Signal transduction during fertilization in the unicellular green alga, Chlamydomonas.* Current Opinion in Microbiology. 6, pp. 596-602, 2000. Available at: https://www.semanticscholar.org/paper/Signal-transduction-during-fertilization-in-the-Pan-Snell/d64a74b79588516e326ecb881ca6d7a0596ba8b6

[10] Nozaki, H. *Origin of Female/Male Gender as Deduced by the Mating-Type Loci of the Colonial Volvocalean Greens.* In: Sawada H, Inoue N, Iwano M. (Eds.). "Sexual Reproduction in Animals and Plants" . Springer, Tokyo. 2014. Available at: https://doi.org/10.1007/978-4-431-54589-7_19.

[11] Dusenbery DB. *Selection for high gamete encounter rates explains the success of male and female mating types.* J Theor Biol. 7: 202(1), pp.1-10. 2000. Available at: https://pubmed.ncbi.nlm.nih.gov/10623494/

[12] Wikipedia. *List of people with the most children.* Available at: https://en.wikipedia.org/wiki/List_of_people_with_the_most_children

[13] 이일하 .『이일하 교수의 생물학 산책』. 서울 : 궁리출판 , pp. 143-147, 2014.

[14] Bryson B. *A short history of nearly everything.* 2003. (이덕환 .『거의 모든 것의 역사』. 서울 : 까치글방 , p. 390, 2003.)

[15] 이와나미 요조 .『植物の SEX』. (반옥 역 .『식물의 섹스 : 알려지지 않는 성의 세계』. 서울 : 전파과학사 , pp. 152-155, 1986.)

[16] Macmillanhighered.com. *Development involves distinct but overlapping process.* Available at: https://www.macmillanhighered.com/BrainHoney/Resource/6716/digital_first_content/trunk/test/hillis2e/hillis2e_ch14_2.html

[17] Shubin N. *Your inner fish: The amazing discovery of our 375-million-year-old ancestor.* pp. 332-526, Kindle ed. of Amazon, 2008. (김명남 역 .『내안의 물고기』. 서울 : 김영사 , pp. 53-77, 2009.)

[18] Carroll SB. *Endless forms most beautiful: The new science of Evo Devo and the making of the animal kingdom.* Kindle ed of Amazon. 2005. (김명남 역 .『이보디보 : 생명의 블랙박스를 열다』. 서울 : 지호 , pp. 45-65, 2007.)

[19] 하영일 .『생명』. 서울 : 대한나래출판사 , pp. 109–117, 2021.

[20] Sprigg RC. *Early Cambrian (?) jellyfishes from the Flinders Ranges, South Australia.* Transactions of the Royal Society of South Australia, 72(2), pp. 212–224, 1947. Available at: https://www.biodiversitylibrary.org/page/41347851#page/234/mode/1up

[21] 이일하 .『이일하 교수의 생물학 산책』. 서울 : 궁리출판 , pp. 273–281, 2014.

[22] Mark M, Rijli F, Chambon P. *Homeobox Genes in Embryogenesis and Pathogenesis.* Pediatr Res 42, 421–429, 1997. Available at: https://www.nature.com/articles/pr19972506

[23] Tickle C, Towers H. *Sonic hedgehog signaling in limb development.* Front Cell Dev Biol, 5, 2017. Available at: https://www.frontiersin.org/articles/10.3389/fcell.2017.00014/full

[24] Uzkudun M, Marcon L, Sharpe J. *Data-driven modelling of a gene regulatory network for cell fate decisions in the growing limb bud.* Mol Syst Biol. 11(7): 815, 2015. Available at: https://www.ncbi.nlm.nih.gov/pmc/articles/PMC4547844/

[25] Czerny T, Halder G, Kloter U, et al. *Twin of eyeless, a second Pax-6 Gene of Drosophila, Acts Upstream of eyeless in the Control of Eye Development.* Molecular cell, 3(3), pp. 297–307, 1999. Available at: https://www.cell.com/molecular-cell/fulltext/S1097-2765(00)80457-8?_returnURL=https%3A%2F%2Flinkinghub.elsevier.com%2Fretrieve%2Fpii%2FS1097276500804578%3Fshowall%3Dtrue

[26] McNamara KJ. *Heterochrony: The Evolution of Development.* Evo Edu Outreach 5, pp. 203–218, 2012. https://doi.org/10.1007/s12052-012-0420-3.

[27] Carroll SB. *Endless forms most beautiful: The new science of Evo Devo and the making of the animal kingdom.* Kindle ed. of Amazon, 2005. (김명남 역 ,『이보디보 : 생명의 블랙박스를 열다』. 서울 : 지호 , pp. 214–216, 2007.)

[28] Shubin N. *Some assembly required.* Kindle ed. of Amazon, 2020. (김명주 역 .『자연은 어떻게 발명하는가 ?』. 서울 : 부키 , pp. 79–82, 2020.)

[29] Shubin N. *Your inner fish: The amazing discovery of our 375-million-year-old ancestor.* Kindle ed. of Amazon, pp. 54–65, 2008. (김명남 역 .『내안의 물고기』. 서울 : 김영사 , pp. 53–77, 2009.)

[30] Ross C, Brorviak TE. *Origin and function of the yolk sac in primate embryogenesis.* Nature Communication, 11 (3760), 2020. https://doi.org/10.1038/s41467-020-17575-w

[31] Furness AI, Morrison KR, Orr TJ, et al. *Reproductive mode and the shifting arenas of evolutionary conflict.* Ann NY Acad Sci. 1360(1), 2015. Available at: https://www.researchgate.net/publication/281081317_Reproductive_mode_and_the_shifting_arenas_of_evolutionary_conflict

[32] Dept. of Geology. *Life on land before the dinosaurs.* University of Maryland. Available at: https://www.geol.umd.edu/~tholtz/G104FC/lectures/104FCland.html

[33] 하영일 .『생명』. 서울 : 대한나래출판사 , pp. 427–438, 2021.

[34] Pires ND, Dolan L. *Morphological evolution in land plants: new designs with old genes.* Philos Trans R Soc Lond B Biol Sci. 19; 367(1588), pp. 508–18, 2012. Available at: https://www.ncbi.nlm.nih.gov/pmc/articles/PMC3248709/

[35] Naranjo-Ortiz MA, Gabaldón T. *Fungal evolution: major ecological adaptations and evolutionary transitions.* Biol Rev Camb Philos Soc. 94(4), pp. 1443–1476, 2019. Available at: https://www.ncbi.nlm.nih.gov/pmc/articles/PMC6850671/

[36] Coyne JA. *Why evolution is true.* Kindle ed. of Amazon. pp. 1–3, 2009. (김명남 역 .『지울 수 없는 흔적 : 진화는 왜 사실인가』. 서울 : 을유문화사 , pp. 24–26, 2011.)

[37] Zimmer C. *Evolution: The triumph of an idea.* Kindle ed. of Amazon, pp. 60–67, 2001. (이창희 역 ,『진화 : 모든 것을 설명하는 생명의 언어』. 서울 : 웅진 지식하우스 , pp. 103–110, 2018.)

[38] Collins FS. *The language of God: A scientist presents evidence for belief.* Kindle ed. of Amazon, (이창신 역 .

『신의 언어』. 서울 : 김영사 , pp. 15, 204. 2009.)

[39] UC museum of paleontology. *Mechanisms: The process of evolution.* Berkeley. Available at: https://evolution.berkeley.edu/evolution-101/mechanisms-the-processes-of-evolution/

[40] Karolinska Institute. *Live and let die: spotlight on cell death.* https://ki.se/en/research/live-and-let-die-spotlight-on-cell-death

[41] Lane Nick. *Life ascending: The ten great inventions of evolution.* 2008. (김정은 역 .『생명의 도약 : 진화의 10대 발명』. 서울 : 글항아리 , pp. 70-71, 2008.)

[42] Carroll SB. *Endless forms most beautiful: The new science of Evo Devo and the making of the animal kingdom.* Kindle ed. of Amazon. 2005. (김명남 역 .『이보디보 : 생명의 블랙박스를 열다』. 서울 : 지호 , pp. 310-311, 2007.)

[43] Postel-Vinay O. *La Revancho Du Chromosome X.* 2007. (이화숙 역 .『X 염색체의 복수』. 서울 : 기린원 , pp. 392-393, 2008.)

[44] Coyne JA. *Why evolution is true.* Kindle ed. of Amazon. 2009. (김명남 역 .『지울 수 없는 흔적 : 신화는 왜 사실인가』. 서울 : 을유문화사 , 2011.)

[45] Keyte AL, Alonzo-Johnsen M, Hutson MR, et al. *Evolutionary and developmental origins of the cardiac neural crest: building a divided outflow tract.* Birth Defects Res C Embryo Today, 102(3), pp. 309-23. 2014. https://www.ncbi.nlm.nih.gov/pmc/articles/PMC4288758/

[46] University of Washington. *The ventricular system and cerebrospinal fluid.* Available at: https://faculty.washington.edu/chudler/vent.html

[47] Colon-Ramos Lab. *Overview.* Yale School of Medicine. Available at: https://medicine.yale.edu/lab/colon_ramos/overview/

[48] De Carlos JA, Borrell J. *A historical reflection of the contributions of Cajal and Golgi to the foundations of neuroscience.* Brain research reviews. Available at: https://instituciones.sld.cu/csrc/files/2012/02/fundacionneuro.pdf

[49] Chen I, Lui F. *Neuroanatomy, neuron action potential.* National Institutes of Health. Available at: https://www.ncbi.nlm.nih.gov/books/NBK546639/

[50] Cohen CCH, Popovic MA, Klooster J, et al. *Saltatory Conduction along Myelinated Axons Involves a Periaxonal Nanocircuit.* Cell. 23; 180(2), pp. 311-322.e15, 2020. https://www.ncbi.nlm.nih.gov/pmc/articles/PMC6978798/

[51] Philippidou P, Dasen JS. *Hox genes: choreographers in neural development, architects of circuit organization.* Neuron. 2; 80(1), pp. 12-34. 2013. Available at: https://www.ncbi.nlm.nih.gov/pmc/articles/PMC3835187/

[52] Herculano-Houzel S. *The human brain in numbers: a linearly scaled-up primate brain.* Front Hum Neurosci, 9 (3), 2009. Available at: https://www.frontiersin.org/articles/10.3389/neuro.09.031.2009/full

[53] Insausti R, Muñoz-López M, Insausti AM, et al. *The Human Periallocortex: Layer Pattern in Presubiculum, Parasubiculum and Entorhinal Cortex. A Review.* Front Neuroanat. 11: 84, 2017. Available at: https://www.ncbi.nlm.nih.gov/pmc/articles/PMC5632821/

[54] Humphries M. *The spike: An epic journey through the brain in 2.1 seconds.* Princeton University Press, 2021. Kindle ed. of Amazon. (전대호 역 .『스파이크 : 뇌를 누비는 2.1초 동안의 파란만장한 여행』. 서울 : 해나무 , pp. 17-19, 2022.)

[55] Goldman G. *Two minds: The cognitive differences between men and women.* Stanford Medicine. Available at: https://stanmed.stanford.edu/how-mens-and-womens-brains-are-different/

[56] Sourjik V, Berg HC. *Binding of the Escherichia coli response regulator CheY to its target measured in vivo by flurorescence resonance energy transfer.* PNAS, 99(20), pp. 12669-12674, 2002. Available at: https://

www.pnas.org/doi/full/10.1073/pnas.192463199

[57] Brunet T, Lauri A, Arendt D. *Did the notochord evolve from an ancient axial muscle? The axochord hypothesis.* BioEssays, 37(8), pp. 836-850, 2015. Available at: https://onlinelibrary.wiley.com/doi/epdf/10.1002/bies.201500027

[58] LeDoux J. *The deep history of ourselves: The four-billion-year story of how we got conscious brain.* pp. 151-152, Kindle ed. of Amazon, 2019. (박선진 역 .『우리 인간의 아주 깊은 역사 : 생물과 인간 , 그 40 억 년의 딥 히스토리』. 서울 : 바다출판사 , pp. 208-212, 2019.)

[59] Newton highlight.『생명과학의 기초 DNA: 생명을 지배하는 분자』. 서울 : 뉴턴코리아 , pp. 110-111, 2012.

[60] LeDoux J. *The deep history of ourselves: The four-billion-year story of how we got conscious brain.* pp. 188-190, Kindle ed. of Amazon, 2019. (박선진 역 .『우리 인간의 아주 깊은 역사 : 생물과 인간 , 그 40 억 년의 딥 히스토리』. 서울 : 바다출판사 , pp. 252-256, 2019.)

[61] Brown University. *Climate history rewritten: Artic ice an early arrival.* 2006. https://www.brown.edu/Administration/News_Bureau/2005-06/05-136.html

[62] Collen J. *One of the oldest human fossils just got older: study.* Phys.org. Available at: https://phys.org/news/2022-01-oldest-human-fossils-older.html

[63] Dartnell L. *Origin: How earth' s history shaped human history.* New York: Basic Books, pp. 183-216, kindle ed. of Amazon, 2019. (이충호 역 .『오리진 : 지구는 어떻게 우리를 만들었는가』. 서울 : 흐름출판 , pp. 255-296, 2020.)

[64] Mayr E. *What evolution is: From theory to fact.* Phoenix. pp. 3469-3959, Kindle ed. of Amazon, 2001. (임지원 역 . 서울 : 사이언스북스 , pp. 453-515, 2008.)

[65] Trevathan W. *Ancient bodies, modern lives: How evolution has shaped women' s health.* 1st ed. Oxford University Press, 2010.(박한선 역 ,『여성의 진화 : 몸 , 생애사 그리고 건강』. 서울 : 에이도스 , pp. 171-186, 2017.)

[66] Wikipedia. *Movius line.* Available at: https://en.wikipedia.org/wiki/Movius_Line

[67] Wilson EO. *The social conquest of earth.* New York: Liveright Publishing Co., 2012. (이한음 역 .『지구의 정복자』. 서울 : 사이언스북스 , pp. 111-134, 2013.)

[68] Diamond J. *The third chimpanzee.* New York: Seven Stories Press, 2014. Kindle ed. of Amazon. (이현복 역.『제 3 의 침팬지』. 서울 : 문학사상 , pp. 69-102, 1996.)

[69] Fiddes IT, Lodewijk GA, Mooring M, et al. *Human-Specific NOTCH2NL Genes Affect Notch Signaling and Cortical Neurogenesis.* Cell. 31: 173(6), pp. 1356-1369.e22. 2018. Available at: https://www.ncbi.nlm.nih.gov/pmc/articles/PMC5986104/.

[70] Leakey R. *The origin of humankind.* Weidenfield & Nicolson,1994. Kindle ed. of Amazon, 2013. (황현숙 역 .『인류의 기원』. 서울 : 사이언스북스 , pp. 241-244, 2005.)

[71] Hublin JJ, Ben-Ncer A, Bailey SE, et al. *New fossils from Jebel Irhoud, Morocco and the pan-African origin of Homo sapiens.* Nature, 558(7711): E6, 2018. Available at: https://core.ac.uk/reader/189716527?utm_source=linkout

[72] Ganten D, Spahl T, Deichmann T. *Die Steinzeit steckt uns in den Knochen: Gesundheit als Erbe der Evolution.* 2009. (조경수 역 ,『우리 몸은 석기 시대 : 진화의학이 밝히는 질병의 이유들』. 서울 : 중앙북스 , pp. 7-35, 2011.)

[73] Diamond J. *Guns, Germs, and Steel.* 1997. New York: W. W. Norton & Company, pp. 95-229, kindle ed. of Amazon, 2017. (김진준 역 .『총 , 균 , 쇠 : 무기 , 병균 , 금속은 인류의 운명을 어떻게 바꿨는가』. 서울 : 문학사상사 , pp. 117-281, 1998.)

[74] Harari YN. *Sapiens: A brief history of humankind.* 2011. New York: Harper, kindle ed. of Amazon, 2015. (조현욱 역 .『사피엔스』. 서울 : 김영사 , pp. 120-147, 2015.)

[75] Bye O. *History of the world: Every year.* Available at: https://www.youtube.com/watch?v=ymI5Uv5cGU4

[76] Dartnell L. *Origin: How earth' s history shaped human history.* New York: Basic Books, pp. 217--254, kindle ed. of Amazon, 2019. (이충호 역 .『오리진 : 지구는 어떻게 우리를 만들었는가』. 서울 : 흐름출판 , pp. 297-346, 2020.)

[77] Harari YN. *Sapiens: A brief history of humankind.* 2011. New York: Harper. kindle ed. of Amazon, 2015. (조현욱 역. 『사피엔스』. 서울 : 김영사, pp. 350-419, 2015.)

[78] 롬 인턴내셔널 (ロムインターナショナル). *學校では教えない 世界地圖の樂し讀いみ方*. 2005. (홍성민 역. 『세계 지도의 비밀 : 100 배 즐거운 여행』. 서울 : 좋은생각사람들, pp. 228-229, 2005.)

[79] Morris I. *Why the west rules- for now: The patterns of history, and what they reveal about the future.* Picador, 2011. (최파일 역. 『왜 서양이 지배하는가』. 서울 : 글항아리, pp. 14-25, 2013.)

[80] 주경철. 『대항해 시대 : 해상팽창과 근대 세계의 형성』. 서울 : 서울대학교 출판문화원, pp. 13-21, 2008.

[81] 강희정 · 송승원. 『신이 된 항해자』. 서울 : 국립아시아 문화전당, pp. 58-93, 2021.

[82] Quora. *How many wars have been fought on earth?* Available at: https://www.quora.com/How-many-wars-have-been-fought-on-earth

[83] Morris I. *Why the west rules- for now: The patterns of history, and what they reveal about the future.* Picador, 2011. (최파일 역. 『왜 서양이 지배하는가』. 서울 : 글항아리, pp. 712-721, 2013.)

[84] Genetic science learning center. *What are DNA and gene.* The University of Utah. Available at: https://learn.genetics.utah.edu/content/basics/dna

[85] Kirkwood TB. *The disposable soma theory: Origins and evolution.* In: Shefferson RP, Jones OR, Salguero-Gomez R. (Eds.). "The evolution of senescence in the tree of life". Cambridge: Cambridge University Press. Available at: https://books.google.co.kr/books?hl=ko&lr=&id=8TQEDgAAQBAJ&oi=fnd&pg=PA23&dq=disposable+soma+theory&ots=Em-uc5toaX&sig=l6fy2malMT6qSOT8SlUt-09WOwyg#v=onepage&q=disposable%20soma%20theory&f=false

[86] Boero F. *Everlasting life: the immortal jellyfish.* The biologist, 63(3), pp. 16-19, 2013. Available at: https://thebiologist.rsb.org.uk/biologist-features/everlasting-life-the-immortal-jellyfish

[87] World Health Organization. *International Classification of Disease (ICD-11) for mortality and morbidity staticstics: MG2A.* Available at: https://icd.who.int/browse11/l-m/en#/http://id.who.int/icd/entity/835503193

[88] Hanahan D, Weinberg RA. *Hallmarks of cancer: The next generation. Cell.* 144(5), pp. 646-674, 2011. Available at: https://www.cell.com/fulltext/S0092-8674(11)00127-9

[89] Margulis L, Sagan D. *What is life.* Berkeley and Los Angeles: University of California Press, pp. 135-137, 1995. (황현숙 역. 『생명이란 무엇인가?』. 서울 : 지호, pp. 193-199, 1999.)

[90] Report of the Ad Hoc Committee of the Harvard Medical School to Examine the Definition of Brain Death. *A Definition of Irreversible Coma.* JAMA. 205(6): 337-340, 1968. Available at: https://hods.org/English/h-issues/documents/ADefinitionofIrreversibleComa-JAMA1968.pdf

[91] 스티브 잡스. 스탠퍼드 연설. https://www.youtube.com/watch?v=7aA17H-3Vig

[92] 윤영호. 『나는 품위 있게 죽고 싶다』. 서울 : 안타레스, pp. 174-175, 2021.

제 4 부 **순환의 세계**

[1] Galloway JN, Schiesinger WH, et al. *Biogeochemical cycles.* US Global Change Research Program. Available at: https://nca2014.globalchange.gov/report/sectors/biogeochemical-cycles

[2] US Geological Survey. *The distribution of water on, in, and above the earth.* 2019. Available at: https://www.usgs.gov/media/images/distribution-water-and-above-earth

[3] National Weather Service. *Prevailing winds.* Available at: https://www.weather.gov/source/zhu/ZHU_Training_Page/winds/Wx_Terms/Flight_Environment.htm

[4] Phys. Org. *Atlantic Ocean circulation at weakest point in more than 1,500 years.* 2018. Available at: https://phys.org/news/2018-04-atlantic-ocean-circulation-weakest-years.html

[5] Funk T. *Cloud classification and characteristics.* National Weather Service. Available at: https://www.weather.gov/media/lmk/soo/cloudchart.pdf

[6] Wikipedia. *Calcium carbonate.* Available at: https://en.wikipedia.org/wiki/Calcium_carbonate

[7] Understanding Global Change. *Rock cycle.* Available at: https://ugc.berkeley.edu/background-content/rock-cycle/

[8] Wikipedia. *Pangaea.* Available at: https://en.wikipedia.org/wiki/Pangaea

[9] US Geological survey. *Understanding plate motions.* Available at: https://pubs.usgs.gov/gip/dynamic/understanding.html

[10] Olson S. *Evolution in Hawaii: A Supplement to Teaching About Evolution and the Nature of Science.* Washington, DC: The National Academies Press, 2004. Available at: https://www.ncbi.nlm.nih.gov/books/NBK208869/

[11] Wikipedia. *Age of the universe.* Available at: https://en.wikipedia.org/wiki/Age_of_the_universe

[12] 나카무라 하코부(中村運). *生命とは何か?* (강호감 역.『생명이란 무엇인가?』. 서울 : 전파과학사, pp. 162-165, 2016.)

[13] Shedge R, Krishan K, Warrier V, et al. *Postmortem Changes.* StatPearls. 2024. Available from: https://www.ncbi.nlm.nih.gov/books/NBK539741/

[14] Wiens J. *How many species are there on earth? Progress and problems.* Plos biology, 20, 2023. Available at: https://journals.plos.org/plosbiology/article?id=10.1371/journal.pbio.3002388

[15] Coyne JA. *Why evolution is true.* New York: Penguin Group Inc. Kindle ed. of Amazon, 2009. (김명남 역.『지울 수 없는 흔적 : 진화는 왜 사실인가』. 서울 : 을유문화사, pp. 251-259, 2011.)

[16] Queiroz K. *Ernst Mayer and the modern concept of species.* PNAS, 102 (suppl 1), pp. 6600-6607, 2005. Available at: https://www.pnas.org/doi/full/10.1073/pnas.0502030102

[17] Sobel JM, Chen GF, Watt LR, et al. *The biology of speciation.* Evolution, 64(2), pp. 295-315, 2009. Available at: https://onlinelibrary.wiley.com/doi/pdfdirect/10.1111/j.1558-5646.2009.00877.x

[18] Smithsonian Museum. *Extinction of plants and animals.* Available at: https://naturalhistory.si.edu/education/teaching-resources/paleontology/extinction-over-time

[19] Begum T. *What is mass extinction and are we facing a sixth one?* Natural History of Museum. 2023. Available at: https://www.nhm.ac.uk/discover/what-is-mass-extinction-and-are-we-facing-a-sixth-one.html

[20] O' Dale C. *Chicxulub impact structure.* Crater Explorer. Available at: https://craterexplorer.ca/chicxulub-impact-structure/

[21] Lloyd DG, Webb CJ. *The avoidance of interference between the presentation of pollen and stigmas in angiosperms I. Dichogamy.* New Zealand Journal of Botany, 24:1, 135-162, 1986. Available at: https://www.tandfonline.com/doi/abs/10.1080/0028825X.1986.10409725

[22] Dawkins R. *The ancestor' s tale: A pilgrimage to the Dawn of life.* Boston: Mariner Books. pp. 171-174. Kindle ed. of Amazon, 2004. (이한음 역.『조상이야기 : 생명의 기원을 찾아서』. 서울 : 까치, pp. 159-163, 2005.)

[23] Trivers RL. *Parental investment and sexual selection.* Routledge, 1972. Available at: https://roberttrivers.com/Publications_files/Trivers%201972.pdf

[24] Hill, M. *Embryology.* University of New South Wales. Available at: https://embryology.med.unsw.edu.au/embryology/index.php/Main_Page

[25] Lane N. *The vital question: Energy, evolution, and the origin of complex life.* New York: W. W. Norton & Company, kindle ed Amazon, 2015. (김정은 역.『바이털 퀘스천 : 생명은 어떻게 탄생했는가?』 서울 : 까치, 2016.)

[26] Schrödinger E. *What is life? Mind and matter.* Cambridge University Press, 1967. (황상익 역.『생명이란 무엇인가? 물리학자의 관점에서 본 생명현상』. 서울 : 한울, 1992.)

[27] Caltech Science Exchange. *What is the uncertainty principle and why is it important?* Available at: https://scienceexchange.caltech.edu/topics/quantum-science-explained/uncertainty-principle

[28] Metwalli SA. *What is Schrödinger' s Cat?* Builtin, 2023. Available at: https://builtin.com/software-engineering-perspectives/schrodingers-cat

[1] Pigliucci M. *Between holism and reductionism: a philosophical primer on emergence.* 112(2), pp. 261-267, 2014. Available at: https://doi.org/10.1111/bij.12060

[2] Carroll SB. *Endless forms most beautiful.* pp. 81-108, Kindle ed. Amazone, 2011. (김명남 역 . 『이보디보 : 생명의 블랙박스를 열다』. 서울 : 지호 , pp. 120-122, 2005.)

[3] Wright R. *The Cartesian plane.* Andrews University. Available at: https://www.andrews.edu/~rwright/Precalculus-RLW/Text/01-01.html

[4] Kivelson, S., Kivelson, S. *Defining emergence in physics.* npj Quant Mater 1, 16024, 2016. https://doi.org/10.1038/npjquantmats.2016.24

[5] University of Victoria. *Cosmic Calendar: The cosmic timeline.* Available at: https://visav.phys.uvic.ca/~babul/AstroCourses/P303/BB-slide.htm

[6] Ganten D, Spahl T, Deichmann T. *Die Steinzeit steckt uns in den Knochen: Gesundheit als Erbe der Evolution.* 2009. (조경수 역 . 『우리 몸은 석기 시대 : 진화의학이 밝히는 질병의 이유들』. 서울 : 중앙북스 , pp. 10-11, 2011.)

[7] Kentucky Geological Survey. *The geological time scales.* University of Kentucky. Available at: https://www.uky.edu/KGS/education/geologictimescale.pdf

[8] Kentucky Geological Survey. *Calendar time.* University of Kentucky. Available at: https://www.uky.edu/KGS/education/calendar_timeImg.htm

[9] Baumgartner D. *The early animals (Ediacaran) of earth: Nature' s experiments.* Chicago Rocks and Mineral Society, 2014. Available at: https://www.chicagorocks.org/pdf/Vendian_Ediacaran_Life_Baumgartner.pdf

[10] Pester P. *Columbia, Rodinia and Pangaea: A history of earth' s supercontinents.* Livescience. Available at: https://www.livescience.com/planet-earth/geology/columbia-rodinia-and-pangaea-a-history-of-earths-supercontinents

[11] Fortey RA. *Trilobite: Eyewitness to evolution.* Vintage, 2001. (이한음 역 . 『삼엽충 : 고생대 3 억 년을 누빈 진화의 산증인』. 서울 : 뿌리와 이파리 , pp. 105-142, 2007.)

[12] Kansas Geological Survey. *Status and rank of the Tertiary and Quaternary.* University of Kansas. Available at: https://www.kgs.ku.edu/General/Strat/tertiary.html

[13] Monod J. *Hasard Et La N' Cessit' . Essai Sur La Philosophie Naturelle de La Biologie Moderne.* 1970. (조현수 역 . 『우연과 필연』. 서울 : 궁리 , 2010.)

[14] 윤성철 . 『우리는 모두 별에서 왔다 : 138 억 년 전 빅뱅세서 시작된 별과 인간의 경이로운 여정』. 서울 : 21 세기북스 , pp. 114-127, 2020.

[15] 플라톤 . 『소크라테스의 변명 : 파이톤』. (황문수 역). 서울 : 문예출판사 , pp. 83-194, 2004.

[16] Stanford Encyclopedia of Philosophy. *Ancient theories of soul.* Available at: https://plato.stanford.edu/entries/ancient-soul/

[17] 한국종교학회 . 『죽음이란 무엇인가 ?』. 서울 : 창 , pp. 75-99, 2009.

[18] 동국대학교 불교문화대학 , 불교교재 편찬위원회 . 『불교 사상의 이해』. 서울 : 불교시대사 , pp. 111-123, 1997.

[19] 권석만 . 『삶을 위한 죽음의 심리학 : 죽음을 바라보는 인간의 마음』. 서울 : 학지사 , pp. 193-194, 2019.

[20] Charitos IA, Ballini A, Cantore S, et al. *Stem Cells: A Historical review about biological, religious, and ethical issues.* Stem Cells Int. 2021. Available at: https://www.ncbi.nlm.nih.gov/pmc/articles/PMC8105090/

[21] Murphy H. *Barbra Streisand shares photo of her dogs posing alongside graves of pup they were cloned from.* People. Available at: https://people.com/pets/barbra-streisand-photo-of-cloned-dogs-next-to-grave/

[22] Britannica. *Dolly and polly.* Available at: https://www.britannica.com/biography/Ian-Wilmut/Dolly-and-Polly

[23] Edelson E. *Francis Crick & James Watson: The building blocks of life.* 1998. (이한음 역 . 『DNA 구조의 발견과 왓슨 · 크릭』. 바다출판사 , pp. 149-151, 2002.)

[24] Falk D. *Is your brain a computer?* MIT technology review. 2021. Available at: https://www.technologyreview.com/2021/08/25/1030861/is-human-brain-computer/

[25] Kawala-Sterniuk A, Browarska N, Al-Bakri A, et al. *Summary of over Fifty Years with Brain-Computer Interfaces-A Review.* Brain Sci, 3: 11(1): 43. 2021. Available at: https://www.ncbi.nlm.nih.gov/pmc/articles/PMC7824107/

[26] Naam R. *More than human: Embracing the promise of biological enhancement.* Broadway Books, pp. 173-190, 2005. (남윤호 역. 『인간의 미래』. 서울 : 동아시아, pp. 267-294, 2014.)

[27] Matsuo Y. 『人工知能は人間を超えるか ディープラーニングの先にあるもの』. 2015. (박기원 역. 『인공지능과 딥러닝 : 인공지능이 불러올 산업구조의 변화와 혁신』. 동아엠엔비, pp. 116-144, 2019.)

[28] 박상길. 『비전공자도 이해할 수 있는 AI 지식』. 서울 : 반니, pp. 61-96, 2022.

[29] Sejnowski TJ. *The deep learning revolution.* The MIT Press. 2018. (안진환 역. 『딥러닝 리볼루션』. 서울 : 한국경제신문, pp. 24-134, 2019.)

[30] Kurzweil R. *The singularity is near: When humans transcend biology.* 2005. (김영남 외. 『특이점이 온다 : 기술이 인간을 초월하는 순간』. 서울 : 김영사, pp. 33-59, 2007.)

[31] Shelley M. *Frankenstein.* (이인규 역. 『프랑켄슈타인』. 서울 : 도서출판 푸른숲, 2007.)

[32] J. Craig Venter Institute. *First minimal synthetic bacterial cell.* Available at: https://www.jcvi.org/research/first-minimal-synthetic-bacterial-cell

[33] Tarazi S, Aguilera-Castrejon A, Joubran C, et al. *Post-gastulation synthetic embryo generated ex utero from mouse naïve ESCs.* Cell, 185(18), pp. 32900-3306, 2022. Available at: https://www.cell.com/action/showPdf?pii=S0092-8674%2822%2900981-3

[34] Oldak B, Wildschutz E, Bondarenko V, et al. *Complete human day 14 post-implantation embryo models from naive ES cells.* Nature, 622, pp. 562-573, 2023. Available at: https://www.nature.com/articles/s41586-023-06604-5#citeas

[35] NASA Science. *Universe Exploration: The Universe' s building blocks.* Available at: https://universe.nasa.gov/universe/building-blocks/

[36] Oxford Reference. *Critical density.* Available at: https://www.oxfordreference.com/display/10.1093/oi/authority.20110803095648446?p=emailAQwMIA4J/arZg&d=/10.1093/oi/authority.20110803095648446

[37] NASA. WMAP' s Universe. *What is the ultimate fate of the Universe?* Available at: https://wmap.gsfc.nasa.gov/universe/uni_fate.html

[38] NASA. *Solar system exploration.* Available at: https://science.nasa.gov/solar-system/

[39] Universe Today. *What is the life cycle of the sun?* Available at: https://www.universetoday.com/18847/life-of-the-sun/

[40] Gallup GG, Anderson JR, shillito DJ. *The mirror test.* University of Washington. Available at: https://www.google.com/search?q=Gordon+Gallup+Mirror+recognition+test&rlz=1C1OKWM_koKR980KR980&oq=Gordon+Gallup+Mirror+recognition+test&gs_lcrp=EgZjaHJvbWUyBggAEEUYOTIKCAEQABiABBiiBDIKCAIQABiABBiiBDIKCAMQABiABBiiBNIBCjEyMDAwajBqMTWoAgCwAgA&sourceid=chrome&ie=UTF-8

[41] Georgia Institute of Technology. *Organismal biology: Animal circulatory systems.* Available at: https://organismalbio.biosci.gatech.edu/nutrition-transport-and-homeostasis/animal-circulatory-systems/

[42] Shubin N. *Some assembly required.* London: Oneworld Publications, pp. 45-48, Kindle ed. of Amazon, 2020. (김명주 역. 『자연은 어떻게 발명하는가?』. 서울 : 부키, 80-81, 2020.)

[43] Carroll SB. *Endless forms most beautiful.* pp. 37-38, Kindle ed. of Amazon, 2011. (김명남 역. 『이보디보 : 생명의 블랙박스를 열다』. 서울 : 지호, pp. 68-70, 2005.)

찾아보기

ㅅ

ㅇ

A

B

C

D

E

F

G

H

I

J

K

L

M

N

O

P

Q

R

S

T

U

V

W

Z

기타